UG NX 8.0 工程应用精解丛书

UG NX 软件应用认证指导用书

UG NX 8.0 数控加工实例精解

展迪优　主编

机 械 工 业 出 版 社

本书是进一步学习UG NX 8.0数控加工编程的实例图书，选用的实例都是生产一线实际应用中的各种产品，经典而实用。在内容上，先针对每一个实例进行概述，说明该实例的特点、设计构思、操作技巧及重点掌握内容和要用到的操作命令，使读者对它有一个整体概念，学习也更有针对性；接下来的操作步骤翔实、透彻，图文并茂，引领读者一步一步完成模型的创建。这种讲解方法能够使读者更快、更深入地理解UG数控加工编程中的一些抽象的概念和复杂的命令及功能。

本书是根据北京兆迪科技有限公司给国内外几十家不同行业的著名公司（含国外独资和合资公司）的培训教案整理而成的，具有很强的实用性和广泛的适用性。本书附带2张多媒体DVD学习光盘，制作了61个数控加工编程技巧和具有针对性的实例教学视频并进行了详细的语音讲解，时间长达9个多小时；光盘中还包含本书的素材文件、练习文件和已完成的实例文件（2张DVD光盘教学文件容量共计6.6GB）。

本书在在写作方式上，紧贴软件的实际操作界面，采用软件中真实的对话框、操控板和按钮等进行讲解，使初学者能够直观、准确地操作软件，从而尽快地上手，提高学习效率。本书内容全面，条理清晰，实例丰富，讲解详细，图文并茂，可作为工程技术人员学习UG数控加工的自学教程和参考书，也可作为大中专院校学生和各类培训学校学员的CAD/CAM课程上课及上机练习教材。

图书在版编目（CIP）数据

UG NX 8.0数控加工实例精解/展迪优主编. —4版. —北京：机械工业出版社，2013.2(2014.2重印)

（UG NX 8.0工程应用精解丛书）

ISBN 978-7-111-41615-9

Ⅰ.①U… Ⅱ.①展… Ⅲ.①数控机床—加工—计算机辅助设计—应用软件 Ⅳ.①TG659-39

中国版本图书馆CIP数据核字（2013）第035312号

机械工业出版社（北京市百万庄大街22号 邮政编码100037）

策划编辑：管晓伟 责任编辑：管晓伟

责任印制：乔 宇

北京铭成印刷有限公司印刷

2014年2月第4版第2次印刷

184mm×260mm · 24印张 · 594千字

3001—4500册

标准书号：ISBN 978-7-111-41615-9

ISBN 978-7-89433-817-4（光盘）

定价：59.90元（含多媒体DVD光盘2张）

凡购本书，如有缺页、倒页、脱页，由本社发行部调换

电话服务

社服务中心：（010）88361066

销售一部：（010）68326294

销售二部：（010）88379649

读者购书热线：（010）88379203

网络服务

教材网：http://www.cmpedu.com

机工官网：http://www.cmpbook.com

机工官博：http://weibo.com/cmp1952

封面无防伪标均为盗版

出 版 说 明

制造业是一个国家经济发展的基础，当今世界任何经济实力强大的国家都拥有发达的制造业，美、日、德、英、法等国家之所以称为发达国家，很大程度上是由于它们拥有世界上最发达的制造业。我国在大力推进国民经济信息化的同时，必须清醒地认识到，制造业是现代经济的支柱，加强和提高制造业科技水平是一项长期而艰巨的任务。发展信息产业，首先要把信息技术应用到制造业中。

众所周知，制造业信息化是企业发展的必要手段，国家已将制造业信息化提到关系到国家生存的高度。信息化是当今时代现代化的突出标志。以信息化带动工业化，使信息化与工业化融为一体，互相促进，共同发展，是具有中国特色的跨越式发展之路。信息化主导着新时期工业化的方向，使工业朝着高附加值化发展；工业化是信息化的基础，为信息化的发展提供物资、能源、资金、人才以及市场，只有用信息化武装起来的自主和完整的工业体系，才能为信息化提供坚实的物质基础。

制造业信息化集成平台是通过并行工程、网络技术、数据库技术等先进技术将CAD/CAM/CAE/CAPP/PDM/ERP等为制造业服务的软件个体有机地集成起来，采用统一的架构体系和统一的基础数据平台，涵盖目前常用的CAD/CAM/CAE/CAPP/PDM/ERP软件，使软件交互和信息传递顺畅，从而有效提高产品开发、制造各个领域的数据集成管理和共享水平，提高产品开发、生产和销售全过程中的数据整合、流程的组织管理水平以及企业的综合实力，为营造一流的企业提供现代化的技术保证。

机械工业出版社作为全国优秀出版社，在出版制造业信息化技术类图书方面有着独特的优势，一直致力于CAD/CAM/CAE/CAPP/PDM/ERP等领域相关技术的跟踪，出版了大量学习软件（如UG、Ansys、Adams等）的优秀图书，同时也积累了许多宝贵的经验。

北京兆迪科技有限公司位于中关村软件园，专门从事CAD/CAM/CAE技术的开发、咨询及产品设计与制造等服务，并提供专业的UG、Ansys、Adams等软件的培训。该系列丛书是根据北京兆迪科技有限公司给国内外一些著名公司（含国外独资和合资公司）的培训教案整理而成的，具有很强的实用性。中关村软件园是北京市科技、智力、人才和信息资源最密集的区域，园区内有清华大学、北京大学和中国科学院等著名大学和科研机构，同时聚集了一些国内外著名公司，如西门子、联想集团、清华紫光和清华同方等。近年来，北京兆迪科技有限公司充分依托中关村软件园的人才优势，在机械工业出版社的大力支持下，已经推出了或将陆续推出UG、Ansys、Adams等软件的“工程应用精解”系列图书，包括：

- UG NX 8.0 工程应用精解丛书
- UG NX 8.0 宝典

- UG NX 8.0 实例宝典
- UG NX 7.0 工程应用精解丛书
- UG NX 6.0 工程应用精解丛书
- UG NX 5.0 工程应用精解丛书
- MasterCAM 工程应用精解丛书

"工程应用精解"系列图书具有以下特色：

- **注重实用，讲解详细，条理清晰**。由于作者和顾问均是来自一线的专业工程师和高校教师，所以图书既注重解决实际产品设计、制造中的问题，同时又将软件的使用方法和技巧进行全面、系统、有条不紊、由浅入深的讲解。
- **范例来源于实际，丰富而经典**。对软件中的主要命令和功能，先结合简单的范例进行讲解，然后安排一些较复杂的综合范例帮助读者深入理解、灵活应用。
- **写法独特，易于上手**。全部图书采用软件中真实的菜单、对话框和按钮等进行讲解，使初学者能够直观、准确地操作软件，从而大大提高学习效率。
- **随书光盘配有视频录像**。每本书的随书光盘中制作了超长时间的操作视频文件，帮助读者轻松、高效地学习。
- **网站技术支持**。读者购买"工程应用精解"系列图书，可以通过北京兆迪科技有限公司的网站（http://www.zalldy.com）获得技术支持。

我们真诚地希望广大读者通过学习"工程应用精解"系列图书，能够高效掌握有关制造业信息化软件的功能和使用技巧，并将学到的知识运用到实际工作中，也期待您给我们提出宝贵的意见，以便今后为大家提供更优秀的图书作品，共同为我国制造业的发展尽一份力量。

机械工业出版社

北京兆迪科技有限公司

前　言

UG 是由美国 UGS 公司推出的功能强大的三维 CAD/CAM/CAE 软件系统，其内容涵盖了产品从概念设计、工业造型设计、三维模型设计、分析计算、动态模拟与仿真、工程图输出，到生产加工成产品的全过程，应用范围涉及航空航天、汽车、机械、造船、通用机械、数控（NC）加工、医疗器械和电子等诸多领域。

要熟练掌握 UG 中各种数控加工方法及其应用，只靠理论学习和少量的练习是远远不够的。编著本书的目的正是为了使读者通过学习书中的经典实例，迅速掌握各种数控加工方法、技巧和复杂零件的加工工艺安排，使读者在短时间内成为一名 UG 数控加工技术高手。本书是进一步学习 UG NX8.0 数控加工技术的实例图书，其特色如下：

- 实例丰富，与其他的同类书籍相比，包括更多的数控加工实例和加工方法与技巧，对读者的实际数控加工具有很好的指导和借鉴作用。
- 讲解详细，条理清晰，保证自学的读者能独立学习和灵活运用书中的内容。
- 写法独特，采用 UG NX8.0 软件中真实的对话框、按钮和图标等进行讲解，使初学者能够直观、准确地操作软件，从而大大地提高学习效率。
- 附加值高，本书附带 2 张多媒体 DVD 学习光盘，制作了大量数控编程技巧和具有针对性的实例教学视频并进行了详细的语音讲解，时间长达 9 个多小时，两张 DVD 光盘教学文件容量共计 6.6GB，可以帮助读者轻松、高效地学习。

本书是根据北京兆迪科技有限公司给国内外一些著名公司（含国外独资和合资公司）的培训教案整理而成的，具有很强的实用性。其主编和主要参编人员主要来自北京兆迪科技有限公司，该公司专门从事 CAD/CAM/CAE 技术的研究、开发、咨询及产品设计与制造服务，并提供 UG、Ansys、Adams 等软件的专业培训及技术咨询。在本书编写过程中得到了该公司的大力帮助，在此表示衷心的感谢。读者在学习本书的过程中如果遇到问题，可通过访问该公司的网站 http://www.zalldy.com 来获得帮助。

本书由展迪优主编，参加编写的人员有王焕田、刘静、雷保珍、刘海起、魏俊岭、任慧华、詹路、冯元超、刘江波、周涛、段进敏、赵枫、邵为龙、侯俊飞、龙宇、施志杰、詹棋、高政、孙润、李倩倩、黄红霞、尹泉、李行、詹超、尹佩文、赵磊、王晓萍、陈淑童、周攀、吴伟、王海波、高策、冯华超、周思思、黄光辉、党辉、冯峰、詹聪、平迪、管璇、王平、李友荣。本书已经多次校对，如有疏漏之处，恳请广大读者予以指正。

电子邮箱：zhanygjames@163.com

编　者

丛书导读

（一）产品设计工程师学习流程

1.《UG NX 8.0 快速入门教程》
2.《UG NX 8.0 高级应用教程》
3.《UG NX 8.0 曲面设计教程》
4.《UG NX 8.0 钣金设计教程》
5.《UG NX 8.0 钣金设计实例精解》
6.《UG NX 8.0 产品设计实例精解》
7.《UG NX 8.0 曲面设计实例精解》
8.《UG NX 8.0 工程图教程》
9.《UG NX 8.0 管道设计教程》
10.《UG NX 8.0 电缆布线设计教程》
11.《钣金展开实用技术手册（UG NX 版）》

（二）模具设计工程师学习流程

1.《UG NX 8.0 快速入门教程》
2.《UG NX 8.0 高级应用教程》
3.《UG NX 8.0 工程图教程》
4.《UG NX 8.0 模具设计教程》
5.《UG NX 8.0 模具设计实例精解》

（三）数控加工工程师学习流程

1.《UG NX 8.0 快速入门教程》
2.《UG NX 8.0 高级应用教程》
3.《UG NX 8.0 钣金设计教程》
4.《UG NX 8.0 数控加工教程》
5.《UG NX 8.0 数控加工实例精解》

（四）产品分析工程师学习流程

1.《UG NX 8.0 快速入门教程》
2.《UG NX 8.0 高级应用教程》
3.《UG NX 8.0 运动分析教程》
4.《UG NX 8.0 结构分析教程》

本书导读

为了能更好地学习本书的知识，请您仔细阅读下面的内容。

写作环境

本书使用的操作系统为 Windows XP，对于 Windows 2000 /Server 操作系统，本书的内容和实例也同样适用。

本书采用的写作蓝本是 UG NX 8.0 中文版。

光盘使用

为方便读者练习，特将本书所有素材文件、已完成的实例文件、配置文件和视频语音讲解文件等放入随书附带的光盘中，读者在学习过程中可以打开相应素材文件进行操作和练习。

本书附带多媒体 DVD 光盘 2 张，建议读者在学习本书前，先将两张 DVD 光盘中的所有文件复制到计算机硬盘的 D 盘中，然后再将第二张光盘 ug8.11-video2 文件夹中的所有文件复制到第一张光盘的 video 文件夹中。在 D 盘上 ug8.11 目录下共有 2 个子目录：

（1）work 子目录：包含本书的全部已完成的实例文件。

（2）video 子目录：包含本书讲解中的视频录像文件（含语音讲解）。读者学习时，可在该子目录中按顺序查找所需的视频文件。

光盘中带有“ok”扩展名的文件或文件夹表示已完成的范例。

本书约定

- 本书中有关鼠标操作的简略表述说明如下：
  - ☑ 单击：将鼠标指针移至某位置处，然后按一下鼠标的左键。
  - ☑ 双击：将鼠标指针移至某位置处，然后连续快速地按两次鼠标的左键。
  - ☑ 右击：将鼠标指针移至某位置处，然后按一下鼠标的右键。
  - ☑ 单击中键：将鼠标指针移至某位置处，然后按一下鼠标的中键。
  - ☑ 滚动中键：只是滚动鼠标的中键，而不能按中键。
  - ☑ 选择（选取）某对象：将鼠标指针移至某对象上，单击以选取该对象。
  - ☑ 拖移某对象：将鼠标指针移至某对象上，然后按下鼠标的左键不放，同时移动鼠标，将该对象移动到指定的位置后再松开鼠标的左键。
- 本书中的操作步骤分为 Task、Stage 和 Step 三个级别，说明如下：
  - ☑ 对于一般的软件操作，每个操作步骤以 Step 字符开始。例如，下面是草绘环境中绘制矩形操作步骤的表述：

Step1. 单击[口]按钮。

Step2. 在绘图区某位置单击，放置矩形的第一个角点，此时矩形呈“橡皮筋”样变化。

Step3. 单击[XY]按钮，再次在绘图区某位置单击，放置矩形的另一个角点。此时，系统即在两个角点间绘制一个矩形，如图 4.7.13 所示。

☑ 每个 Step 操作视其复杂程度，其下面可含有多级子操作。例如 Step1 下可能包含（1）、（2）、（3）等子操作，（1）子操作下可能包含①、②、③等子操作，①子操作下可能包含 a）、b）、c）等子操作。

☑ 如果操作较复杂，需要几个大的操作步骤才能完成，则每个大的操作冠以 Stage1、Stage2、Stage3 等，Stage 级别的操作下再分 Step1、Step2、Step3 等操作。

☑ 对于多个任务的操作，则每个任务冠以 Task1、Task2、Task3 等，每个 Task 操作下则可包含 Stage 和 Step 级别的操作。

- 由于已建议读者将随书光盘中的所有文件复制到计算机硬盘的 D 盘中，所以书中在要求设置工作目录或打开光盘文件时，所述的路径均以“D:”开始。

技术支持

本书是根据北京兆迪科技有限公司给国内外一些著名公司（含国外独资和合资公司）的培训教案整理而成的，具有很强的实用性。其主编和参编人员均来自北京兆迪科技有限公司，该公司专门从事 CAD/CAM/CAE 技术的研究、开发、咨询及产品设计与制造服务，并提供 UG、Ansys、Adams 等软件的专业培训及技术咨询。读者在学习本书的过程中如果遇到问题，可通过访问该公司的网站 http://www.zalldy.com 来获得技术支持。

咨询电话：010-82176248，010-82176249。

目　　录

实例1　餐 盘 加 工

在机械加工中，零件加工一般都要经过多道工序。工序安排得是否合理，对加工后零件的质量有较大的影响，因此在加工之前需要根据零件的特征制订好加工工艺。

下面以一个餐盘为例介绍多工序铣削的加工方法，加工该零件应注意多型腔的加工方法，其加工工艺路线如图1.1和图1.2所示。

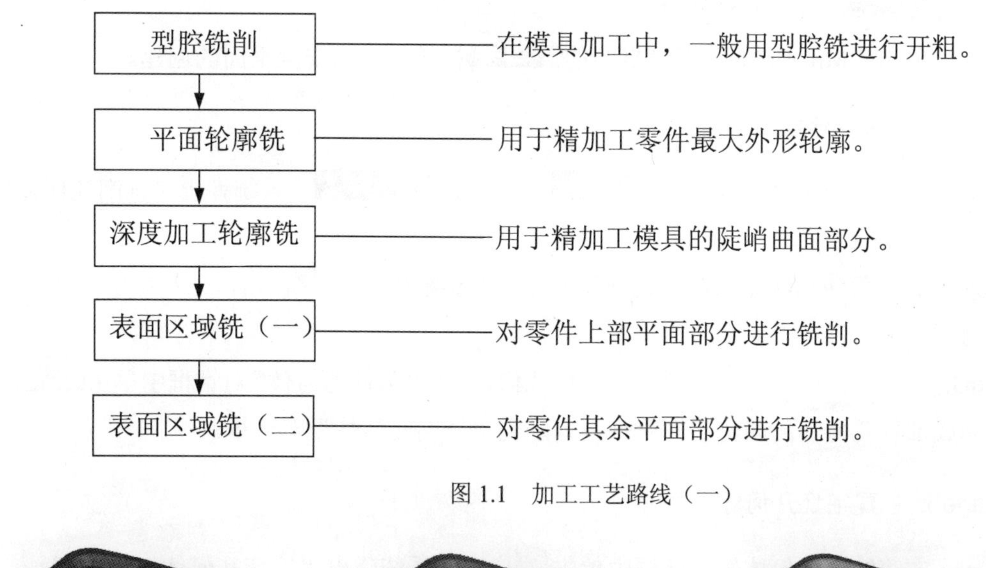

图1.1　加工工艺路线（一）

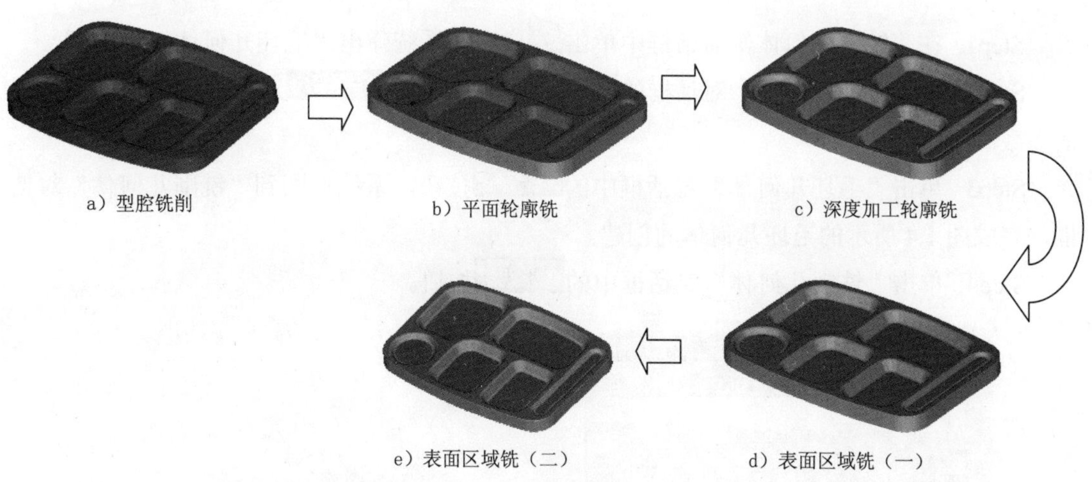

图1.2　加工工艺路线（二）

Task1．打开模型文件并进入加工模块

Step1．打开模型文件D:\ug8.11\work\ch01\canteen.prt。

Step2. 进入加工环境。选择下拉菜单开始 → 加工(N)...命令，系统弹出“加工环境”对话框；在“加工环境”对话框的CAM 会话配置列表框中选择cam_general选项，在要创建的 CAM 设置列表框中选择mill contour选项，单击确定按钮，进入加工环境。

Task2. 创建几何体

Stage1. 创建安全平面

Step1. 将工序导航器调整到几何视图，双击MCS_MILL节点，系统弹出“Mill Orient”对话框。采用系统默认的加工坐标系，在安全设置区域的安全设置选项下拉列表中选择自动平面选项，然后在安全距离文本框中输入 20。

Step2. 单击“Mill Orient”对话框中的确定按钮，完成安全平面的创建。

Stage2. 创建部件几何体

Step1. 在工序导航器中双击MCS_MILL节点下的WORKPIECE，系统弹出“铣削几何体”对话框。

Step2. 选取部件几何体。在“铣削几何体”对话框中单击按钮，系统弹出“部件几何体”对话框。

Step3. 在图形区中选择整个零件为部件几何体。在“部件几何体”对话框中单击确定按钮，完成部件几何体的创建，同时系统返回到“铣削几何体”对话框。

Stage3. 创建毛坯几何体

Step1. 在“铣削几何体”对话框中单击按钮，系统弹出“毛坯几何体”对话框。

Step2. 在“毛坯几何体”对话框的类型下拉列表中选择包容块选项，设置图 1.3 所示的参数。

Step3. 单击“毛坯几何体”对话框中的确定按钮，系统返回到“铣削几何体”对话框，完成图 1.4 所示的毛坯几何体的创建。

Step4. 单击“铣削几何体”对话框中的确定按钮。

图 1.3 “毛坯几何体”对话框

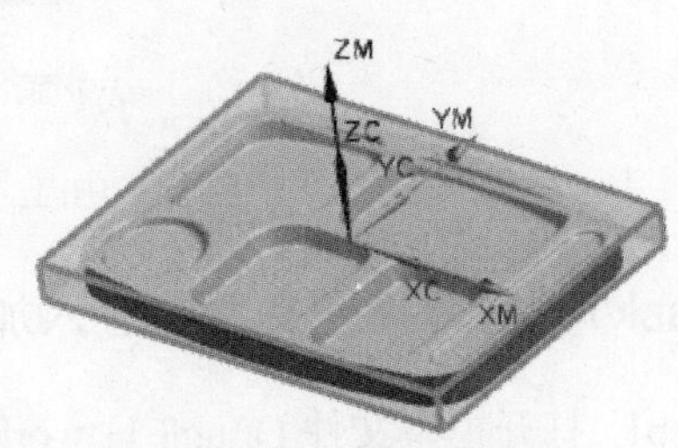

图 1.4 毛坯几何体

Task3. 创建刀具1

Step1. 将工序导航器调整到机床视图。

Step2. 选择下拉菜单 插入(S) → 刀具(T)... 命令，系统弹出“创建刀具”对话框。

Step3. 在“创建刀具”对话框的 类型 下拉列表中选择 mill contour 选项，在 刀具子类型 区域中单击“MILL”按钮，在 位置 区域的 刀具 下拉列表中选择 GENERIC_MACHINE 选项，在 名称 文本框中输入 T1D16R1；单击 确定 按钮，系统弹出“铣刀-5 参数”对话框。

Step4. 在“铣刀-5 参数”对话框中的 (D) 直径 文本框中输入值 16.0，在 (R1) 下半径 文本框中输入值 1.0，在 编号 区域的 刀具号、补偿寄存器、刀具补偿寄存器 文本框中均输入值 1，其他参数采用系统默认设置值；单击 确定 按钮，完成刀具的创建。

Task4. 创建型腔铣削工序

Stage1. 创建工序

Step1. 将工序导航器调整到程序顺序视图。

Step2. 选择下拉菜单 插入(S) → 工序(E)... 命令，在“创建工序”对话框的 类型 下拉列表中选择 mill_contour 选项，在 工序子类型 区域中单击“CAVITY_MILL”按钮，在 程序 下拉列表中选择 PROGRAM 选项，在 刀具 下拉列表中选择 Task3 的 Step3 中设置的刀具 T1D16R1 (铣刀-5 参数) 选项，在 几何体 下拉列表中选择 WORKPIECE 选项，在 方法 下拉列表中选择 MILL ROUGH 选项，使用系统默认的名称。

Step3. 单击“创建工序”对话框中的 确定 按钮，系统弹出“型腔铣”对话框。

Stage2. 设置一般参数

在“型腔铣”对话框的 切削模式 下拉列表中选择 跟随部件 选项，在 步距 下拉列表中选择 刀具平直百分比 选项，在 平面直径百分比 文本框中输入值 50.0，在 每刀的公共深度 下拉列表中选择 恒定 选项，在 最大距离 文本框中输入值 0.5。

Stage3. 设置切削参数

Step1. 在 刀轨设置 区域中单击“切削参数”按钮，系统弹出“切削参数”对话框。

Step2. 在“切削参数”对话框中单击 策略 选项卡，在 切削顺序 下拉列表中选择 深度优先 选项；单击 余量 选项卡，在 余量 区域的 部件侧面余量 文本框中输入 0.5；单击 连接 选项卡，在 开放刀路 下拉列表中选择 变换切削方向 选项，其他参数采用系统默认设置值。

Step3. 单击“切削参数”对话框中的 确定 按钮，系统返回到“型腔铣”对话框。

Stage4. 设置非切削移动参数。

各参数采用系统默认的设置值。

Stage5．设置进给率和速度

Step1. 在“型腔铣”对话框中单击“进给率和速度”按钮，系统弹出“进给率和速度”对话框。

Step2. 选中“进给率和速度”对话框主轴速度区域中的☑ 主轴速度 (rpm)复选框，在其后的文本框中输入值 1000.0，按 Enter 键，单击按钮；在进给率区域的切削文本框中输入值 200.0，按 Enter 键，单击按钮；其他参数采用系统默认设置值。

Step3. 单击确定按钮，完成进给率和速度的设置，系统返回到“型腔铣”对话框。

Stage6．生成刀路轨迹并仿真

生成的刀路轨迹如图 1.5 所示，2D 动态仿真加工后的模型如图 1.6 所示。

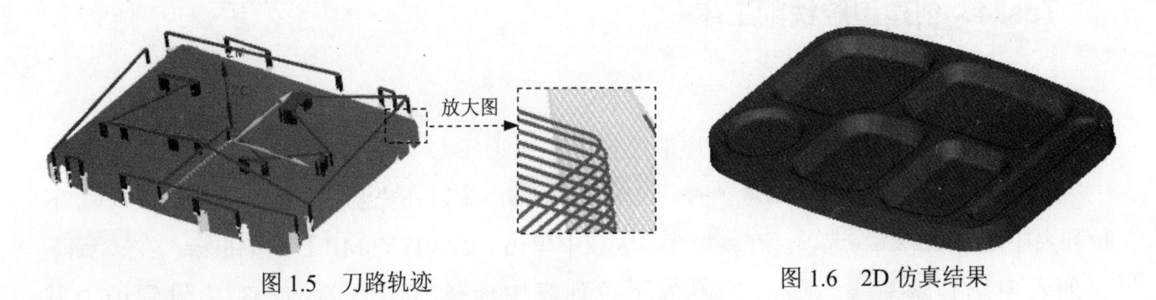

图 1.5　刀路轨迹　　　　图 1.6　2D 仿真结果

Task5．创建刀具 2

Step1. 将工序导航器调整到机床视图。

Step2. 选择下拉菜单插入(S) → 刀具(T)...命令，系统弹出“创建刀具”对话框。

Step3. 在“创建刀具”对话框的类型下拉列表中选择mill contour选项，在刀具子类型区域中单击“MILL”按钮，在位置区域的刀具下拉列表中选择GENERIC_MACHINE选项，在名称文本框中输入 T2D12；单击确定按钮，系统弹出“铣刀-5 参数”对话框。

Step4. 在“铣刀-5 参数”对话框中的(D) 直径文本框中输入值 12.0，在编号区域的刀具号、补偿寄存器、刀具补偿寄存器文本框中均输入值 2，其他参数采用系统默认设置值；单击确定按钮，完成刀具的创建。

Task6．创建平面轮廓铣工序

Stage1．创建工序

Step1. 选择下拉菜单插入(S) → 工序(E)...命令，系统弹出“创建工序”对话框。

Step2. 确定加工方法。在“创建工序”对话框的类型下拉列表中选择mill_planar选项，在工序子类型区域中单击“PLANAR_PROFILE”按钮，在刀具下拉列表中选择T2D12 (铣刀-5 参数)选项，在几何体下拉列表中选择WORKPIECE选项，在方法下拉列表中选择

MILL_FINISH选项，采用系统默认的名称。

Step3. 在“创建工序”对话框中单击确定按钮，此时，系统弹出“平面轮廓铣”对话框。

Step4. 创建部件边界。

(1) 在“平面轮廓铣”对话框的几何体区域中单击按钮，系统弹出“边界几何体”对话框。

(2) 在“边界几何体”对话框的面选择区域中选中☑ 忽略孔复选框，然后在绘图区域选取图 1.7 所示的面，系统自动生成图 1.8 所示的边界。

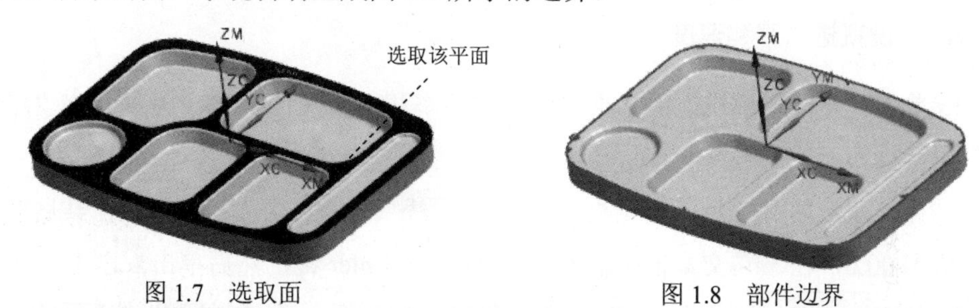

图 1.7　选取面　　图 1.8　部件边界

(3) 单击确定按钮，系统返回到“平面轮廓铣”对话框，完成部件边界的创建。

Step5. 指定底面。

(1) 在“平面轮廓铣”对话框中单击按钮，系统弹出“平面”对话框，在类型下拉列表中选择自动判断选项。

(2) 在模型上选取图 1.9 所示的模型平面，在偏置区域的距离文本框中输入值 1.0，单击确定按钮，完成底面的指定。

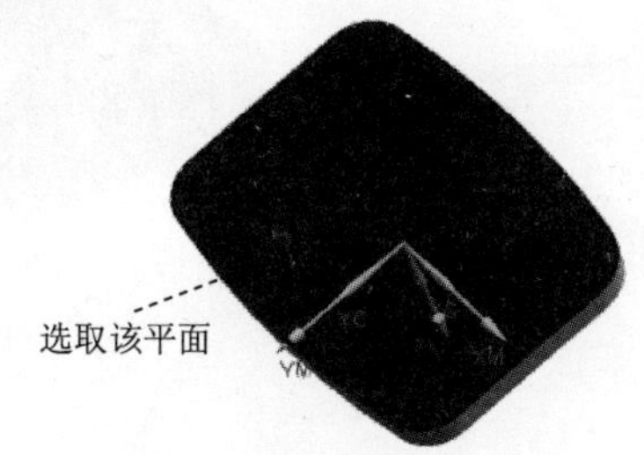

图 1.9　指定底面

Stage2. 创建刀具路径参数

Step1. 在刀轨设置区域中的部件余量文本框中输入值 0.0，在切削进给文本框中输入值 500.0，在其后的下拉列表中选择mmpm选项。

Step2. 在切削深度下拉列表中选择恒定选项，在公共文本框中输入值 0.0，其他参数采用系统默认设置值。

Stage3. 设置切削参数

各参数采用系统默认的设置值。

Stage4．设置非切削移动参数

Step1．单击“平面轮廓铣”对话框中的“非切削移动”按钮，系统弹出“非切削移动”对话框。

Step2．单击“非切削移动”对话框中的起点/钻点选项卡，在重叠距离文本框中输入 2.0，在默认区域起点下拉列表中选择拐角选项；其他参数采用系统默认设置值，单击确定按钮完成非切削移动参数的设置。

Stage5．设置进给率和速度

Step1．单击“平面轮廓铣”对话框中的“进给率和速度”按钮，系统弹出“进给率和速度”对话框。

Step2．在“进给率和速度”对话框中选中☑ 主轴速度 (rpm)复选框，然后在其后的文本框中输入值 1800.0，在切削文本框中输入值 500.0，按 Enter 键，然后单击按钮。

Step3．单击确定按钮，完成进给率和速度的设置，系统返回到“平面轮廓铣”对话框。

Stage6．生成刀路轨迹并仿真

生成的刀路轨迹如图 1.10 所示，2D 动态仿真加工后的模型如图 1.11 所示。

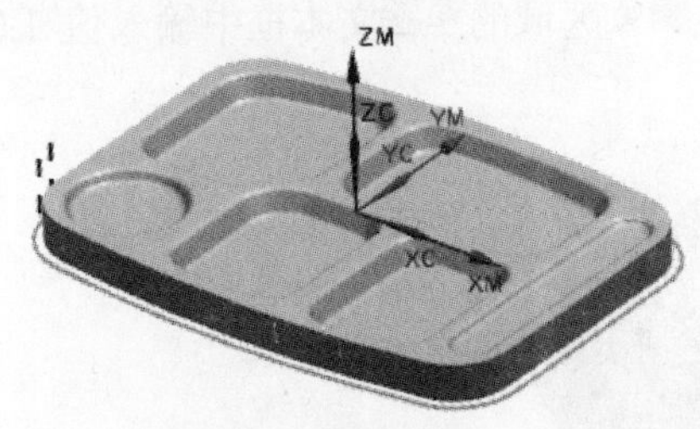

图 1.10 刀路轨迹

图 1.11 2D 仿真结果

Task7．创建刀具 3

Step1．将工序导航器调整到机床视图。

Step2．选择下拉菜单插入(S) → 刀具(T)...命令，系统弹出“创建刀具”对话框。

Step3．在“创建刀具”对话框的类型下拉列表中选择mill_planar选项，在刀具子类型区域中单击“BALL_MILL”按钮，在位置区域的刀具下拉列表中选择GENERIC_MACHINE选项，在名称文本框中输入 T3B8；单击确定按钮，系统弹出“铣刀-球头铣”对话框。

Step4．在“铣刀-球头铣”对话框的(D) 直径文本框中输入值 8.0，在编号区域的刀具号、

补偿寄存器、刀具补偿寄存器文本框中均输入值3，其他参数采用系统默认设置值；单击确定按钮，完成刀具的创建。

Task8．创建深度加工轮廓铣工序

Stage1．创建工序

Step1．选择下拉菜单插入(S) → 工序(E)...命令，系统弹出“创建工序”对话框。

Step2．在“创建工序”对话框的类型下拉列表中选择mill_contour选项，在工序子类型区域中单击“ZLEVEL_PROFILE”按钮，在程序下拉列表中选择PROGRAM选项，在刀具下拉列表中选择T3B8（铣刀-球头铣）选项，在几何体下拉列表中选择WORKPIECE选项，在方法下拉列表中选择MILL_FINISH选项，单击确定按钮，此时，系统弹出“深度加工轮廓”对话框。

Stage2．创建修剪边界。

(1) 在“深度加工轮廓”对话框的几何体区域中单击按钮，系统弹出“修剪边界”对话框。

（2）在“修剪边界”对话框的面选择区域中选中☑忽略孔复选框，在修剪侧区域中选中⊙外部单选项，然后在绘图区域选取图1.12所示的面，系统自动生成图1.13所示的边界。

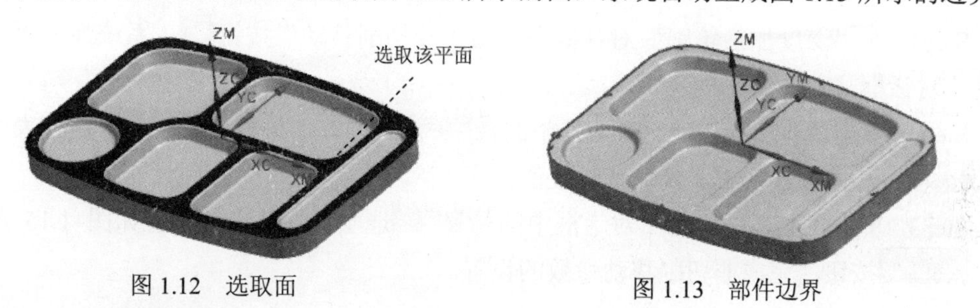

图1.12　选取面　　图1.13　部件边界

（3）单击确定按钮，系统返回到“深度加工轮廓”对话框，完成部件边界的创建。

Stage3．设置刀具路径参数和切削层

Step1．设置刀具路径参数。在“深度加工轮廓”对话框的每刀的公共深度下拉列表中选择残余高度选项，其他参数采用系统默认设置值。

Step2．设置切削层。各参数采用系统默认设置值。

Stage4．设置切削参数

Step1．单击“深度加工轮廓”对话框中的“切削参数”按钮，系统弹出“切削参数”对话框。

Step2．单击“切削参数”对话框中的策略选项卡，在切削顺序下拉列表中选择始终深度优先选项。

Step3. 单击“切削参数”对话框中的余量选项卡，在内公差与外公差文本框中输入 0.01，其他参数采用系统默认设置值。

Step4. 单击“切削参数”对话框中的连接选项卡，其参数设置如图 1.14 所示；单击确定按钮，系统返回到“深度加工轮廓”对话框。

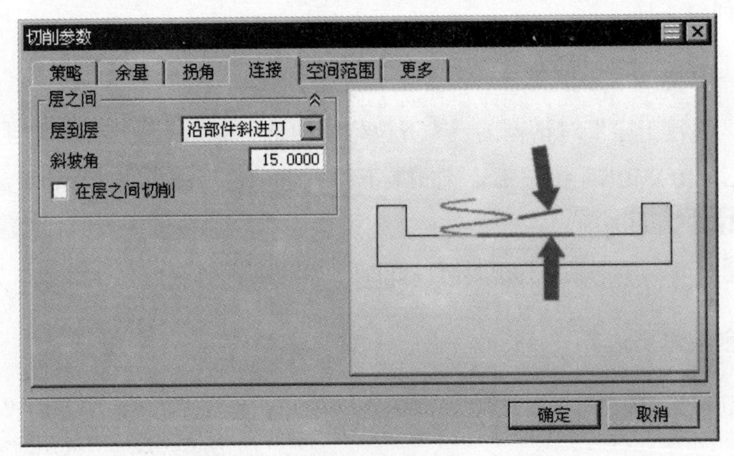

图 1.14 “连接”选项卡

Stage5. 设置非切削移动参数

Step1. 在“深度加工轮廓”对话框中单击“非切削移动”按钮，系统弹出“非切削移动”对话框。

Step2. 单击“非切削移动”对话框中的起点/钻点选项卡，在默认区域起点下拉列表中选择拐角选项；其他参数采用系统默认设置值。

Step3. 单击“非切削移动”对话框中的转移/快速选项卡，其参数设置如图 1.15 所示；单击确定按钮，完成非切削移动参数的设置。

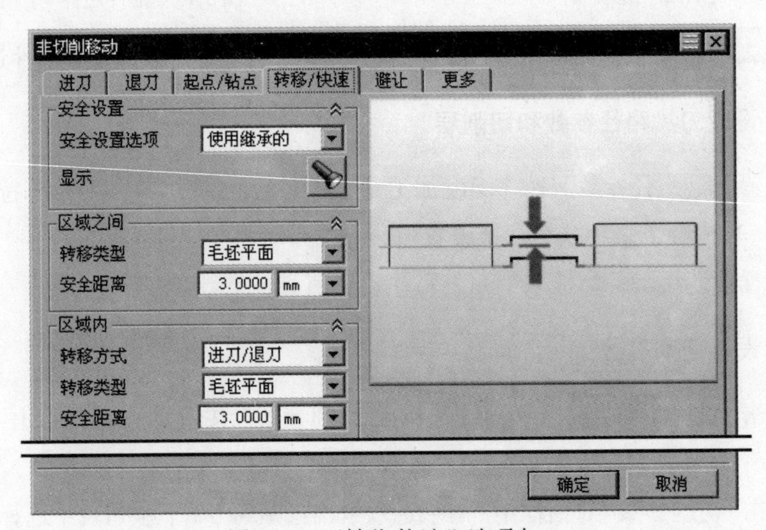

图 1.15 “转移/快速”选项卡

Stage6．设置进给率和速度

Step1．在“深度加工轮廓”对话框中单击“进给率和速度”按钮，系统弹出“进给率和速度”对话框。

Step2．在“进给率和速度”对话框中选中 主轴速度 (rpm) 复选框，然后在其后的文本框中输入值 3000.0，在 切削 文本框中输入值 400.0，按 Enter 键，然后单击按钮。

Step3．单击 确定 按钮，完成进给率和速度的设置，系统返回“深度加工轮廓”对话框。

Stage7．生成刀路轨迹并仿真

生成的刀路轨迹如图 1.16 所示，2D 动态仿真加工后的模型如图 1.17 所示。

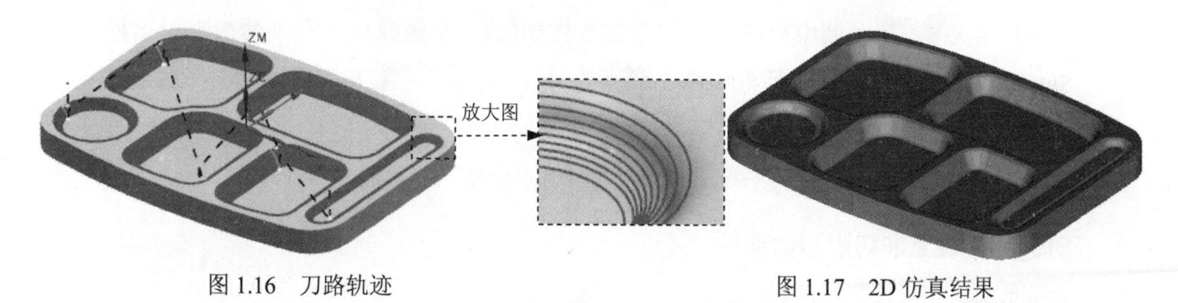

图 1.16　刀路轨迹　　图 1.17　2D 仿真结果

Task9．创建表面区域铣（一）工序

Stage1．创建工序

Step1．选择下拉菜单 插入(S) → 工序(E)... 命令，系统弹出“创建工序”对话框。

Step2．确定加工方法。在“创建工序”对话框的 类型 下拉列表中选择 mill_planar 选项，在 工序子类型 区域中单击“FACE_MILLING_AREA”按钮，在 刀具 下拉列表中选择 T1D16R1 (铣刀-5 参数) 选项，在 几何体 下拉列表中选择 WORKPIECE 选项，在 方法 下拉列表中选择 MILL_FINISH 选项，采用系统默认的名称。

Step3．在“创建工序”对话框中单击 确定 按钮，系统弹出“面铣削区域”对话框。

Stage2．指定切削区域

Step1．在“面铣削区域”对话框的 几何体 区域中单击“选择或编辑切削区域几何体”按钮，系统弹出“切削区域”对话框。

Step2．选取图 1.18 所示的平面为切削区域，在“切削区域”对话框中单击 确定 按钮，完成切削区域的选取，同时系统返回到“面铣削区域”对话框。

Stage3．设置刀具路径参数

Step1. 设置切削模式。在刀轨设置区域的切削模式下拉列表中选择跟随周边选项。

Step2. 设置步进方式。在步距下拉列表中选择刀具平直百分比选项，其余参数采用系统默认设置值。

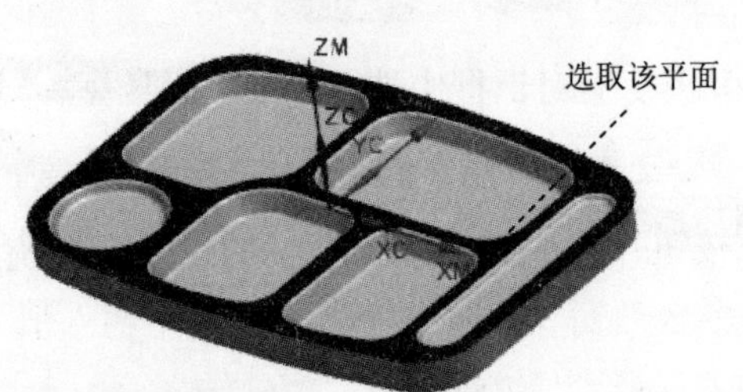

图 1.18 选取切削区域

Stage4. 设置切削参数

Step1. 在刀轨设置区域中单击“切削参数”按钮，系统弹出“切削参数”对话框。

Step2. 在“切削参数”对话框中单击策略选项卡，在刀路方向下拉列表中选择向内选项，其他参数采用系统默认设置值。

Step3. 单击 确定 按钮，系统返回到“面铣削区域”对话框。

Stage5. 设置非切削移动参数

各参数采用系统默认的设置值。

Stage6. 设置进给率和速度

Step1. 单击“面铣削区域”对话框中的“进给率和速度”按钮，系统弹出“进给率和速度”对话框。

Step2. 选中“进给率和速度”对话框主轴速度区域中的☑ 主轴速度 (rpm) 复选框，在其后的文本框中输入值 1500.0，按 Enter 键，然后单击按钮；在进给率区域的切削文本框中输入值 400.0，按 Enter 键，然后单击按钮，其他参数采用系统默认设置值。

Step3. 单击“进给率和速度”对话框中的 确定 按钮，系统返回到“面铣削区域”对话框。

Stage7. 生成刀路轨迹并仿真

生成的刀路轨迹如图 1.19 所示，2D 动态仿真加工后的模型如图 1.20 所示。

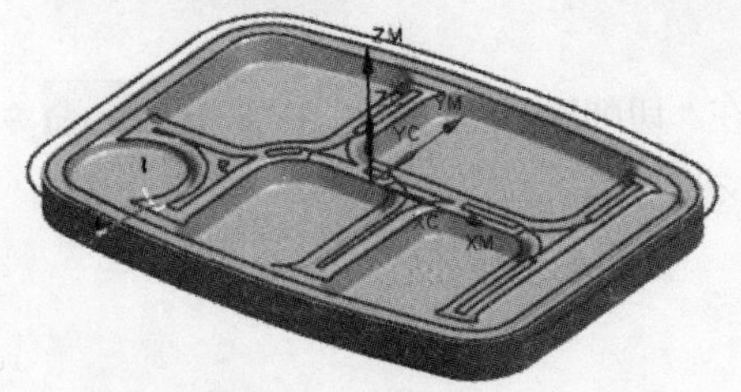

图 1.19 刀路轨迹

图 1.20 2D 仿真结果

Task10. 创建刀具 4

Step1. 将工序导航器调整到机床视图。

Step2. 选择下拉菜单 插入(S) → 刀具(T)... 命令，系统弹出“创建刀具”对话框。

Step3. 在“创建刀具”对话框的 类型 下拉列表中选择 mill_planar 选项，在 刀具子类型 区域中单击“MILL”按钮，在 位置 区域的 刀具 下拉列表中选择 GENERIC_MACHINE 选项，在 名称 文本框中输入 T4D8R2；单击 确定 按钮，系统弹出“铣刀-5 参数”对话框。

Step4. 在“铣刀-5 参数”对话框的 (D) 直径 文本框中输入值 8.0，在 (R1) 下半径 文本框中输入值 2.0，在 编号 区域的 刀具号、补偿寄存器、刀具补偿寄存器 文本框中均输入值 4，其他参数采用系统默认设置值，单击 确定 按钮，完成刀具的创建。

Task11. 创建表面区域铣（二）工序

Stage1. 创建工序

Step1. 选择下拉菜单 插入(S) → 工序(E)... 命令，系统弹出“创建工序”对话框。

Step2. 确定加工方法。在“创建工序”对话框的 类型 下拉列表中选择 mill_planar 选项，在 工序子类型 区域中单击“FACE_MILLING_AREA”按钮，在 刀具 下拉列表中选择 T4D8R2（铣刀-5 参数）选项，在 几何体 下拉列表中选择 WORKPIECE 选项，在 方法 下拉列表中选择 MILL_FINISH 选项，采用系统默认的名称。

Step3. 在“创建工序”对话框中单击 确定 按钮，系统弹出“面铣削区域”对话框。

Stage2. 指定切削区域

Step1. 在“面铣削区域”对话框的 几何体 区域中单击“选择或编辑切削区域几何体”按钮，系统弹出“切削区域”对话框。

Step2. 选取图 1.21 所示的面（共 6 个面）为切削区域，在“切削区域”对话框中单击 确定 按钮，完成切削区域的选取，同时系统返回到“面铣削区域”对话框。

Step3. 选中 ☑ 自动壁 复选框，单击 指定壁几何体 后的查看壁几何体。

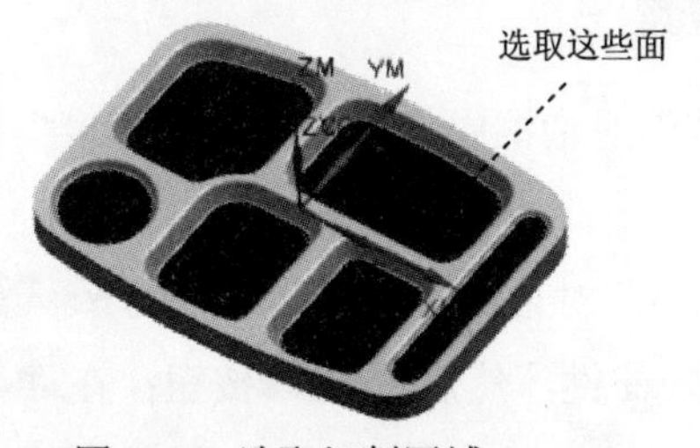

图 1.21 选取切削区域

Stage3. 设置刀具路径参数

Step1. 设置切削模式。在刀轨设置区域的切削模式下拉列表中选择跟随周边选项。

Step2. 设置步进方式。在步距下拉列表中选择刀具平直百分比选项，在平面直径百分比文本框中输入值 50.0，在毛坯距离文本框中输入值 1.0，其余参数采用系统默认设置值。

Stage4. 设置切削参数

各参数采用系统默认的设置值。

Stage5. 设置非切削移动参数

Step1. 单击“面铣削区域”对话框刀轨设置区域中的“非切削移动”按钮，系统弹出“非切削移动”对话框。

Step2. 在“非切削移动”对话框中单击进刀选项卡，在斜坡角文本框中输入数值 3.0，在高度文本框中输入数值 1.0，其余参数采用系统默认设置值。

Step3. 单击“非切削移动”对话框中的转移/快速选项卡，其参数设置如图 1.22 所示，单击确定按钮，完成非切削移动参数的设置。

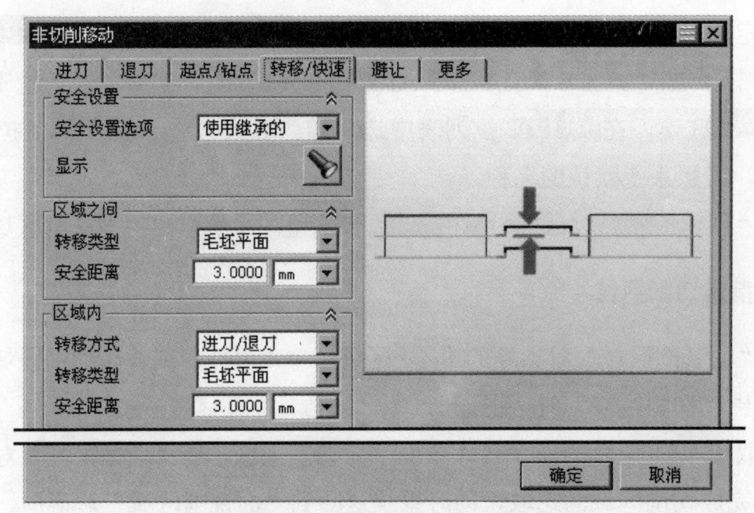

图 1.22 “转移/快速”选项卡

Stage6. 设置进给率和速度

Step1. 单击“面铣削区域”对话框中的“进给率和速度”按钮，系统弹出“进给率和速度”对话框。

Step2. 选中“进给率和速度”对话框主轴速度区域中的主轴速度 (rpm)复选框，在其后的文本框中输入值 3000.0，按 Enter 键，然后单击按钮；在进给率区域的切削文本框中输入值 400.0，按 Enter 键，然后单击按钮，其他参数采用系统默认设置值。

Step3. 单击“进给率和速度”对话框中的确定按钮，系统返回“面铣削区域”对话框。

Stage7．生成刀路轨迹并仿真

生成的刀路轨迹如图 1.23 所示，2D 动态仿真加工后的模型如图 1.24 所示。

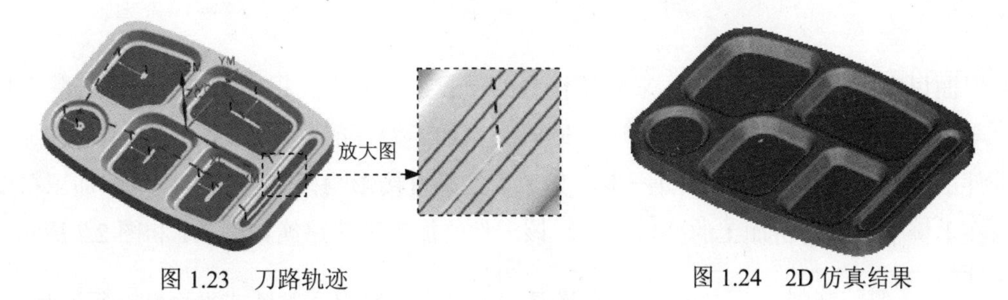

图 1.23　刀路轨迹　　　　图 1.24　2D 仿真结果

Task12．保存文件

选择下拉菜单 文件(F) ➡ 保存(S) 命令，保存文件。

实例2　底座下模加工

下面以底座下模加工为例，来介绍模具的一般加工操作。粗加工，大量地去除毛坯材料；半精加工，留有一定余量的加工，同时为精加工做好准备；精加工，把毛坯件加工成目标件的最后步骤，也是关键的一步，其加工结果直接影响模具的加工质量和加工精度，所以在本例中我们对精加工的要求很高。该零件的加工工艺路线如图 2.1 和图 2.2 所示。

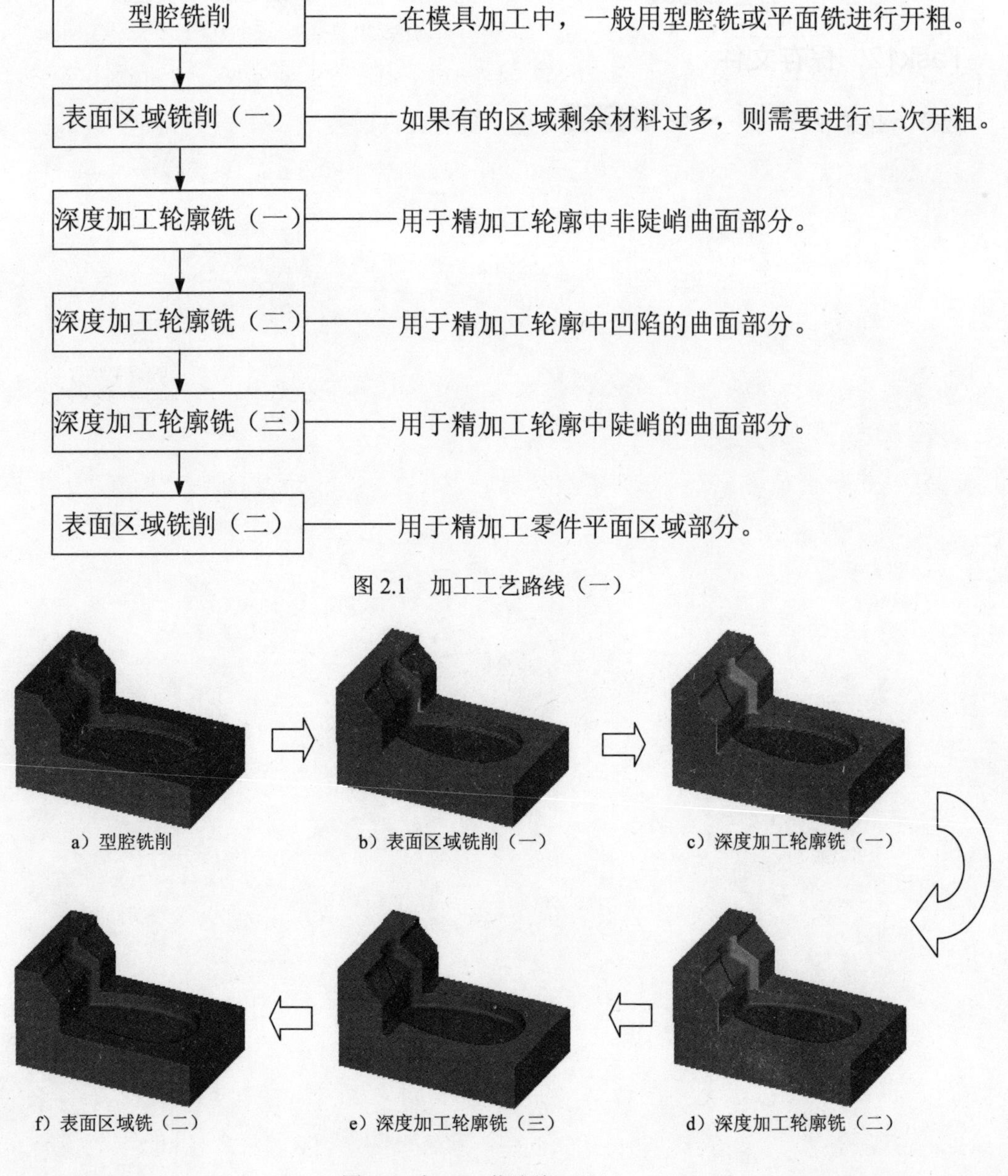

图 2.1　加工工艺路线（一）

图 2.2　加工工艺路线（二）

Task1．打开模型文件并进入加工模块

Step1．打开模型文件 D:\ug8.11\work\ch02\base_down.prt。

Step2．进入加工环境。选择下拉菜单 开始 → 加工(N)... 命令，系统弹出“加工环境”对话框；在“加工环境”对话框的 CAM 会话配置 列表框中选择 cam_general 选项，在 要创建的 CAM 设置 列表框中选择 mill contour 选项，单击 确定 按钮，进入加工环境。

Task2．创建几何体

Stage1．创建机床坐标系

Step1．将工序导航器调整到几何视图，双击 MCS_MILL 节点，系统弹出“Mill Orient”对话框，在“Mill Orient”对话框的 机床坐标系 区域中单击“CSYS 对话框”按钮，系统弹出“CSYS”对话框。

Step2．单击“CSYS”对话框 操控器 区域中的“操控器”按钮，系统弹出“点”对话框；在“点”对话框的 Z 文本框中输入值 65.0，单击 确定 按钮，此时系统返回至“CSYS”对话框；在该对话框中单击 确定 按钮，完成图 2.3 所示的机床坐标系的创建。

Stage2．创建安全平面

Step1．在“Mill Orient”对话框 安全设置 区域的 安全设置选项 下拉列表中选择 自动平面 选项，然后在 安全距离 文本框中输入 10。

Step2．单击“Mill Orient”对话框中的 确定 按钮，完成安全平面的创建。

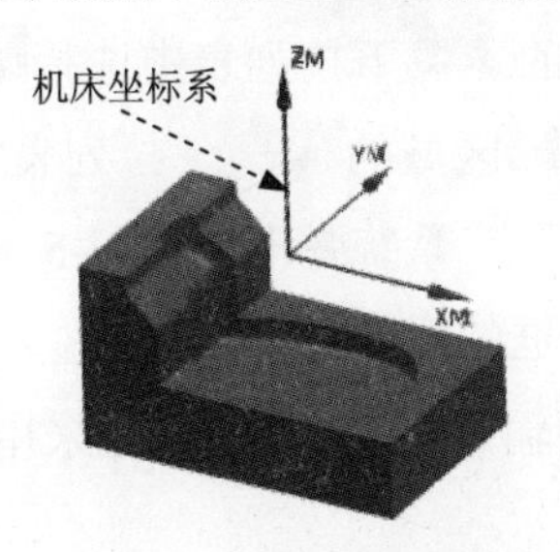

图 2.3 创建机床坐标系

Stage3．创建部件几何体

Step1．在工序导航器中双击 MCS_MILL 节点下的 WORKPIECE，系统弹出“铣削几何体”对话框。

Step2．选取部件几何体。在“铣削几何体”对话框中单击按钮，系统弹出“部件几何体”对话框。

Step3．在图形区中选择整个零件为部件几何体，如图 2.4 所示。在“部件几何体”对话框中单击 确定 按钮，完成部件几何体的创建，同时系统返回到“铣削几何体”对话框。

Stage4. 创建毛坯几何体

Step1. 在“铣削几何体”对话框中单击按钮，系统弹出“毛坯几何体”对话框。

Step2. 在“毛坯几何体”对话框的类型下拉列表中选择包容块选项，在极限区域的ZM+文本框中输入值10.0。

Step3. 单击“毛坯几何体”对话框中的确定按钮，系统返回到“铣削几何体”对话框，完成图2.5所示的毛坯几何体的创建。

Step4. 单击“铣削几何体”对话框中的确定按钮。

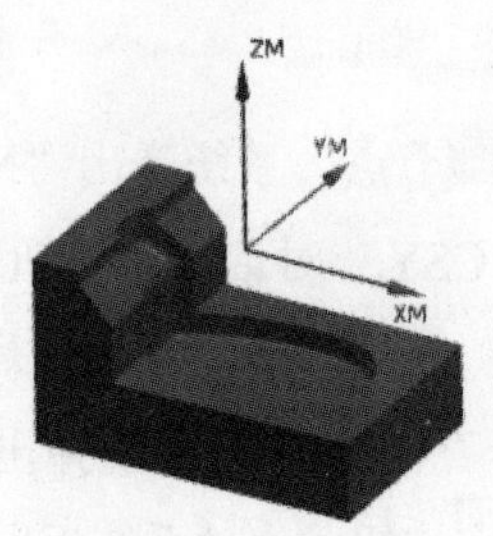

图2.4 部件几何体

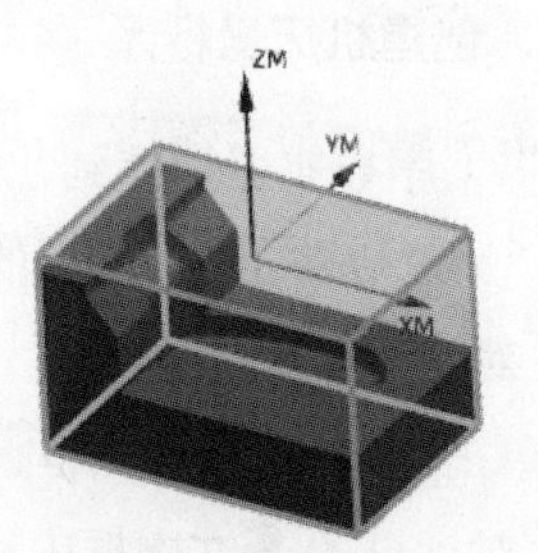

图2.5 毛坯几何体

Task3. 创建刀具

Stage1. 创建刀具（一）

Step1. 将工序导航器调整到机床视图。

Step2. 选择下拉菜单插入(S) → 刀具(T)...命令，系统弹出“创建刀具”对话框。

Step3. 在“创建刀具”对话框的类型下拉列表中选择mill_contour选项，在刀具子类型区域中单击“MILL”按钮，在位置区域的刀具下拉列表中选择GENERIC_MACHINE选项，在名称文本框中输入D24；单击确定按钮，系统弹出“铣刀-5 参数”对话框。

Step4. 在“铣刀-5 参数”对话框的(D) 直径文本框中输入值24.0，在编号区域的刀具号、补偿寄存器、刀具补偿寄存器文本框中均输入值1，其他参数采用系统默认设置值，单击确定按钮，完成刀具的创建。

Stage2. 创建刀具（二）

设置刀具类型为mill_contour，设置刀具子类型为“MILL”，刀具名称为D12R2，刀具(D) 直径为12.0，(R1) 下半径为2.0，在编号区域的刀具号、补偿寄存器、刀具补偿寄存器文本框中均输入值2；具体操作方法参照Stage1。

Stage3. 创建刀具（三）

设置刀具类型为mill_contour，设置刀具子类型为“MILL”，刀具名称为D10R2，刀具(D) 直径为10.0，(R1) 下半径为2.0，在编号区域的刀具号、补偿寄存器、刀具补偿寄存器文本框中均输入值 3。

Task4．创建型腔铣削操作

Stage1．创建工序

Step1．将工序导航器调整到程序顺序视图。

Step2．选择下拉菜单插入(S) → 工序(E)...命令，在“创建工序”对话框的类型下拉列表中选择mill_contour选项，在工序子类型区域中单击“CAVITY_MILL”按钮，在程序下拉列表中选择PROGRAM选项，在刀具下拉列表中选择 Task3 的 Stage1 的 Step3 中设置的刀具D24 (铣刀-5 参数)选项，在几何体下拉列表中选择WORKPIECE选项，在方法下拉列表中选择MILL_ROUGH选项，使用系统默认的名称。

Step3．单击“创建工序”对话框中的确定按钮，系统弹出“型腔铣”对话框。

Stage2．设置一般参数

在“型腔铣”对话框的切削模式下拉列表中选择跟随部件选项；在步距下拉列表中选择刀具平直百分比选项，在平面直径百分比文本框中输入值 50.0；在每刀的公共深度下拉列表中选择恒定选项，在最大距离文本框中输入值 1.0。

Stage3．设置切削参数

Step1．在刀轨设置区域中单击“切削参数”按钮，系统弹出“切削参数”对话框。

Step2．在“切削参数”对话框中单击连接选项卡，在开放刀路下拉列表中选择变换切削方向选项；单击空间范围选项卡，在毛坯区域的修剪方式下拉列表中选择轮廓线选项，其他参数采用系统默认设置值。

Step3．单击“切削参数”对话框中的确定按钮，系统返回到“型腔铣”对话框。

Stage4．设置非切削移动参数

Step1．在“型腔铣”对话框中单击“非切削移动”按钮，系统弹出“非切削移动”对话框。

Step2．单击“非切削移动”对话框中的进刀选项卡，在进刀类型下拉列表中选择沿形状斜进刀选项，在封闭区域区域中的斜坡角文本框中输入值 3.0，其他参数采用系统默认设置值，单击确定按钮，完成非切削移动参数的设置。

Stage5．设置进给率和速度

Step1．在“型腔铣”对话框中单击“进给率和速度”按钮，系统弹出“进给率和速度”对话框。

Step2．选中“进给率和速度”对话框主轴速度区域中的☑ 主轴速度 (rpm)复选框，在其后的

文本框中输入值 500.0，按 Enter 键，然后单击按钮；在进给率区域的切削文本框中输入值 200.0，按 Enter 键，然后单击按钮，其他参数采用系统默认设置值。

Step3. 单击确定按钮，完成进给率和速度的设置，系统返回到“型腔铣”操作对话框。

Stage6. 生成刀路轨迹并仿真

生成的刀路轨迹如图 2.6 所示，2D 动态仿真加工后的模型如图 2.7 所示。

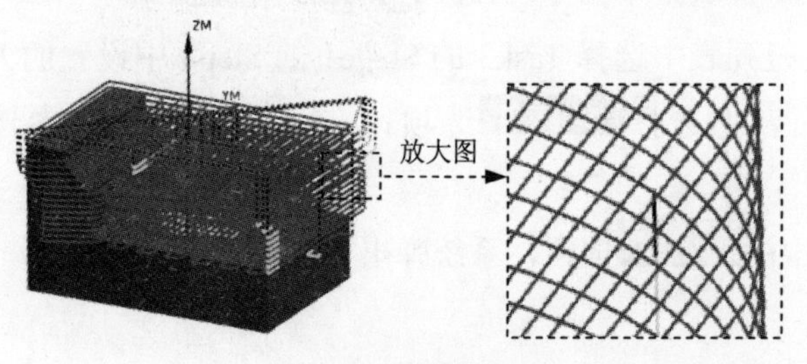

图 2.6 刀路轨迹

图 2.7 2D 仿真结果

Task5. 创建表面区域铣削操作（一）

Stage1. 创建工序

Step1. 选择下拉菜单插入(S) → 工序(E)... 命令，系统弹出“创建工序”对话框。

Step2. 确定加工方法。在“创建工序”对话框类型下拉列表中选择mill_planar选项，在工序子类型区域中单击“FACE_MILLING_AREA”按钮，在程序下拉列表中选择PROGRAM选项，在刀具下拉列表中选择D24（铣刀-5 参数）选项，在几何体下拉列表中选择WORKPIECE选项，在方法下拉列表中选择MILL_SEMI_FINISH选项，采用系统默认的名称。

Step3. 在“创建工序”对话框中单击确定按钮，系统弹出“面铣削区域”对话框。

Stage2. 指定切削区域

Step1. 在“面铣削区域”对话框的几何体区域中单击“选择或编辑切削区域几何体”按钮，系统弹出“切削区域”对话框。

Step2. 选取图 2.8 所示的面为切削区域(共 2 个面)，在“切削区域”对话框中单击确定按钮，完成切削区域的创建，同时系统返回到“面铣削区域”对话框。

Stage3. 指定壁几何体

在“面铣削区域”对话框的几何体区域中选中☑自动壁复选框，单击指定壁几何体右侧的“显示”按钮，结果如图 2.9 所示。

Stage4. 设置刀具路径参数

Step1. 创建切削模式。在刀轨设置区域切削模式下拉列表中选择往复选项。

Step2. 创建步进方式。在步距下拉列表中选择刀具平直百分比选项，在平面直径百分比文本框中输入值 75.0。在毛坯距离文本框中输入值 1，在每刀深度文本框中输入值 0.0，在最终底面余量文本框中输入值 0.2。

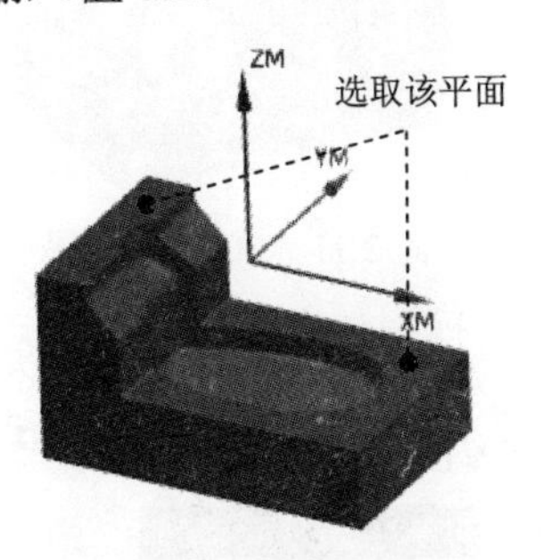

图 2.8 指定切削区域

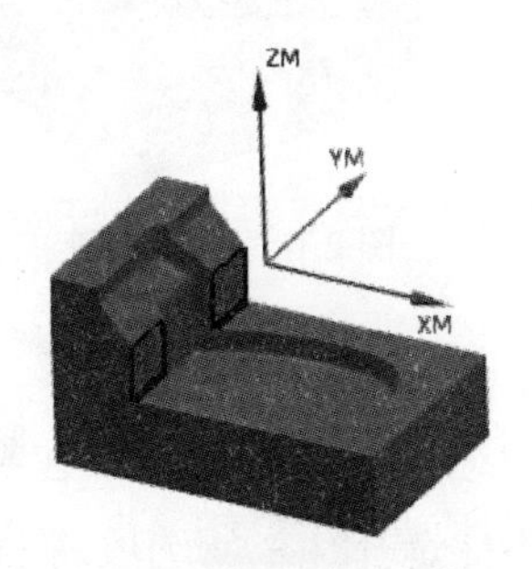

图 2.9 指定壁几何体

Stage5. 设置切削参数

Step1. 在刀轨设置区域中单击“切削参数”按钮，系统弹出“切削参数”对话框。

Step2. 在“切削参数”对话框中单击策略选项卡，在切削区域切削角下拉列表中选择自动选项，然后在壁区域的壁清理下拉列表中选择在终点选项；单击余量选项卡，在壁余量文本框中输入 2；单击拐角选项卡，在拐角处的刀轨形状区域的凸角下拉列表中选择延伸并修剪选项，单击确定按钮，系统返回到“面铣削区域”对话框。

Stage6. 设置非切削移动参数

各参数采用系统默认设置值。

Stage7. 设置进给率和速度

Step1. 单击“面铣削区域”对话框中的“进给率和速度”按钮，系统弹出“进给率和速度”对话框。

Step2. 选中“进给率和速度”对话框主轴速度区域中的☑ 主轴速度 (rpm)复选框，在其后的文本框中输入值 800.0，按 Enter 键，然后单击按钮；在进给率区域的切削文本框中输入值 250.0，按 Enter 键，然后单击按钮，其他参数采用系统默认设置值。

Step3. 单击“进给率和速度”对话框中的确定按钮，系统返回“面铣削区域”对话框。

Stage8. 生成刀路轨迹并仿真

生成的刀路轨迹如图 2.10 所示，2D 动态仿真加工后的模型如图 2.11 所示。

Task6. 创建深度加工轮廓铣操作（一）

Stage1. 创建工序

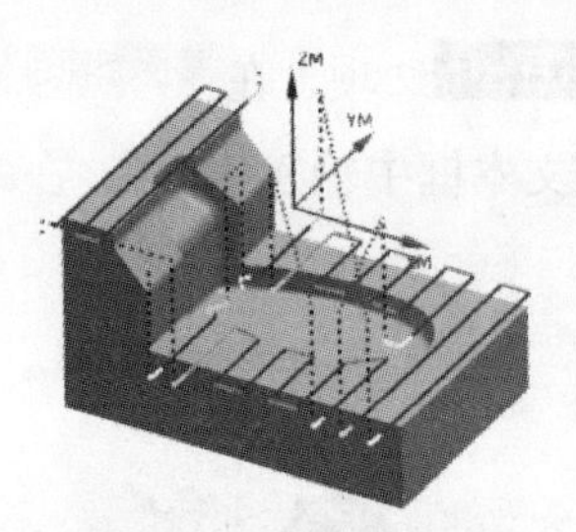

图 2.10 刀路轨迹

图 2.11 2D 仿真结果

Step1. 选择下拉菜单 插入(S) → 工序(E)... 命令，在“创建工序”对话框中 类型 下拉菜单中选择 mill_contour 选项，在 工序子类型 区域中单击“ZLEVEL_PROFILE”按钮，在 程序 下拉列表中选择 PROGRAM 选项，在 刀具 下拉列表中选择刀具 D12R2（铣刀-5 参数）选项，在 几何体 下拉列表中选择 WORKPIECE 选项，在 方法 下拉列表中选择 MILL_SEMI_FINISH 选项，使用系统默认的名称。

Step2. 单击“创建工序”对话框中的 确定 按钮，系统弹出“深度加工轮廓”对话框。

Stage2. 指定切削区域

Step1. 在“深度加工轮廓”对话框的 几何体 区域中单击 指定切削区域 右侧的按钮，系统弹出“切削区域”对话框。

Step2. 在图形区中选取图 2.12 所示的面（共 23 个）为切削区域，然后单击“切削区域”对话框中的 确定 按钮，系统返回到“深度加工轮廓”对话框。

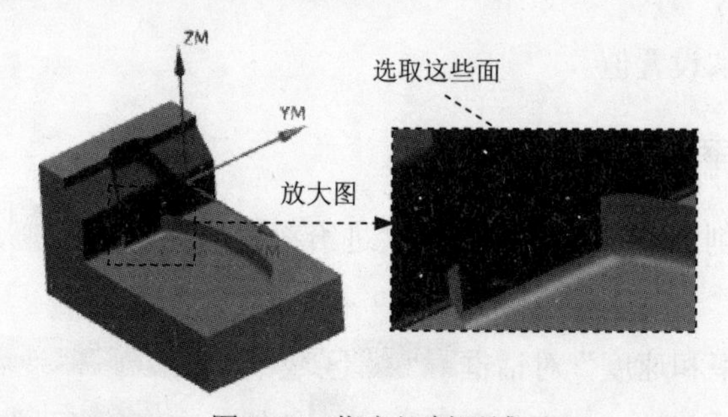

图 2.12 指定切削区域

Stage3. 设置一般参数

在“深度加工轮廓”对话框的 合并距离 文本框中输入值 3.0，在 最小切削长度 文本框中输入值 1.0，在 每刀的公共深度 下拉列表中选择 恒定 选项，在 最大距离 文本框中输入值 0.5。

Stage4. 设置切削层

Step1. 单击“深度加工轮廓”对话框中的“切削层”按钮，系统弹出“切削层”对话框。

Step2. 在 范围 1 的顶部 区域的 ZC 文本框中输入 67，在 范围定义 区域的 范围深度 文本框中输入值 67，然后单击确定按钮，系统返回到“深度加工轮廓”对话框。

Stage5．设置切削参数

Step1．单击“深度加工轮廓”对话框中的“切削参数”按钮，系统弹出“切削参数”对话框。

Step2．在“切削参数”对话框中单击策略选项卡，在切削区域切削方向下拉列表中选择混合选项，在延伸刀轨区域中选中☑ 在边上延伸复选框，然后在距离文本框中输入 2，并在其后的下拉列表中选择mm选项。

Step3．单击“切削参数”对话框中的确定按钮，完成切削参数的设置，系统返回到“深度加工轮廓”对话框。

Stage6．设置非切削移动参数

Step1．单击“深度加工轮廓”对话框中的“非切削移动”按钮，系统弹出“非切削移动”对话框。

Step2．单击“非切削移动”对话框中的进刀选项卡，在开放区域区域的高度文本框中输入 0，其他参数采用系统默认设置值。

Step3．单击“非切削移动”对话框中的转移/快速选项卡，在区域内区域的转移类型下拉列表中选择直接选项，其他参数采用系统默认设置值。

Step4．单击“非切削移动”对话框中的确定按钮，完成非切削移动参数的设置，系统返回到“深度加工轮廓”对话框。

Stage7．设置进给率和速度

Step1．在“深度加工轮廓”对话框中单击“进给率和速度”按钮，系统弹出“进给率和速度”对话框。

Step2．选中“进给率和速度”对话框主轴速度区域中的☑ 主轴速度 (rpm)复选框，在其后的文本框中输入值 1000.0，按 Enter 键，然后单击按钮；在进给率区域的切削文本框中输入值 300.0，按 Enter 键，然后单击按钮，其他参数采用系统默认设置值。

Step3．单击确定按钮，完成进给率和速度的设置，系统返回到“深度加工轮廓”对话框。

Stage8．生成刀路轨迹并仿真

生成的刀路轨迹如图 2.13 所示，2D 动态仿真加工后的模型如图 2.14 所示。

Task7．创建深度加工轮廓铣操作（二）

Stage1．创建工序

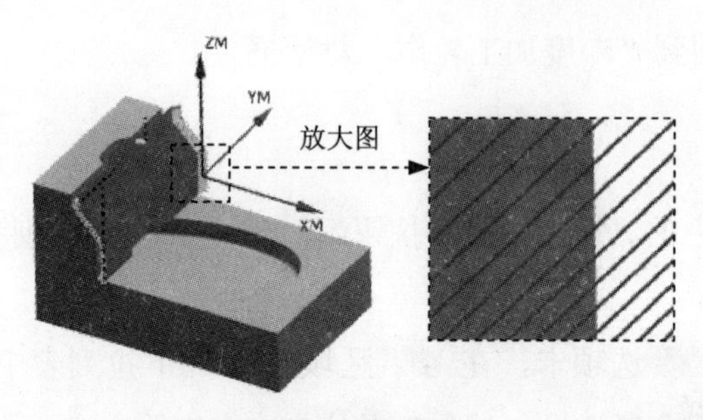

图 2.13　刀路轨迹

图 2.14　2D 仿真结果

Step1. 选择下拉菜单 插入(S) → 工序(E)... 命令，在“创建工序”对话框的 类型 下拉菜单中选择 mill_contour 选项，在 工序子类型 区域中单击“ZLEVEL_PROFILE”按钮，在 程序 下拉列表中选择 PROGRAM 选项，在 刀具 下拉列表中选择刀具 D12R2（铣刀-5 参数）选项，在 几何体 下拉列表中选择 WORKPIECE 选项，在 方法 下拉列表中选择 MILL_SEMI_FINISH 选项，使用系统默认的名称。

Step2. 单击“创建工序”对话框中的 确定 按钮，系统弹出“深度加工轮廓”对话框。

Stage2. 指定切削区域

Step1. 在“深度加工轮廓”对话框的 几何体 区域中单击 指定切削区域 右侧的按钮，系统弹出“切削区域”对话框。

Step2. 在图形区中选取图 2.15 所示的面（共 11 个）为切削区域，然后单击“切削区域”对话框中的 确定 按钮，系统返回到“深度加工轮廓”对话框。

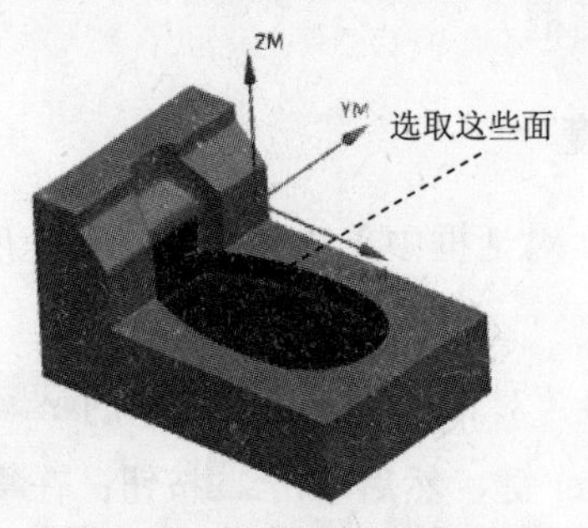

图 2.15　指定切削区域

Stage3. 设置一般参数

在“深度加工轮廓”对话框的 合并距离 文本框中输入值 3.0，在 最小切削长度 文本框中输入值 1.0，在 每刀的公共深度 下拉列表中选择 恒定 选项，在 最大距离 文本框中输入值 0.5。

Stage4. 设置切削层

Step1. 单击“深度加工轮廓”对话框中的“切削层”按钮，系统弹出“切削层”对话框。

Step2. 激活范围 1 的顶部区域的选择对象选项，在图形区选择图 2.16 所示的面，然后单击确定按钮，系统返回到“深度加工轮廓”对话框。

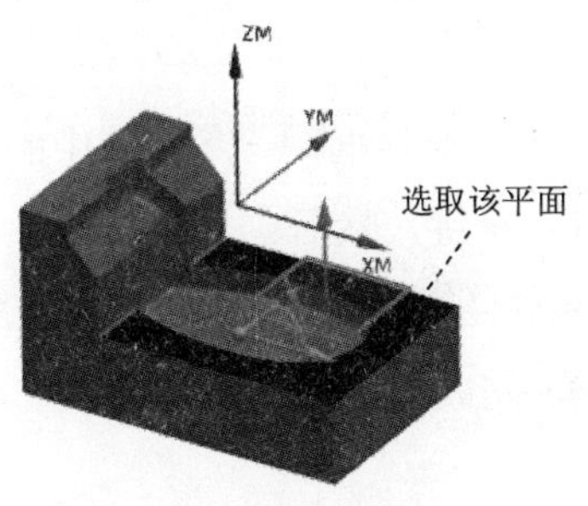

图 2.16　选取参照面

Stage5. 设置切削参数

Step1. 单击“深度加工轮廓”对话框中的“切削参数”按钮，系统弹出“切削参数”对话框。

Step2. 在“切削参数”对话框中单击连接选项卡，在层到层下拉列表中选择直接对部件进刀选项，然后选中在层之间切削复选框；在步距下拉列表中选择刀具平直百分比选项，在平面直径百分比文本框中输入值 40.0。

Step3. 单击“切削参数”对话框中的确定按钮，完成切削参数的设置，系统返回到“深度加工轮廓”对话框。

Stage6. 设置非切削移动参数

Step1. 单击“深度加工轮廓”对话框中的“非切削移动”按钮，系统弹出“非切削移动”对话框。

Step2. 单击“非切削移动”对话框中的起点/钻点选项卡，在选择点区域单击“点对话框”按钮，系统弹出“点”对话框。然后在图形区选取图 2.17 所示的点，单击确定按钮，系统返回“非切削移动”对话框。

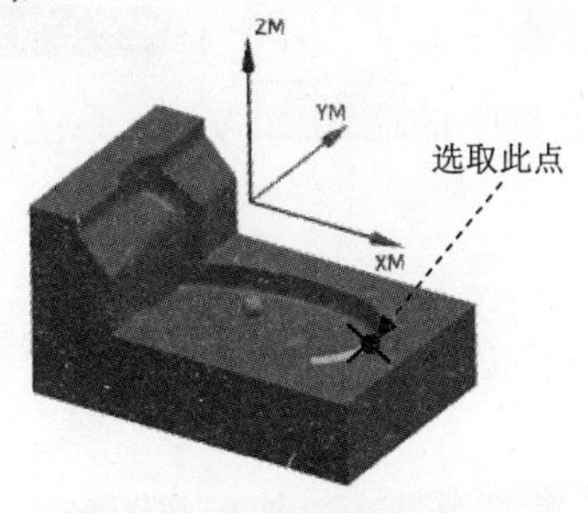

图 2.17　选取参照点

Step3. 单击“非切削移动”对话框中的确定按钮，完成非切削移动参数的设置，系统返回到“深度加工轮廓”对话框。

Stage7．设置进给率和速度

Step1. 在“深度加工轮廓”对话框中单击“进给率和速度”按钮，系统弹出“进给率和速度”对话框。

Step2. 选中“进给率和速度”对话框主轴速度区域中的☑ 主轴速度（rpm）复选框，在其后的文本框中输入值 1000.0，按 Enter 键，然后单击按钮；在进给率区域的切削文本框中输入值 400.0，按 Enter 键，然后单击按钮，其他参数采用系统默认设置值。

Step3. 单击确定按钮，完成进给率和速度的设置，系统返回“深度加工轮廓”对话框。

Stage8．生成刀路轨迹并仿真

生成的刀路轨迹如图 2.18 所示，2D 动态仿真加工后的模型如图 2.19 所示。

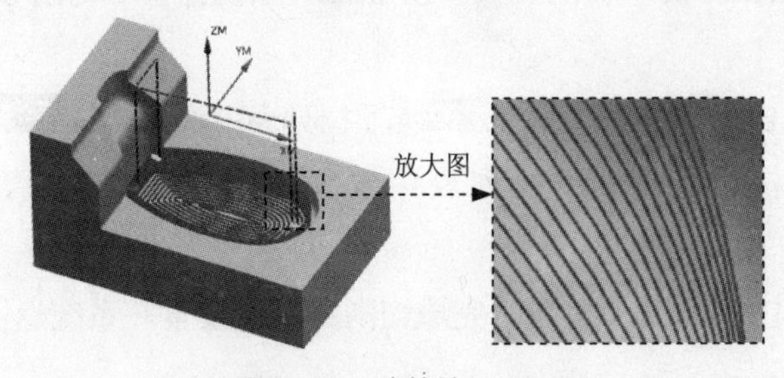

图 2.18 刀路轨迹

图 2.19 2D 仿真结果

Task8．创建深度加工轮廓铣操作（三）

Stage1．创建工序

Step1. 选择下拉菜单插入(S) → 工序(E)...命令，在“创建工序”对话框中类型下拉菜单中选择mill_contour选项，在工序子类型区域中单击“ZLEVEL_PROFILE”按钮，在程序下拉列表中选择PROGRAM选项，在刀具下拉列表中选择刀具D10R2（铣刀-5 参数）选项，在几何体下拉列表中选择WORKPIECE选项，在方法下拉列表中选择MILL_FINISH选项，使用系统默认的名称。

Step2. 单击“创建工序”对话框中的确定按钮，系统弹出“深度加工轮廓”对话框。

Stage2．指定切削区域

Step1. 在“深度加工轮廓”对话框的几何体区域中单击指定修剪边界右侧的按钮，系统弹出“修剪边界”对话框。

Step2. 在修剪侧区域中选中⊙ 外部单选项，然后在图形区中选取图 2.20 所示的面；单击“修剪边界”对话框中的确定按钮，系统返回到“深度加工轮廓”对话框。

Stage3．设置一般参数

在“深度加工轮廓”对话框的合并距离文本框中输入值 3.0，在最小切削长度文本框中输入值 1.0，在每刀的公共深度下拉列表中选择恒定选项，在最大距离文本框中输入值 0.2。

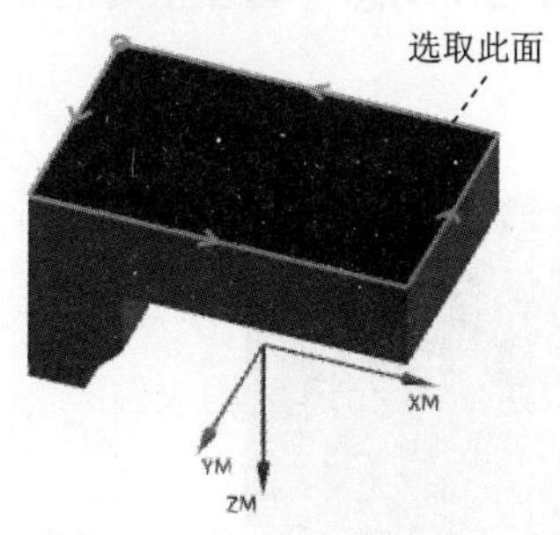

图 2.20　指定修剪边界

Stage4．设置切削参数

Step1. 单击“深度加工轮廓”对话框中的“切削参数”按钮，系统弹出“切削参数”对话框。

Step2. 在“切削参数”对话框中单击策略选项卡，在切削区域的切削顺序下拉列表中选择始终深度优先选项；在延伸刀轨区域中选中☑在边上延伸复选框，然后在距离文本框中输入 2，并在其后的下拉列表中选择mm选项，选中☑在刀具接触点下继续切削复选框。

Step3. 在“切削参数”对话框中单击余量选项卡，在公差区域的内公差和外公差的文本框中分别输入 0.005，其他参数采用系统默认设置值。

Step4. 在“切削参数”对话框中单击连接选项卡，在层到层下拉列表中选择沿部件斜进刀选项，在斜坡角文本框中输入 15，其他参数采用系统默认设置值。

Step5. 单击“切削参数”对话框中的确定按钮，完成切削参数的设置，系统返回到“深度加工轮廓”对话框。

Stage5．设置非切削移动参数

采用系统默认设置的非切削移动参数值。

Stage6．设置进给率和速度

Step1. 在“深度加工轮廓”对话框中单击“进给率和速度”按钮，系统弹出“进给率和速度”对话框。

Step2. 选中“进给率和速度”对话框主轴速度区域中的☑主轴速度（rpm）复选框，在其后的文本框中输入值 2000.0，按 Enter 键，然后单击按钮；在进给率区域的切削文本框中输入值 400.0，按 Enter 键，然后单击按钮，其他参数采用系统默认设置值。

Step3. 单击确定按钮，完成进给率和速度的设置，系统返回“深度加工轮廓”对话框。

Stage7．生成刀路轨迹并仿真

生成的刀路轨迹如图 2.21 所示，2D 动态仿真加工后的模型如图 2.22 所示。

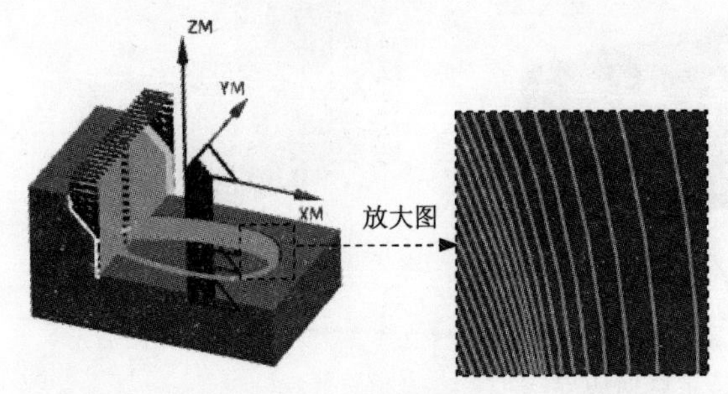

图 2.21 刀路轨迹

图 2.22 2D 仿真结果

Task9．创建表面区域铣削操作（二）

Stage1．创建工序

Step1. 选择下拉菜单 插入(S) → 工序(E)... 命令，系统弹出“创建工序”对话框。

Step2. 确定加工方法。在“创建工序”对话框 类型 下拉列表中选择 mill_planar 选项，在 工序子类型 区域中单击“FACE_MILLING_AREA”按钮，在 刀具 下拉列表中选择 D10R2（铣刀-5 参数）选项，在 几何体 下拉列表中选择 WORKPIECE 选项，在 方法 下拉列表中选择 MILL_FINISH 选项，采用系统默认的名称。

Step3. 在“创建工序”对话框中单击 确定 按钮，系统弹出“面铣削区域”对话框。

Stage2．指定切削区域

Step1. 在“面铣削区域”对话框的 几何体 区域中单击“选择或编辑切削区域几何体”按钮，系统弹出“切削区域”对话框。

Step2. 选取图 2.23 所示的面为切削区域（共 3 个面），在“切削区域”对话框中单击 确定 按钮，完成切削区域的创建，同时系统返回到“面铣削区域”对话框。

Stage3．指定壁几何体

在“面铣削区域”对话框的 几何体 区域中选中 ☑ 自动壁 复选框，单击指定壁几何体右侧的“显示”按钮，结果如图 2.24 所示。

Stage4．设置刀具路径参数

Step1. 创建切削模式。在 刀轨设置 区域的 切削模式 下拉列表中选择 跟随周边 选项。

Step2. 创建步进方式。在 步距 下拉列表中选择 刀具平直百分比 选项，在 平面直径百分比 文本框中输入值 40.0。在 毛坯距离 文本框中输入值 1，在 每刀深度 文本框中输入值 0.0，在 最终底面余量 文本框中输入值 0.0。

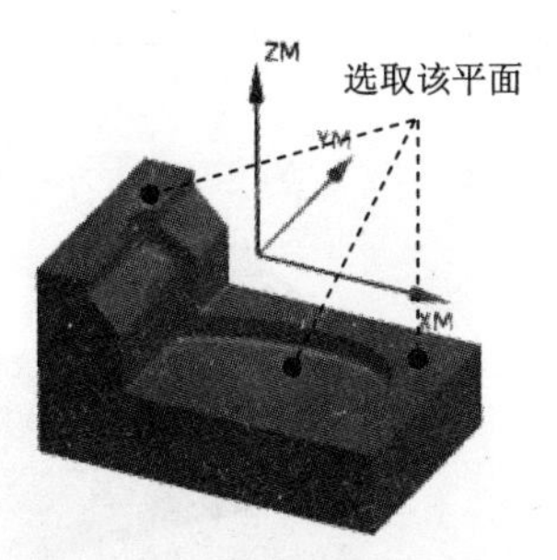

图 2.23 指定切削区域

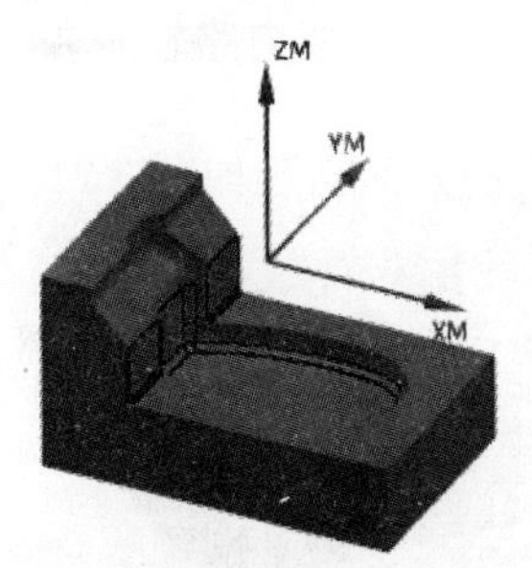

图 2.24 指定壁几何体

Stage5. 设置切削参数

Step1. 在刀轨设置区域中单击“切削参数”按钮，系统弹出“切削参数”对话框。

Step2. 在“切削参数”对话框中单击策略选项卡，在壁区域的壁清理下拉列表中选择在终点选项；在精加工刀路区域中选中☑ 添加精加工刀路复选框；单击确定按钮，完成切削参数的设置。

Stage6. 设置非切削移动参数

Step1. 在“面铣削区域”对话框中单击“非切削移动”按钮，系统弹出“非切削移动”对话框。

Step2. 单击“非切削移动”对话框中的进刀选项卡，在进刀类型下拉列表中选择沿形状斜进刀选项，在封闭区域区域中的斜坡角文本框中输入值 3.0，其他参数采用系统默认设置值；单击确定按钮，完成非切削移动参数的设置。

Stage7. 设置进给率和速度

Step1. 单击“面铣削区域”对话框中的“进给率和速度”按钮，系统弹出“进给率和速度”对话框。

Step2. 选中“进给率和速度”对话框主轴速度区域中的☑ 主轴速度 (rpm)复选框，在其后的文本框中输入值 2000.0，按 Enter 键，然后单击按钮；在进给率区域的切削文本框中输入值 400.0，按 Enter 键，然后单击按钮，其他参数采用系统默认设置值。

Step3. 单击“进给率和速度”对话框中的确定按钮，系统返回“面铣削区域”对话框。

Stage8. 生成刀路轨迹并仿真

生成的刀路轨迹如图 2.25 所示，2D 动态仿真加工后的模型如图 2.26 所示。

Task10. 保存文件

选择下拉菜单 文件(F) → 保存(S) 命令，保存文件。

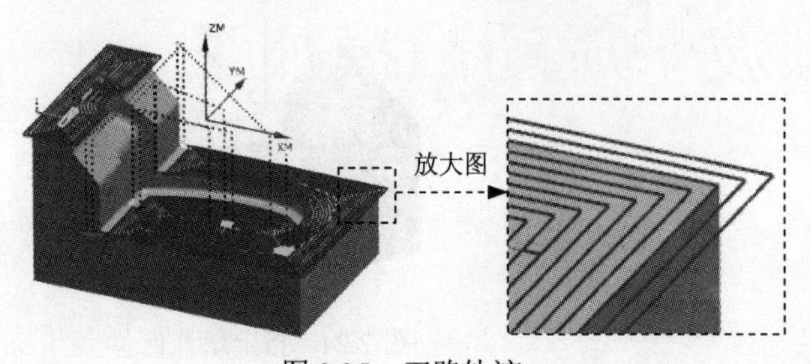

图 2.25　刀路轨迹

图 2.26　2D 仿真结果

实例3　微波炉旋钮凸模加工

下面以微波炉旋钮凸模加工为例，来介绍模具的一般加工操作。粗加工，大量地去除毛坯材料；半精加工，留有一定余量的加工，同时为精加工做好准备；精加工，把毛坯件加工成目标件的最后步骤，也是关键的一步，其加工结果直接影响模具的加工质量和加工精度，所以在本例中我们对精加工的要求很高。该微波炉旋钮凸模的加工工艺路线如图 3.1 和图 3.2 所示。

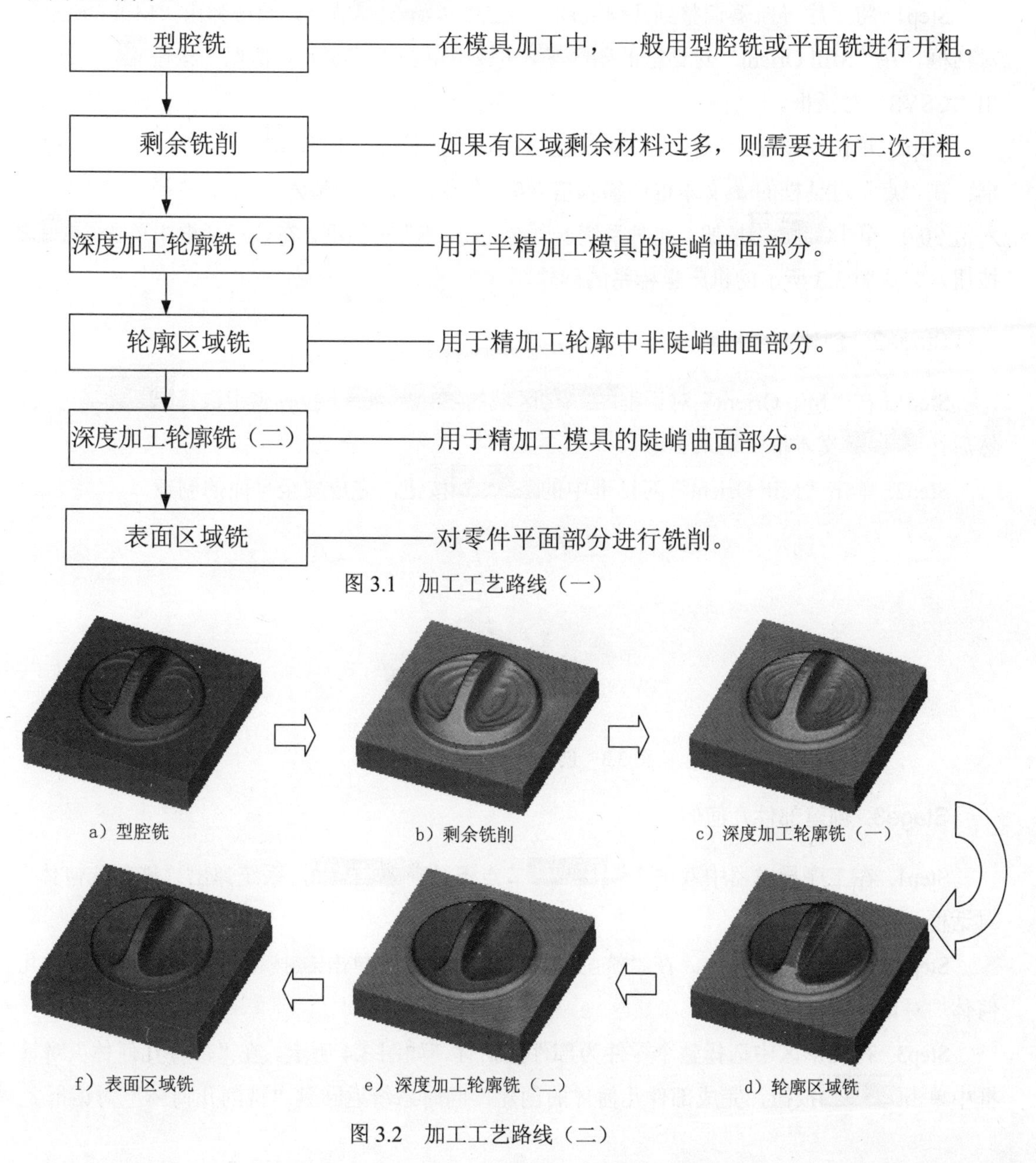

图 3.1　加工工艺路线（一）

图 3.2　加工工艺路线（二）

Task1．打开模型文件并进入加工模块

Step1．打开模型文件 D:\ug8.11\work\ch03\ micro-oven_switch_lower.prt。

Step2．进入加工环境。选择下拉菜单 开始 → 加工(N)... 命令，系统弹出“加工环境”对话框；在“加工环境”对话框的CAM 会话配置列表框中选择cam_general选项，在要创建的 CAM 设置列表框中选择mill contour选项，单击确定按钮，进入加工环境。

Task2．创建几何体

Stage1．创建机床坐标系

Step1．将工序导航器调整到几何视图，双击MCS_MILL节点，系统弹出“Mill Orient”对话框，在“Mill Orient”对话框的机床坐标系区域中单击“CSYS 对话框”按钮，系统弹出“CSYS”对话框。

Step2．单击“CSYS”对话框操控器区域中的“操控器”按钮，系统弹出“点”对话框；在“点”对话框的X文本框中输入值 0.0，在Y文本框中输入值 0.0，在Z文本框中输入值 30.0；单击确定按钮，此时系统返回至“CSYS”对话框，在该对话框中单击确定按钮，完成图 3.3 所示的机床坐标系的创建。

Stage2．创建安全平面

Step1．在“Mill Orient”对话框安全设置区域的安全设置选项下拉列表中选择自动平面选项，然后在安全距离文本框中输入 20。

Step2．单击“Mill Orient”对话框中的确定按钮，完成安全平面的创建。

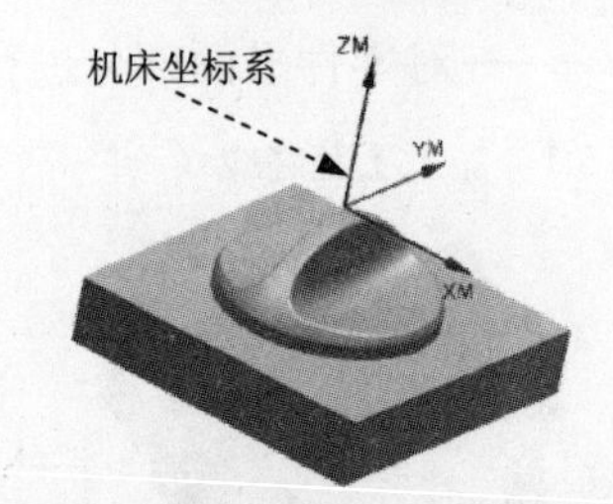

图 3.3　创建机床坐标系

Stage3．创建部件几何体

Step1．在工序导航器中双击MCS_MILL节点下的WORKPIECE，系统弹出“铣削几何体”对话框。

Step2．选取部件几何体。在“铣削几何体”对话框中单击按钮，系统弹出“部件几何体”对话框。

Step3．在图形区中选择整个零件为部件几何体，如图 3.4 所示。在“部件几何体”对话框中单击确定按钮，完成部件几何体的创建，同时系统返回到“铣削几何体”对话框。

Stage4. 创建毛坯几何体

Step1. 在“铣削几何体”对话框中单击按钮，系统弹出“毛坯几何体”对话框。

Step2. 在“毛坯几何体”对话框的类型下拉列表中选择包容块选项，在极限区域的ZM+文本框中输入值 5.0。

Step3. 单击“毛坯几何体”对话框中的确定按钮，系统返回到“铣削几何体”对话框，完成图 3.5 所示毛坯几何体的创建。

Step4. 单击“铣削几何体”对话框中的确定按钮。

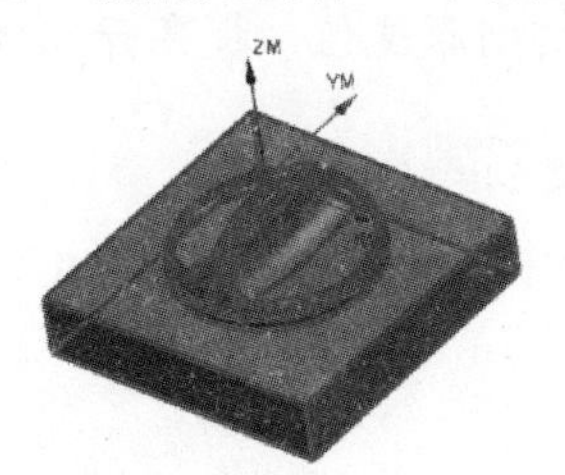

图 3.4 部件几何体

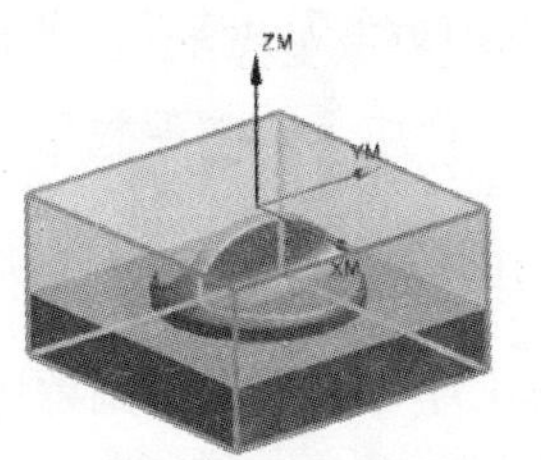

图 3.5 毛坯几何体

Task3. 创建刀具 1

Stage1. 创建刀具（一）

Step1. 将工序导航器调整到机床视图。

Step2. 选择下拉菜单插入(S) → 刀具(T)...命令，系统弹出“创建刀具”对话框。

Step3. 在“创建刀具”对话框的类型下拉列表中选择mill contour选项，在刀具子类型区域中单击“MILL”按钮，在位置区域的刀具下拉列表中选择GENERIC_MACHINE选项，在名称文本框中输入 T1D20R2，然后单击确定按钮，系统弹出“铣刀-5 参数”对话框。

Step4. 在“铣刀-5 参数”对话框的(D) 直径文本框中输入值 20.0，在(R1) 下半径文本框中输入值 2.0，在编号区域的刀具号、补偿寄存器、刀具补偿寄存器文本框中均输入值 1，其他参数采用系统默认设置值；单击确定按钮，完成刀具的创建。

Stage2. 创建刀具（二）

设置刀具类型为mill contour选项，刀具子类型单击选择“BALL_MILL”按钮，刀具名称为 T2B12，刀具(D) 球直径为 12.0，在编号区域的刀具号、补偿寄存器、刀具补偿寄存器文本框中均输入值 2；具体操作方法参照 Stage1。

Stage3. 创建刀具（三）

设置刀具类型为mill contour选项，刀具子类型单击选择“BALL_MILL”按钮，刀具名称为 T3B6，刀具(D) 球直径为 6.0，在编号区域的刀具号、补偿寄存器、刀具补偿寄存器文本框中均输入值 3；具体操作方法参照 Stage1。

Stage4．创建刀具（四）

设置刀具类型为 mill contour 选项，刀具子类型 单击选择“MILL”按钮，刀具名称为 T4D12，刀具 (D) 直径 为 12.0，在 编号 区域的 刀具号 、补偿寄存器 、刀具补偿寄存器 文本框中均输入值 4；具体操作方法参照 Stage1。

Task4．创建型腔铣工序

说明：本步骤是为了粗加工毛坯，应选用直径较大的铣刀。创建工序时应注意优化刀轨，减少不必要的抬刀和移刀，并设置较大的每刀切削深度值，提高开粗效率。另外还需要留有一定余量用于半精加工和精加工。

Stage1．创建工序

Step1．将工序导航器调整到程序顺序视图。

Step2．选择下拉菜单 插入(S) → 工序(E)... 命令，在“创建工序”对话框的 类型 下拉列表中选择 mill_contour 选项，在 工序子类型 区域中单击“CAVITY_MILL”按钮，在 程序 下拉列表中选择 PROGRAM 选项，在 刀具 下拉列表中选择前面设置的刀具 T1D20R2（铣刀-5 参数）选项，在 几何体 下拉列表中选择 WORKPIECE 选项，在 方法 下拉列表中选择 MILL ROUGH 选项，使用系统默认的名称。

Step3．单击“创建工序”对话框中的 确定 按钮，系统弹出“型腔铣”对话框。

Stage2．设置一般参数

在“型腔铣”对话框的 切削模式 下拉列表中选择 跟随部件 选项；在 步距 下拉列表中选择 刀具平直百分比 选项，在 平面直径百分比 文本框中输入值 50.0；在 每刀的公共深度 下拉列表中选择 恒定 选项，在 最大距离 文本框中输入值 1.0。

Stage3．设置切削参数

Step1．在 刀轨设置 区域中单击“切削参数”按钮，系统弹出“切削参数”对话框。

Step2．在“切削参数”对话框中单击 连接 选项卡，在 开放刀路 下拉列表中选择 变换切削方向 选项，其他参数采用系统默认设置值。

Step3．单击“切削参数”对话框中的 确定 按钮，系统返回到“型腔铣”对话框。

Stage4．设置非切削移动参数。

Step1．在“型腔铣”对话框中单击“非切削移动”按钮，系统弹出“非切削移动”对话框。

Step2．单击“非切削移动”对话框中的 进刀 选项卡，设置图 3.6 所示的参数。

Step3．单击“非切削移动”对话框中的 确定 按钮，完成非切削移动参数的设置，系统返回到“型腔铣”对话框。

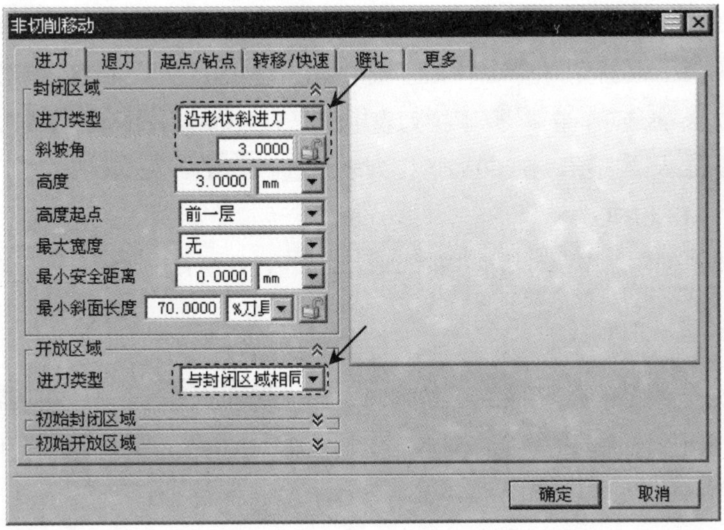

非切削移动
进刀 | 退刀 | 起点/钻点 | 转移/快速 | 避让 | 更多
封闭区域
进刀类型 沿形状斜进刀
斜坡角 3.0000
高度 3.0000 mm
高度起点 前一层
最大宽度 无
最小安全距离 0.0000 mm
最小斜面长度 70.0000 %刀具
开放区域
进刀类型 与封闭区域相同
初始封闭区域
初始开放区域
确定 取消

图 3.6 “进刀”选项卡

Stage5．设置进给率和速度

Step1．在“型腔铣”对话框中单击“进给率和速度”按钮，系统弹出“进给率和速度”对话框。

Step2．选中“进给率和速度”对话框主轴速度区域中的☑ 主轴速度 (rpm)复选框，在其后的文本框中输入值 600.0，按 Enter 键，然后单击按钮；在进给率区域的切削文本框中输入值 250.0，按 Enter 键，然后单击按钮，其他参数采用系统默认设置值。

Step3．单击确定按钮，完成进给率和速度的设置，系统返回到“型腔铣”操作对话框。

Stage6．生成刀路轨迹并仿真

生成的刀路轨迹如图 3.7 所示，2D 动态仿真加工后的模型如图 3.8 所示。

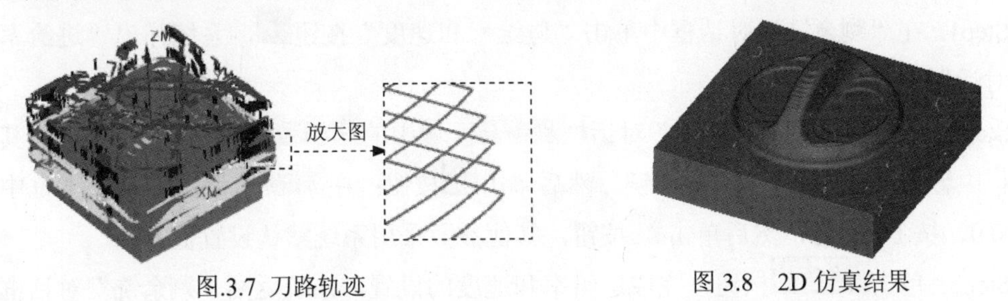

图.3.7 刀路轨迹　　图 3.8　2D 仿真结果

Task5．创建剩余铣工序

说明：本步骤是继承 Task4 操作的 IPW 对毛坯进行二次开粗。创建工序时应选用直径较小的端铣刀，并设置较小的每刀切削深度值，以保证更多区域能被加工到。

Stage1．创建工序

Step1．选择下拉菜单插入(S) → 工序(E)...命令，在“创建工序”对话框的类型下拉列表中选择mill_contour选项，在工序子类型区域中单击“REST_MILLING”按钮，在程序下拉列表中选择PROGRAM选项，在刀具下拉列表中选择刀具T2B12（铣刀-球头铣）选项，在几何体下拉列表中选择WORKPIECE选项，在方法下拉列表中选择MILL_SEMI_FINISH选项，使用系统默认的名称“REST_MILLING”。

Step2．单击“创建工序”对话框中的确定按钮，系统弹出“剩余铣”对话框。

Stage2．设置一般参数

在“剩余铣”对话框的切削模式下拉列表中选择跟随部件选项，在步距下拉列表中选择刀具平直百分比选项，在平面直径百分比文本框中输入值 20.0；在每刀的公共深度下拉列表中选择恒定选项，在最大距离文本框中输入值 1.0。

Stage3．设置切削参数

Step1．在刀轨设置区域中单击“切削参数”按钮，系统弹出“切削参数”对话框。

Step2．在“切削参数”对话框中单击余量选项卡，在部件侧面余量文本框中输入值 0.5，在内公差与外公差文本框中均输入 0.03。

Step3．在“切削参数”对话框中单击空间范围选项卡，在毛坯区域的最小材料移除文本框中输入 2。

Step4．单击“切削参数”对话框中的确定按钮，系统返回到“剩余铣”对话框。

Stage4．设置非切削移动参数

采用系统默认的非切削参数设置值。

Stage5．设置进给率和速度

Step1．在“剩余铣”对话框中单击“进给率和速度”按钮，系统弹出“进给率和速度”对话框。

Step2．选中“进给率和速度”对话框主轴速度区域中的☑ 主轴速度（rpm）复选框，在其后的文本框中输入值 1000.0，按 Enter 键，然后单击按钮；在进给率区域的切削文本框中输入值 300.0，按 Enter 键，然后单击按钮，其他参数采用系统默认设置值。

Step3．单击确定按钮，完成进给率和速度的设置，系统返回“剩余铣”对话框。

Stage6．生成刀路轨迹并仿真

生成的刀路轨迹如图 3.9 所示，2D 动态仿真加工后的模型如图 3.10 所示。

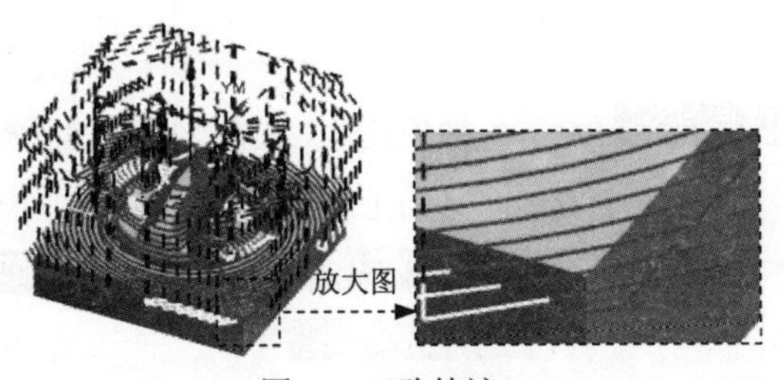

图 3.9 刀路轨迹

图 3.10 2D 仿真结果

Task6. 创建深度加工轮廓铣（一）工序

Stage1. 创建工序

Step1. 选择下拉菜单 插入(S) → 工序(E)... 命令，在“创建工序”对话框的 类型 下拉列表中选择 mill_contour 选项，在 工序子类型 区域中单击“ZLEVEL_PROFILE”按钮，在 程序 下拉列表中选择 PROGRAM 选项，在 刀具 下拉列表中选择刀具 T3B6（铣刀-球头铣） 选项，在 几何体 下拉列表中选择 WORKPIECE 选项，在 方法 下拉列表中选择 MILL_SEMI_FINISH 选项，使用系统默认的名称。

Step2. 单击“创建工序”对话框中的 确定 按钮，系统弹出“深度加工轮廓”对话框。

Stage2. 指定切削区域

Step1. 在“深度加工轮廓”对话框的 几何体 区域中单击 指定切削区域 右侧的按钮，系统弹出“切削区域”对话框。

Step2. 在图形区中选取图 3.11 所示的面（共 28 个）为切削区域，然后单击“切削区域”对话框中的 确定 按钮，系统返回到“深度加工轮廓”对话框。

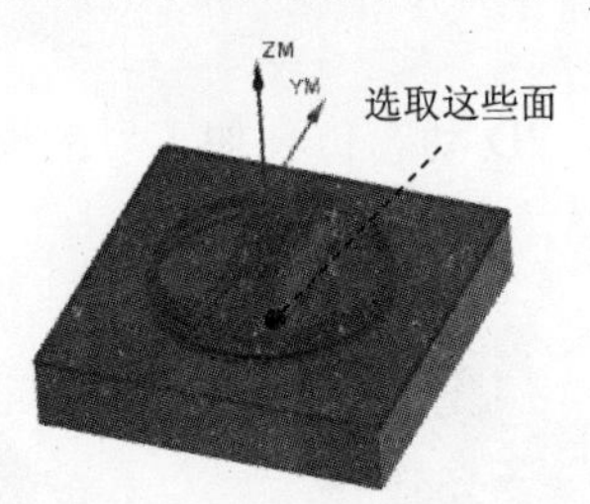

图 3.11 指定切削区域

Stage3. 设置一般参数

在“深度加工轮廓”对话框的 合并距离 文本框中输入值 3.0，在 最小切削长度 文本框中输入值 1.0，在 每刀的公共深度 下拉列表中选择 恒定 选项，在 最大距离 文本框中输入值 0.5。

Stage4. 设置切削层

各参数采用系统默认设置值。

Stage5. 设置切削参数

Step1. 单击“深度加工轮廓”对话框中的“切削参数”按钮，系统弹出“切削参数”对话框。

Step2. 在“切削参数”对话框中单击策略选项卡，在切削顺序下拉列表中选择始终深度优先选项。

Step3. 单击连接选项卡，在层到层下拉列表中选择直接对部件进刀选项。

Step4. 单击“切削参数”对话框中的确定按钮，完成切削参数的设置，系统返回到“深度加工轮廓”对话框。

Stage6. 设置非切削移动参数

采用系统默认的非切削参数设置值。

Stage7. 设置进给率和速度

Step1. 在“深度加工轮廓”对话框中单击“进给率和速度”按钮，系统弹出“进给率和速度”对话框。

Step2. 选中“进给率和速度”对话框主轴速度区域中的☑ 主轴速度 (rpm)复选框，在其后的文本框中输入值 1600.0，按 Enter 键，然后单击按钮；在进给率区域的切削文本框中输入值 250.0，按 Enter 键，然后单击按钮，其他参数采用系统默认设置值。

Step3. 单击确定按钮，完成进给率和速度的设置，系统返回到“深度加工轮廓”对话框。

Stage8. 生成刀路轨迹并仿真

生成的刀路轨迹如图 3.12 所示，2D 动态仿真加工后的模型如图 3.13 所示。

图 3.12 刀路轨迹　　图 3.13 2D 仿真结果

Task7. 创建轮廓区域铣

Stage1. 创建工序

Step1. 选择下拉菜单插入(S) → 工序(E)... 命令，在“创建工序”对话框类型下拉列表中选择mill_contour选项，在工序子类型区域中单击“CONTOUR_AREA”按钮，在程序下拉列表中选择PROGRAM选项，在刀具下拉列表中选择T3B6（铣刀-球头铣）选项，在几何体下拉列表中选择WORKPIECE选项，在方法下拉列表中选择MILL_FINISH选项，使用系统默认的名称“CONTOUR_AREA”。

Step2. 单击“创建工序”对话框中的确定按钮，系统弹出“轮廓区域”对话框。

Stage2. 指定切削区域

Step1. 在“轮廓区域”对话框的几何体区域中单击指定切削区域右侧的按钮，系统弹出“切削区域”对话框。

Step2. 在图形区中选取图 3.14 所示的面（共 27 个）为切削区域，然后单击“切削区域”对话框中的确定按钮，系统返回到“轮廓区域”对话框。

Stage3. 设置驱动方式

Step1. 在“轮廓区域”对话框驱动方法区域的下列表中选择区域铣削选项，单击驱动方法区域的“编辑”按钮，系统弹出“区域铣削驱动方法”对话框。

Step2. 在“区域铣削驱动方法”对话框中设置图 3.15 所示的参数，然后单击确定按钮，系统返回到“轮廓区域”对话框。

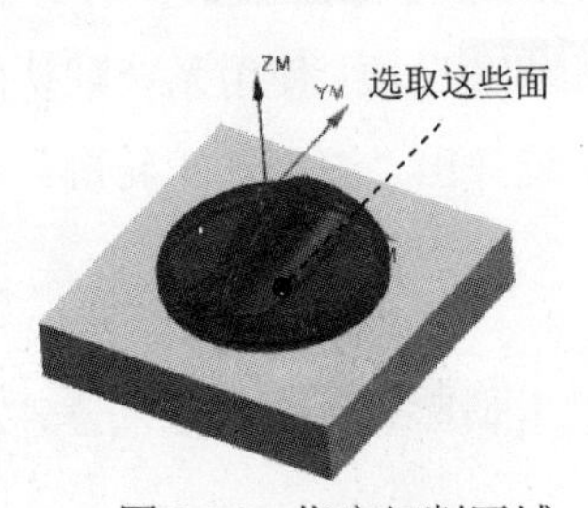

图 3.14　指定切削区域

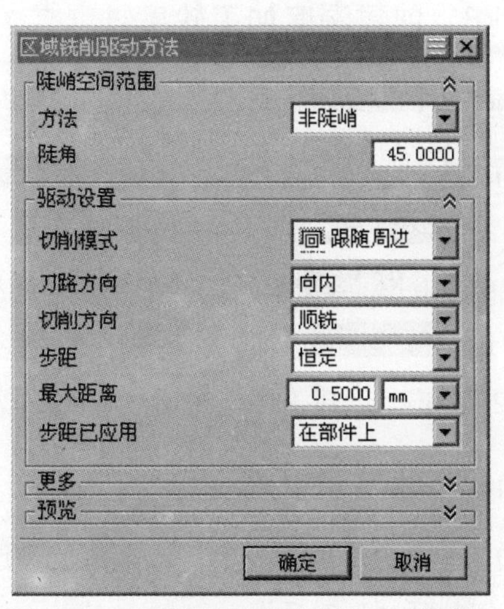

图 3.15　“区域铣削驱动方法”对话框

Stage4. 设置刀轴

刀轴选择系统默认的+ZM 轴选项。

Stage5. 设置切削参数和非切削移动参数

采用系统默认的切削移动参数和非切削移动参数。

Stage6. 设置进给率和速度

Step1. 在“轮廓区域”对话框中单击“进给率和速度”按钮，系统弹出“进给率和速度”对话框。

Step2. 选中“进给率和速度”对话框主轴速度区域中的☑ 主轴速度 (rpm)复选框，在其后的文本框中输入值 2000.0，按 Enter 键，然后单击按钮；在进给率区域的切削文本框中输入值 250.0，按 Enter 键，然后单击按钮，其他参数采用系统默认设置值。

Step3. 单击确定按钮，完成进给率和速度的设置，系统返回到“轮廓区域”对话框。

Stage7. 生成刀路轨迹并仿真

生成的刀路轨迹如图 3.16 所示，2D 动态仿真加工后的模型如图 3.17 所示。

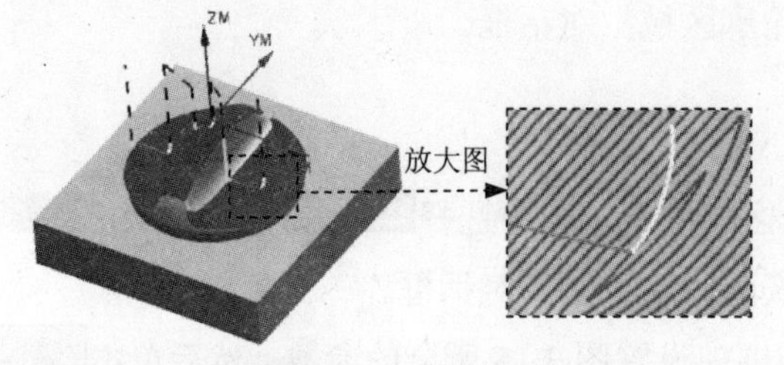

图 3.16 刀路轨迹

图 3.17 2D 仿真结果

Task8. 创建深度加工轮廓铣（二）工序

Stage1. 创建工序

Step1. 选择下拉菜单插入(S) → 工序(E)...命令，在“创建工序”对话框中类型下拉列表中选择mill_contour选项，在工序子类型区域中单击“ZLEVEL_PROFILE”按钮，在程序下拉列表中选择PROGRAM选项，在刀具下拉列表中选择刀具T3B6 (铣刀-球头铣)选项，在几何体下拉列表中选择WORKPIECE选项，在方法下拉列表中选择MILL_FINISH选项，使用系统默认的名称。

Step2. 单击“创建工序”对话框中的确定按钮，系统弹出“深度加工轮廓”对话框。

Stage2. 指定切削区域

Step1. 在“深度加工轮廓”对话框的几何体区域中单击指定切削区域右侧的按钮，系统弹出“切削区域”对话框。

Step2. 在图形区中选取图 3.18 所示的面（共 25 个）为切削区域，然后单击“切削区域”对话框中的确定按钮，系统返回到“深度加工轮廓”对话框。

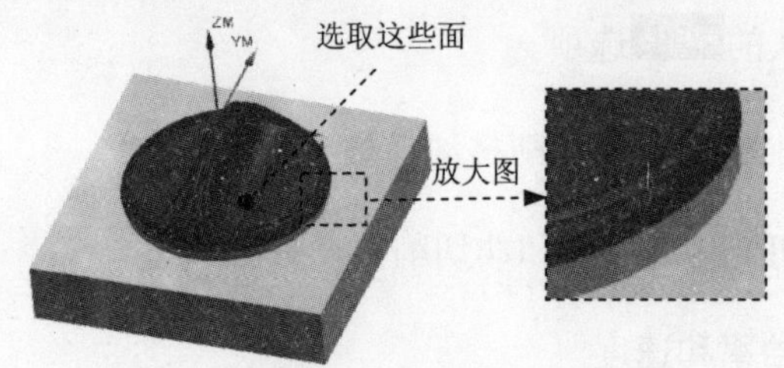

图 3.18 指定切削区域

Stage3．设置一般参数

在“深度加工轮廓”对话框的陡峭空间范围下拉列表中选择仅陡峭的选项，在角度文本框中输入数值44.0，在每刀的公共深度下拉列表中选择恒定选项，在最大距离文本框中输入值0.25。

Stage4．设置切削层

各参数采用系统默认设置值。

Stage5．设置切削参数

Step1. 单击“深度加工轮廓”对话框中的“切削参数”按钮，系统弹出“切削参数”对话框。

Step2. 在“切削参数”对话框中单击策略选项卡，在延伸刀轨区域中选中☑ 在边上延伸复选框。

Step3. 单击“切削参数”对话框中的确定按钮，完成切削参数的设置，系统返回到“深度加工轮廓”对话框。

Stage6．设置非切削移动参数

Step1. 单击“深度加工轮廓”对话框中的“非切削移动”按钮，系统弹出“非切削移动”对话框。

Step2. 单击“非切削移动”对话框中的转移/快速选项卡，其参数设置值如图3.19所示，单击确定按钮，完成非切削移动参数的设置。

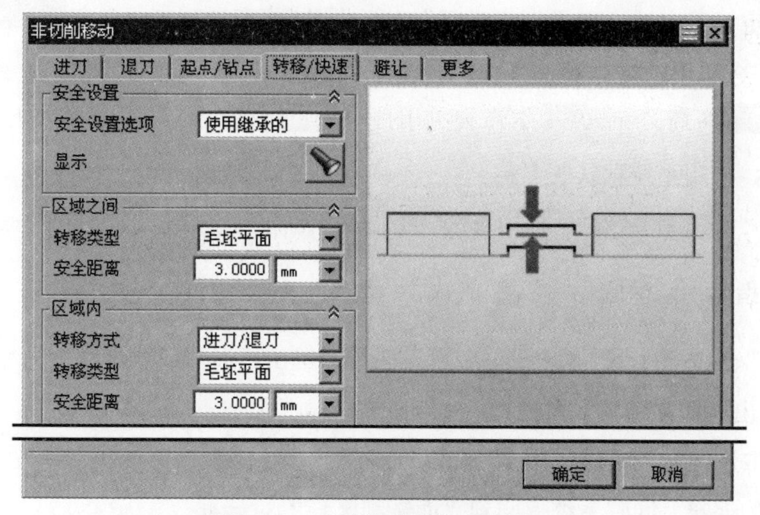

图3.19　“转移/快速”选项卡

Stage7．设置进给率和速度

Step1. 在“深度加工轮廓”对话框中单击“进给率和速度”按钮，系统弹出“进给率和速度”对话框。

Step2. 选中“进给率和速度”对话框主轴速度区域中的☑ 主轴速度 (rpm)复选框，在其后的文本框中输入值 1800.0，按 Enter 键，然后单击按钮；在进给率区域的切削文本框中输入值 250.0，按 Enter 键，然后单击按钮，其他参数采用系统默认设置值。

Step3. 单击确定按钮，完成进给率和速度的设置，系统返回“深度加工轮廓”对话框。

Stage8．生成刀路轨迹并仿真

生成的刀路轨迹如图 3.20 所示，2D 动态仿真加工后的模型如图 3.21 所示。

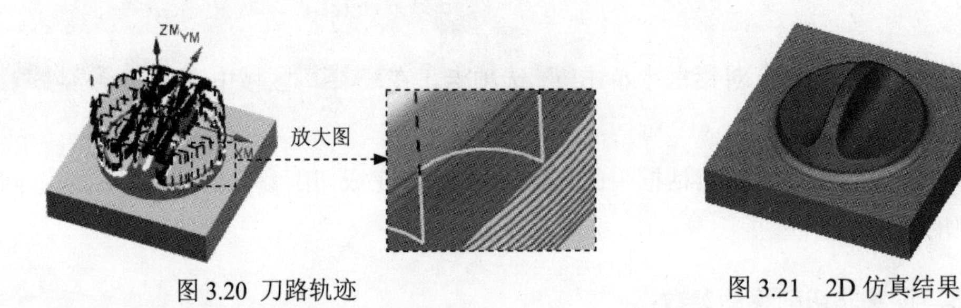

图 3.20 刀路轨迹

图 3.21 2D 仿真结果

Task9．创建表面区域铣工序

Stage1．创建工序

Step1. 选择下拉菜单插入(S) ⟶ 工序(E)...命令，系统弹出“创建工序”对话框。

Step2. 确定加工方法。在“创建工序”对话框的类型下拉列表中选择mill_planar选项，在工序子类型区域中单击“FACE_MILLING_AREA”按钮，在刀具下拉列表中选择T4D12 (铣刀-5 参数)选项，在几何体下拉列表中选择WORKPIECE选项，在方法下拉列表中选择MILL_FINISH选项，采用系统默认的名称。

Step3. 在“创建工序”对话框中单击确定按钮，系统弹出“面铣削区域”对话框。

Stage2．指定切削区域

Step1. 在“面铣削区域”对话框的几何体区域中单击“选择或编辑切削区域几何体”按钮，系统弹出“切削区域”对话框。

Step2. 选取图 3.22 所示的面为切削区域，在“切削区域”对话框中单击确定按钮，完成切削区域的创建，同时系统返回到“面铣削区域”对话框。

Step3. 在“面铣削区域”对话框中选中☑ 自动壁复选框，单击指定壁几何体后的查看壁几何体。

Stage3．设置刀具路径参数

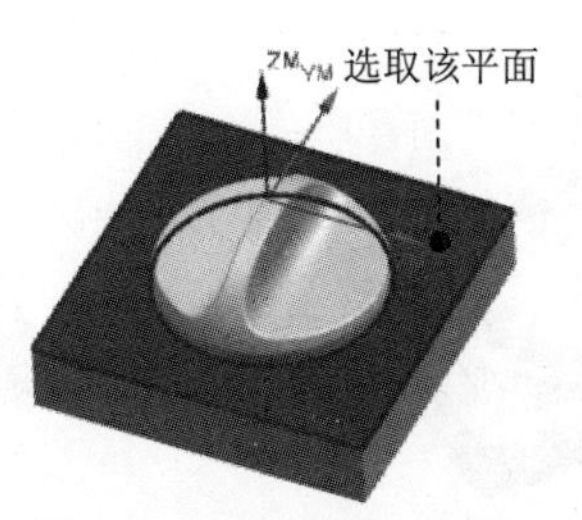

图 3.22　指定切削区域

Step1．设置切削模式。在刀轨设置区域切削模式下拉列表中选择跟随周边选项。

Step2．设置步进方式。在步距下拉列表中选择刀具平直百分比选项，在平面直径百分比文本框中输入值 75.0。在毛坯距离文本框中输入值 1，在每刀深度文本框中输入值 0.0，在最终底面余量文本框中输入值 0.0。

Stage4．设置切削参数

Step1．在刀轨设置区域中单击“切削参数”按钮，系统弹出“切削参数”对话框。

Step2．在“切削参数”对话框中单击策略选项卡，在刀路方向下拉列表中选择向内选项，在壁区域中选中☑岛清根复选框；在刀具延展量文本框中输入 50；单击确定按钮，系统返回到“面铣削区域”对话框。

Stage5．设置非切削移动参数

各参数采用系统默认的设置值。

Stage6．设置进给率和速度

Step1．单击“面铣削区域”对话框中的“进给率和速度”按钮，系统弹出“进给率和速度”对话框。

Step2．选中“进给率和速度”对话框主轴速度区域中的☑主轴速度（rpm）复选框，在其后的文本框中输入值 1200.0，按 Enter 键，然后单击按钮；在进给率区域的切削文本框中输入值 250.0，按 Enter 键，然后单击按钮，其他参数采用系统默认设置值。

Step3．单击“进给率和速度”对话框中的确定按钮，系统返回“面铣削区域”对话框。

Stage7．生成刀路轨迹并仿真

生成的刀路轨迹如图 3.23 所示，2D 动态仿真加工后的模型如图 3.24 所示。

Task10．保存文件

选择下拉菜单 文件(F) ➡ 保存(S) 命令，保存文件。

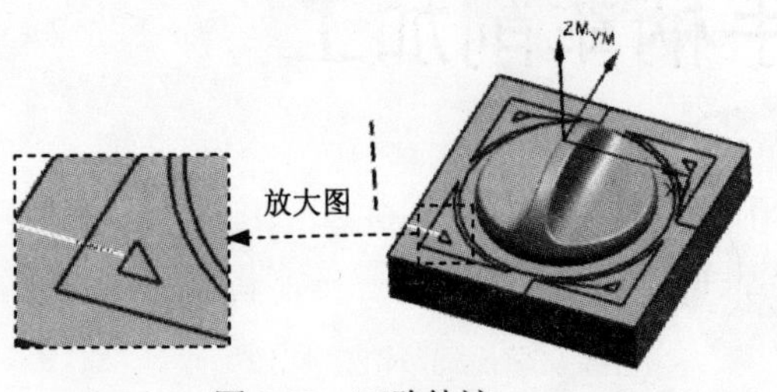

图 3.23 刀路轨迹

图 3.24 2D 仿真结果

实例 4　手柄车削加工

下面以手柄车削加工为例，来介绍车削的一般加工操作。粗加工，大量地去除毛坯材料；精加工，把毛坯件加工成目标件的最后步骤，也是关键的一步，其加工结果直接影响工件的加工质量和加工精度。该零件的加工工艺路线如图 4.1 和图 4.2 所示。

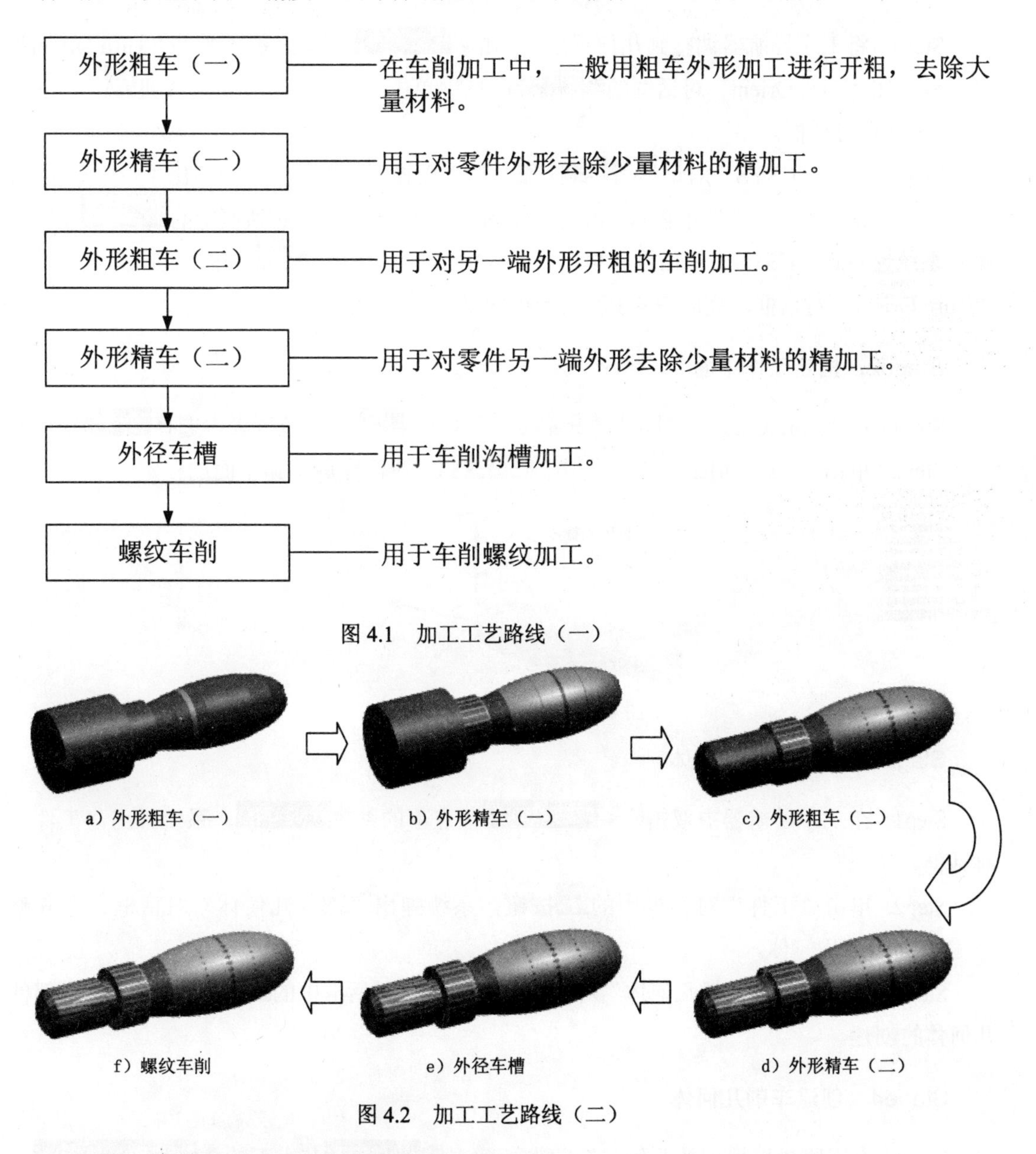

图 4.1　加工工艺路线（一）

图 4.2　加工工艺路线（二）

Task1．打开模型文件并进入加工模块

Step1．打开模型文件 D:\ug8.11\work\ch04\ handle.prt。

Step2．进入加工环境。选择下拉菜单 开始 → 加工(N)... 命令，系统弹出“加工环境”对话框；在“加工环境”对话框的 CAM 会话配置 列表框中选择 cam_general 选项，在 要创建的 CAM 设置 列表框中选择 turning 选项，单击 确定 按钮，进入加工环境。

Task2．创建几何体 1

Stage1．创建机床坐标系

Step1．将工序导航器调整到几何视图，双击 MCS_SPINDLE 节点，系统弹出“Turn Orient”对话框，在“Turn Orient”对话框的 机床坐标系 区域中单击“CSYS 对话框”按钮，系统弹出“CSYS”对话框。

Step2．单击“CSYS”对话框 操控器 区域中的“操控器”按钮，系统弹出“点”对话框；在“点”对话框的 X 文本框中输入 90，按 Enter 键。单击“点”对话框中的 确定 按钮，此时系统返回到“CSYS”对话框；单击“CSYS”对话框的 确定 按钮，此时系统返回至“Turn Orient”对话框，完成图 4.3 所示的机床坐标系的创建。

Stage2．指定工作平面

Step1．在“Turn Orient”对话框 车床工作平面 区域的 指定平面 下拉列表中选择 ZM-XM 选项。

Step2．单击“Turn Orient”对话框中的 确定 按钮，完成工作平面的指定。

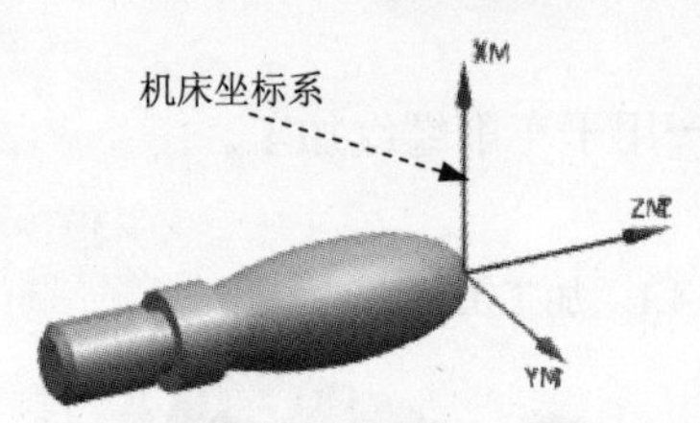

图 4.3 创建机床坐标系

Stage3．创建部件几何体

Step1．在工序导航器中双击 MCS_SPINDLE 节点下的 WORKPIECE，系统弹出“工件”对话框。

Step2．单击“工件”对话框中的按钮，系统弹出“部件几何体”对话框，选取整个零件为部件几何体。

Step3．依次单击“部件几何体”对话框和“工件”对话框中的 确定 按钮，完成部件几何体的创建。

Stage4．创建车削几何体

Step1．在工序导航器中的几何视图状态下双击 WORKPIECE 节点下的 TURNING_WORKPIECE，系统弹出“Turn Bnd”对话框。

Step2. 单击“Turn Bnd”对话框指定部件边界右侧的按钮，系统弹出“部件边界”对话框，此时系统会自动指定部件边界，并在图形区显示如图 4.4 所示；单击确定按钮，完成部件边界的定义。

Step3. 单击“Turn Bnd”对话框中的“指定毛坯边界”按钮，系统弹出“选择毛坯”对话框。

Step4. 在“选择毛坯”对话框中确认“棒料”按钮被选择，在点位置区域中选中在主轴箱处单选项；单击选择按钮，系统弹出“点”对话框，然后在XC文本框中输入-95；单击确定按钮，完成安装位置的定义，系统返回到“选择毛坯”对话框。

Step5. 在“选择毛坯”对话框的长度文本框中输入值 100.0，在直径文本框中输入值 30.0；单击确定按钮，在图形区中显示毛坯边界，如图 4.5 所示。

Step6. 单击“Turn Bnd”对话框中的确定按钮，完成毛坯几何体的定义。

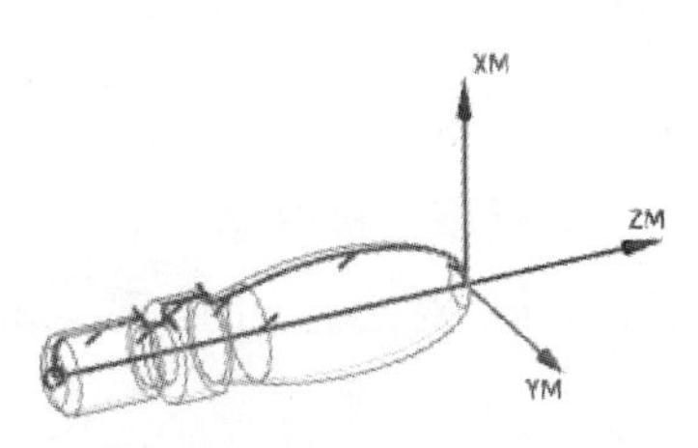

图 4.4　部件边界

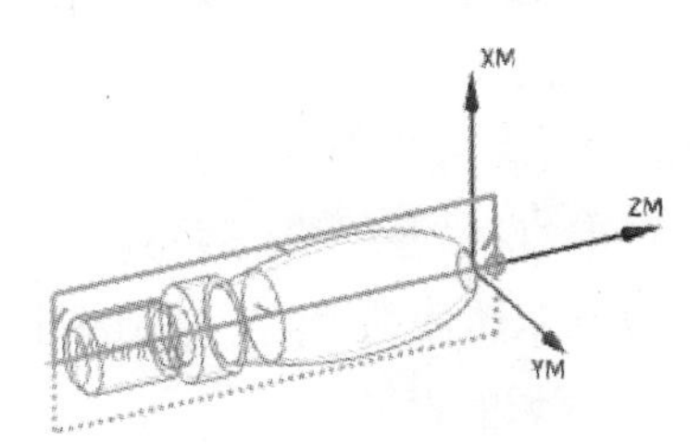

图 4.5　毛坯边界

Task3. 创建 1 号刀具

Step1. 选择下拉菜单插入(S) → 刀具(T)...命令，系统弹出“创建刀具”对话框。

Step2. 在“创建刀具”对话框的类型下拉列表中选择turning选项，在刀具子类型区域中单击“OD_55_L”按钮，在位置区域的刀具下拉列表中选择GENERIC_MACHINE选项，采用系统默认的名称，单击确定按钮，系统弹出“车刀-标准”对话框。

Step3. 在“车刀-标准”对话框中单击刀具选项卡，在编号区域的刀具号文本框中输入 1。

Step4. 单击“车刀-标准”对话框中的夹持器选项卡，选中☑ 使用车刀夹持器复选框，采用系统默认的参数设置值。

Step5. 单击“车刀-标准”对话框中的确定按钮，完成 1 号刀具的创建。

Task4. 创建 2 号刀具

设置刀具类型为turning，设置刀具子类型为“OD_55_L”类型，名称为 OD_35_L，单击确定按钮。单击刀具选项卡，在镶块区域的ISO 刀片形状下拉列表中选择V (菱形 35)选项，在编号区域的刀具号文本框中输入 2；单击夹持器选项卡，选中☑ 使用车刀夹持器复选框，在样式下拉列表中选择T 样式选项，在尺寸区域的(HA) 夹持器角度文本框中输入 90，其他参数采用系统默认的设置值。详细操作过程参照 Task3。

Task5．创建外形粗车操作 1

Stage1．创建工序

Step1．选择下拉菜单 插入(S) → 工序(E)... 命令，系统弹出“创建工序”对话框。

Step2．在“创建工序”对话框的 类型 下拉列表中选择 turning 选项，在 工序子类型 区域中单击“ROUGH_TURN_OD”按钮，在 程序 下拉列表中选择 PROGRAM 选项，在 刀具 下拉列表中选择 OD_55_L (车刀-标准) 选项，在 几何体 下拉列表中选择 TURNING_WORKPIECE 选项，在 方法 下拉列表中选择 LATHE_ROUGH 选项，名称采用系统默认的名称。

Step3．单击“创建工序”对话框中的 确定 按钮，系统弹出“粗车 OD”对话框。

Stage2．设置切削区域

Step1．单击“粗车 OD”对话框 切削区域 右侧的“显示”按钮，在图形区中显示出切削区域，如图 4.6 所示。

Step2．单击 切削区域 右侧的“编辑”按钮，系统弹出“切削区域”对话框。在 轴向修剪平面 1 区域 限制选项 下拉列表中选择 点 选项；单击“点对话框”按钮，在图形区选取图 4.7 所示边线的中点；分别单击“点”对话框和“切削区域”对话框中的 确定 按钮，完成切削区域的设置。

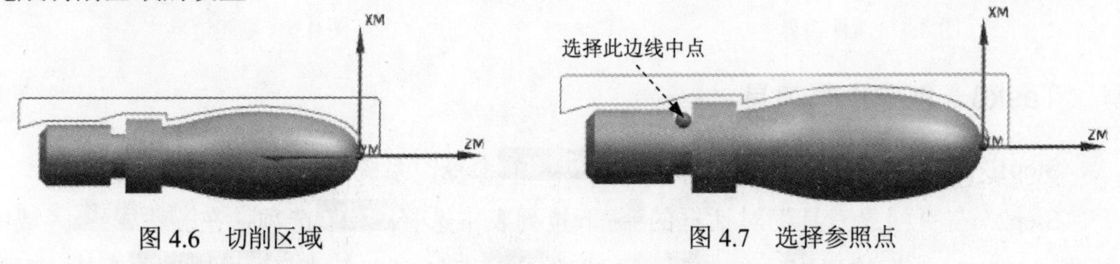

图 4.6 切削区域　　图 4.7 选择参照点

Stage3．设置切削参数

Step1．在“粗车 OD”对话框 步进 区域的 切削深度 下拉列表中选择 恒定 选项，在 深度 文本框中输入值 2.0。

Step2．单击“粗车 OD”对话框中的 更多 区域，选中 ☑ 附加轮廓加工 复选框。

Step3．设置切削参数。单击“粗车 OD”对话框中的“切削参数”按钮，系统弹出“切削参数”对话框；在该对话框中选择 余量 选项卡，然后在 轮廓加工余量 区域的 面 和 径向 文本框中都输入值 0.2，其他参数采用系统默认设置值。单击 确定 按钮，系统返回到“粗车 OD”对话框。

Stage4．设置非切削参数

单击“粗车 OD”对话框中的“非切削移动”按钮，系统弹出“非切削移动”对话框。在 进刀 选项卡 轮廓加工 区域的 进刀类型 下拉列表中选择 线性 选项，在 角度 文本框中输入 180，在 长度 文本框中输入 2，其他参数采用系统默认设置值；单击 确定 按钮，系统返回到“粗车 OD”对话框。

Stage5. 设置进给率和速度

Step1. 在“粗车 OD”对话框中单击“进给率和速度”按钮，系统弹出“进给率和速度”对话框。在主轴速度区域的表面速度 (smm)文本框中输入值 600.0，在进给率区域的切削文本框中输入值 0.5，其他参数采用系统默认设置值。

Step2. 单击确定按钮，完成进给率和速度的设置，系统返回到“粗车 OD”操作对话框。

Stage6. 生成刀路轨迹并 3D 仿真

Step1. 单击“粗车 OD”对话框中的“生成”按钮，生成的刀路轨迹如图 4.8 所示。

Step2. 单击“粗车 OD”对话框中的“确认”按钮，系统弹出“刀轨可视化”对话框。

Step3. 在“刀轨可视化”对话框中单击3D 动态选项卡，采用系统默认的参数设置值；调整动画速度后单击“播放”按钮，即可观察到 3D 动态仿真加工，结果如图 4.9 所示。

Step4. 依次在“刀轨可视化”对话框和“粗车 OD”对话框中单击确定按钮，完成粗车加工。

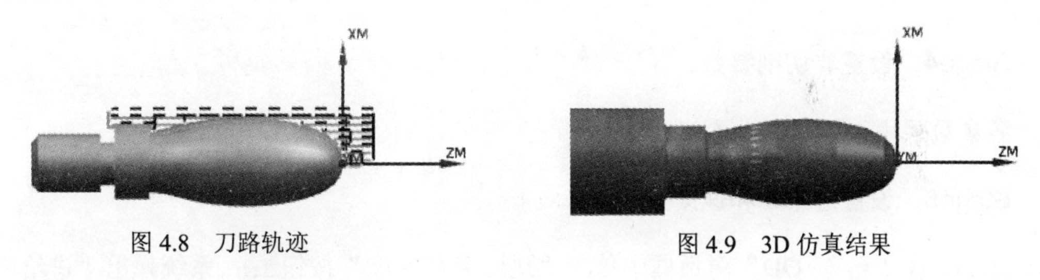

图 4.8　刀路轨迹　　　　图 4.9　3D 仿真结果

Task6. 创建外形精车操作 1

Stage1. 创建工序

Step1. 选择下拉菜单插入(S) → 工序(E)...命令，系统弹出“创建工序”对话框。

Step2. 在“创建工序”对话框的类型下拉列表中选择turning选项，在工序子类型区域中单击“FINISH_TURN_OD 按钮，在程序下拉列表中选择PROGRAM选项，在刀具下拉列表中选择OD_35_L (车刀-标准)选项，在几何体下拉列表中选择TURNING_WORKPIECE选项，在方法下拉列表中选择LATHE_FINISH选项。

Step3. 单击“创建工序”对话框中的确定按钮，系统弹出“精车 OD”对话框。

Stage2. 设置切削区域

Step1. 单击“精车 OD”对话框切削区域右侧的“显示”按钮，在图形区中显示出切削区域，如图 4.10 所示。

Step2. 单击切削区域右侧的“编辑”按钮，系统弹出“切削区域”对话框。在轴向修剪平面 1区域的限制选项下拉列表中选择点选项；单击“点对话框”按钮，在图形区选取图 4.11 所示的边线的中点；分别单击“点”对话框和“切削区域”对话框中的确定按钮，完成切削区域的设置。

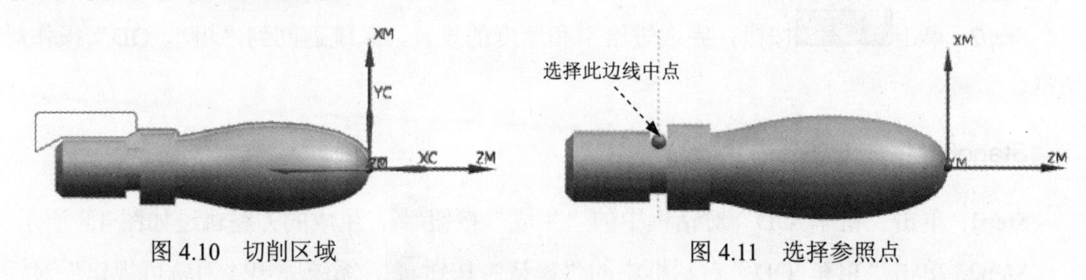

图 4.10 切削区域　　图 4.11 选择参照点

Stage3. 设置切削参数

Step1. 在“精车 OD”对话框刀轨设置区域的切削圆角下拉列表中选择无选项。

Step2. 设置切削参数。单击“精车 OD”对话框中的“切削参数”按钮，系统弹出“切削参数”对话框；在该对话框中选择策略选项卡，然后在切削区域取消选中□ 允许底切复选框，其他参数采用系统默认设置值。单击确定按钮，系统返回到“精车 OD”对话框。

Stage4. 设置非切削参数

各参数采用系统默认设置值。

Stage5. 设置进给率和速度

Step1. 在“精车 OD”对话框中单击“进给率和速度”按钮，系统弹出“进给率和速度”对话框。在主轴速度区域表面速度 (smm)的文本框中输入值 1000.0，在进给率区域的切削文本框中输入值 0.2，其他参数采用系统默认设置值。

Step2. 单击确定按钮，完成进给率和速度的设置，系统返回到“精车 OD”操作对话框。

Stage6. 生成刀路轨迹并 3D 仿真

Step1. 单击“精车 OD”对话框中的“生成”按钮，生成刀路轨迹如图 4.12 所示。

Step2. 单击“精车 OD”对话框中的“确认”按钮，系统弹出“刀轨可视化”对话框。

Step3. 在“刀轨可视化”对话框中单击3D 动态选项卡，采用系统默认的参数设置值；调整动画速度后单击“播放”按钮，即可观察到 3D 动态仿真加工，结果如图 4.13 所示。

Step4. 分别在“刀轨可视化”对话框和“精车 OD”对话框中单击 确定 按钮，完成精车加工。

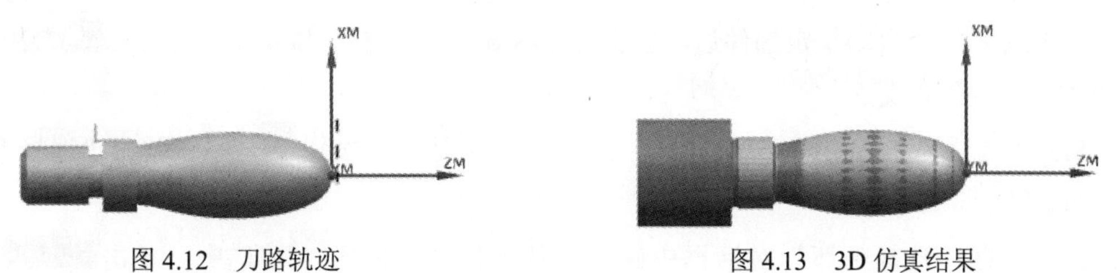

图 4.12　刀路轨迹　　　　图 4.13　3D 仿真结果

Task7. 创建几何体 2

Stage1. 创建机床坐标系

Step1. 选择下拉菜单 插入(S) ➡ 几何体(G)... 命令，系统弹出“创建几何体”对话框。在 几何体子类型 区域中单击 按钮，采用默认的名称；单击 确定 按钮，系统弹出“MCS 主轴”对话框。

Step2. 在“MCS 主轴”对话框的 机床坐标系 区域中单击“CSYS 对话框”按钮 ，系统弹出“CSYS”对话框。

Step3. 推动坐标系中间的小球，使其绕 XC 轴旋转-180°，单击“CSYS”对话框中的 确定 按钮，此时系统返回至“MCS 主轴”对话框，完成图 4.14 所示机床坐标系的创建。

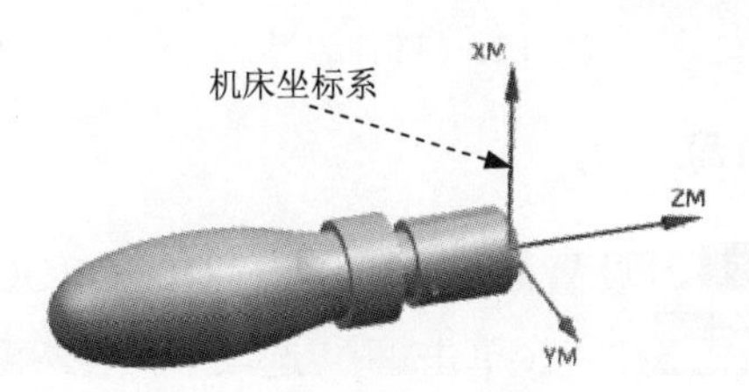

图 4.14　创建机床坐标系

Stage2. 创建部件几何体

Step1. 在工序导航器中双击 MCS_SPINDLE_1 节点下的 WORKPIECE_1，系统弹出“工件”对话框。

Step2. 单击“工件”对话框中的 按钮，系统弹出“部件几何体”对话框，选取整个零件为部件几何体。

Step3. 依次单击“部件几何体”对话框和“工件”对话框中的 确定 按钮，完成部件几何体的创建。

Stage3. 创建毛坯几何体

Step1. 在工序导航器中的几何视图状态下双击 WORKPIECE_1 节点下的

TURNING_WORKPIECE_1，系统弹出“Turn Bnd”对话框。

Step2. 单击“Turn Bnd”对话框指定部件边界右侧的按钮，系统弹出“部件边界”对话框，此时系统会自动指定部件边界并在图形区显示，如图 4.15 所示；单击确定按钮，完成部件边界的定义。

Step3. 单击“Turn Bnd”对话框中的“指定毛坯边界”按钮，系统弹出“选择毛坯”对话框。

Step4. 在“选择毛坯”对话框中确认“从工作区”按钮被选中；单击参考位置下面的选择按钮，系统弹出“点”对话框，采用系统默认设置值；单击确定按钮，完成参考位置的定义，并返回到“选择毛坯”对话框。

Step5. 单击目标位置下面的选择按钮，系统弹出“点”对话框，采用系统默认设置值；单击确定按钮，完成目标位置的定义，并返回到“选择毛坯”对话框；在该对话框中选中☑翻转方向复选框，单击确定按钮。

Step6. 单击“Turn Bnd”对话框中的确定按钮，完成毛坯几何体的定义。

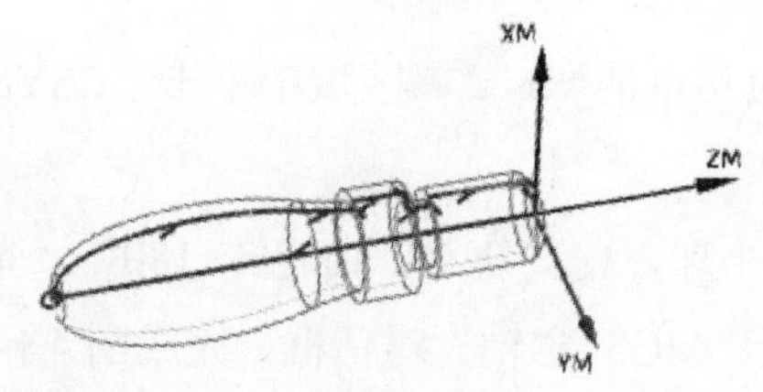

图 4.15　部件边界

Task8. 创建 3 号刀具

设置刀具类型为turning，设置刀具子类型为“OD_GROOVE_L”类型，名称为 OD_GROOVE_L，单击确定按钮。单击刀具选项卡，在尺寸区域的(IW) 刀片宽度文本框中输入 4，在编号区域的刀具号文本框中输入 3；单击夹持器选项卡，选中☑使用车刀夹持器复选框，其他参数采用系统默认设置值。详细操作过程参照 Task3。

Task9. 创建 4 号刀具

设置刀具类型为turning，设置刀具子类型为“OD_THREAD_L”类型，名称为 OD_THREAD_L，单击确定按钮。单击刀具选项卡，在尺寸区域的(IW) 刀片宽度文本框中输入 4，在(TO) 刀尖偏置文本框中输入 2，在编号区域的刀具号文本框中输入 4。其他参数采用系统默认的设置值。详细操作过程参照 Task3。

Task10. 创建外形粗车操作 2

Stage1. 创建工序

Step1. 选择下拉菜单插入(S) → 工序(E)... 命令，系统弹出“创建工序”对话框。

Step2. 在“创建工序”对话框的类型下拉列表中选择turning选项，在工序子类型区域中单击“ROUGH_TURN_OD”按钮，在程序下拉列表中选择PROGRAM选项，在刀具下拉列表中选择OD_55_L (车刀-标准)选项，在几何体下拉列表中选择TURNING_WORKPIECE_1选项，在方法下拉列表中选择LATHE_ROUGH选项，名称采用系统默认的名称。

Step3. 单击“创建工序”对话框中的确定按钮，系统弹出“粗车 OD”对话框。

Stage2．设置切削区域

在“粗车 OD”对话框刀具方位区域中选中☑ 绕夹持器翻转刀具复选框，然后单击切削区域右侧的“显示”按钮，在图形区中显示出切削区域，如图 4.16 所示。

图 4.16　切削区域

Stage3．设置一般参数

在“粗车 OD”对话框步进区域的切削深度下拉列表中选择恒定选项，在深度文本框中输入值 2.0。在变换模式下拉列表中选择省略选项。

Stage4．设置进给率和速度

Step1. 在“粗车 OD”对话框中单击“进给率和速度”按钮，系统弹出“进给率和速度”对话框。在主轴速度区域的表面速度 (smm)文本框中输入值 600.0，在进给率区域的切削文本框中输入值 0.5，其他参数采用系统默认设置值。

Step2. 单击确定按钮，完成进给率和速度的设置，系统返回“粗车 OD”对话框。

Stage5．生成刀路轨迹并 3D 仿真

Step1. 单击“粗车 OD”对话框中的“生成”按钮，生成刀路轨迹如图 4.17 所示。

Step2. 单击“粗车 OD”对话框中的“确认”按钮，系统弹出“刀轨可视化”对话框。

Step3. 在“刀轨可视化”对话框中单击3D 动态选项卡，采用系统默认参数设置值；调整动画速度后单击“播放”按钮，即可观察到 3D 动态仿真加工，加工后结果如图 4.18 所示。

Step4. 分别在“刀轨可视化”对话框和“粗车 OD”对话框中单击确定按钮，完成粗车加工。

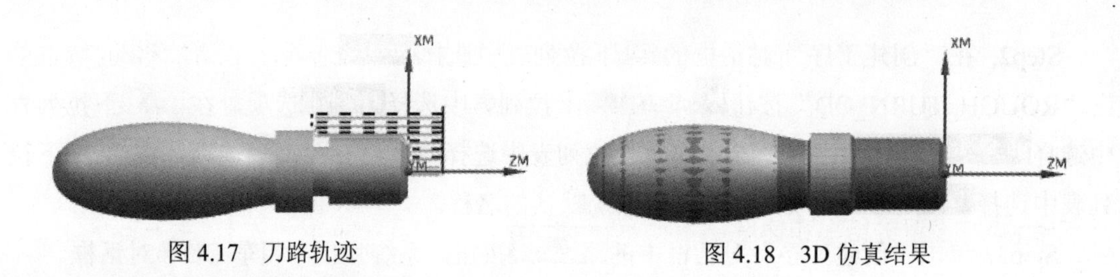

图 4.17 刀路轨迹　　图 4.18 3D 仿真结果

Task11. 创建外形精车操作 2

Stage1. 创建工序

Step1. 选择下拉菜单插入(S) → 工序(E)...命令，系统弹出“创建工序”对话框。

Step2. 在“创建工序”对话框的类型下拉列表中选择turning选项，在工序子类型区域中单击“FINISH_TURN_OD 按钮，在程序下拉列表中选择PROGRAM选项，在刀具下拉列表中选择OD_35_L (车刀-标准)选项，在几何体下拉列表中选择TURNING_WORKPIECE_1选项，在方法下拉列表中选择LATHE_FINISH选项。

Step3. 单击“创建工序”对话框中的确定按钮，系统弹出“精车 OD”对话框。

Stage2. 设置切削区域

在“精车 OD”对话框刀具方位区域中选中☑ 绕夹持器翻转刀具复选框，然后单击切削区域右侧的“显示”按钮，在图形区中显示出切削区域，如图 4.19 所示。

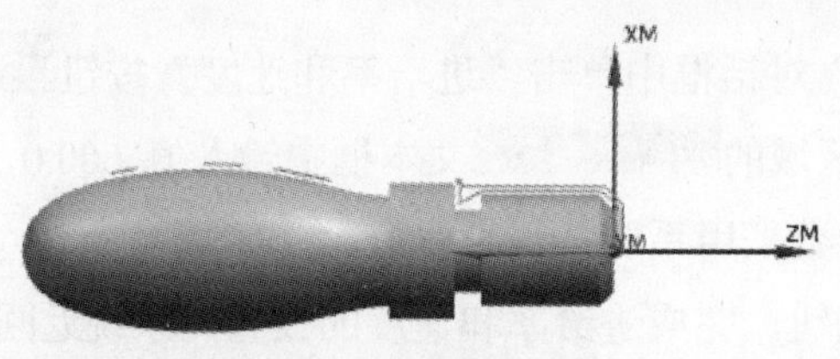

图 4.19 切削区域

Stage3. 设置切削参数

Step1. 在“精车 OD”对话框刀轨设置区域的切削圆角下拉列表中选择无选项。在步进区域多刀路右侧下拉列表中选择刀路数选项，在刀路数文本框中输入 2，然后选中☑ 省略变换区复选框。

Step2. 设置切削参数。单击“精车 OD”对话框中的“切削参数”按钮，系统弹出“切削参数”对话框；在该对话框中选择拐角选项卡，然后在常规拐角下拉列表中选择延伸选项。单击确定按钮，系统返回到“精车 OD”对话框。

Stage4. 设置非切削参数

单击“精车 OD”对话框中的“非切削移动”按钮，系统弹出“非切削移动”对话框。在退刀选项卡轮廓加工区域的退刀类型下拉列表中选择线性 - 自动选项，其他参数采用系统默认设置值；单击确定按钮，系统返回到“精车 OD”对话框。

Stage5．设置进给率和速度

Step1. 在“精车 OD”对话框中单击“进给率和速度”按钮，系统弹出“进给率和速度”对话框。在主轴速度区域的表面速度 (smm)文本框中输入值 100.0，在进给率区域的切削文本框中输入值 0.2，其他参数采用系统默认设置值。

Step2. 单击确定按钮，完成进给率和速度的设置，系统返回到“精车 OD”对话框。

Stage6．生成刀路轨迹并 3D 仿真

Step1. 单击“精车 OD”对话框中的“生成”按钮，生成刀路轨迹如图 4.20 所示。

Step2. 单击“精车 OD”对话框中的“确认”按钮，系统弹出“刀轨可视化”对话框。

Step3. 在“刀轨可视化”对话框中单击3D 动态选项卡，采用系统默认参数设置值；调整动画速度后单击“播放”按钮，即可观察到 3D 动态仿真加工，结果如图 4.21 所示。

Step4. 分别在“刀轨可视化”对话框和“精车 OD”对话框中单击确定按钮，完成精车加工。

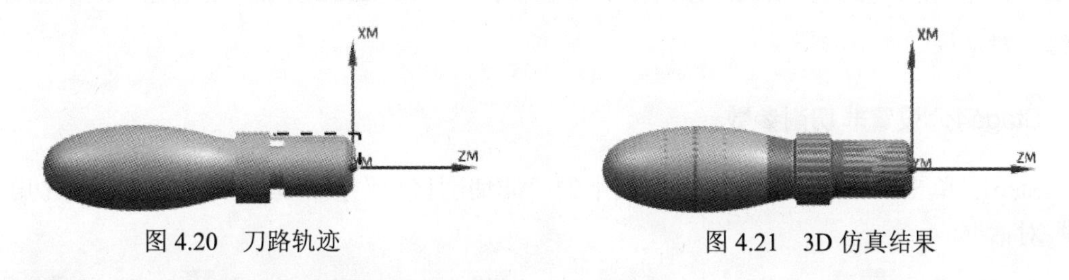

图 4.20　刀路轨迹　　图 4.21　3D 仿真结果

Task12．创建外径车槽操作

Stage1．创建工序

Step1. 选择下拉菜单插入(S) → 工序(E)...命令，系统弹出“创建工序”对话框。

Step2. 在“创建工序”对话框的类型下拉列表中选择turning选项，在工序子类型区域中单击“GROOVE_OD”按钮，在程序下拉列表中选择PROGRAM选项，在刀具下拉列表中选择OD_GROOVE_L (槽刀-标准)选项，在几何体下拉列表中选择TURNING_WORKPIECE_1选项，在方法下拉列表中选择LATHE_GROOVE选项，在名称文本框中输入 GROOVE_OD。

Step3. 单击“创建工序”对话框中的确定按钮，系统弹出“在外径开槽”对话框。

Stage2．指定切削区域

Step1. 在“在外径开槽”对话框的刀具方位区域中选中☑ 绕夹持器翻转刀具复选框，然后单击切削区域右侧的“编辑”按钮，系统弹出“切削区域”对话框。在轴向修剪平面 1区域限制选项右侧下拉列表中选择点选项，单击“点对话框”按钮，在图形区选取图 4.22 所示的边线的端点；分别单击“点”对话框和“切削区域”对话框中的确定按钮，完成切削区域的设置。

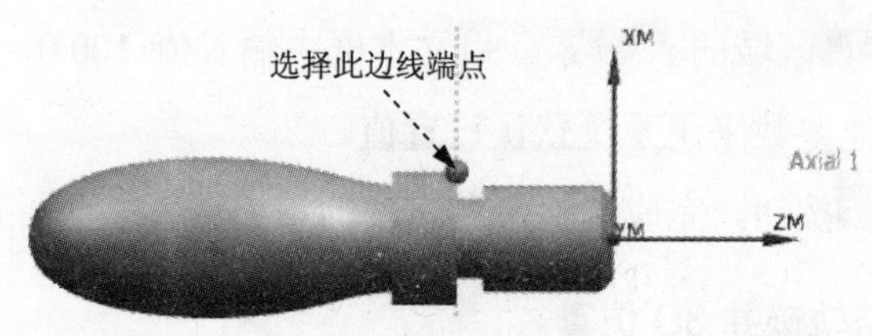

图 4.22　选择参照点

Stage3．设置切削参数

Step1. 单击“在外径开槽”对话框中的“切削参数”按钮，系统弹出“切削参数”对话框。

Step2. 在“切削参数”对话框中选择策略选项卡，在转文本框中输入 2；单击切屑控制选项卡，在切屑控制下拉列表中选择恒定安全设置选项，在恒定增量文本框中输入 1，在安全距离文本框中输入 0.5，其他参数采用系统默认设置值；单击确定按钮，系统返回到“在外径开槽”对话框。

Stage4．设置非切削参数

Step1. 单击“在外径开槽”对话框中的“非切削移动”按钮，系统弹出“非切削移动”对话框。

Step2. 单击离开选项卡，在离开刀轨区域的刀轨选项下拉列表中选择点选项，在离开点区域的运动到离开点下拉列表中选择径向->轴向选项；单击“点对话框”按钮，在系统弹出“点”对话框，在“点”对话框的XC文本框中输入 30，在YC文本框中输入 20，单击确定按钮。

Step3. 单击“非切削区域”对话框中确定按钮，系统返回到“在外径开槽”对话框。

Stage5．设置进给率和速度

Step1. 在“在外径开槽”对话框中单击“进给率和速度”按钮，系统弹出“进给率和速度”对话框。在主轴速度区域中选中☑ 主轴速度复选框，在其后的文本框中输入值 400.0，在进给率区域的切削文本框中输入值 0.3，其他参数采用系统默认设置值。

Step2. 单击 确定 按钮，完成进给率和速度的设置，系统返回到“在外径开槽”操作对话框。

Stage6. 生成刀路轨迹并 3D 仿真

Step1. 单击“在外径开槽”对话框中的“生成”按钮，生成刀路轨迹如图 4.23 所示。

Step2. 单击“在外径开槽”对话框中的“确认”按钮，系统弹出“刀轨可视化”对话框。

Step3. 在“刀轨可视化”对话框中单击 3D 动态 选项卡，采用系统默认参数设置值；调整动画速度后单击“播放”按钮，即可观察到 3D 动态仿真加工，加工后结果如图 4.24 所示。

Step4. 分别在“刀轨可视化”对话框和“在外径开槽”对话框中单击 确定 按钮，完成车槽加工。

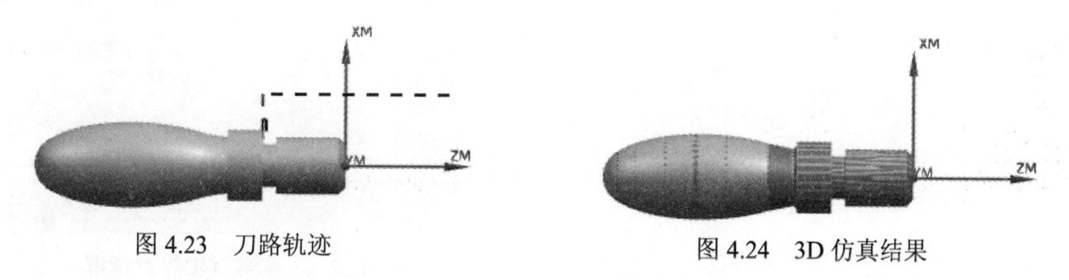

图 4.23　刀路轨迹　　图 4.24　3D 仿真结果

Task13. 创建螺纹车削操作

Stage1. 创建工序

Step1. 选择下拉菜单 插入(S) → 工序(E)... 命令，系统弹出“创建工序”对话框。

Step2. 在“创建工序”对话框的 类型 下拉列表中选择 turning 选项，在 工序子类型 区域中单击“THREAD_OD”按钮，在 程序 下拉列表中选择 PROGRAM 选项，在 刀具 下拉列表中选择 OD_THREAD_L (螺纹刀-标准) 选项，在 几何体 下拉列表中选择 TURNING_WORKPIECE_1 选项，在 方法 下拉列表中选择 LATHE_THREAD 选项。

Step3. 单击“创建工序”对话框中的 确定 按钮，系统弹出“螺纹 OD”对话框。

Stage2. 定义螺纹几何体

Step1. 设置刀具方位。在 刀具方位 区域中选中 ☑ 绕夹持器翻转刀具 复选框。

Step2. 选取螺纹起始线。激活“螺纹 OD”对话框的 * Select Crest Line (0) 区域，在图形区选取图 4.25 所示的边线。

说明：选取螺纹起始线时靠近手柄端部选取。

Step3. 选取螺纹终止线。激活“螺纹 OD”对话框的 * Select End Line (0) 区域，在图形区选取图 4.26 所示的边线。

Step4. 选取根线。在深度选项下拉列表中选择根线选项，选取图 4.26 所示的边线。

Stage3. 设置螺纹参数

Step1. 单击偏置区域使其显示出来，然后设置图 4.27 所示的参数。

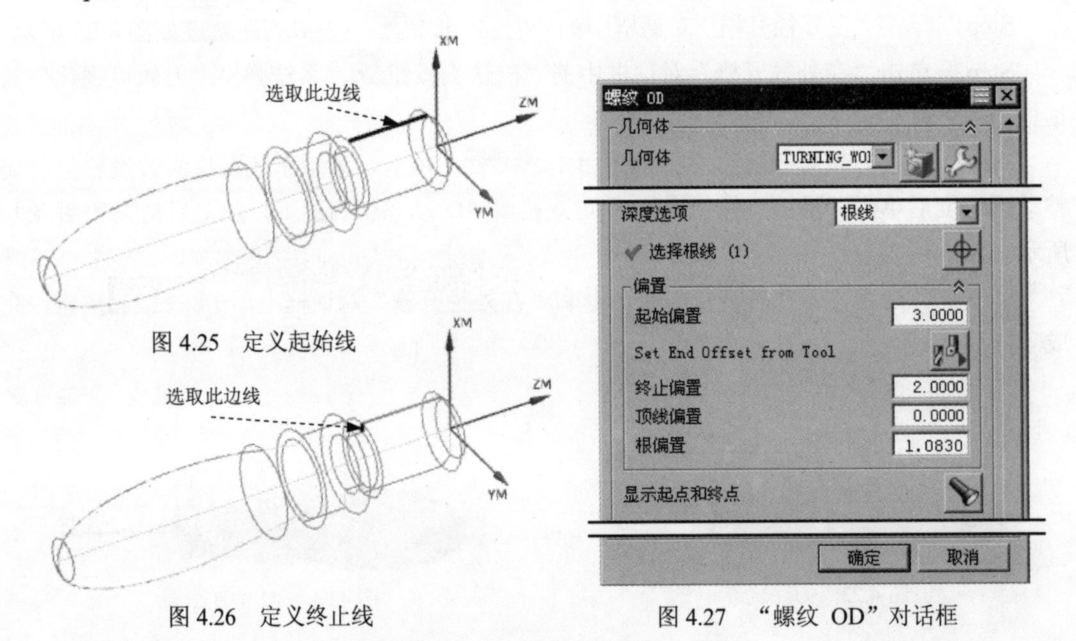

图 4.25 定义起始线

图 4.26 定义终止线

图 4.27 “螺纹 OD”对话框

Step2. 设置刀轨参数。在刀轨设置区域最大距离文本框中输入值 1，在最小距离文本框中输入值 0.1。

Stage4. 设置切削参数

单击“螺纹 OD”对话框中的“切削参数”按钮，系统弹出“切削参数”对话框；选择螺距选项卡，然后在距离文本框中输入值 2.0；单击附加刀路选项卡，在精加工刀路区域刀路数文本框中输入 1，在增量文本框中输入 0.05，单击确定按钮。

Stage5. 设置进给率和速度

Step1. 在“螺纹 OD”对话框中单击“进给率和速度”按钮，系统弹出“进给率和速度”对话框。在主轴速度区域中选中☑主轴速度复选框，在其后的文本框中输入值 400.0，在进给率区域的切削文本框中输入值 2.0，其他参数采用系统默认设置值。

Step2. 单击确定按钮，完成进给率和速度的设置，系统返回到“螺纹 OD”对话框。

Stage6. 生成刀路轨迹并 3D 仿真

Step1. 单击“螺纹 OD”对话框中的“生成”按钮，生成刀路轨迹如图 4.28 所示。

Step2. 单击“螺纹 OD”对话框中的“确认”按钮，系统弹出“刀轨可视化”对话框。

Step3. 在“刀轨可视化”对话框中单击 3D 动态 选项卡，采用系统默认参数设置值；调整动画速度后单击“播放”按钮，即可观察到 3D 动态仿真加工，结果如图 4.29 所示。

Step4. 分别在“刀轨可视化”对话框和“螺纹 OD”对话框中单击 确定 按钮，完成车槽加工。

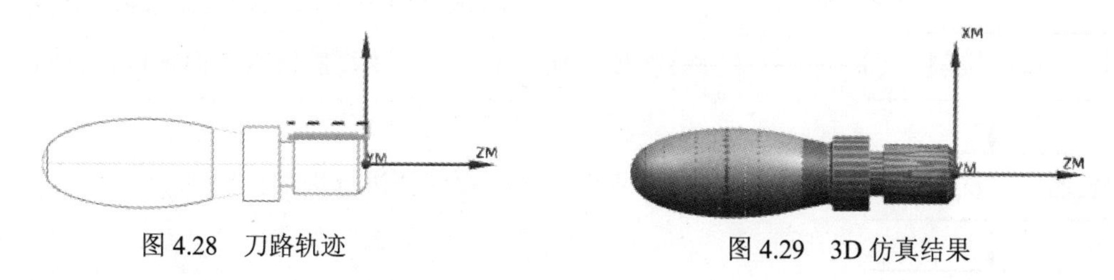

图 4.28　刀路轨迹　　图 4.29　3D 仿真结果

Task14．保存文件

选择下拉菜单 文件(F) ➡ 保存(S) 命令，保存文件。

实例5　简单凸模加工

本实例是一个简单凸模的加工实例，加工过程中使用了型腔铣削、表面区域铣削以及深度加工铣削等加工方法，其加工工艺路线如图 5.1 和图 5.2 所示。

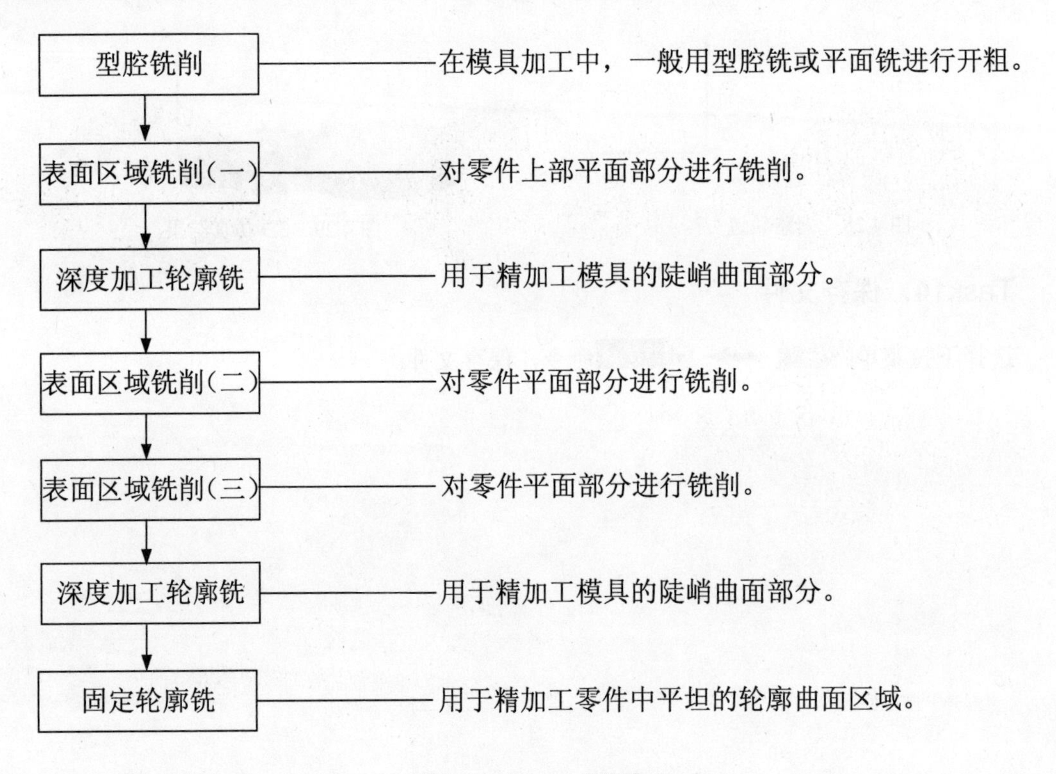

图 5.1　加工工艺路线（一）

Task1．打开模型文件并进入加工模块

Step1．打开模型文件 D:\ug8.11\work\ch05\upper_vol.prt。

Step2．进入加工环境。选择下拉菜单 开始 → 加工(N)... 命令，系统弹出“加工环境”对话框；在“加工环境”对话框的 CAM 会话配置 列表框中选择 cam_general 选项，在 要创建的 CAM 设置 列表框中选择 mill contour 选项，单击 确定 按钮，进入加工环境。

Task2．创建几何体

Stage1．创建机床坐标系

Step1．将工序导航器调整到几何视图，双击节点 MCS_MILL，系统弹出“Mill Orient”对话框，在“Mill Orient”对话框的机床坐标系选项区域中单击“CSYS 对话框”按钮，系统弹出“CSYS”对话框。

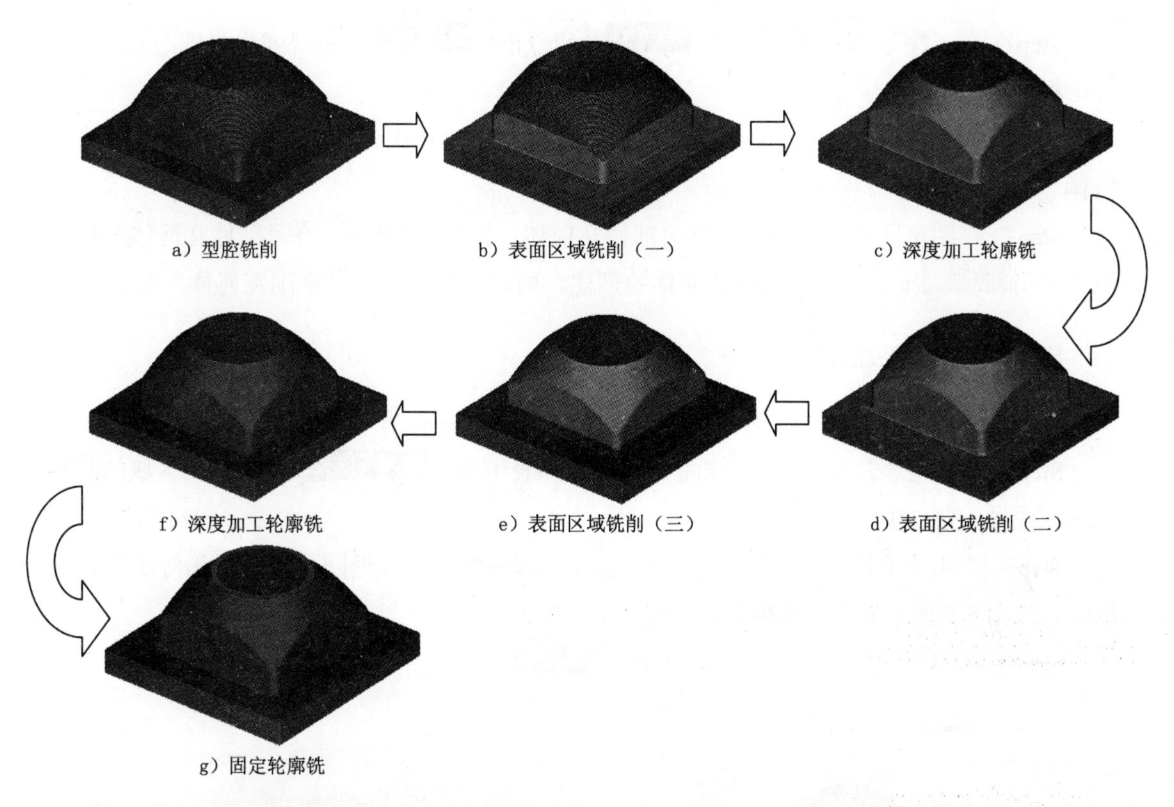

a）型腔铣削　b）表面区域铣削（一）　c）深度加工轮廓铣

f）深度加工轮廓铣　e）表面区域铣削（三）　d）表面区域铣削（二）

g）固定轮廓铣

图 5.2　加工工艺路线（二）

Step2.单击“CSYS”对话框操控器区域中的“操控器”按钮，系统弹出“点”对话框；在“点”对话框的Z文本框中输入值 65.0，单击确定按钮，此时系统返回至“CSYS”对话框；在该对话框中单击确定按钮，完成图 5.3 所示的机床坐标系的创建。

Stage2．创建安全平面

Step1．在“Mill Orient”对话框安全设置区域的安全设置选项下拉列表中选择自动平面选项，然后在安全距离文本框中输入 30。

Step2．单击“Mill Orient”对话框中的确定按钮，完成安全平面的创建。

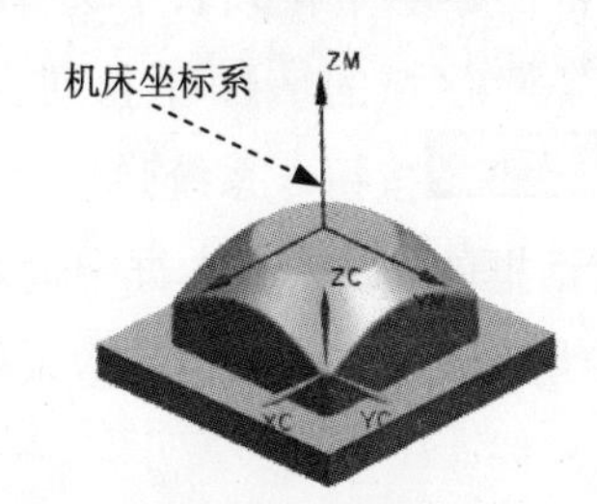

图 5.3　创建机床坐标系

Stage3. 创建部件几何体

Step1. 在工序导航器中双击 MCS_MILL 节点下的 WORKPIECE，系统弹出“铣削几何体”对话框。

Step2. 选取部件几何体。在“铣削几何体”对话框中单击按钮，系统弹出“部件几何体”对话框。

Step3. 在图形区中选择整个零件为部件几何体，如图 5.4 所示。在“部件几何体”对话框中单击 确定 按钮，完成部件几何体的创建，同时系统返回到“铣削几何体”对话框。

Stage4. 创建毛坯几何体

Step1. 在“铣削几何体”对话框中单击按钮，系统弹出“毛坯几何体”对话框。

Step2. 在“毛坯几何体”对话框的 类型 下拉列表中选择 包容块 选项，在 极限 区域的 ZM+ 文本框中输入值 5.0。

Step3. 单击“毛坯几何体”对话框中的 确定 按钮，系统返回到“铣削几何体”对话框，完成图 5.5 所示的毛坯几何体的创建。

Step4. 单击“铣削几何体”对话框中的 确定 按钮。

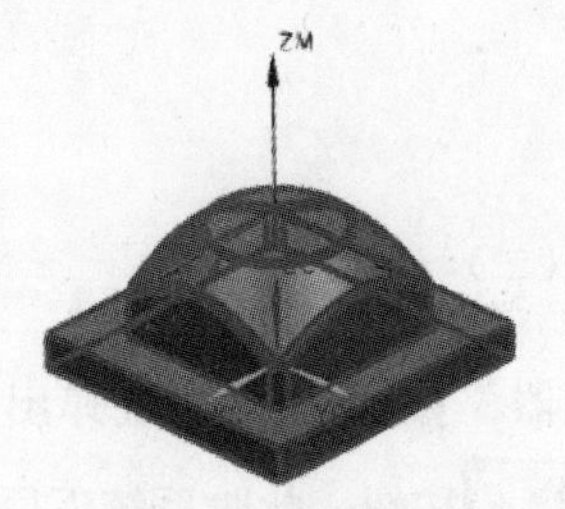

图 5.4 部件几何体

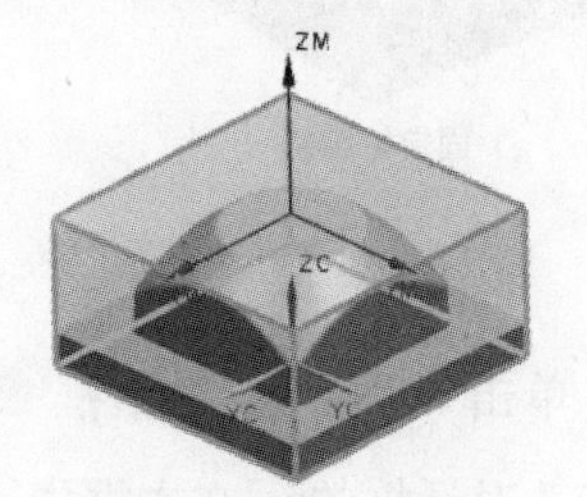

图 5.5 毛坯几何体

Task3. 创建刀具 1

Stage1. 创建刀具（一）

Step1. 将工序导航器调整到机床视图。

Step2. 选择下拉菜单 插入(S) → 刀具(T)... 命令，系统弹出“创建刀具”对话框。

Step3. 在“创建刀具”对话框的 类型 下拉列表中选择 mill contour 选项，在 刀具子类型 区域中单击“MILL”按钮，在 位置 区域的 刀具 下拉列表中选择 GENERIC_MACHINE 选项，在 名称 文本框中输入 T1D10，然后单击 确定 按钮，系统弹出“铣刀-5 参数”对话框。

Step4. 在“铣刀-5 参数”对话框的 (D) 直径 文本框中输入值 10.0，在 编号 区域的 刀具号、补偿寄存器、刀具补偿寄存器 文本框中均输入值 1，其他参数采用系统默认设置值；单击 确定 按钮，完成刀具的创建。

Stage2. 创建刀具（二）

设置刀具类型为mill contour，设置刀具子类型为“MILL”类型，刀具名称为T2D20，刀具(D) 直径为20.0，在编号区域的刀具号、补偿寄存器、刀具补偿寄存器文本框中均输入值2；具体操作方法参照Stage1。

Stage3．创建刀具（三）

设置刀具类型为mill contour选项，设置刀具子类型为“MILL”类型，刀具名称为T3D10R2，刀具(D) 直径为10.0，刀具(R1) 下半径为2.0，在编号区域的刀具号、补偿寄存器、刀具补偿寄存器文本框中均输入值3；具体操作方法参照Stage1。

Stage4．创建刀具（四）

设置刀具类型为mill contour选项，设置刀具子类型为“MILL”类型，刀具名称为T4D8R1，刀具(D) 直径为8.0，刀具(R1) 下半径为1.0，在编号区域的刀具号、补偿寄存器、刀具补偿寄存器文本框中均输入值4；具体操作方法参照Stage1。

Stage5．创建刀具（五）

设置刀具类型为mill contour选项，设置刀具子类型为“BALL_MILL”类型，刀具名称为T5D5，刀具(D) 球直径为5.0，在编号区域的刀具号、补偿寄存器、刀具补偿寄存器文本框中均输入值5；具体操作方法参照Stage1。

Task4．创建型腔铣工序

Stage1．创建工序

Step1. 将工序导航器调整到程序顺序视图。

Step2. 选择下拉菜单插入(S) → 工序(E)... 命令，在“创建工序”对话框的类型下拉列表中选择mill_contour选项，在工序子类型区域中单击“CAVITY_MILL”按钮，在程序下拉列表中选择PROGRAM选项，在刀具下拉列表中选择前面设置的刀具T1D10 (铣刀-5 参数)选项，在几何体下拉列表中选择WORKPIECE选项，在方法下拉列表中选择MILL ROUGH选项，使用系统默认的名称。

Step3. 单击“创建工序”对话框中的确定按钮，系统弹出“型腔铣”对话框。

Stage2．设置一般参数

在“型腔铣”对话框的切削模式下拉列表中选择跟随部件选项；在步距下拉列表中选择刀具平直百分比选项，在平面直径百分比文本框中输入值50.0；在每刀的公共深度下拉列表中选择恒定选项，在最大距离文本框中输入值1.0。

Stage3．设置切削参数

Step1. 在刀轨设置区域中单击“切削参数”按钮，系统弹出“切削参数”对话框。

Step2. 在“切削参数”对话框中单击连接选项卡，在开放刀路下拉列表中选择变换切削方向选项，其他参数采用系统默认设置值。

Step3. 单击“切削参数”对话框中的确定按钮，系统返回到“型腔铣”对话框。

Stage4. 设置非切削移动参数。

采用系统默认的非切削参数设置值。

Stage5. 设置进给率和速度

Step1. 在“型腔铣”对话框中单击“进给率和速度”按钮，系统弹出“进给率和速度”对话框。

Step2. 选中“进给率和速度”对话框主轴速度区域中的☑ 主轴速度 (rpm)复选框，在其后的文本框中输入值 1200.0，按 Enter 键，然后单击按钮；在进给率区域的切削文本框中输入值 500.0，按 Enter 键，然后单击按钮，其他参数采用系统默认设置值。

Step3. 单击确定按钮，完成进给率和速度的设置，系统返回到“型腔铣”操作对话框。

Stage6. 生成刀路轨迹并仿真

生成的刀路轨迹如图 5.6 所示，2D 动态仿真加工后的模型如图 5.7 所示。

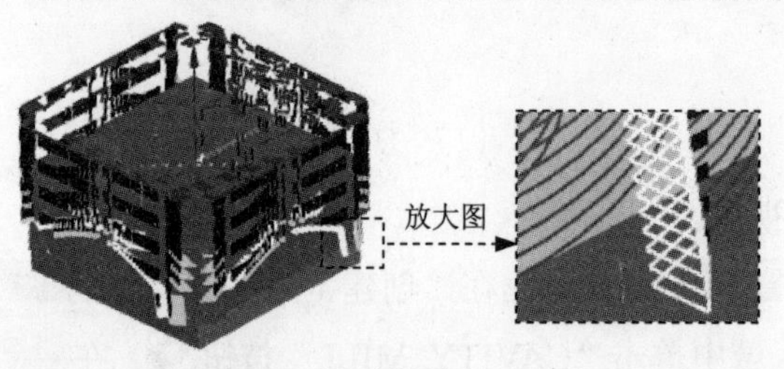

图 5.6 刀路轨迹

图 5.7 2D 仿真结果

Task5. 创建表面区域铣工序 1

Stage1. 创建工序

Step1. 选择下拉菜单插入(S) → 工序(E)... 命令，系统弹出“创建工序”对话框。

Step2. 确定加工方法。在“创建工序”对话框的类型下拉列表中选择mill_planar选项，在工序子类型区域中单击“FACE_MILLING_AREA”按钮，在程序下拉列表中选择PROGRAM选项，在刀具下拉列表中选择T2D20 (铣刀-5 参数)选项，在几何体下拉列表中选择WORKPIECE选项，在方法下拉列表中选择MILL_SEMI_FINISH选项，采用系统默认的名称。

Step3. 在“创建工序”对话框中单击确定按钮，系统弹出“面铣削区域”对话框。

Stage2. 指定切削区域

Step1. 在“面铣削区域”对话框的几何体区域中单击“选择或编辑切削区域几何体”按钮，系统弹出“切削区域”对话框。

Step2. 选取图 5.8 所示的面为切削区域，在“切削区域”对话框中单击确定按钮，完成切削区域的创建，同时系统返回到“面铣削区域”对话框。

Step3. 在“切削区域”对话框中选中☑ 自动壁复选框，单击指定壁几何体后的查看壁几何体。

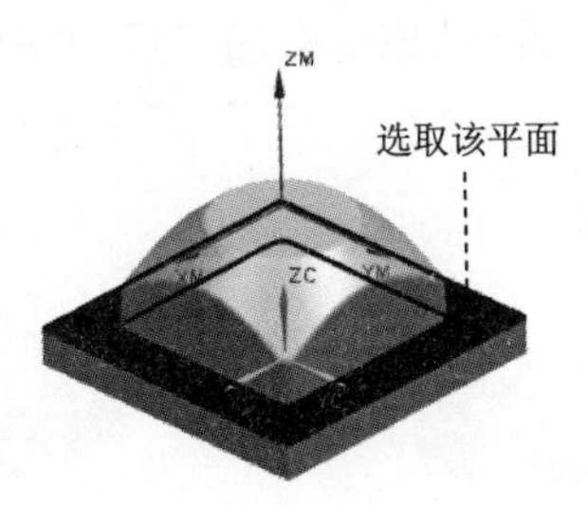

图 5.8　指定切削区域

Stage3. 设置刀具路径参数

Step1. 设置切削模式。在刀轨设置区域的切削模式下拉列表中选择跟随部件选项。

Step2. 设置步进方式。在步距下拉列表中选择刀具平直百分比选项，在平面直径百分比文本框中输入值 60.0。在毛坯距离文本框中输入值 1，在每刀深度文本框中输入值 0.0，在最终底面余量文本框中输入值 0.2。

Stage4. 设置切削参数

Step1. 在刀轨设置区域中单击“切削参数”按钮，系统弹出“切削参数”对话框。

Step2. 在“切削参数”对话框中单击策略选项卡，在刀具延展量文本框中输入 50。

Step3. 在“切削参数”对话框中单击余量选项卡，在壁余量文本框中输入 3.0，单击确定按钮，系统返回到“面铣削区域”对话框。

Stage5. 设置非切削移动参数

Step1. 单击“面铣削区域”对话框中的“非切削移动”按钮，系统弹出“非切削移动”对话框。

Step2. 单击“非切削移动”对话框中的进刀选项卡，在斜坡角文本框中输入 3.0，在高度文本框中输入 2.0，单击确定按钮，完成非切削移动参数的设置。

Stage6. 设置进给率和速度

Step1. 单击“面铣削区域”对话框中的“进给率和速度”按钮，系统弹出“进给率和速度”对话框。

Step2. 选中“进给率和速度”对话框主轴速度区域中的☑ 主轴速度 (rpm)复选框，在其后的文本框中输入值 1000.0，按 Enter 键，然后单击按钮；在进给率区域的切削文本框中输入值 300.0，按 Enter 键，然后单击按钮，其他参数采用系统默认设置值。

Step3. 单击“进给率和速度”对话框中的确定按钮，系统返回到“面铣削区域”对话框。

Stage7. 生成刀路轨迹并仿真

生成的刀路轨迹如图 5.9 所示，2D 动态仿真加工后的模型如图 5.10 所示。

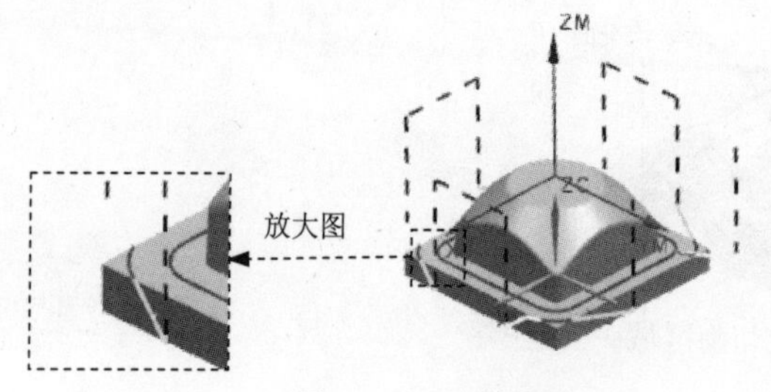

图 5.9 刀路轨迹

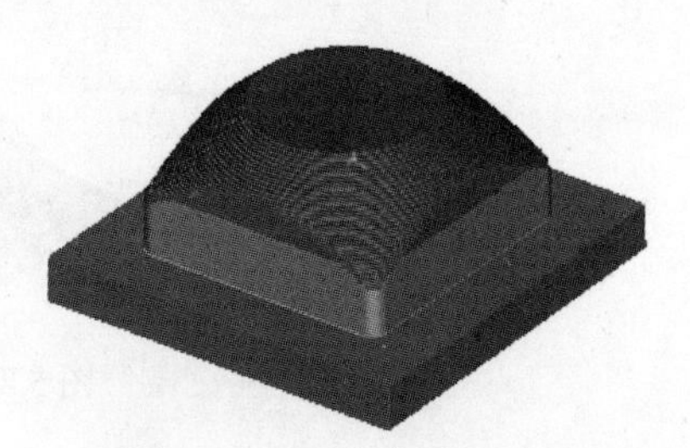

图 5.10 2D 仿真结果

Task6. 创建深度加工轮廓铣工序 1

Stage1. 创建工序

Step1. 选择下拉菜单插入(S) → 工序(E)...命令，在“创建工序”对话框的类型下拉列表中选择mill_contour选项，在工序子类型区域中单击“ZLEVEL_PROFILE”按钮，在程序下拉列表中选择PROGRAM选项，在刀具下拉列表中选择刀具T3D10R2（铣刀-5 参数）选项，在几何体下拉列表中选择WORKPIECE选项，在方法下拉列表中选择MILL_FINISH选项，使用系统默认的名称。

Step2. 单击“创建工序”对话框中的确定按钮，系统弹出“深度加工轮廓”对话框。

Stage2. 指定切削区域

Step1. 在“深度加工轮廓”对话框的几何体区域中单击指定切削区域右侧的按钮，系统弹出“切削区域”对话框。

Step2. 在图形区中选取图 5.11 所示的面（共 18 个）为切削区域，然后单击“切削区域”对话框中的确定按钮，系统返回到“深度加工轮廓”对话框。

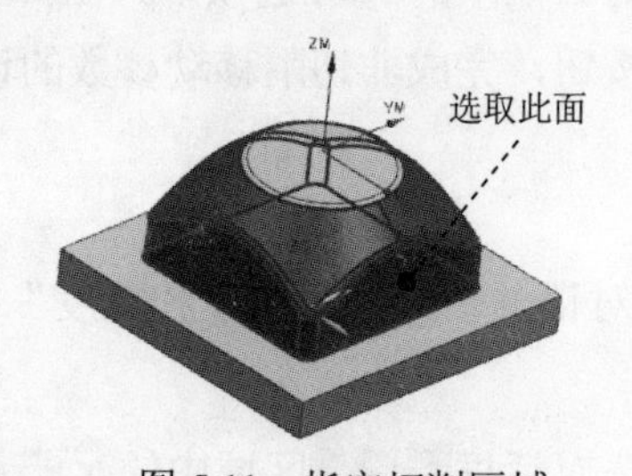

图 5.11 指定切削区域

Stage3．设置一般参数

在“深度加工轮廓”对话框的合并距离文本框中输入值 3.0，在最小切削长度文本框中输入值 1.0，在每刀的公共深度下拉列表中选择恒定选项，在最大距离文本框中输入值 0.5。

Stage4．设置切削层

参数采用系统默认设置值。

Stage5．设置切削参数

Step1. 单击“深度加工轮廓”对话框中的“切削参数”按钮，系统弹出“切削参数”对话框。

Step2. 在“切削参数”对话框中单击余量选项卡，在部件侧面余量文本框中输入 0.25。

Step3. 在“切削参数”对话框中单击连接选项卡，在层到层下拉列表中选择直接对部件进刀选项。

Step4. 单击“切削参数”对话框中的确定按钮，完成切削参数的设置，系统返回到“深度加工轮廓”对话框。

Stage6．设置非切削移动参数

采用系统默认的非切削移动参数设置值。

Stage7．设置进给率和速度

Step1. 在“深度加工轮廓”对话框中单击“进给率和速度”按钮，系统弹出“进给率和速度”对话框。

Step2. 选中“进给率和速度”对话框主轴速度区域中的☑ 主轴速度 (rpm)复选框，在其后的文本框中输入值 1500.0，按 Enter 键，然后单击按钮；在进给率区域的切削文本框中输入值 300.0，按 Enter 键，然后单击按钮，其他参数采用系统默认设置值。

Step3. 单击确定按钮，完成进给率和速度的设置，系统返回到“深度加工轮廓”对话框。

Stage8．生成刀路轨迹并仿真

生成的刀路轨迹如图 5.12 所示，2D 动态仿真加工后的模型如图 5.13 所示。

Task7．创建表面区域铣工序 2

Stage1．创建工序

Step1. 选择下拉菜单插入(S) ➡ 工序(E)...命令，系统弹出“创建工序”对话框。

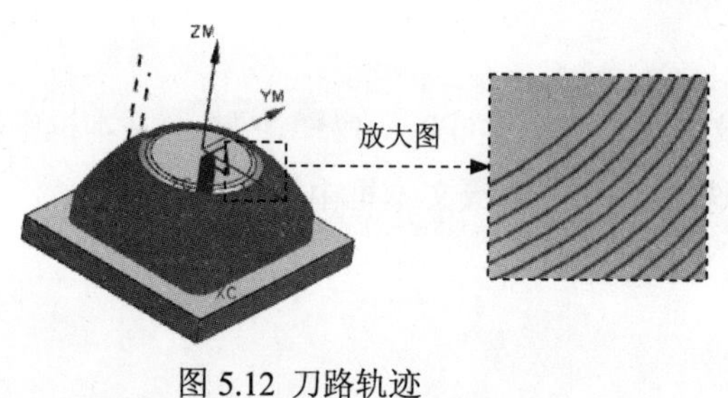

图 5.12 刀路轨迹

图 5.13 2D 仿真结果

Step2. 确定加工方法。在“创建工序”对话框的类型下拉列表中选择mill_planar选项，在工序子类型区域中单击“FACE_MILLING_AREA”按钮，在程序下拉列表中选择PROGRAM选项，在刀具下拉列表中选择T2D20 (铣刀-5 参数)选项，在几何体下拉列表中选择WORKPIECE选项，在方法下拉列表中选择MILL_FINISH选项，采用系统默认的名称。

Step3. 在“创建工序”对话框中单击确定按钮，系统弹出“面铣削区域”对话框。

Stage2. 指定切削区域

Step1. 在“面铣削区域”对话框的几何体区域中单击“选择或编辑切削区域几何体”按钮，系统弹出“切削区域”对话框。

Step2. 选取图 5.14 所示的面为切削区域，在“切削区域”对话框中单击确定按钮，完成切削区域的创建，同时系统返回到“面铣削区域”对话框。

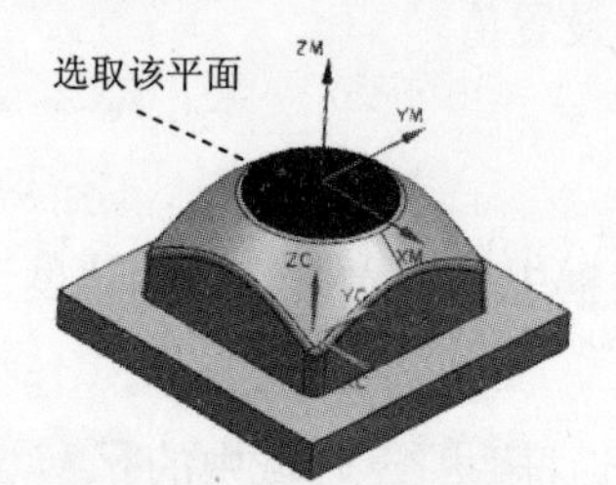

图 5.14 指定切削区域

Stage3. 设置刀具路径参数

Step1. 设置切削模式。在刀轨设置区域的切削模式下拉列表中选择单向选项。

Step2. 设置步进方式。在步距下拉列表中选择刀具平直百分比选项，在平面直径百分比文本框中输入值 60.0。在毛坯距离文本框中输入值 1，在每刀深度文本框中输入值 0.0，在最终底面余量文本框中输入值 0.0。

Stage4. 设置切削参数

采用系统默认的切削移动参数。

Stage5. 设置非切削移动参数

Step1. 单击“深度加工轮廓”对话框中的“非切削移动”按钮，系统弹出“非切削移动”对话框。

Step2. 单击“非切削移动”对话框中的转移/快速选项卡，设置图 5.15 所示的参数；单击确定按钮，完成非切削移动参数的设置。

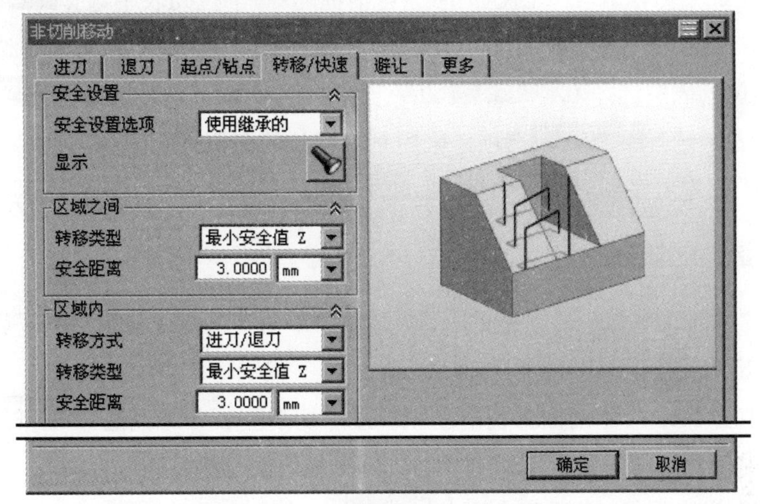

图 5.15　“转移/快速”选项卡

Stage6. 设置进给率和速度

Step1. 单击“面铣削区域”对话框中的“进给率和速度”按钮，系统弹出“进给率和速度”对话框。

Step2. 选中“进给率和速度”对话框主轴速度区域中的主轴速度（rpm）复选框，在其后的文本框中输入值 1500.0，按 Enter 键，然后单击按钮；在进给率区域的切削文本框中输入值 400.0，按 Enter 键，然后单击按钮，其他参数采用系统默认设置值。

Step3. 单击“进给率和速度”对话框中的确定按钮，系统返回到“面铣削区域”对话框。

Stage7. 生成刀路轨迹并仿真

生成的刀路轨迹如图 5.16 所示，2D 动态仿真加工后的模型如图 5.17 所示。

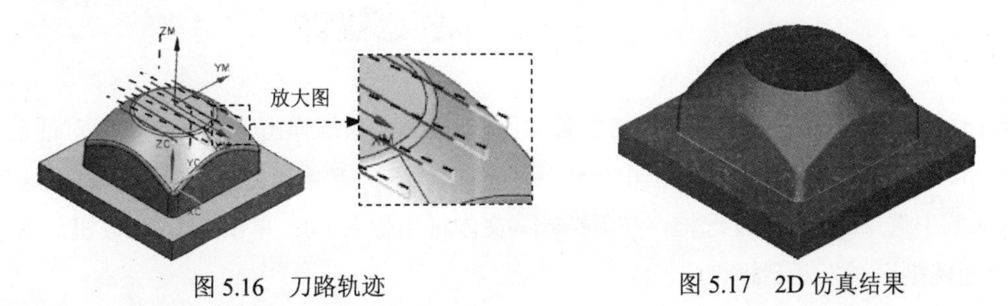

图 5.16　刀路轨迹

图 5.17　2D 仿真结果

Task8. 创建表面区域铣工序 3

Stage1．创建工序

Step1．选择下拉菜单插入(S) → 工序(E)...命令，系统弹出“创建工序”对话框。

Step2．确定加工方法。在“创建工序”对话框的类型下拉列表中选择mill_planar选项，在工序子类型区域中单击“FACE_MILLING_AREA”按钮，在程序下拉列表中选择PROGRAM选项，在刀具下拉列表中选择T2D20（铣刀-5 参数）选项，在几何体下拉列表中选择WORKPIECE选项，在方法下拉列表中选择MILL_FINISH选项，采用系统默认的名称。

Step3．在“创建工序”对话框中单击确定按钮，系统弹出“面铣削区域”对话框。

Stage2．指定切削区域

Step1．在“面铣削区域”对话框的几何体区域中单击“选择或编辑切削区域几何体”按钮，系统弹出“切削区域”对话框。

Step2．选取图 5.18 所示的面为切削区域，在“切削区域”对话框中单击确定按钮，完成切削区域的创建，同时系统返回到“面铣削区域”对话框。

Step3．在“切削区域”对话框中选中☑自动壁复选框。

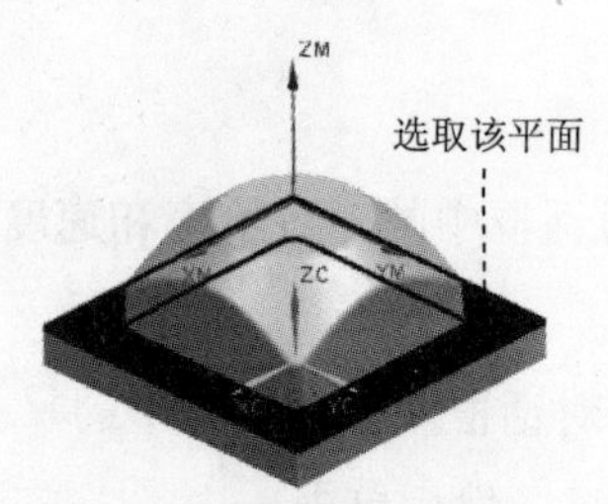

图 5.18 指定切削区域

Stage3．设置刀具路径参数

Step1．设置切削模式。在刀轨设置区域的切削模式下拉列表中选择跟随周边选项。

Step2．设置步进方式。在步距下拉列表中选择刀具平直百分比选项，在平面直径百分比文本框中输入值 40.0。在毛坯距离文本框中输入值 1，在每刀深度文本框中输入值 0.0，在最终底面余量文本框中输入值 0.0。

Stage4．设置切削参数

Step1．在刀轨设置区域中单击“切削参数”按钮，系统弹出“切削参数”对话框。

Step2．在“切削参数”对话框中单击策略选项卡，在刀路方向文本框中选择向内选项，在壁区域中选中☑岛清根复选框，在刀具延展量文本框中输入 60；单击确定按钮，系统返回到“面铣削区域”对话框。

Stage5．设置非切削移动参数

采用系统默认的非切削移动参数设置值。

Stage6．设置进给率和速度

Step1. 单击“面铣削区域”对话框中的“进给率和速度”按钮，系统弹出“进给率和速度”对话框。

Step2. 选中“进给率和速度”对话框主轴速度区域中的☑ 主轴速度 (rpm)复选框，在其后的文本框中输入值 1500.0，按 Enter 键，然后单击按钮；在进给率区域的切削文本框中输入值 300.0，按 Enter 键，然后单击按钮，其他参数采用系统默认设置值。

Step3. 单击“进给率和速度”对话框中的确定按钮，系统返回到“面铣削区域”对话框。

Stage7．生成刀路轨迹并仿真

生成的刀路轨迹如图 5.19 所示，2D 动态仿真加工后的模型如图 5.20 所示。

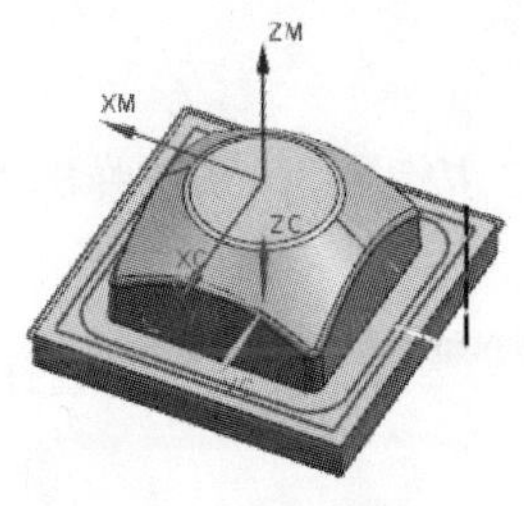

图 5.19　刀路轨迹

图 5.20　2D 仿真结果

Task9．创建深度加工轮廓铣工序 2

Stage1．创建工序

Step1. 选择下拉菜单插入(S) ➡ 工序(E)... 命令，在“创建工序”对话框的类型下拉菜单中选择mill_contour选项，在工序子类型区域中单击“ZLEVEL_PROFILE”按钮，在程序下拉列表中选择PROGRAM选项，在刀具下拉列表中选择刀具T4D8R1 (铣刀-5 参数)选项，在几何体下拉列表中选择WORKPIECE选项，在方法下拉列表中选择MILL_FINISH选项，使用系统默认的名称。

Step2. 单击“创建工序”对话框中的确定按钮，系统弹出“深度加工轮廓”对话框。

Stage2．指定切削区域

Step1. 在“深度加工轮廓”对话框的几何体区域中单击指定切削区域右侧的按钮，系统弹出“切削区域”对话框。

Step2. 在图形区中选取图 5.21 所示的面（共 18 个）为切削区域，然后单击“切削区域”对话框中的确定按钮，系统返回到“深度加工轮廓”对话框。

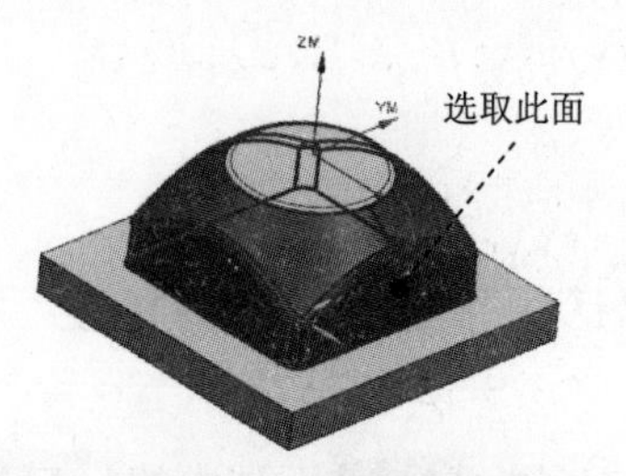

图 5.21 指定切削区域

Stage3. 设置一般参数

在“深度加工轮廓”对话框的合并距离文本框中输入值 3.0，在最小切削长度文本框中输入值 1.0，在每刀的公共深度下拉列表中选择恒定选项，在最大距离文本框中输入值 0.2。

Stage4. 设置切削层

参数采用系统默认设置值。

Stage5. 设置切削参数

Step1. 单击“深度加工轮廓”对话框中的“切削参数”按钮，系统弹出“切削参数”对话框。

Step2. 在“切削参数”对话框中单击策略选项卡，在切削顺序下拉列表中选择始终深度优先选项，

Step3. 在“切削参数”对话框中单击连接选项卡，在层到层下拉列表中选择沿部件斜进刀选项，在斜坡角文本框中输入 10。

Step4. 单击“切削参数”对话框中的确定按钮，完成切削参数的设置，系统返回到“深度加工轮廓”对话框。

Stage6. 设置非切削移动参数

采用系统默认的非切削移动参数设置值。

Stage7. 设置进给率和速度

Step1. 在“深度加工轮廓”对话框中单击“进给率和速度”按钮，系统弹出“进给率和速度”对话框。

Step2. 选中“进给率和速度”对话框主轴速度区域中的☑ 主轴速度 (rpm)复选框，在其后的文本框中输入值 3500.0，按 Enter 键，然后单击按钮；在进给率区域的切削文本框中输入值 400.0，按 Enter 键，然后单击按钮，其他参数采用系统默认设置值。

Step3. 单击确定按钮，完成进给率和速度的设置，系统返回到“深度加工轮廓”对话框。

Stage8．生成刀路轨迹并仿真

生成的刀路轨迹如图 5.22 所示，2D 动态仿真加工后的模型如图 5.23 所示。

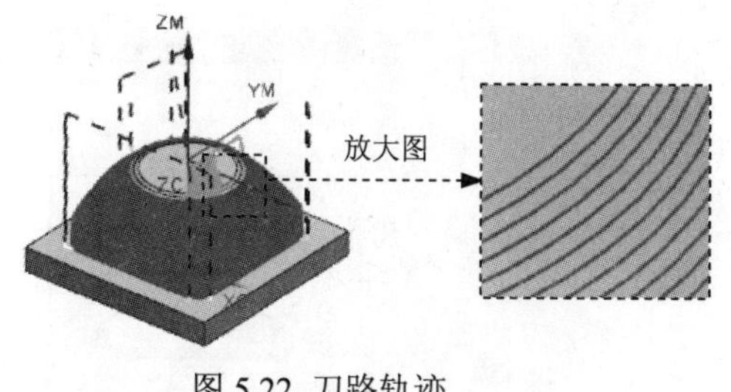

图 5.22　刀路轨迹

图 5.23　2D 仿真结果

Task10．创建固定轮廓铣

Stage1．创建工序

Step1. 选择下拉菜单 插入(S) → 工序(E)... 命令，在“创建工序”对话框的 类型 下拉列表中选择 mill_contour 选项，在 工序子类型 区域中单击“FIXED_CONTOUR”按钮，在 程序 下拉列表中选择 PROGRAM 选项，在 刀具 下拉列表中选择刀具 T5D5（铣刀-球头铣） 选项，在 几何体 下拉列表中选择 WORKPIECE 选项，在 方法 下拉列表中选择 MILL_FINISH 选项，使用系统默认的名称“FIXED_CONTOUR”。

Step2. 单击“创建工序”对话框中的 确定 按钮，系统弹出“固定轮廓铣”对话框。

Stage2．设置驱动方式

Step1. 在“固定轮廓铣”对话框 驱动方法 区域的 方法 下拉列表中选择 径向切削 选项，系统弹出“驱动方法”对话框；单击该对话框中的 确定 按钮，系统弹出“径向切削驱动方法”对话框。

Step2. 在“径向切削驱动方法”对话框的 驱动几何体 区域中单击“选择或编辑驱动几何体”按钮，系统弹出“临时边界”对话框。

Step3. 在图形区选取图 5.24 所示的边线，单击 确定 按钮，系统返回到“径向切削驱动方法”对话框。

Step4. 在 驱动设置 区域设置图 5.25 所示的参数。单击 确定 按钮，系统返回到“固定轮廓铣”对话框。

Stage3．设置切削参数

采用系统默认的非切削移动参数设置值。

Stage4．设置非切削移动参数。

采用系统默认的非切削移动参数设置值。

Stage5．设置进给率和速度

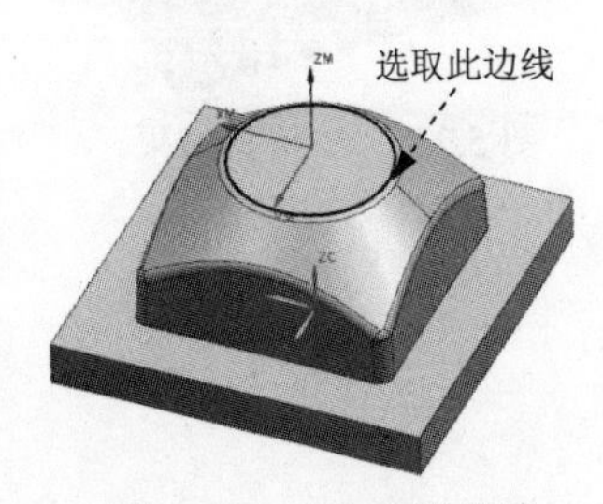

图 5.24 定义参照边线

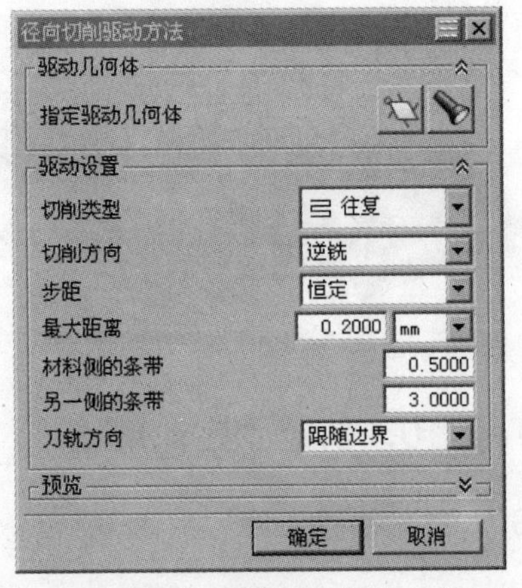

图 5.25 “径向切削驱动方法”对话框

Step1．在“固定轮廓铣”对话框中单击“进给率和速度”按钮，系统弹出“进给率和速度”对话框。

Step2．选中“进给率和速度”对话框主轴速度区域中的主轴速度 (rpm)复选框，在其后文本框中输入值 4500.0，按 Enter 键，然后单击按钮；在进给率区域的切削文本框中输入值 800.0，按 Enter 键，然后单击按钮，其他参数采用系统默认设置值。

Step3．单击确定按钮，完成进给率和速度的设置，系统返回到“固定轮廓铣”操作对话框。

Stage6．生成刀路轨迹并仿真

生成的刀路轨迹如图 5.26 所示，2D 动态仿真加工后的模型如图 5.27 所示。

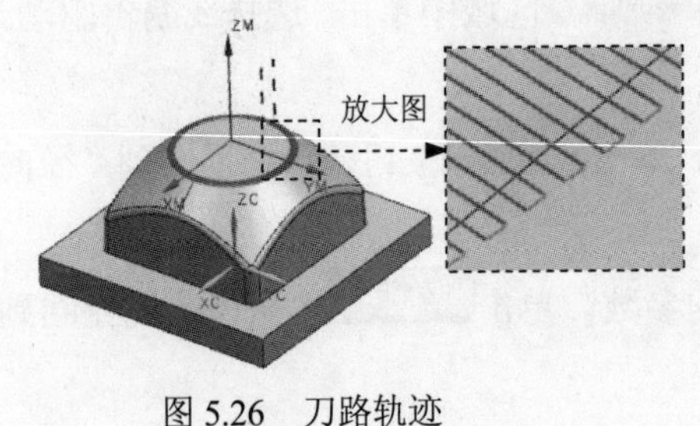

图 5.26 刀路轨迹

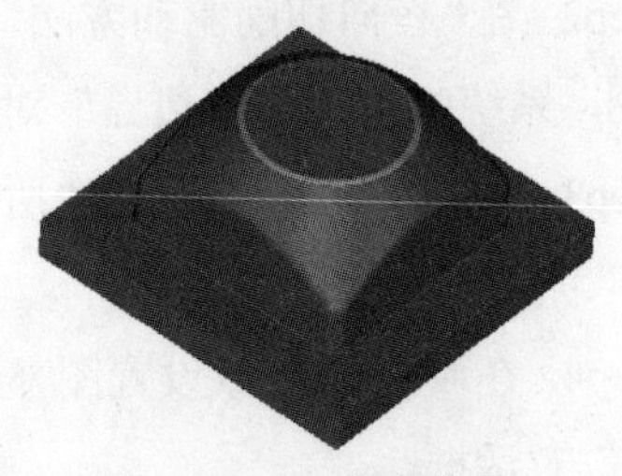

图 5.27 2D 仿真结果

Task11．保存文件

选择下拉菜单文件(F) → 保存(S)命令，保存文件。

实例 6　鞋跟凸模加工

下面以鞋跟凸模加工为例，来介绍铣削的一般加工操作。粗加工，大量地去除毛坯材料；精加工，把毛坯件加工成目标件的最后步骤，也是关键的一步，其加工结果直接影响模具的加工质量和加工精度。该零件的加工工艺路线如图 6.1 和图 6.2 所示。

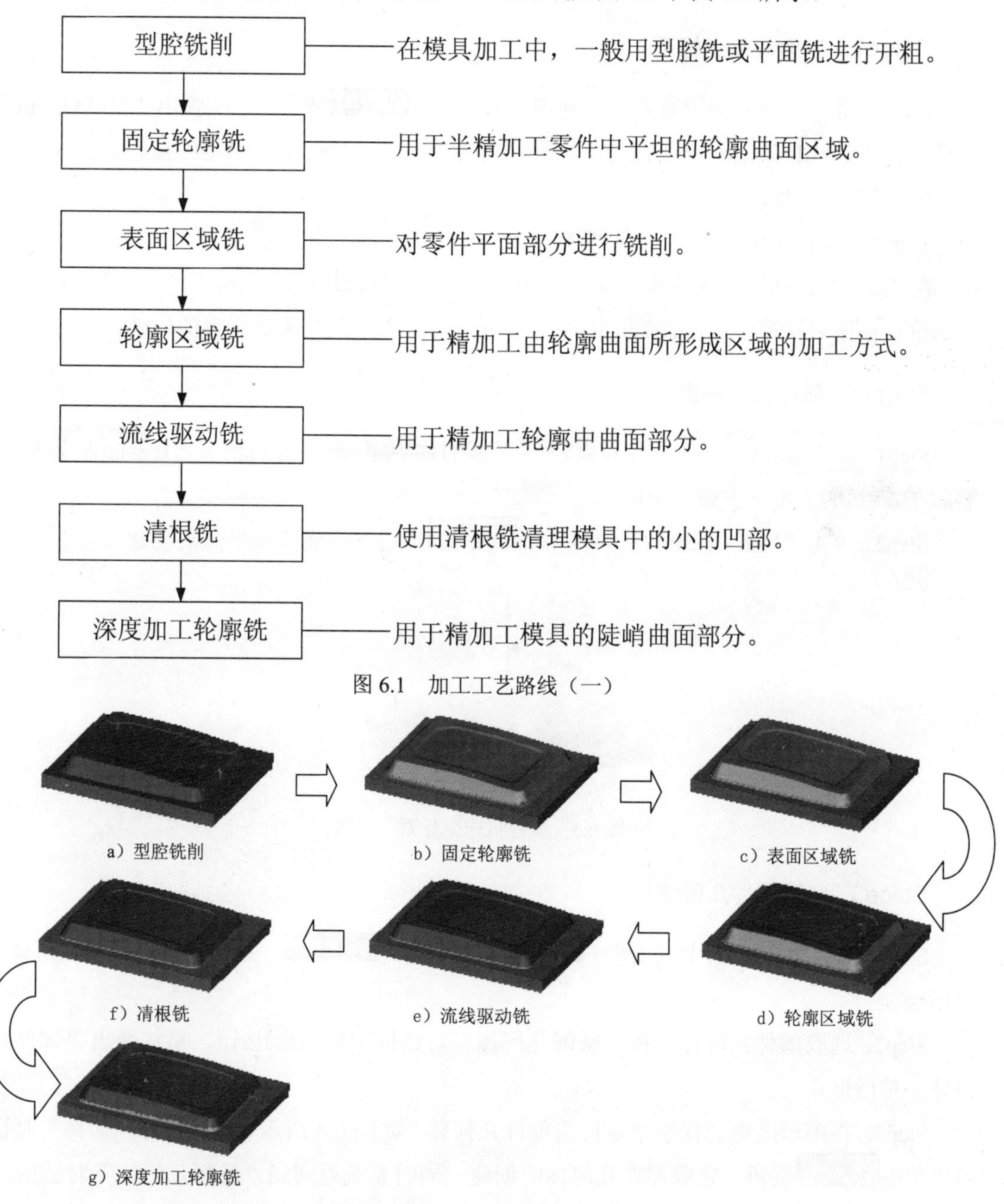

图 6.1　加工工艺路线（一）

图 6.2　加工工艺路线（二）

Task1．打开模型文件并进入加工模块

Step1．打开模型文件 D:\ug8.11\work\ch06\ shoe_mold.prt。

Step2．进入加工环境。选择下拉菜单开始 → 加工(N)...命令，系统弹出“加工环境”对话框；在“加工环境”对话框的CAM 会话配置列表框中选择cam_general选项，在要创建的 CAM 设置列表框中选择mill_contour选项，单击确定按钮，进入加工环境。

Task2．创建几何体

Stage1．创建机床坐标系

Step1．将工序导航器调整到几何视图，双击MCS_MILL节点，系统弹出“Mill Orient”对话框。在“Mill Orient”对话框的机床坐标系区域中单击“CSYS 对话框”按钮，系统弹出“CSYS”对话框。

Step2．单击“CSYS”对话框操控器区域中的“操控器”按钮，系统弹出“点”对话框；在“点”对话框的Z文本框中输入值 30.0，单击确定按钮，此时系统返回至“CSYS”对话框；在该对话框中单击确定按钮，完成图 6.3 所示的机床坐标系的创建。

Stage2．创建安全平面

Step1．在“Mill Orient”对话框安全设置区域的安全设置选项下拉列表中选择自动平面选项，然后在安全距离文本框中输入 10。

Step2．单击“Mill Orient”对话框中的确定按钮，完成安全平面的创建。

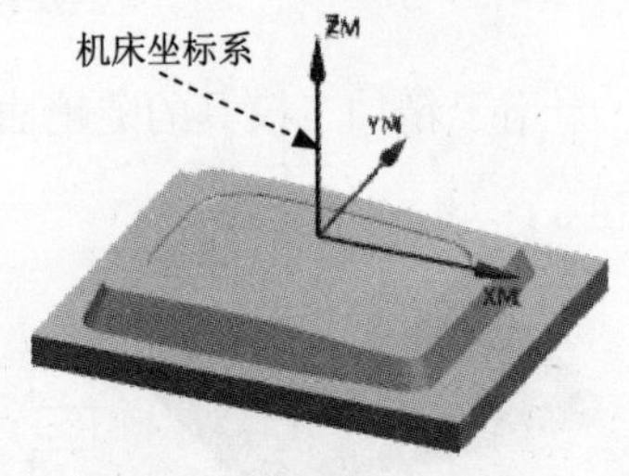

图 6.3　创建机床坐标系

Stage3．创建部件几何体

Step1．在工序导航器中双击MCS_MILL节点下的WORKPIECE，系统弹出“铣削几何体”对话框。

Step2．选取部件几何体。在“铣削几何体”对话框中单击按钮，系统弹出“部件几何体”对话框。

Step3．在图形区中选择整个零件为部件几何体，如图 6.4 所示。在“部件几何体”对话框中单击确定按钮，完成部件几何体的创建，同时系统返回到“铣削几何体”对话框。

Stage4. 创建毛坯几何体

Step1. 在“铣削几何体”对话框中单击按钮，系统弹出“毛坯几何体”对话框。

Step2. 在“毛坯几何体”对话框的类型下拉列表中选择包容块选项，在极限区域的ZM+文本框中输入值 8.0。

Step3. 单击“毛坯几何体”对话框中的确定按钮，系统返回到“铣削几何体”对话框，完成图 6.5 所示毛坯几何体的创建。

Step4. 单击“铣削几何体”对话框中的确定按钮。

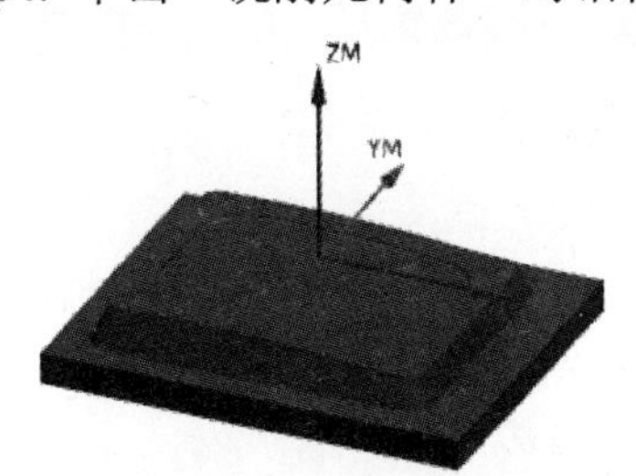

图 6.4　部件几何体

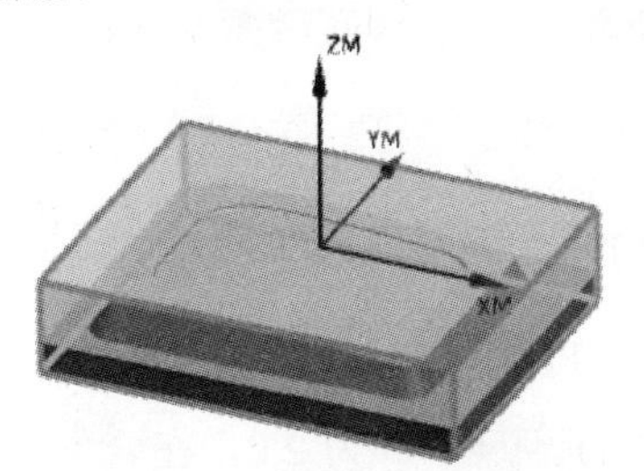

图 6.5　毛坯几何体

Task3. 创建刀具

Stage1. 创建刀具（一）

Step1. 将工序导航器调整到机床视图。

Step2. 选择下拉菜单插入(S) ➡ 刀具(T)...命令，系统弹出“创建刀具”对话框。

Step3. 在“创建刀具”对话框类型下拉列表中选择mill contour选项，在刀具子类型区域中单击“MILL”按钮，在位置区域的刀具下拉列表中选择GENERIC_MACHINE选项，在名称文本框中输入 D16R1，然后单击确定按钮，系统弹出“铣刀-5 参数”对话框。

Step4. 系统弹出“铣刀-5 参数”对话框，在(D) 直径文本框中输入值 16.0，在(R1) 下半径文本框中输入 1，在编号区域的刀具号、补偿寄存器、刀具补偿寄存器文本框中均输入值 1，其他参数采用系统默认设置值，单击确定按钮，完成刀具的创建。

Stage2. 创建刀具（二）

设置刀具类型为mill contour选项，设置刀具子类型为“BALL_MILL” 类型，刀具名称为 B10，刀具(D) 球直径为 10.0，在编号区域的刀具号、补偿寄存器、刀具补偿寄存器文本框中均输入值 2；具体操作方法参照 Stage1。

Stage3. 创建刀具（三）

设置刀具类型为mill contour选项，设置刀具子类型为“MILL” 类型，刀具名称为 D8，刀具(D) 直径为 8.0，在编号区域的刀具号、补偿寄存器、刀具补偿寄存器文本框中均输入值 3。

Stage4．创建刀具（四）

设置刀具类型为mill_contour选项，设置刀具子类型为“BALL_MILL”类型，刀具名称为B8，刀具(D) 球直径为8.0，在编号区域的刀具号、补偿寄存器、刀具补偿寄存器文本框中均输入值4。

Stage5．创建刀具（五）

设置刀具类型为mill_contour选项，设置刀具子类型为“MILL”类型，刀具名称为D8R2，刀具(D) 直径为8.0，(R1) 下半径为2.0，在编号区域的刀具号、补偿寄存器、刀具补偿寄存器文本框中均输入值5。

Stage6．创建刀具（六）

设置刀具类型为mill_contour选项，设置刀具子类型为“BALL_MILL”类型，刀具名称为B2，刀具(D) 球直径为2.0，在编号区域的刀具号、补偿寄存器、刀具补偿寄存器文本框中均输入值6。

Task4．创建型腔铣操作

Stage1．创建工序

Step1．将工序导航器调整到程序顺序视图。

Step2．选择下拉菜单插入(S) → 工序(E)...命令，在“创建工序”对话框类型下拉列表中选择mill_contour选项，在工序子类型区域中单击“CAVITY_MILL”按钮，在程序下拉列表中选择PROGRAM选项，在刀具下拉列表中选择前面设置的刀具D16R1（铣刀-5 参数）选项，在几何体下拉列表中选择WORKPIECE选项，在方法下拉列表中选择MILL_ROUGH选项，使用系统默认的名称。

Step3．单击“创建工序”对话框中的确定按钮，系统弹出“型腔铣”对话框。

Stage2．设置一般参数

在“型腔铣”对话框切削模式下拉列表中选择跟随部件选项；在步距下拉列表中选择刀具平直百分比选项，在平面直径百分比文本框中输入值50.0；在每刀的公共深度下拉列表中选择恒定选项，在最大距离文本框中输入值1.0。

Stage3．设置切削参数

Step1．在刀轨设置区域中单击“切削参数”按钮，系统弹出“切削参数”对话框。

Step2．在“切削参数”对话框中单击策略选项卡，在切削顺序下拉列表框中选择深度优先选项；单击连接选项卡，在开放刀路下拉列表框中选择变换切削方向选项，其他参数采用系统默认设置值。

Step3. 单击“切削参数”对话框中的确定按钮，系统返回到“型腔铣”对话框。

Stage4．设置非切削移动参数。

Step1. 在“型腔铣”对话框中单击“非切削移动”按钮，系统弹出“非切削移动”对话框。

Step2. 单击“非切削移动”对话框中的进刀选项卡，在进刀类型下拉列表中选择沿形状斜进刀选项，在封闭区域中的斜坡角文本框中输入值 3.0，在高度起点下拉列表中选择当前层选项，其他参数采用系统默认值，单击确定按钮完成非切削移动参数的设置。

Stage5．设置进给率和速度

Step1. 在“型腔铣”对话框中单击“进给率和速度”按钮，系统弹出“进给率和速度”对话框。

Step2. 选中“进给率和速度”对话框主轴速度区域中的☑ 主轴速度（rpm）复选框，在其后的文本框中输入值 800.0，按 Enter 键，然后单击按钮，在进给率区域的切削文本框中输入值 250.0，按 Enter 键，然后单击按钮，其他参数采用系统默认设置值。

Step3. 单击确定按钮，完成进给率和速度的设置，系统返回“型腔铣”操作对话框。

Stage6．生成刀路轨迹并仿真

生成的刀路轨迹如图 6.6 所示，2D 动态仿真加工后的模型如图 6.7 所示。

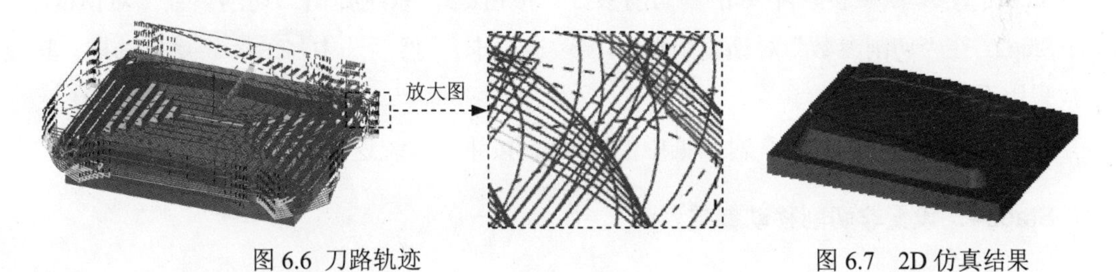

图 6.6 刀路轨迹　　图 6.7　2D 仿真结果

Task5．创建固定轮廓铣

Stage1．创建工序

Step1. 选择下拉菜单插入(S) → 工序(E)...命令，在“创建工序”对话框类型下拉列表中选择mill_contour选项，在工序子类型区域中单击“FIXED_CONTOUR”按钮，在程序下拉列表中选择PROGRAM选项，在刀具下拉列表中选择刀具B10（铣刀-球头铣）选项，在几何体下拉列表中选择WORKPIECE选项，在方法下拉列表中选择MILL_SEMI_FINISH选项，使用系统默认的名称“FIXED_CONTOUR”。

Step2. 单击“创建工序”对话框中的确定按钮，系统弹出“固定轮廓铣”对话框。

Stage2．设置驱动方式

Step1．在“固定轮廓铣”对话框驱动方法区域的方法下拉列表中选择边界选项，单击“编辑”按钮，系统弹出“边界驱动方法”对话框。

Step2．在“边界驱动方法”对话框驱动几何体区域单击“选择或编辑驱动几何体”按钮，系统弹出“边界几何体”对话框。

Step3．在模式下拉列表中选择面选项，在凸边下拉列表中选择对中选项。

Step4．在图形区选择图 6.8 所示的面，然后单击确定按钮，系统返回“边界驱动方法”对话框。

Step5．在驱动设置区域步距下拉列表中选择恒定选项，在最大距离文本框中输入值 2.0，在切削角下拉列表中选择指定选项。在与 XC 的夹角文本框中输入值 45.0。单击确定按钮，系统返回“固定轮廓铣”对话框。

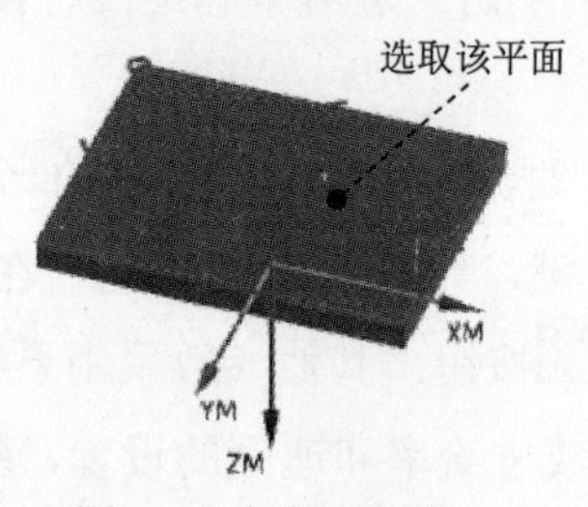

图 6.8 定义参照面

Stage3．设置切削参数

Step1．在刀轨设置区域中单击“切削参数”按钮，系统弹出“切削参数”对话框。

Step2．在“切削参数”对话框中单击策略选项卡，然后选中☑在边上延伸复选框。其他参数采用系统默认设置值。

Step3．单击“切削参数”对话框中的确定按钮，系统返回到“固定轮廓铣”对话框。

Stage4．设置非切削移动参数。

采用系统默认的非切削移动参数。

Stage5．设置进给率和速度

Step1．在“固定轮廓铣”对话框中单击“进给率和速度”按钮，系统弹出“进给率和速度”对话框。

Step2．选中“进给率和速度”对话框主轴速度区域中的☑主轴速度 (rpm) 复选框，在其后文本框中输入值 1000.0，按 Enter 键，然后单击按钮，在进给率区域的切削文本框中输入值 400.0，按 Enter 键，然后单击按钮，其他参数采用系统默认设置值。

Step3．单击确定按钮，完成进给率和速度的设置，系统返回“固定轮廓铣”操作对话框。

Stage6．生成刀路轨迹并仿真

生成的刀路轨迹如图 6.9 所示，2D 动态仿真加工后的模型如图 6.10 所示。

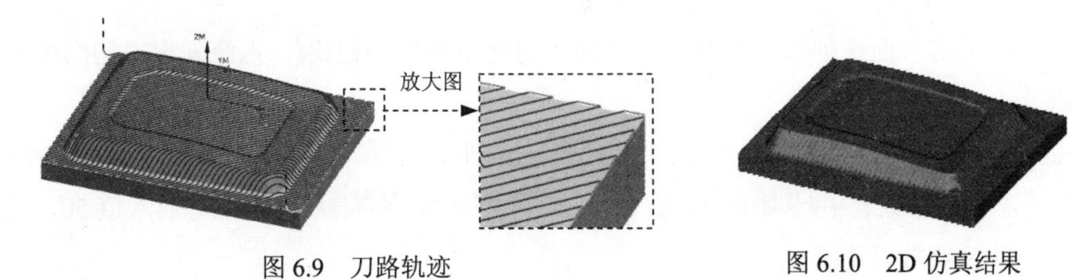

图 6.9　刀路轨迹　　　图 6.10　2D 仿真结果

Task6．创建表面区域铣操作

Stage1．创建工序

Step1. 选择下拉菜单 插入(S) → 工序(E)... 命令，系统弹出“创建工序”对话框。

Step2. 在“创建工序”对话框 类型 下拉列表中选择 mill_planar 选项，在 工序子类型 区域中单击“FACE_MILLING_AREA”按钮，在 程序 下拉列表中选择 PROGRAM 选项，在 刀具 下拉列表中选择 D8（铣刀-5 参数）选项，在 几何体 下拉列表中选择 WORKPIECE 选项，在 方法 下拉列表中选择 MILL_FINISH 选项，使用系统默认的名称。

Step3. 单击“创建工序”对话框中的 确定 按钮，系统弹出“面铣削区域”对话框。

Stage2．指定切削区域

Step1. 单击“面铣削区域”对话框中的“选择或编辑切削区域几何体”按钮，系统弹出“切削区域”对话框。

Step2. 在图形区选取图 6.11 所示的切削区域，单击“切削区域”对话框中的 确定 按钮，系统返回到“面铣削区域”对话框。

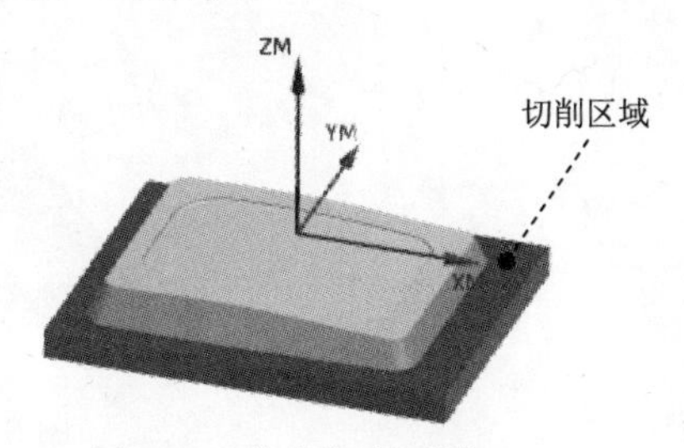

图 6.11　指定切削区域

Stage3．设置一般参数

在“面铣削区域”对话框 几何体 区域选中 ☑ 自动壁 复选框，在 刀轨设置 区域 切削模式 下拉列表中选择 跟随周边 选项，在 步距 下拉列表中选择 刀具平直百分比 选项，在 平面直径百分比 文本框中输入值 55.0，在 毛坯距离 文本框中输入值 1，在 每刀深度 文本框中输入值 0.0，在 最终底面余量

文本框中输入值 0.0。

Stage4．设置切削参数

Step1. 单击“面铣削区域”对话框中的“切削参数”按钮，系统弹出“切削参数”对话框。

Step2. 单击“切削参数”对话框中的策略选项卡，在切削区域刀路方向下拉列表中选择向内选项，在壁区域选中☑ 岛清根复选框，在切削区域区域刀具延展量文本框中输入值 50，其他采用系统默认参数设置值。

Step3. 单击“切削参数”对话框中的确定按钮，完成切削参数的设置，系统返回到“面铣削区域”对话框。

Stage5．设置非切削移动参数

采用系统默认的非切削移动参数设置值。

Stage6．设置进给率和速度

Step1. 单击“面铣削区域”对话框中的“进给率和速度”按钮，系统弹出“进给率和速度”对话框。

Step2. 选中“进给率和速度”对话框主轴速度区域中的☑ 主轴速度 (rpm)复选框，在其后的文本框中输入值 1500.0，按 Enter 键，然后单击按钮，在进给率区域的切削文本框中输入值 500.0，按 Enter 键，然后单击按钮，单击确定按钮，返回“面铣削区域”对话框。

Stage7．生成刀路轨迹并仿真

生成的刀路轨迹如图 6.12 所示，2D 动态仿真加工后的模型如图 6.13 所示。

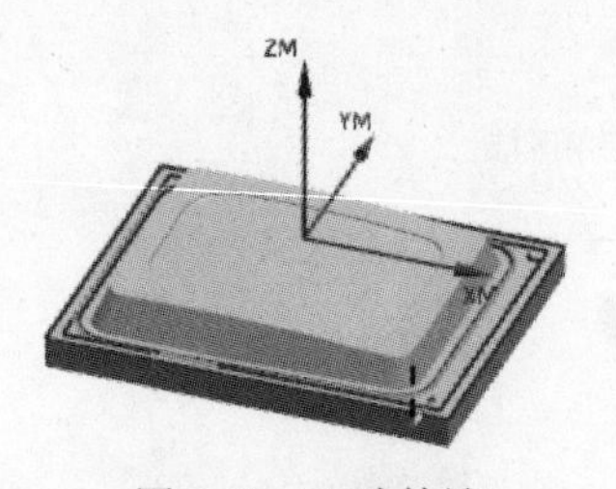

图 6.12　刀路轨迹

图 6.13　2D 仿真结果

Task7．创建轮廓区域铣

Stage1．创建工序

Step1. 选择下拉菜单插入(S) ➡ 工序(E)...命令，在“创建工序”对话框类型下拉列表中选择mill_contour选项，在工序子类型区域中单击“CONTOUR_AREA”按钮，在程序下

拉列表中选择 PROGRAM 选项，在 刀具 下拉列表中选择 B8（铣刀-球头铣）选项，在 几何体 下拉列表中选择 WORKPIECE 选项，在 方法 下拉列表中选择 MILL_FINISH 选项，使用系统默认的名称“CONTOUR_AREA”。

Step2. 单击“创建工序”对话框中的 确定 按钮，系统弹出“轮廓区域”对话框。

Stage2．指定切削区域

Step1. 在 几何体 区域中单击“选择或编辑切削区域几何体”按钮，系统弹出“切削区域”对话框。

Step2. 选取图 6.14 所示的面（共 19 个面）为切削区域，在“切削区域”对话框中单击 确定 按钮，完成切削区域的创建，同时系统返回到“轮廓区域”对话框。

Stage3．设置驱动方式

Step1. 在“轮廓区域”对话框 驱动方法 区域的 方法 下列表中选择 区域铣削 选项，单击“编辑参数”按钮，系统弹出“区域铣削驱动方法”对话框。

Step2. 在“区域铣削驱动方法”对话框中设置图 6.15 所示的参数，然后单击 确定 按钮，系统返回到“轮廓区域”对话框。

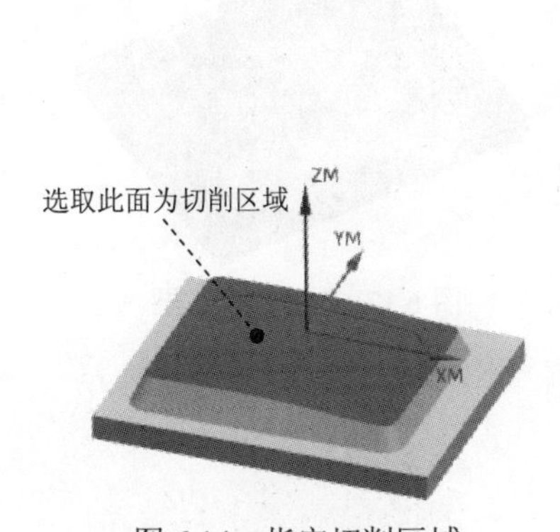

图 6.14　指定切削区域

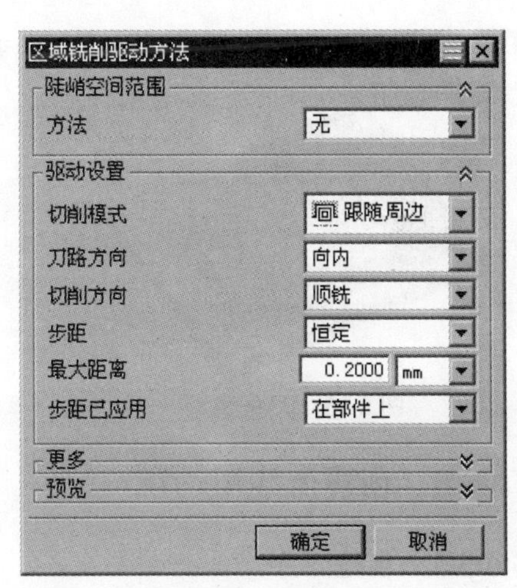

图 6.15　“区域铣削驱动方法”对话框

Stage4．设置切削参数

Step1. 单击“轮廓区域”对话框中的“切削参数”按钮，系统弹出“切削参数”对话框。

Step2. 在“切削参数”对话框中单击 策略 选项卡，在 延伸刀轨 区域选中 ☑ 在边上延伸 复选框，在 距离 文本框输入 1，在其后的下拉列表中选择 mm 选项。

Step3. 单击 余量 选项卡，在 公差 区域的 内公差 和 外公差 文本框中分别输入 0.01，其他采用系统默认参数设置值。

Step4. 单击“切削参数”对话框中的确定按钮，完成切削参数的设置，系统返回到“轮廓区域”对话框。

Stage5. 设置非切削移动参数。

采用系统默认的非切削移动参数设置值。

Step1. 单击“非切削参数”对话框中的确定按钮，系统返回到“轮廓区域”对话框。

Stage6. 设置进给率和速度

Step1. 在“轮廓区域”对话框中单击“进给率和速度”按钮，系统弹出“进给率和速度”对话框。

Step2. 选中“进给率和速度”对话框主轴速度区域中的☑ 主轴速度 (rpm)复选框，在其后文本框中输入值 2200.0，按 Enter 键，然后单击按钮，在进给率区域的切削文本框中输入值 600.0，按 Enter 键，然后单击按钮，其他参数采用系统默认设置值。

Step3. 单击确定按钮，完成进给率和速度的设置，系统返回“轮廓区域”对话框。

Stage7. 生成刀路轨迹并仿真

生成的刀路轨迹如图 6.16 所示，2D 动态仿真加工后的模型如图 6.17 所示。

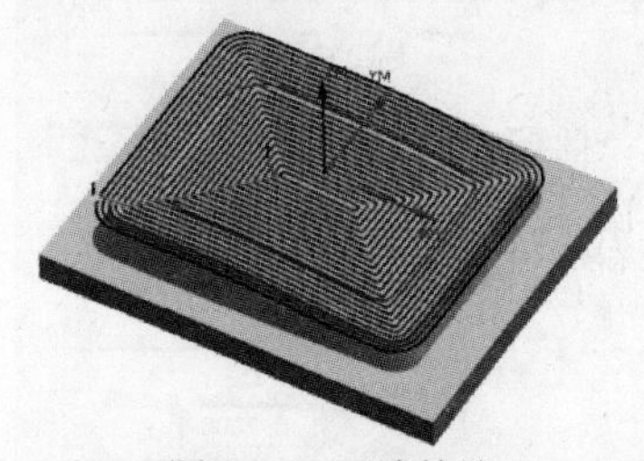

图 6.16 刀路轨迹

图 6.17 2D 仿真结果

Task8. 创建流线驱动铣

Stage1. 创建工序

Step1. 选择下拉菜单插入(S) → 工序(E)...命令，系统弹出“创建工序”对话框。

Step2. 在“创建工序”对话框类型下拉列表中选择mill_contour选项，在工序子类型区域中单击“STREAMLINE”按钮，在程序下拉列表中选择PROGRAM选项，在刀具下拉列表中选择D8R2 (铣刀-5 参数)选项，在几何体下拉列表中选择WORKPIECE选项，在方法下拉列表中选择MILL_FINISH选项，使用系统默认的名称。

Step3. 单击“创建工序”对话框中的确定按钮，系统弹出“流线”对话框。

Stage2. 指定切削区域

在“流线”对话框中单击按钮，系统弹出“切削区域”对话框，采用系统默认的选项，选取图 6.18 所示的切削区域，单击确定按钮，系统返回到“流线”对话框。

Stage3．设置驱动几何体

Step1. 单击“流线”对话框中驱动方法区域流线右侧的“编辑”按钮，系统弹出“流线驱动方法”对话框。

Step2. 单击“流线驱动方法”对话框中交叉曲线区域的按钮，在图形区中选取图 6.19 所示的曲线，此时在图形区中生成流曲线。

Step3. 在“流线驱动方法”对话框中切削方向区域单击按钮，然后单击图 6.20 所示的箭头调整切削方向。

Step4. 在“流线驱动方法”对话框修剪和延伸区域起始步长 %文本框中输入 5，在驱动设置区域刀具位置下拉列表中选择相切选项，在切削模式下拉列表中选择单向选项，在步距下拉列表中选择恒定选项，在最大距离文本框中输入值 0.1，单击确定按钮，系统返回到“流线”对话框。

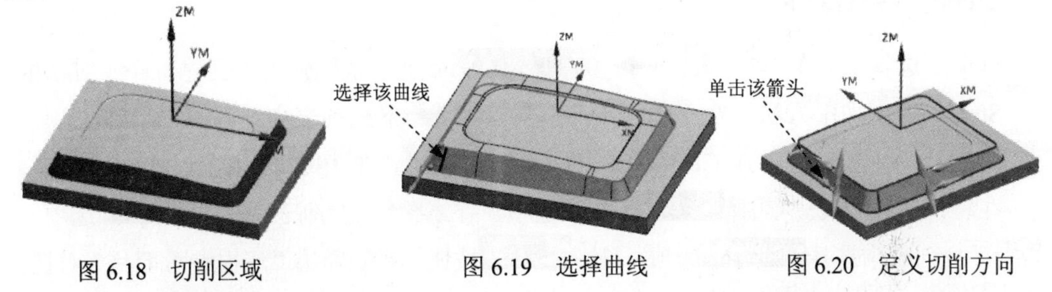

图 6.18　切削区域　　图 6.19　选择曲线　　图 6.20　定义切削方向

Stage4．设置切削参数

Step1. 单击“流线”对话框的“切削参数”按钮，系统弹出“切削参数”对话框。

Step2. 在“切削参数”对话框中单击余量选项卡，在公差区域的内公差和外公差的文本框中分别输入 0.01，其他采用系统默认参数设置值。

Step3. 单击确定按钮，系统返回“流线”对话框。

Stage5．设置非切削移动参数

采用系统默认参数设置值。

Stage6．设置进给率和速度

Step1. 单击“流线”对话框中的“进给率和速度”按钮，系统弹出“进给率和速度”对话框。

Step2. 在“进给率和速度”对话框中选中☑ 主轴速度（rpm）复选框，然后在其文本框中

输入值 1800.0，在切削文本框中输入值 250.0，按下 Enter 键，然后单击按钮，在更多区域的进刀文本框中输入值 600.0，其他选项采用系统默认参数设置值。

Step3. 单击确定按钮，系统返回“流线”对话框。

Stage7. 生成刀路轨迹并仿真

生成的刀路轨迹如图 6.21 所示，2D 动态仿真加工后的模型如图 6.22 所示。

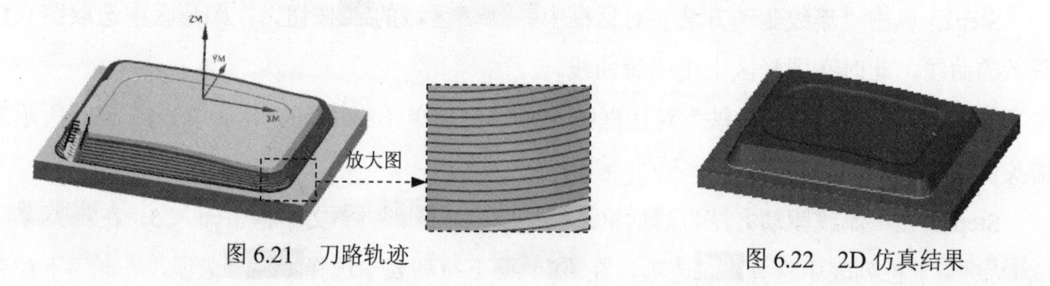

图 6.21 刀路轨迹

图 6.22 2D 仿真结果

Task9. 创建清根铣操作

Stage1. 创建工序

Step1. 选择下拉菜单插入(S) → 工序(E)...命令，系统弹出“创建工序”对话框。

Step2. 确定加工方法。在“创建工序”对话框类型下拉列表中选择mill_contour选项，在工序子类型区域中选择“FLOWCUT_REF_TOOL”按钮，在程序下拉列表中选择PROGRAM选项，在刀具下拉列表中选择B2（铣刀-球头铣）选项，在几何体下拉列表中选择WORKPIECE选项，在方法下拉列表中选择MILL_FINISH选项，单击确定按钮，系统弹出“清根参考刀具”对话框。

Stage2. 指定切削区域

在“清根参考刀具”对话框中单击按钮，系统弹出“切削区域”对话框，采用系统默认的选项，选取图 6.23 所示的切削区域，单击确定按钮，系统返回到“清根参考刀具”对话框如图 6.24 所示。

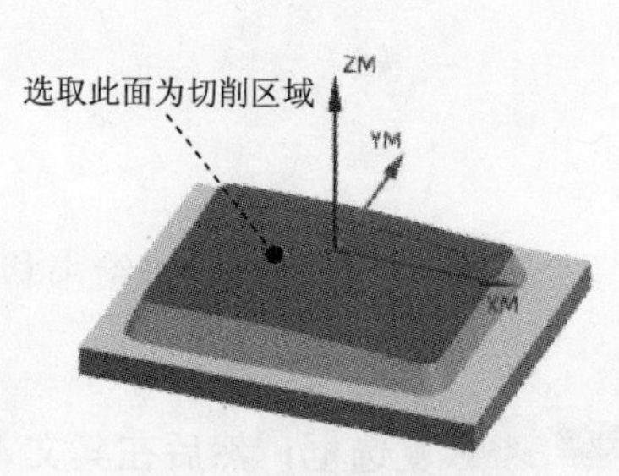

图 6.23 指定切削区域

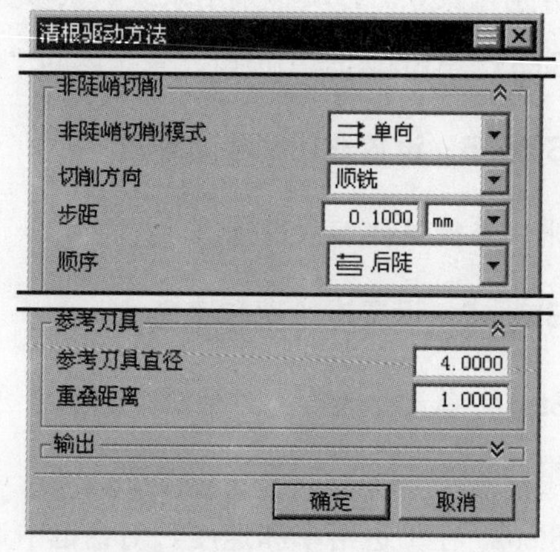

图 6.24 设置驱动设置

Stage3．设置驱动设置

Step1. 单击“多刀路清根”对话框驱动设置区域的“编辑”按钮，然后在系统弹出的“清根驱动方法”对话框，设置图 3.5 所示的参数。

Step2. 单击确定按钮，系统返回到“清根参考刀具”对话框。

Stage4．设置切削参数

Step1. 单击“清根参考刀具”对话框中的“切削参数”按钮，系统弹出“切削参数”对话框。

Step2. 在“切削参数”对话框中单击余量选项卡，在公差区域的内公差和外公差文本框中分别输入 0.01，其他采用系统默认参数设置值。

Step3. 单击确定按钮，系统返回到“清根参考刀具”对话框。

Stage5．设置进给率和速度

Step1. 单击“清根参考刀具”对话框中的“进给率和速度”按钮，系统弹出“进给率和速度”对话框。

Step2. 在“进给率和速度”对话框中选中☑ 主轴速度 (rpm)复选框，然后在其文本框中输入值 5000.0，按 Enter 键，然后单击按钮，在切削文本框中输入值 500.0，按 Enter 键，然后单击按钮，其他参数均采用系统默认设置值。

Step3. 单击“进给率和速度”对话框中的确定按钮，完成切削参数的设置，系统返回到“清根参考刀具”对话框。

Stage6．生成刀路轨迹并仿真

生成的刀路轨迹如图 6.25 所示，2D 动态仿真加工后的模型如图 6.26 所示。

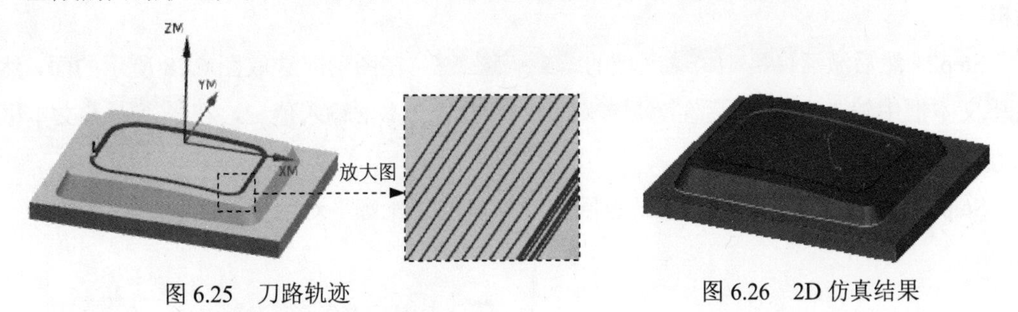

图 6.25 刀路轨迹　　图 6.26 2D 仿真结果

Task10．创建深度加工轮廓铣操作

Stage1．创建工序

Step1. 选择下拉菜单插入(S) ➡ 工序(E)...命令，在“创建工序”对话框中类型下

拉菜单中选择mill_contour选项，在工序子类型区域中单击“ZLEVEL_PROFILE”按钮，在程序下拉列表中选择PROGRAM选项，在刀具下拉列表中选择刀具D8（铣刀-5 参数）选项，在几何体下拉列表中选择WORKPIECE选项，在方法下拉列表中选择MILL_FINISH选项，使用系统默认的名称。

Step2. 单击“创建工序”对话框中的确定按钮，系统弹出“深度加工轮廓”对话框。

Stage2. 指定切削区域

Step1. 在“深度加工轮廓”对话框几何体区域中单击指定切削区域右侧的按钮，系统弹出“切削区域”对话框。

Step2. 在图形区中选取图 6.27 所示的面（共 12 个）为切削区域，然后单击“切削区域”对话框中的确定按钮，系统返回到“深度加工轮廓”对话框。

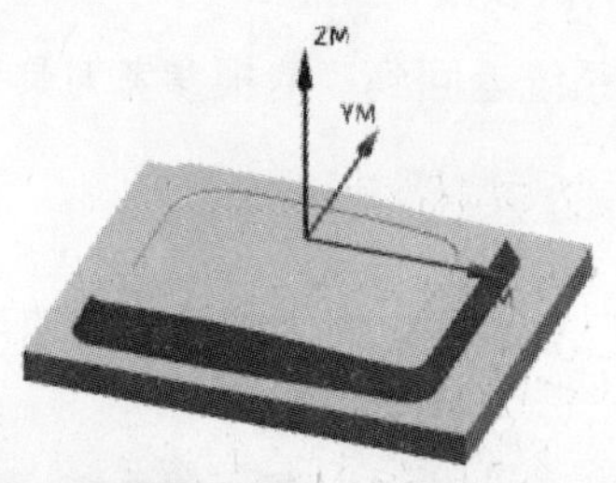

图 6.27　指定切削区域

Stage3. 设置一般参数

在“深度加工轮廓”对话框合并距离文本框中输入值 3.0，在最小切削长度文本框中输入值 1.0，在每刀的公共深度下拉列表中选择恒定选项，在最大距离文本框中输入值 0.1。

Stage4. 设置切削层

Step1. 单击“深度加工轮廓”对话框中的“切削层”按钮，系统弹出“切削层”对话框。

Step2. 然后激活范围 1 的顶部区域的选择对象 (1)，在图形区选取图 6.28 所示的面，然后在ZC文本框中输入 12，然后在范围定义区域范围深度文本框输入值 2，在每刀的深度文本框输入值 0.1。

Step3. 单击确定按钮，系统返回到“深度加工轮廓”对话框。

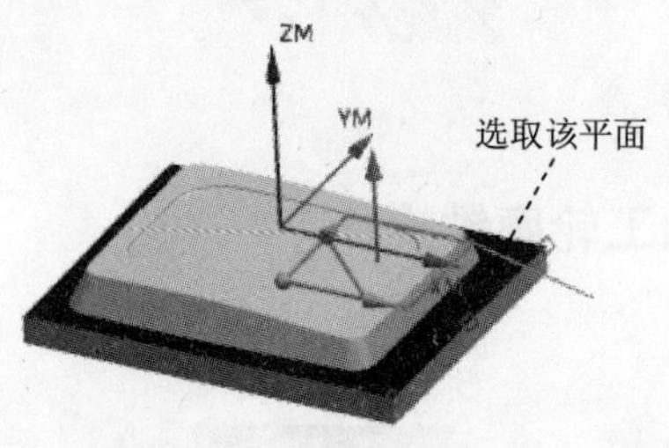

图 6.28　定义参照面

Stage5. 设置进给率和速度

Step1. 在“深度加工轮廓”对话框中单击“进给率和速度”按钮，系统弹出“进给率和速度”对话框。

Step2. 选中“进给率和速度”对话框主轴速度区域中的☑ 主轴速度 (rpm)复选框，在其后的文本框中输入值 1500.0，按 Enter 键，然后单击按钮，在进给率区域的切削文本框中输入值 500.0，按 Enter 键，然后单击按钮，其他参数采用系统默认设置值。

Step3. 单击确定按钮，完成进给率和速度的设置，系统返回“深度加工轮廓”对话框。

Stage6. 生成刀路轨迹并仿真

生成的刀路轨迹如图 6.29 所示，2D 动态仿真加工后的模型如图 6.30 所示。

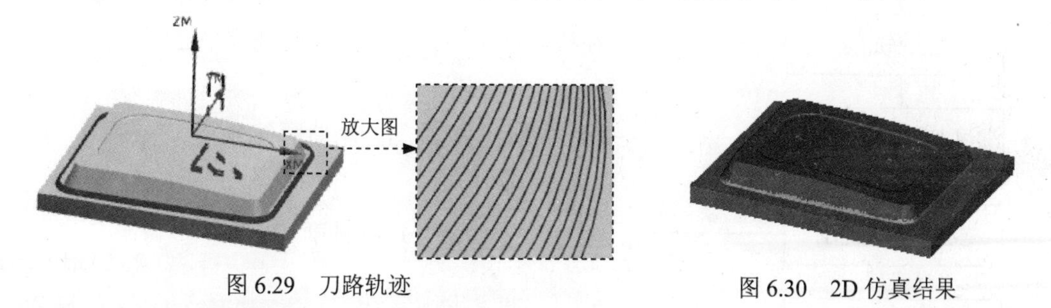

图 6.29 刀路轨迹　　图 6.30 2D 仿真结果

Task11. 保存文件

选择下拉菜单文件(F) → 保存(S)命令，保存文件。

实例 7　订书机垫凹模加工

数控加工工艺方案在制定时必须要考虑很多因素，如零件的结构特点、表面形状、精度等级和技术要求、表面粗糙度要求等，毛坯的状态，切削用量以及所需的工艺装备，刀具等。本实例是一个订书机垫的凹模加工实例，其加工工艺路线如图 7.1 和图 7.2 所示。

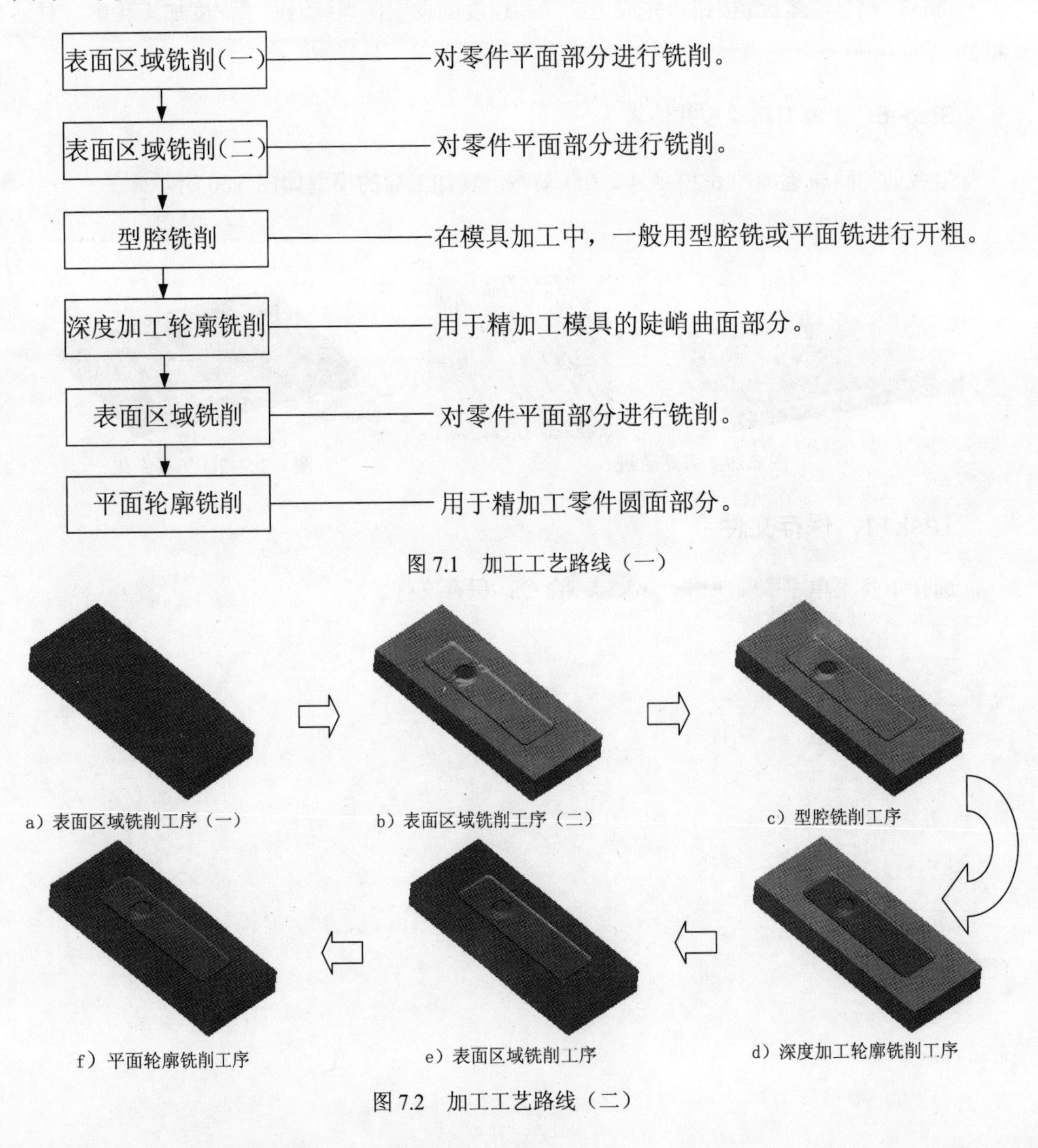

图 7.1　加工工艺路线（一）

图 7.2　加工工艺路线（二）

Task1．打开模型文件并进入加工模块

Step1. 打开模型文件 D:\ug8.11\work\ch07\ stapler_pad_mold.prt。

Step2. 进入加工环境。选择下拉菜单 开始 → 加工(N)... 命令，系统弹出“加工环境”对话框；在“加工环境”对话框的 CAM 会话配置 列表框中选择 cam_general 选项，在 要创建的 CAM 设置 列表框中选择 mill planar 选项，单击 确定 按钮，进入加工环境。

Task2. 创建几何体

Stage1. 创建机床坐标系

Step1. 将工序导航器调整到几何视图，双击节点 MCS_MILL，系统弹出“Mill Orient”对话框，在“Mill Orient”对话框的 机床坐标系 选项区域中单击“CSYS 对话框”按钮，系统弹出“CSYS”对话框。

Step2. 单击“CSYS”对话框 操控器 区域中的“操控器”按钮，系统弹出“点”对话框，在“点”对话框的 X 文本框中输入值 85.0，在 Z 文本框中输入值 5.0，单击 确定 按钮，此时系统返回至“CSYS”对话框，在该对话框中单击 确定 按钮，完成图 7.3 所示机床坐标系的创建。

Stage2. 创建安全平面

Step1. 在“Mill Orient”对话框 安全设置 区域 安全设置选项 下拉列表中选择 自动平面 选项，然后在 安全距离 文本框中输入 10。

Step2. 单击“Mill Orient”对话框中的 确定 按钮，完成安全平面的创建。

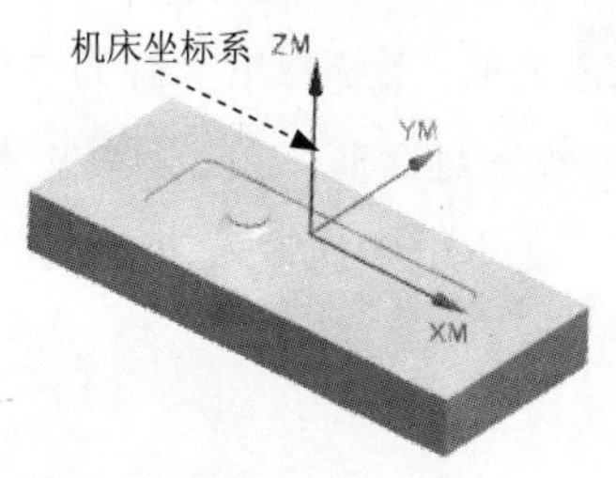

图 7.3　创建机床坐标系

Stage3. 创建部件几何体

Step1. 在工序导航器中双击 MCS_MILL 节点下的 WORKPIECE，系统弹出“铣削几何体”对话框。

Step2. 选取部件几何体。在“铣削几何体”对话框中单击按钮，系统弹出“部件几何体”对话框。

Step3. 在图形区中框选整个零件为部件几何体，如图 7.4 所示。在“部件几何体”对话框中单击 确定 按钮，完成部件几何体的创建，同时系统返回到“铣削几何体”对话框。

Stage4. 创建毛坯几何体

Step1. 在“铣削几何体”对话框中单击按钮，系统弹出“毛坯几何体”对话框。

Step2. 在“毛坯几何体”对话框的类型下拉列表中选择包容块选项，在极限区域的ZM+文本框中输入值 5.0。

Step3. 单击“毛坯几何体”对话框中的确定按钮，系统返回到“铣削几何体”对话框，完成图 7.5 所示毛坯几何体的创建。

Step4. 单击“铣削几何体”对话框中的确定按钮。

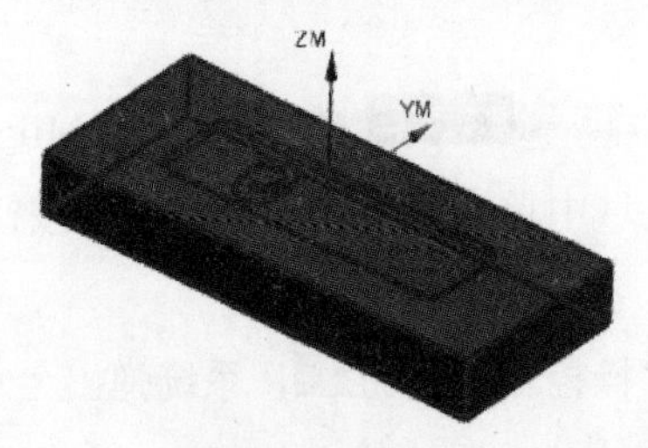

图 7.4　部件几何体

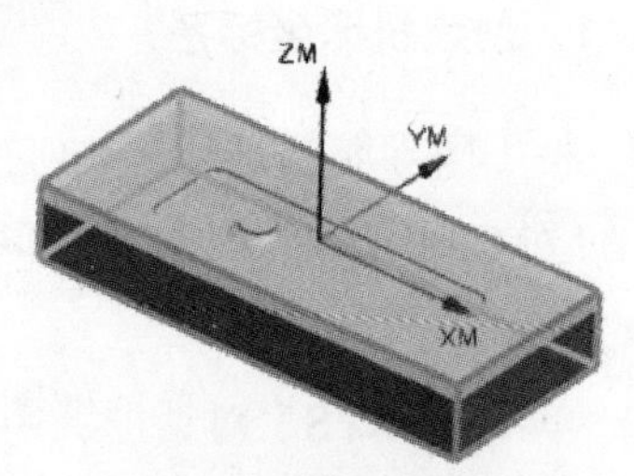

图 7.5　毛坯几何体

Task3. 创建刀具

Stage1. 创建刀具（一）

Step1. 将工序导航器调整到机床视图。

Step2. 选择下拉菜单插入(S) → 刀具(T)... 命令，系统弹出“创建刀具”对话框。

Step3. 在“创建刀具”对话框类型下拉列表中选择mill_planar选项，在刀具子类型区域中单击“MILL”按钮，在位置区域的刀具下拉列表中选择GENERIC_MACHINE选项，在名称文本框中输入 T1D20，然后单击确定按钮，系统弹出“铣刀-5 参数”对话框。

Step4. 系统弹出“铣刀-5 参数”对话框，在(D) 直径文本框中输入值 20.0，在编号区域的刀具号、补偿寄存器、刀具补偿寄存器文本框中均输入值 1，其他参数采用系统默认设置值，单击确定按钮，完成刀具的创建。

Stage2. 创建刀具（二）

设置刀具类型为mill_planar选项，刀具子类型单击选择“MILL”按钮，刀具名称为 T2D10R2，刀具(D) 直径为 10.0，刀具(R1) 下半径为 2，在编号区域的刀具号、补偿寄存器、刀具补偿寄存器文本框中均输入值 2；具体操作方法参照 Stage1。

Stage3. 创建刀具（三）

设置刀具类型为mill_planar选项，刀具子类型单击选择“MILL”按钮，刀具名称为 T3D5R1，刀具(D) 直径为 5.0，刀具(R1) 下半径为 1，在编号区域的刀具号、补偿寄存器、刀具补偿寄存器文本框中均输入值 3；具体操作方法参照 Stage1。

Stage4. 创建刀具（四）

设置刀具类型为mill_planar选项，刀具子类型单击选择“MILL”按钮，刀具名称为T4D3R0.5，刀具(D) 直径为 3.0，刀具(R1) 下半径为 0.5，在编号区域的刀具号、补偿寄存器、刀具补偿寄存器文本框中均输入值 4；具体操作方法参照 Stage1。

Stage5．创建刀具（五）

设置刀具类型为mill_planar选项，刀具子类型单击选择“BALL_MILL”按钮，刀具名称为 T5B3，刀具(D) 球直径为 3.0，在编号区域的刀具号、补偿寄存器、刀具补偿寄存器文本框中均输入值 5；具体操作方法参照 Stage1。

Task4．创建表面区域铣工序

Stage1．创建工序

Step1. 选择下拉菜单插入(S) ➡ 工序(E)...命令，系统弹出“创建工序”对话框。

Step2. 确定加工方法。在“创建工序”对话框类型下拉列表中选择mill_planar选项，在工序子类型区域中单击“FACE_MILLING_AREA”按钮，在程序下拉列表中选择PROGRAM选项，在刀具下拉列表中选择T1D20 (铣刀-5 参数)选项，在几何体下拉列表中选择WORKPIECE选项，在方法下拉列表中选择MILL_SEMI_FINISH选项，采用系统默认的名称。

Step3. 在“创建工序”对话框中单击确定按钮，系统弹出“面铣削区域”对话框。

Stage2．指定切削区域

Step1. 在几何体区域中单击“选择或编辑切削区域几何体”按钮，系统弹出“切削区域”对话框。

Step2. 选取图 7.6 所示的面为切削区域(共 1 个面)，在“切削区域”对话框中单击确定按钮，完成切削区域的创建，同时系统返回到“面铣削区域”对话框。

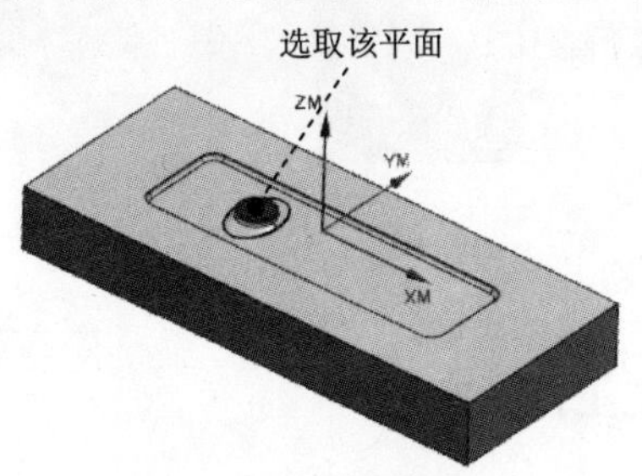

图 7.6　指定切削区域

Stage3．设置刀具路径参数

Step1. 设置切削模式。在刀轨设置区域切削模式下拉列表中选择往复选项。

Step2. 设置步进方式。在步距下拉列表中选择刀具平直百分比选项，在平面直径百分比文本框中输入值 75.0。在毛坯距离文本框中输入值 5，在每刀深度文本框中输入值 2.0，在最终底面余量文本框中输入值 0.2。

Stage4. 设置切削参数

Step1. 在刀轨设置区域中单击“切削参数”按钮，系统弹出“切削参数”对话框。

Step2. 在“切削参数”对话框中单击策略选项卡，在切削区域区域选中☑ 延伸到部件轮廓复选框；单击确定按钮，系统返回到“面铣削区域”对话框。

Stage5. 设置非切削移动参数

采用系统的默认设置值。

Stage6. 设置进给率和速度

Step1. 单击“面铣削区域”对话框中的“进给率和速度”按钮，系统弹出“进给率和速度”对话框。

Step2. 选中“进给率和速度”对话框主轴速度区域中的☑ 主轴速度 (rpm)复选框，在其后的文本框中输入值 800.0，按 Enter 键，然后单击按钮，在进给率区域的切削文本框中输入值 200.0，按 Enter 键，然后单击按钮，其他参数采用系统默认设置值。

Step3. 单击“进给率和速度”对话框中的确定按钮，系统返回“面铣削区域”对话框。

Stage7. 生成刀路轨迹并仿真

生成的刀路轨迹如图 7.7 所示，2D 动态仿真加工后的模型如图 7.8 所示。

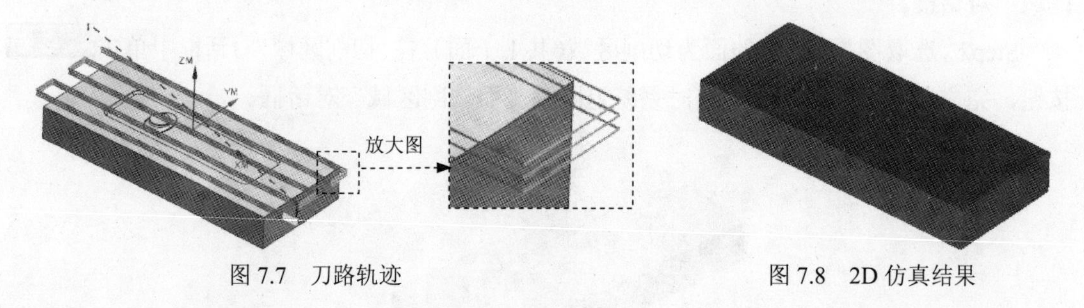

图 7.7 刀路轨迹

图 7.8 2D 仿真结果

Task5. 创建表面区域铣工序

Stage1. 创建工序

Step1. 选择下拉菜单插入(S) → 工序(E)...命令，系统弹出“创建工序”对话框。

Step2. 确定加工方法。在“创建工序”对话框类型下拉列表中选择mill_planar选项，在工序子类型区域中单击“FACE_MILLING_AREA”按钮，在程序下拉列表中选择PROGRAM选项，在刀具下拉列表中选择T2D10R2 (铣刀-5 参数)选项，在几何体下拉列表中选择WORKPIECE选项，在方法下拉列表中选择MILL_SEMI_FINISH选项，采用系统默认的名称。

Step3. 在“创建工序”对话框中单击确定按钮，系统弹出“面铣削区域”对话框。

Stage2．指定切削区域

Step1. 在几何体区域中单击“选择或编辑切削区域几何体”按钮，系统弹出“切削区域”对话框。

Step2. 选取图 7.9 所示的面为切削区域(共 1 个面)，在“切削区域”对话框中单击确定按钮，完成切削区域的创建，同时系统返回到“面铣削区域”对话框。

Step3. 在“切削区域”对话框中选中☑自动壁复选框，单击指定壁几何体后的查看壁几何体（图 7.10）。

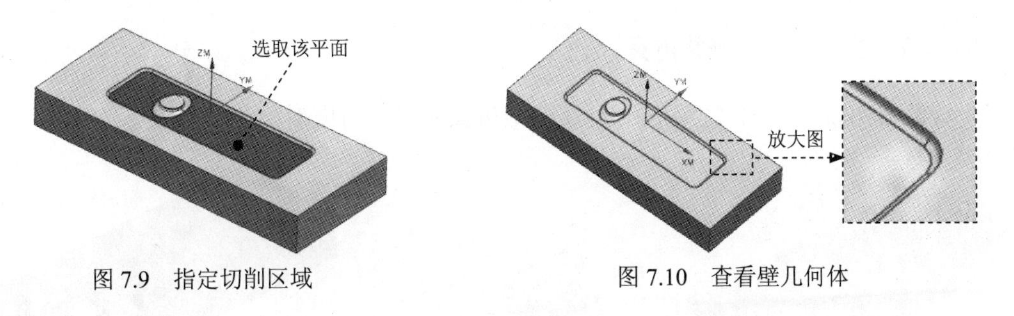

图 7.9　指定切削区域　　　图 7.10　查看壁几何体

Stage3．设置刀具路径参数

Step1. 设置切削模式。在刀轨设置区域切削模式下拉列表中选择往复选项。

Step2. 设置步进方式。在步距下拉列表中选择刀具平直百分比选项，在平面直径百分比文本框中输入值 50.0。在毛坯距离文本框中输入值 3，在每刀深度文本框中输入值 1.0，在最终底面余量文本框中输入值 0.3。

Stage4．设置切削参数

Step1. 在刀轨设置区域中单击“切削参数”按钮，系统弹出“切削参数”对话框。

Step2. 在“切削参数”对话框中单击策略选项卡，在切削区域区域选中☑延伸到部件轮廓复选框。

Step3. 在“切削参数”对话框中单击余量选项卡，在壁余量文本框中输入 0.3，单击确定按钮，系统返回到“面铣削区域”对话框。

Stage5．设置非切削移动参数

Step1. 单击“深度加工轮廓”对话框中的“非切削移动”按钮，系统弹出“非切削移动”对话框。

Step2. 单击“非切削移动”对话框中的进刀选项卡，在斜坡角文本框中输入 3.0，在高度

文本框中输入 1.0，单击 确定 按钮，完成非切削移动参数的设置。

Stage6．设置进给率和速度

Step1. 单击“面铣削区域”对话框中的“进给率和速度”按钮，系统弹出“进给率和速度”对话框。

Step2. 选中“进给率和速度”对话框主轴速度区域中的 ☑ 主轴速度（rpm）复选框，在其后的文本框中输入值 1200.0，按 Enter 键，然后单击按钮，在进给率区域的切削文本框中输入值 300.0，按 Enter 键，然后单击按钮，其他参数采用系统默认设置值。

Step3. 单击“进给率和速度”对话框中的 确定 按钮，系统返回“面铣削区域”对话框。

Stage7．生成刀路轨迹并仿真

生成的刀路轨迹如图 7.11 所示，2D 动态仿真加工后的模型如图 7.12 所示。

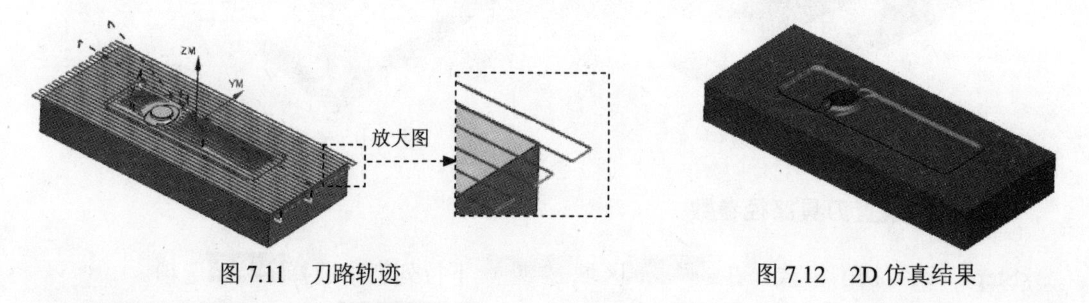

图 7.11　刀路轨迹　　　图 7.12　2D 仿真结果

Task6．创建型腔铣操作

Stage1．创建工序

Step1. 选择下拉菜单 插入(S) → 工序(E)... 命令，在“创建工序”对话框类型下拉列表中选择mill_contour选项，在工序子类型区域中单击“CAVITY_MILL”按钮，在程序下拉列表中选择PROGRAM选项，在刀具下拉列表中选择前面设置的刀具T3D5R1（铣刀-5 参数）选项，在几何体下拉列表中选择WORKPIECE选项，在方法下拉列表中选择MILL_SEMI_FINISH选项，使用系统默认的名称。

Step2. 单击“创建工序”对话框中的 确定 按钮，系统弹出“型腔铣”对话框。

Stage2．指定切削区域

Step1. 在几何体区域中单击“选择或编辑切削区域几何体”按钮，系统弹出“切削区域”对话框。

Step2. 选取图 7.13 所示的面为切削区域（共 18 个面），在“切削区域”对话框中单击 确定 按钮，完成切削区域的创建，同时系统返回到“型腔铣”对话框。

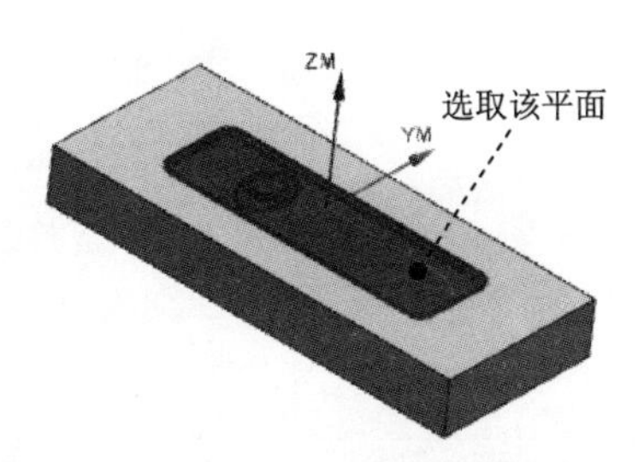

图 7.13 指定切削区域

Stage3. 设置一般参数

在“型腔铣”对话框切削模式下拉列表中选择跟随部件选项；在步距下拉列表中选择刀具平直百分比选项，在平面直径百分比文本框中输入值 50.0；在每刀的公共深度下拉列表中选择恒定选项，在最大距离文本框中输入值 0.2。

Stage3. 设置切削参数

Step1. 在刀轨设置区域中单击“切削参数”按钮，系统弹出“切削参数”对话框。

Step2. 在“切削参数”对话框中单击空间范围选项卡，在处理中的工件下拉列表框中选择使用基于层的选项，其他参数采用系统默认设置值。

Step3. 单击“切削参数”对话框中的确定按钮，系统返回到“型腔铣”对话框。

Stage4. 设置非切削移动参数。

Step1. 单击“型腔铣”对话框中的“非切削移动”按钮，系统弹出“非切削移动”对话框。

Step2. 单击“非切削移动”对话框中的进刀选项卡，在斜坡角文本框中输入 3.0，在高度文本框中输入 1.0，在开放区域区域的进刀类型下拉列表中选择与封闭区域相同选项，单击确定按钮，完成非切削移动参数的设置。

Stage5. 设置进给率和速度

Step1. 在“型腔铣”对话框中单击“进给率和速度”按钮，系统弹出“进给率和速度”对话框。

Step2. 选中“进给率和速度”对话框主轴速度区域中的☑ 主轴速度 (rpm)复选框，在其后的文本框中输入值 2500.0，按 Enter 键，然后单击按钮，在进给率区域的切削文本框中输入值 500.0，按 Enter 键，然后单击按钮，其他参数采用系统默认设置值。

Step3. 单击确定按钮，完成进给率和速度的设置，系统返回“型腔铣”操作对话框。

Stage6. 生成刀路轨迹并仿真

生成的刀路轨迹如图 7.14 所示，2D 动态仿真加工后的模型如图 7.15 所示。

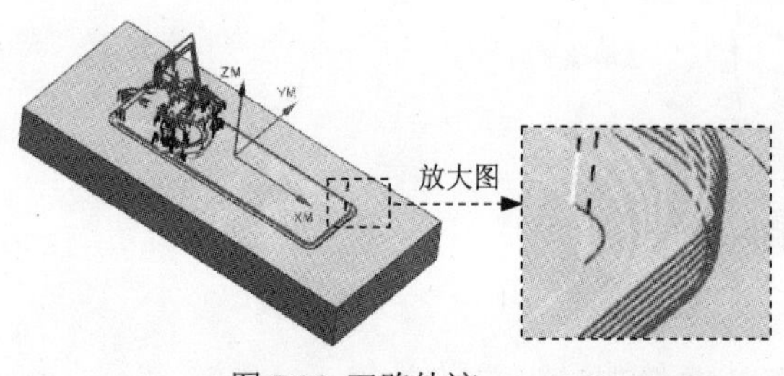

图 7.14 刀路轨迹

图 7.15 2D 仿真结果

Task7. 创建深度加工轮廓铣工序

Stage1. 创建工序

Step1. 选择下拉菜单 插入(S) → 工序(E)... 命令，在“创建工序”对话框中 类型 下拉菜单中选择 mill_contour 选项，在 工序子类型 区域中单击“ZLEVEL_PROFILE”按钮，在 程序 下拉列表中选择 PROGRAM 选项，在 刀具 下拉列表中选择刀具 T4D3R0.5 (铣刀-5 参数) 选项，在 几何体 下拉列表中选择 WORKPIECE 选项，在 方法 下拉列表中选择 MILL_FINISH 选项，使用系统默认的名称。

Step2. 单击“创建工序”对话框中的 确定 按钮，系统弹出“深度加工轮廓”对话框。

Stage2. 指定切削区域

Step1. 在“深度加工轮廓”对话框 几何体 区域中单击 指定切削区域 右侧的按钮，系统弹出“切削区域”对话框。

Step2. 在图形区中选取图 7.16 所示的面（共 10 个）为切削区域，然后单击“切削区域”对话框中的 确定 按钮，系统返回到“深度加工轮廓”对话框。

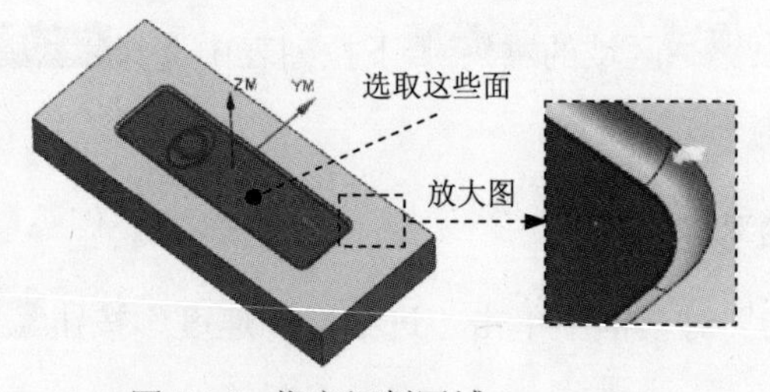

图 7.16 指定切削区域

Stage3. 设置一般参数

在“深度加工轮廓”对话框 合并距离 文本框中输入值 3.0，在 最小切削长度 文本框中输入值 1.0，在 每刀的公共深度 下拉列表中选择 恒定 选项，在 最大距离 文本框中输入值 0.1。

Stage4. 设置切削参数

Step1. 单击“深度加工轮廓”对话框中的“切削参数”按钮，系统弹出“切削参数”对话框。

Step2. 在“切削参数”对话框中单击 策略 选项卡，在 延伸刀轨 区域选中 ☑ 在刀具接触点下继续切削 复选框。

Step3. 单击 连接 选项卡，设置图 7.17 所示的参数。

Step4. 单击“切削参数”对话框中的 确定 按钮，完成切削参数的设置，系统返回到“深度加工轮廓”对话框。

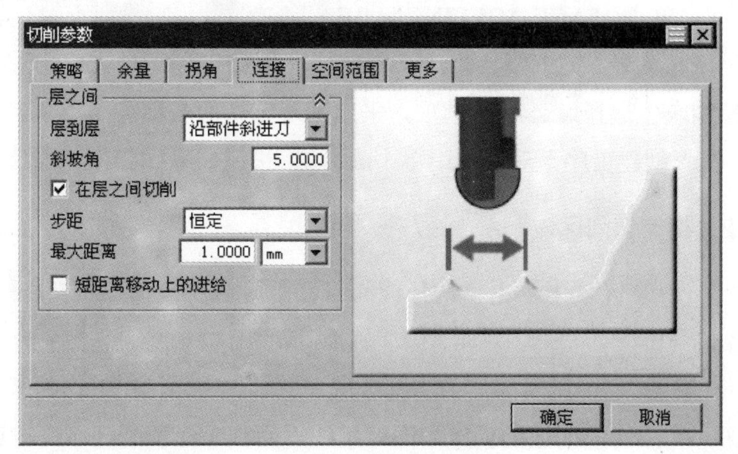

图 7.17　“连接”选项卡

Stage5. 设置非切削移动参数

采用系统默认的非切削移动参数。

Stage6. 设置进给率和速度

Step1. 在“深度加工轮廓”对话框中单击“进给率和速度”按钮，系统弹出“进给率和速度”对话框。

Step2. 选中“进给率和速度”对话框 主轴速度 区域中的 ☑ 主轴速度 (rpm) 复选框，在其后的文本框中输入值 5000.0，按 Enter 键，然后单击按钮，在 进给率 区域的 切削 文本框中输入值 800.0，按 Enter 键，然后单击按钮，其他参数采用系统默认设置值。

Step3. 单击 确定 按钮，完成进给率和速度的设置，系统返回“深度加工轮廓”对话框。

Stage7. 生成刀路轨迹并仿真

生成的刀路轨迹如图 7.18 所示，2D 动态仿真加工后的模型如图 7.19 所示。

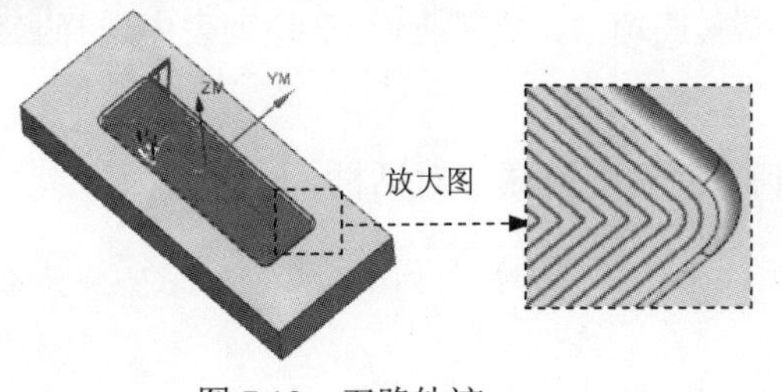

图 7.18　刀路轨迹

图 7.19　2D 仿真结果

Task8．创建表面区域铣工序

Stage1．创建工序

Step1. 选择下拉菜单插入(S) → 工序(E)... 命令，系统弹出“创建工序”对话框。

Step2. 确定加工方法。在“创建工序”对话框类型下拉列表中选择mill_planar选项，在工序子类型区域中单击“FACE_MILLING_AREA”按钮，在程序下拉列表中选择PROGRAM选项，在刀具下拉列表中选择T1D20 (铣刀-5 参数)选项，在几何体下拉列表中选择WORKPIECE选项，在方法下拉列表中选择MILL_FINISH选项，采用系统默认的名称。

Step3. 在“创建工序”对话框中单击确定按钮，系统弹出“面铣削区域”对话框。

Stage2．指定切削区域

Step1. 在几何体区域中单击“选择或编辑切削区域几何体”按钮，系统弹出“切削区域”对话框。

Step2. 选取图 7.20 所示的面为切削区域（共 1 个面），在“切削区域”对话框中单击确定按钮，完成切削区域的创建，同时系统返回到“面铣削区域”对话框。

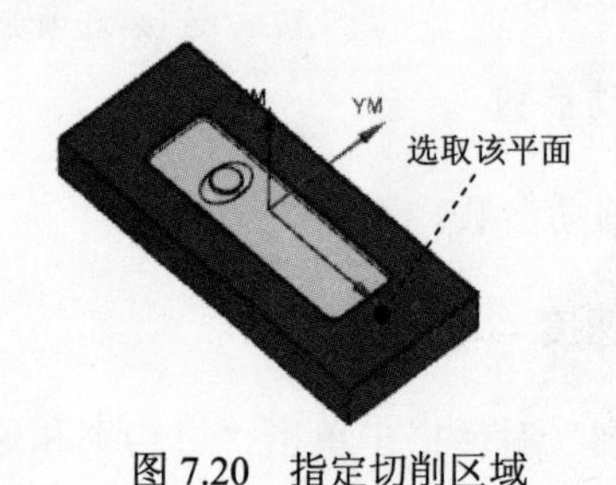

图 7.20 指定切削区域

Stage3．设置刀具路径参数

Step1. 设置切削模式。在刀轨设置区域切削模式下拉列表中选择跟随周边选项。

Step2. 设置步进方式。在步距下拉列表中选择刀具平直百分比选项，在平面直径百分比文本框中输入值 75.0。在毛坯距离文本框中输入值 1，在每刀深度文本框中输入值 0.0，在最终底面余量文本框中输入值 0.0。

Stage4．设置切削参数

Step1. 在刀轨设置区域中单击“切削参数”按钮，系统弹出“切削参数”对话框。

Step2. 在“切削参数”对话框中单击策略选项卡，在刀路方向下拉列表中选择向内选项，在刀具延展量文本框中输入 50。

Step3. 单击确定按钮，系统返回到“面铣削区域”对话框。

Stage5．设置非切削移动参数

采用系统默认的非切削移动参数。

Stage6．设置进给率和速度

Step1. 单击“面铣削区域”对话框中的“进给率和速度”按钮，系统弹出“进给率和速度”对话框。

Step2. 选中“进给率和速度”对话框主轴速度区域中的☑ 主轴速度 (rpm) 复选框，在其后的文本框中输入值 1200.0，按 Enter 键，然后单击按钮，在进给率区域的切削文本框中输入值 400.0，按 Enter 键，然后单击按钮，其他参数采用系统默认设置值。

Step3. 单击“进给率和速度”对话框中的确定按钮，系统返回“面铣削区域”对话框。

Stage7．生成刀路轨迹并仿真

生成的刀路轨迹如图 7.21 所示，2D 动态仿真加工后的模型如图 7.22 所示。

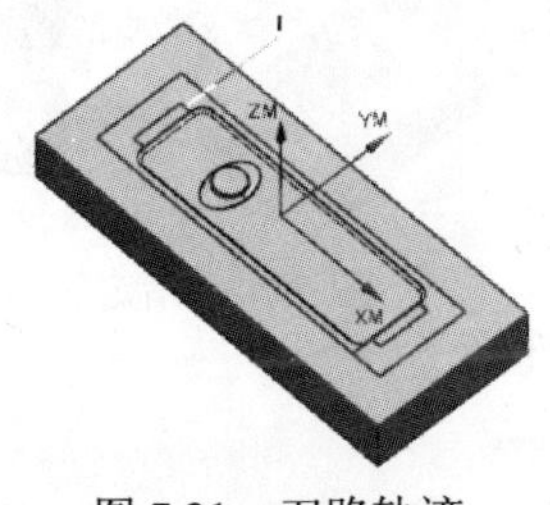

图 7.21　刀路轨迹

图 7.22　2D 仿真结果

Task9．创建平面轮廓铣工序

Stage1．创建工序

Step1. 选择下拉菜单插入(S) → 工序(E)... 命令，系统弹出“创建工序”对话框。

Step2. 确定加工方法。在“创建工序”对话框类型下拉列表中选择mill_planar选项，在工序子类型区域中单击“PLANAR_PROFILE”按钮，在程序下拉列表中选择PROGRAM选项，在刀具下拉列表中选择T5B3（铣刀-球头铣）选项，在几何体下拉列表中选择WORKPIECE选项，在方法下拉列表中选择MILL_FINISH选项，采用系统默认的名称。

Step3. 在“创建工序”对话框中单击确定按钮，系统弹出“平面轮廓铣”对话框。

Stage2．指定部件边界

Step1. 在“平面轮廓铣”对话框几何体区域中单击按钮，系统弹出“边界几何体”对话框。

Step2. 在“边界几何体”对话框中模式下拉列表中选择曲线/边...选项，系统弹出“创建边界”对话框。

Step3. 在“创建边界”对话框材料侧下拉列表中选择外部选项。选取图 7.23 所示的边线串 1 为几何体边界，单击“创建边界”对话框中的创建下一个边界按钮。

Step4. 单击两次确定按钮，系统返回到“平面轮廓铣”对话框，完成部件边界的创建。

Stage3. 指定底面

Step1. 在“平面轮廓铣”对话框中单击按钮，系统弹出“平面”对话框，在类型下拉列表中选择自动判断选项。

Step2. 在模型上选取图 7.24 所示的模型底部平面，在偏置区域距离文本框中输入值 0，单击确定按钮，完成底面的指定。

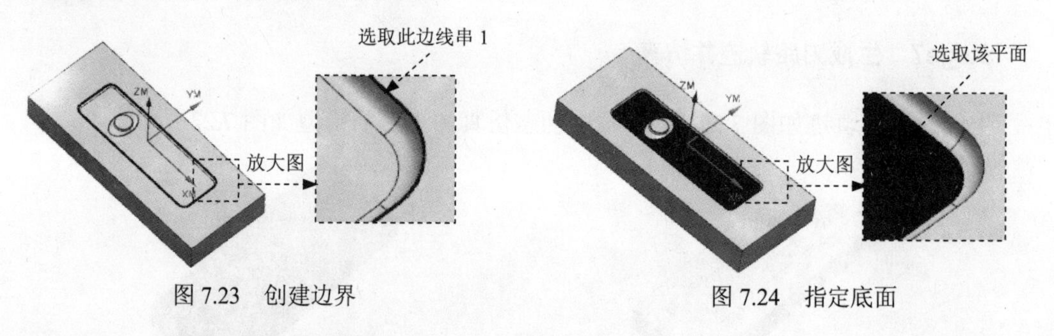

图 7.23 创建边界　　图 7.24 指定底面

Stage4. 设置刀具路径参数

在“平面轮廓铣”对话框刀轨设置区域切削进给文本框中输入值 250.0，在切削深度下拉列表中选择恒定选项，在公共文本框中输入值 0.5。其他参数采用系统默认设置值。

Stage5. 设置切削参数

采用系统默认的切削移动参数。

Stage6. 设置非切削移动参数

采用系统默认的非切削移动参数。

Stage7. 设置进给率和速度

Step1. 单击“平面轮廓铣”对话框中的“进给率和速度”按钮，系统弹出“进给率和速度”对话框。

Step2. 选中“进给率和速度”对话框主轴速度区域中的☑ 主轴速度 (rpm)复选框，在其后文本框中输入值 5000.0，按 Enter 键，然后单击按钮，在进给率区域的切削文本框中输入值 250.0，按 Enter 键，然后单击按钮，其他参数采用系统默认设置值。

Step3. 单击“进给率和速度”对话框中的确定按钮，系统返回“平面轮廓铣”对话框。

Stage8．生成刀路轨迹并仿真

生成的刀路轨迹如图 7.25 所示，2D 动态仿真加工后的模型如图 7.26 所示。

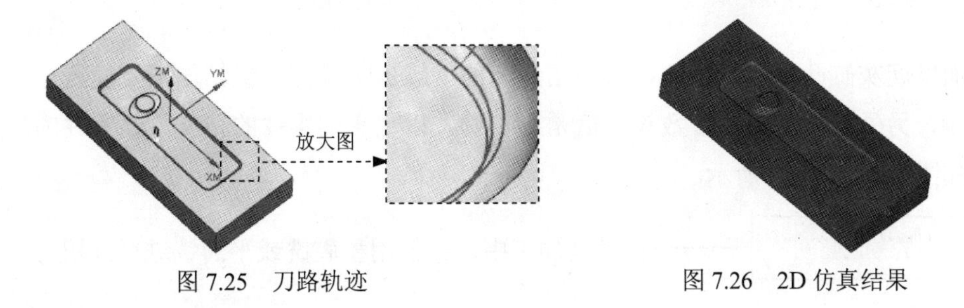

图 7.25　刀路轨迹　　图 7.26　2D 仿真结果

Task10．保存文件

选择下拉菜单 文件(F) → 保存(S) 命令，保存文件。

实例 8 烟灰缸凸模加工

下面以烟灰缸凸模加工为例，来介绍铣削的一般加工操作。粗精加工要设置好每次切削的余量，另外要注意刀轨参数设置值是否正确，以免影响零件的精度。该零件的加工工艺路线如图 8.1 和图 8.2 所示。

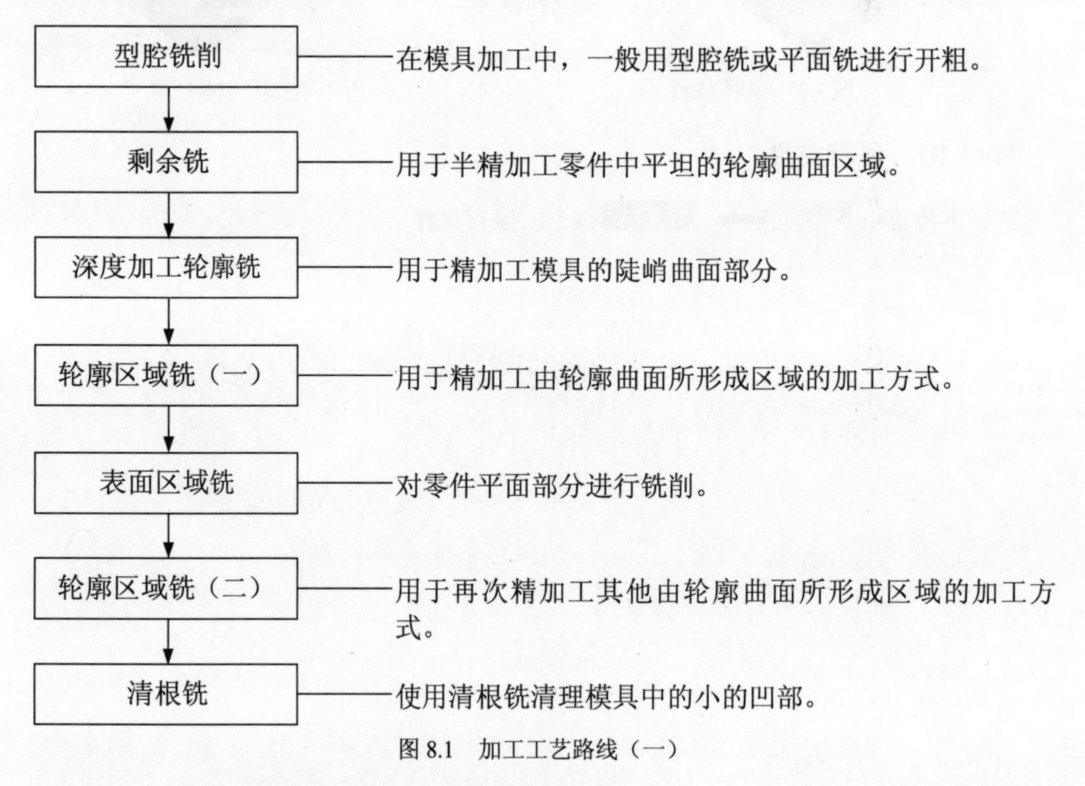

图 8.1 加工工艺路线（一）

Task1．打开模型文件并进入加工模块

Step1．打开模型文件 D:\ug8.11\work\ch08\ ashtray_upper_mold.prt。

Step2．进入加工环境。选择下拉菜单 开始 → 加工(N)... 命令，系统弹出“加工环境”对话框；在“加工环境”对话框的 CAM 会话配置 列表框中选择 cam_general 选项，在 要创建的 CAM 设置 列表框中选择 mill contour 选项，单击 确定 按钮，进入加工环境。

Task2．创建几何体

Stage1．创建机床坐标系

Step1．将工序导航器调整到几何视图，双击节点 MCS_MILL，系统弹出“Mill Orient”对话框，在“Mill Orient”对话框的 机床坐标系 区域中单击“CSYS 对话框”按钮，系统弹出“CSYS”对话框。

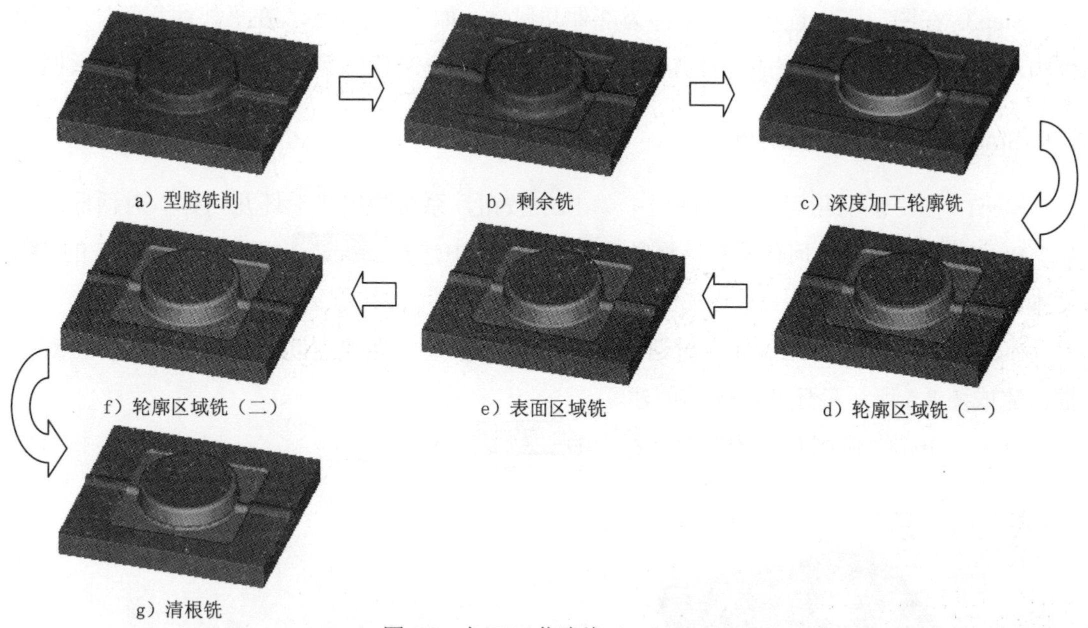

图 8.2　加工工艺路线（二）

Step2. 单击“CSYS”对话框操控器区域中的“操控器”按钮，系统弹出“点”对话框，在“点”对话框的Z文本框中输入值 30.0，单击确定按钮，此时系统返回至“CSYS”对话框，在该对话框中单击确定按钮，完成图 8.3 所示机床坐标系的创建。

Stage2. 创建安全平面

Step1. 在“Mill Orient”对话框安全设置区域安全设置选项下拉列表中选择自动平面选项，然后在安全距离文本框中输入 20。

Step2. 单击“Mill Orient”对话框中的确定按钮，完成安全平面的创建。

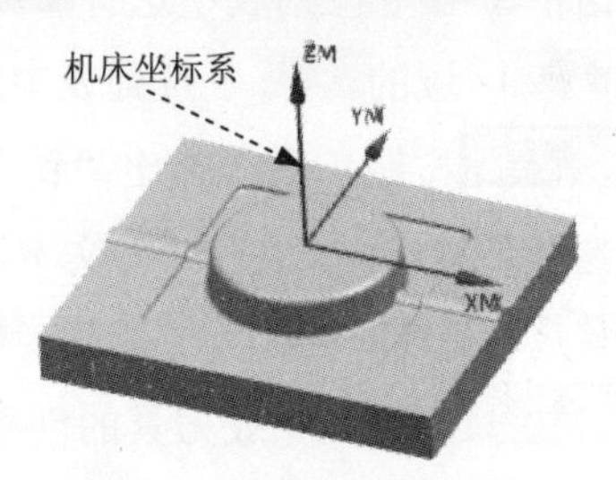

图 8.3　创建机床坐标系

Stage3. 创建部件几何体

Step1. 在工序导航器中双击MCS_MILL节点下的WORKPIECE，系统弹出“铣削几何体”对话框。

Step2. 选取部件几何体。在“铣削几何体”对话框中单击按钮，系统弹出“部件几何体”对话框。

Step3. 在图形区中选择整个零件为部件几何体，如图 8.4 所示。在“部件几何体”对话框中单击确定按钮，完成部件几何体的创建，同时系统返回到“铣削几何体”对话框。

Stage4. 创建毛坯几何体

Step1. 在“铣削几何体”对话框中单击按钮，系统弹出“毛坯几何体”对话框。

Step2. 在“毛坯几何体”对话框的类型下拉列表中选择包容块选项，在极限区域的ZM+文本框中输入值 5.0。

Step3. 单击“毛坯几何体”对话框中的确定按钮，系统返回到“铣削几何体”对话框，完成图 8.5 所示毛坯几何体的创建。

Step4. 单击“铣削几何体”对话框中的确定按钮。

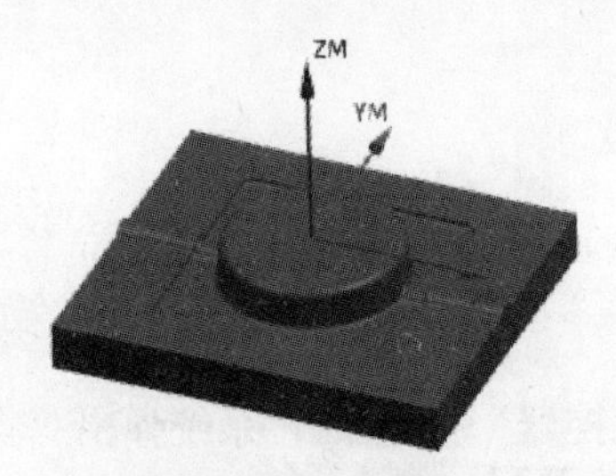

图 8.4 部件几何体

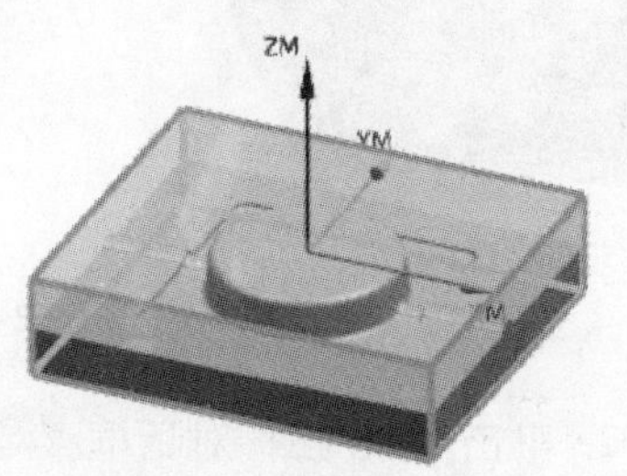

图 8.5 毛坯几何体

Task3. 创建刀具

Stage1. 创建刀具（一）

Step1. 将工序导航器调整到机床视图。

Step2. 选择下拉菜单插入(S) → 刀具(T)...命令，系统弹出“创建刀具”对话框。

Step3. 在“创建刀具”对话框类型下拉列表中选择mill contour选项，在刀具子类型区域中单击“MILL”按钮，在位置区域的刀具下拉列表中选择GENERIC_MACHINE选项，在名称文本框中输入 D20R2，然后单击确定按钮，系统弹出“铣刀-5 参数”对话框。

Step4. 系统弹出“铣刀-5 参数”对话框，在(D) 直径文本框中输入值 20.0，在(R1) 下半径文本框中输入 2，在编号区域的刀具号、补偿寄存器、刀具补偿寄存器文本框中均输入值 1，其他参数采用系统默认设置值，单击确定按钮，完成刀具的创建。

Stage2. 创建刀具（二）

设置刀具类型为mill contour选项，设置刀具子类型为“BALL_MILL”类型，刀具名称为 B10，刀具(D) 球直径为 10.0，在编号区域的刀具号、补偿寄存器、刀具补偿寄存器文本框中均输入值 2；具体操作方法参照 Stage1。

Stage3．创建刀具（三）

设置刀具类型为mill contour选项，设置刀具子类型为“BALL_MILL” 类型，刀具名称为 B4，刀具(D) 球直径为 4.0，在编号区域的刀具号、补偿寄存器、刀具补偿寄存器文本框中均输入值 3。

Stage4．创建刀具（四）

设置刀具类型为mill contour选项，设置刀具子类型为“BALL_MILL”类型，刀具名称为 B3，刀具(D) 球直径为 3.0，在编号区域的刀具号、补偿寄存器、刀具补偿寄存器文本框中均输入值 4。

Task4．创建型腔铣操作

Stage1．创建工序

Step1．将工序导航器调整到程序顺序视图。

Step2．选择下拉菜单插入(S) → 工序(E)...命令，在“创建工序”对话框类型下拉列表中选择mill_contour选项，在工序子类型区域中单击“CAVITY_MILL”按钮，在程序下拉列表中选择PROGRAM选项，在刀具下拉列表中选择前面设置的刀具D20R2 (铣刀-5 参数)选项，在几何体下拉列表中选择WORKPIECE选项，在方法下拉列表中选择MILL ROUGH选项，使用系统默认的名称。

Step3．单击“创建工序”对话框中的确定按钮，系统弹出“型腔铣”对话框。

Stage2．设置一般参数

在“型腔铣”对话框切削模式下拉列表中选择跟随部件选项；在步距下拉列表中选择刀具平直百分比选项，在平面直径百分比文本框中输入值 50.0；在每刀的公共深度下拉列表中选择恒定选项，在最大距离文本框中输入值 2.0。

Stage3．设置切削参数

Step1．在刀轨设置区域中单击“切削参数”按钮，系统弹出“切削参数”对话框。

Step2．在“切削参数”对话框中单击连接选项卡，在开放刀路下拉列表框中选择变换切削方向选项，其他参数采用系统默认设置值。

Step3．单击“切削参数”对话框中的确定按钮，系统返回到“型腔铣”对话框。

Stage4．设置非切削移动参数。

Step1．在“型腔铣”对话框中单击“非切削移动”按钮，系统弹出“非切削移动”对话框。

Step2. 单击“非切削移动”对话框中的 进刀 选项卡，在 封闭区域 中的 斜坡角 文本框中输入值 3.0，其他参数采用系统默认值，单击 确定 按钮完成非切削移动参数的设置。

Stage5. 设置进给率和速度

Step1. 在“型腔铣”对话框中单击“进给率和速度”按钮，系统弹出“进给率和速度”对话框。

Step2. 选中“进给率和速度”对话框 主轴速度 区域中的 ☑ 主轴速度 (rpm) 复选框，在其后的文本框中输入值 800.0，按 Enter 键，然后单击按钮，在 进给率 区域的 切削 文本框中输入值 200.0，按 Enter 键，然后单击按钮，其他参数采用系统默认设置值。

Step3. 单击 确定 按钮，完成进给率和速度的设置，系统返回“型腔铣”操作对话框。

Stage6. 生成刀路轨迹并仿真

生成的刀路轨迹如图 8.6 所示，2D 动态仿真加工后的模型如图 8.7 所示。

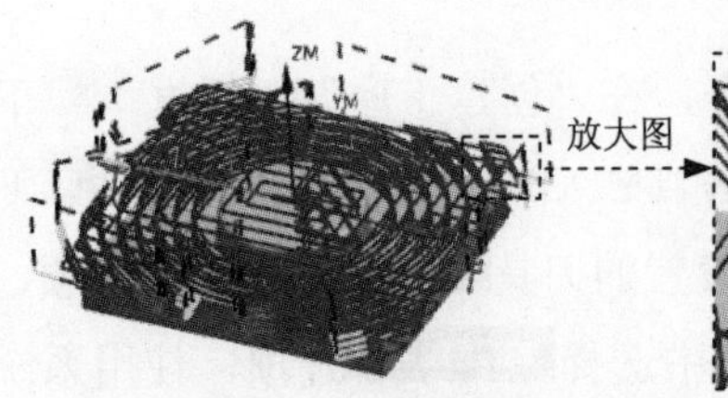

图 8.6 刀路轨迹

图 8.7 2D 仿真结果

Task5. 创建剩余铣操作

Stage1. 创建工序

Step1. 选择下拉菜单 插入(S) → 工序(E)... 命令，在“创建工序”对话框 类型 下拉列表中选择 mill_contour 选项，在 工序子类型 区域中单击“REST_MILLING”按钮，在 程序 下拉列表中选择 PROGRAM 选项，在 刀具 下拉列表中选择刀具 B10 (铣刀-球头铣) 选项，在 几何体 下拉列表中选择 WORKPIECE 选项，在 方法 下拉列表中选择 MILL_SEMI_FINISH 选项，使用系统默认的名称“REST_MILLING”。

Step2. 单击“创建工序”对话框中的 确定 按钮，系统弹出“剩余铣”对话框。

Stage2. 设置一般参数

在“剩余铣”对话框 切削模式 下拉列表中选择 跟随周边 选项，在 步距 下拉列表中选择 刀具平直百分比 选项，在 平面直径百分比 文本框中输入值 20.0；在 每刀的公共深度 下拉列表中选择 恒定 选项，在 最大距离 文本框中输入值 1。

Stage3. 设置切削参数

Step1. 在刀轨设置区域中单击“切削参数”按钮，系统弹出“切削参数”对话框。

Step2. 在“切削参数”对话框中单击策略选项卡，在延伸刀轨区域在边上延伸文本框中输入 2，其他参数采用系统默认设置值。

Step3. 在“切削参数”对话框中单击连接选项卡，在开放刀路下拉列表框中选择变换切削方向选项，其他参数采用系统默认设置值。

Step4 在“切削参数”对话框中单击空间范围选项卡，在毛坯区域最小材料移除文本框中输入值 1。

Step5. 单击“切削参数”对话框中的确定按钮，系统返回到“剩余铣”对话框。

Stage4．设置非切削移动参数。

采用系统默认的非切削移动参数。

Stage5．设置进给率和速度

Step1. 在“剩余铣”对话框中单击“进给率和速度”按钮，系统弹出“进给率和速度”对话框。

Step2. 选中“进给率和速度”对话框主轴速度区域中的☑ 主轴速度 (rpm)复选框，在其后的文本框中输入值 1200.0，按 Enter 键，然后单击按钮，在进给率区域的切削文本框中输入值 300.0，按 Enter 键，然后单击按钮，其他参数采用系统默认设置值。

Step3. 单击确定按钮，完成进给率和速度的设置，系统返回“剩余铣”操作对话框。

Stage6．生成刀路轨迹并仿真

生成的刀路轨迹如图 8.8 所示，2D 动态仿真加工后的模型如图 8.9 所示。

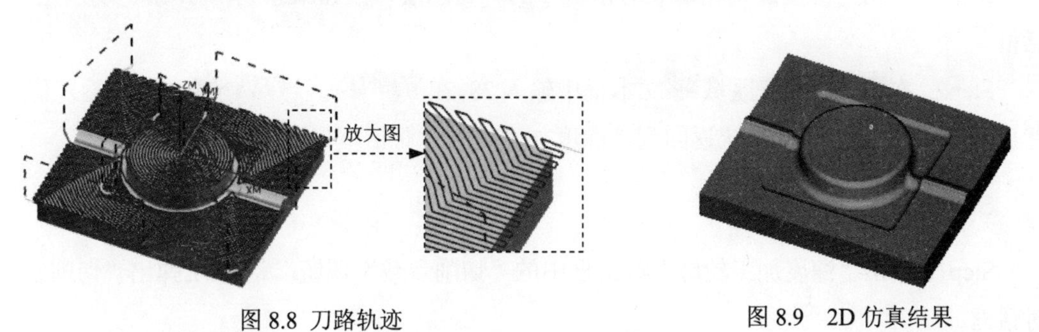

图 8.8 刀路轨迹　　图 8.9　2D 仿真结果

Task6．创建深度加工轮廓铣操作

Stage1．创建工序

Step1. 选择下拉菜单插入(S) ➡ 工序(E)...命令，在“创建工序”对话框中类型下拉菜单中选择mill_contour选项，在工序子类型区域中单击“ZLEVEL_PROFILE”按钮，在程序

下拉列表中选择PROGRAM选项，在刀具下拉列表中选择刀具B4（铣刀-球头铣）选项，在几何体下拉列表中选择WORKPIECE选项，在方法下拉列表中选择MILL_FINISH选项，使用系统默认的名称。

Step2. 单击“创建工序”对话框中的确定按钮，系统弹出“深度加工轮廓”对话框。

Stage2. 指定切削区域

Step1. 在“深度加工轮廓”对话框几何体区域中单击指定切削区域右侧的按钮，系统弹出“切削区域”对话框。

Step2. 在图形区中选取图 8.10 所示的面（共 12 个）为切削区域，然后单击“切削区域”对话框中的确定按钮，系统返回到“深度加工轮廓”对话框。

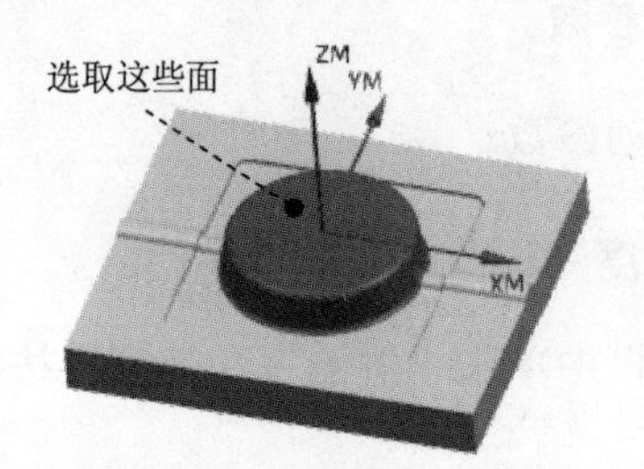

图 8.10 指定切削区域

Stage3. 设置一般参数

在“深度加工轮廓”对话框合并距离文本框中输入值 3.0，在最小切削长度文本框中输入值 1.0，在每刀的公共深度下拉列表中选择恒定选项，在最大距离文本框中输入值 0.2。

Stage4. 设置切削层

Step1. 单击“深度加工轮廓”对话框中的“切削层”按钮，系统弹出“切削层”对话框。

Step2. 在范围 1 的顶部区域ZC文本框中输入 28，在范围定义区域范围深度文本框输入值 12，然后单击确定按钮，系统返回到“深度加工轮廓”对话框。

Stage5. 设置切削参数

Step1. 单击“深度加工轮廓”对话框中的“切削参数”按钮，系统弹出“切削参数”对话框。

Step2. 在“切削参数”对话框中单击策略选项卡，在切削区域切削方向下拉列表中选择混合选项，在切削顺序下拉列表中选择始终深度优先选项，在延伸刀轨区域选中☑ 在边上延伸、☑ 在刀具接触点下继续切削复选框。

Step3. 单击余量选项卡，在公差区域的内公差和外公差的文本框中分别输入 0.01，其他采用系统默认参数设置值。

Step4. 在“切削参数”对话框中单击连接选项卡，在层之间区域层到层下拉列表框中选择直接对部件进刀选项。

Step5. 单击“切削参数”对话框中的确定按钮，完成切削参数的设置，系统返回到“深度加工轮廓”对话框。

Stage6．设置非切削移动参数

参数采用系统默认设置值。

Stage7．设置进给率和速度

Step1. 在“深度加工轮廓”对话框中单击“进给率和速度”按钮，系统弹出“进给率和速度”对话框。

Step2. 选中“进给率和速度”对话框主轴速度区域中的☑ 主轴速度 (rpm)复选框，在其后的文本框中输入值 3500.0，按 Enter 键，然后单击按钮，在进给率区域的切削文本框中输入值 600.0，按 Enter 键，然后单击按钮，其他参数采用系统默认设置值。

Step3. 单击确定按钮，完成进给率和速度的设置，系统返回“深度加工轮廓”对话框。

Stage8．生成刀路轨迹并仿真

生成的刀路轨迹如图 8.11 所示，2D 动态仿真加工后的模型如图 8.12 所示。

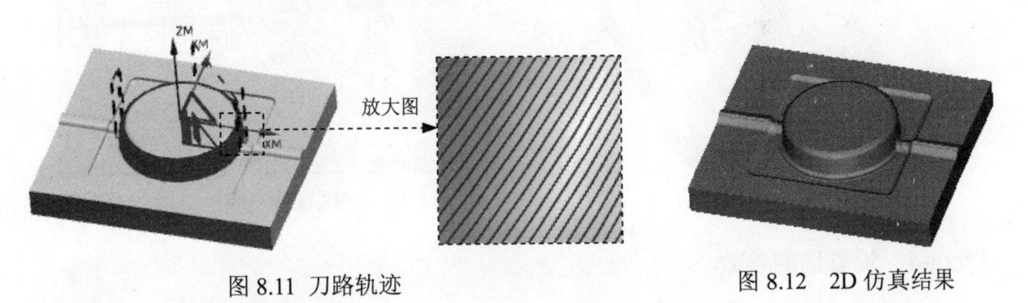

图 8.11　刀路轨迹　　图 8.12　2D 仿真结果

Task7．创建轮廓区域铣（一）

Stage1．创建工序

Step1. 选择下拉菜单插入(S) → 工序(E)...命令，在“创建工序”对话框类型下拉列表中选择mill_contour选项，在工序子类型区域中单击“CONTOUR_AREA”按钮，在程序下拉列表中选择PROGRAM选项，在刀具下拉列表中选择B4 (铣刀-球头铣)选项，在几何体下拉列表中选择WORKPIECE选项，在方法下拉列表中选择MILL_FINISH选项，使用系统默认的名称“CONTOUR_AREA”。

Step2. 单击“创建工序”对话框中的确定按钮，系统弹出“轮廓区域”对话框。

Stage2．指定切削区域

Step1. 在几何体区域中单击“选择或编辑切削区域几何体”按钮，系统弹出“切削区域”对话框。

Step2. 选取图 8.13 所示的面(共 9 个面)为切削区域，在“切削区域”对话框中单击确定按钮，完成切削区域的创建，同时系统返回到“轮廓区域”对话框。

Stage3．设置驱动方式

Step1. 在“轮廓区域”对话框驱动方法区域的方法下列表中选择区域铣削选项，单击“编辑”按钮，系统弹出“区域铣削驱动方法”对话框。

Step2. 在“区域铣削驱动方法”对话框中设置图 8.14 所示的参数，然后单击确定按钮，系统返回到“轮廓区域”对话框。

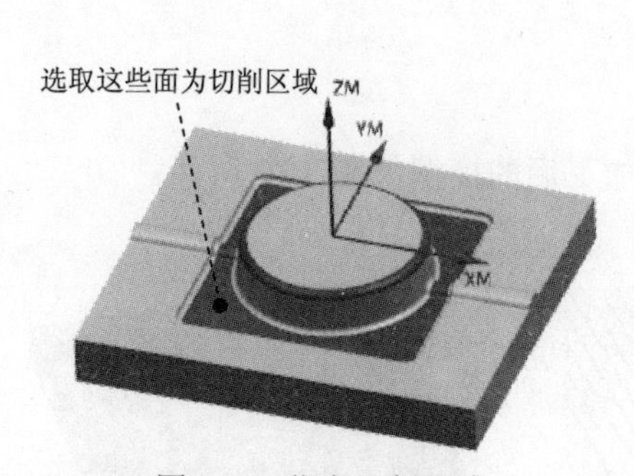

图 8.13　指定切削区域

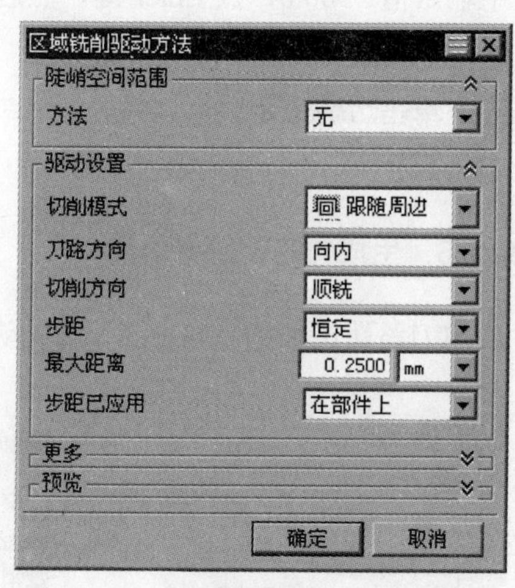

图 8.14　“区域铣削驱动方法”对话框

Stage4．设置切削参数

Step1. 单击“轮廓区域”对话框中的“切削参数”按钮，系统弹出“切削参数”对话框。

Step2. 单击余量选项卡，在公差区域的内公差和外公差文本框中分别输入 0.01，其他采用系统默认参数设置值。

Step3. 单击“切削参数”对话框中的确定按钮，完成切削参数的设置，系统返回到“轮廓区域”对话框。

Stage5．设置非切削移动参数。

采用系统默认的非切削移动参数设置值。

Stage6．设置进给率和速度

Step1. 在“轮廓区域”对话框中单击“进给率和速度”按钮，系统弹出“进给率和速度”对话框。

Step2. 选中“进给率和速度”对话框主轴速度区域中的☑ 主轴速度 (rpm)复选框，在其后文本框中输入值 5000.0，按 Enter 键，然后单击按钮，在进给率区域的切削文本框中输入值 600.0，按 Enter 键，然后单击按钮，其他参数采用系统默认设置值。

Step3. 单击确定按钮，完成进给率和速度的设置，系统返回“轮廓区域”对话框。

Stage7. 生成刀路轨迹并仿真

生成的刀路轨迹如图 8.15 所示，2D 动态仿真加工后的模型如图 8.16 所示。

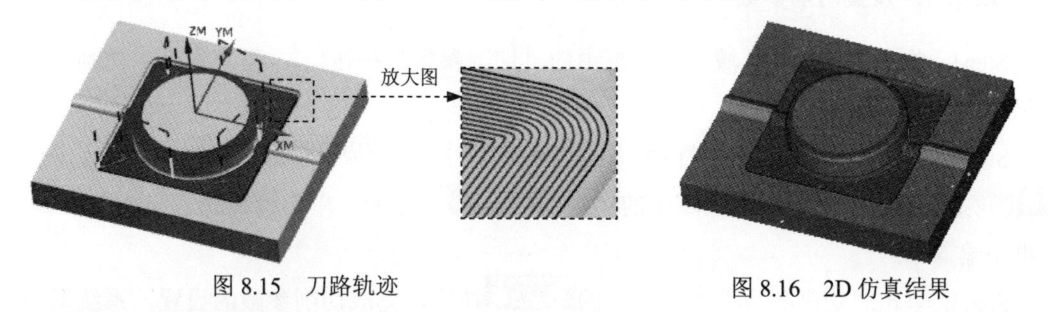

图 8.15　刀路轨迹　　　图 8.16　2D 仿真结果

Task8. 创建表面区域铣操作

Stage1. 创建工序

Step1. 选择下拉菜单插入(S) → 工序(E)... 命令，系统弹出“创建工序”对话框。

Step2. 在“创建工序”对话框类型下拉列表中选择mill_planar选项，在工序子类型区域中单击“FACE_MILLING_AREA”按钮，在程序下拉列表中选择PROGRAM选项，在刀具下拉列表中选择D20R2 (铣刀-5 参数)选项，在几何体下拉列表中选择WORKPIECE选项，在方法下拉列表中选择MILL FINISH选项，使用系统默认的名称。

Step3. 单击“创建工序”对话框中的确定按钮，系统弹出“面铣削区域”对话框。

Stage2. 指定切削区域

Step1. 单击“面铣削区域”对话框中的“选择或编辑切削区域几何体”按钮，系统弹出“切削区域”对话框。

Step2. 在图形区选取图 8.17 所示的切削区域，单击“切削区域”对话框中的确定按钮，系统返回到“面铣削区域”对话框。

Stage3. 设置一般参数

在“面铣削区域”对话框几何体区域选中☑ 自动壁复选框，在刀轨设置区域切削模式下拉列表中选择跟随周边选项，在步距下拉列表中选择刀具平直百分比选项，在平面直径百分比文本框中输入值 50.0，在毛坯距离文本框中输入值 1，在每刀深度文本框中输入值 0.0，在最终底面余量文本框中输入值 0.0。

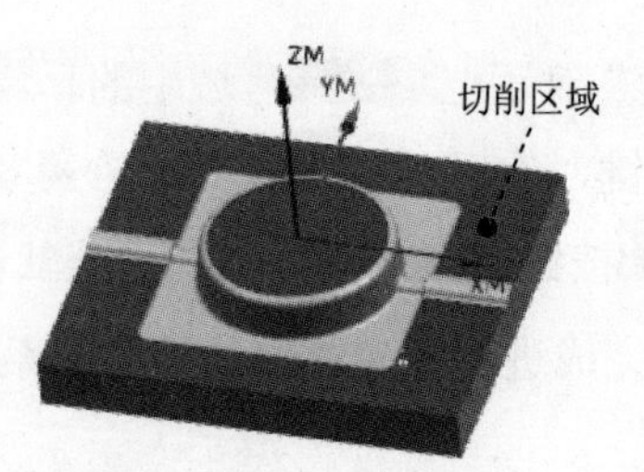

图 8.17 指定切削区域

Stage4．设置切削参数

Step1. 单击“面铣削区域”对话框中的“切削参数”按钮，系统弹出“切削参数”对话框。

Step2. 单击“切削参数”对话框中的策略选项卡，在切削区域刀路方向下拉列表中选择向内选项；然后选中精加工刀路区域中的☑添加精加工刀路复选框；单击余量选项卡，在壁余量文本框中输入 0.5。

Step3. 单击“切削参数”对话框中的确定按钮，完成切削参数的设置，系统返回到“面铣削区域”对话框。

Stage5．设置非切削移动参数

采用系统默认的非切削移动参数设置值。

Stage6．设置进给率和速度

Step1. 单击“面铣削区域”对话框中的“进给率和速度”按钮，系统弹出“进给率和速度”对话框。

Step2. 选中“进给率和速度”对话框主轴速度区域中的☑主轴速度 (rpm) 复选框，在其后的文本框中输入值 1200.0，按 Enter 键，然后单击按钮，在进给率区域的切削文本框中输入值 500.0，按 Enter 键，然后单击按钮，单击确定按钮，返回“面铣削区域”对话框。

Stage7．生成刀路轨迹并仿真

生成的刀路轨迹如图 8.18 所示，2D 动态仿真加工后的模型如图 8.19 所示。

Task9．创建轮廓区域铣（二）

Stage1．创建工序

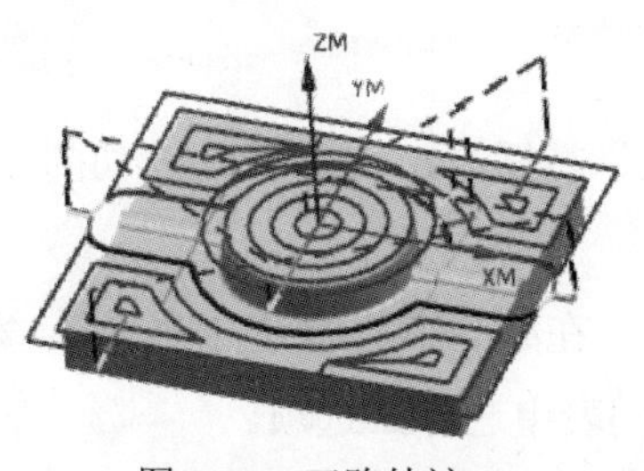

图 8.18　刀路轨迹

图 8.19　2D 仿真结果

Step1. 选择下拉菜单 插入(S) → 工序(E)... 命令，在“创建工序”对话框 类型 下拉列表中选择 mill_contour 选项，在 工序子类型 区域中单击“CONTOUR_AREA”按钮，在 程序 下拉列表中选择 PROGRAM 选项，在 刀具 下拉列表中选择 B3（铣刀-球头铣）选项，在 几何体 下拉列表中选择 WORKPIECE 选项，在 方法 下拉列表中选择 MILL_FINISH 选项，使用系统默认的名称“CONTOUR_AREA_1”。

Step2. 单击“创建工序”对话框中的 确定 按钮，系统弹出“轮廓区域”对话框。

Stage2. 指定切削区域

Step1. 在 几何体 区域中单击“选择或编辑切削区域几何体”按钮，系统弹出“切削区域”对话框。

Step2. 选取图 8.20 所示的面(共 6 个面)为切削区域,在“切削区域”对话框中单击 确定 按钮，完成切削区域的创建，同时系统返回到“轮廓区域”对话框。

Stage3. 设置驱动方式

Step1. 在“轮廓区域”对话框 驱动方法 区域的 方法 下列表中选择 区域铣削 选项，单击“编辑”按钮，系统弹出“区域铣削驱动方法”对话框。

Step2. 在“区域铣削驱动方法”对话框中设置图 8.21 所示的参数，然后单击 确定 按钮，系统返回到“轮廓区域”对话框。

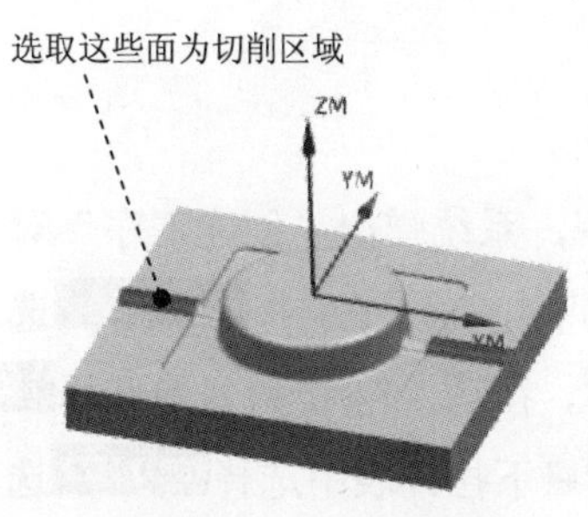

图 8.20　指定切削区域

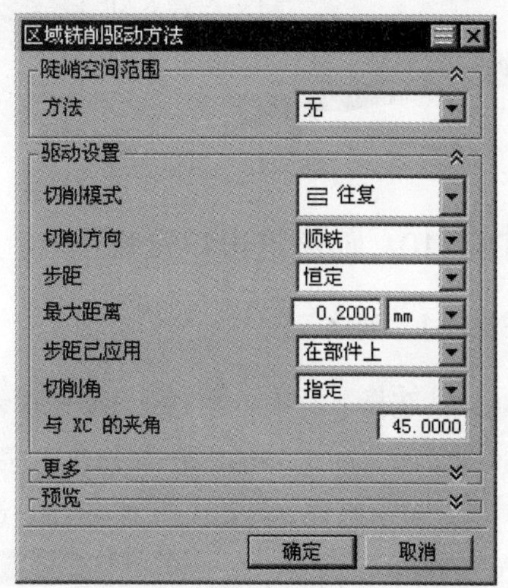

图 8.21　“区域铣削驱动方法”对话框

Stage4．设置切削参数

Step1. 单击“轮廓区域”对话框中的“切削参数”按钮，系统弹出“切削参数”对话框。

Step2. 在“切削参数”对话框中单击策略选项卡，在延伸刀轨区域选中☑在边上延伸复选框，然后在距离文本框中输入 2，并在其后面的下拉列表中选择mm选项。

Step3. 单击“切削参数”对话框中的确定按钮，完成切削参数的设置，系统返回到“轮廓区域”对话框。

Stage5．设置非切削移动参数。

采用系统默认的非切削移动参数设置值。

Stage6．设置进给率和速度

Step1. 在“轮廓区域”对话框中单击“进给率和速度”按钮，系统弹出“进给率和速度”对话框。

Step2. 选中“进给率和速度”对话框主轴速度区域中的☑主轴速度（rpm）复选框，在其后文本框中输入值 5000.0，按 Enter 键，然后单击按钮，在进给率区域的切削文本框中输入值 600.0，按 Enter 键，然后单击按钮，其他参数采用系统默认设置值。

Step3. 单击确定按钮，完成进给率和速度的设置，系统返回“轮廓区域”对话框。

Stage7．生成刀路轨迹并仿真

生成的刀路轨迹如图 8.22 所示，2D 动态仿真加工后的模型如图 8.23 所示。

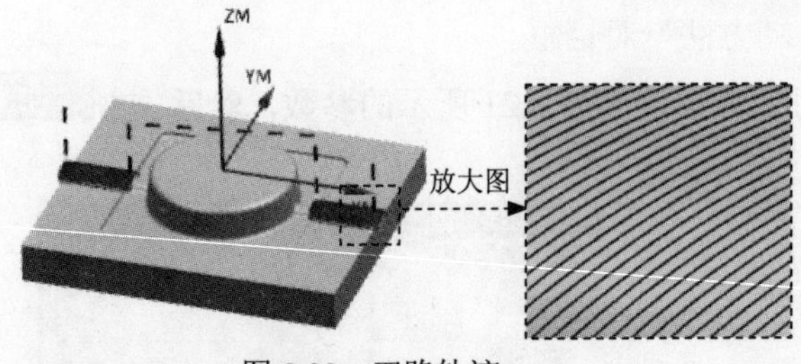

图 8.22 刀路轨迹

图 8.23 2D 仿真结果

Task10．创建清根铣操作

Stage1．创建工序

Step1. 选择下拉菜单插入(S) → 工序(E)... 命令，系统弹出“创建工序”对话框。

Step2. 确定加工方法。在“创建工序”对话框类型下拉列表中选择mill_contour选项，在工序子类型区域中选择“FLOWCUT_REF_TOOL”按钮，在程序下拉列表中选择PROGRAM选项，在刀具下拉列表中选择B3（铣刀-球头铣）选项，在几何体下拉列表中选择WORKPIECE选项，在方法下拉列表中选择MILL_FINISH选项，单击确定按钮，系统弹出“清根参考刀具”对话框。

Stage2. 指定切削区域

在“清根参考刀具”对话框中单击按钮，系统弹出“切削区域”对话框，采用系统默认的选项，选取图 8.24 所示的切削区域（共 36 个面），单击确定按钮，系统返回到“清根参考刀具”对话框。

Stage3. 设置驱动设置

Step1. 单击“清根参考刀具”对话框驱动方法区域的“编辑”按钮，然后在系统弹出的“清根驱动方法”对话框，设置图 8.25 所示的参数。

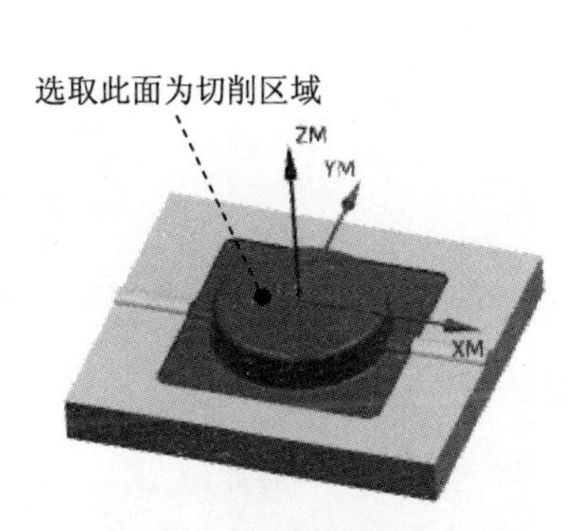

图 8.24 指定切削区域

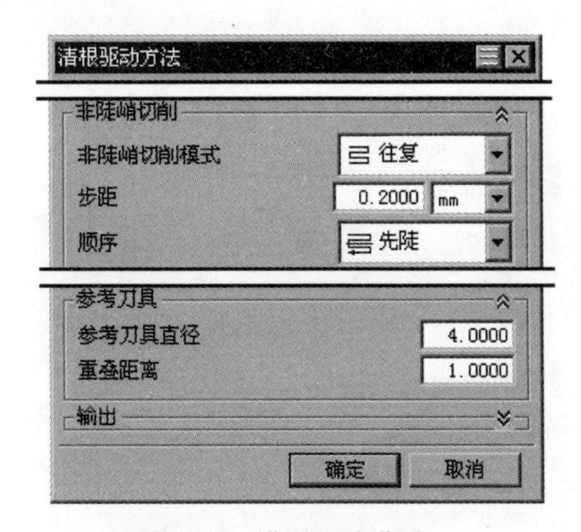

图 8.25 设置驱动设置

Step2. 单击确定按钮，系统返回到“清根参考刀具”对话框。

Stage4. 设置进给率和速度

Step1. 单击“清根参考刀具”对话框中的“进给率和速度”按钮，系统弹出“进给率和速度”对话框。

Step2. 在“进给率和速度”对话框中选中☑ 主轴速度 (rpm)复选框，然后在其文本框中输入值 5500.0，按 Enter 键，然后单击按钮，在切削文本框中输入值 600.0，按 Enter 键，然后单击按钮，其他参数均采用系统默认设置值。

Step3. 单击“进给率和速度”对话框中的确定按钮，完成切削参数的设置，系统返回到“清根参考刀具”对话框。

Stage5. 生成刀路轨迹并仿真

生成的刀路轨迹如图 8.26 所示，2D 动态仿真加工后的模型如图 8.27 所示。

Task11. 保存文件

选择下拉菜单 文件(F) → 保存(S) 命令，保存文件。

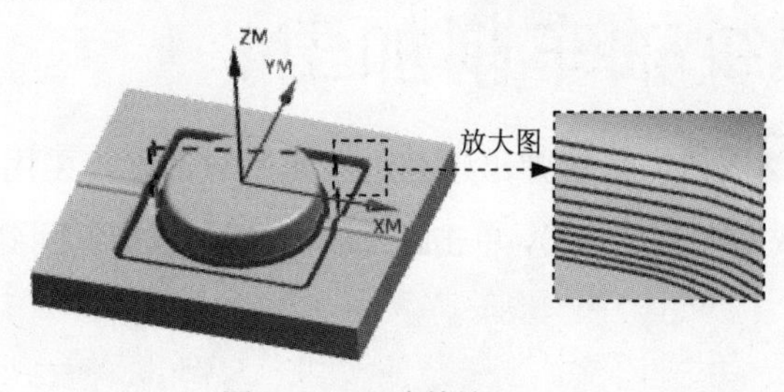

图 8.26 刀路轨迹

图 8.27 2D 仿真结果

实例 9　螺纹轴车削加工

本实例是一个螺纹轴的车削加工，通过该实例介绍了车削加工的大多数方法，主要使用了车端面、外形粗车、外形精车、沟槽车削以及车削螺纹等方法，要重点掌握车削螺纹加工的方法。下面将具体介绍该螺纹轴加工的过程，其加工工艺路线如图 9.1 和图 9.2 所示。

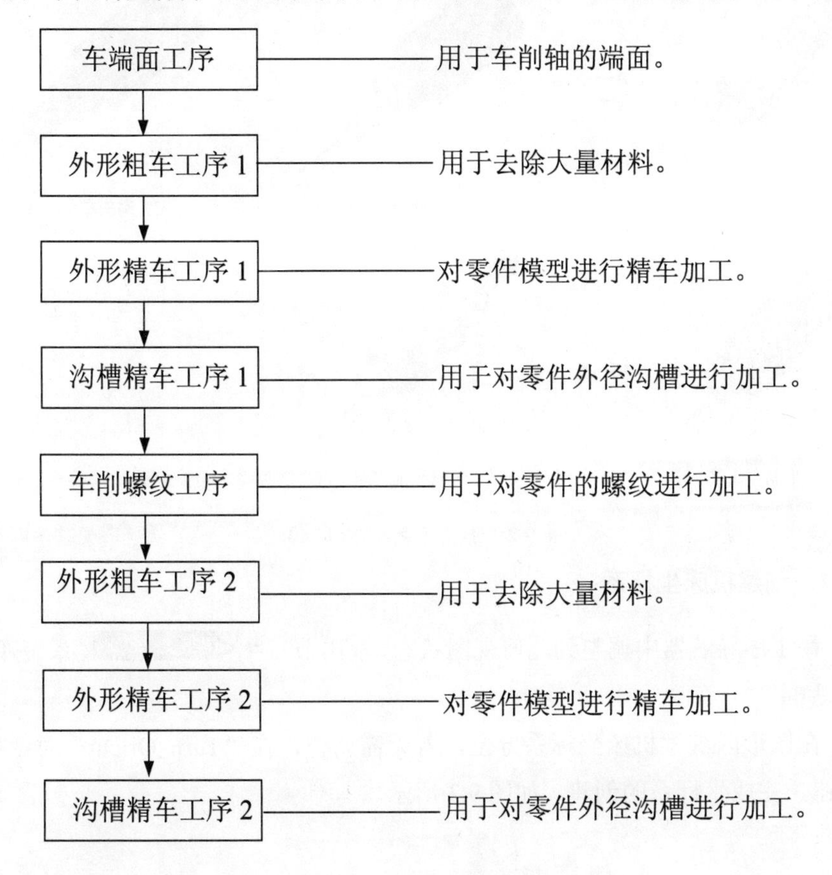

图 9.1　加工工艺路线（一）

Task1．打开模型文件并进入加工模块

Step1．打开文件 D:\ug8.11\work\ch09\ladder_axis.prt。

Step2．选择下拉菜单 开始 → 加工(N)... 命令，系统弹出“加工环境”对话框，在“加工环境”对话框 要创建的 CAM 设置 列表中选择 turning 选项，单击 确定 按钮，进入加工环境。

Task2．创建几何体

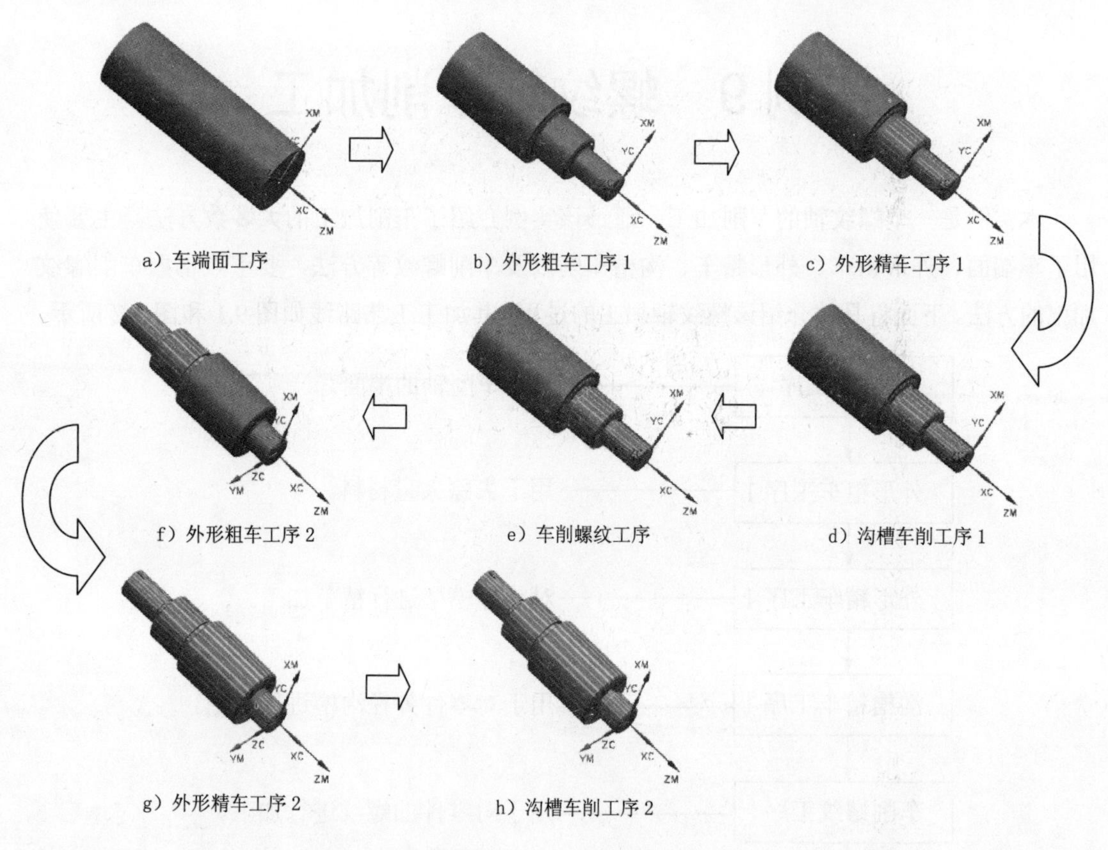

图 9.2 加工工艺路线（二）

Stage1．创建机床坐标系

Step1．在工序导航器中调整到几何视图状态，双击节点 MCS_SPINDLE，系统弹出“Turn Orient”对话框。

Step2．在图形区观察机床坐标系方位，若无需调整，在“Turn Orient”对话框中单击 确定 按钮，完成坐标系的创建，如图 9.3 所示。

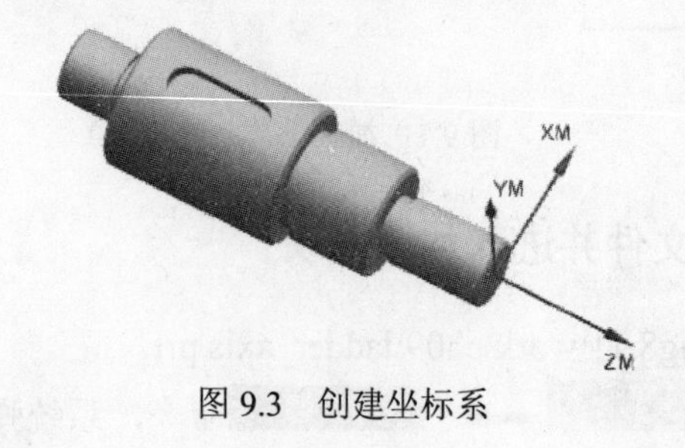

图 9.3 创建坐标系

Stage2．创建部件几何体

Step1．在工序导航器中双击 MCS_SPINDLE 节点下的 WORKPIECE，系统弹出“工件”对话框。

Step2．单击“工件”对话框中的按钮，系统弹出“部件几何体”对话框，选取整个零件为部件几何体。

Step3. 依次单击“部件几何体”对话框和“工件”对话框中的确定按钮，完成部件几何体的创建。

Stage3. 创建毛坯几何体

Step1. 在工序导航器中的几何视图状态下双击WORKPIECE节点下的子菜单节点TURNING_WORKPIECE，系统弹出 “Turn Bnd”对话框。

Step2. 单击“Turn Bnd”对话框中的“指定毛坯边界”按钮，系统弹出“选择毛坯”对话框。

Step3. 在“选择毛坯”对话框中确认“棒料”按钮被选择，在点位置区域选择远离主轴箱单选项，单击选择按钮，系统弹出“点”对话框，在XC文本框中输入 5.0，单击确定按钮，完成安装位置的定义，并返回“选择毛坯”对话框。

Step4. 在“选择毛坯”对话框长度文本框中输入值 175.0，在直径文本框中输入值 60.0，单击确定按钮，在图形区中显示毛坯边界，如图 9.4 所示。

Step5. 单击“Turn Bnd”对话框中的确定按钮，完成毛坯几何体的定义。

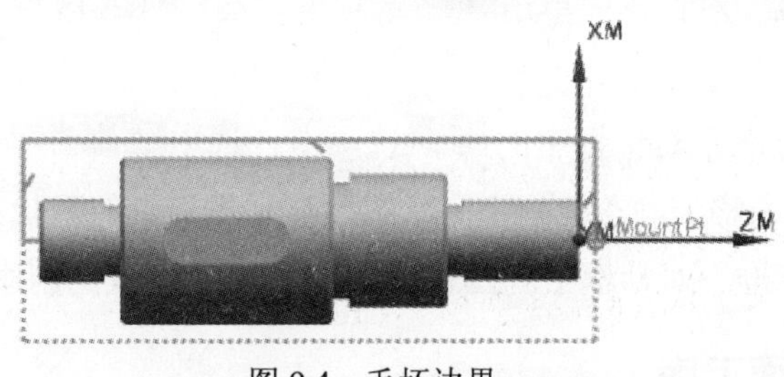

图 9.4　毛坯边界

Stage4. 创建几何体

Step1. 选择下拉菜单插入(S) → 几何体(G)...命令，系统弹出“创建几何体”对话框。

Step2. 在几何体子类型区域选择“AVOIDANCE”选项，在位置下拉列表中选择TURNING_WORKPIECE选项，采用系统默认的名称 AVOIDANCE，单击确定按钮，系统弹出“避让”对话框。

Step3. 在“避让”对话框运动到起点（ST）区域运动类型下拉列表中选择直接选项，然后单击“点对话框”按钮，系统弹出“点”对话框，在该对话框设置图 9.5 所示的参数，单击确定按钮。

Step4. 在“避让”对话框径向安全平面区域设置图 9.6 所示的参数，单击确定按钮。

Task3. 创建 1 号刀具

Step1. 选择下拉菜单插入(S) → 刀具(T)...命令，系统弹出“创建刀具”对话框。

Step2. 在“创建刀具”对话框类型下拉列表中选择turning选项，在刀具子类型区域中单击“OD_80_L”按钮，在位置区域的刀具下拉列表中选择GENERIC_MACHINE选项，采用系统默认的名称，单击确定按钮，系统弹出“车刀-标准”对话框。

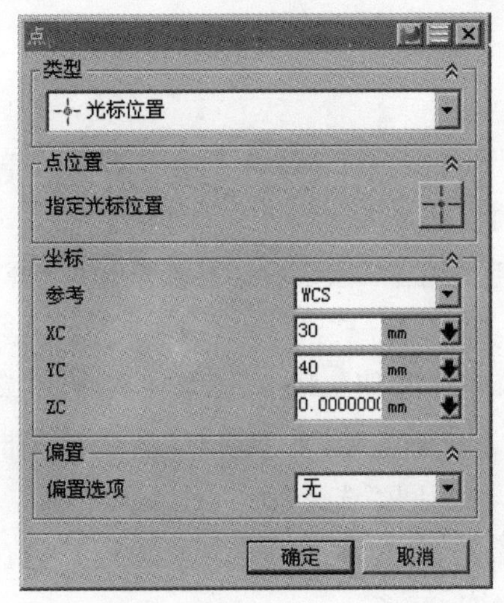

图 9.5 “点”对话框

图 9.6 径向安全平面设置

Step3. 在“车刀-标准”对话框中单击刀具选项卡，在刀片尺寸区域长度文本框中输入10.0。

Step4. 单击“车刀-标准”对话框中的夹持器选项卡，选中☑ 使用车刀夹持器复选框，采用系统默认的参数设置值；调整到静态线框视图状态，显示出刀具的形状。

Step5. 单击“车刀-标准”对话框中的确定按钮，完成刀具的创建。

Task4. 创建车端面工序

Stage1. 创建工序

Step1. 选择下拉菜单插入(S) → 工序(E)...命令，系统弹出“创建工序”对话框。

Step2. 在“创建工序”对话框类型下拉列表中选择turning选项，在工序子类型区域中单击“FACING”按钮，在程序下拉列表中选择PROGRAM选项，在刀具下拉列表中选择OD_80_L (车刀-标准)选项，在几何体下拉列表中选择AVOIDANCE选项，在方法下拉列表中选择LATHE_ROUGH选项。

Step3. 单击“创建工序”对话框中的确定按钮，系统弹出“面加工”对话框。

Stage2. 设置切削区域

Step1. 单击“面加工”对话框切削区域右侧的“编辑”按钮，系统弹出“切削区域”对话框。

Step2. 在“切削区域”对话框轴向修剪平面 1区域的限制选项下拉列表中选择距离选项。

Step3. 单击确定按钮，系统返回到“面加工”对话框。

Stage3．设置刀轨参数

Step1．单击“面加工”对话框中步进区域切削深度下拉列表中选择恒定选项，其他参数接受系统默认设置。

Stage4．设置切削参数

采用系统的默认设置值。

Stage5．设置非切削移动参数

Step1．单击“面加工”对话框中的“非切削移动”按钮，系统弹出“非切削移动”对话框。

Step2．在“非切削移动”对话框中选择逼近选项卡，然后在逼近刀轨区域刀轨选项下拉列表中选择点选项，然后单击“点对话框”按钮，系统弹出“点”对话框，在该对话框设置图 9.7 所示的参数,单击确定按钮。

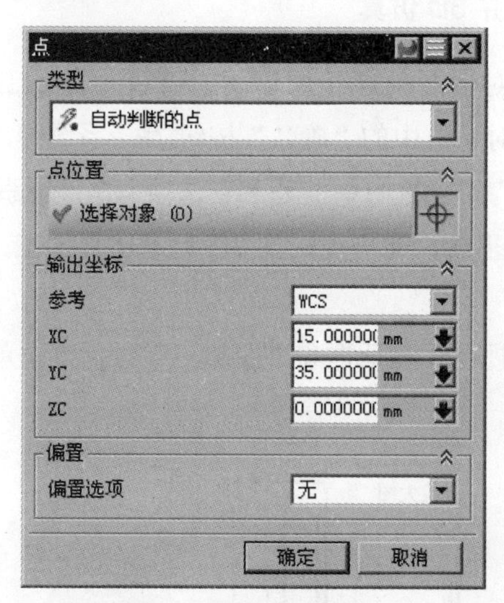

图 9.7　“点”对话框

Step3．在“非切削移动”对话框中选择离开选项卡，设置图 9.8 所示的参数。

Step4．单击确定按钮，完成非切削移动参数的设置。

Stage6．设置进给率和速度

Step1．单击“面加工”对话框中的“进给率和速度”按钮，系统弹出“进给率和速度”对话框。

Step2．选中“进给率和速度”对话框主轴速度区域输出模式下拉列表中选择SMM选项，在表面速度 (smm)文本框中输入 80，其他参数采用系统默认设置值。

Step3．单击“进给率和速度”对话框中的确定按钮，系统返回“面加工”对话框。

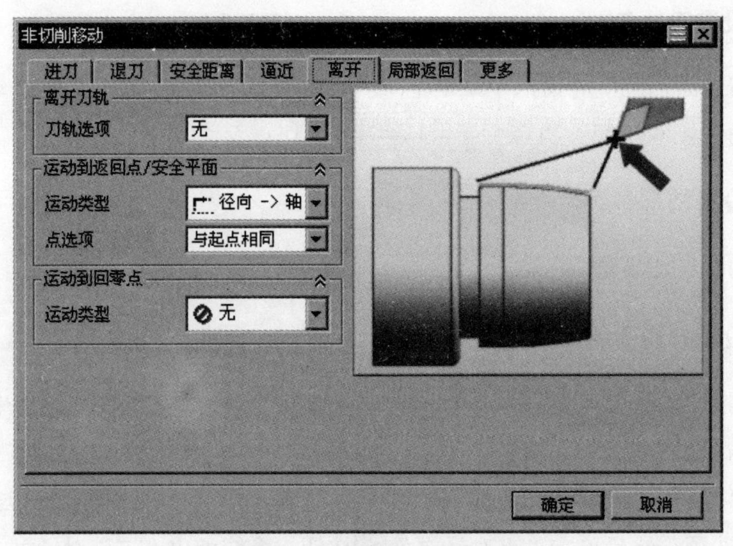

图 9.8 “离开”选项卡

Stage7．生成刀路轨迹并 3D 仿真

Step1. 单击“面加工”对话框中的“生成”按钮，生成刀路轨迹如图 9.9 所示。

Step2. 单击“面加工”对话框中的“确认”按钮，系统弹出“刀轨可视化”对话框。

Step3. 在“刀轨可视化”对话框中单击 3D 动态 选项卡，采用系统默认参数设置值，调整动画速度后单击“播放”按钮，即可观察到 3D 动态仿真加工，加工后结果如图 9.10 所示。

Step4. 分别在“刀轨可视化”对话框和“面加工”对话框中单击 确定 按钮，完成车端面加工。

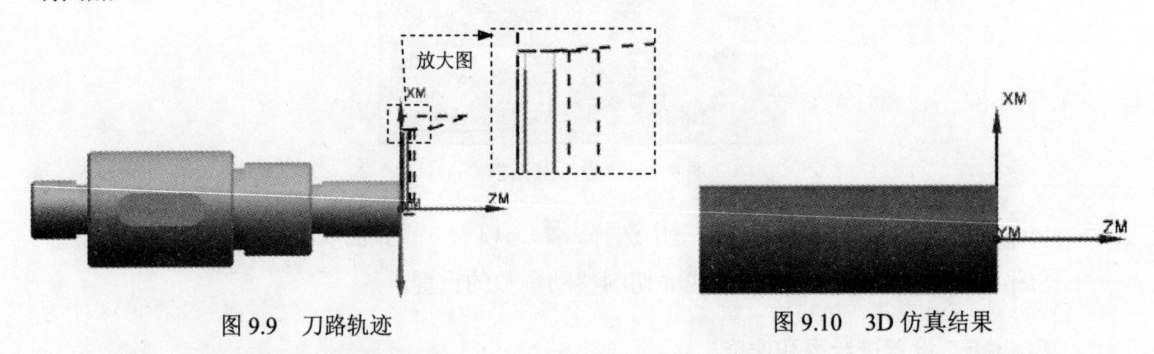

图 9.9 刀路轨迹　　图 9.10 3D 仿真结果

Task5．创建外形粗车工序 1

Stage1．创建工序

Step1. 选择下拉菜单 插入(S) → 工序(E)... 命令，系统弹出“创建工序”对话框。

Step2. 在“创建工序”对话框 类型 下拉列表中选择 turning 选项，在 工序子类型 区域中单击“ROUGH_TURN_OD”按钮，在 程序 下拉列表中选择 PROGRAM 选项，在 刀具 下拉列表中选择OD_80_L (车刀-标准)选项，在几何体下拉列表中选择AVOIDANCE选项，在方法下拉列表中选择LATHE_ROUGH选项，名称采用系统默认的名称。

Step3. 单击“创建工序”对话框中的确定按钮，系统弹出“粗车 OD”对话框。

Stage2. 设置切削区域

Step1. 单击“粗车 OD”对话框切削区域右侧的“编辑”按钮，系统弹出“切削区域”对话框。

Step2. 在“切削区域”对话框轴向修剪平面 1区域的限制选项下拉列表中选择点选项，然后单击“点对话框”按钮，系统弹出“点”对话框在，在绘图区域选取图 9.11 所示的点，单击确定按钮。

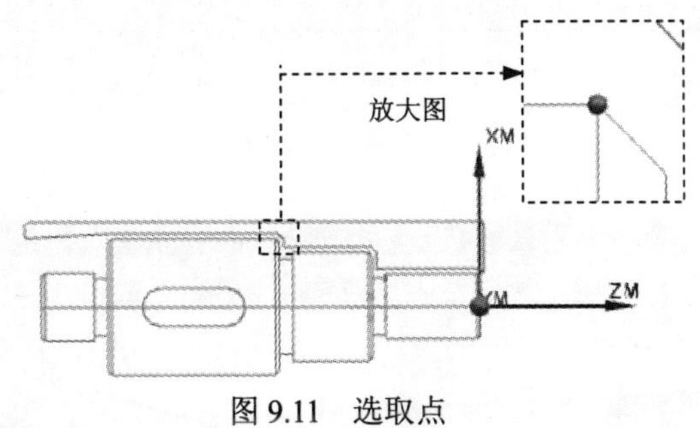

图 9.11　选取点

Step3. 单击确定按钮，系统返回到“粗车 OD”对话框。

Stage3. 设置刀轨参数

Step1. 单击“粗车 OD”对话框中步进区域切削深度下拉列表中选择恒定选项，在深度文本框中输入 2.0，其他参数接受系统默认设置。

Stage4. 设置切削参数

Step1. 在“粗车 OD”对话框中单击“切削参数”按钮，系统弹出“切削参数”对话框。

Step2. 在“切削参数”对话框中单击余量选项卡，设置图 9.12 所示的参数。

Step3. 在“切削参数”对话框中单击轮廓加工选项卡，选中附加轮廓加工区域中的☑ 附加轮廓加工复选框，单击确定按钮，系统返回到“粗车 OD”对话框。

Stage5. 设置非切削移动参数

Step1. 单击“粗车 OD”对话框中的“非切削移动”按钮，系统弹出“非切削移动”对话框。

Step2. 在“非切削移动”对话框中选择离开选项卡，设置图 9.13 所示的参数。

Step3. 单击确定按钮，完成非切削移动参数的设置。

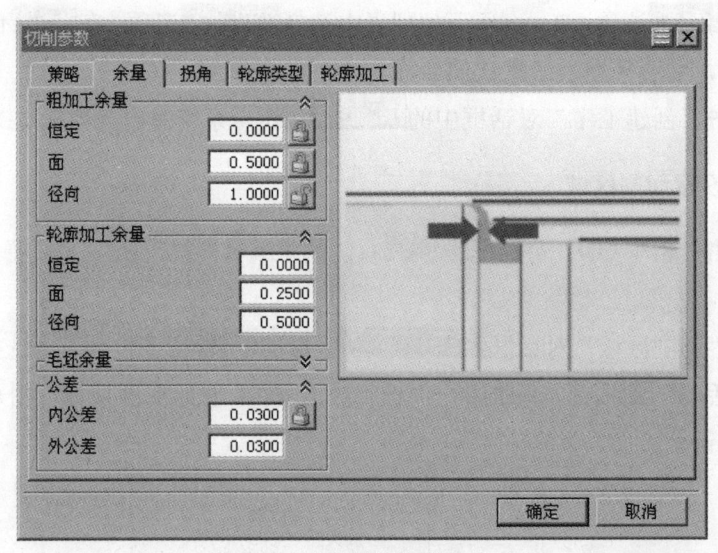

图 9.12 “余量”选项卡

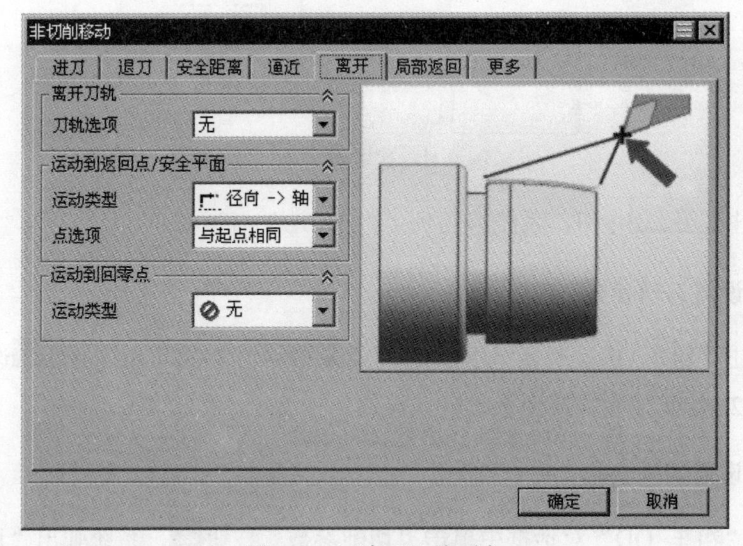

图 9.13 “离开”选项卡

Stage6. 设置进给率和速度

Step1. 单击“粗车 OD”对话框中的“进给率和速度”按钮，系统弹出“进给率和速度”对话框。

Step2. 选中“进给率和速度”对话框主轴速度区域输出模式下拉列表中选择SMM选项，在表面速度（smm）文本框中输入 80，其他参数采用系统默认设置值。

Step3. 单击“进给率和速度”对话框中的确定按钮，系统返回“粗车 OD”对话框。

Stage7. 生成刀路轨迹并 3D 仿真

Step1. 单击“粗车 OD”对话框中的“生成”按钮，生成刀路轨迹如图 9.14 所示。

Step2. 单击“粗车 OD”对话框中的“确认”按钮，系统弹出“刀轨可视化”对话框。

Step3. 在“刀轨可视化”对话框中单击3D 动态选项卡，采用系统默认参数设置值，调整动画速度后单击“播放”按钮，即可观察到 3D 动态仿真加工，加工后结果如图 9.15 所示。

Step4. 分别在“刀轨可视化”对话框和“粗车 OD”对话框中单击确定按钮，完成粗车加工。

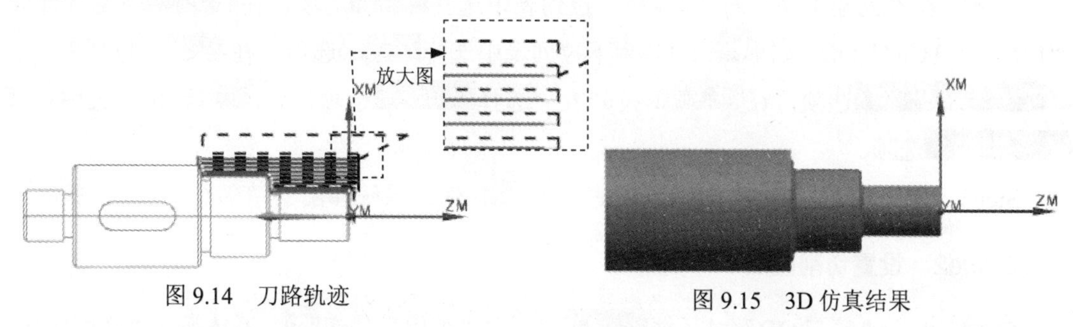

图 9.14 刀路轨迹

图 9.15 3D 仿真结果

Task6. 创建刀具 2

Step1. 选择下拉菜单插入(S) → 刀具(T)...命令，系统弹出“创建刀具”对话框。

Step2. 在“创建刀具”对话框类型下拉列表中选择turning选项，在刀具子类型区域中单击“OD_55_L”按钮，在名称文本框中输入 OD_55_L，单击确定按钮，系统弹出“车刀-标准”对话框。

Step3. 在“车刀-标准”对话框中设置图 9.16 所示的参数。

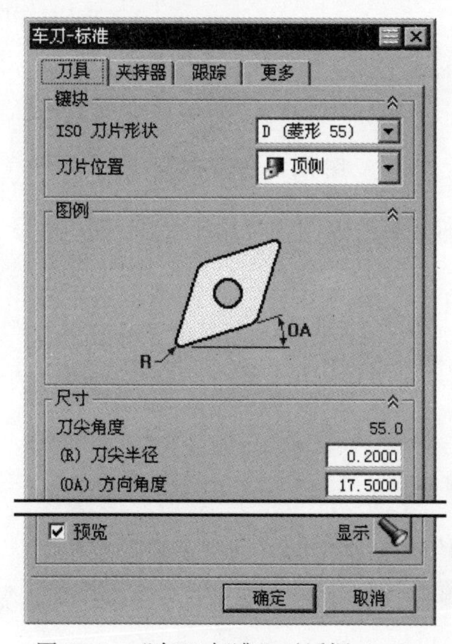

图 9.16 “车刀-标准”对话框（一）

Step4. 单击“车刀-标准”对话框中的夹持器选项卡，选中☑ 使用车刀夹持器复选框。

Step5. 单击“车刀-标准”对话框中的 确定 按钮，完成刀具的创建。

Task7. 创建外形精车工序 1

Stage1. 创建工序

Step1. 选择下拉菜单插入(S) ➡ 工序(E)... 命令，系统弹出“创建工序”对话框。

Step2. 在“创建工序”对话框类型下拉列表中选择turning选项，在工序子类型区域中单击“FINISH_TURN_OD 按钮，在程序下拉列表中选择PROGRAM选项，在 刀具 下拉列表中选择OD_55_L (车刀-标准)选项，在 几何体 下拉列表中选择AVOIDANCE选项，在 方法 下拉列表中选择 LATHE_FINISH 选项。

Step3. 单击“创建工序”对话框中的 确定 按钮，系统弹出“精车 OD”对话框。

Stage2. 设置切削区域

Step1. 单击“精车 OD”对话框切削区域右侧的“编辑”按钮，系统弹出“切削区域”对话框。

Step2. 在“切削区域”对话框轴向修剪平面 1区域的限制选项下拉列表中选择点选项，然后单击“点对话框”按钮，系统弹出“点”对话框在，在绘图区域选取图 9.17 所示的点，单击 确定 按钮。

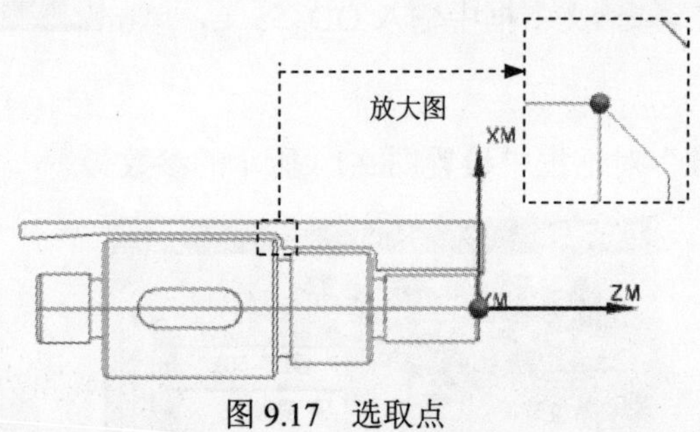

图 9.17　选取点

Step3. 单击 确定 按钮，系统返回到“精车 OD”对话框。

Stage3. 设置刀轨参数

Step1. 单击“精车 OD”对话框中选中☑ 省略变换区 复选框，其他参数接受系统默认设置。

Stage4. 设置切削参数

Step1. 单击“精车 OD”对话框中的“切削参数”按钮，系统弹出“切削参数”对话框，在该对话框中选择策略选项卡，然后取消选中☐ 允许底切 复选框，其他参数采用默认设置。

Step2. 选择拐角选项卡，设置图 9.18 所示的参数。

Step3. 单击确定按钮，完成切削参数的设置。

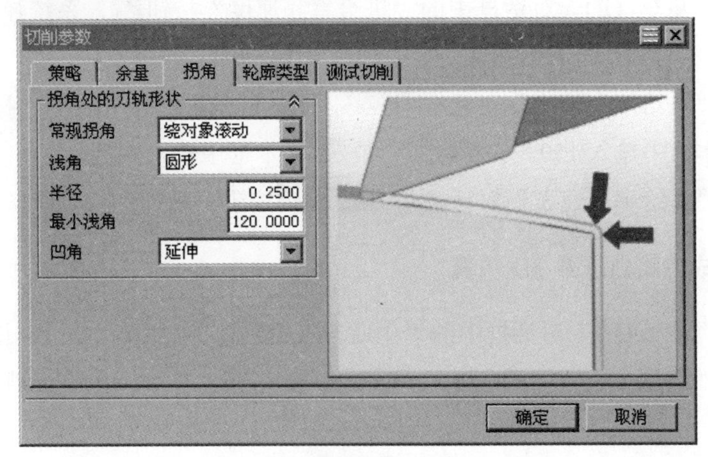

图 9.18 “拐角”选项卡

Stage5．设置非切削参数

Step1. 单击“精车 OD”对话框中的“非切削移动”按钮，系统弹出“非切削移动”对话框。

Step2. 在“非切削移动”对话框中选择逼近选项卡，然后在逼近刀轨区域刀轨选项下拉列表中选择点选项，然后单击“点对话框”按钮，系统弹出“点”对话框，在该对话框设置图 9.19 所示的参数，单击确定按钮。

Step3. 在“非切削移动”对话框中选择离开选项卡，在运动到返回点/安全平面区域运动类型下拉列表中选择径向 -> 轴向选项，然后单击“点对话框”按钮，系统弹出“点”对话框，在该对话框设置图 9.20 所示的参数，单击确定按钮。

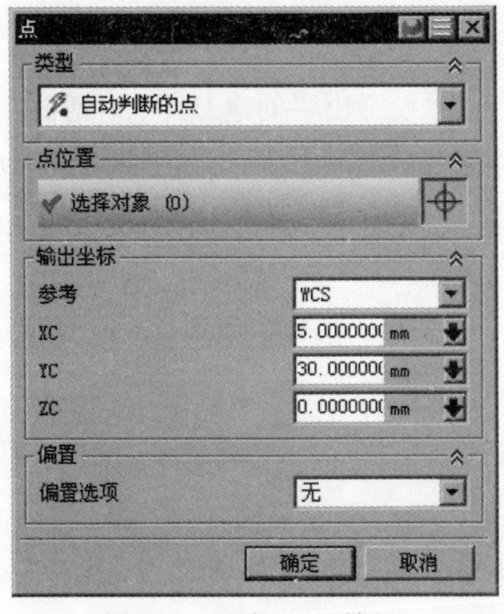

图 9.19 “点”对话框

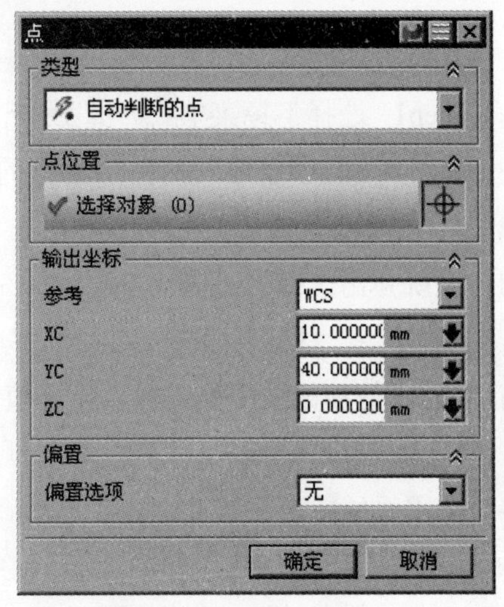

图 9.20 “点”对话框

Step4. 单击 确定 按钮，完成非切削移动参数的设置。

Stage6. 设置进给率和速度

Step1. 单击“精车 OD”对话框中的“进给率和速度”按钮，系统弹出“进给率和速度”对话框。

Step2. 选中“进给率和速度”对话框主轴速度区域输出模式下拉列表中选择SFM选项，在表面速度（smm）文本框中输入 150，在进给率区域切削文本框中输入 0.2。

Step3. 单击“进给率和速度”对话框中的 确定 按钮，系统返回“精车 OD”对话框。

Stage7. 生成刀路轨迹并 3D 仿真

Step1. 单击“精车 OD”对话框中的“生成”按钮，生成刀路轨迹如图 9.21 所示。

Step2. 单击“精车 OD”对话框中的“确认”按钮，系统弹出“刀轨可视化”对话框。

Step3. 在“刀轨可视化”对话框中单击 3D 动态 选项卡，采用系统默认参数设置值，调整动画速度后单击“播放”按钮，即可观察到 3D 动态仿真加工，加工后结果如图 9.22 所示。

Step4. 分别在“刀轨可视化”对话框和“精车 OD”对话框中单击 确定 按钮，完成精车加工。

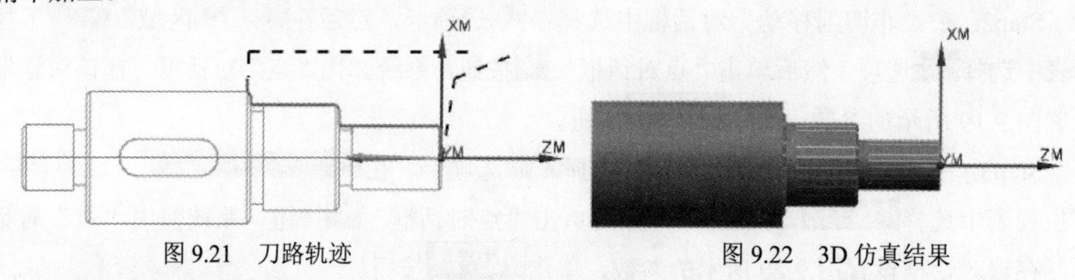

图 9.21 刀路轨迹 图 9.22 3D 仿真结果

Task8. 创建刀具 3

Step1. 选择下拉菜单 插入(S) → 刀具(T)... 命令，系统弹出“创建刀具”对话框。

Step2. 在 “创建刀具”对话框的类型下拉列表中选择turning选项，在刀具子类型区域中单击“OD_GROOVE_L”按钮，在 名称 文本框中输入 OD_GROOVE_L，单击 确定 按钮，系统弹出“槽刀-标准”对话框。

Step3. 在“槽刀-标准”对话框中单击 刀具 选项卡，然后在(IW) 刀片宽度文本框中输入数值 3.0，其他参数采用系统默认设置值。

Step4. 单击“槽刀-标准”对话框中的夹持器选项卡，选中☑ 使用车刀夹持器复选框，其他参数采用系统默认设置值。

Step5. 单击“槽刀-标准”对话框中的 确定 按钮，完成刀具的创建。

Task9. 创建沟槽车削工序 1

Stage1. 创建工序

Step1. 选择下拉菜单插入(S) → 工序(E)...命令，系统弹出“创建工序”对话框。

Step2. 在“创建工序”对话框的类型下拉列表中选择turning选项，在工序子类型区域中单击“GROOVE_OD”按钮，在程序下拉列表中选择PROGRAM选项，在刀具下拉列表中选择OD_GROOVE_L（槽刀-标准）选项，在几何体下拉列表中选择AVOIDANCE选项，在方法下拉列表中选择LATHE_GROOVE选项，在名称文本框中输入 GROOVE_OD。

Step3. 单击“创建工序”对话框中的确定按钮，系统弹出“在外径开槽”对话框。

Stage2. 指定切削区域

Step1. 单击“在外径开槽”对话框切削区域右侧的“编辑”按钮，系统弹出“切削区域”对话框。

Step2. 在“切削区域”对话框轴向修剪平面 1区域的限制选项下拉列表中选择点选项，然后单击“点对话框”按钮，系统弹出“点”对话框在，在绘图区域选取图 9.23 所示的点，单击确定按钮。

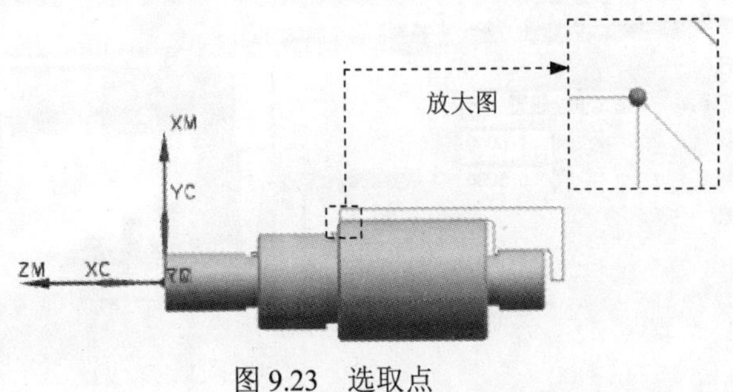

图 9.23 选取点

Step3. 在“切削区域”对话框区域选择区域区域加工下拉列表中选择多个选项，单击确定按钮，系统返回到“在外径开槽”对话框。

Stage3. 设置刀轨参数

Step1. 单击“在外径开槽”对话框中设置图 9.24 所示的刀具路径参数。

Stage4. 设置切削参数

Step1. 单击“在外径开槽”对话框中的“切削参数”按钮，系统弹出“切削参数”对话框。

Step2. 在“切削参数”对话框中选择策略选项卡，在切削区域转文本框中输入 3.0，其余参数接受系统默认设置。

Step3. 在“切削参数”对话框中选择切屑控制选项卡，设置图 9.25 所示的参数。

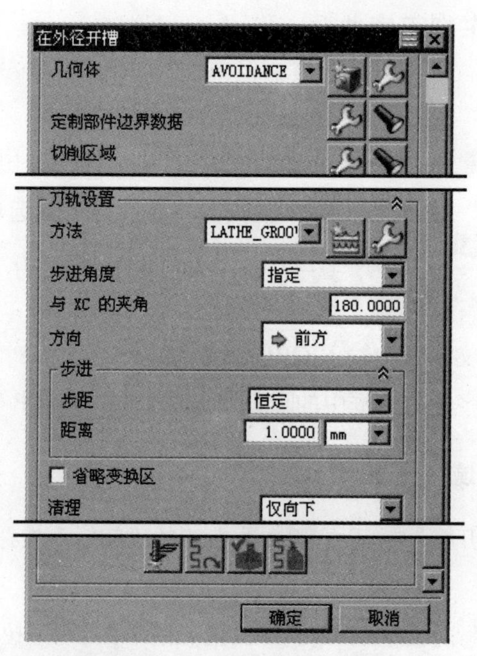

图 9.24 “在外径开槽”对话框

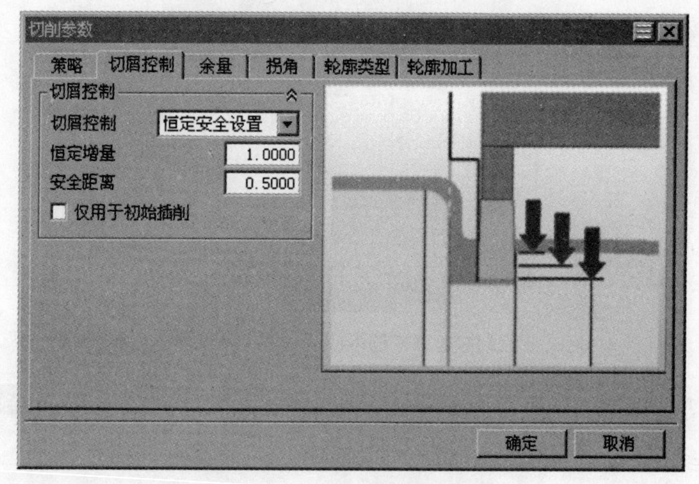

图 9.25 “切削控制”选项卡

Step4. 单击 确定 按钮，返回到“在外径开槽”对话框。

Stage5. 设置非切削参数

所有参数接受系统默认设置。

Stage6. 设置进给率和速度

Step1. 单击“在外径开槽”对话框中的“进给率和速度”按钮，系统弹出“进给率和速度”对话框。

Step2. 选中“进给率和速度”对话框主轴速度区域输出模式下拉列表中选择RPM选项，选中☑主轴速度复选框，然后在☑主轴速度文本框中输入 700，在进给率区域切削文本框中输入 0.5。

Step3. 单击“进给率和速度”对话框中的确定按钮，系统返回“在外径开槽”对话框。

Stage7. 生成刀路轨迹并 3D 仿真

Step1. 单击“在外径开槽”对话框中的“生成”按钮，生成刀路轨迹如图 9.26 所示。

Step2. 单击“在外径开槽”对话框中的“确认”按钮，系统弹出“刀轨可视化”对话框。

Step3. 在“刀轨可视化”对话框中单击3D 动态选项卡，采用系统默认参数设置值，调整动画速度后单击“播放”按钮，即可观察到 3D 动态仿真加工，加工后结果如图 9.27 所示。

Step4. 分别在“刀轨可视化”对话框和“在外径开槽”对话框中单击确定按钮，完成精车加工。

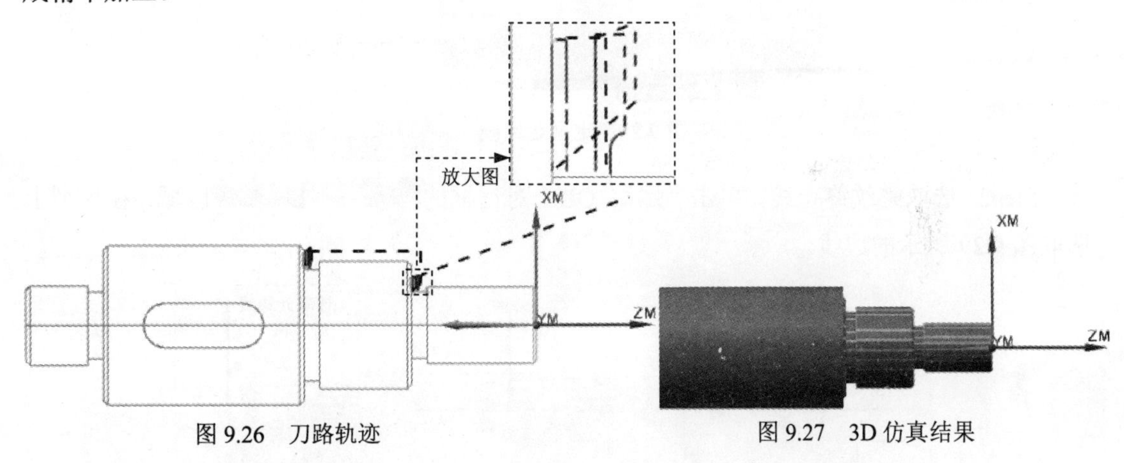

图 9.26　刀路轨迹　　　图 9.27　3D 仿真结果

Task10. 创建刀具 4

Step1. 选择下拉菜单插入(S) ➡ 刀具(T)...命令，系统弹出“创建刀具”对话框。

Step2. 在“创建刀具”对话框类型下拉列表中选择turning选项，在刀具子类型区域中单击“OD_THREAD_L”按钮，单击确定按钮，系统弹出“螺纹刀-标准”对话框。

Step3. 在“螺纹刀-标准”对话框中单击刀具选项卡，然后在(IW) 刀片宽度文本框中输入数值 6.0，在(TO) 刀尖偏置文本框中输入数值 3.0，其他参数采用系统默认设置值。

Step4. 单击“螺纹刀-标准”对话框中的确定按钮，完成刀具的创建。

Task11. 创建车削螺纹工序

Stage1．创建工序

Step1．选择下拉菜单 插入(S) → 工序(E)... 命令，系统弹出“创建工序”对话框。

Step2．在“创建工序”对话框 类型 下拉列表中选择 turning 选项，在 工序子类型 区域中单击“THREAD_OD”按钮，在 程序 下拉列表中选择 PROGRAM 选项，在 刀具 下拉列表中选择 OD_THREAD_L (螺纹刀-标准) 选项，在 几何体 下拉列表中选择 AVOIDANCE 选项，在 方法 下拉列表中选择 LATHE_THREAD 选项。

Step3．单击“创建工序”对话框中的 确定 按钮，系统弹出“螺纹 OD”对话框。

Stage2．定义螺纹几何体

Step1．选取螺纹起始线。单击“螺纹 OD”对话框的 * Select Crest Line (0) 区域，在模型上选取图 9.28 所示的边线。

说明：在选取边线时需在靠近坐标系的一侧选取。

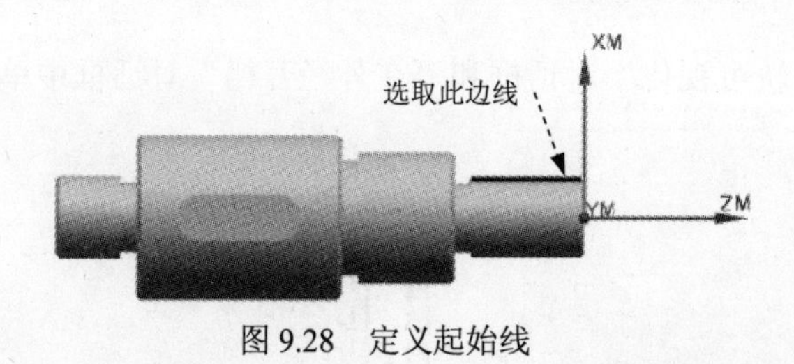

图 9.28　定义起始线

Step2．选取螺纹终止线。单击“螺纹 OD”对话框的 * Select End Line (0) 区域，在模型上选取图 9.29 所示的边线。

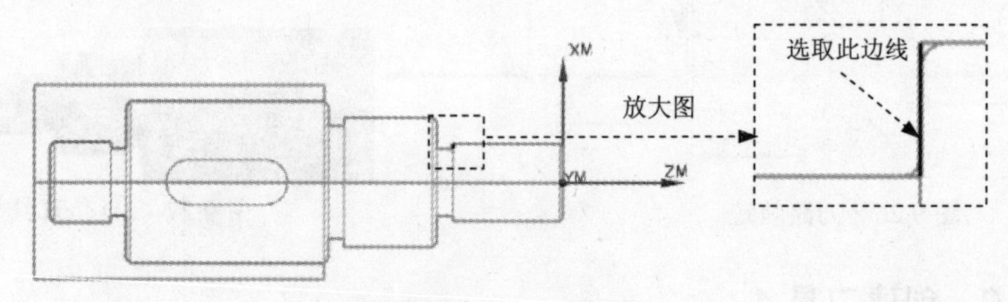

图 9.29　定义终止线

Step3．选取根线。在 深度选项 下拉列表中选择 根线 选项，选取图 9.30 所示的边线。

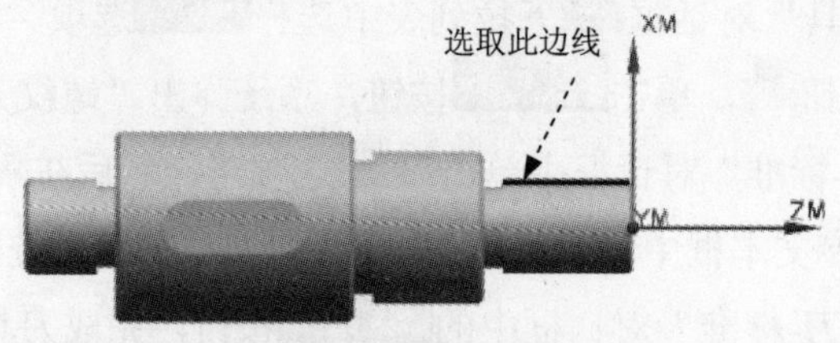

图 9.30 定义起始线

Stage3．设置螺纹参数

Step1. 单击偏置区域使其显示出来，然后设置图 9.31 所示的参数。

Step2. 设置刀轨参数。在切削深度下拉列表中选择% 剩余选项，在最小距离文本框中输入值 0.1。

Step3. 设置切削参数。单击“螺纹 OD”对话框中的“切削参数”按钮，系统弹出“切削参数”对话框，选择螺距选项卡，然后在距离文本框中输入值 2，选择附加刀路选项卡，在刀路数文本框中输入值 1，单击确定按钮。

Step4. 设置非切削参数。单击“螺纹 OD”对话框中的“非切削参数”按钮，系统弹出“非切削移动”对话框。选择离开选项卡，在刀轨选项下拉列表中选择点选项，在运动到离开点下拉列表中选择径向->轴向选项，然后单击“点对话框”按钮，系统弹出“点”对话框在，在绘图区域选取图 9.32 所示的点，单击确定按钮。

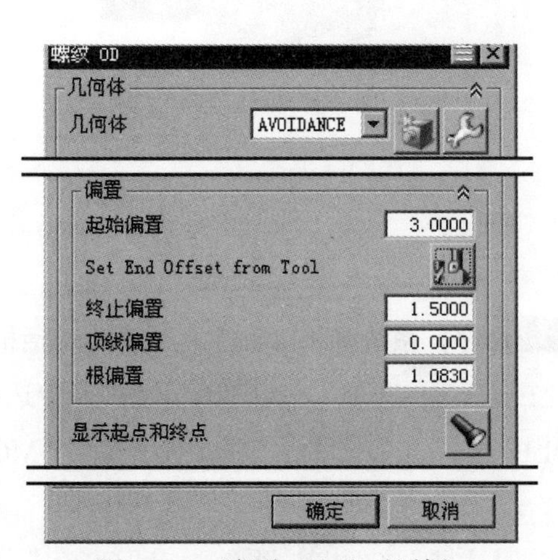

图 9.31 “螺纹 OD”对话框

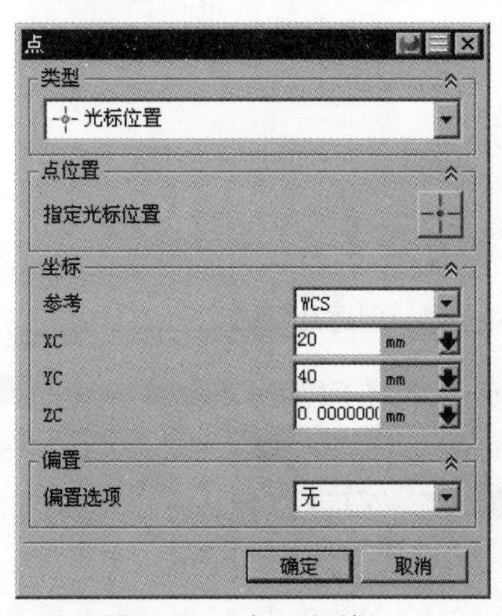

图 9.32 “点”对话框

Stage4. 设置进给率和速度

Step1. 单击“螺纹 OD”对话框中的“进给率和速度”按钮，系统弹出“进给率和速度”对话框。

Step2. 选中“进给率和速度”对话框主轴速度区域输出模式下拉列表中选择RPM选项，选中☑ 主轴速度复选框，然后在☑ 主轴速度文本框中输入 350，在进给率区域切削文本框中输入 2.0。

Step3. 单击“进给率和速度”对话框中的确定按钮，系统返回“螺纹 OD”对话框。

Stage5. 生成刀路轨迹并 3D 仿真

Step1. 单击“螺纹 OD”对话框中的“生成”按钮，生成刀路轨迹如图 9.33 所示。

Step2. 单击“螺纹 OD”对话框中的“确认”按钮，系统弹出“刀轨可视化”对话框。

Step3. 在“刀轨可视化”对话框中单击 3D 动态 选项卡，采用系统默认参数设置值，调整动画速度后单击“播放”按钮▶，即可观察到 3D 动态仿真加工，加工后结果如图 9.34 所示。

Step4. 分别在“刀轨可视化”对话框和“螺纹 OD”对话框中单击 确定 按钮，完成精车加工。

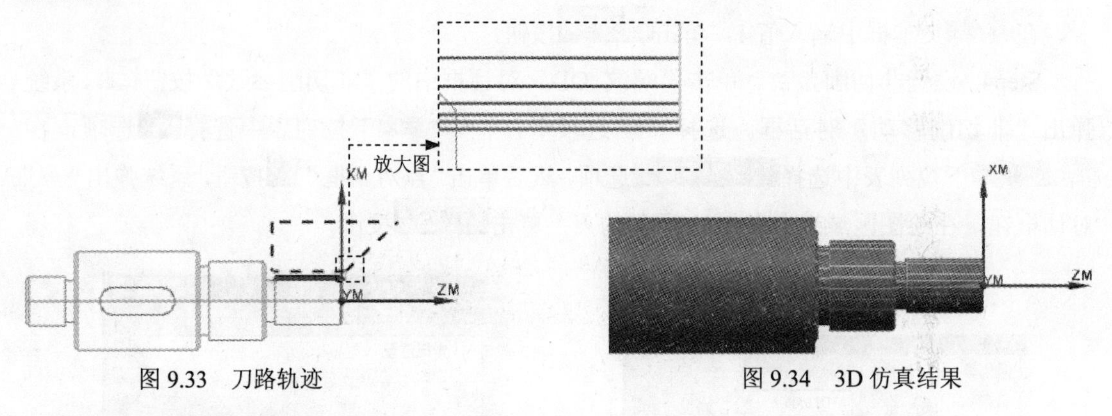

图 9.33 刀路轨迹

图 9.34 3D 仿真结果

Task12. 创建几何体

Stage1. 创建几何体

Step1. 选择下拉菜单 插入(S) → 几何体(G)... 命令，系统弹出“创建几何体”对话框。

Step2. 在 几何体子类型 区域选择“MCS_SPINDLE_1”选项，在 几何体 下拉列表中选择 GEOMETRY 选项，采用系统默认的名称 MCS_SPINDLE_1，单击 确定 按钮，系统弹出“MCS 主轴”对话框。

Step3. 在“MCS 主轴”对话框中单击“CSYS 对话框”按钮，系统弹出“CSYS”对话框，然后单击“点对话框”按钮，系统弹出“点”对话框，在该对话框 X 文本框中输入-165.0，单击 确定 按钮。在图形区域旋转坐标系至图 9.35 所示的方向。

Step4. 单击两次 确定 按钮，完成几何体的创建。

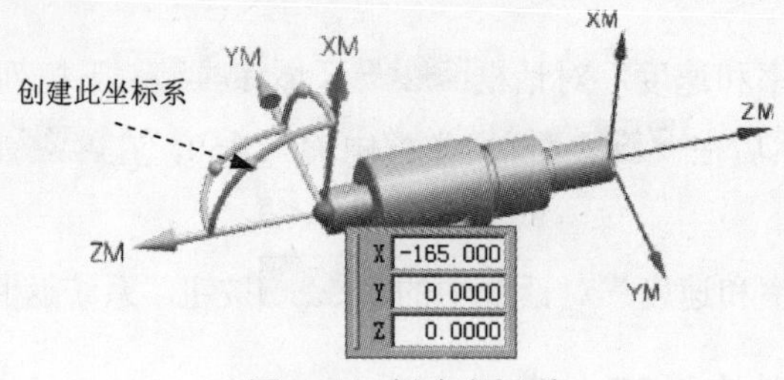

图 9.35 创建坐标系

Stage2. 创建部件几何体

Step1. 在工序导航器中双击 MCS_SPINDLE_1 节点下的 WORKPIECE_1，系统弹出“工件”

对话框。

Step2. 单击“工件”对话框中的按钮，系统弹出“部件几何体”对话框，选取整个零件为部件几何体。

Step3. 依次单击“部件几何体”对话框和“工件”对话框中的确定按钮，完成部件几何体的创建。

Stage3. 创建毛坯几何体

Step1. 在工序导航器中的几何视图状态下双击WORKPIECE_1节点下的子菜单节点TURNING_WORKPIECE_1，系统弹出 “Turn Bnd”对话框。

Step2. 单击“Turn Bnd”对话框中的“指定毛坯边界”按钮，系统弹出“选择毛坯”对话框。

Step3. 在“选择毛坯”对话框中确认“从工作区”按钮被选择，单击参考位置区域中的选择按钮，系统弹出“点”对话框，在XC文本框中输入-165.0，单击确定按钮，单击目标位置区域中的选择按钮，系统弹出“点”对话框，在XC文本框中输入-165.0，单击确定按钮，选中☑翻转方向复选框。

Step4. 单击确定按钮，系统返回到“Turn Bnd”对话框。

Step5. 单击“Turn Bnd”对话框中的确定按钮，完成毛坯几何体的定义。

Task13. 创建外形粗车工序 2

Stage1. 创建工序

Step1. 选择下拉菜单插入(S) ⟶ 工序(E)...命令，系统弹出“创建工序”对话框。

Step2. 在“创建工序”对话框类型下拉列表中选择turning选项，在工序子类型区域中单击“ROUGH_TURN_OD”按钮，在程序下拉列表中选择PROGRAM选项，在刀具下拉列表中选择OD_80_L (车刀-标准)选项，在几何体下拉列表中选择TURNING_WORKPIECE_1选项，在方法下拉列表中选择LATHE_ROUGH选项，名称采用系统默认的名称。

Step3. 单击“创建工序”对话框中的确定按钮，系统弹出“粗车 OD”对话框。

Stage2. 设置刀轨参数

Step1. 在“粗车 OD”对话框刀具方位区域选中☑绕夹持器翻转刀具复选框。

Step2. 单击切削区域右侧的按钮，显示切削区域。

Step3. 单击“粗车 OD”对话框中步进区域切削深度下拉列表中选择恒定选项，在深度文本框中输入 2.0，其他参数接受系统默认设置。

Step4. 在更多区域中选中☑附加轮廓加工复选框。

Stage3. 设置切削参数

Step1. 在更多区域中单击“切削参数”按钮，系统弹出“切削参数”对话框。

Step2. 在“切削参数”对话框中单击余量选项卡，在轮廓加工余量区域面文本框中输入0.3，在径向文本框中输入0.5。

Step3. 在“切削参数”对话框中单击轮廓加工选项卡，选中附加轮廓加工区域中的☑附加轮廓加工复选框，单击确定按钮，系统返回到“粗车 OD”对话框。

Stage4. 设置非切削移动参数

所有参数接受系统默认设置。

Stage5. 设置进给率和速度

Step1. 单击“粗车 OD”对话框中的“进给率和速度”按钮，系统弹出“进给率和速度”对话框。

Step2. 选中“进给率和速度”对话框主轴速度区域输出模式下拉列表中选择SMM选项，在表面速度（smm）文本框中输入120，在进给率区域切削文本框中输入0.5，其他参数采用系统默认设置值。

Step3. 单击“进给率和速度”对话框中的确定按钮，系统返回“粗车 OD”对话框。

Stage6. 生成刀路轨迹并3D仿真

Step1. 单击“粗车 OD”对话框中的“生成”按钮，生成刀路轨迹如图9.36所示。

Step2. 单击“粗车 OD”对话框中的“确认”按钮，系统弹出“刀轨可视化”对话框。

Step3. 在“刀轨可视化”对话框中单击3D 动态选项卡，采用系统默认参数设置值，调整动画速度后单击“播放”按钮，即可观察到3D动态仿真加工，加工后结果如图9.37所示。

Step4. 分别在“刀轨可视化”对话框和“粗车 OD”对话框中单击确定按钮，完成粗车加工。

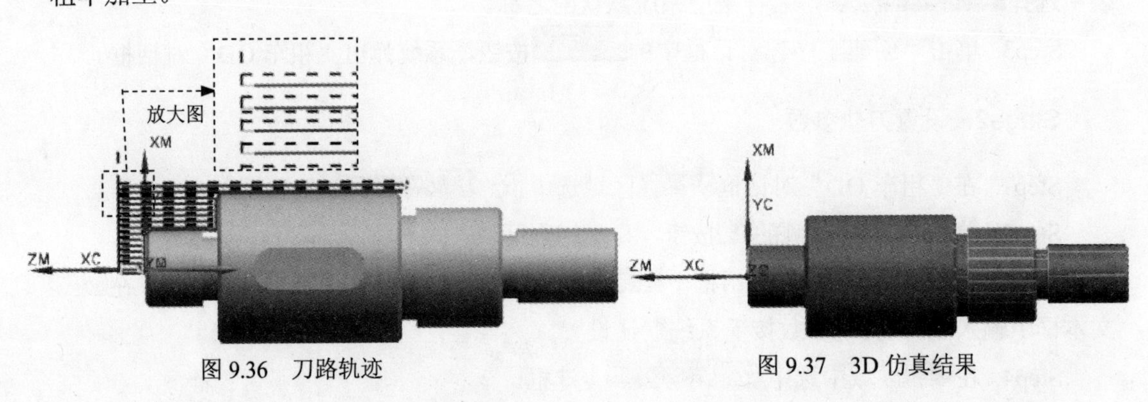

图9.36 刀路轨迹　　图9.37 3D仿真结果

Task14. 创建外形精车工序2

Stage1．创建工序

Step1．选择下拉菜单插入(S) ➡ 工序(E)... 命令，系统弹出“创建工序”对话框。

Step2．在“创建工序”对话框类型下拉列表中选择turning选项，在工序子类型区域中单击“FINISH_TURN_OD 按钮，在程序下拉列表中选择PROGRAM选项，在刀具下拉列表中选择OD_55_L (车刀-标准)选项，在几何体下拉列表中选择TURNING_WORKPIECE_1选项，在方法下拉列表中选择LATHE_FINISH选项。

Step3．单击“创建工序”对话框中的确定按钮，系统弹出“精车 OD”对话框。

Stage2．设置切削区域

Step1．单击“精车 OD”对话框切削区域右侧的“编辑”按钮，系统弹出“切削区域”对话框。

Step2．在“切削区域”对话框区域选择区域区域加工文本框中选择多个。

Step3．单击确定按钮，系统返回到“精车 OD”对话框。

Stage3．设置刀轨参数

Step1．单击“精车 OD”对话框刀具方位区域选中☑ 绕夹持器翻转刀具复选框。其他参数接受系统默认设置。

Step2．单击切削区域右侧的按钮，显示切削区域。

Step3．在刀轨设置区域切削圆角下拉列表中选择无选项。

Step4．单击“精车 OD”对话框中的☑ 省略变换区复选框，其他参数接受系统默认设置。

Stage4．设置切削参数

Step1．单击“精车 OD”对话框中的“切削参数”按钮，系统弹出“切削参数”对话框，在该对话框中选择策略选项卡，然后取消选中☐ 允许底切复选框，其他参数采用默认设置。

Step2．单击确定按钮，完成切削参数的设置。

Stage5．设置非切削参数

采用系统默认的非切削移动参数。

Stage6．设置进给率和速度

Step1．单击“精车 OD”对话框中的“进给率和速度”按钮，系统弹出“进给率和速度”对话框。

Step2．选中“进给率和速度”对话框主轴速度区域输出模式下拉列表中选择SFM选项，在表面速度 (smm)文本框中输入 200，在进给率区域切削文本框中输入 0.2。

Step3. 单击“进给率和速度”对话框中的确定按钮，系统返回“精车 OD”对话框。

Stage7. 生成刀路轨迹并 3D 仿真

Step1. 单击“精车 OD”对话框中的“生成”按钮，生成刀路轨迹如图 9.38 所示。

Step2. 单击“精车 OD”对话框中的“确认”按钮，系统弹出“刀轨可视化”对话框。

Step3. 在“刀轨可视化”对话框中单击3D 动态选项卡，采用系统默认参数设置值，调整动画速度后单击“播放”按钮，即可观察到 3D 动态仿真加工，加工后结果如图 9.39 所示。

Step4. 分别在“刀轨可视化”对话框和“精车 OD”对话框中单击确定按钮，完成精车加工。

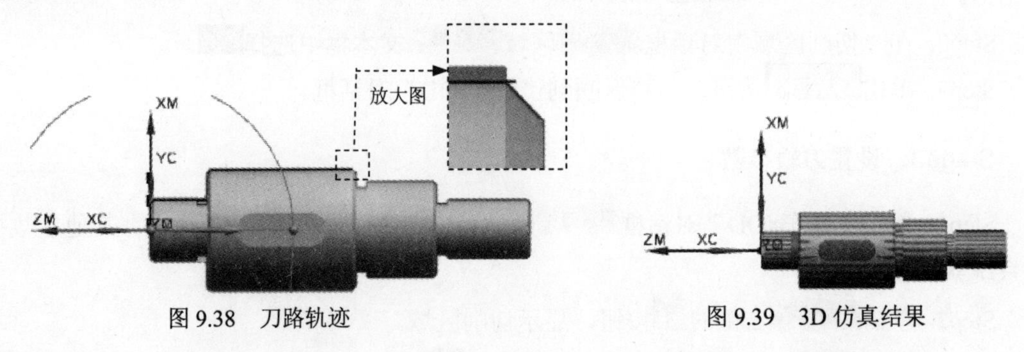

图 9.38 刀路轨迹　　图 9.39 3D 仿真结果

Task15. 创建沟槽车削工序 2

Stage1. 创建工序

Step1. 选择下拉菜单插入(S) → 工序(E)...命令，系统弹出“创建工序”对话框。

Step2. 在图 5.3.4 所示的“创建工序”对话框类型下拉列表中选择turning选项，在工序子类型区域中单击“GROOVE_OD”按钮，在程序下拉列表中选择PROGRAM选项，在刀具下拉列表中选择OD_GROOVE_L (槽刀-标准)选项，在几何体下拉列表中选择TURNING_WORKPIECE_1选项，在方法下拉列表中选择LATHE_GROOVE选项，在名称文本框中输入 GROOVE_OD_1。

Step3. 单击“创建工序”对话框中的确定按钮，系统弹出“在外径开槽”对话框。

Stage2. 设置刀轨参数

Step1. 单击“在外径开槽”对话框刀具方位区域选中☑ 绕夹持器翻转刀具复选框。其他参数接受系统默认设置。

Step2. 单击切削区域右侧的按钮，显示切削区域。

Step3. 单击“在外径开槽”对话框步进区域设置图 9.40 所示的参数。

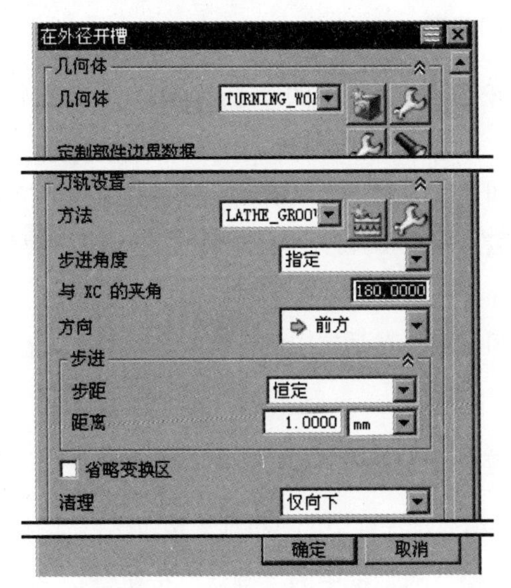

图 9.40 “在外径开槽”对话框

Stage3. 设置切削参数

Step1. 单击“在外径开槽”对话框中的“切削参数”按钮，系统弹出“切削参数”对话框。

Step2. 在“切削参数”对话框中选择策略选项卡，在切削区域转文本框中输入 3.0，其余参数接受系统默认设置。

Step3. 在“切削参数”对话框中选择切屑控制选项卡，设置图 9.41 所示的参数。

Step4. 单击确定按钮，返回到“在外径开槽”对话框。

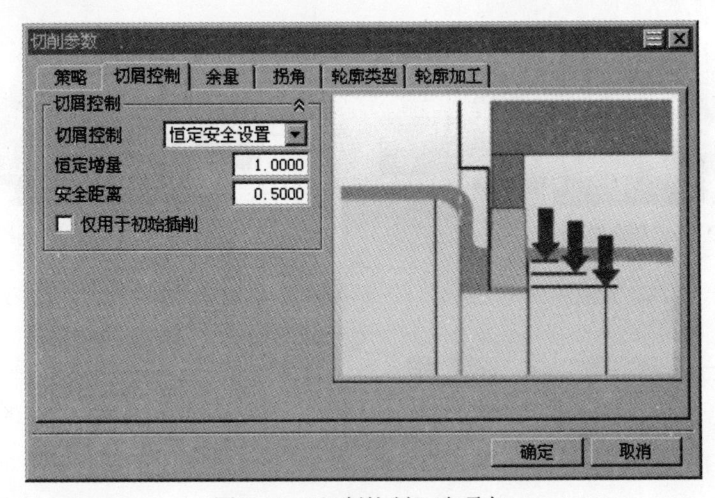

图 9.41 “切削控制”选项卡

Stage4. 设置非切削参数

所有参数接受系统默认设置。

Stage5．设置进给率和速度

Step1. 单击“在外径开槽”对话框中的“进给率和速度”按钮，系统弹出“进给率和速度”对话框。

Step2. 选中“进给率和速度”对话框主轴速度区域输出模式下拉列表中选择RPM选项，选中☑主轴速度复选框，然后在☑主轴速度文本框中输入600，在进给率区域切削文本框中输入0.5。

Step3. 单击“进给率和速度”对话框中的确定按钮，系统返回“在外径开槽”对话框。

Stage6．生成刀路轨迹并3D仿真

Step1. 单击“在外径开槽”对话框中的“生成”按钮，生成刀路轨迹如图9.42所示。

Step2. 单击“在外径开槽”对话框中的“确认”按钮，系统弹出“刀轨可视化”对话框。

Step3. 在“刀轨可视化”对话框中单击3D 动态选项卡，采用系统默认参数设置值，调整动画速度后单击“播放”按钮▶，即可观察到3D动态仿真加工，加工后结果如图9.43所示。

Step4. 分别在“刀轨可视化”对话框和“在外径开槽”对话框中单击确定按钮，完成精车加工。

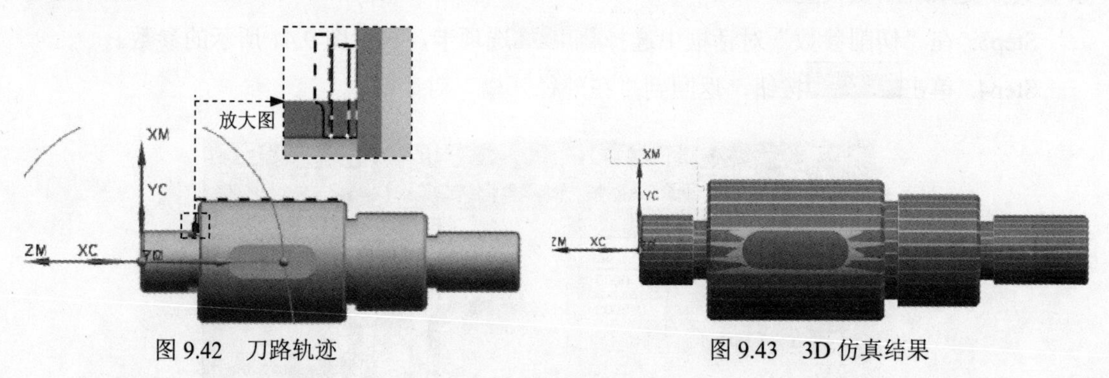

图9.42 刀路轨迹　　图9.43 3D仿真结果

Task16．保存文件

选择下拉菜单文件(F) ➡ 保存(S)命令，保存文件。

实例 10　烟灰缸凹模加工

下面以烟灰缸凹模加工为例，来介绍在多工序加工中粗精加工工序的安排，以免影响零件的精度。该零件的加工工艺路线如图 10.1 和图 10.2 所示。

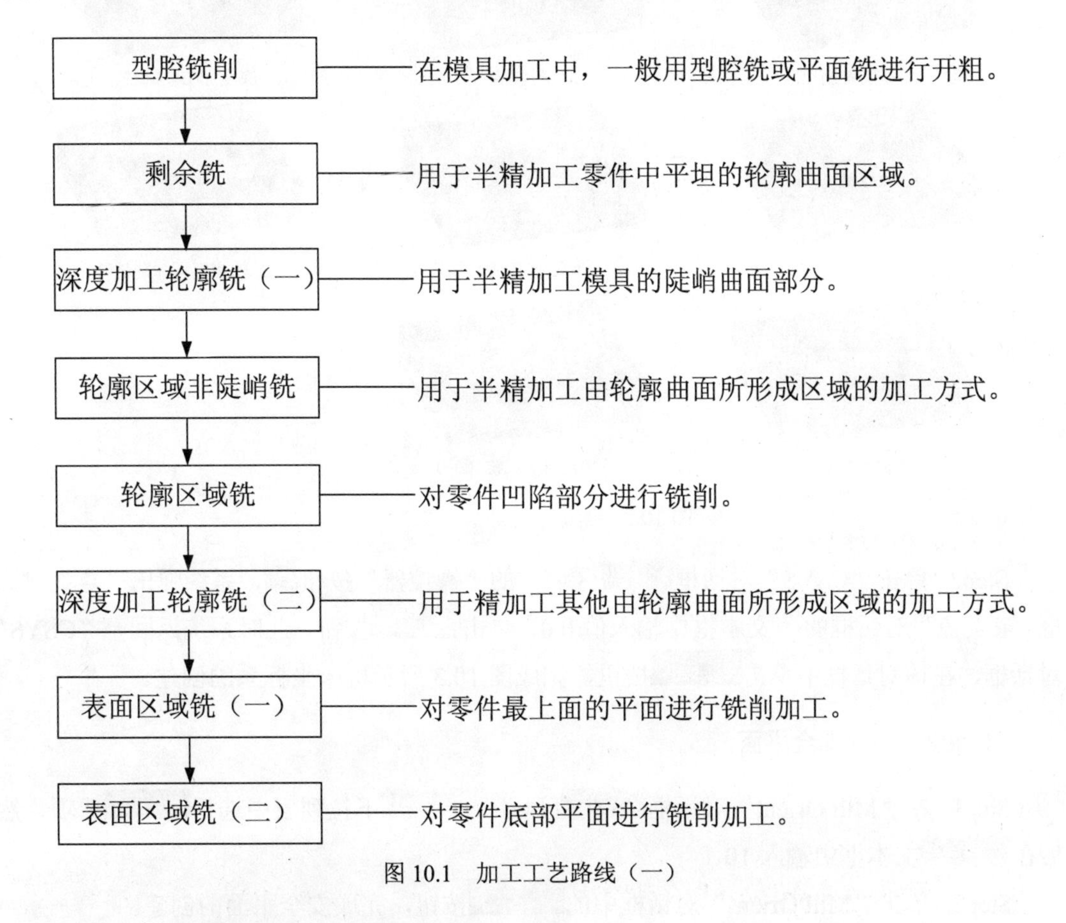

图 10.1　加工工艺路线（一）

Task1．打开模型文件并进入加工模块

Step1．打开模型文件 D:\ug8.11\work\ch10\ ashtray_lower.prt。

Step2．进入加工环境。选择下拉菜单 开始 ➡ 加工(N)... 命令，系统弹出“加工环境”对话框；在“加工环境”对话框的 CAM 会话配置 列表框中选择 cam_general 选项，在 要创建的 CAM 设置 列表框中选择 mill contour 选项，单击 确定 按钮，进入加工环境。

Task2．创建几何体

Stage1．创建机床坐标系

Step1. 将工序导航器调整到几何视图，双击节点MCS_MILL，系统弹出“Mill Orient”对话框，在“Mill Orient”对话框的机床坐标系区域中单击“CSYS 对话框”按钮，系统弹出“CSYS”对话框。

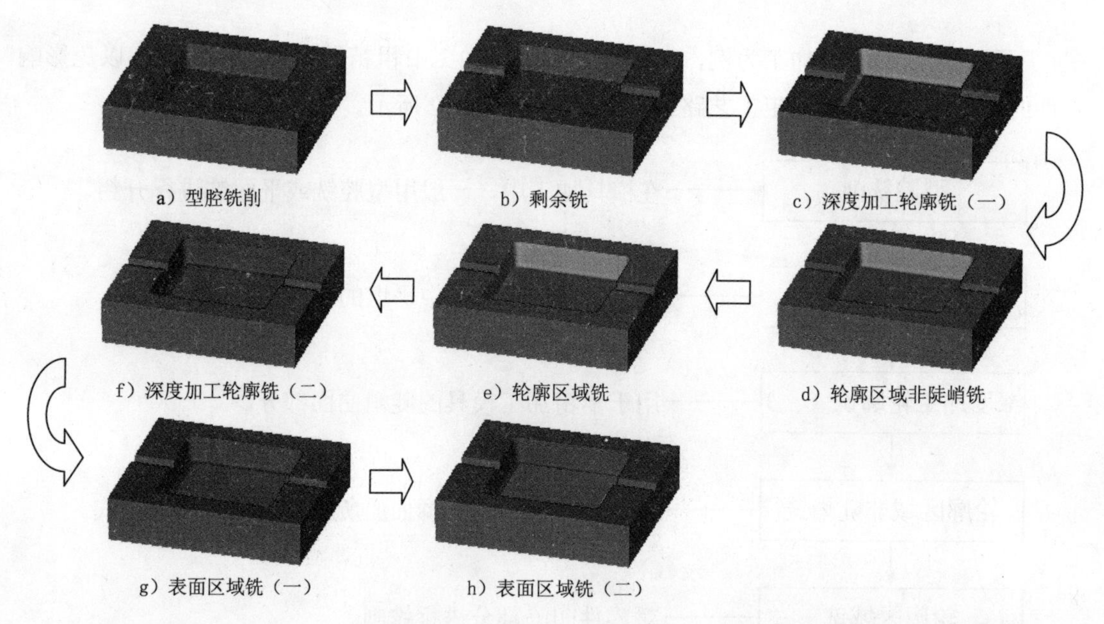

图 10.2 加工工艺路线（二）

Step2. 单击“CSYS”对话框操控器区域中的“操控器”按钮，系统弹出“点”对话框，在“点”对话框的Z文本框中输入值 0.0，单击确定按钮，此时系统返回至“CSYS”对话框，在该对话框中单击确定按钮，完成图 10.3 所示机床坐标系的创建。

Stage2. 创建安全平面

Step1. 在“Mill Orient”对话框安全设置区域安全设置选项下拉列表中选择自动平面选项，然后在安全距离文本框中输入 10。

Step2. 单击“Mill Orient”对话框中的确定按钮，完成安全平面的创建。

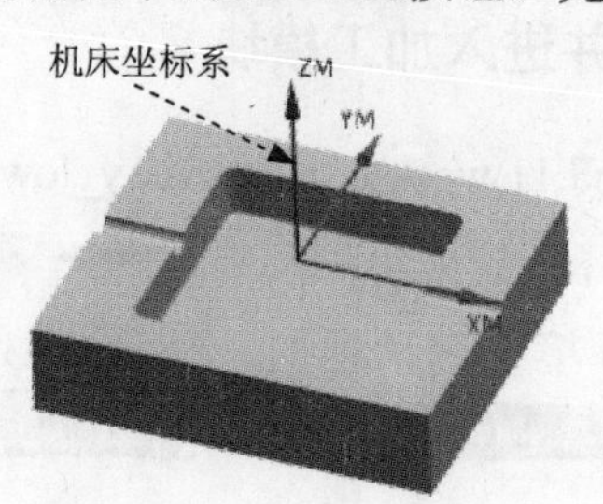

图 10.3 创建机床坐标系

Stage3. 创建部件几何体

Step1. 在工序导航器中双击MCS_MILL节点下的WORKPIECE，系统弹出“铣削几何体”

对话框。

Step2. 选取部件几何体。在“铣削几何体”对话框中单击按钮，系统弹出“部件几何体”对话框。

Step3. 在图形区中选择整个零件为部件几何体，如图 10.4 所示。在“部件几何体”对话框中单击确定按钮，完成部件几何体的创建，同时系统返回到“铣削几何体”对话框。

Stage4. 创建毛坯几何体

Step1. 在“铣削几何体”对话框中单击按钮，系统弹出“毛坯几何体”对话框。

Step2. 在“毛坯几何体”对话框的类型下拉列表中选择包容块选项，在极限区域的ZM+文本框中输入值 5.0。

Step3. 单击“毛坯几何体”对话框中的确定按钮，系统返回到“铣削几何体”对话框，完成图 10.5 所示毛坯几何体的创建。

Step4. 单击“铣削几何体”对话框中的确定按钮。

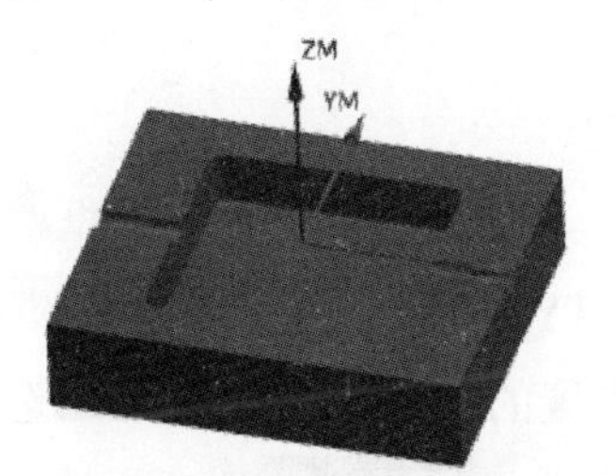

图 10.4　部件几何体

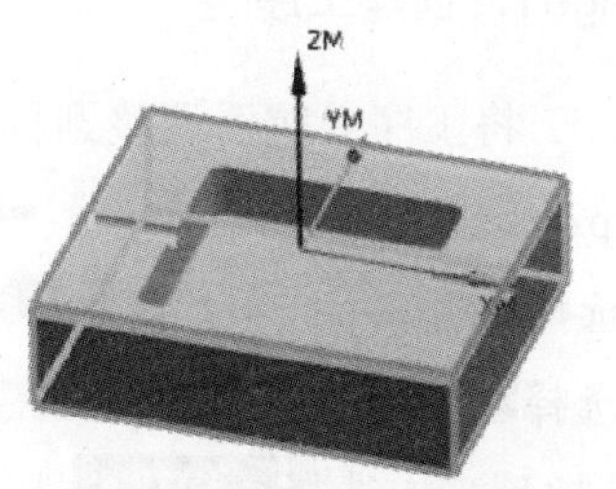

图 10.5　毛坯几何体

Task3. 创建刀具

Stage1. 创建刀具（一）

Step1. 将工序导航器调整到机床视图。

Step2. 选择下拉菜单插入(S) → 刀具(T)...命令，系统弹出“创建刀具”对话框。

Step3. 在“创建刀具”对话框类型下拉列表中选择mill contour选项，在刀具子类型区域中单击“MILL”按钮，在位置区域的刀具下拉列表中选择GENERIC_MACHINE选项，在名称文本框中输入 D10，然后单击确定按钮，系统弹出“铣刀-5 参数”对话框。

Step4. 系统弹出“铣刀-5 参数”对话框，在(D) 直径文本框中输入值 10.0，在编号区域的刀具号、补偿寄存器、刀具补偿寄存器文本框中均输入值 1，其他参数采用系统默认设置值，单击确定按钮，完成刀具的创建。

Stage2. 创建刀具（二）

设置刀具类型为mill contour选项，设置刀具子类型为“BALL_MILL”类型，刀具名称为 B6，刀具(D) 球直径为 6.0，在编号区域的刀具号、补偿寄存器、刀具补偿寄存器文本框中均输入值 2；具体操作方法参照 Stage1。

Stage3．创建刀具（三）

设置刀具类型为 mill contour 选项，设置 刀具子类型 为“BALL_MILL”类型，刀具名称为 B3，刀具 (D) 球直径 为 3.0，在 编号 区域的 刀具号、补偿寄存器、刀具补偿寄存器 文本框中均输入值 3。

Stage4．创建刀具（四）

设置刀具类型为 mill contour 选项，设置 刀具子类型 为“MILL”类型，刀具名称为 D4R1，刀具 (D) 直径 为 4.0，(R1) 下半径 为 1，在 编号 区域的 刀具号、补偿寄存器、刀具补偿寄存器 文本框中均输入值 4。

Task4．创建型腔铣操作

Stage1．创建工序

Step1. 将工序导航器调整到程序顺序视图。

Step2. 选择下拉菜单 插入(S) → 工序(E)... 命令，在“创建工序”对话框 类型 下拉列表中选择 mill_contour 选项，在 工序子类型 区域中单击“CAVITY_MILL”按钮，在 程序 下拉列表中选择 PROGRAM 选项，在 刀具 下拉列表中选择前面设置的刀具 D10 (铣刀-5 参数) 选项，在 几何体 下拉列表中选择 WORKPIECE 选项，在 方法 下拉列表中选择 MILL ROUGH 选项，使用系统默认的名称。

Step3. 单击“创建工序”对话框中的 确定 按钮，系统弹出“型腔铣”对话框。

Stage2．设置一般参数

在“型腔铣”对话框 切削模式 下拉列表中选择 跟随部件 选项；在 步距 下拉列表中选择 刀具平直百分比 选项，在 平面直径百分比 文本框中输入值 50.0；在 每刀的公共深度 下拉列表中选择 恒定 选项，在 最大距离 文本框中输入值 1.0。

Stage3．设置切削参数

参数采用系统默认设置值。

Stage4．设置非切削移动参数。

Step1. 在“型腔铣”对话框中单击“非切削移动”按钮，系统弹出“非切削移动”对话框。

Step2. 单击“非切削移动”对话框中的 进刀 选项卡，在 封闭区域 中的 进刀类型 下拉列表中选择 沿形状斜进刀 选项，在 封闭区域 中的 斜坡角 文本框中输入值 3.0，其他参数采用系统默认值，单击确定按钮完成非切削移动参数的设置。

Stage5. 设置进给率和速度

Step1. 在“型腔铣”对话框中单击“进给率和速度”按钮，系统弹出“进给率和速度”对话框。

Step2. 选中“进给率和速度”对话框主轴速度区域中的☑ 主轴速度 (rpm)复选框，在其后的文本框中输入值 1200.0，按 Enter 键，然后单击按钮，在进给率区域的切削文本框中输入值 250.0，按 Enter 键，然后单击按钮，其他参数采用系统默认设置值。

Step3. 单击确定按钮，完成进给率和速度的设置，系统返回“型腔铣”操作对话框。

Stage6. 生成刀路轨迹并仿真

生成的刀路轨迹如图 10.6 所示，2D 动态仿真加工后的模型如图 10.7 所示。

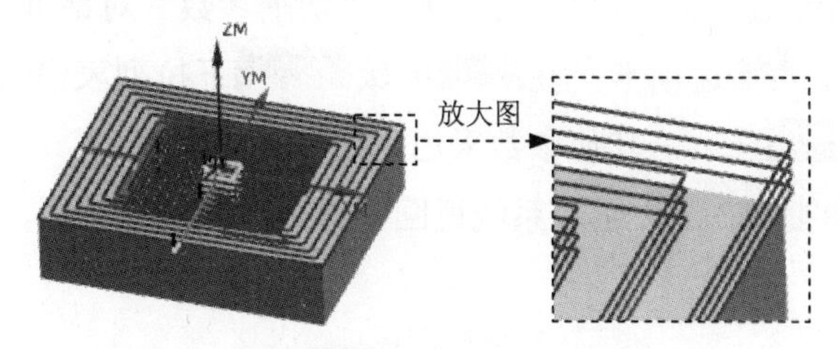

图 10.6 刀路轨迹

图 10.7 2D 仿真结果

Task5. 创建剩余铣操作

Stage1. 创建工序

Step1. 选择下拉菜单插入(S) → 工序(E)...命令，在“创建工序”对话框类型下拉列表中选择mill_contour选项，在工序子类型区域中单击“REST_MILLING”按钮，在程序下拉列表中选择PROGRAM选项，在刀具下拉列表中选择刀具B6 (铣刀-球头铣)选项，在几何体下拉列表中选择WORKPIECE选项，在方法下拉列表中选择MILL_SEMI_FINISH选项，使用系统默认的名称“REST_MILLING”。

Step2. 单击“创建工序”对话框中的确定按钮，系统弹出“剩余铣”对话框。

Stage2. 指定切削区域

Step1. 在“剩余铣”对话框几何体区域中单击指定切削区域右侧的按钮，系统弹出“切削区域”对话框。

Step2. 在图形区中选取图 10.8 所示的面（共 6 个）为切削区域，然后单击“切削区域”对话框中的确定按钮，系统返回到“剩余铣”对话框。

Stage3. 设置一般参数

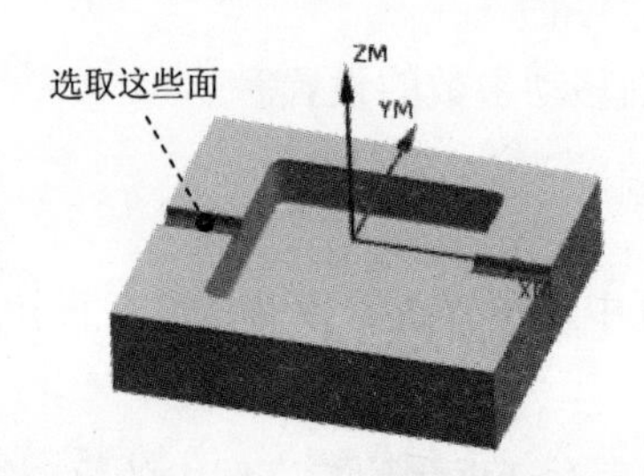

图 10.8 指定切削区域

在“剩余铣”对话框切削模式下拉列表中选择跟随周边选项，在步距下拉列表中选择刀具平直百分比选项，在平面直径百分比文本框中输入值 20.0；在每刀的公共深度下拉列表中选择恒定选项，在最大距离文本框中输入值 1。

Stage4．设置切削参数

Step1. 在刀轨设置区域中单击“切削参数”按钮，系统弹出“切削参数”对话框。

Step2. 在“切削参数”对话框中单击策略选项卡，在切削区域切削顺序下拉列表中选择深度优先选项，在刀路方向下拉列表中选择向内选项，其他参数采用系统默认设置值。

Step3. 单击“切削参数”对话框中的确定按钮，系统返回到“剩余铣”对话框。

Stage5．设置非切削移动参数。

Step1. 在“剩余铣”对话框中单击“非切削移动”按钮，系统弹出“非切削移动”对话框。

Step2. 单击“非切削移动”对话框中的进刀选项卡，在封闭区域区域进刀类型下拉列表中选择沿形状斜进刀选项，在斜坡角文本框中输入值 3.0，在高度起点下拉列表中选择当前层选项；在开放区域区域进刀类型下拉列表中选择与封闭区域相同选项，其他参数采用系统默认值，单击确定按钮完成非切削移动参数的设置。

Stage6．设置进给率和速度

Step1. 在“剩余铣”对话框中单击“进给率和速度”按钮，系统弹出“进给率和速度”对话框。

Step2. 选中“进给率和速度”对话框主轴速度区域中的☑ 主轴速度 (rpm)复选框，在其后的文本框中输入值 1500.0，按 Enter 键，然后单击按钮，在进给率区域的切削文本框中输入值 250.0，按 Enter 键，然后单击按钮，其他参数采用系统默认设置值。

Step3. 单击确定按钮，完成进给率和速度的设置，系统返回“剩余铣”操作对话框。

Stage7．生成刀路轨迹并仿真

生成的刀路轨迹如图 10.9 所示，2D 动态仿真加工后的模型如图 10.10 所示。

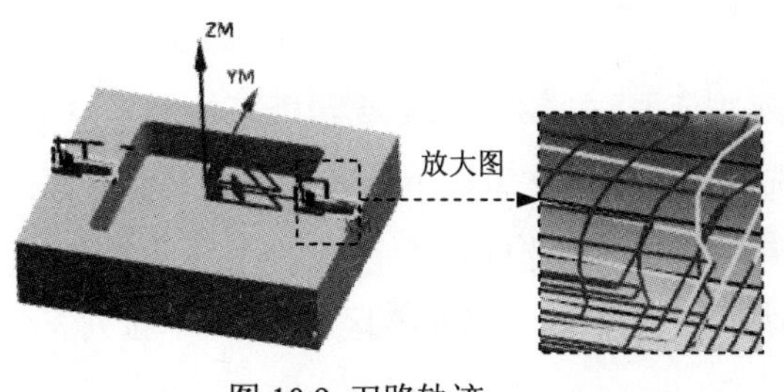

图 10.9 刀路轨迹

图 10.10　2D 仿真结果

Task6. 创建深度加工轮廓铣操作（一）

Stage1. 创建工序

Step1. 选择下拉菜单 插入(S) → 工序(E)... 命令，在“创建工序”对话框中 类型 下拉菜单中选择 mill_contour 选项，在 工序子类型 区域中单击“ZLEVEL_PROFILE”按钮，在 程序 下拉列表中选择 PROGRAM 选项，在 刀具 下拉列表中选择刀具 B6（铣刀-球头铣）选项，在 几何体 下拉列表中选择 WORKPIECE 选项，在 方法 下拉列表中选择 MILL_SEMI_FINISH 选项，使用系统默认的名称。

Step2. 单击“创建工序”对话框中的 确定 按钮，系统弹出“深度加工轮廓”对话框。

Stage2. 指定切削区域

Step1. 在“深度加工轮廓”对话框 几何体 区域中单击 指定切削区域 右侧的按钮，系统弹出“切削区域”对话框。

Step2. 在图形区中选取图 10.11 所示的面（共 17 个）为切削区域，然后单击“切削区域”对话框中的 确定 按钮，系统返回到“深度加工轮廓”对话框。

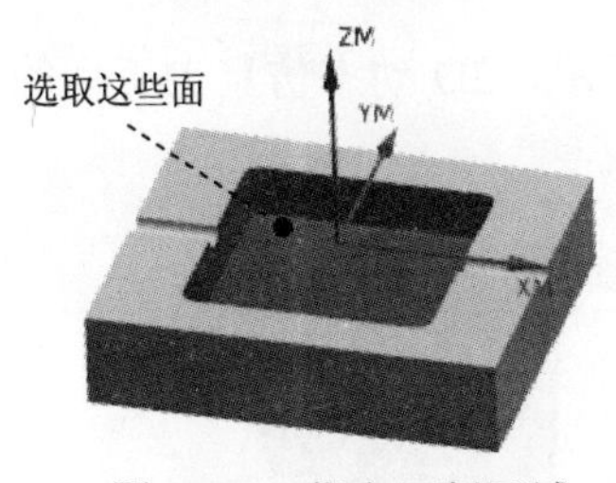

图 10.11　指定切削区域

Stage3. 设置一般参数

在“深度加工轮廓”对话框 合并距离 文本框中输入值 3.0，在 最小切削长度 文本框中输入值 1.0，在 每刀的公共深度 下拉列表中选择 恒定 选项，在 最大距离 文本框中输入值 1。

Stage4. 设置切削参数

Step1. 单击“深度加工轮廓”对话框中的“切削参数”按钮，系统弹出“切削参数”

对话框。

Step2. 在“切削参数”对话框中单击策略选项卡，在切削区域切削方向下拉列表中选择混合选项，在延伸刀轨区域选中☑在边上延伸复选框，在距离文本框中输入 2，并在其后面的下拉列表中选择mm选项。然后选中☑在刀具接触点下继续切削复选框。

Step3. 在“切削参数”对话框中单击连接选项卡，在层之间区域层到层下拉列表框中选择直接对部件进刀选项。

Step4. 单击“切削参数”对话框中的确定按钮，完成切削参数的设置，系统返回到“深度加工轮廓”对话框。

Stage5. 设置非切削移动参数

参数采用系统默认设置值。

Stage6. 设置进给率和速度

Step1. 在“深度加工轮廓”对话框中单击“进给率和速度”按钮，系统弹出“进给率和速度”对话框。

Step2. 选中“进给率和速度”对话框主轴速度区域中的☑主轴速度 (rpm)复选框，在其后的文本框中输入值 1500.0，按 Enter 键，然后单击按钮，在进给率区域的切削文本框中输入值 250.0，按 Enter 键，然后单击按钮，其他参数采用系统默认设置值。

Step3. 单击确定按钮，完成进给率和速度的设置，系统返回“深度加工轮廓”对话框。

Stage7. 生成刀路轨迹并仿真

生成的刀路轨迹如图 10.12 所示，2D 动态仿真加工后的模型如图 10.13 所示。

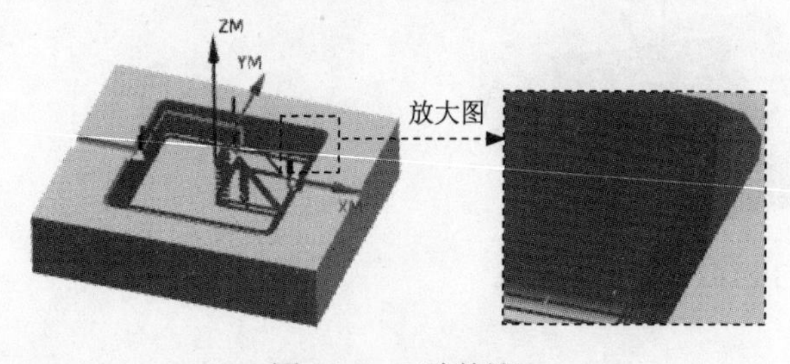

图 10.12 刀路轨迹

图 10.13 2D 仿真结果

Task7. 创建轮廓区域非陡峭铣操作

Stage1. 创建工序

Step1. 选择下拉菜单插入(S) → 工序(E)...命令，在“创建工序”对话框类型下拉列表中选择mill_contour选项，在工序子类型区域中单击“CONTOUR_AREA_NON_STEEP”按钮，在程序下拉列表中选择PROGRAM选项，在刀具下拉列表中选择B6（铣刀-球头铣）选项，在几何体下拉列表中选择WORKPIECE选项，在方法下拉列表中选择MILL_SEMI_FINISH选项，使用系统默认的名称。

Step2. 单击“创建工序”对话框中的确定按钮，系统弹出“轮廓区域非陡峭”对话框。

Stage2．指定切削区域

Step1. 在几何体区域中单击“选择或编辑切削区域几何体”按钮，系统弹出“切削区域”对话框。

Step2. 选取图 10.14 所示的面（共 19 个面）为切削区域，在“切削区域”对话框中单击确定按钮，完成切削区域的创建，同时系统返回到“轮廓区域非陡峭”对话框。

Stage3．设置驱动方式

Step1. 在“轮廓区域非陡峭”对话框驱动方法区域的方法下列表中选择区域铣削选项，单击“编辑”按钮，系统弹出“区域铣削驱动方法”对话框。

Step2. 在“区域铣削驱动方法”对话框中设置图 10.15 所示的参数，然后单击确定按钮，系统返回到“轮廓区域非陡峭”对话框。

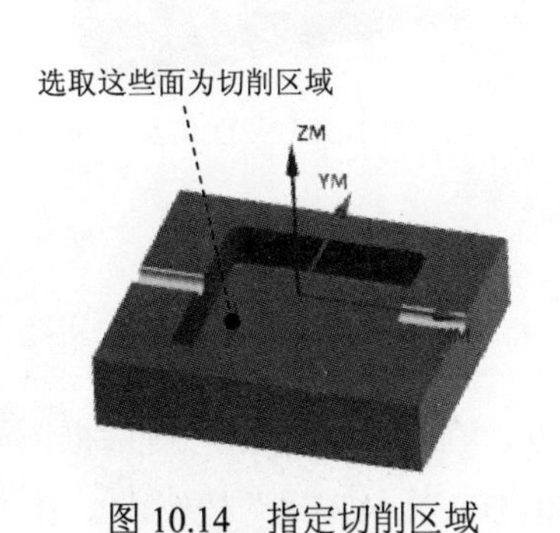

图 10.14　指定切削区域

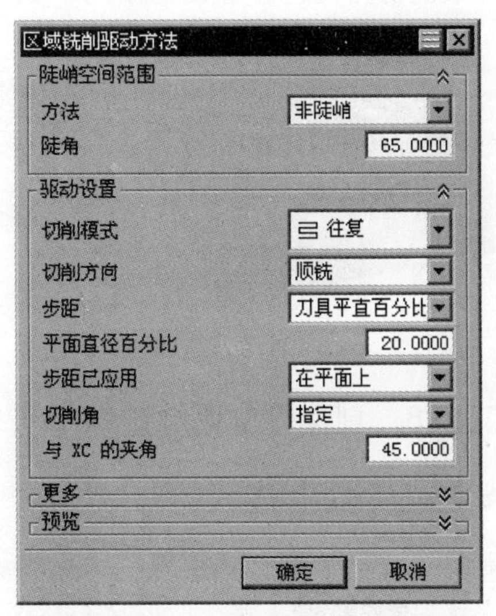

图 10.15　“区域铣削驱动方法”对话框

Stage4．设置切削参数

Step1. 单击“轮廓区域非陡峭”对话框中的“切削参数”按钮，系统弹出“切削参数”对话框。

Step2. 在“切削参数”对话框中单击策略选项卡，在延伸刀轨区域选中☑在边上延伸复选框，然后在距离文本框中输入 1，并在其后面的下拉列表中选择mm选项。

Step3. 单击“切削参数”对话框中的确定按钮，完成切削参数的设置，系统返回到

“轮廓区域非陡峭”对话框。

Stage5．设置非切削移动参数。

采用系统默认的非切削移动参数。

Stage6．设置进给率和速度

Step1. 在“轮廓区域非陡峭”对话框中单击“进给率和速度”按钮，系统弹出“进给率和速度”对话框。

Step2. 选中“进给率和速度”对话框主轴速度区域中的☑ 主轴速度（rpm）复选框，在其后文本框中输入值 1600.0，按 Enter 键，然后单击按钮，在进给率区域的切削文本框中输入值 300.0，按 Enter 键，然后单击按钮，其他参数采用系统默认设置值。

Step3. 单击确定按钮，完成进给率和速度的设置，系统返回“轮廓区域非陡峭”对话框。

Stage7．生成刀路轨迹并仿真

生成的刀路轨迹如图 10.16 所示，2D 动态仿真加工后的模型如图 10.17 所示。

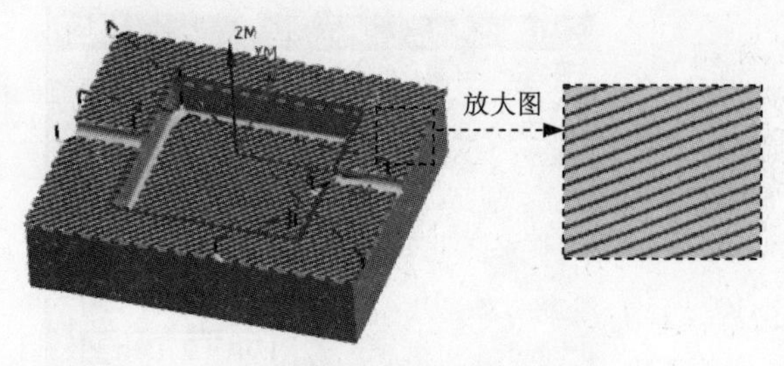

图 10.16　刀路轨迹

图 10.17　2D 仿真结果

Task8．创建轮廓区域铣操作

Stage1．创建工序

Step1. 选择下拉菜单插入(S) ➡ 工序(E)... 命令，在“创建工序”对话框类型下拉列表中选择mill_contour选项，在工序子类型区域中单击“CONTOUR_AREA”按钮，在程序下拉列表中选择PROGRAM选项，在刀具下拉列表中选择B3（铣刀-球头铣）选项，在几何体下拉列表中选择WORKPIECE选项，在方法下拉列表中选择MILL_FINISH选项，使用系统默认的名称“CONTOUR_AREA”。

Step2. 单击“创建工序”对话框中的确定按钮，系统弹出“轮廓区域”对话框。

Stage2．指定切削区域

Step1. 在几何体区域中单击“选择或编辑切削区域几何体”按钮，系统弹出“切削区域”对话框。

Step2. 选取图 10.18 所示的面(共 6 个面)为切削区域，在“切削区域”对话框中单击 确定 按钮，完成切削区域的创建，同时系统返回到“轮廓区域”对话框。

Stage3. 设置驱动方式

Step1. 在“轮廓区域”对话框 驱动方法 区域的 方法 下列表中选择 区域铣削 选项，单击“编辑”按钮，系统弹出“区域铣削驱动方法”对话框。

Step2. 在“区域铣削驱动方法”对话框中设置图 10.19 所示的参数，然后单击 确定 按钮，系统返回到“轮廓区域”对话框。

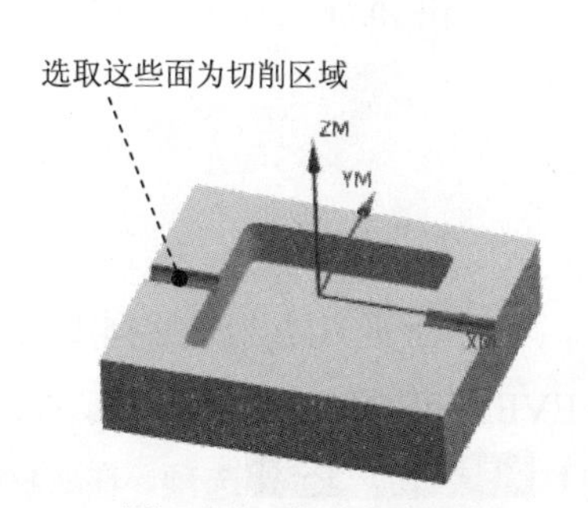

图 10.18　指定切削区域

区域铣削驱动方法

陡峭空间范围

方法	无

驱动设置

切削模式	往复
切削方向	顺铣
步距	恒定
最大距离	0.2500 mm
步距已应用	在部件上
切削角	指定
与 XC 的夹角	45.0000

更多

预览

确定　取消

图 10.19　“区域铣削驱动方法”对话框

Stage4. 设置切削参数

Step1. 单击“轮廓区域”对话框中的“切削参数”按钮，系统弹出“切削参数”对话框。

Step2. 在“切削参数”对话框中单击 策略 选项卡，在 延伸刀轨 区域选中 ☑ 在边上延伸 复选框，然后在 距离 文本框中输入 1，并在其后面的下拉列表中选择 mm 选项。

Step3. 单击“切削参数”对话框中的 确定 按钮，完成切削参数的设置，系统返回到“轮廓区域”对话框。

Stage5. 设置非切削移动参数。

采用系统默认的非切削移动参数。

Stage6. 设置进给率和速度

Step1. 在“轮廓区域”对话框中单击“进给率和速度”按钮，系统弹出“进给率和速度”对话框。

Step2. 选中“进给率和速度”对话框主轴速度区域中的☑ 主轴速度（rpm）复选框，在其后文本框中输入值 2200.0，按 Enter 键，然后单击按钮，在进给率区域的切削文本框中输入值 600.0，按 Enter 键，然后单击按钮，其他参数采用系统默认设置值。

Step3. 单击确定按钮，完成进给率和速度的设置，系统返回“轮廓区域”对话框。

Stage7．生成刀路轨迹并仿真

生成的刀路轨迹如图 10.20 所示，2D 动态仿真加工后的模型如图 10.21 所示。

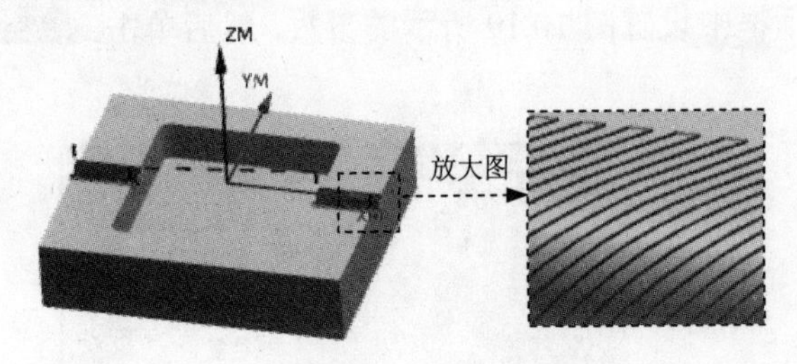

图 10.20 刀路轨迹

图 10.21 2D 仿真结果

Task9．创建深度加工轮廓铣操作（二）

Stage1．创建工序

Step1. 选择下拉菜单插入(S) → 工序(E)...命令，在“创建工序”对话框中类型下拉菜单中选择mill_contour选项，在工序子类型区域中单击“ZLEVEL_PROFILE”按钮，在程序下拉列表中选择PROGRAM选项，在刀具下拉列表中选择刀具D4R1（铣刀-5 参数）选项，在几何体下拉列表中选择WORKPIECE选项，在方法下拉列表中选择MILL_FINISH选项，使用系统默认的名称。

Step2. 单击“创建工序”对话框中的确定按钮，系统弹出“深度加工轮廓”对话框。

Stage2．指定切削区域

Step1. 在“深度加工轮廓”对话框几何体区域中单击指定切削区域右侧的按钮，系统弹出“切削区域”对话框。

Step2. 在图形区中选取图 10.22 所示的面（共 17 个）为切削区域，然后单击“切削区域”对话框中的确定按钮，系统返回到“深度加工轮廓”对话框。

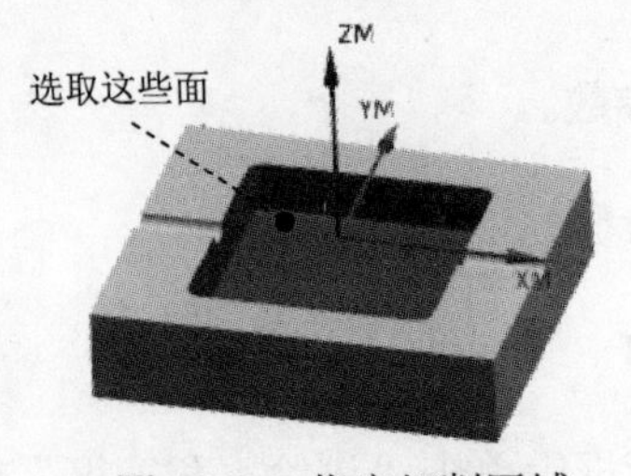

图 10.22 指定切削区域

Stage3．设置一般参数

在“深度加工轮廓”对话框 合并距离 文本框中输入值 3.0，在 最小切削长度 文本框中输入值 1.0，在 每刀的公共深度 下拉列表中选择 恒定 选项，在 最大距离 文本框中输入值 0.2。

Stage4．设置切削参数

Step1．单击“深度加工轮廓”对话框中的“切削参数”按钮，系统弹出“切削参数”对话框。

Step2．在“切削参数”对话框中单击 策略 选项卡，在 延伸刀轨 区域选中 ☑ 在边上延伸、☑ 在刀具接触点下继续切削 复选框。

Step3．在“切削参数”对话框中单击 连接 选项卡，在 层之间 区域 层到层 下拉列表框中选择 沿部件斜进刀 选项，在 斜坡角 文本框中输入值 10.0。

Step4．单击“切削参数”对话框中的 确定 按钮，完成切削参数的设置，系统返回到“深度加工轮廓”对话框。

Stage5．设置非切削移动参数

参数采用系统默认设置值。

Stage6．设置进给率和速度

Step1．在“深度加工轮廓”对话框中单击“进给率和速度”按钮，系统弹出“进给率和速度”对话框。

Step2．选中“进给率和速度”对话框 主轴速度 区域中的 ☑ 主轴速度 (rpm) 复选框，在其后的文本框中输入值 2000.0，按 Enter 键，然后单击按钮，在 进给率 区域的 切削 文本框中输入值 250.0，按 Enter 键，然后单击按钮，其他参数采用系统默认设置值。

Step3．单击 确定 按钮，完成进给率和速度的设置，系统返回“深度加工轮廓”对话框。

Stage7．生成刀路轨迹并仿真

生成的刀路轨迹如图 10.23 所示，2D 动态仿真加工后的模型如图 10.24 所示。

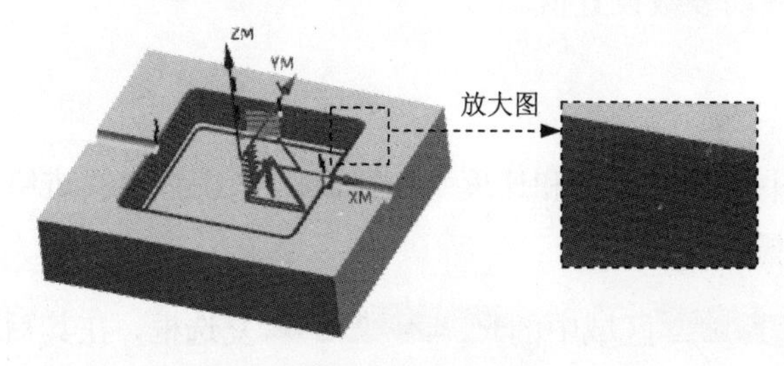

图 10.23　刀路轨迹

图 10.24　2D 仿真结果

Task10. 创建表面区域铣操作（一）

Stage1. 创建工序

Step1. 选择下拉菜单插入(S) → 工序(E)...命令，系统弹出“创建工序”对话框。

Step2. 在“创建工序”对话框类型下拉列表中选择mill_planar选项，在工序子类型区域中单击“FACE_MILLING_AREA”按钮，在程序下拉列表中选择PROGRAM选项，在刀具下拉列表中选择D10（铣刀-5 参数）选项，在几何体下拉列表中选择WORKPIECE选项，在方法下拉列表中选择MILL FINISH选项，使用系统默认的名称。

Step3. 单击“创建工序”对话框中的确定按钮，系统弹出“面铣削区域”对话框。

Stage2. 指定切削区域

Step1. 单击“面铣削区域”对话框中的“选择或编辑切削区域几何体”按钮，系统弹出“切削区域”对话框。

Step2. 在图形区选取图 10.25 所示的切削区域，单击“切削区域”对话框中的确定按钮，系统返回到“面铣削区域”对话框。

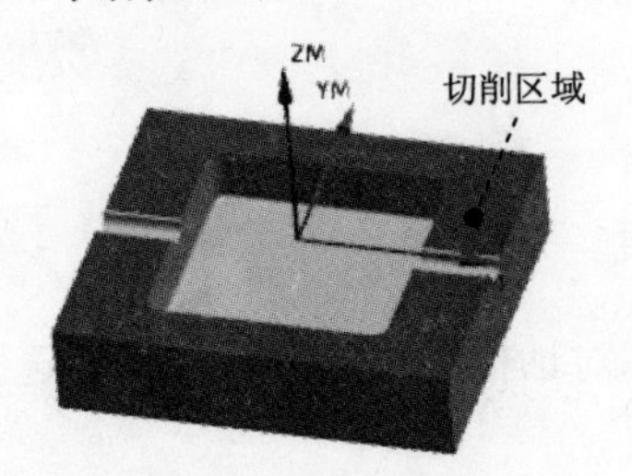

图 10.25 指定切削区域

Stage3. 设置一般参数

在“面铣削区域”对话框刀轨设置区域切削模式下拉列表中选择单向选项，在步距下拉列表中选择刀具平直百分比选项，在平面直径百分比文本框中输入值 75.0，在毛坯距离文本框中输入值 1，在每刀深度文本框中输入值 0.0，在最终底面余量文本框中输入值 0.0。

Stage4. 设置切削参数和非切削移动参数

采用系统默认的切削参数和非切削移动参数设置值。

Stage5. 设置进给率和速度

Step1. 单击“面铣削区域”对话框中的“进给率和速度”按钮，系统弹出“进给率和速度”对话框。

Step2. 选中“进给率和速度”对话框主轴速度区域中的☑ 主轴速度（rpm）复选框，在其后的文本框中输入值 1000.0，按 Enter 键，然后单击按钮，在进给率区域的切削文本框中输入值 250.0，按 Enter 键，然后单击按钮，单击确定按钮，返回“面铣削区域”对话框。

Stage6. 生成刀路轨迹并仿真

生成的刀路轨迹如图 10.26 所示，2D 动态仿真加工后的模型如图 10.27 所示。

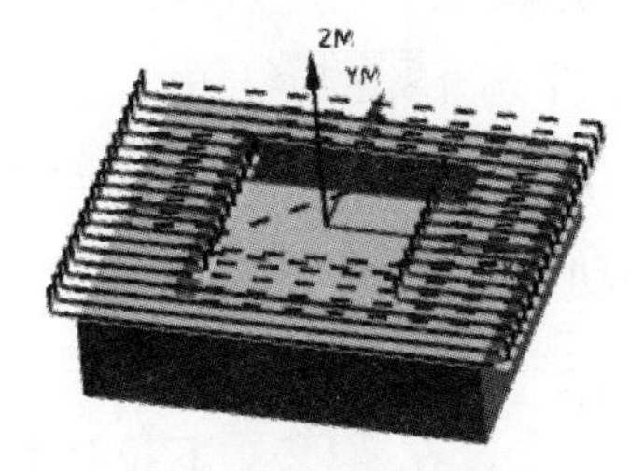

图 10.26 刀路轨迹

图 10.27 2D 仿真结果

Task11. 创建表面区域铣操作（二）

Stage1. 创建工序

Step1. 选择下拉菜单插入(S) → 工序(E)... 命令，系统弹出“创建工序”对话框。

Step2. 在“创建工序”对话框类型下拉列表中选择mill_planar选项，在工序子类型区域中单击“FACE_MILLING_AREA”按钮，在程序下拉列表中选择PROGRAM选项，在刀具下拉列表中选择D10（铣刀-5 参数）选项，在几何体下拉列表中选择WORKPIECE选项，在方法下拉列表中选择MILL FINISH选项，使用系统默认的名称。

Step3. 单击“创建工序”对话框中的确定按钮，系统弹出“面铣削区域”对话框。

Stage2. 指定切削区域

Step1. 单击“面铣削区域”对话框中的“选择或编辑切削区域几何体”按钮，系统弹出“切削区域”对话框。

Step2. 在图形区选取图 10.28 所示的切削区域，单击“切削区域”对话框中的确定按钮，系统返回到“面铣削区域”对话框。

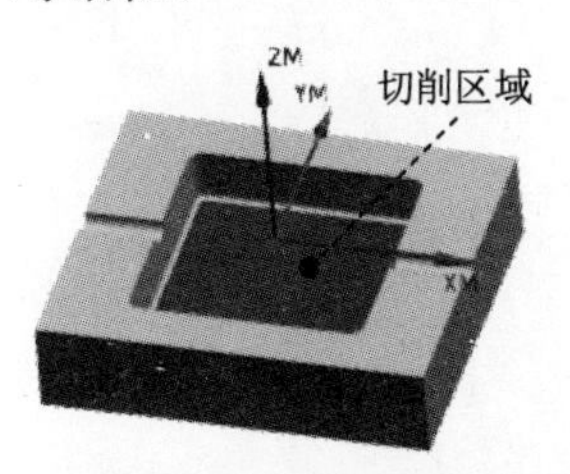

图 10.28 指定切削区域

Stage3. 设置一般参数

在“面铣削区域”对话框几何体区域选中☑自动壁复选框，在刀轨设置区域切削模式下拉列表中选择跟随周边选项，在步距下拉列表中选择刀具平直百分比选项，在平面直径百分比文本框中输入值 75.0，在毛坯距离文本框中输入值 1，在每刀深度文本框中输入值 0.0，在最终底面余量文本框中输入值 0.0。

Stage4．设置切削参数

采用系统的默认设置值。

Stage5．设置非切削移动参数

Step1. 在“面铣削区域”对话框中单击“非切削移动”按钮，系统弹出“非切削移动”对话框。

Step2. 单击“非切削移动”对话框中的进刀选项卡，在进刀类型下拉列表中选择沿形状斜进刀选项，在封闭区域中的斜坡角文本框中输入值 3.0，在高度文本框中输入值 1.0，在高度起点下拉列表中选择当前层选项，其他参数采用系统默认值，单击确定按钮完成非切削移动参数的设置。

Stage6．设置进给率和速度

Step1. 单击“面铣削区域”对话框中的“进给率和速度”按钮，系统弹出“进给率和速度”对话框。

Step2. 选中“进给率和速度”对话框主轴速度区域中的☑ 主轴速度 (rpm)复选框，在其后的文本框中输入值 1000.0，按 Enter 键，然后单击按钮，在进给率区域的切削文本框中输入值 250.0，按 Enter 键，然后单击按钮，单击确定按钮，返回“面铣削区域”对话框。

Stage7．生成刀路轨迹并仿真

生成的刀路轨迹如图 10.29 所示，2D 动态仿真加工后的模型如图 10.30 所示。

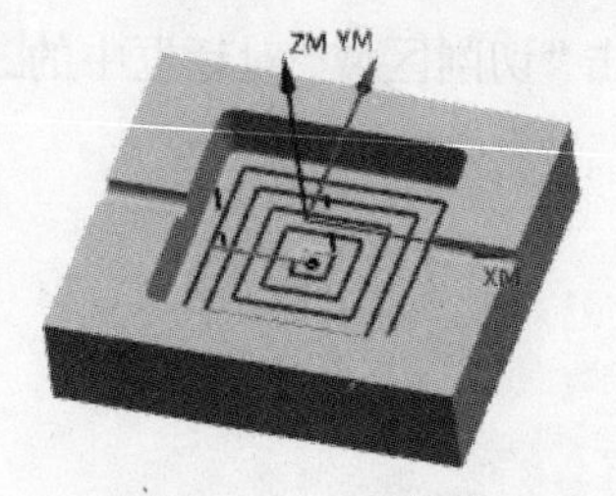

图 10.29 刀路轨迹

图 10.30 2D 仿真结果

Task12．保存文件

选择下拉菜单文件(F) → 保存(S)命令，保存文件。

实例 11　固定板加工

本例通过对固定板的加工来介绍平面铣削、钻孔、扩孔等加工操作。由于固定板的加工较为简单，但其加工操作较多，本例安排了合理的加工工序，以便提高固定板的加工精度，保证其加工质量。

该固定板的加工工艺路线如图 11.1 和图 11.2 所示。

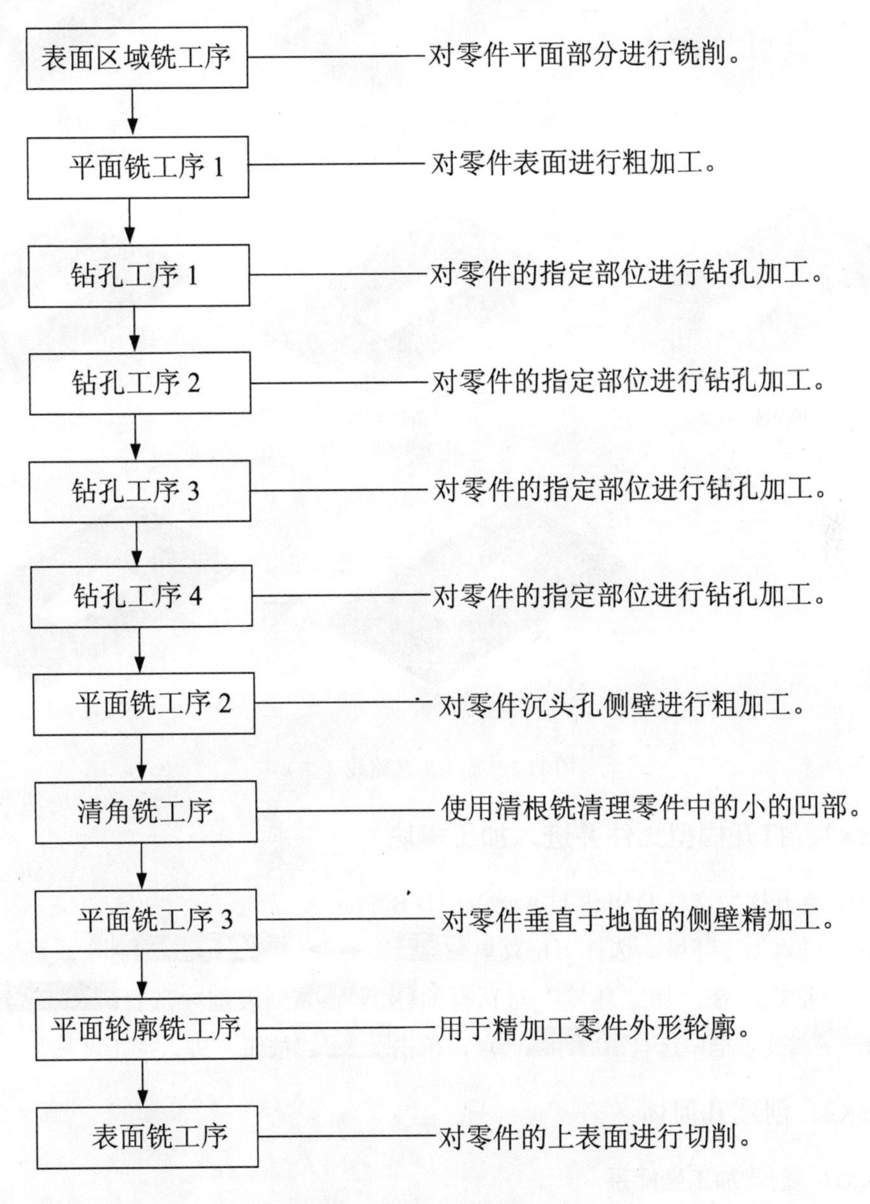

图 11.1　加工工艺路线（一）

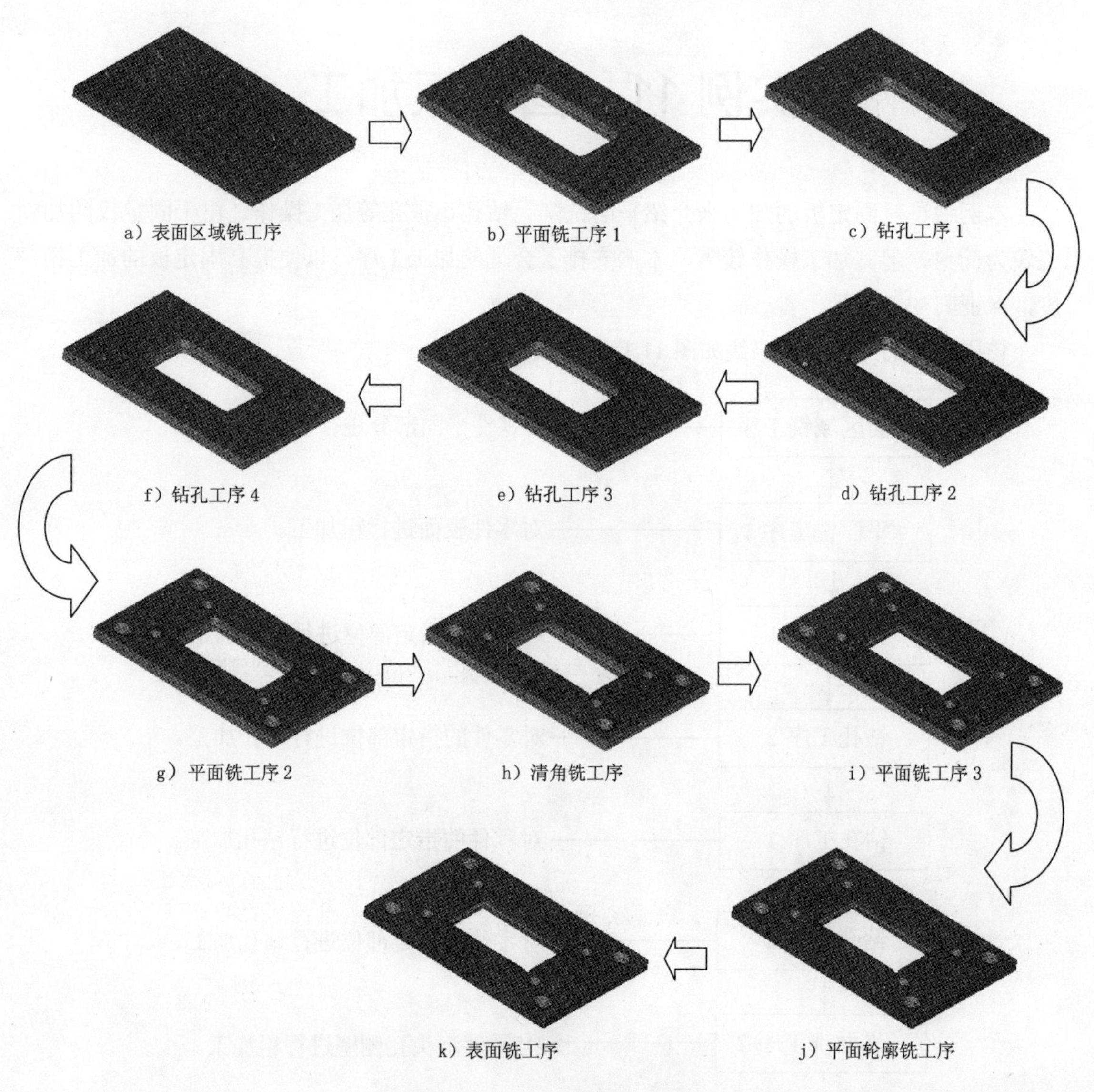

图 11.2 加工工艺路线（二）

Task1．打开模型文件并进入加工模块

Step1．打开模型文件 D:\ug8.11\work\ch11\ B_Plate.prt。

Step2．进入加工环境。选择下拉菜单 开始 → 加工(N)... 命令，系统弹出“加工环境”对话框；在“加工环境”对话框的 CAM 会话配置 列表框中选择 cam_general 选项，在 要创建的 CAM 设置 列表框中选择 mill planar 选项，单击 确定 按钮，进入加工环境。

Task2．创建几何体

Stage1．创建加工坐标系

将工序导航器调整到几何视图，双击节点 MCS_MILL，系统弹出“Mill Orient”对话框。

采用系统默认的机床坐标系，单击 确定 按钮。

Stage2. 创建部件几何体

Step1. 在工序导航器中双击 MCS_MILL 节点下的 WORKPIECE，系统弹出“铣削几何体”对话框。

Step2. 选取部件几何体。在“铣削几何体”对话框中单击按钮，系统弹出“部件几何体”对话框。

Step3. 在图形区中框选整个零件为部件几何体，如图 7.1.4 所示。在“部件几何体”对话框中单击 确定 按钮，完成部件几何体的创建，同时系统返回到“铣削几何体”对话框。

Stage3. 创建毛坯几何体

Step1. 在“铣削几何体”对话框中单击按钮，系统弹出“毛坯几何体”对话框。

Step2. 在“毛坯几何体”对话框的 类型 下拉列表中选择 包容块 选项，设置图 11.4 所示的参数。

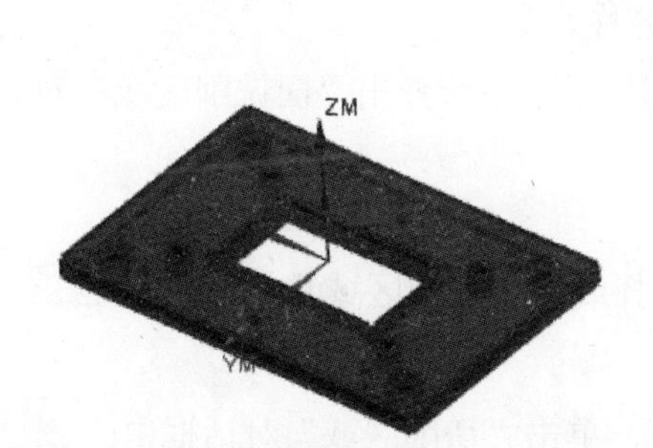

图 11.3 部件几何体

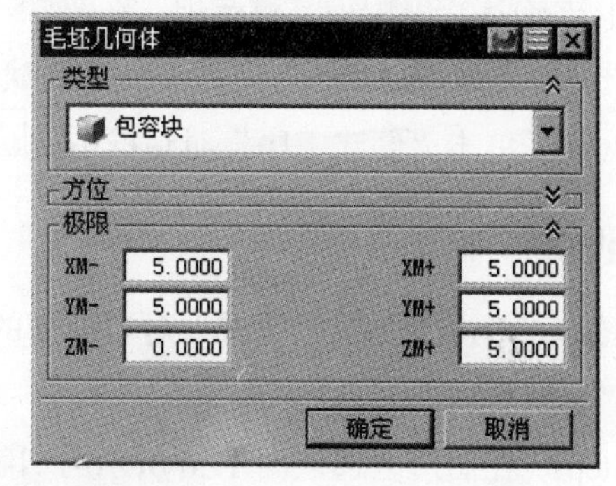

图 11.4 “毛坯几何体”对话框

Step3. 单击“毛坯几何体”对话框中的 确定 按钮，系统返回到“铣削几何体”对话框，完成图 11.5 所示毛坯几何体的创建。

Step4. 单击“铣削几何体”对话框中的 确定 按钮。

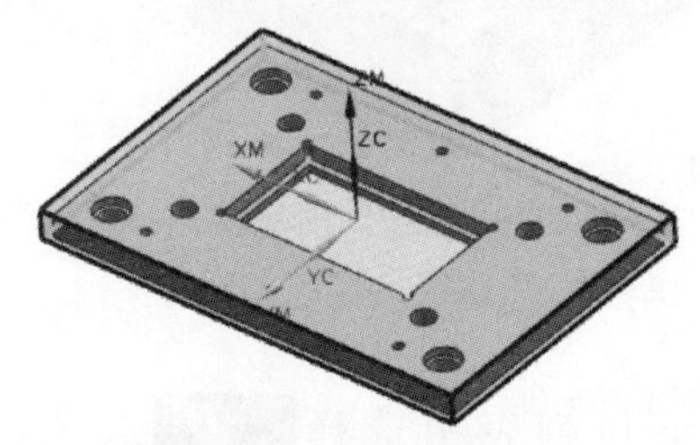

图 11.5 毛坯几何体

Task3. 创建刀具 1

Step1. 将工序导航器调整到机床视图。

Step2. 选择下拉菜单 插入(S) → 刀具(T)... 命令，系统弹出“创建刀具”对话框。

Step3. 在“创建刀具”对话框 类型 下拉列表中选择 mill planar 选项，在 刀具子类型 区域中单击“MILL”按钮，在 位置 区域的 刀具 下拉列表中选择 GENERIC_MACHINE 选项，在 名称 文本框中输入 T1D20，然后单击 确定 按钮，系统弹出“铣刀-5 参数”对话框。

Step4. 系统弹出“铣刀-5 参数”对话框，在 (D) 直径 文本框中输入值 20.0，在 编号 区域的 刀具号、补偿寄存器、刀具补偿寄存器 文本框中均输入值 1，其他参数采用系统默认设置值，单击 确定 按钮，完成刀具的创建。

Task4. 创建表面区域铣工序

Stage1. 创建工序

Step1. 选择下拉菜单 插入(S) → 工序(E)... 命令，系统弹出“创建工序”对话框。

Step2. 在“创建工序”对话框 类型 下拉列表中选择 mill_planar 选项，在 工序子类型 区域中单击“FACE_MILLING_AREA”按钮，在 程序 下拉列表中选择 PROGRAM 选项，在 刀具 下拉列表中选择 T1D20（铣刀-5 参数）选项，在 几何体 下拉列表中选择 WORKPIECE 选项，在 方法 下拉列表中选择 MILL_SEMI_FINISH 选项，使用系统默认的名称。

Step3. 单击“创建工序”对话框中的 确定 按钮，系统弹出“面铣削区域”对话框。

Stage2. 指定切削区域

Step1. 单击“面铣削区域”对话框中的“选择或编辑切削区域几何体”按钮，系统弹出“切削区域”对话框。

Step2. 在图形区选取图 11.6 所示的切削区域，单击“切削区域”对话框中的 确定 按钮，系统返回到“面铣削区域”对话框。

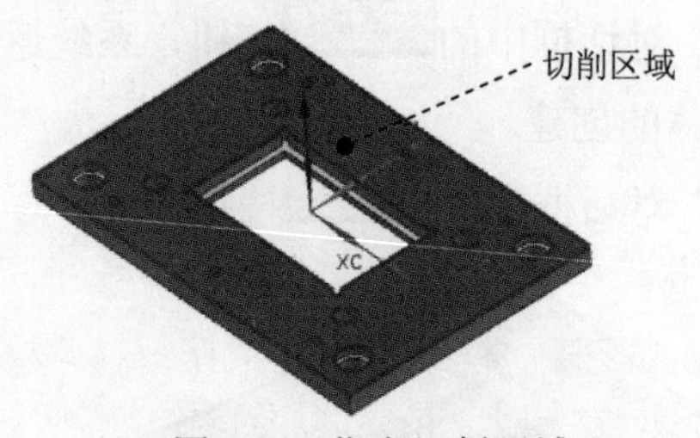

图 11.6 指定切削区域

Stage3. 设置一般参数

在 刀轨设置 区域 切削模式 下拉列表中选择 往复 选项，在 步距 下拉列表中选择 刀具平直百分比 选项，在 平面直径百分比 文本框中输入值 75.0，在 毛坯距离 文本框中输入值 5，在 每刀深度 文本框中输入值 1.0，在 最终底面余量 文本框中输入值 0.2。

Stage4. 设置切削参数

Step1. 单击“面铣削区域”对话框中的“切削参数”按钮，系统弹出“切削参数”对话框。

Step2. 单击“切削参数”对话框中的余量选项卡，设置图 11.7 所示的参数。

Step3. 单击“切削参数”对话框中的连接选项卡，在跨空区域区域运动类型下拉列表中选择切削选项。

Step4. 单击“切削参数”对话框中的确定按钮，完成切削参数的设置，系统返回到“面铣削区域”对话框。

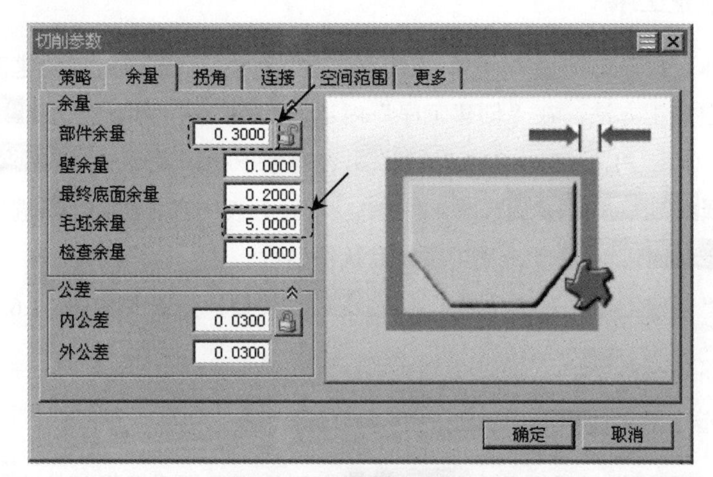

图 11.7 “余量”选项卡

Stage5. 设置非切削移动参数

采用系统默认的非切削移动参数设置值。

Stage6. 设置进给率和速度

Step1. 单击“面铣削区域”对话框中的“进给率和速度”按钮，系统弹出“进给率和速度”对话框。

Step2. 选中“进给率和速度”对话框主轴速度区域中的☑ 主轴速度 (rpm)复选框，在其后的文本框中输入值 800.0，按 Enter 键，然后单击按钮，在进给率区域的切削文本框中输入值 200.0，按 Enter 键，然后单击按钮，单击确定按钮，返回“面铣削区域”对话框。

Stage7. 生成刀路轨迹并仿真

生成的刀路轨迹如图 11.8 所示，2D 动态仿真加工后的模型如图 11.9 所示。

Task5. 创建平面铣工序 1

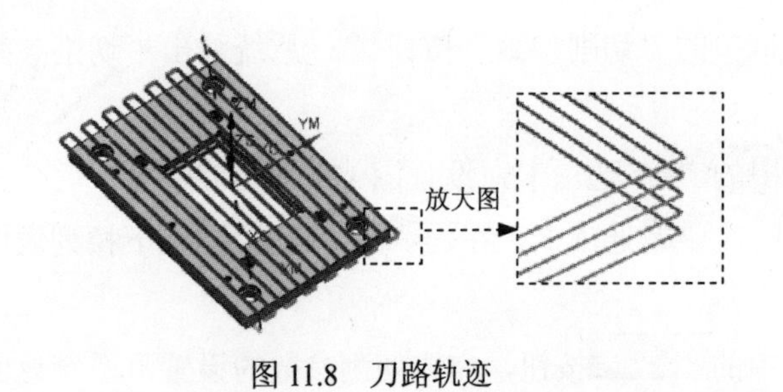

图 11.8　刀路轨迹

图 11.9　2D 仿真结果

Stage1．创建工序

Step1．选择下拉菜单 插入(S) → 工序(E)... 命令，系统弹出“创建工序”对话框。

Step2．确定加工方法。在“创建工序”对话框的 类型 下拉列表中选择 mill_planar 选项，在 工序子类型 区域中单击“PLANER MILL”按钮，在 程序 下拉列表中选择 PROGRAM 选项，在 刀具 下拉列表中选择 T1D20（铣刀-5 参数）选项，在 几何体 下拉列表中选择 WORKPIECE 选项，在 方法 下拉列表中选择 MILL_SEMI_FINISH 选项，采用系统默认的名称。

Step3．在“创建工序”对话框中单击 确定 按钮，系统弹出图 11.6.9 所示的“平面铣”对话框。

Stage2．指定部件边界

Step1.在“平面铣”对话框单击 指定部件边界 右侧的“选择或编辑部件边界”按钮，系统弹出“边界几何体”对话框。

Step2．在 模式 下拉列表中选择 曲线/边... 选项，此时系统会弹出“创建边界”对话框。

Step3．采用对话框默认参数设置，在图形区选择图 11.10 所示的边线，然后单击 创建下一个边界 按钮。

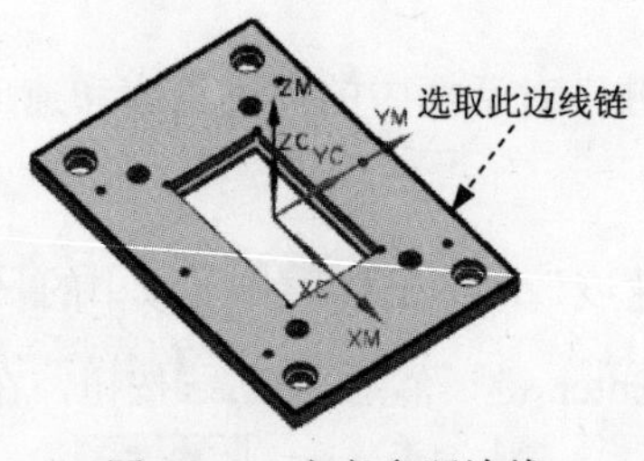

图 11.10　定义参照边线 1

Step4．在“创建边界”对话框的 材料侧 下拉列表中选择 外部 选项，然后再绘图区域选取图 11.11 所示的边线，然后单击 创建下一个边界 按钮。

Step5．保持对话框参数设置不变，在绘图区域选取图 11.12 所示的边线，然后单击 创建下一个边界 按钮。单击两次 确定 按钮，系统返回“平面铣”对话框。

Stage3．指定毛坯边界

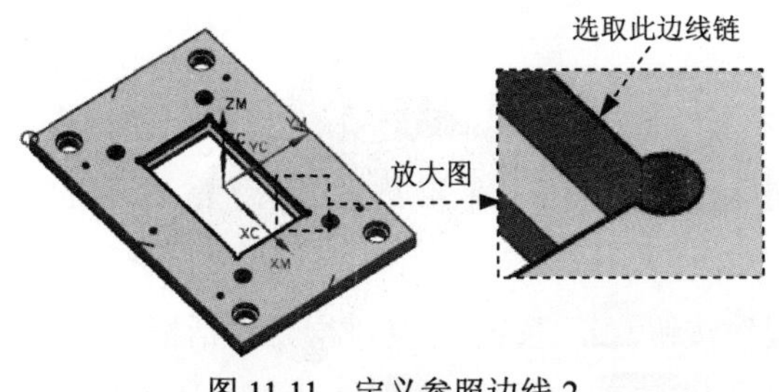

图 11.11　定义参照边线 2

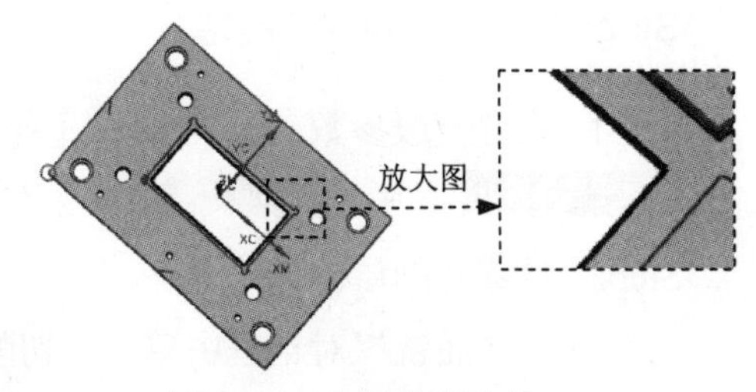

图 11.12　定义参照边线 3

Step1.在“平面铣”对话框单击指定毛坯边界右侧的“选择或编辑毛坯边界”按钮，系统弹出“边界几何体”对话框。

Step2. 在模式下拉列表中选择曲线/边...选项，此时系统会弹出“创建边界”对话框。

Step3. 在图形区选择图 11.13 所示的边线，然后单击创建下一个边界按钮。单击两次确定按钮，系统返回“平面铣”对话框。

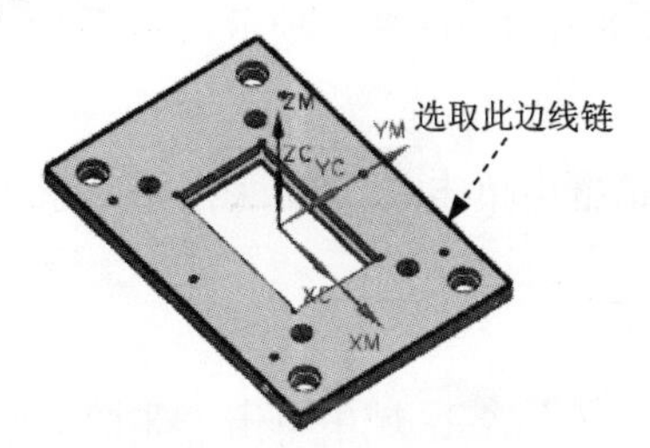

图 11.13　定义参照边线 1

Step4. 再次单击指定毛坯边界右侧的“选择或编辑毛坯边界”按钮，系统弹出“边界几何体”对话框，单击定制边界数据按钮，系统弹出“编辑边界”对话框，选中☑ 余量复选框，然后在☑ 余量文本框中输入 5.0，单击确定按钮，系统返回“平面铣”对话框。

Stage4．指定底面

Step1.在“平面铣”对话框单击指定底面右侧的“选择或编辑底平面几何体”按钮，系统弹出“平面”对话框。

Step2. 在图形区选择图 11.14 所示的面，单击确定按钮，系统返回“平面铣”对话框。

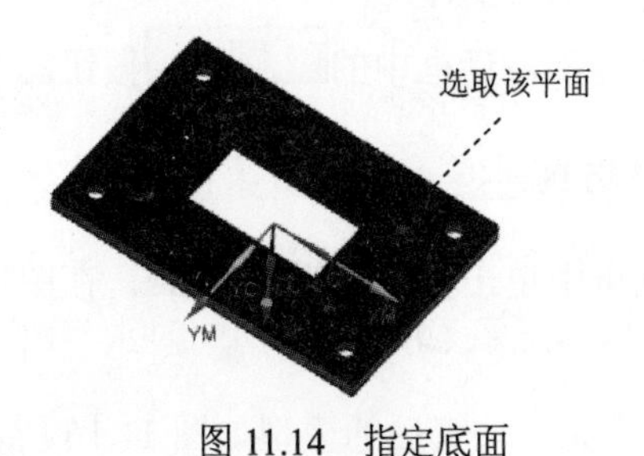

图 11.14　指定底面

Stage5. 设置刀具路径参数

Step1. 设置一般参数。在切削模式下拉列表框中选择跟随部件选项，在步距下拉列表中选择刀具平直百分比选项，在平面直径百分比文本框中输入值 50.0，其他参数采用系统默认设置值。

Step2. 设置切削层。

（1）在“平面铣”对话框中单击“切削层”按钮，系统 “切削层”对话框。

（2）在“切削层”对话框类型下拉列表中选择恒定选项，在公共文本框中输入值 1.0，其余参数采用系统默认设置值，单击确定按钮，系统返回到“平面铣”对话框。

Stage6. 设置切削参数

Step1. 在“平面铣”对话框中单击“切削参数”按钮，系统弹出“切削参数”对话框。

Step2. 在“切削参数”对话框中单击策略选项卡，在切削顺序下拉列表中选择深度优先选项。

Step3. 在“切削参数”对话框中单击确定按钮，系统返回到“平面铣”对话框。

Stage7. 设置非切削移动参数

Step1. 在“平面铣”对话框刀轨设置区域中单击“非切削移动”按钮，系统弹出“非切削移动”对话框。

Step2. 单击“非切削移动”对话框中的进刀选项卡，在进刀类型下拉列表中选择沿形状斜进刀选项，在斜坡角文本框中输入 3.0。其他选项卡中参数设置值采用系统的默认值，单击确定按钮，完成非切削移动参数的设置。

Stage8. 设置进给率和速度

Step1. 单击“平面铣”对话框中的“进给率和速度”按钮，系统弹出“进给率和速度”对话框。

Step2. 选中“进给率和速度”对话框主轴速度区域中的☑ 主轴速度（rpm）复选框，在其后的文本框中输入值 800.0，在进给率区域的切削文本框中输入值 200.0，按下键盘上的 Enter 键，然后单击按钮，其他参数采用系统默认设置值。

Step3. 单击“进给率和速度”对话框中的确定按钮。

Stage9. 生成刀路轨迹并仿真

Step1. 在“平面铣”对话框中单击“生成”按钮，在图形区中生成图 11.15 所示的刀路轨迹。

Step2. 使用 2D 动态仿真。完成仿真后的模型如图 11.16 所示。

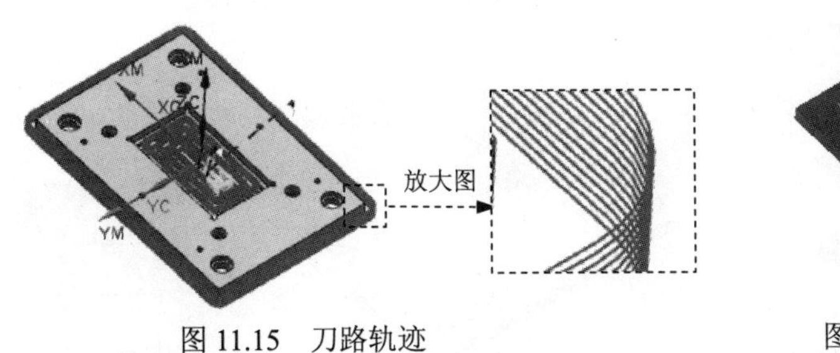

图 11.15 刀路轨迹

图 11.16 2D 仿真结果

Task6. 创建刀具 2

Step1. 将工序导航器调整到机床视图。

Step2. 选择下拉菜单插入(S) ➡ 刀具(T)...命令，系统弹出“创建刀具”对话框。

Step3. 在“创建刀具”对话框类型下拉列表中选择drill选项，在刀具子类型区域中单击“SPOTDRILLING_TOOL”按钮，在位置区域的刀具下拉列表中选择GENERIC_MACHINE选项，在名称文本框中输入 T2SP3，然后单击确定按钮，系统弹出“钻刀”对话框。

Step4. 系统弹出“钻刀”对话框，在(D) 直径文本框中输入值 3.0，在编号区域的刀具号、补偿寄存器文本框中均输入值 2，其他参数采用系统默认设置值，单击确定按钮，完成刀具的创建。

Task7. 创建钻孔工序 1

Stage1. 插入工序

Step1. 选择下拉菜单插入(S) ➡ 工序(E)...命令，系统弹出“创建工序”对话框。

Step2. 在“创建工序”对话框类型下拉列表中选择drill选项，在工序子类型区域中选择“SPOT_DRILLING”按钮，在刀具下拉列表中选择前面设置的刀具T2SP3 (钻刀)选项，在几何体下拉列表中选择WORKPIECE选项，其他参数采用系统默认设置。

Step3. 单击“创建工序”对话框中的确定按钮，系统弹出“定心钻”对话框。

Stage2. 指定钻孔点

Step1. 单击“定心钻”对话框指定孔右侧的按钮，系统弹出“点到点几何体”对话框，单击选择按钮，系统弹出“点位选择”对话框，单击面上所有孔按钮，系统弹出“选择面”对话框。

Step2. 在图形区选取图 11.17 所示的面，单击单击“选择面”对话框的确定按钮，系统返回到“点位选择”对话框，然后在绘图区域选取图 11.18 所示的 4 个孔，单击确定按钮，单击“点到点几何体”对话框中的优化按钮，然后单击最短刀轨按钮，单击优化按钮，单击接受按钮，单击“点到点几何体”对话框中的确定按钮，返回“定心钻”对话框。

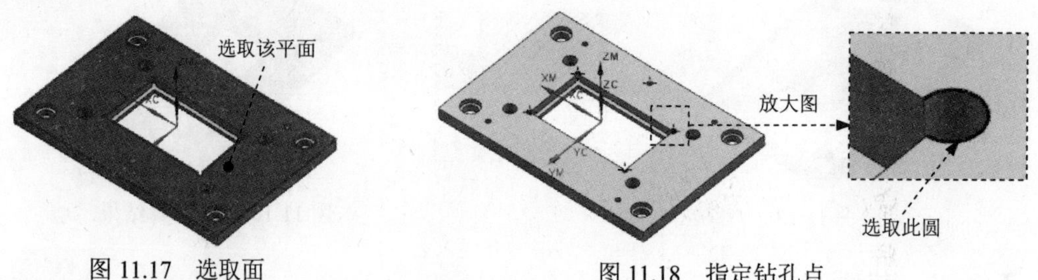

图 11.17 选取面　　　图 11.18 指定钻孔点

Stage3．指定顶面。

（1）单击“定心钻”对话框中指定顶面右侧的按钮，系统弹出“顶面”对话框。

（2）在“顶面”对话框中的顶面选项下拉列表中选择面选项，然后选取图 11.19 所示的面。

（3）单击“顶面”对话框中的确定按钮，返回“定心钻”对话框。

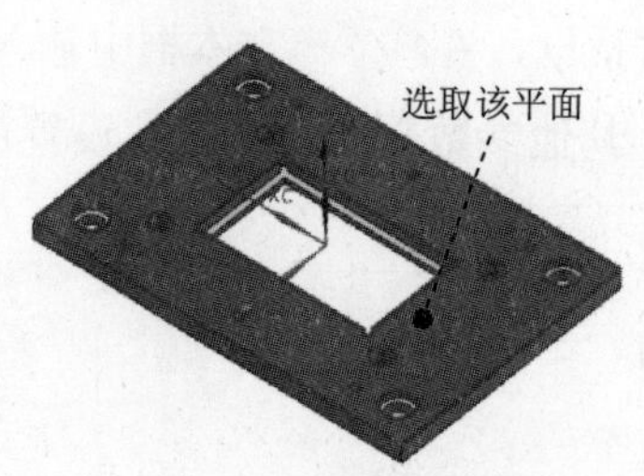

图 11.19 选取参考面

Stage4．设置循环控制参数

Step1．在“定心钻”对话框循环类型区域的循环下拉列表中选择标准钻...选项，单击“编辑参数”按钮，系统弹出 “指定参数组”对话框。

Step2．在“指定参数组”对话框中采用系统默认的参数组序号 1，单击确定按钮，系统弹出 “Cycle 参数”对话框，单击 Depth (Tip) - 0.0000 按钮，系统弹出 “Cycle 深度”对话框。

Step3．单击刀尖深度按钮，系统弹出“深度” 对话框，在深度文本框中输入 4，单击确定按钮，系统返回到“Cycle 参数”对话框。

Step4．单击 Dwell - ##59 按钮，系统弹出“Cycle Dwell”对话框，单击关按钮，单击“Cycle 参数”对话框中的确定按钮，返回“定心钻”对话框。

Stage5．避让设置

Step1．单击“定心钻”对话框中的“避让”按钮，系统弹出 “避让几何体”对话框。

Step2. 单击“避让几何体”对话框中的 Clearance Plane -无 按钮，系统弹出“安全平面”对话框。

Step3. 单击“安全平面”对话框中的 指定 按钮，系统弹出“平面”对话框，选取图 11.20 所示的平面为参照，然后在 偏置 区域的 距离 文本框中输入值 10.0，单击 确定 按钮，系统返回“安全平面”对话框并创建一个安全平面，单击“安全平面”对话框中的 显示 按钮可以查看创建的安全平面，如图 11.21 所示。

Step4. 单击“安全平面”对话框中的 确定 按钮，返回“避让几何体”对话框，然后单击“避让几何体”对话框中的 确定 按钮，完成安全平面的设置，返回“定心钻”对话框。

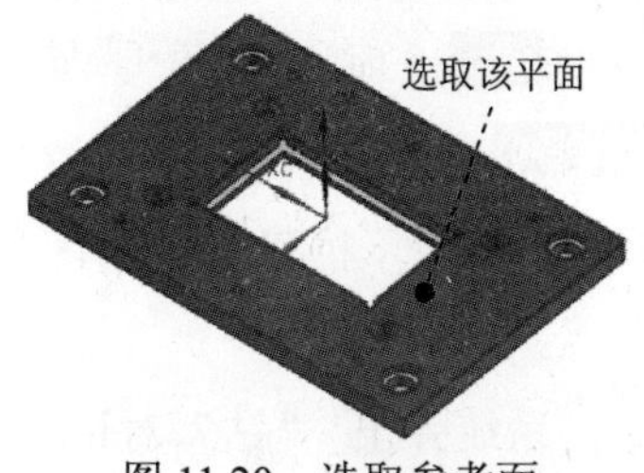

图 11.20　选取参考面

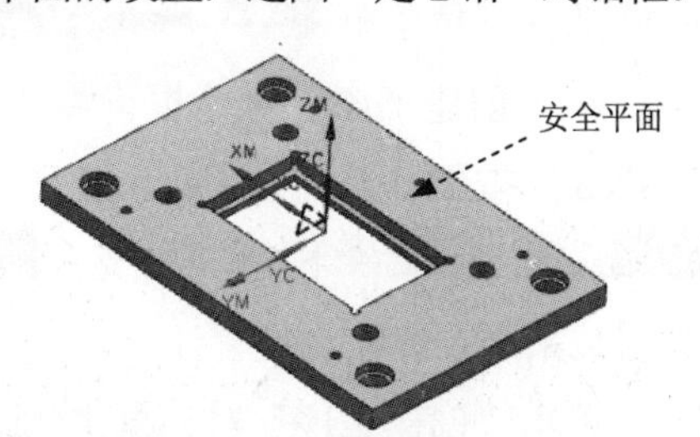

图 11.21　安全平面

Stage6. 设置进给率和速度

Step1. 单击“定心钻”对话框中的“进给率和速度”按钮，系统弹出“进给率和速度”对话框。

Step2. 在“进给率和速度”对话框中选中 ☑ 主轴速度 (rpm) 复选框，然后在其文本框中输入值 3000.0，按 Enter 键，然后单击按钮，在 切削 文本框中输入值 150.0，按 Enter 键，然后单击按钮，其他选项采用系统默认设置值，单击 确定 按钮。

Stage7. 生成刀路轨迹并仿真

生成的刀路轨迹如图 11.22 所示，2D 动态仿真加工后的模型如图 11.23 所示。

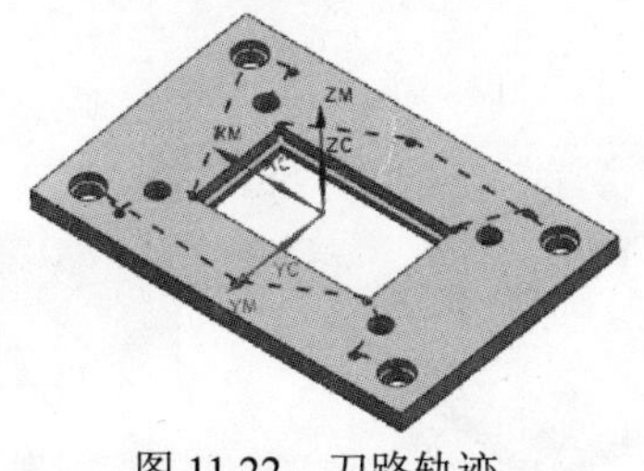

图 11.22　刀路轨迹

图 11.23　2D 仿真结果

Task8. 创建刀具 3

Step1. 选择下拉菜单 插入(S) ➡ 刀具(T) 命令，系统弹出“创建刀具”对话框。

Step2. 确定刀具类型。在“创建刀具”对话框 类型 下拉列表中选择 drill 选项，在 刀具子类型 区域中选择“DRILLING_TOOL”按钮。在 名称 文本框中输入 T3DR6，然后单击 确定 按钮，系统弹出“钻刀”对话框。

Step3. 设置刀具参数。在“钻刀”对话框中 (D) 直径 文本框中输入值 6.0，在 刀具号、补偿寄存器 文本框中均输入值 3，其他参数采用系统默认设置值，单击 确定 按钮，完成刀具的设置。

Task9. 创建钻孔工序 2

Stage1. 插入工序

Step1. 选择下拉菜单 插入(S) → 工序(E)... 命令，系统弹出“创建工序”对话框。

Step2. 在“创建工序”对话框 类型 下拉列表中选择 drill 选项，在 工序子类型 区域中选择“DRILLING”按钮，在 程序 下拉列表中选择 PROGRAM 选项，在 刀具 下拉列表中选择 T3DR6（钻刀）选项，在 几何体 下拉列表中选择 WORKPIECE 选项，在 方法 下拉列表中选择 DRILL_METHOD 选项，其他参数采用系统默认设置。

Step3. 单击“创建工序”对话框中的 确定 按钮，系统弹出 “钻”对话框。

Stage2. 指定钻孔点

Step1. 单击“钻”对话框 指定孔 右侧的按钮，系统弹出“点到点几何体”对话框，单击 选择 按钮，系统弹出“点位选择”对话框，单击 面上所有孔 按钮，系统弹出“选择面”对话框。

Step2. 在图形区选取图 11.24 所示的面，单击单击“选择面”对话框的 确定 按钮，系统返回到“点位选择”对话框，然后在绘图区域选取图 11.25 所示的 4 个孔，单击 确定 按钮，单击“点到点几何体”对话框中的 优化 按钮，然后单击 最短刀轨 按钮，单击 优化 按钮，单击 接受 按钮，单击“点到点几何体”对话框中的 确定 按钮，返回“钻”对话框。

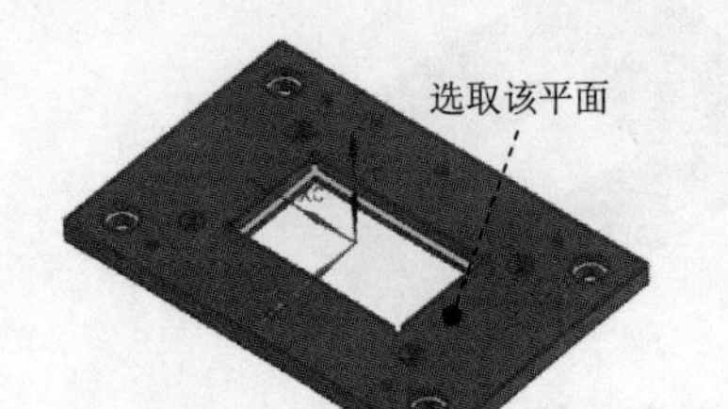

图 11.24 选取面

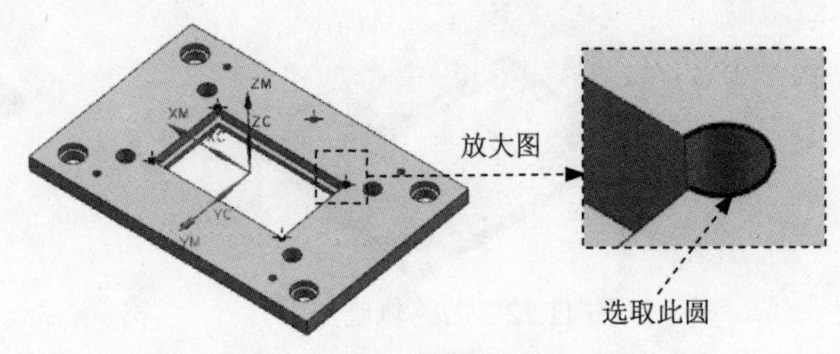

图 11.25 指定钻孔点

Step3. 指定顶面。

（1）单击“钻”对话框中 指定顶面 右侧的按钮，系统弹出“顶面”对话框。

（2）在“顶面”对话框中的顶面选项下拉列表中选择面选项，然后选取图 11.26 所示的面。

（3）单击“顶面”对话框中的确定按钮，返回“钻”对话框。

Step4. 指定底面。

（1）单击“钻”对话框中指定底面右侧的按钮，系统弹出 “底面”对话框。

（2）在“底面”对话框中的底面选项下拉列表中选择面选项，选取图 11.27 所示的面。

（3）单击“底面”对话框中的确定按钮，返回“钻”对话框。

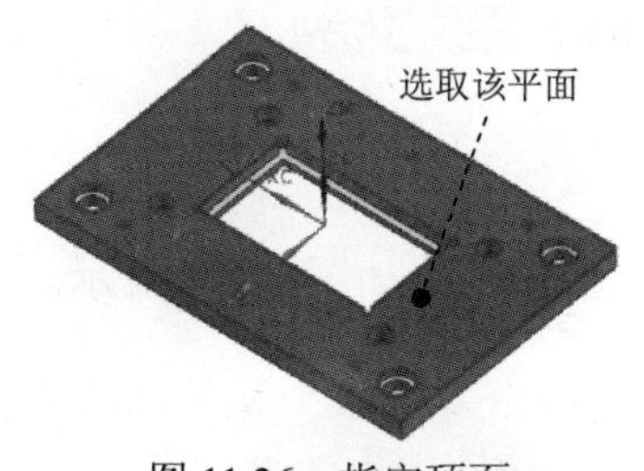

图 11.26　指定顶面

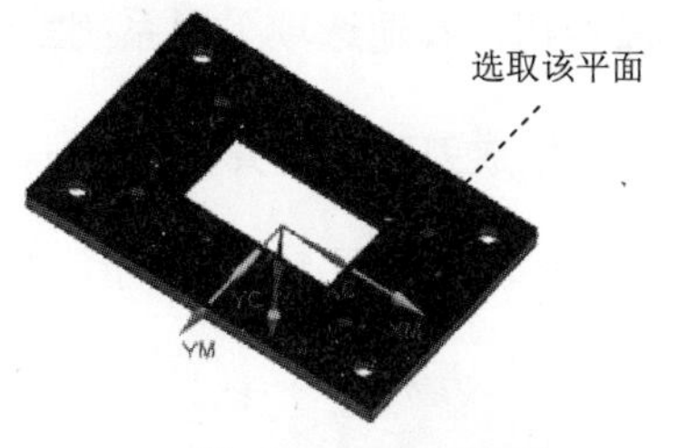

图 11.27　指定底面

Stage3．设置循环控制参数

参数接受系统默认的参数即可。

Stage4．设置一般参数

参数接受系统默认的参数即可。

Stage5．避让设置

Step1. 单击“钻”对话框中的“避让”按钮，系统弹出 “避让几何体”对话框。

Step2. 单击“避让几何体”对话框中的Clearance Plane -无按钮，系统弹出 “安全平面”对话框。

Step3. 单击“安全平面”对话框中的指定按钮，系统弹出 “平面”对话框，选取图 11.28 所示的平面为参照，然后在偏置区域的距离文本框中输入值 10.0，单击确定按钮，系统返回“安全平面”对话框并创建一个安全平面，单击“安全平面”对话框中的显示按钮可以查看创建的安全平面，如图 11.29 所示。

Step4. 单击“安全平面”对话框中的确定按钮，返回“避让几何体”对话框，然后单击“避让几何体”对话框中的确定按钮，完成安全平面的设置，返回“钻”对话框。

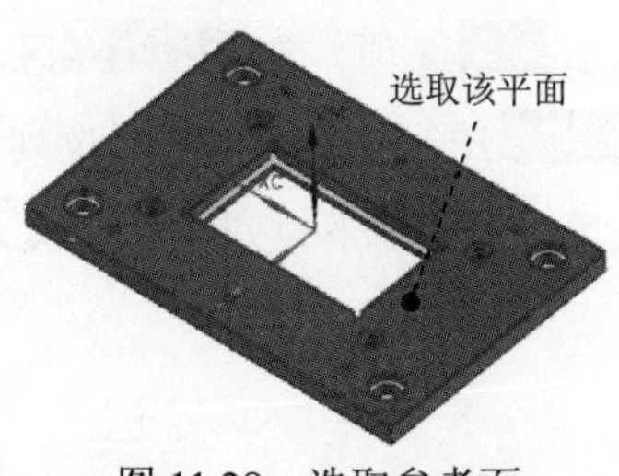

图 11.28　选取参考面

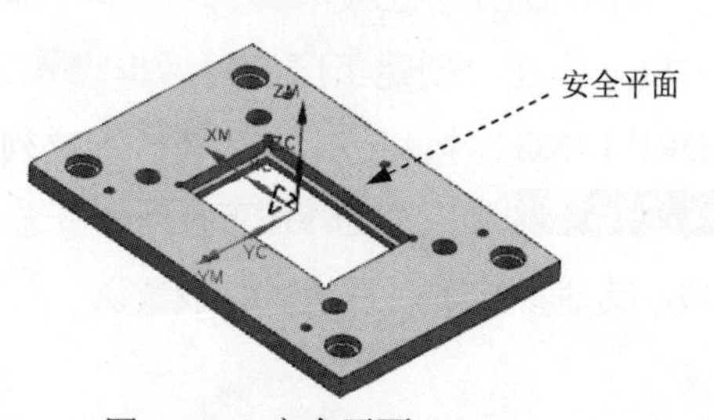

图 11.29　安全平面

Stage6．设置进给率和速度

Step1. 单击“钻”对话框中的“进给率和速度”按钮，系统弹出“进给率和速度”对话框。

Step2. 在“进给率和速度”对话框中选中☑ 主轴速度（rpm）复选框，然后在其文本框中输入值 1600.0，按 Enter 键，然后单击按钮，在切削文本框中输入值 300.0，按 Enter 键，然后单击按钮，其他选项采用系统默认设置值，单击确定按钮。

Stage7．生成刀路轨迹并仿真

生成的刀路轨迹如图 11.30 所示，2D 动态仿真加工后结果如图 11.31 所示。

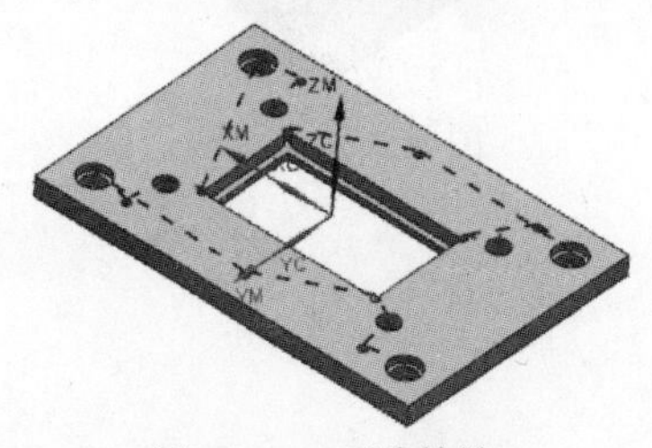

图 11.30 刀路轨迹

图 11.31 2D 仿真结果

Task10．创建刀具 4

Step1. 选择下拉菜单插入(S) → 刀具(T)命令，系统弹出“创建刀具”对话框。

Step2. 确定刀具类型。在“创建刀具”对话框类型下拉列表中选择drill选项，在刀具子类型区域中选择“DRILLING_TOOL”按钮。在名称文本框中输入 T4DR6.7，然后单击确定按钮，系统弹出“钻刀”对话框。

Step3. 设置刀具参数。在“钻刀”对话框中(D) 直径文本框中输入值 6.7，在刀具号、补偿寄存器文本框中输入值 4，其他参数采用系统默认设置值，单击确定按钮，完成刀具的设置。

Task11．创建钻孔工序 3

Stage1．插入工序

Step1. 选择下拉菜单插入(S) → 工序(E)...命令，系统弹出“创建工序”对话框。

Step2. 在“创建工序”对话框类型下拉列表中选择drill选项，在工序子类型区域中选择“DRILLING”按钮，在程序下拉列表中选择PROGRAM选项，在刀具下拉列表中选择T4DR6.7（钻刀）选项，在几何体下拉列表中选择WORKPIECE选项，在方法下拉列表中选择DRILL_METHOD选项，其他参数采用系统默认设置。

Step3. 单击“创建工序”对话框中的 确定 按钮，系统弹出 “钻”对话框。

Stage2. 指定钻孔点

Step1. 单击“钻”对话框 指定孔 右侧的按钮，系统弹出“点到点几何体”对话框，单击 选择 按钮，系统弹出“点位选择”对话框。

Step2. 在绘图区域选取图 11.32 所示的 6 个孔，单击 确定 按钮，单击“点到点几何体”对话框中的 优化 按钮，然后单击 最短刀轨 按钮，单击 优化 按钮，单击 接受 按钮，单击“点到点几何体”对话框中的 确定 按钮，返回“钻”对话框。

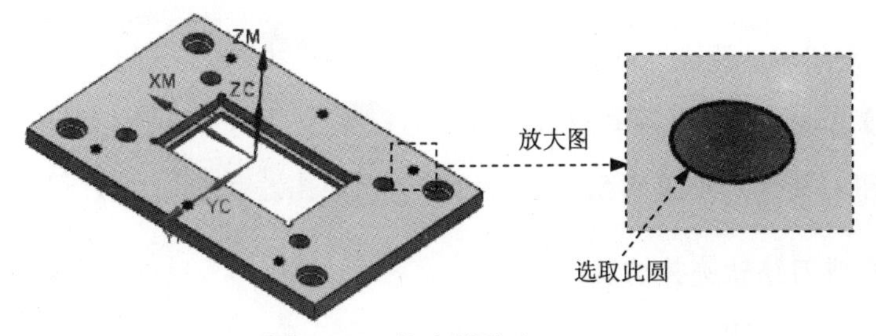

图 11.32　指定钻孔点

Step3. 指定顶面。

（1）单击“钻”对话框中 指定顶面 右侧的按钮，系统弹出“顶面”对话框。

（2）在“顶面”对话框中的 顶面选项 下拉列表中选择 面 选项，然后选取图 11.33 所示的面。

（3）单击“顶面”对话框中的 确定 按钮，返回“钻”对话框。

Step4. 指定底面。

（1）单击“钻”对话框中 指定底面 右侧的按钮，系统弹出 “底面”对话框。

（2）在“底面”对话框中的 底面选项 下拉列表中选择 面 选项，选取图 11.34 所示的面。

（3）单击“底面”对话框中的 确定 按钮，返回“钻”对话框。

图 11.33　指定顶面

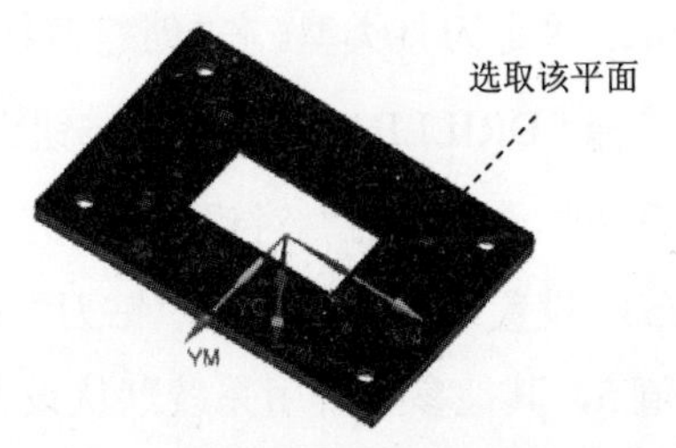

图 11.34　指定底面

Stage3. 设置循环控制参数

参数接受系统默认的参数即可。

Stage4．设置一般参数

参数接受系统默认的参数即可。

Stage5．避让设置

参数接受系统默认的参数即可。

Stage6．设置进给率和速度

Step1. 单击“钻”对话框中的“进给率和速度”按钮，系统弹出“进给率和速度”对话框。

Step2. 在“进给率和速度”对话框中选中 主轴速度 (rpm) 复选框，然后在其文本框中输入值 1800.0，按 Enter 键，然后单击按钮，在 切削 文本框中输入值 250.0，按 Enter 键，然后单击按钮，其他选项采用系统默认设置值，单击 确定 按钮。

Stage7．生成刀路轨迹并仿真

生成的刀路轨迹如图 11.35 所示，2D 动态仿真加工后结果如图 11.36 所示。

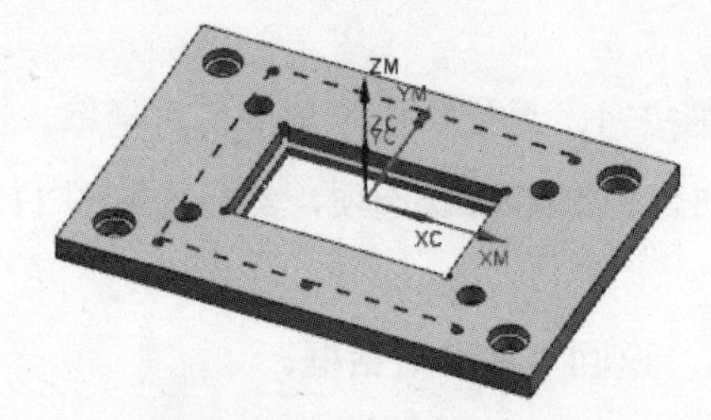

图 11.35　刀路轨迹

图 11.36　2D 仿真结果

Task12．创建刀具 5

Step1. 选择下拉菜单 插入(S) → 刀具(T) 命令，系统弹出“创建刀具”对话框。

Step2. 确定刀具类型。在“创建刀具”对话框 类型 下拉列表中选择 drill 选项，在 刀具子类型 区域中选择“DRILLING_TOOL”按钮。在 名称 文本框中输入 T5DR12，然后单击 确定 按钮，系统弹出“钻刀”对话框。

Step3. 设置刀具参数。在“钻刀”对话框中 (D) 直径 文本框中输入值 12，在 刀具号 文本框中输入值 5，其他参数采用系统默认设置值，单击 确定 按钮，完成刀具的设置。

Task13．创建钻孔工序 4

Stage1．插入工序

Step1. 选择下拉菜单插入(S) → 工序(E)... 命令，系统弹出“创建工序”对话框。

Step2. 在“创建工序”对话框类型下拉列表中选择drill选项，在工序子类型区域中选择“DRILLING”按钮，在程序下拉列表中选择PROGRAM选项，在刀具下拉列表中选择T5DR12（钻刀）选项，在几何体下拉列表中选择WORKPIECE选项，在方法下拉列表中选择DRILL_METHOD选项，其他参数采用系统默认设置。

Step3. 单击“创建工序”对话框中的确定按钮，系统弹出 “钻”对话框。

Stage2．指定钻孔点

Step1. 指定钻孔点。

（1）单击“钻”对话框指定孔右侧的按钮，系统弹出 “点到点几何体”对话框，单击选择按钮，系统弹出 “点位选择”对话框。单击面上所有孔按钮，系统弹出“选择面”对话框。

（2）单击最小直径 -无按钮，系统弹出“直径”对话框，在直径文本框中输入 12.0，单击确定按钮，然后选取图 11.37 所示的面，分别单击“选择面”对话框和“点位选择”对话框中的确定按钮，返回“点到点几何体”对话框。

（3）单击“点到点几何体”对话框中的优化按钮，单击最短刀轨按钮，单击优化按钮，单击接受按钮，单击“点到点几何体”对话框中的确定按钮，返回“钻”对话框。

Step2. 指定顶面。

（1）单击“钻”对话框中指定顶面右侧的按钮，系统弹出“顶面”对话框。

（2）在“顶面”对话框中的顶面选项下拉列表中选择面选项，然后选取图 11.37 所示的面。

（3）单击“顶面”对话框中的确定按钮，返回“钻”对话框。

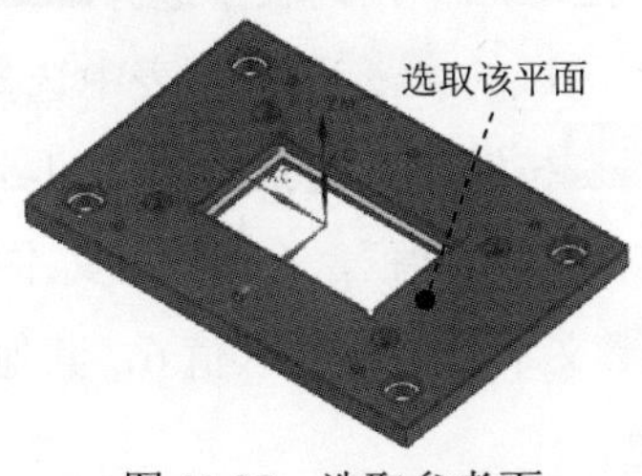

图 11.37　选取参考面

Stage3．设置循环控制参数

参数接受系统默认的参数即可。

Stage4．设置一般参数

参数接受系统默认的参数即可。

Stage5．避让设置

参数接受系统默认的参数即可。

Stage6．设置进给率和速度

Step1．单击“钻”对话框中的“进给率和速度”按钮，系统弹出“进给率和速度”对话框。

Step2．在“进给率和速度”对话框中选中☑ 主轴速度 (rpm)复选框，然后在其文本框中输入值 800.0，按 Enter 键，然后单击按钮，在切削文本框中输入值 250.0，按 Enter 键，然后单击按钮，其他选项采用系统默认设置值，单击确定按钮。

Stage7．生成刀路轨迹并仿真

生成的刀路轨迹如图 11.38 所示，2D 动态仿真加工后结果如图 11.39 所示。

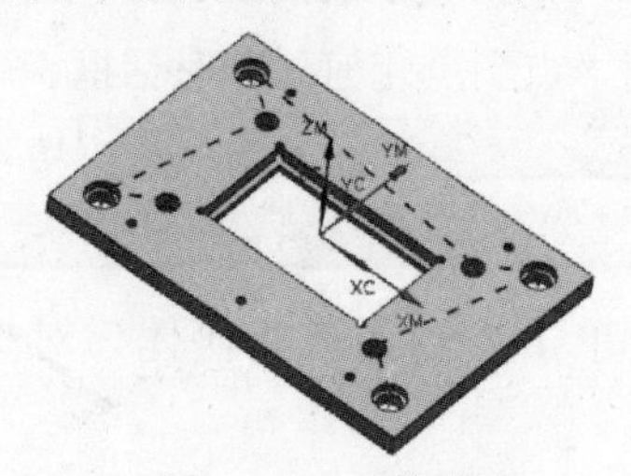

图 11.38　刀路轨迹

图 11.39　2D 仿真结果

Task14．创建刀具 6

Step1．将工序导航器调整到机床视图。

Step2．选择下拉菜单插入(S) → 刀具(T)...命令，系统弹出“创建刀具”对话框。

Step3．在“创建刀具”对话框类型下拉列表中选择mill_planar选项，在刀具子类型区域中单击“MILL”按钮，在位置区域的刀具下拉列表中选择GENERIC_MACHINE选项，在名称文本框中输入 T6D10，然后单击确定按钮，系统弹出“铣刀-5 参数”对话框。

Step4．系统弹出“铣刀-5 参数”对话框，在(D) 直径文本框中输入值 10.0，在编号区域的刀具号、补偿寄存器、刀具补偿寄存器文本框中均输入值 6，其他参数采用系统默认设置值，单击确定按钮，完成刀具的创建。

Task15．创建平面铣工序 2

Stage1．创建工序

Step1．选择下拉菜单插入(S) → 工序(E)...命令，系统弹出“创建工序”对话框。

Step2. 确定加工方法。在“创建工序”对话框的类型下拉列表中选择mill_planar选项，在工序子类型区域中单击“PLANER MILL”按钮，在程序下拉列表中选择PROGRAM选项，在刀具下拉列表中选择T6D10 (铣刀-5 参数)选项，在几何体下拉列表中选择WORKPIECE选项，在方法下拉列表中选择MILL_FINISH选项，采用系统默认的名称。

Step3. 在“创建工序”对话框中单击确定按钮，系统弹出“平面铣”对话框。

Stage2．指定部件边界

Step1.在“平面铣”对话框单击指定部件边界右侧的“选择或编辑部件边界”按钮，系统弹出“边界几何体”对话框。

Step2. 在模式下拉列表中选择曲线/边...选项，此时系统会弹出“创建边界”对话框，在“创建边界”对话框对话框材料侧下拉列表中选择外部选项。

Step3. 在图形区选择图 11.40 所示的边线，然后单击创建下一个边界按钮。

Step4. 在绘图区域选取图 11.41 所示的边线，然后单击创建下一个边界按钮。

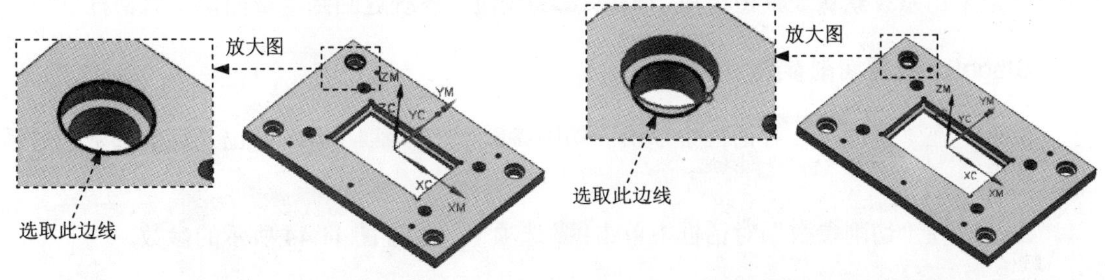

图 11.40　定义参照边线 1　　　图 11.41　定义参照边线 2

Step5. 参照上两步创建另外七个沉头孔的边线，完成如图 11.42 所示。

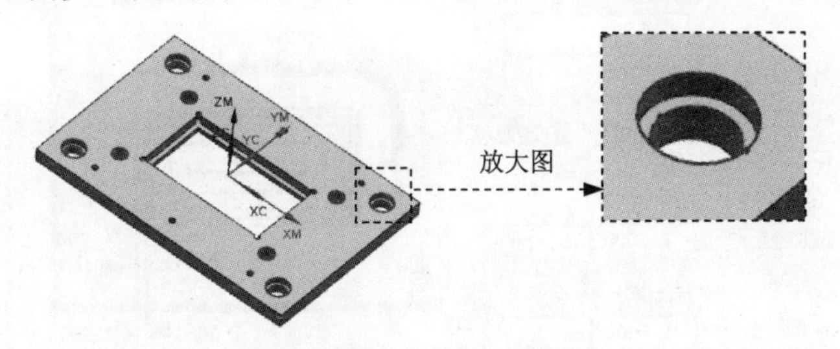

图 11.42　定义其余边线

Step6. 单击两次确定按钮，系统返回“平面铣”对话框。

Stage3．指定底面

Step1.在“平面铣”对话框单击指定底面右侧的“选择或编辑底平面几何体”按钮，系统弹出“平面”对话框。

Step2. 在图形区选择图 11.43 所示的面，然后在偏置区域距离文本框中输入 1，单击确定按钮，系统返回“平面铣”对话框。

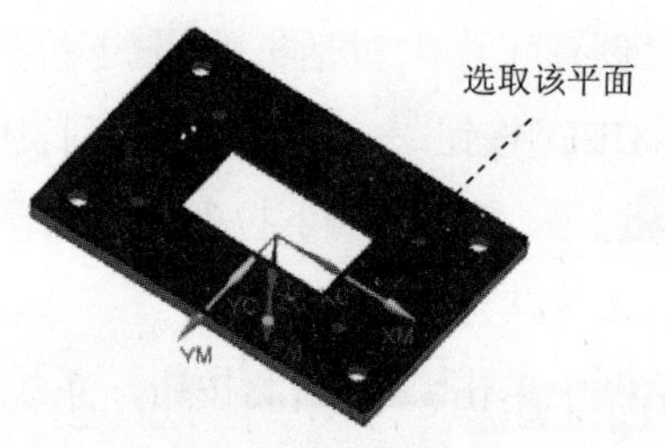

图 11.43 指定底面

Stage4．设置刀具路径参数

Step1．设置一般参数。在切削模式下拉列表框中选择跟随部件选项，在步距下拉列表中选择恒定选项，在最大距离文本框中输入值 2.0，其他参数采用系统默认设置值。

Step2．设置切削层。

（1）在“平面铣”对话框中单击“切削层”按钮，系统“切削层”对话框。

（2）在“切削层”对话框类型下拉列表中选择恒定选项，在公共文本框中输入值 1.0，其余参数采用系统默认设置值，单击确定按钮，系统返回到“平面铣”对话框。

Stage5．设置切削参数

Step1．在“平面铣”对话框中单击“切削参数”按钮，系统弹出“切削参数”对话框。

Step2．在“切削参数”对话框中单击策略选项卡，设置图 11.44 所示的参数。

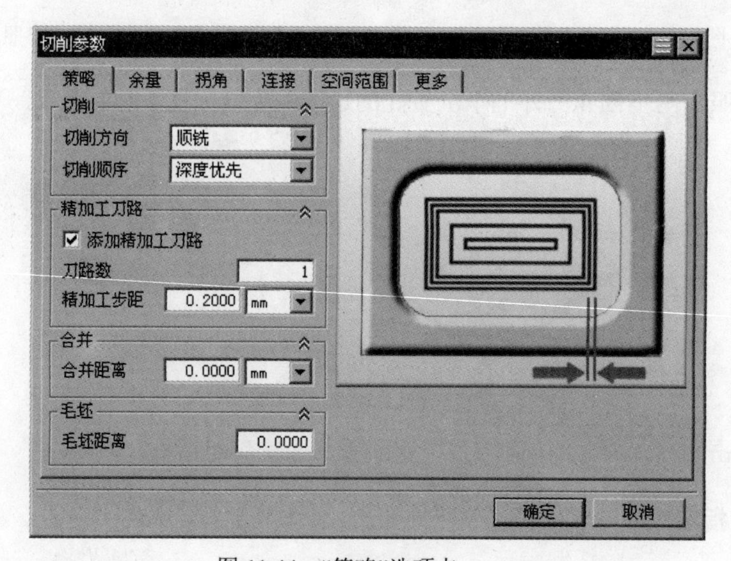

图 11.44 “策略”选项卡

Step3．在“切削参数”对话框中单击余量选项卡，在内公差与外公差文本框中均输入 0.01，其余选项卡参数接受系统默认设置，单击确定按钮，系统返回到“平面铣”对话框。

Stage6．设置非切削移动参数

Step1．在“平面铣”对话框 刀轨设置 区域中单击“非切削移动”按钮，系统弹出“非切削移动”对话框。

Step2．单击“非切削移动”对话框中的 进刀 选项卡，在 进刀类型 下拉列表中选择 插削 选项，在 高度起点 下拉列表中选择 当前层 选项，单击 确定 按钮，完成非切削移动参数的设置。

Stage7．设置进给率和速度

Step1．单击“平面铣”对话框中的“进给率和速度”按钮，系统弹出“进给率和速度”对话框。

Step2．选中“进给率和速度”对话框 主轴速度 区域中的 ☑ 主轴速度 (rpm) 复选框，在其后的文本框中输入值 1000.0，在 进给率 区域的 切削 文本框中输入值 250.0，按下键盘上的 Enter 键，然后单击按钮，其他参数采用系统默认设置值。

Step3．单击“进给率和速度”对话框中的 确定 按钮。

Stage8．生成刀路轨迹并仿真

Step1．在“平面铣”对话框中单击“生成”按钮，在图形区中生成图 11.45 所示的刀路轨迹。

Step2．使用 2D 动态仿真。完成仿真后的模型如图 11.46 所示。

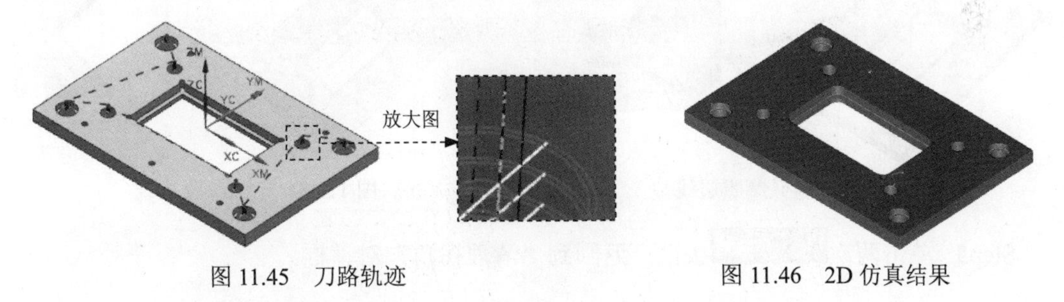

图 11.45　刀路轨迹　　图 11.46　2D 仿真结果

Task16．创建刀具 7

Step1．将工序导航器调整到机床视图。

Step2．选择下拉菜单 插入(S) → 刀具(T)... 命令，系统弹出“创建刀具”对话框。

Step3．在“创建刀具”对话框 类型 下拉列表中选择 mill_planar 选项，在 刀具子类型 区域中单击“MILL”按钮，在 位置 区域的 刀具 下拉列表中选择 GENERIC_MACHINE 选项，在 名称 文本框中输入 T7D6，然后单击 确定 按钮，系统弹出“铣刀-5 参数”对话框。

Step4．系统弹出“铣刀-5 参数”对话框，在 (D) 直径 文本框中输入值 6.0，在 编号 区域的 刀具号、补偿寄存器、刀具补偿寄存器 文本框中均输入值 7，其他参数采用系统默认设置值，单击

确定按钮，完成刀具的创建。

Task17．创建清角铣工序

Stage1．创建工序

Step1．选择下拉菜单插入(S) → 工序(E)...命令，系统弹出“创建工序”对话框。

Step2．确定加工方法。在“创建工序”对话框的类型下拉列表中选择mill_planar选项，在工序子类型区域中单击“CLEANUP_CORNERS”按钮，在程序下拉列表中选择PROGRAM选项，在刀具下拉列表中选择T7D6（铣刀-5 参数）选项，在几何体下拉列表中选择WORKPIECE选项，在方法下拉列表中选择MILL_SEMI_FINISH选项，采用系统默认的名称。

Step3．单击“创建工序”对话框中的确定按钮，系统弹出“清理拐角”对话框。

Stage2．指定部件边界

Step1.在“清理拐角”对话框单击指定部件边界右侧的“选择或编辑部件边界”按钮，系统弹出“边界几何体”对话框。

Step2．在模式下拉列表中选择曲线/边...选项，此时系统会弹出“创建边界”对话框，在“创建边界”对话框对话框材料侧下拉列表中选择外部选项。

Step3．在图形区选择图 11.47 所示的边线，然后单击创建下一个边界按钮。

Step4．在绘图区域选取图 11.48 所示的边线，然后单击创建下一个边界按钮。

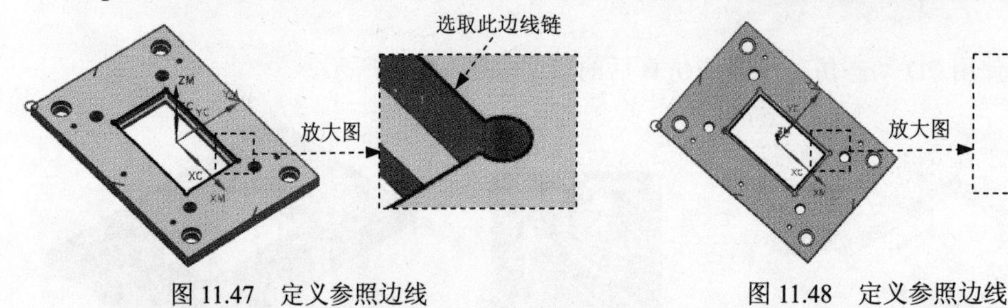

图 11.47　定义参照边线　　　图 11.48　定义参照边线

Step5．单击两次确定按钮，返回到“清理拐角”对话框。

Stage3．指定底面

Step1.在“清理拐角”对话框单击指定底面右侧的“选择或编辑底平面几何体”按钮，系统弹出“平面”对话框。

Step2．在图形区选择图 11.49 所示的面，然后在偏置区域距离文本框中输入 1，单击确定按钮，系统返回“清理拐角”对话框。

Stage4．设置刀具路径参数

Step1．设置一般参数。在切削模式下拉列表框中选择轮廓加工选项，在步距下拉列表中选择恒定选项，在最大距离文本框中输入值 1.0，其他参数采用系统默认设置值。

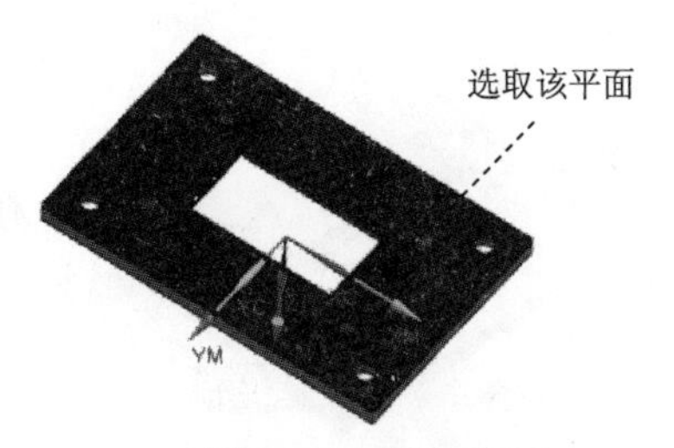

图 11.49　指定底面

Step2. 设置切削层。

（1）在“清理拐角”对话框中单击“切削层”按钮，系统 “切削层”对话框。

（2）在“切削层”对话框类型下拉列表中选择恒定选项，在公共文本框中输入值 1.0，其余参数采用系统默认设置值，单击确定按钮，系统返回到“清理拐角”对话框。

Stage5. 设置切削参数

Step1. 在刀轨设置区域中单击“切削参数”按钮，系统弹出“切削参数”对话框。

Step2. 在“切削参数”对话框中单击策略选项卡，在切削顺序下拉列表中选择深度优先选项。

Step3. 在“切削参数”对话框中单击空间范围选项卡，在处理中的工件下拉列表中选择使用参考刀具选项，然后在参考刀具下拉列表中选择T1D20 (铣刀-5 参数)选项，在重叠距离文本框中输入值 1.0，单击确定按钮，系统返回到“清理拐角”对话框。

说明：这里选择的参考刀具一般是前面粗加工使用的刀具，也可以通过单击参考刀具下拉列表右侧的“新建”按钮来创建新的参考刀具。注意创建参考刀具时的刀具直径不能小于实际的粗加工的刀具直径。

Stage6. 设置非切削移动参数

所有参数接受系统默认设置。

Stage7. 设置进给率和速度

Step1. 在“清理拐角”对话框中单击“进给率和速度”按钮，系统弹出“进给率和速度”对话框。

Step2. 在“进给率和速度”对话框中选中☑ 主轴速度 (rpm)复选框，然后在其下的文本框中输入值 1200.0，在切削文本框中输入值 250.0，按下键盘上的 Enter 键，然后单击按钮，其他选项采用系统默认参数设置值。

Step3. 单击确定按钮，完成进给率和速度的设置，系统返回“清理拐角”对话框。

Stage8. 生成刀路轨迹

生成的刀路轨迹如图 11.50 所示，2D 动态仿真加工后的零件模型如图 11.51 所示。

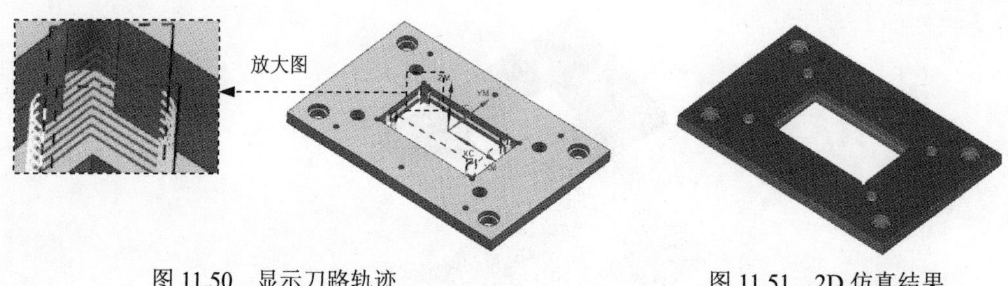

图 11.50　显示刀路轨迹　　　　图 11.51　2D 仿真结果

Task18．创建平面铣工序 3

Stage1．创建工序

Step1. 选择下拉菜单 插入(S) → 工序(E)... 命令，系统弹出“创建工序”对话框。

Step2. 确定加工方法。在“创建工序”对话框的 类型 下拉列表中选择 mill_planar 选项，在 工序子类型 区域中单击“PLANER MILL”按钮，在 程序 下拉列表中选择 PROGRAM 选项，在 刀具 下拉列表中选择 T7D6（铣刀-5 参数）选项，在 几何体 下拉列表中选择 WORKPIECE 选项，在 方法 下拉列表中选择 MILL_FINISH 选项，采用系统默认的名称。

Step3. 在“创建工序”对话框中单击 确定 按钮，系统弹出“平面铣”对话框。

Stage2．指定部件边界

Step1.在“平面铣”对话框单击 指定部件边界 右侧的“选择或编辑部件边界”按钮，系统弹出“边界几何体”对话框。

Step2. 在 模式 下拉列表中选择 曲线/边... 选项，此时系统会弹出“创建边界”对话框，在“创建边界”对话框对话框 材料侧 下拉列表中选择 外部 选项。

Step3. 在图形区选择图 11.52 所示的边线（四条），然后单击 创建下一个边界 按钮。

Step4. 在绘图区域选取图 11.53 所示的边线（四条），然后单击 创建下一个边界 按钮。

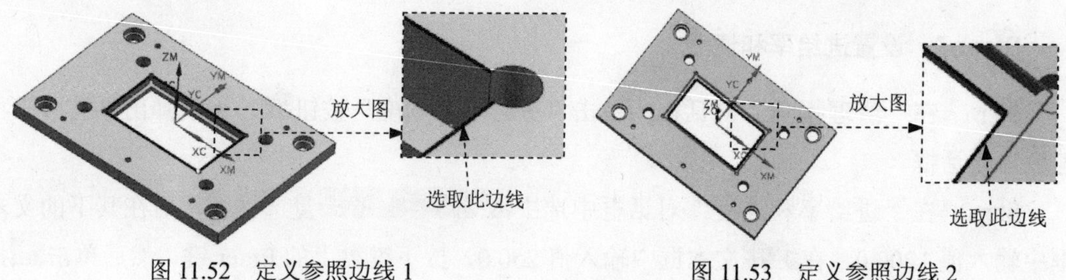

图 11.52　定义参照边线 1　　　　图 11.53　定义参照边线 2

Step5. 单击两次 确定 按钮，系统返回“平面铣”对话框。

Stage3．指定底面

Step1. 在“平面铣”对话框单击 指定底面 右侧的“选择或编辑底平面几何体”按钮，

系统弹出“平面”对话框。

Step2. 在图形区选择图 11.54 所示的面，单击确定按钮，系统返回“平面铣”对话框。

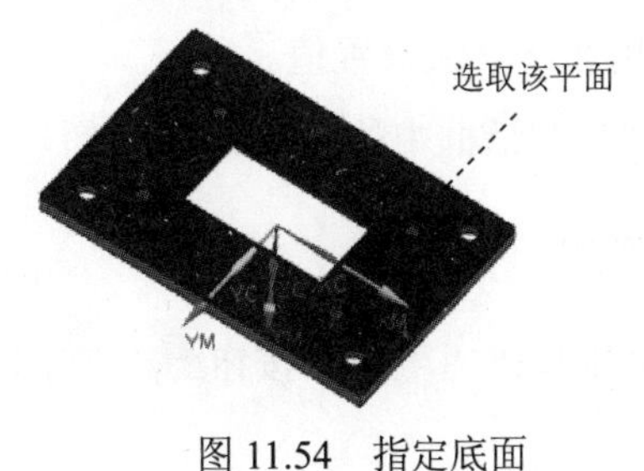

图 11.54　指定底面

Stage4. 设置刀具路径参数

Step1. 设置一般参数。在切削模式下拉列表框中选择轮廓加工选项，在步距下拉列表中选择刀具平直百分比选项，在平面直径百分比文本框中输入值 50.0，其他参数采用系统默认设置值。

Step2. 设置切削层。

（1）在“平面铣”对话框中单击“切削层”按钮，系统 “切削层”对话框。

（2）在“切削层”对话框类型下拉列表中选择临界深度选项，其余参数采用系统默认设置值，单击确定按钮，系统返回到“平面铣”对话框。

Stage5. 设置切削参数

Step1. 在“平面铣”对话框中单击“切削参数”按钮，系统弹出“切削参数”对话框。

Step2. 在“切削参数”对话框中单击余量选项卡，在部件余量文本框中均输入 0.，其余选项卡参数接受系统默认设置，单击确定按钮，系统返回到“平面铣”对话框。

Stage6. 设置非切削移动参数

Step1. 在“平面铣”对话框刀轨设置区域中单击“非切削移动”按钮，系统弹出“非切削移动”对话框。

Step2. 单击“非切削移动”对话框中的进刀选项卡，在开放区域区域进刀类型下拉列表中选择圆弧选项。

Step3. 单击“非切削移动”对话框中的起点/钻点选项卡，在重叠距离文本框中输入数值 2.0，单击确定按钮，完成非切削移动参数的设置。

Stage7. 设置进给率和速度

Step1. 单击“平面铣”对话框中的“进给率和速度”按钮，系统弹出“进给率和速度”对话框。

Step2. 选中“进给率和速度”对话框主轴速度区域中的☑ 主轴速度 (rpm)复选框，在其后的文本框中输入值,1800.0，在进给率区域的切削文本框中输入值 250.0，按下键盘上的 Enter 键，然后单击按钮，其他参数采用系统默认设置值。

Step3. 单击“进给率和速度”对话框中的确定按钮。

Stage8. 生成刀路轨迹并仿真

Step1. 在“平面铣”对话框中单击“生成”按钮，在图形区中生成图 11.55 所示的刀路轨迹。

Step2. 使用 2D 动态仿真。完成仿真后的模型如图 11.56 所示。

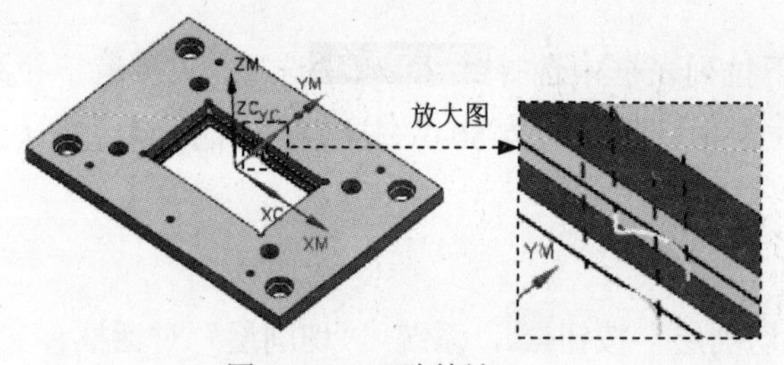

图 11.55 刀路轨迹

图 11.56 2D 仿真结果

Task19. 创建平面轮廓铣工序

Stage1. 创建工序

Step1. 选择下拉菜单插入(S) ➡ 工序(E)...命令，系统弹出“创建工序”对话框。

Step2. 确定加工方法。在“创建工序”对话框类型下拉列表中选择mill_planar选项，在工序子类型区域中单击“PLANAR_PROFILE”按钮，在程序下拉列表中选择PROGRAM选项，在刀具下拉列表中选择T6D10 (铣刀-5 参数)选项，在几何体下拉列表中选择WORKPIECE选项，在方法下拉列表中选择MILL_FINISH选项，采用系统默认的名称。

Step3. 在“创建工序”对话框中单击确定按钮，系统弹出“平面轮廓铣”对话框。

Stage2. 指定部件边界

Step1. 在“平面轮廓铣”对话框几何体区域中单击按钮，系统弹出“边界几何体”对话框。

Step2. 在“边界几何体”对话框中模式下拉列表中选择曲线/边...选项，系统弹出“创建边界”对话框。

Step3. 在“创建边界”对话框的参数采用默认选项。选取图 11.57 所示的边线串 1 为几何体边界，单击“创建边界”对话框中的创建下一个边界按钮。

Step4. 单击两次 确定 按钮，系统返回到“平面轮廓铣”对话框，完成部件边界的创建。

Stage3. 指定底面

Step1. 在“平面轮廓铣”对话框中单击按钮，系统弹出“平面”对话框，在类型下拉列表中选择 自动判断 选项。

Step2. 在模型上选取图 11.58 所示的模型底部平面，在偏置区域距离文本框中输入值 1，单击 确定 按钮，完成底面的指定。

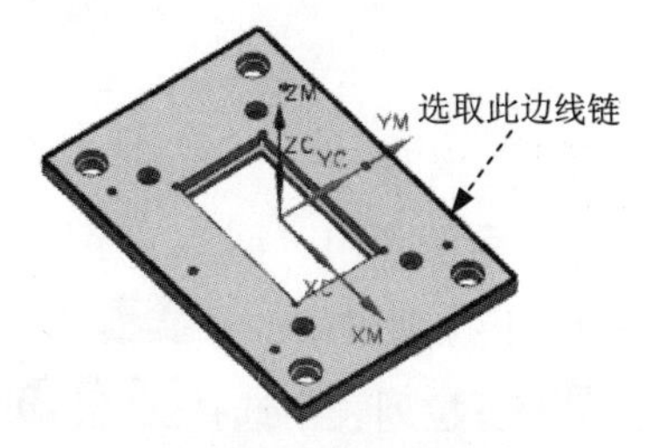

图 11.57　定义参照边线

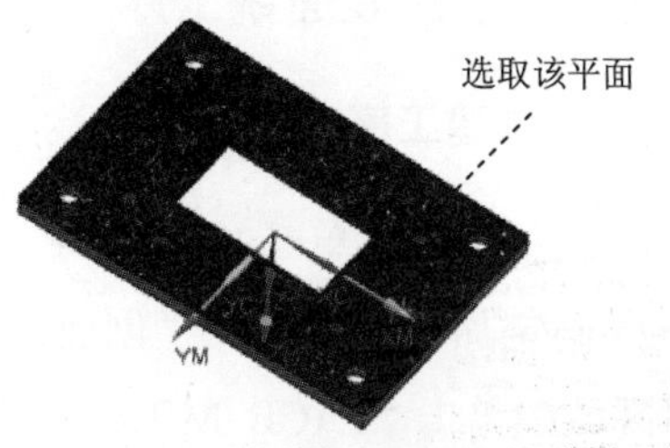

图 11.58　指定底面

Stage4. 设置刀具路径参数

在“平面轮廓铣”对话框 刀轨设置 区域 切削进给 文本框中输入值 250.0，在 切削深度 下拉列表中选择恒定选项，在 公共 文本框中输入值 0。其他参数采用系统默认设置值。

Stage5. 设置切削参数

采用系统默认的切削参数设置值。

Stage6. 设置非切削移动参数

采用系统默认的非切削移动参数设置值。

Stage7. 设置进给率和速度

Step1. 单击“平面轮廓铣”对话框中的“进给率和速度”按钮，系统弹出“进给率和速度”对话框。

Step2. 选中“进给率和速度”对话框主轴速度区域中的 ☑ 主轴速度 (rpm) 复选框，在其后文本框中输入值 1200.0，按 Enter 键，然后单击按钮，在进给率区域的 切削 文本框中输入值 250.0，按 Enter 键，然后单击按钮，其他参数采用系统默认设置值。

Step3. 单击“进给率和速度”对话框中的 确定 按钮，系统返回“平面轮廓铣”对话框。

Stage8. 生成刀路轨迹并仿真

生成的刀路轨迹如图 11.59 所示，2D 动态仿真加工后的模型如图 11.60 所示。

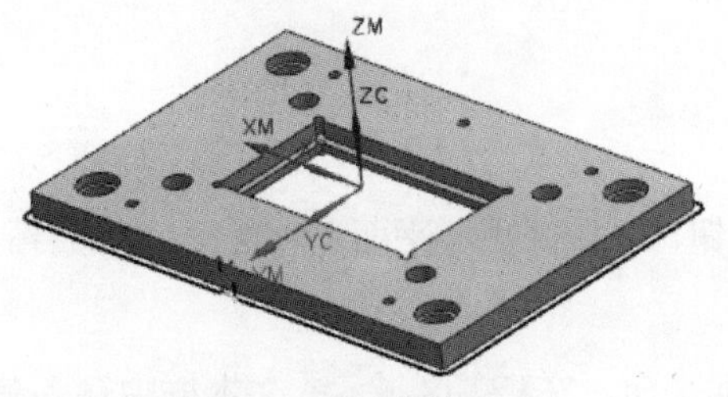

图 11.59　刀路轨迹

图 11.60　2D 仿真结果

Task20．创建表面铣工序

Stage1．创建工序

Step1．选择下拉菜单 插入(S) ➡ 工序(E)... 命令，系统弹出“创建工序”对话框。

Step2．确定加工方法。在“创建工序”对话框的 类型 下拉列表中选择 mill_planar 选项，在 工序子类型 区域中单击“FACE_MILLING”按钮，在 程序 下拉列表中选择 PROGRAM 选项，在 刀具 下拉列表中选择 T1D20 (铣刀-5 参数) 选项，在 几何体 下拉列表中选择 WORKPIECE 选项，在 方法 下拉列表中选择 MILL FINISH 选项，采用系统默认的名称。

Step3．在“创建工序”对话框中单击 确定 按钮，此时，系统弹出“面铣”对话框。

Stage2．指定面边界

Step1．在 几何体 区域中单击“选择或编辑面几何体”按钮，系统弹出“指定面几何体”对话框。

Step2．确认该对话框 过滤器类型 区域中的“面边界”按钮被按下，并取消选中 □ 忽略孔 复选框，采用系统默认的参数设置值，选取图 11.61 所示的模型表面。

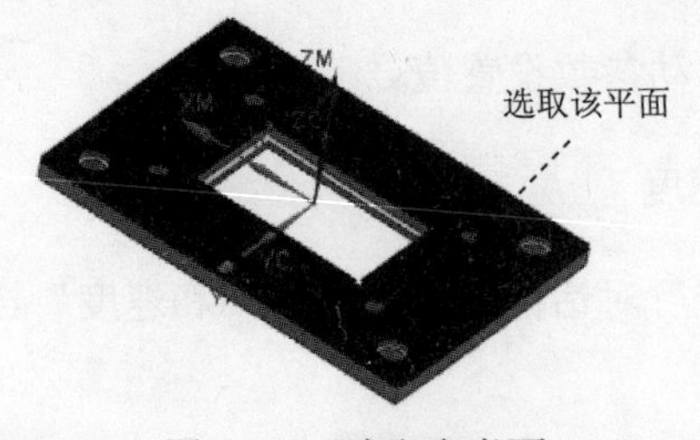

图 11.61　选取参考面

Step3．单击“指定面几何体”对话框中的 确定 按钮，系统返回到“面铣”对话框。

Stage3．设置刀具路径参数

Step1．选择切削模式。在“面铣”对话框 切削模式 下拉列表中选择 单向 选项。

Step2．设置一般参数。在 步距 下拉列表中选择 刀具平直百分比 选项，在 平面直径百分比 文本框中输入值 75.0，在 毛坯距离 文本框中输入值 1，其他参数采用系统默认设置值。

Stage4．设置切削参数

采用系统默认的切削移动参数设置值。

Stage5．设置非切削移动参数

采用系统默认的非切削移动参数设置值。

Stage6．设置进给率和速度

Step1. 单击“面铣”对话框中的“进给率和速度”按钮，系统弹出“进给率和速度”对话框。

Step2. 在“进给率和速度”对话框主轴速度区域中选中☑ 主轴速度 (rpm)复选框，在其后的文本框中输入值 1000.0，在进给率区域的切削文本框中输入值 250.0，按下键盘上的 Enter 键，然后单击按钮，单击确定按钮，返回“面铣削区域”对话框。

Stage7．生成刀路轨迹并仿真

Step1. 生成刀路轨迹。在“面铣”对话框中单击“生成”按钮，在绘图区中生成图 11.62 所示的刀路轨迹。

Step2. 使用 2D 动态仿真。完成演示后的模型如图 11.63 所示。

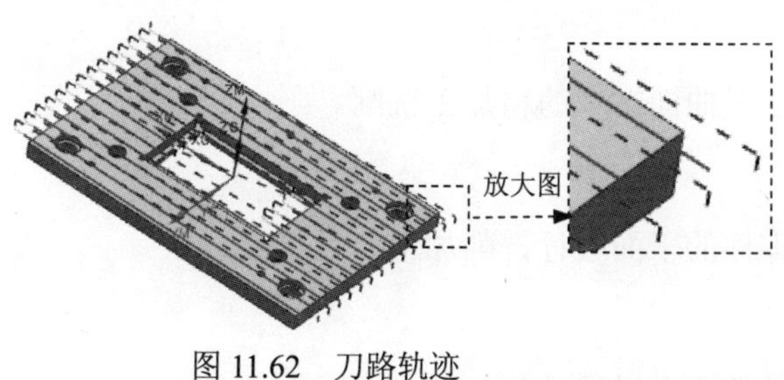

图 11.62　刀路轨迹

图 11.63　2D 仿真结果

Task21．保存文件

选择下拉菜单文件(F) → 保存(S)命令，保存文件。

实例 12　电话机凸模加工

下面以电话机凸模加工为例，来介绍在多工序加工中粗精加工工序的安排，以免影响零件的精度。该零件的加工工艺路线如图 12.1 和图 12.2 所示。

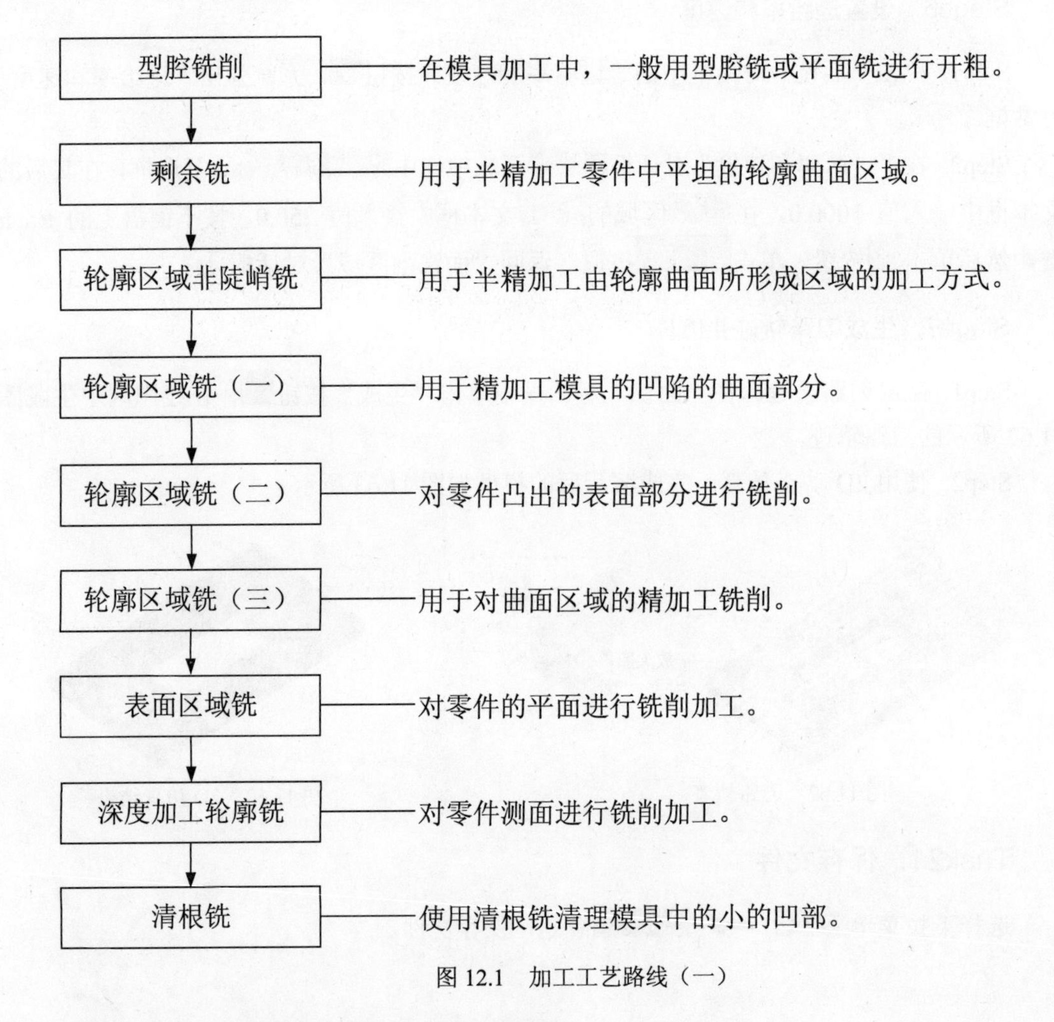

图 12.1　加工工艺路线（一）

Task1．打开模型文件并进入加工模块

Step1．打开模型文件 D:\ug8.11\work\ch12\ phone_lower.prt。

Step2．进入加工环境。选择下拉菜单 开始 → 加工(N)... 命令，系统弹出“加工环境”对话框；在“加工环境”对话框的 CAM 会话配置 列表框中选择 cam_general 选项，在 要创建的 CAM 设置 列表框中选择 mill contour 选项，单击 确定 按钮，进入加工环境。

Task2．创建几何体

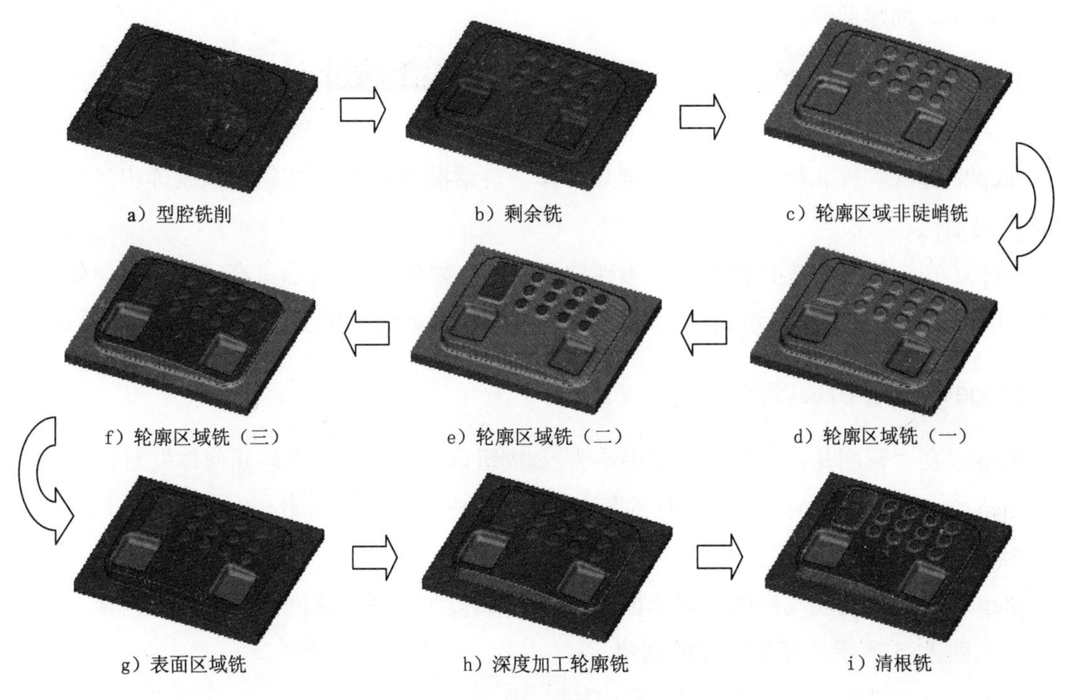

图 12.2　加工工艺路线（二）

Stage1．创建机床坐标系

Step1. 将工序导航器调整到几何视图，双击节点MCS_MILL，系统弹出“Mill Orient”对话框，在“Mill Orient”对话框的机床坐标系区域中单击“CSYS 对话框”按钮，系统弹出“CSYS”对话框。

Step2. 单击“CSYS”对话框操控器区域中的“操控器”按钮，系统弹出“点”对话框，在“点”对话框的Z文本框中输入值 30.0，单击确定按钮，此时系统返回至“CSYS”对话框，在该对话框中单击确定按钮，完成图 12.3 所示机床坐标系的创建。

Stage2．创建安全平面

Step1. 在“Mill Orient”对话框安全设置区域安全设置选项下拉列表中选择自动平面选项，然后在安全距离文本框中输入 10。

Step2. 单击“Mill Orient”对话框中的确定按钮，完成安全平面的创建。

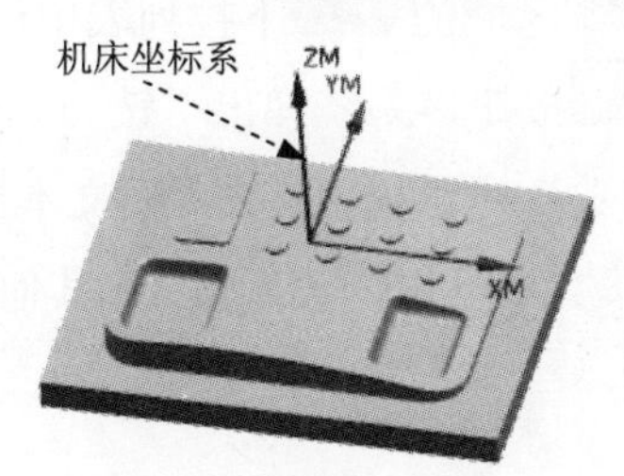

图 12.3　创建机床坐标系

Stage3. 创建部件几何体

Step1. 在工序导航器中双击 MCS_MILL 节点下的 WORKPIECE，系统弹出“铣削几何体”对话框。

Step2. 选取部件几何体。在“铣削几何体”对话框中单击按钮，系统弹出“部件几何体”对话框。

Step3. 在图形区中选择整个零件为部件几何体，如图 12.4 所示。在“部件几何体”对话框中单击 确定 按钮，完成部件几何体的创建，同时系统返回到“铣削几何体”对话框。

Stage4. 创建毛坯几何体

Step1. 在“铣削几何体”对话框中单击按钮，系统弹出“毛坯几何体”对话框。

Step2. 在“毛坯几何体”对话框的 类型 下拉列表中选择 包容块 选项，在 极限 区域的 ZM+ 文本框中输入值 7.0。

Step3. 单击“毛坯几何体”对话框中的 确定 按钮，系统返回到“铣削几何体”对话框，完成图 12.5 所示毛坯几何体的创建。

Step4. 单击“铣削几何体”对话框中的 确定 按钮。

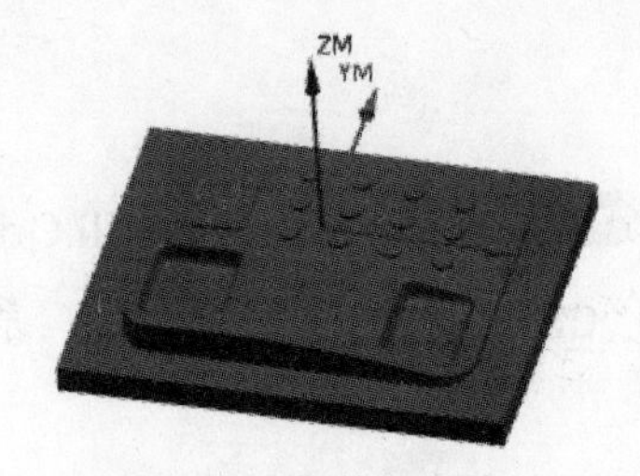

图 12.4 部件几何体

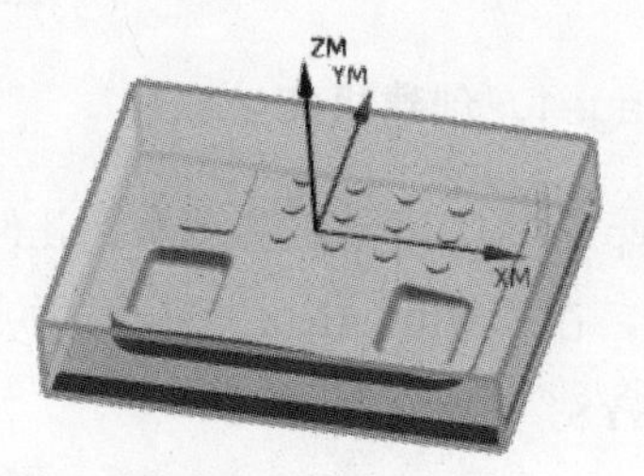

图 12.5 毛坯几何体

Task3. 创建刀具

Stage1. 创建刀具（一）

Step1. 将工序导航器调整到机床视图。

Step2. 选择下拉菜单 插入(S) → 刀具(T)... 命令，系统弹出“创建刀具”对话框。

Step3. 在“创建刀具”对话框 类型 下拉列表中选择 mill contour 选项，在 刀具子类型 区域中单击“MILL”按钮，在 位置 区域的 刀具 下拉列表中选择 GENERIC_MACHINE 选项，在 名称 文本框中输入 D10，然后单击 确定 按钮，系统弹出“铣刀-5 参数”对话框。

Step4. 系统弹出“铣刀-5 参数”对话框，在 (D) 直径 文本框中输入值 10.0，在 编号 区域的 刀具号、补偿寄存器、刀具补偿寄存器 文本框中均输入值 1，其他参数采用系统默认设置值，单击 确定 按钮，完成刀具的创建。

Stage2. 创建刀具（二）

设置刀具类型为 mill contour 选项，设置 刀具子类型 为“BALL_MILL” 类型 ，刀具名称为 B6，刀具 (D) 球直径 为 6.0，在 编号 区域的 刀具号 、补偿寄存器 、刀具补偿寄存器 文本框中均输入值 2；具体操作方法参照 Stage1。

Stage3．创建刀具（三）

设置刀具类型为 mill contour 选项，设置 刀具子类型 为“BALL_MILL”类型 ，刀具名称为 B5，刀具 (D) 球直径 为 5.0，在 编号 区域的 刀具号 、补偿寄存器 、刀具补偿寄存器 文本框中均输入值 3。

Stage4．创建刀具（四）

设置刀具类型为 mill contour 选项，设置 刀具子类型 为“MILL”类型 ，刀具名称为 D1，刀具 (D) 直径 为 1.0，在 编号 区域的 刀具号 、补偿寄存器 、刀具补偿寄存器 文本框中均输入值 4。

Task4．创建型腔铣操作

Stage1．创建工序

Step1. 将工序导航器调整到程序顺序视图。

Step2. 选择下拉菜单 插入(S) → 工序(E)... 命令，在“创建工序”对话框 类型 下拉列表中选择 mill_contour 选项，在 工序子类型 区域中单击“CAVITY_MILL”按钮 ，在 程序 下拉列表中选择 PROGRAM 选项，在 刀具 下拉列表中选择前面设置的刀具 D10 (铣刀-5 参数) 选项，在 几何体 下拉列表中选择 WORKPIECE 选项，在 方法 下拉列表中选择 MILL ROUGH 选项，使用系统默认的名称。

Step3. 单击“创建工序”对话框中的 确定 按钮，系统弹出“型腔铣”对话框。

Stage2．设置一般参数

在“型腔铣”对话框 切削模式 下拉列表中选择 跟随部件 选项；在 步距 下拉列表中选择 刀具平直百分比 选项，在 平面直径百分比 文本框中输入值 50.0；在 每刀的公共深度 下拉列表中选择 恒定 选项，在 最大距离 文本框中输入值 1.0。

Stage3．设置切削参数

Step1. 在 刀轨设置 区域中单击“切削参数”按钮 ，系统弹出“切削参数”对话框。

Step2. 在“切削参数”对话框中单击 策略 选项卡，在 切削 区域 切削顺序 下拉列表中选择 深度优先 选项；单击 连接 选项卡，在 开放刀路 下拉列表框中选择 变换切削方向 选项，其他参数采用系统默认设置值。

Step3. 单击“切削参数”对话框中的 确定 按钮，系统返回到“型腔铣”对话框。

Stage4．设置非切削移动参数。

Step1. 在“型腔铣”对话框中单击“非切削移动”按钮，系统弹出“非切削移动”对话框。

Step2. 单击“非切削移动”对话框中的 进刀 选项卡，在 进刀类型 下拉列表中选择 沿形状斜进刀 选项，在 封闭区域 中的 斜坡角 文本框中输入值 3.0，在 高度起点 下拉列表中选择 当前层 选项，其他参数采用系统默认值，单击 确定 按钮完成非切削移动参数的设置。

Stage5．设置进给率和速度

Step1. 在“型腔铣”对话框中单击“进给率和速度”按钮，系统弹出“进给率和速度”对话框。

Step2. 选中“进给率和速度”对话框 主轴速度 区域中的 ☑ 主轴速度 (rpm) 复选框，在其后的文本框中输入值 800.0，按 Enter 键，然后单击按钮，在 进给率 区域的 切削 文本框中输入值 250.0，按 Enter 键，然后单击按钮，其他参数采用系统默认设置值。

Step3. 单击 确定 按钮，完成进给率和速度的设置，系统返回“型腔铣”操作对话框。

Stage6．生成刀路轨迹并仿真

生成的刀路轨迹如图 12.6 所示，2D 动态仿真加工后的模型如图 12.7 所示。

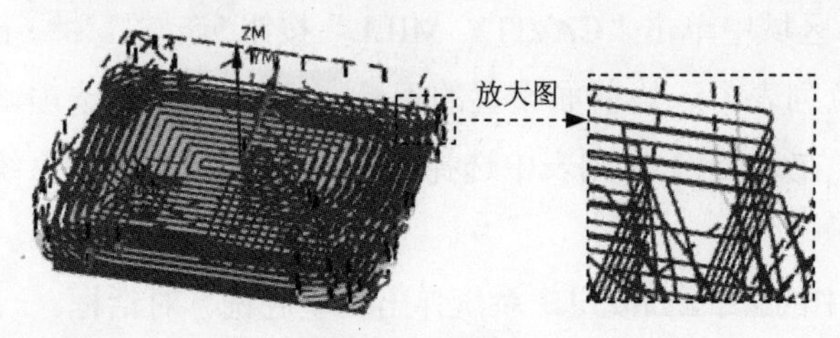

图 12.6 刀路轨迹

图 12.7 2D 仿真结果

Task5．创建剩余铣操作

Stage1．创建工序

Step1. 选择下拉菜单 插入(S) → 工序(E)... 命令，在“创建工序”对话框 类型 下拉列表中选择 mill_contour 选项，在 工序子类型 区域中单击“REST_MILLING”按钮，在 程序 下拉列表中选择 PROGRAM 选项，在 刀具 下拉列表中选择刀具 B6（铣刀-球头铣）选项，在 几何体 下拉列表中选择 WORKPIECE 选项，在 方法 下拉列表中选择 MILL ROUGH 选项，使用系统默认的名称“REST_MILLING”。

Step2. 单击“创建工序”对话框中的 确定 按钮，系统弹出“剩余铣”对话框。

Stage2．设置一般参数

在“剩余铣”对话框切削模式下拉列表中选择跟随部件选项，在步距下拉列表中选择刀具平直百分比选项，在平面直径百分比文本框中输入值 20.0；在每刀的公共深度下拉列表中选择恒定选项，在最大距离文本框中输入值 0.5。

Stage3．设置切削参数

Step1. 在刀轨设置区域中单击“切削参数”按钮，系统弹出“切削参数”对话框。

Step2. 在“切削参数”对话框中单击策略选项卡，在切削区域切削顺序下拉列表中选择深度优先选项；单击连接选项卡，在开放刀路下拉列表框中选择变换切削方向选项，其他参数采用系统默认设置值。

Step3. 单击“切削参数”对话框中的确定按钮，系统返回到“剩余铣”对话框。

Stage4．设置非切削移动参数

采用系统默认的非切削移动参数。

Stage5．设置进给率和速度

Step1. 在“剩余铣”对话框中单击“进给率和速度”按钮，系统弹出“进给率和速度”对话框。

Step2. 选中“进给率和速度”对话框主轴速度区域中的主轴速度 (rpm)复选框，在其后的文本框中输入值 1200.0，按 Enter 键，然后单击按钮，在进给率区域的切削文本框中输入值 250.0，按 Enter 键，然后单击按钮，其他参数采用系统默认设置值。

Step3. 单击确定按钮，完成进给率和速度的设置，系统返回“剩余铣”操作对话框。

Stage6．生成刀路轨迹并仿真

生成的刀路轨迹如图 12.8 所示，2D 动态仿真加工后的模型如图 12.9 所示。

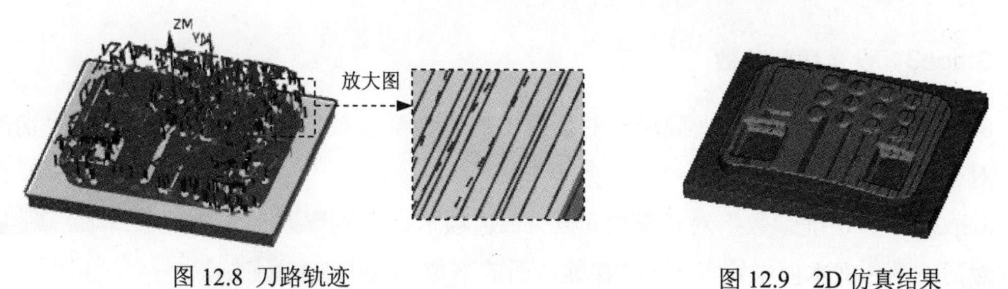

图 12.8　刀路轨迹　　图 12.9　2D 仿真结果

Task6．创建轮廓区域非陡峭铣操作

Stage1．创建工序

Step1. 选择下拉菜单插入(S) → 工序(E)...命令，在“创建工序”对话框类型下拉

列表中选择mill_contour选项，在工序子类型区域中单击“CONTOUR_AREA_NON_STEEP”按钮，在程序下拉列表中选择PROGRAM选项，在刀具下拉列表中选择B6（铣刀-球头铣）选项，在几何体下拉列表中选择WORKPIECE选项，在方法下拉列表中选择MILL_SEMI_FINISH选项，使用系统默认的名称。

Step2. 单击“创建工序”对话框中的确定按钮，系统弹出“轮廓区域非陡峭”对话框。

Stage2. 设置驱动方式

Step1. 在“轮廓区域非陡峭”对话框驱动方法区域的方法下列表中选择区域铣削选项，单击“编辑”按钮，系统弹出“区域铣削驱动方法”对话框。

Step2. 在“区域铣削驱动方法”对话框中设置图 12.10 所示的参数，然后单击确定按钮，系统返回到“轮廓区域非陡峭”对话框。

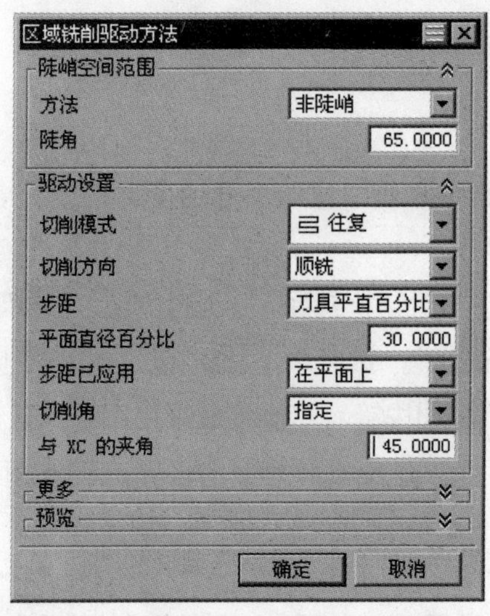

图 12.10 “区域铣削驱动方法”对话框

Stage3. 设置切削参数

Step1. 单击“轮廓区域非陡峭”对话框中的“切削参数”按钮，系统弹出“切削参数”对话框。

Step2. 在“切削参数”对话框中单击策略选项卡，在延伸刀轨区域选中☑在边上延伸复选框，然后在距离文本框中输入 1，并在其后面的下拉列表中选择mm选项。

Step3. 单击“切削参数”对话框中的确定按钮，完成切削参数的设置，系统返回到“轮廓区域非陡峭”对话框。

Stage4. 设置非切削移动参数。

采用系统默认的非切削移动参数。

Stage5. 设置进给率和速度

Step1. 在“轮廓区域非陡峭”对话框中单击“进给率和速度”按钮，系统弹出“进给率和速度”对话框。

Step2. 选中“进给率和速度”对话框主轴速度区域中的☑ 主轴速度 (rpm)复选框，在其后文本框中输入值 1200.0，按 Enter 键，然后单击按钮，在进给率区域的切削文本框中输入值 300.0，按 Enter 键，然后单击按钮，其他参数采用系统默认设置值。

Step3. 单击 确定 按钮，完成进给率和速度的设置，系统返回“轮廓区域非陡峭”对话框。

Stage6. 生成刀路轨迹并仿真

生成的刀路轨迹如图 12.11 所示，2D 动态仿真加工后的模型如图 12.12 所示。

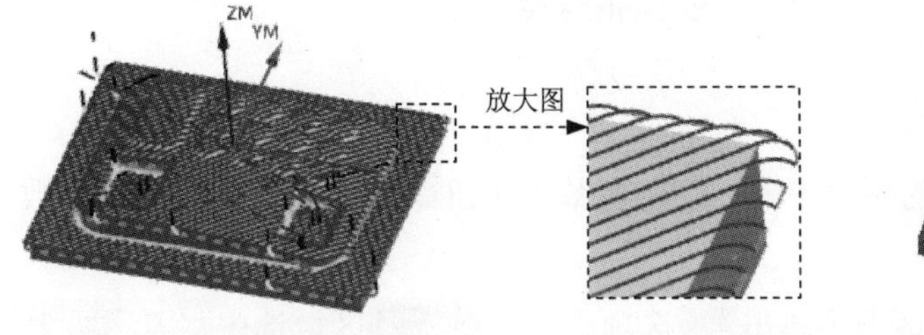

图 12.11　刀路轨迹

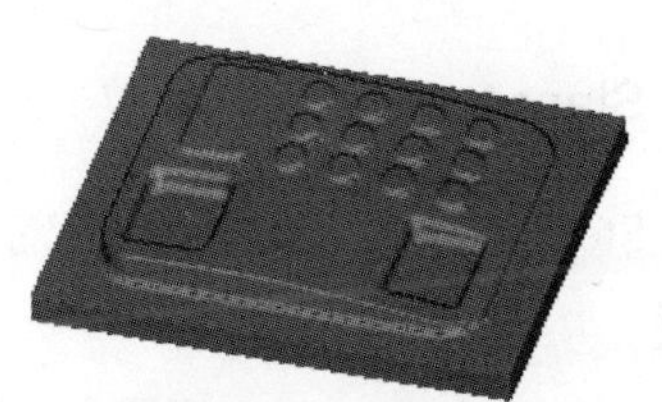

图 12.12　2D 仿真结果

Task7. 创建轮廓区域铣操作（一）

Stage1. 创建工序

Step1. 选择下拉菜单 插入(S) → 工序(E)... 命令，在“创建工序”对话框类型下拉列表中选择mill_contour选项，在工序子类型区域中单击“CONTOUR_AREA”按钮，在程序下拉列表中选择PROGRAM选项，在刀具下拉列表中选择B5 (铣刀-球头铣)选项，在几何体下拉列表中选择WORKPIECE选项，在方法下拉列表中选择MILL_FINISH选项，使用系统默认的名称。

Step2. 单击“创建工序”对话框中的 确定 按钮，系统弹出“轮廓区域”对话框。

Stage2. 指定切削区域

Step1. 在几何体区域中单击“选择或编辑切削区域几何体”按钮，系统弹出“切削区域”对话框。

Step2. 选取图 12.13 所示的面（共 51 个面）为切削区域，在“切削区域”对话框中单击 确定 按钮，完成切削区域的创建，同时系统返回到“轮廓区域”对话框。

Stage3. 设置驱动方式

Step1. 在“轮廓区域”对话框驱动方法区域的方法下拉列表中选择区域铣削选项，单击“编辑”按钮，系统弹出“区域铣削驱动方法”对话框。

Step2. 在“区域铣削驱动方法”对话框驱动设置区域切削模式下拉列表中选择跟随周边选项，在步距下拉列表中选择恒定选项，在最大距离文本框中输入0.25，在步距已应用下拉列表中选择在部件上选项，然后单击确定按钮，系统返回到“轮廓区域”对话框。

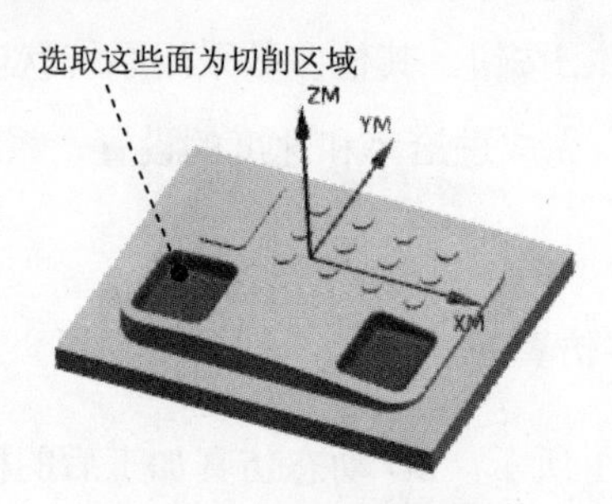

图12.13 指定切削区域

Stage4. 设置切削参数

Step1. 单击“轮廓区域”对话框中的“切削参数”按钮，系统弹出“切削参数”对话框。

Step2. 在“切削参数”对话框中单击策略选项卡，在延伸刀轨区域选中☑在边上延伸复选框，然后在距离文本框中输入1，并在其后面的下拉列表中选择mm选项。

Step3. 单击“切削参数”对话框中的确定按钮，完成切削参数的设置，系统返回到“轮廓区域”对话框。

Stage5. 设置非切削移动参数。

采用系统默认的非切削移动参数。

Stage6. 设置进给率和速度

Step1. 在“轮廓区域”对话框中单击“进给率和速度”按钮，系统弹出“进给率和速度”对话框。

Step2. 选中“进给率和速度”对话框主轴速度区域中的☑主轴速度（rpm）复选框，在其后文本框中输入值2200.0，按Enter键，然后单击按钮，在进给率区域的切削文本框中输入值600.0，按Enter键，然后单击按钮，其他参数采用系统默认设置值。

Step3. 单击确定按钮，完成进给率和速度的设置，系统返回“轮廓区域”对话框。

Stage7. 生成刀路轨迹并仿真

生成的刀路轨迹如图12.14所示，2D动态仿真加工后的模型如图12.15所示。

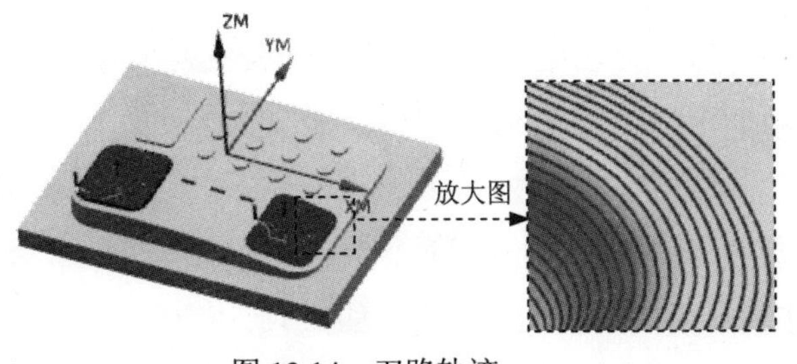

图 12.14　刀路轨迹

图 12.15　2D 仿真结果

Task8．创建轮廓区域铣操作（二）

Stage1．创建工序

Step1. 选择下拉菜单插入(S) → 工序(E)...命令，在“创建工序”对话框类型下拉列表中选择mill_contour选项，在工序子类型区域中单击“CONTOUR_AREA”按钮，在程序下拉列表中选择PROGRAM选项，在刀具下拉列表中选择B5（铣刀-球头铣）选项，在几何体下拉列表中选择WORKPIECE选项，在方法下拉列表中选择MILL_FINISH选项，使用系统默认的名称。

Step2. 单击“创建工序”对话框中的确定按钮，系统弹出“轮廓区域”对话框。

Stage2．指定切削区域

Step1. 在几何体区域中单击“选择或编辑切削区域几何体”按钮，系统弹出“切削区域”对话框。

Step2. 选取图 12.16 所示的面（共 13 个面）为切削区域，在“切削区域”对话框中单击确定按钮，完成切削区域的创建，同时系统返回到“轮廓区域”对话框。

Stage3．设置驱动方式

Step1. 在“轮廓区域”对话框驱动方法区域的方法下拉列表中选择区域铣削选项，单击“编辑”按钮，系统弹出“区域铣削驱动方法”对话框。

Step2. 在“区域铣削驱动方法”对话框驱动设置区域切削模式下拉列表中选择往复选项，在步距下拉列表中选择恒定选项，在最大距离文本框中输入 0.25，在步距已应用下拉列表中选择在部件上选项，然后单击确定按钮，系统返回到“轮廓区域”对话框。

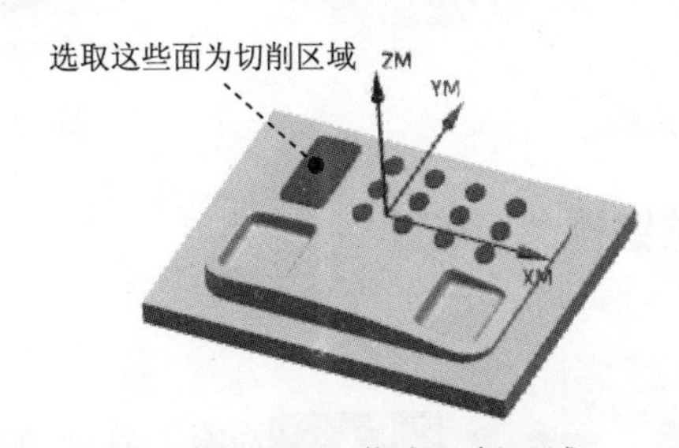

图 12.16　指定切削区域

Stage4．设置切削参数

Step1. 单击“轮廓区域”对话框中的“切削参数”按钮，系统弹出“切削参数”对话框。

Step2. 在“切削参数”对话框中单击策略选项卡，在延伸刀轨区域选中☑在边上延伸复选框，然后在距离文本框中输入 1，并在其后面的下拉列表中选择mm选项。

Step3. 单击余量选项卡，在公差区域的内公差和外公差文本框中分别输入 0.01，其他采用系统默认参数设置值。

Step4. 单击“切削参数”对话框中的确定按钮，完成切削参数的设置，系统返回到“轮廓区域”对话框。

Stage5．设置非切削移动参数。

采用系统默认的非切削移动参数。

Stage6．设置进给率和速度

Step1. 在“轮廓区域”对话框中单击“进给率和速度”按钮，系统弹出“进给率和速度”对话框。

Step2. 选中“进给率和速度”对话框主轴速度区域中的☑主轴速度（rpm）复选框，在其后文本框中输入值 2500.0，按 Enter 键，然后单击按钮，在进给率区域的切削文本框中输入值 300.0，按 Enter 键，然后单击按钮，其他参数采用系统默认设置值。

Step3. 单击确定按钮，完成进给率和速度的设置，系统返回“轮廓区域”对话框。

Stage7．生成刀路轨迹并仿真

生成的刀路轨迹如图 12.17 所示，2D 动态仿真加工后的模型如图 12.18 所示。

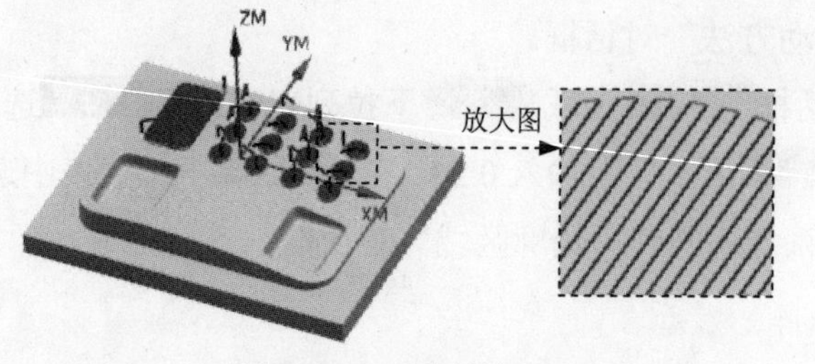

图 12.17 刀路轨迹

图 12.18 2D 仿真结果

Task9．创建轮廓区域铣操作（三）

Stage1．创建工序

Step1. 选择下拉菜单插入(S) → 工序(E)...命令，在“创建工序”对话框类型下拉列表中选择mill_contour选项，在工序子类型区域中单击“CONTOUR_AREA”按钮，在程序下拉列表中选择PROGRAM选项，在刀具下拉列表中选择B5（铣刀-球头铣）选项，在几何体下拉列表中选择WORKPIECE选项，在方法下拉列表中选择MILL_FINISH选项，使用系统默认的名称。

Step2. 单击“创建工序”对话框中的确定按钮，系统弹出“轮廓区域”对话框。

Stage2. 指定切削区域

Step1. 在几何体区域中单击“选择或编辑切削区域几何体”按钮，系统弹出“切削区域”对话框。

Step2. 选取图 12.19 所示的面为切削区域，在“切削区域”对话框中单击确定按钮，完成切削区域的创建，同时系统返回到“轮廓区域”对话框。

Stage3. 设置驱动方式

Step1. 在“轮廓区域”对话框驱动方法区域的方法下拉列表中选择区域铣削选项，单击“编辑”按钮，系统弹出“区域铣削驱动方法”对话框。

Step2. 在“区域铣削驱动方法”对话框驱动设置区域切削模式下拉列表中选择跟随周边选项，在步距下拉列表中选择恒定选项，在最大距离文本框中输入 0.2，在步距已应用下拉列表中选择在部件上选项，然后单击确定按钮，系统返回到“轮廓区域”对话框。

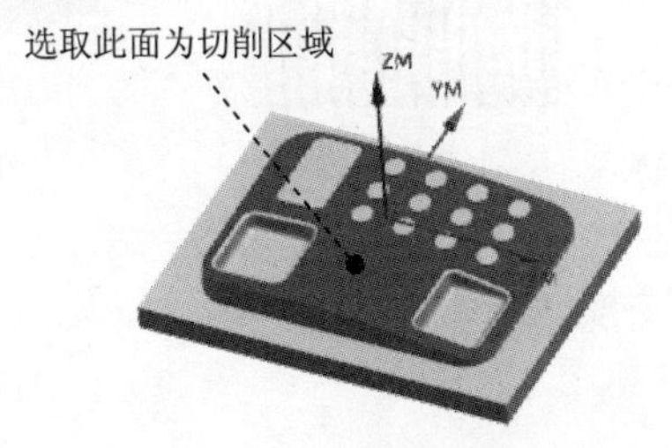

图 12.19　指定切削区域

Stage4. 设置切削参数

Step1. 单击“轮廓区域”对话框中的“切削参数”按钮，系统弹出“切削参数”对话框。

Step2. 在“切削参数”对话框中单击策略选项卡，在延伸刀轨区域选中☑ 在边上延伸复选框，然后在距离文本框中输入 1，并在其后面的下拉列表中选择mm选项。

Step3. 单击余量选项卡，在公差区域的内公差和外公差文本框中分别输入 0.01，其他采用系统默认参数设置值。

Step4. 单击“切削参数”对话框中的确定按钮，完成切削参数的设置，系统返回到“轮廓区域”对话框。

Stage5. 设置非切削移动参数

采用系统默认的非切削移动参数。

Stage6．设置进给率和速度

Step1．在“轮廓区域”对话框中单击“进给率和速度”按钮，系统弹出“进给率和速度”对话框。

Step2．选中“进给率和速度”对话框主轴速度区域中的☑ 主轴速度（rpm）复选框，在其后文本框中输入值 1600.0，按 Enter 键，然后单击按钮，在进给率区域的切削文本框中输入值 300.0，按 Enter 键，然后单击按钮，其他参数采用系统默认设置值。

Step3．单击确定按钮，完成进给率和速度的设置，系统返回“轮廓区域”对话框。

Stage7．生成刀路轨迹并仿真

生成的刀路轨迹如图 12.20 所示，2D 动态仿真加工后的模型如图 12.21 所示。

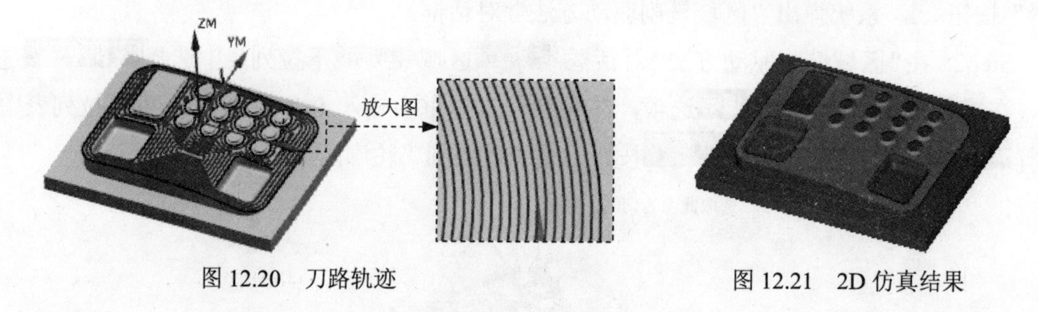

图 12.20 刀路轨迹

图 12.21 2D 仿真结果

Task10．创建表面区域铣操作

Stage1．创建工序

Step1．选择下拉菜单插入(S) → 工序(E)... 命令，系统弹出“创建工序”对话框。

Step2．在“创建工序”对话框类型下拉列表中选择mill_planar选项，在工序子类型区域中单击“FACE_MILLING_AREA”按钮，在程序下拉列表中选择PROGRAM选项，在刀具下拉列表中选择D10（铣刀-5 参数）选项，在几何体下拉列表中选择WORKPIECE选项，在方法下拉列表中选择MILL_FINISH选项，使用系统默认的名称。

Step3．单击“创建工序”对话框中的确定按钮，系统弹出“面铣削区域”对话框。

Stage2．指定切削区域

Step1．单击“面铣削区域”对话框中的“选择或编辑切削区域几何体”按钮，系统弹出“切削区域”对话框。

Step2．在图形区选取图 12.22 所示的切削区域，单击“切削区域”对话框中的确定按钮，系统返回到“面铣削区域”对话框。

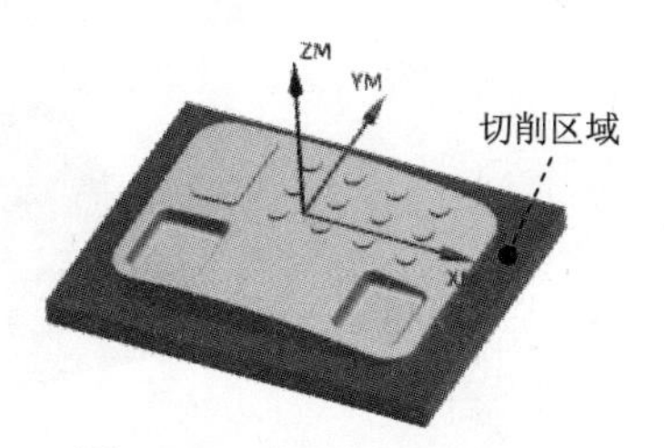

图 12.22　指定切削区域

Stage3．设置一般参数

在“面铣削区域”对话框几何体区域选中☑自动壁复选框，在刀轨设置区域切削模式下拉列表中选择跟随周边选项，在步距下拉列表中选择刀具平直百分比选项，在平面直径百分比文本框中输入值 75.0，在毛坯距离文本框中输入值 1，在每刀深度文本框中输入值 0.0，在最终底面余量文本框中输入值 0.0。

Stage4．设置切削参数

Step1. 单击“面铣削区域”对话框中的“切削参数”按钮，系统弹出“切削参数”对话框。

Step2. 单击“切削参数”对话框中的策略选项卡，在切削区域刀路方向下拉列表中选择向内选项；在壁区域选中☑岛清根复选框。

Step3. 单击“切削参数”对话框中的确定按钮，完成切削参数的设置，系统返回到“面铣削区域”对话框。

Stage5．设置非切削移动参数

采用系统默认的非切削移动参数值。

Stage6．设置进给率和速度

Step1. 单击“面铣削区域”对话框中的“进给率和速度”按钮，系统弹出“进给率和速度”对话框。

Step2. 选中“进给率和速度”对话框主轴速度区域中的☑主轴速度 (rpm)复选框，在其后的文本框中输入值 1200.0，按 Enter 键，然后单击按钮，在进给率区域的切削文本框中输入值 250.0，按 Enter 键，然后单击按钮，单击确定按钮，返回“面铣削区域”对话框。

Stage7．生成刀路轨迹并仿真

生成的刀路轨迹如图 12.23 所示，2D 动态仿真加工后的模型如图 12.24 所示。

Task11．创建深度加工轮廓铣操作

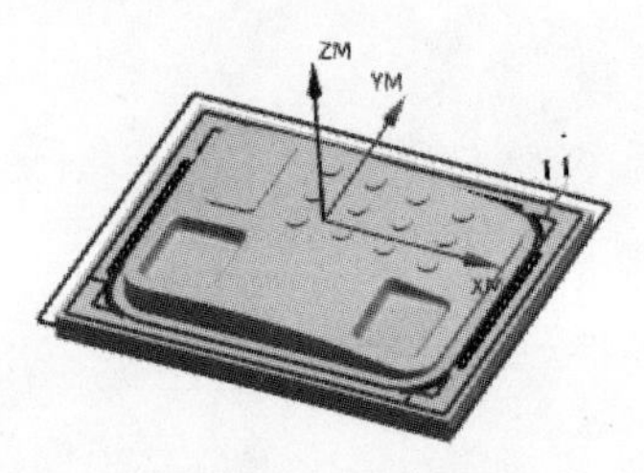

图 12.23　刀路轨迹

图 12.24　2D 仿真结果

Stage1．创建工序

Step1. 选择下拉菜单插入(S) → 工序(E)... 命令，在“创建工序”对话框中类型下拉菜单中选择mill_contour选项，在工序子类型区域中单击“ZLEVEL_PROFILE”按钮，在程序下拉列表中选择PROGRAM选项，在刀具下拉列表中选择刀具D10 (铣刀-5 参数)选项，在几何体下拉列表中选择WORKPIECE选项，在方法下拉列表中选择MILL FINISH选项，使用系统默认的名称。

Step2. 单击“创建工序”对话框中的确定按钮，系统弹出“深度加工轮廓”对话框。

Stage2．指定切削区域

Step1. 在“深度加工轮廓”对话框几何体区域中单击指定切削区域右侧的按钮，系统弹出“切削区域”对话框。

Step2. 在图形区中选取图 12.25 所示的面（共 8 个）为切削区域，然后单击“切削区域”对话框中的确定按钮，系统返回到“深度加工轮廓”对话框。

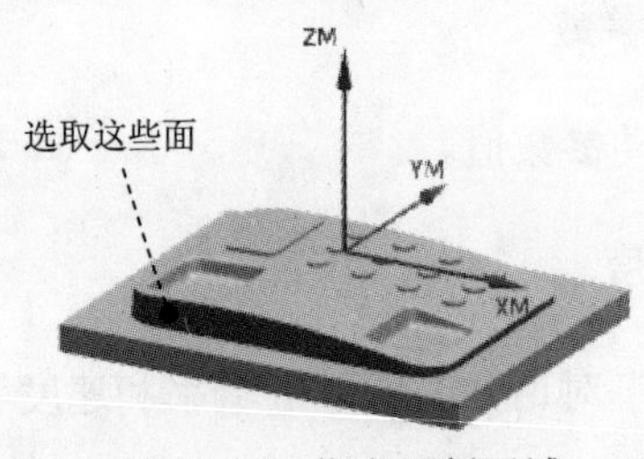

图 12.25　指定切削区域

Stage3．设置一般参数

在“深度加工轮廓”对话框合并距离文本框中输入值 3.0，在最小切削长度文本框中输入值 1.0，在每刀的公共深度下拉列表中选择恒定选项，在最大距离文本框中输入值 0.25。

Stage4．设置切削参数

Step1. 单击“深度加工轮廓”对话框中的“切削参数”按钮，系统弹出“切削参数”对话框。

Step2. 在“切削参数”对话框中单击策略选项卡，在切削区域切削顺序下拉列表中选择层优先选项，然后选中☑ 在刀具接触点下继续切削复选框。

Step3. 单击余量选项卡，在公差区域的内公差和外公差文本框中分别输入 0.01，其他采用系统默认参数设置值。

Step4. 在“切削参数”对话框中单击连接选项卡，在层之间区域层到层下拉列表框中选择直接对部件进刀选项。

Step5. 单击“切削参数”对话框中的确定按钮，完成切削参数的设置，系统返回到“深度加工轮廓”对话框。

Stage5. 设置非切削移动参数

参数采用系统默认设置值。

Stage6. 设置进给率和速度

Step1. 在“深度加工轮廓”对话框中单击“进给率和速度”按钮，系统弹出“进给率和速度”对话框。

Step2. 选中“进给率和速度”对话框主轴速度区域中的☑ 主轴速度（rpm）复选框，在其后的文本框中输入值 1200.0，按 Enter 键，然后单击按钮，在进给率区域的切削文本框中输入值 250.0，按 Enter 键，然后单击按钮，其他参数采用系统默认设置值。

Step3. 单击确定按钮，完成进给率和速度的设置，系统返回“深度加工轮廓”对话框。

Stage7. 生成刀路轨迹并仿真

生成的刀路轨迹如图 12.26 所示，2D 动态仿真加工后的模型如图 12.27 所示。

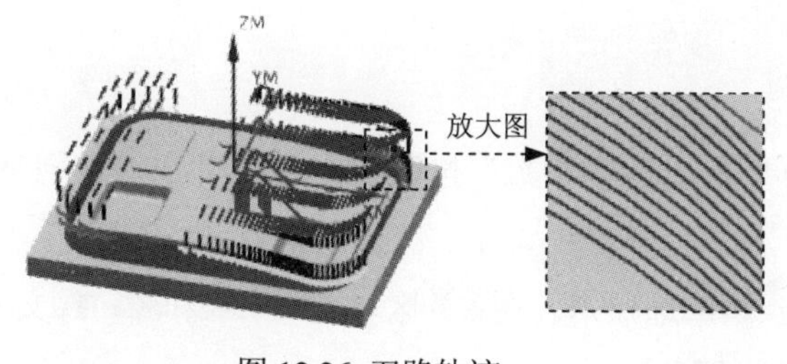

图 12.26 刀路轨迹

图 12.27 2D 仿真结果

Task12. 创建清根铣操作

Stage1. 创建工序

Step1. 选择下拉菜单插入(S) → 工序(E)... 命令，系统弹出“创建工序”对话框。

Step2. 确定加工方法。在“创建工序”对话框类型下拉列表中选择mill_contour选项，在工序子类型区域中选择“FLOWCUT_REF_TOOL”按钮，在程序下拉列表中选择PROGRAM选项，在刀具下拉列表中选择D1（铣刀-5 参数）选项，在几何体下拉列表中选择WORKPIECE选项，在方法下拉列表中选择MILL_FINISH选项，单击确定按钮，系统弹出“清根参考刀具”对话框。

Stage2．指定切削区域

在“清根参考刀具”对话框中单击按钮，系统弹出“切削区域”对话框，采用系统默认的选项，选取图 12.28 所示的切削区域（共 46 个面），单击确定按钮，系统返回到“清根参考刀具”对话框。

Stage3．设置驱动设置

Step1．单击“清根参考刀具”对话框驱动方法区域的“编辑”按钮，然后在系统弹出的“清根驱动方法”对话框，设置如图 12.29 所示的参数。

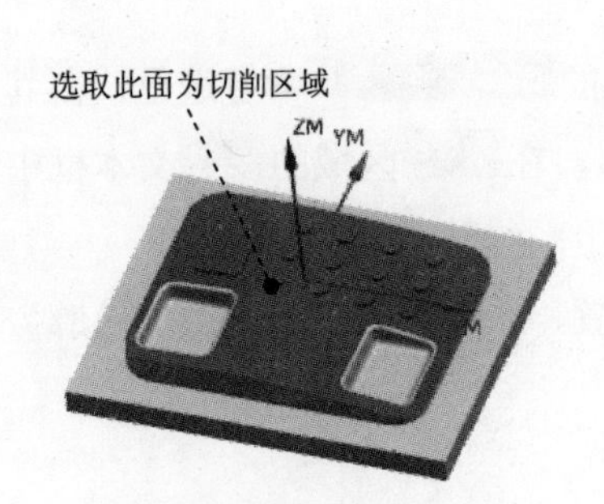

图 12.28 指定切削区域

图 12.29 设置驱动设置

Step2．单击确定按钮，系统返回到“清根参考刀具”对话框。

Stage4．设置切削参数

Step1．单击“清根参考刀具”对话框中的“切削参数”按钮，系统弹出“切削参数”对话框。

Step2．在“切削参数”对话框中单击余量选项卡，在公差区域的内公差和外公差文本框中分别输入 0.01，其他采用系统默认参数设置值。

Step3．单击“切削参数”对话框中的确定按钮，完成切削参数的设置，系统返回到“清根参考刀具”对话框。

Stage5．设置进给率和速度

Step1．单击“清根参考刀具”对话框中的“进给率和速度”按钮，系统弹出“进给率和速度”对话框。

Step2. 在“进给率和速度”对话框中选中 主轴速度（rpm） 复选框，然后在其文本框中输入值 8000.0，按 Enter 键，然后单击按钮，在 切削 文本框中输入值 600.0，按 Enter 键，然后单击按钮，其他参数均采用系统默认设置值。

Step3. 单击“进给率和速度”对话框中的 确定 按钮，完成切削参数的设置，系统返回到“清根参考刀具”对话框。

Stage6. 生成刀路轨迹并仿真

生成的刀路轨迹如图 12.30 所示，2D 动态仿真加工后的模型如图 12.31 所示。

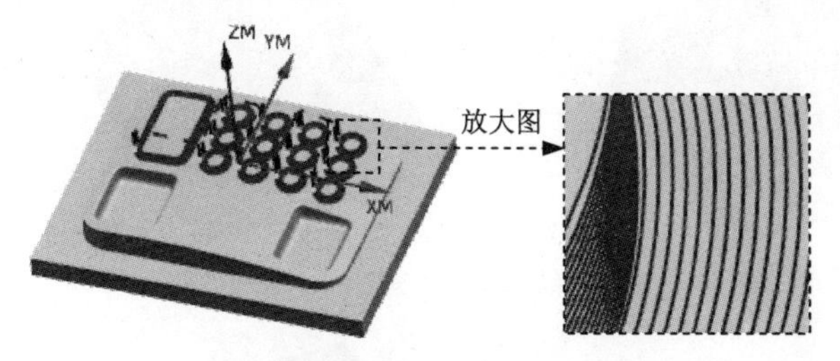

图 12.30 刀路轨迹

图 12.31 2D 仿真结果

Task13. 保存文件

选择下拉菜单 文件(F) → 保存(S) 命令，保存文件。

实例 13　鼠标盖凹模加工

本实例为鼠标盖凹模，该模型加工要经过多道工序，要使用型腔铣工序、表面区域铣、等高线轮廓铣、轮廓区域铣等加工操作，特别要注意的是对一些细节部位的加工。下面将详细介绍鼠标盖凹模的加工方法，其加工工艺路线如图 13.1 所示。

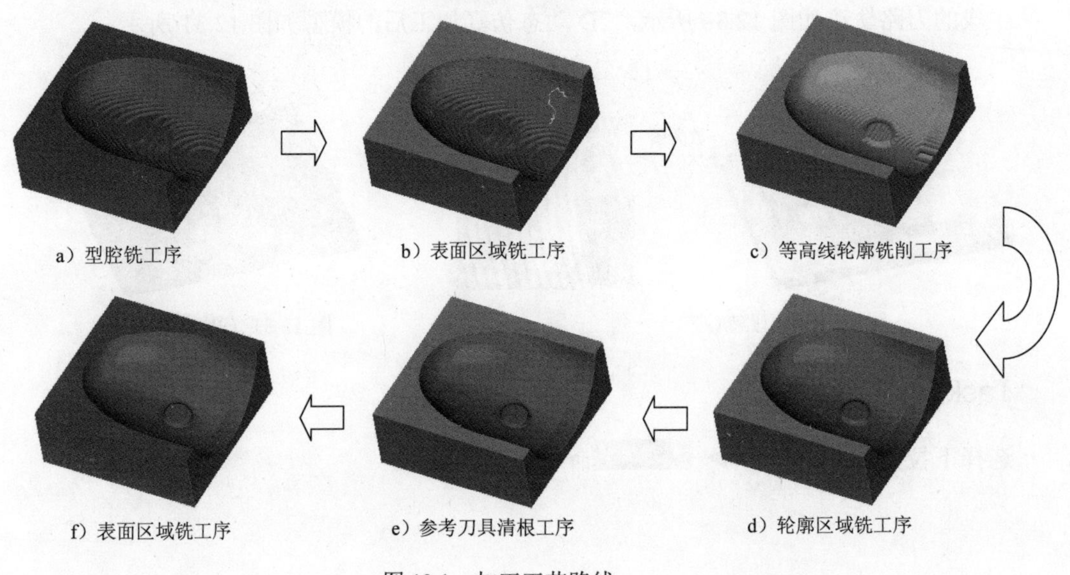

图 13.1　加工工艺路线

Task1．打开模型文件并进入加工模块

Step1. 打开模型文件 D:\ug8.11\work\ch13\ mouse_upper_mold.prt。

Step2. 进入加工环境。选择下拉菜单 开始 → 加工(N)... 命令，系统弹出“加工环境”对话框；在“加工环境”对话框的 CAM 会话配置 列表框中选择 cam_general 选项，在 要创建的 CAM 设置 列表框中选择 mill contour 选项，单击 确定 按钮，进入加工环境。

Task2．创建几何体

Stage1．创建机床坐标系

Step1. 将工序导航器调整到几何视图，双击节点 MCS_MILL，系统弹出“Mill Orient”对话框，在“Mill Orient”对话框的 机床坐标系 区域中单击“CSYS 对话框”按钮，系统弹出“CSYS”对话框。

Step2. 在图形区 Z 文本框中输入值 5.0，单击 确定 按钮，此时系统返回至“CSYS”对话框，在该对话框中单击 确定 按钮，完成图 13.2 所示机床坐标系的创建。

Stage2. 创建安全平面

Step1. 在“Mill Orient”对话框安全设置区域安全设置选项下拉列表中选择平面选项，在绘图区域选取图 13.3 所示的面，然后在距离文本框中输入 15。

Step2. 单击“Mill Orient”对话框中的确定按钮，完成安全平面的创建。

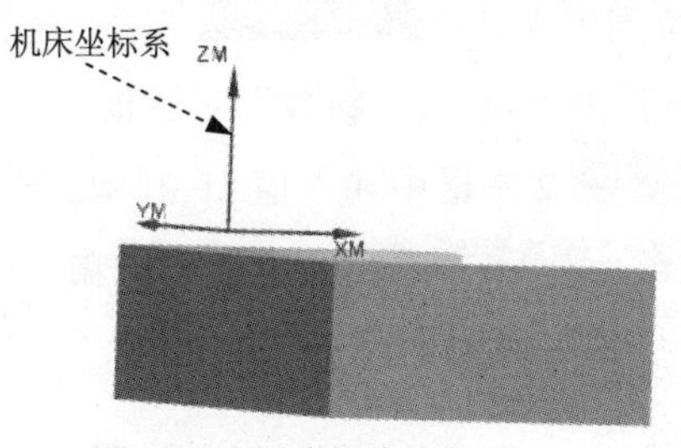

图 13.2　创建机床坐标系

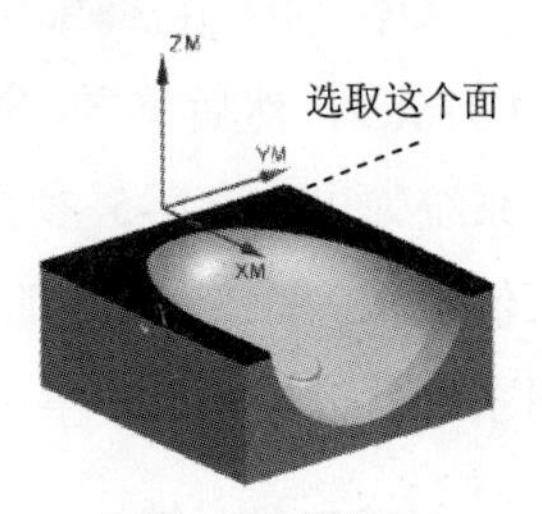

图 13.3　参考面

Stage3. 创建部件几何体

Step1. 在工序导航器中双击MCS_MILL节点下的WORKPIECE，系统弹出“铣削几何体”对话框。

Step2. 选取部件几何体。在“铣削几何体”对话框中单击按钮，系统弹出“部件几何体”对话框。

Step3. 在图形区中选择整个零件为部件几何体。在“部件几何体”对话框中单击确定按钮，完成部件几何体的创建，同时系统返回到“铣削几何体”对话框。

Stage4. 创建毛坯几何体

Step1. 在“铣削几何体”对话框中单击按钮，系统弹出“毛坯几何体”对话框。

Step2. 在“毛坯几何体”对话框的类型下拉列表中选择包容块选项，在极限区域的ZM+文本框中输入值 5.0。

Step3. 单击“毛坯几何体”对话框中的确定按钮，系统返回到“铣削几何体”对话框，完成图 13.4 所示毛坯几何体的创建。

Step4. 单击“铣削几何体”对话框中的确定按钮。

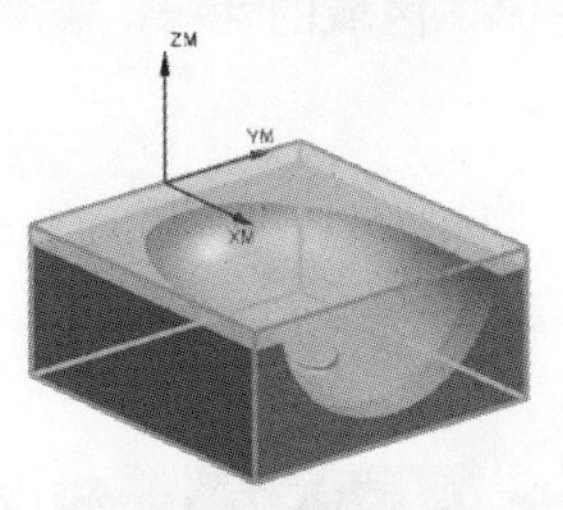

图 13.4　毛坯几何体

Task3. 创建刀具

Stage1．创建刀具（一）

Step1．将工序导航器调整到机床视图。

Step2．选择下拉菜单 插入(S) → 刀具(T)... 命令，系统弹出“创建刀具”对话框。

Step3．在“创建刀具”对话框 类型 下拉列表中选择 mill_planar 选项，在 刀具子类型 区域中单击“MILL”按钮，在 位置 区域的 刀具 下拉列表中选择 GENERIC_MACHINE 选项，在 名称 文本框中输入 T1D16R2，然后单击 确定 按钮，系统弹出“铣刀-5 参数”对话框。

Step4．系统弹出“铣刀-5 参数”对话框，在 (D) 直径 文本框中输入值 16.0，在 (R1) 下半径 文本框中输入值 2.0，在 编号 区域的 刀具号、补偿寄存器、刀具补偿寄存器 文本框中均输入值 1，其他参数采用系统默认设置值，单击 确定 按钮，完成刀具的创建。

Stage2．创建刀具（二）

设置刀具类型为 mill contour 选项，刀具子类型 单击选择“BALL_MILL”按钮，刀具名称为 T2D10，刀具 (D) 球直径 为 10.0，在 编号 区域的 刀具号、补偿寄存器、刀具补偿寄存器 文本框中均输入值 2；具体操作方法参照 Stage1。

Stage3．创建刀具（三）

设置刀具类型为 mill contour 选项，刀具子类型 单击选择“BALL_MILL”按钮，刀具名称为 T3D8R4，刀具 (D) 球直径 为 8.0，在 编号 区域的 刀具号、补偿寄存器、刀具补偿寄存器 文本框中均输入值 3。

Stage4．创建刀具（四）

设置刀具类型为 mill contour 选项，刀具子类型 单击选择“BALL_MILL”按钮，刀具名称为 T4D5R2.5，刀具 (D) 球直径 为 5.0，在 编号 区域的 刀具号、补偿寄存器、刀具补偿寄存器 文本框中均输入值 4。

Stage5．创建刀具（五）

设置刀具类型为 mill contour 选项，刀具子类型 单击选择“BALL_MILL”按钮，刀具名称为 T5B2，刀具 (D) 球直径 为 2.0，在 编号 区域的 刀具号、补偿寄存器、刀具补偿寄存器 文本框中均输入值 5。

Task4．创建型腔铣工序

Stage1．插入工序

Step1．选择下拉菜单 插入(S) → 工序(E)... 命令，在“创建工序”对话框 类型 下拉列表中选择 mill_contour 选项，在 工序子类型 区域中单击“CAVITY_MILL”按钮，在 程序 下拉列表中选择 PROGRAM 选项，在 刀具 下拉列表中选择前面设置的刀具 T1D16R2（铣刀-5 参数）选项，在几何体下拉列表中选择WORKPIECE选项，在方法下拉列表中选择MILL ROUGH选项，使用系统默认的名称。

Step2. 单击“创建工序”对话框中的确定按钮，系统弹出“型腔铣”对话框。

Stage2．设置一般参数

在“型腔铣”对话框切削模式下拉列表中选择跟随部件选项；在步距下拉列表中选择刀具平直百分比选项，在平面直径百分比文本框中输入值 50.0；在每刀的公共深度下拉列表中选择恒定选项，在最大距离文本框中输入值 1.0。

Stage3．设置切削参数

Step1. 在刀轨设置区域中单击“切削参数”按钮，系统弹出“切削参数”对话框。

Step2. 在“切削参数”对话框中单击连接选项卡，在开放刀路下拉列表中选择变换切削方向，其他参数采用系统默认设置值。

Step3. 在“切削参数”对话框中单击空间范围选项卡，在修剪方式下拉菜单中选择轮廓线，其他参数采用系统默认设置值。

Step4. 单击“切削参数”对话框中的确定按钮，系统返回到“型腔铣”对话框。

Stage4．设置非切削移动参数

采用系统默认的非切削参数设置值。

Stage5．设置进给率和速度

Step1. 在“型腔铣”对话框中单击“进给率和速度”按钮，系统弹出“进给率和速度”对话框。

Step2. 选中“进给率和速度”对话框主轴速度区域中的☑ 主轴速度 (rpm)复选框，在其后的文本框中输入值 1000.0，按 Enter 键，然后单击按钮，在进给率区域的切削文本框中输入值 300.0，按 Enter 键，然后单击按钮，其他参数采用系统默认设置值。

Step3. 单击确定按钮，完成进给率和速度的设置，系统返回“型腔铣”操作对话框。

Stage6．生成刀路轨迹并仿真

生成的刀路轨迹如图 13.5 所示，2D 动态仿真加工后的模型如图 13.6 所示。

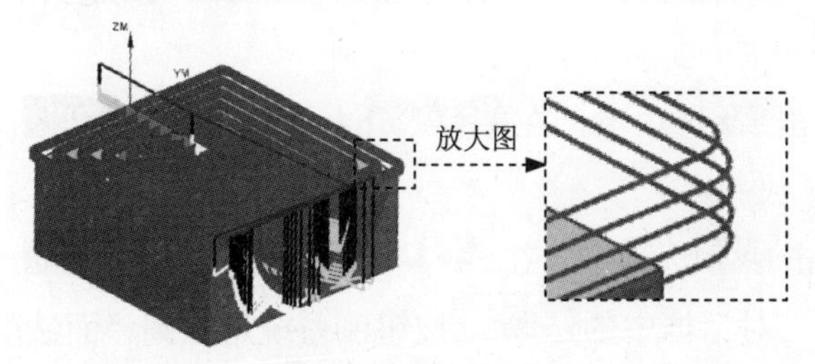

图 13.5 刀路轨迹

图 13.6　2D 仿真结果

Task5. 创建表面区域铣工序

Stage1. 插入工序

Step1. 选择下拉菜单 插入(S) → 工序(E)... 命令，系统弹出“创建工序”对话框。

Step2. 确定加工方法。在“创建工序”对话框 类型 下拉列表中选择 mill_planar 选项，在 工序子类型 区域中单击“FACE_MILLING_AREA”按钮，在 程序 下拉列表中选择 PROGRAM 选项，在 刀具 下拉列表中选择 T2D10 (铣刀-5 参数) 选项，在 几何体 下拉列表中选择 WORKPIECE 选项，在 方法 下拉列表中选择 MILL_SEMI_FINISH 选项，采用系统默认的名称。

Step3. 在“创建工序”对话框中单击 确定 按钮，系统弹出 “面铣削区域”对话框。

Stage2. 指定切削区域

Step1. 在 几何体 区域中单击“选择或编辑切削区域几何体”按钮，系统弹出 “切削区域”对话框。

Step2. 选取图 13.7 所示的面为切削区域，在“切削区域”对话框中单击 确定 按钮，完成切削区域的创建，同时系统返回到“面铣削区域”对话框。

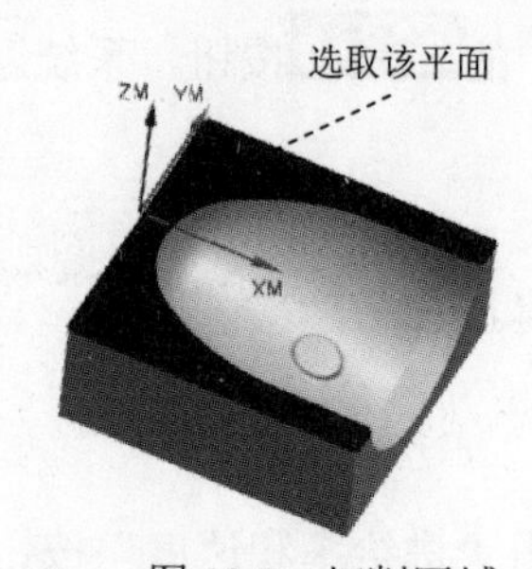

图 13.7 切削区域

Stage3. 设置刀具路径参数

Step1. 设置切削模式。在 刀轨设置 区域 切削模式 下拉列表中选择 跟随周边 选项。

Step2. 设置步进方式。在 步距 下拉列表中选择 刀具平直百分比 选项，在 平面直径百分比 文本框中输入值 75.0，在 最终底面余量 文本框中输入 0.25，其他参数接受系统默认即可。

Stage4. 设置切削参数

Step1. 单击“面铣削区域”对话框 刀轨设置 区域中的“切削参数”按钮，系统弹出“切削参数”对话框。

Step2. 在“切削参数”对话框中单击 策略 选项卡，在 刀路方向 下拉列表中选择 向内，在 刀具延展量 文本框中输入 60.0。

Step3. 在“切削参数”对话框中单击 拐角 选项卡，在 光顺 下拉列表中选择 所有刀路；其他参数接受系统默认，单击“切削参数”对话框中的 确定 按钮，系统返回到“面铣削区域”对话框。

Stage5. 设置非切削移动参数

参数设置采用系统默认的非切削移动参数值。

Stage6. 设置进给率和速度

Step1. 单击“面铣削区域”对话框中的“进给率和速度”按钮，系统弹出图 2.3.25 所示的“进给率和速度”对话框。

Step2. 选中“进给率和速度”对话框主轴速度区域中的☑ 主轴速度 (rpm)复选框，在其后的文本框中输入值 800.0，按 Enter 键，然后单击按钮，在切削文本框中输入值 200.0，按下键盘上的 Enter 键，然后单击按钮，其他参数采用系统默认设置值。

Step3. 单击“进给率和速度”对话框中的确定按钮，系统返回“面铣削区域”对话框。

Stage7. 生成刀路轨迹并仿真

生成的刀路轨迹如图 13.8 所示，2D 动态仿真加工后的模型如图 13.9 所示。

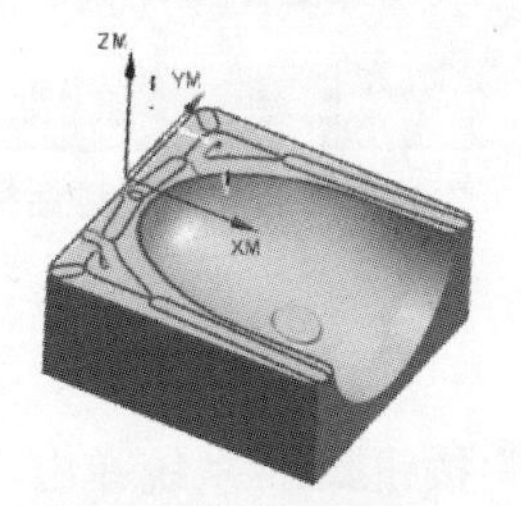

图 13.8 刀路轨迹

图 13.9 2D 仿真结果

Task6. 创建等高线轮廓铣工序

Stage1. 插入工序

Step1. 选择下拉菜单插入(S) → 工序(E)...命令，系统弹出 “创建工序”对话框。

Step2. 在“创建工序”对话框类型下拉列表中选择mill_contour选项，在工序子类型区域中选择“ZLEVEL_PROFILE”按钮，在程序下拉列表中选择PROGRAM选项，在刀具下拉列表中选择T3D8R4 (铣刀-球头铣)选项，在几何体下拉列表中选择WORKPIECE选项，在方法下拉列表中选择MILL_SEMI_FINISH选项，单击确定按钮，此时，系统弹出 “深度加工轮廓”对话框。

Stage2. 指定切削区域

Step1. 单击“深度加工轮廓”对话框指定切削区域右侧的按钮，系统弹出“切削区域”对话框。

Step2. 在绘图区中选取图 13.10 所示的切削区域（共 22 个面），单击 确定 按钮，系统返回到“深度加工轮廓”对话框。

Stage3. 设置刀具路径参数和切削层

Step1. 设置刀具路径参数。参数设置值如图 13.11 所示。

Step2. 设置切削层。采用系统默认的设置值。

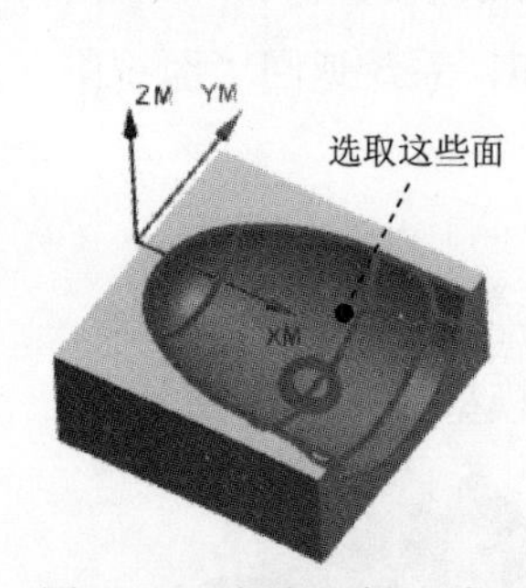

图 13.10 指定切削区域

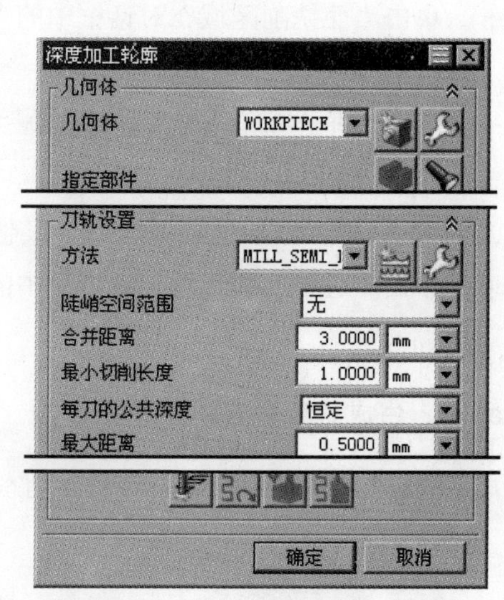

图 13.11 “深度加工轮廓”对话框

Stage4. 设置切削参数

Step1. 单击“深度加工轮廓”对话框中的“切削参数”按钮，系统弹出“切削参数”对话框。

Step2. 单击“切削参数”对话框中的 策略 选项卡，设置图 13.12 所示的参数。

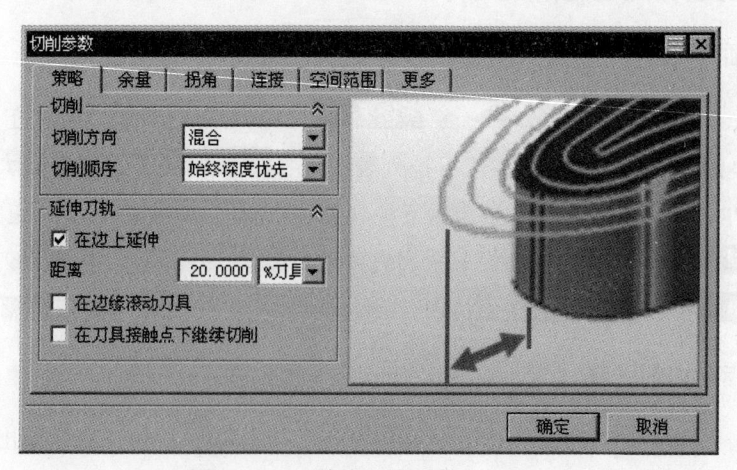

图 13.12 “策略”选项卡

Step3. 单击“切削参数”对话框中的连接选项卡，参数设置值如图 13.13 所示，单击确定按钮，系统返回到“深度加工轮廓”对话框。

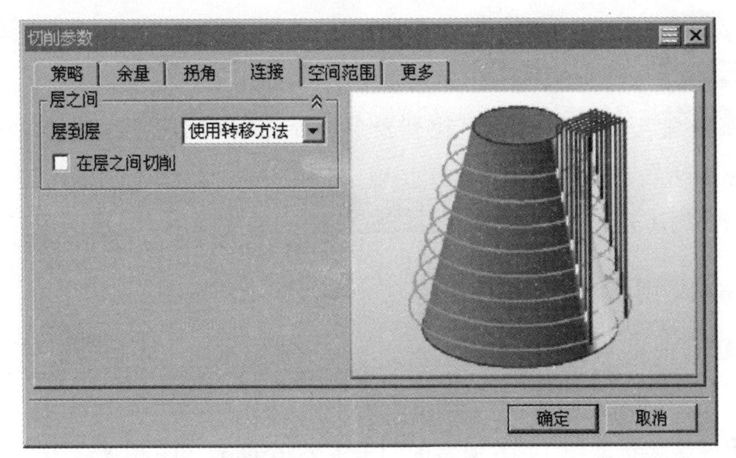

图 13.13　“连接”选项卡

Stage5．设置非切削移动参数

采用系统默认的非切削移动参数。

Stage6．设置进给率和速度

Step1. 在“深度加工轮廓”对话框中单击“进给率和速度”按钮，系统弹出“进给率和速度”对话框。

Step2. 在“进给率和速度”对话框中选中☑ 主轴速度 (rpm)复选框，然后在其文本框中输入值 1600.0，在切削文本框中输入值 300.0，按下键盘上的 Enter 键，然后单击按钮。

Step3. 单击确定按钮，完成进给率和速度的设置，系统返回“深度加工轮廓”对话框。

Stage7．生成刀路轨迹并仿真

生成的刀路轨迹如图 13.14 所示，2D 动态仿真加工后的模型如图 13.15 所示。

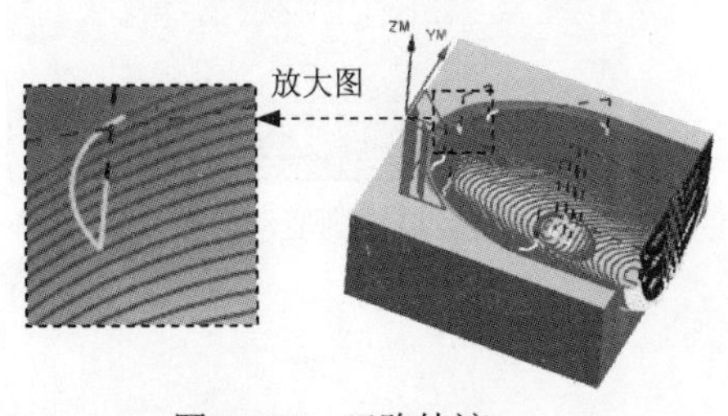

图 13.14　刀路轨迹

图 13.15　2D 仿真结果

Task7．创建轮廓区域铣

Stage1．插入工序

Step1. 选择下拉菜单 插入(S) ➡ 工序(E)... 命令，在“创建工序”对话框 类型 下拉列表中选择 mill_contour 选项，在 工序子类型 区域中单击“CONTOUR_AREA”按钮，在 程序 下拉列表中选择 PROGRAM 选项，在 刀具 下拉列表中选择 T4D5R2.5 (铣刀-球头铣) 选项，在 几何体 下拉列表中选择 WORKPIECE 选项，在 方法 下拉列表中选择 MILL_FINISH 选项，使用系统默认的名称“CONTOUR_AREA”。

Step2. 单击“创建工序”对话框中的 确定 按钮，系统弹出“轮廓区域”对话框。

Stage2．指定切削区域

Step1. 在 几何体 区域中单击“选择或编辑切削区域几何体”按钮，系统弹出“切削区域”对话框。

Step2. 在图像区域选取图 13.16 所示的面（共 22 个面），单击 确定 按钮，系统返回到“轮廓区域”对话框。

Stage3．设置驱动方式

Step1. 在“轮廓区域”对话框 驱动方法 区域的下列表中选择 区域铣削 选项，单击 驱动方法 区域的“编辑”按钮，系统弹出“区域铣削驱动方法”对话框。

Step2. 在“区域铣削驱动方法”对话框中设置图 13.17 所示的参数，然后单击 确定 按钮，系统返回到“轮廓区域”对话框。

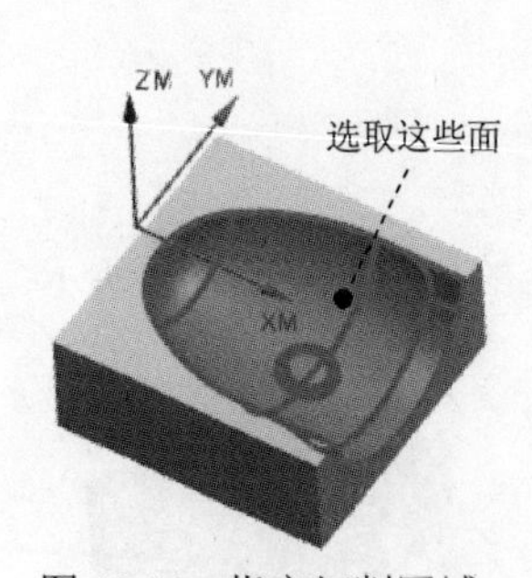

图 13.16 指定切削区域

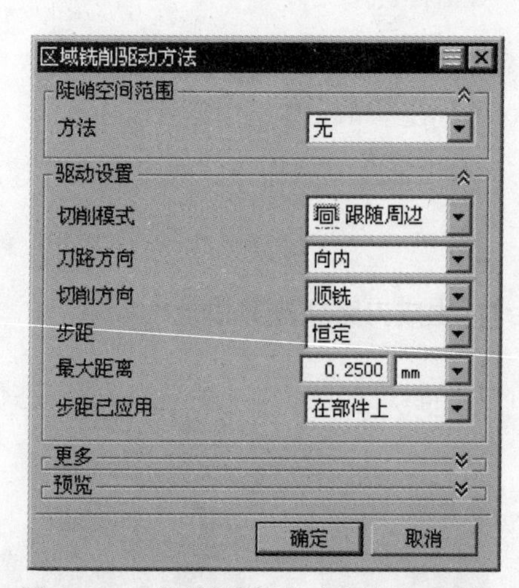

图 13.17 “区域铣削驱动方法”对话框

Stage4．设置刀轴

刀轴选择系统默认的 +ZM 轴 选项。

Stage5．设置切削参数

采用系统默认的切削移动参数。

Stage6．设置非切削参数

采用系统默认的非切削移动参数。

Stage7．设置进给率和速度

Step1. 在“轮廓区域”对话框中单击“进给率和速度”按钮，系统弹出“进给率和速度”对话框。

Step2. 选中“进给率和速度”对话框主轴速度区域中的☑ 主轴速度 (rpm)复选框，在其后的文本框中输入值 4000.0，按 Enter 键，然后单击按钮，在切削文本框中输入值 600.0，按下键盘上的 Enter 键，然后单击按钮。其他参数采用系统默认设置值。

Step3. 单击确定按钮，完成进给率和速度的设置，系统返回“轮廓区域”对话框。

Stage8．生成刀路轨迹并仿真

生成的刀路轨迹如图 13.18 所示，2D 动态仿真加工后的模型如图 13.19 所示。

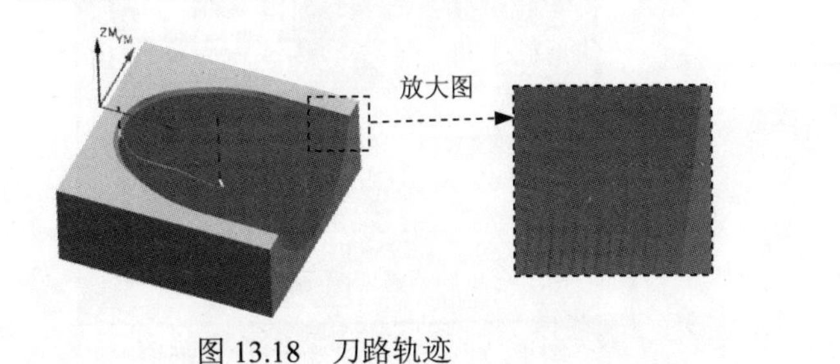

图 13.18　刀路轨迹

图 13.19　2D 仿真结果

Task8．创建参考刀具清根工序

Stage1．创建工序

Step1. 选择下拉菜单插入(S) → 工序(E)...命令，系统弹出“创建工序”对话框。

Step2. 确定加工方法。在 “创建工序”对话框类型下拉列表中选择mill_contour选项，在工序子类型区域中选择“FLOWCUT_REF_TOOL FLOWCUT_REF_TOOL”按钮，在刀具下拉列表中选择T5B2 (铣刀-球头铣)选项，在几何体下拉列表中选择WORKPIECE选项，在方法下拉列表中选择MILL_FINISH选项，单击确定按钮，系统 “清根参考刀路”对话框。

Stage2．指定切削区域

Step1. 单击“清根参考刀路”对话框中的“切削区域”按钮，系统弹出“切削区域”对话框。

Step2. 在绘图区选取图 13.20 所示的切削区域（共 21 个面），单击确定按钮，系统

返回到“清根参考刀路”对话框。

Stage3．设置驱动方法

Step1．在“清根参考刀路”对话框驱动方法区域的“编辑”按钮，系统弹出“清根驱动方法”对话框。设置图 13.21 所示的参数。

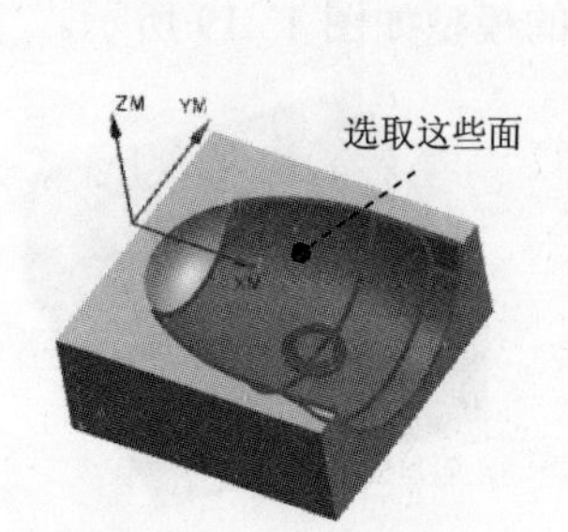

图 13.20　指定切削区域

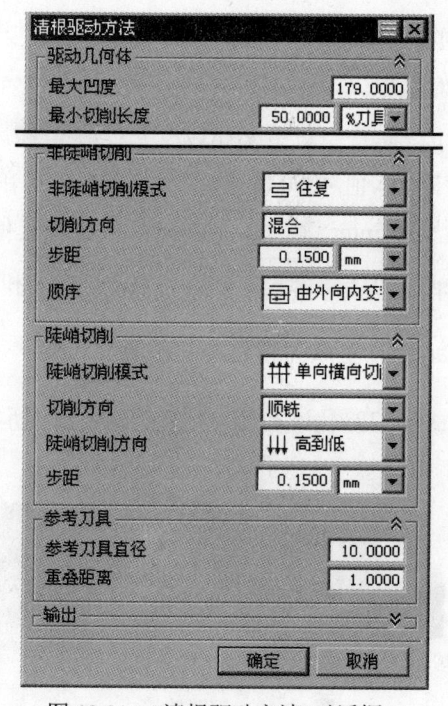

图 13.21　“清根驱动方法”对话框

Stage4．设置切削参数与非切削移动参数

采用系统默认的切削与非切削移动参数。

Stage5．设置进给率和速度

Step1．单击“清根参考刀路”对话框中的“进给率和速度”按钮，系统弹出“进给率和速度”对话框。

Step2．在“进给率和速度”对话框中选中☑ 主轴速度 (rpm)复选框，然后在其文本框中输入值 6000.0，在切削文本框中输入值 200.0，按下键盘上的 Enter 键，然后单击按钮，其他选项均采用系统默认参数设置值。

Step3．单击“进给率和速度”对话框中的确定按钮，完成切削参数的设置，系统返回到“清根参考刀路”对话框。

Stage6．生成刀路轨迹并仿真

生成的刀路轨迹如图 13.22 所示，2D 动态仿真加工后的模型如图 13.23 所示。

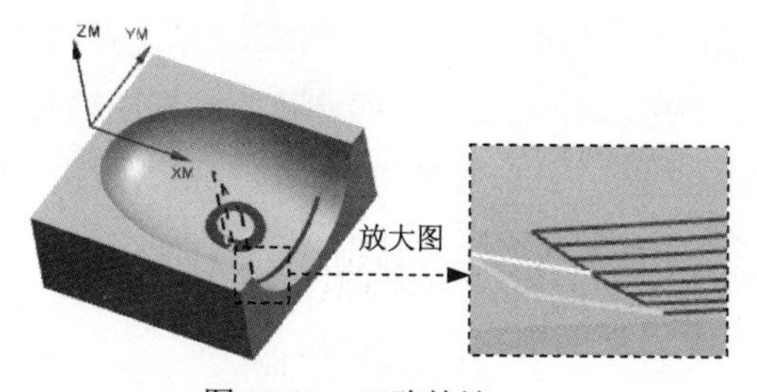

图 13.22 刀路轨迹

图 13.23 2D 仿真结果

Task9．创建表面区域铣工序

Stage1．插入工序

Step1. 选择下拉菜单插入(S) → 工序(E)...命令，系统弹出“创建工序”对话框。

Step2. 确定加工方法。在“创建工序”对话框类型下拉列表中选择mill_planar选项，在工序子类型区域中单击“FACE_MILLING_AREA”按钮，在程序下拉列表中选择PROGRAM选项，在刀具下拉列表中选择T2D10（铣刀-5 参数）选项，在几何体下拉列表中选择WORKPIECE选项，在方法下拉列表中选择MILL_SEMI_FINISH选项，采用系统默认的名称。

Step3. 在“创建工序”对话框中单击确定按钮，系统弹出 “面铣削区域”对话框。

Stage2．指定切削区域

Step1. 在几何体区域中单击“选择或编辑切削区域几何体”按钮，系统弹出 “切削区域”对话框。

Step2. 选取图 13.24 所示的面为切削区域，在“切削区域”对话框中单击确定按钮，完成切削区域的创建，同时系统返回到“面铣削区域”对话框。

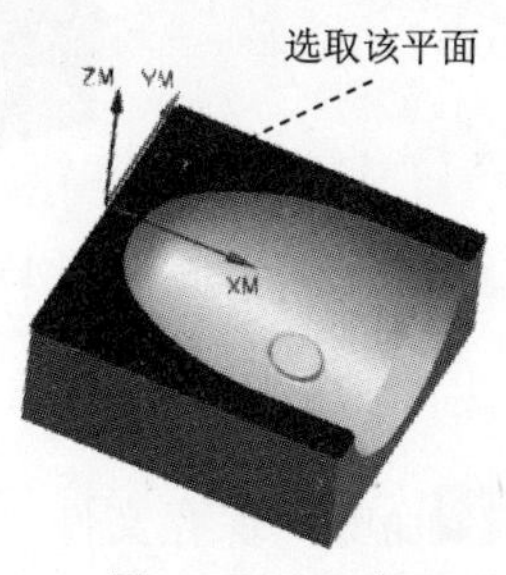

图 13.24 切削区域

Stage3．设置刀具路径参数

Step1. 设置切削模式。在刀轨设置区域切削模式下拉列表中选择往复选项。

Step2. 设置步进方式。在步距下拉列表中选择刀具平直百分比选项，在平面直径百分比文本框中输入值 50.0，在最终底面余量文本框中输入 0，其他参数接受系统默认即可。

Stage4. 设置切削参数

单击“面铣削区域”对话框刀轨设置区域中的“切削参数”按钮，系统弹出“切削参数”对话框。在“切削参数”对话框中单击策略选项卡，，在刀具延展量文本框中输入 50.0；单击拐角选项卡，在光顺下拉列表中选择所有刀路；其他参数接受系统默认，单击“切削参数”对话框中的确定按钮，系统返回到“面铣削区域”对话框。

Stage5. 设置非切削移动参数

参数设置采用系统默认的非切削移动参数值。

Stage6. 设置进给率和速度

Step1. 单击“面铣削区域”对话框中的“进给率和速度”按钮，系统弹出图 2.3.25 所示的“进给率和速度”对话框。

Step2. 选中“进给率和速度”对话框主轴速度区域中的☑ 主轴速度 (rpm)复选框，在其后的文本框中输入值 2000.0，按 Enter 键，然后单击按钮，在切削文本框中输入值 500.0，按下键盘上的 Enter 键，然后单击按钮，其他参数采用系统默认设置值。

Step3. 单击“进给率和速度”对话框中的确定按钮，系统返回“面铣削区域”对话框。

Stage7. 生成刀路轨迹并仿真

生成的刀路轨迹如图 13.25 所示，2D 动态仿真加工后的模型如图 13.26 所示。

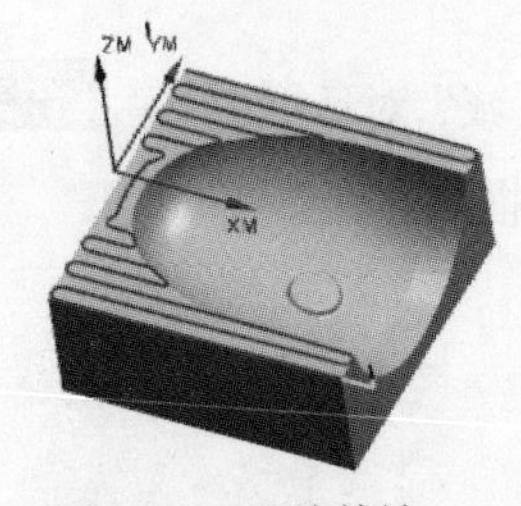

图 13.25 刀路轨迹

图 13.26 2D 仿真结果

Task10. 保存文件

选择下拉菜单文件(F) ➡ 保存(S)命令，保存文件。

实例 14　连接板凹模加工

本实例讲述的是连接板凹模加工，对于模具的加工来说，除了要安排合理的工序外，同时应该特别注意模具的材料和加工精度。在创建工序时，要设置好每次切削的余量，另外要注意刀轨参数设置值是否正确，以免影响零件的精度。下面以连接板凹模为例介绍模具零件的一般加工方法，该零件的加工工艺路线如图 14.1 和图 14.2 所示。

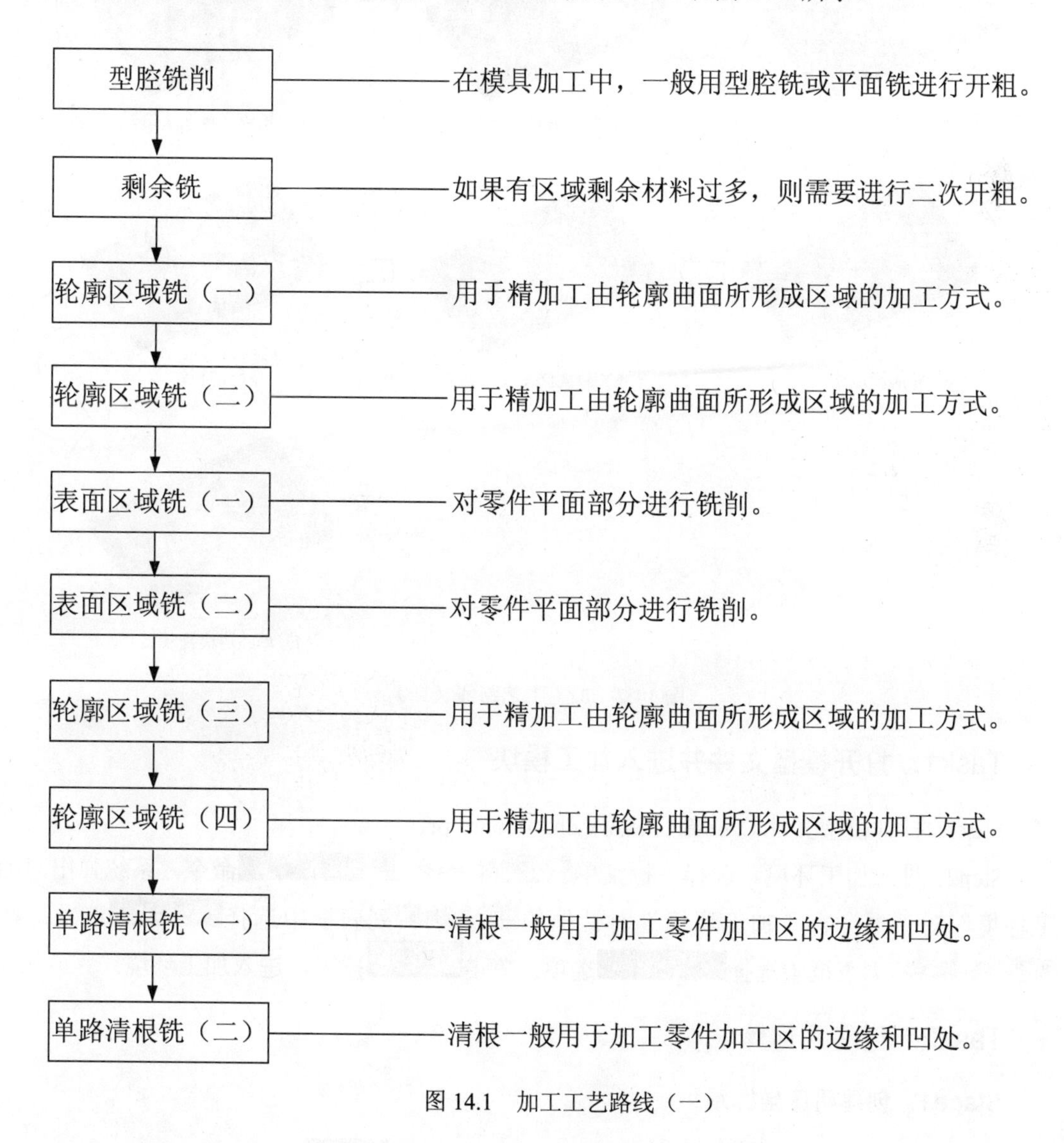

图 14.1　加工工艺路线（一）

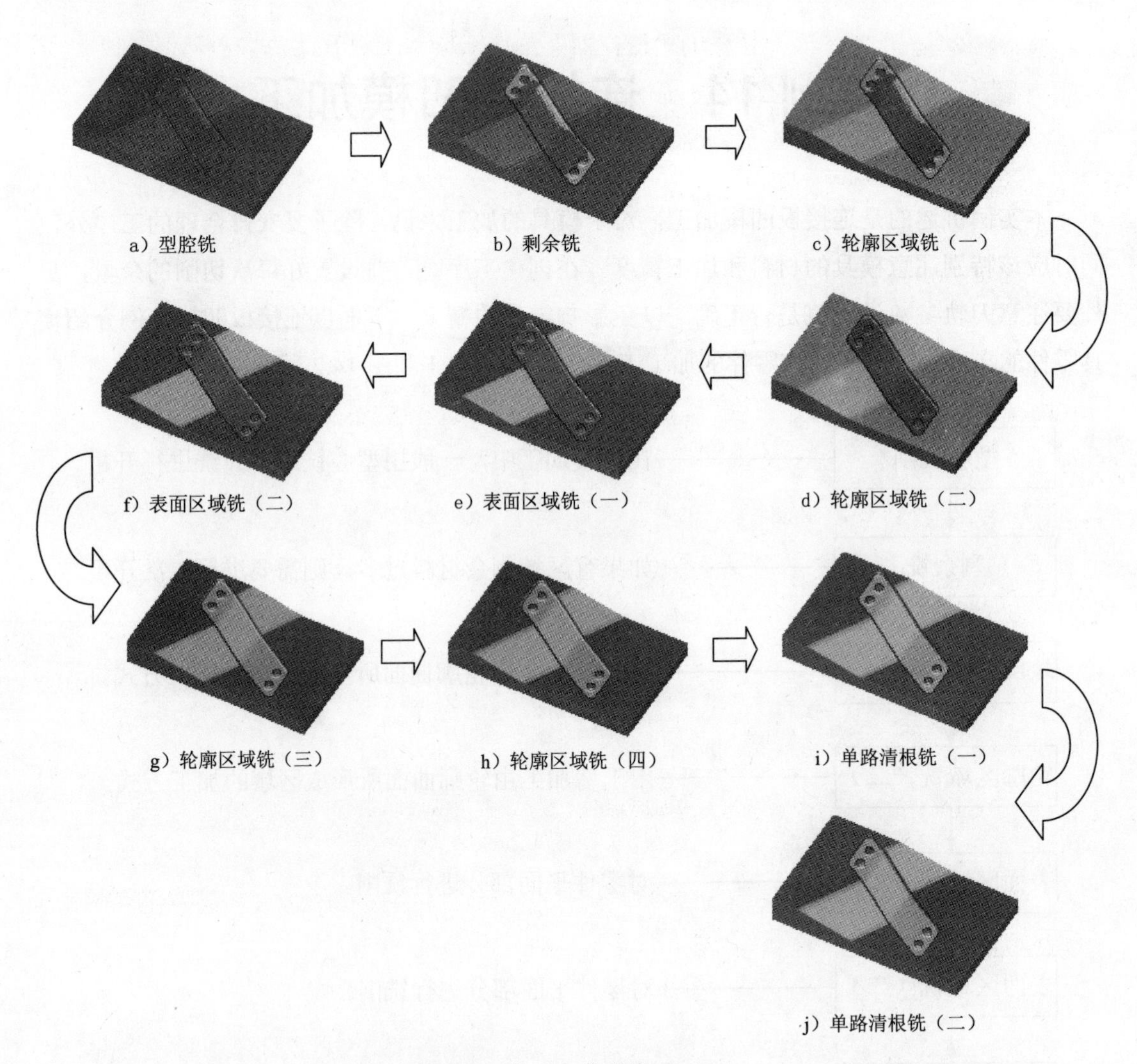

图 14.2 加工工艺路线（二）

Task1．打开模型文件并进入加工模块

Step1．打开模型文件 D:\ug8.11\work\ch14\board.prt。

Step2．进入加工环境。选择下拉菜单 开始 → 加工(N)... 命令，系统弹出“加工环境”对话框；在“加工环境”对话框的 CAM 会话配置 列表框中选择 cam_general 选项，在 要创建的 CAM 设置 列表框中选择 mill contour 选项，单击 确定 按钮，进入加工环境。

Task2．创建几何体

Stage1．创建机床坐标系

Step1．将工序导航器调整到几何视图，双击节点 MCS_MILL，系统弹出“Mill Orient”对话框，在“Mill Orient”对话框的 机床坐标系 选项区域中单击“CSYS 对话框”按钮，系统弹出“CSYS”对话框。

Step2. 单击“CSYS”对话框的“操控器”按钮，系统弹出“点”对话框，在 Z 文本框中输入值 80.0，单击 确定 按钮，完成坐标系原点的调整。

Step3. 单击“CSYS”对话框的 确定 按钮，此时系统返回至“Mill Orient”对话框，完成图 14.3 所示机床坐标系的创建。

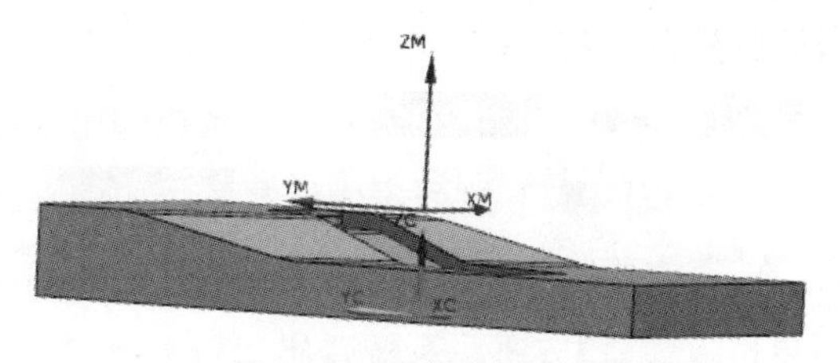

图 14.3　机床坐标系

Stage2. 创建安全平面

Step1. 在“Mill Orient”对话框 安全设置 区域 安全设置选项 下拉列表中选择 自动平面 选项，然后在 安全距离 文本框中输入 10。

Step2. 单击“Mill Orient”对话框中的 确定 按钮，完成安全平面的创建。

Stage3. 创建部件几何体

Step1. 在工序导航器中双击 MCS_MILL 节点下的 WORKPIECE，系统弹出“铣削几何体”对话框。

Step2. 选取部件几何体。在“铣削几何体”对话框中单击按钮，系统弹出“部件几何体”对话框。

Step3. 在图形区中选取整个零件为部件几何体，如图 14.4 所示。在“部件几何体”对话框中单击 确定 按钮，完成部件几何体的创建，同时系统返回到“铣削几何体”对话框。

Stage4. 创建毛坯几何体

Step1. 在“铣削几何体”对话框中单击按钮，系统弹出“毛坯几何体”对话框。

Step2. 在“毛坯几何体”对话框的 类型 下拉列表中选择 包容块 选项，在 极限 区域的 ZM+ 文本框中均输入值 8.0。

Step3. 单击“毛坯几何体”对话框中的 确定 按钮，系统返回到“铣削几何体”对话框，完成图 14.5 所示毛坯几何体的创建。

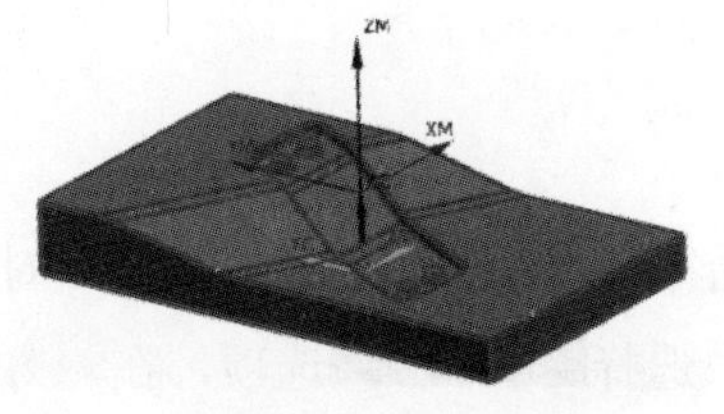

图 14.4　部件几何体

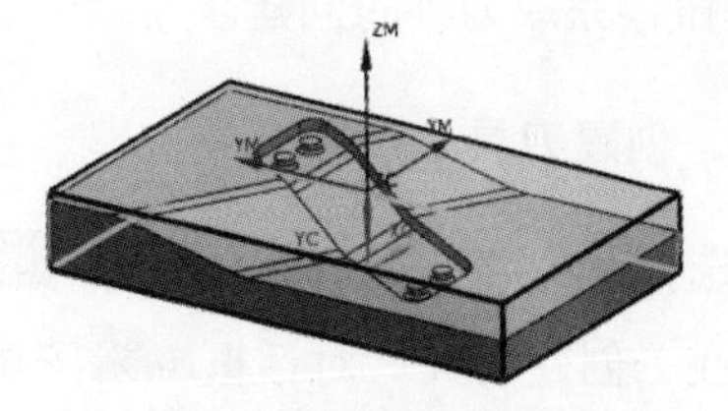

图 14.5 毛坯几何体

Step4. 单击“铣削几何体”对话框中的 确定 按钮。

Task3. 创建刀具

Stage1. 创建刀具（一）

Step1. 将工序导航器调整到机床视图。

Step2. 选择下拉菜单 插入(S) → 刀具(T)... 命令，系统弹出“创建刀具”对话框。

Step3. 在“创建刀具”对话框 类型 下拉列表中选择 mill contour 选项，在 刀具子类型 区域中单击“MILL”按钮，在 位置 区域的 刀具 下拉列表中选择 GENERIC_MACHINE 选项，在 名称 文本框中输入 D30R1，然后单击 确定 按钮，系统弹出“铣刀-5 参数”对话框。

Step4. 系统弹出“铣刀-5 参数”对话框，在 (D) 直径 文本框中输入值 30.0，在 (R1) 下半径 文本框中输入值 1，在 编号 区域的 刀具号、补偿寄存器、刀具补偿寄存器 文本框中均输入值 1，其他参数采用系统默认设置值，单击 确定 按钮，完成刀具的创建。

Stage2. 创建刀具（二）

Step1. 选择下拉菜单 插入(S) → 刀具(T)... 命令，系统弹出“创建刀具”对话框。

Step2. 在“创建刀具”对话框 类型 下拉列表中选择 mill_planar 选项，在 刀具子类型 区域中单击“MILL”按钮，在 位置 区域的 刀具 下拉列表中选择 GENERIC_MACHINE 选项，在 名称 文本框中输入 D10，然后单击 确定 按钮，系统弹出“铣刀-5 参数”对话框。

Step3. 系统弹出“铣刀-5 参数”对话框，在 (D) 直径 文本框中输入值 10，在 编号 区域的 刀具号、补偿寄存器、刀具补偿寄存器 文本框中均输入值 2，其他参数采用系统默认设置值，单击 确定 按钮，完成刀具的创建。

Stage3. 创建刀具（三）

Step1. 选择下拉菜单 插入(S) → 刀具(T)... 命令，系统弹出“创建刀具”对话框。

Step2. 在“创建刀具”对话框 类型 下拉列表中选择 mill contour 选项，在 刀具子类型 区域中单击“BALL_MILL”按钮，在 位置 区域的 刀具 下拉列表中选择 GENERIC_MACHINE 选项，在 名称 文本框中输入 B16，然后单击 确定 按钮，系统弹出“铣刀-球头铣”对话框。

Step3. 系统弹出“铣刀-球头铣”对话框，在 (D) 球直径 文本框中输入值 16，在 编号 区域的 刀具号、补偿寄存器、刀具补偿寄存器 文本框中均输入值 3，其他参数采用系统默认设置值，单击 确定 按钮，完成刀具的创建。

Stage4. 创建刀具（四）

Step1. 选择下拉菜单 插入(S) → 刀具(T)... 命令，系统弹出“创建刀具”对话框。

Step2. 在“创建刀具”对话框 类型 下拉列表中选择 mill contour 选项，在 刀具子类型 区域中单击“BALL_MILL”按钮，在 位置 区域的 刀具 下拉列表中选择 GENERIC_MACHINE 选项，在名称文本框中输入 B8，然后单击确定按钮，系统弹出“铣刀-球头铣”对话框。

Step3. 系统弹出“铣刀-球头铣”对话框，在(D) 球直径文本框中输入值 8，在编号区域的刀具号、补偿寄存器、刀具补偿寄存器文本框中均输入值 4，其他参数采用系统默认设置值，单击确定按钮，完成刀具的创建。

Stage5. 创建刀具（五）

Step1. 选择下拉菜单插入(S) ➡ 刀具(T)...命令，系统弹出“创建刀具”对话框。

Step2. 在“创建刀具”对话框类型下拉列表中选择mill contour选项，在刀具子类型区域中单击“BALL_MILL”按钮，在位置区域的刀具下拉列表中选择GENERIC_MACHINE选项，在名称文本框中输入 B6，然后单击确定按钮，系统弹出“铣刀-球头铣”对话框。

Step3. 系统弹出“铣刀-球头铣”对话框，在(D) 球直径文本框中输入值 6，在编号区域的刀具号、补偿寄存器、刀具补偿寄存器文本框中均输入值 5，其他参数采用系统默认设置值，单击确定按钮，完成刀具的创建。

Stage6. 创建刀具（六）

Step1. 选择下拉菜单插入(S) ➡ 刀具(T)...命令，系统弹出“创建刀具”对话框。

Step2. 在“创建刀具”对话框类型下拉列表中选择mill contour选项，在刀具子类型区域中单击“BALL_MILL”按钮，在位置区域的刀具下拉列表中选择GENERIC_MACHINE选项，在名称文本框中输入 B4，然后单击确定按钮，系统弹出“铣刀-球头铣”对话框。

Step3. 系统弹出“铣刀-球头铣”对话框，在(D) 球直径文本框中输入值 4，在编号区域的刀具号、补偿寄存器、刀具补偿寄存器文本框中均输入值 6，其他参数采用系统默认设置值，单击确定按钮，完成刀具的创建。

Task4. 创建型腔铣操作

Stage1. 创建工序

Step1. 将工序导航器调整到程序顺序视图。

Step2. 选择下拉菜单插入(S) ➡ 工序(E)...命令，在“创建工序”对话框类型下拉列表中选择mill_contour选项，在工序子类型区域中单击“CAVITY_MILL”按钮，在程序下拉列表中选择PROGRAM选项，在刀具下拉列表中选择前面设置的刀具D30R1（铣刀-5 参数）选项，在几何体下拉列表中选择WORKPIECE选项，在方法下拉列表中选择MILL ROUGH选项，使用系统默认的名称。

Step3. 单击“创建工序”对话框中的确定按钮，系统弹出“型腔铣”对话框。

Stage2. 设置一般参数

在最大距离文本框中输入值 1.0，其他参数采用系统默认设置值。

Stage3．设置切削参数

Step1. 在刀轨设置区域中单击“切削参数”按钮，系统弹出“切削参数”对话框。

Step2. 在“切削参数”对话框中单击连接选项卡，在开放刀路下拉列表框中选择变换切削方向选项，其他参数采用系统默认设置值。

Step3. 单击“切削参数”对话框中的确定按钮，系统返回到“型腔铣”对话框。

Stage4．设置非切削移动参数。

Step1. 在刀轨设置区域中单击“非切削移动”按钮，系统弹出“非切削移动”对话框。

Step2. 在“非切削移动”对话框中单击进刀选项卡，在封闭区域区域斜坡角文本框中输入 2，其他参数采用系统默认设置值。

Step3. 单击“非切削移动”对话框中的确定按钮，系统返回到“型腔铣”对话框。

Stage5．设置进给率和速度

Step1. 在“型腔铣”对话框中单击“进给率和速度”按钮，系统弹出“进给率和速度”对话框。

Step2. 在主轴速度文本框中输入值 600.0，按 Enter 键，然后单击按钮，其他参数采用系统默认设置值。

Step3. 单击确定按钮，完成进给率和速度的设置，系统返回“型腔铣”操作对话框。

Stage6．生成刀路轨迹并仿真

生成的刀路轨迹如图 14.6 所示，2D 动态仿真加工后的模型如图 14.7 所示。

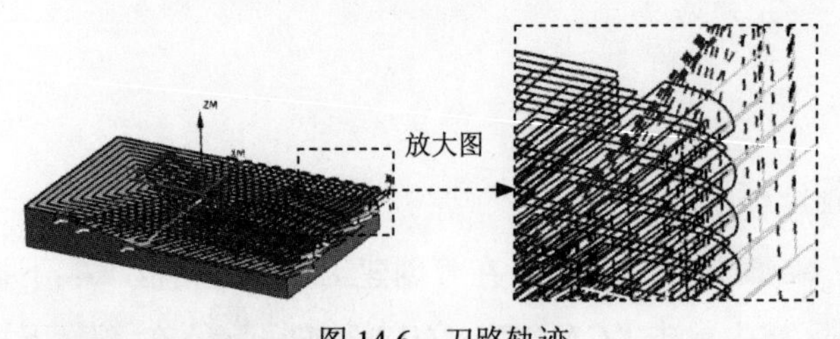

图 14.6 刀路轨迹

图 14.7 2D 仿真结果

Task5．创建剩余铣操作

Stage1．创建工序

Step1. 选择下拉菜单插入(S) → 工序(E)... 命令，在“创建工序”对话框类型下拉列表中选择mill_contour选项，在工序子类型区域中单击“REST_MILLING”按钮，在程序下拉列表中选择PROGRAM选项，在刀具下拉列表中选择刀具D10 (铣刀-5 参数)选项，在几何体下拉

列表中选择WORKPIECE选项，在方法下拉列表中选择MILL_SEMI_FINISH选项，使用系统默认的名称“REST_MILLING”。

Step2. 单击“创建工序”对话框中的确定按钮，系统弹出“剩余铣”对话框。

Stage2. 指定切削区域

Step1. 单击指定切削区域右侧的按钮，选取图 14.8 所示的面作为切削区域(共 29 个面)。

Step2. 单击“切削区域”对话框中的确定按钮，返回“剩余铣”对话框。

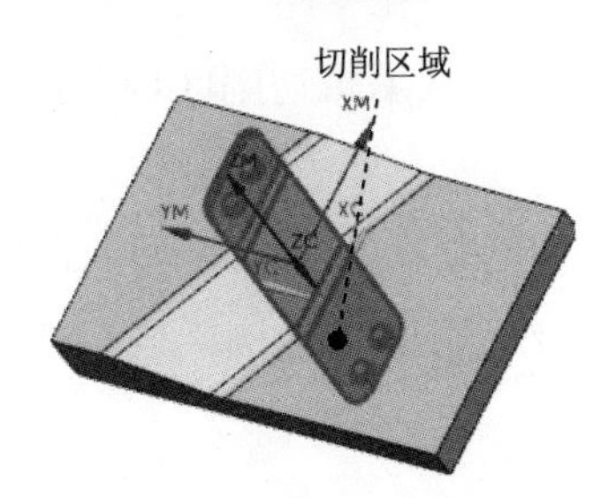

图 14.8 选取切削区域

Stage3. 设置一般参数

在“剩余铣”对话框最大距离文本框中输入值 1，其他选项采用系统默认设置值。

Stage4. 设置切削参数

Step1. 在刀轨设置区域中单击“切削参数”按钮，系统弹出“切削参数”对话框。

Step2. 在“切削参数”对话框中的切削顺序下拉列表中选择深度优先选项，单击连接选项卡，在开放刀路下拉列表框中选择变换切削方向选项，单击空间范围选项卡，在最小材料移除文本框中输入 3，其他参数采用系统默认设置值。

Step3. 单击“切削参数”对话框中的确定按钮，系统返回到“剩余铣”对话框。

Stage5. 生成刀路轨迹并仿真

生成的刀路轨迹如图 14.9 所示，2D 动态仿真加工后的模型如图 14.10 所示。

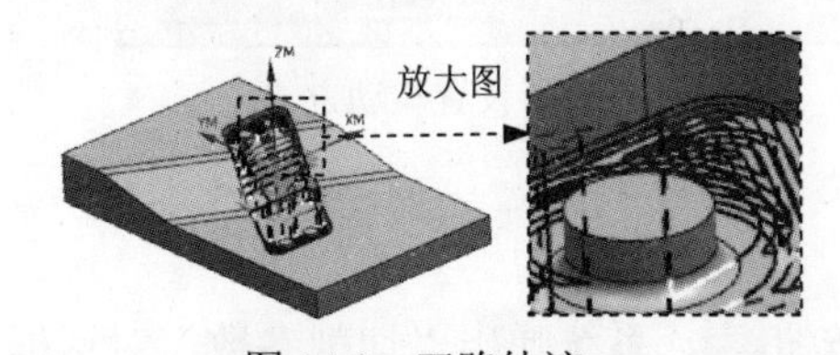

图 14.9 刀路轨迹

图 14.10 2D 仿真结果

Task6. 创建轮廓区域铣操作（一）

Stage1. 创建工序

Step1. 选择下拉菜单 插入(S) → 工序(E)... 命令，在“创建工序”对话框的 类型 下拉列表中选择 mill_contour 选项，在 工序子类型 区域中单击“CONTOUR_AREA”按钮，在 程序 下拉列表中选择 PROGRAM 选项，在 刀具 下拉列表中选择刀具 B16（铣刀-球头铣）选项，在 几何体 下拉列表中选择 WORKPIECE 选项，在 方法 下拉列表中选择 MILL_FINISH 选项，使用系统默认的名称。

Step2. 单击“创建工序”对话框中的 确定 按钮，系统弹出“轮廓区域”对话框。

Stage2．指定切削区域

Step1. 在 几何体 区域中单击“选择或编辑切削区域几何体”按钮，系统弹出“切削区域”对话框。

Step2. 选取图 14.11 所示的面为切削区域（共 8 个面），在“切削区域”对话框中单击 确定 按钮，完成切削区域的创建，同时系统返回到“轮廓区域”对话框。

Stage3．设置驱动方式

Step1. 在 驱动方法 区域中单击“编辑”按钮，系统弹出“区域铣削驱动方法”对话框。

Step2. 在“区域铣削驱动方法”对话框中设置图 14.12 所示的参数，然后单击 确定 按钮，系统返回到“轮廓区域”对话框。

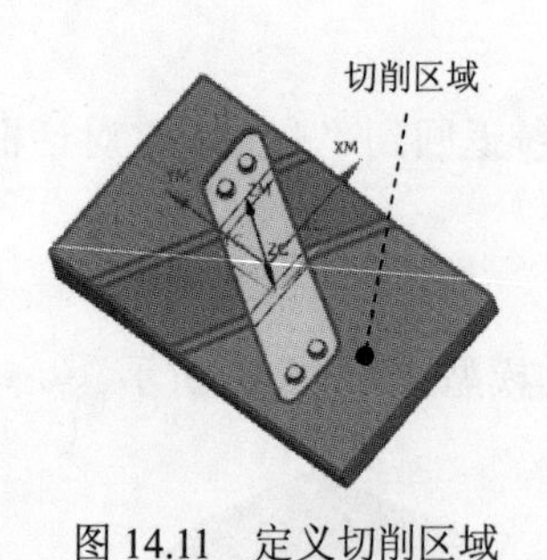

图 14.11 定义切削区域

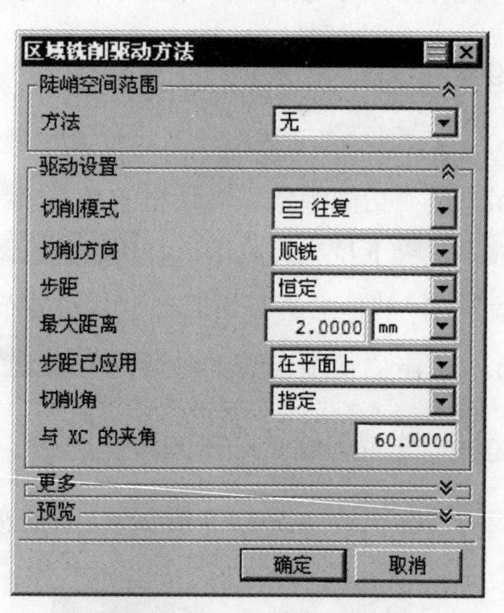

图 14.12 设置驱动方式

Stage4．设置切削参数

Step1. 在 刀轨设置 区域中单击“切削参数”按钮，系统弹出“切削参数”对话框。

Step2. 选中 延伸刀轨 区域的 ☑ 在边上延伸 复选框，在 距离 文本框中输入 1，下拉列表中选择 mm 选项，其他参数采用系统默认设置值。

Step3. 单击“切削参数”对话框中的 确定 按钮，系统返回到“轮廓区域”对话框。

Stage5．设置非切削移动参数。

采用系统默认的非切削移动参数。

Stage6．设置进给率和速度

Step1. 在“轮廓区域”对话框中单击“进给率和速度”按钮，系统弹出“进给率和速度”对话框。

Step2. 选中“进给率和速度”对话框主轴速度区域中的☑ 主轴速度（rpm）复选框，在其后的文本框中输入值 1000.0，按 Enter 键，其他参数采用系统默认设置值。

Step3. 单击确定按钮，完成进给率和速度的设置，系统返回“轮廓区域”操作对话框。

Stage7．生成刀路轨迹并仿真

生成的刀路轨迹如图 14.13 所示，2D 动态仿真加工后的模型如图 14.14 所示。

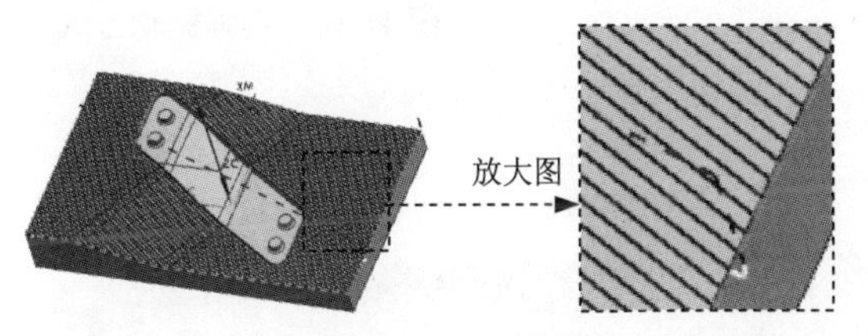

图 14.13　刀路轨迹

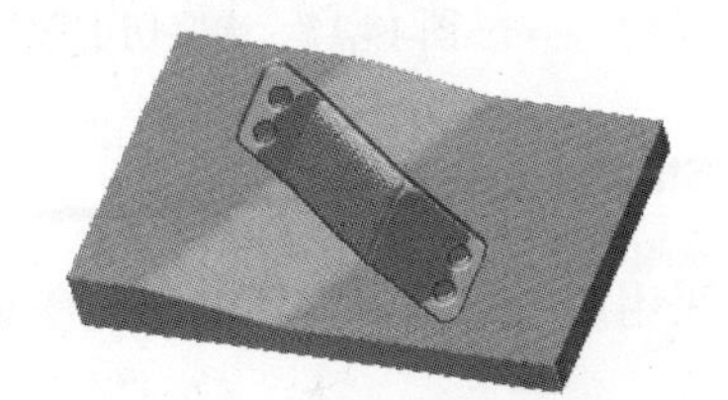

图 14.14　2D 动态仿真

Task7．创建轮廓区域铣操作（二）

Stage1．创建工序

Step1. 选择下拉菜单插入(S) → 工序(E)...命令，在“创建工序”对话框的类型下拉列表中选择mill_contour选项，在工序子类型区域中单击“CONTOUR_AREA”按钮，在程序下拉列表中选择PROGRAM选项，在刀具下拉列表中选择刀具B8（铣刀-球头铣）选项，在几何体下拉列表中选择WORKPIECE选项，在方法下拉列表中选择MILL_FINISH选项，使用系统默认的名称。

Step2. 单击“创建工序”对话框中的确定按钮，系统弹出“轮廓区域”对话框。

Stage2．指定切削区域

Step1. 在几何体区域中单击“选择或编辑切削区域几何体”按钮，系统弹出“切削区域”对话框。

Step2. 选取图 14.15 所示的面为切削区域（共 25 个面），在“切削区域”对话框中单击确定按钮，完成切削区域的创建，同时系统返回到“轮廓区域”对话框。

Stage3．设置驱动方式

Step1. 在驱动方法区域中单击“编辑”按钮，系统弹出“区域铣削驱动方法”对话框。

Step2. 在“区域铣削驱动方法”对话框中设置图 14.16 所示的参数，然后单击确定按钮，系统返回到“轮廓区域”对话框。

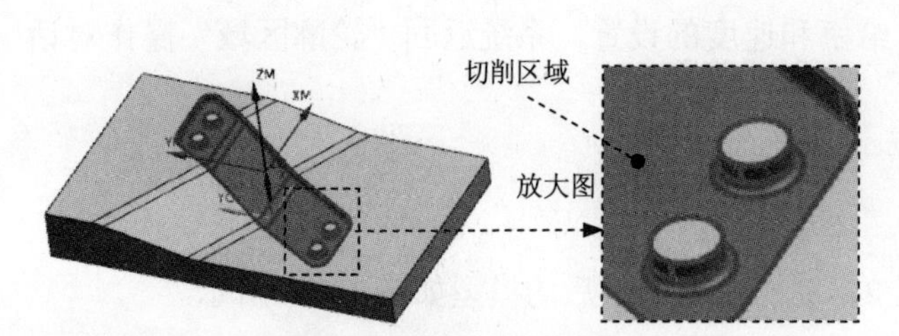

图 14.15 选取切削区域

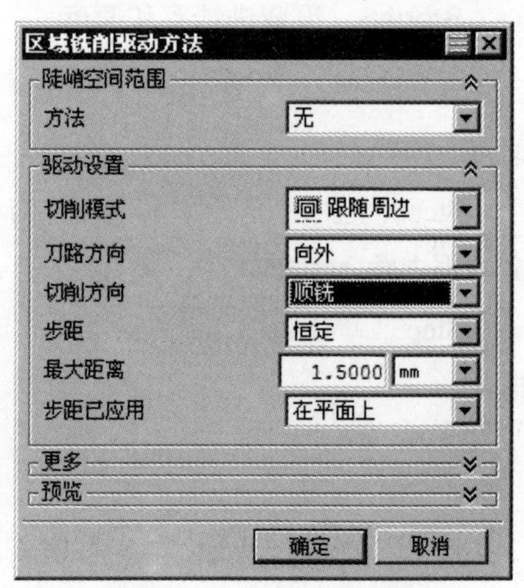

图 14.16 设置驱动方式

Stage4．设置切削参数

采用系统默认的非切削移动参数。

Stage5．设置非切削移动参数

采用系统默认的非切削移动参数。

Stage6．设置进给率和速度

Step1. 在“轮廓区域”对话框中单击“进给率和速度”按钮，系统弹出“进给率和速度”对话框。

Step2. 选中“进给率和速度”对话框主轴速度区域中的☑ 主轴速度 (rpm)复选框，在其后的文本框中输入值 1500.0，按 Enter 键，然后单击按钮，在进给率区域的切削文本框中输入值 400.0，按 Enter 键，然后单击按钮，其他参数采用系统默认设置值。其他参数采用系统默认设置值。

Step3. 单击确定按钮，完成进给率和速度的设置，系统返回“轮廓区域”操作对话框。

Stage7．生成刀路轨迹并仿真

生成的刀路轨迹如图 14.17 所示，2D 动态仿真加工后的模型如图 14.18 所示。

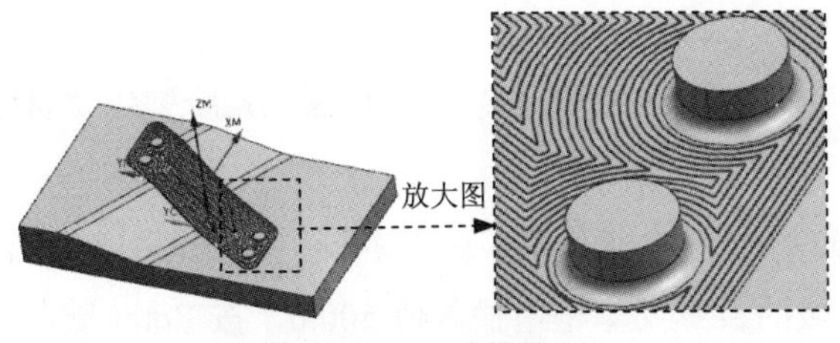

图 14.17　刀路轨迹

图 14.18　2D 动态仿真

Task8．创建表面区域铣削操作（一）

Stage1．创建工序

Step1. 选择下拉菜单 插入(S) ➡ 工序(E)... 命令，系统弹出“创建工序”对话框。

Step2. 确定加工方法。在“创建工序”对话框 类型 下拉列表中选择 mill_planar 选项，在 工序子类型 区域中单击“FACE_MILLING_AREA”按钮，在 程序 下拉列表中选择 PROGRAM 选项，在 刀具 下拉列表中选择 D10（铣刀-5 参数）选项，在 几何体 下拉列表中选择 WORKPIECE 选项，在 方法 下拉列表中选择 MILL_FINISH 选项，采用系统默认的名称。

Step3. 在“创建工序”对话框中单击 确定 按钮，系统弹出“面铣削区域”对话框。

Stage2．指定切削区域

Step1. 单击 指定切削区域 右侧的按钮，选取图 14.19 所示的面。

Step2. 单击“切削区域”对话框中的 确定 按钮，返回到“面铣削区域”对话框。

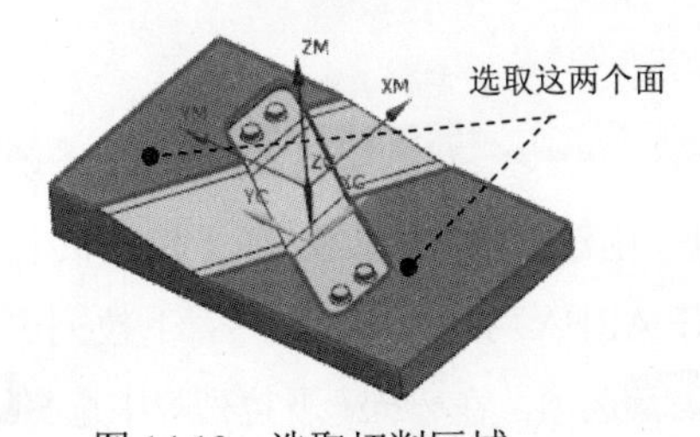

图 14.19　选取切削区域

Stage3．设置刀具路径参数

Step1. 设置切削模式。在 刀轨设置 区域 切削模式 下拉列表中选择 跟随周边 选项。

Step2. 设置步进方式。在 毛坯距离 文本框中输入值 1.0，其他参数接受系统默认设置。

Stage4．设置非切削移动参数

Step1. 在 刀轨设置 区域中单击“非切削移动”按钮，系统弹出“非切削移动”对话框。

Step2. 在 斜坡角 文本框中输入 3，在 高度起点 选项卡中选择 当前层。

Step3. 单击“非切削移动”对话框中的 确定 按钮，系统返回到“面铣削区域”对话框。

Stage5．设置进给率和速度

Step1．在“面铣削区域”对话框中单击“进给率和速度”按钮，系统弹出“进给率和速度”对话框。

Step2．在主轴速度区域中的☑ 主轴速度（rpm）复选框并在其后文本框中输入值 1800.0，按 Enter 键，然后单击按钮，在进给率区域的切削文本框中输入值 500.0，按 Enter 键，然后单击按钮，其他参数采用系统默认设置值。

Step3．单击确定按钮，完成进给率和速度的设置，系统返回“面铣削区域”操作对话框。

Stage6．生成刀路轨迹并仿真

生成的刀路轨迹如图 14.20 所示，2D 动态仿真加工后的模型如图 14.21 所示。

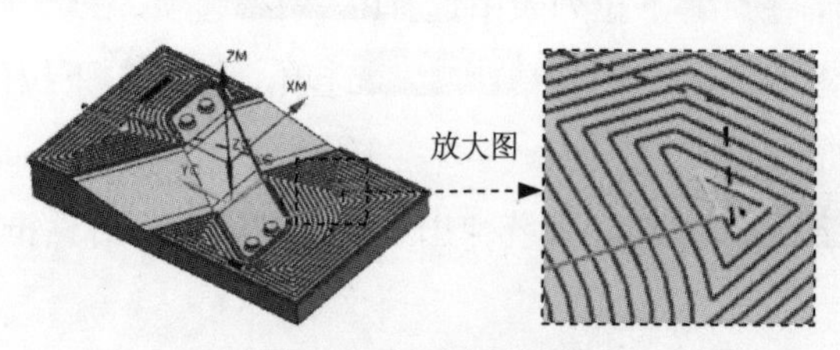

图 14.20 刀路轨迹

图 14.21 2D 仿真结果

Task9．创建表面区域铣削操作（二）

Stage1．创建工序

Step1．选择下拉菜单插入(S) → 工序(E)...命令，系统弹出“创建工序”对话框。

Step2．确定加工方法。在“创建工序”对话框类型下拉列表中选择mill_planar选项，在工序子类型区域中单击“FACE_MILLING_AREA”按钮，在程序下拉列表中选择PROGRAM选项，在刀具下拉列表中选择D10（铣刀-5 参数）选项，在几何体下拉列表中选择WORKPIECE选项，在方法下拉列表中选择MILL_FINISH选项，采用系统默认的名称。

Step3．在“创建工序”对话框中单击确定按钮，系统弹出“面铣削区域”对话框。

Stage2．指定切削区域

Step1．单击指定切削区域右侧的按钮，选取图 14.22 所示的面为切削区域（共 4 个）。

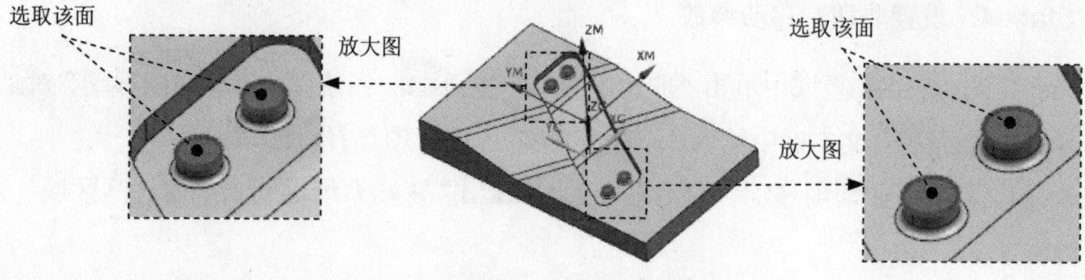

图 14.22 选取切削区域

Step2. 单击“切削区域”对话框中的确定按钮，返回“面铣削区域”对话框。

Stage3. 设置刀具路径参数

Step1. 设置切削模式。在刀轨设置区域切削模式下拉列表中选择单向选项。

Step2. 设置步进方式。在步距下拉列表中选择刀具平直百分比选项，在平面直径百分比文本框中输入值 60.0，在毛坯距离文本框中输入值 1.0，在每刀深度文本框中输入值 0.8。

Stage4. 设置切削参数

Step1. 在“面铣削区域”对话框中单击“切削参数”按钮，系统弹出“切削参数”对话框。然后单击策略选项卡，在切削区域与 XC 的夹角文本框中输入 90，在切削区域的刀具延展量文本框中输入值 50，其他参数接受系统默认设置。

Step2. 单击“切削参数”对话框中的确定按钮，系统返回到“面铣削区域”对话框。

Stage5. 设置非切削移动参数。

Step1. 在刀轨设置区域中单击“非切削移动”按钮，系统弹出“非切削移动”对话框。

Step2. 在斜坡角文本框中输入 3，在高度起点选项卡中选择当前层选项。

Stage6. 设置进给率和速度

Step1. 在“面铣削区域”对话框中单击“进给率和速度”按钮，系统弹出“进给率和速度”对话框。

Step2. 在□ 主轴速度 (rpm) 文本框中输入值 1800.0，按 Enter 键，然后单击按钮，在进给率区域的切削文本框中输入值 400.0，按 Enter 键，然后单击按钮，其他参数采用系统默认设置值。

Step3. 单击确定按钮，完成进给率和速度的设置，系统返回“面铣削区域”操作对话框。

Stage7. 生成刀路轨迹并仿真

生成的刀路轨迹如图 14.23 所示，2D 动态仿真加工后的模型如图 14.24 所示。

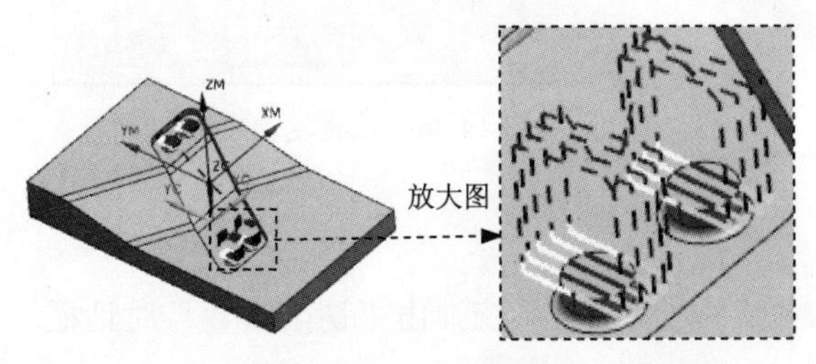

图 14.23 刀路轨迹

图 14.24 2D 仿真结果

Task10．创建轮廓区域铣操作（三）

Stage1．创建工序

Step1. 选择下拉菜单 插入(S) ➡ 工序(E)... 命令，在“创建工序”对话框的类型下拉列表中选择 mill_contour 选项，在工序子类型区域中单击“CONTOUR_AREA”按钮，在程序下拉列表中选择 PROGRAM 选项，在刀具下拉列表中选择刀具 B6（铣刀-球头铣）选项，在几何体下拉列表中选择 WORKPIECE 选项，在方法下拉列表中选择 MILL_FINISH 选项，使用系统默认的名称。

Step2. 单击“创建工序”对话框中的 确定 按钮，系统弹出“轮廓区域”对话框。

Stage2．指定切削区域

Step1. 在几何体区域中单击“选择或编辑切削区域几何体”按钮，系统弹出“切削区域”对话框。

Step2. 选取图 14.25 所示的面为切削区域(共 5 个面)，在“切削区域”对话框中单击 确定 按钮，完成切削区域的创建，同时系统返回到“轮廓区域”对话框。

Stage3．设置驱动方式

Step1. 在驱动方法区域中单击“编辑”按钮，系统弹出“区域铣削驱动方法”对话框。

Step2. 在“区域铣削驱动方法”对话框中设置图 14.26 所示的参数，然后单击 确定 按钮，系统返回到“轮廓区域”对话框。

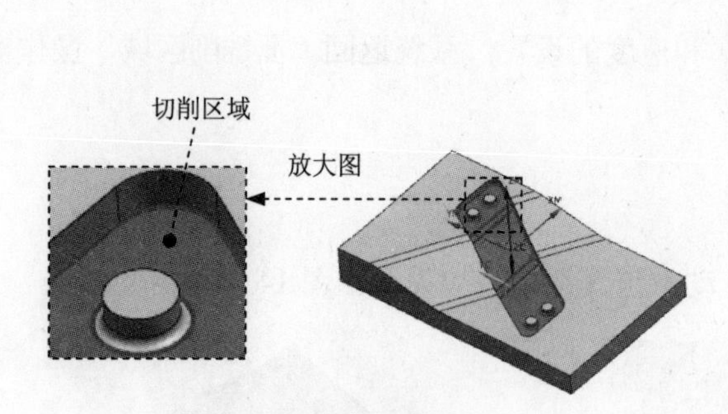

图 14.25 定义切削区域

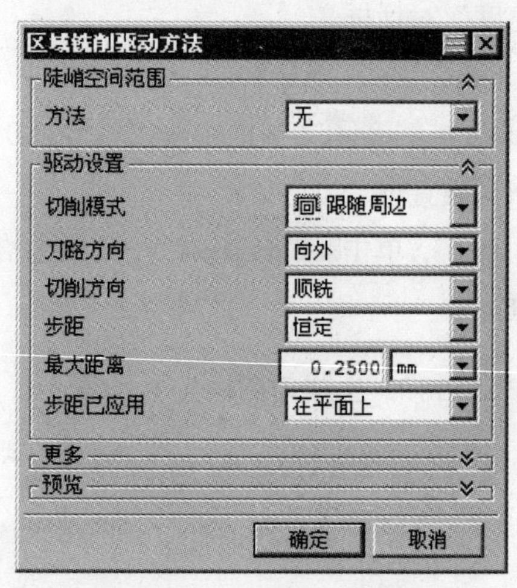

图 14.26 设置驱动方式

Stage4．设置切削参数

Step1. 在刀轨设置区域中单击“切削参数”按钮，系统弹出“切削参数”对话框。

Step2. 单击余量选项卡，在公差区域中的内公差与外公差文本框中均输入 0.01。

Step3. 单击“切削参数”对话框中的 确定 按钮，系统返回到“轮廓区域”对话框。

Stage5．设置非切削移动参数。

采用系统默认的非切削移动参数。

Stage6．设置进给率和速度

Step1. 在“轮廓区域”对话框中单击“进给率和速度”按钮，系统弹出“进给率和速度”对话框。

Step2. 选中“进给率和速度”对话框主轴速度区域中的☑ 主轴速度 (rpm)复选框，在其后的文本框中输入值 2200.0，按 Enter 键，然后单击按钮，在进给率区域的切削文本框中输入值 400.0，按 Enter 键，然后单击按钮，其他参数采用系统默认设置值。

Step3. 单击确定按钮，完成进给率和速度的设置，系统返回“轮廓区域”操作对话框。

Stage7．生成刀路轨迹并仿真

生成的刀路轨迹如图 14.27 所示，2D 动态仿真加工后的模型如图 14.28 所示。

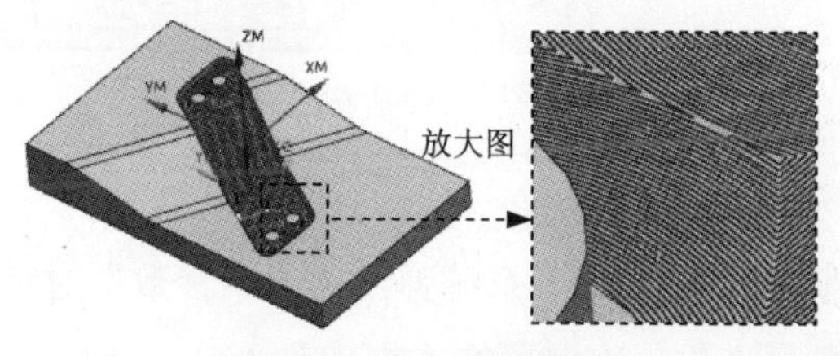

图 14.27 刀路轨迹

图 14.28 2D 动态仿真

Task11．创建轮廓区域铣操作（四）

Stage1．创建工序

Step1. 选择下拉菜单插入(S) → 工序(E)...命令，在“创建工序”对话框的类型下拉列表中选择mill_contour选项，在工序子类型区域中单击“CONTOUR_AREA”按钮，在程序下拉列表中选择PROGRAM选项，在刀具下拉列表中选择刀具B8 (铣刀-球头铣)选项，在几何体下拉列表中选择WORKPIECE选项，在方法下拉列表中选择MILL_FINISH选项，使用系统默认的名称。

Step2. 单击“创建工序”对话框中的确定按钮，系统弹出“轮廓区域”对话框。

Stage2．指定切削区域

Step1. 在几何体区域中单击“选择或编辑切削区域几何体”按钮，系统弹出“切削区域”对话框。

Step2. 选取图 14.29 所示的面为切削区域(共 6 个面)，在“切削区域”对话框中单击确定按钮，完成切削区域的创建，同时系统返回到“轮廓区域”对话框。

Stage3．设置驱动方式

Step1．在驱动方法区域中单击“编辑”按钮，系统弹出“区域铣削驱动方法”对话框。

Step2．在“区域铣削驱动方法”对话框中设置图 14.30 所示的参数，然后单击确定按钮，系统返回到“轮廓区域”对话框。

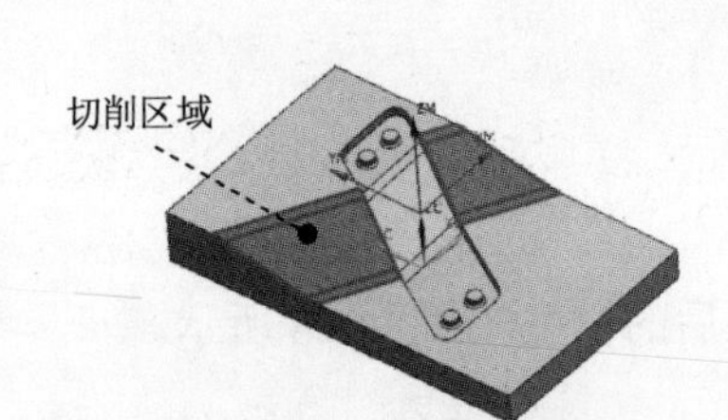

图 14.29　选取切削区域

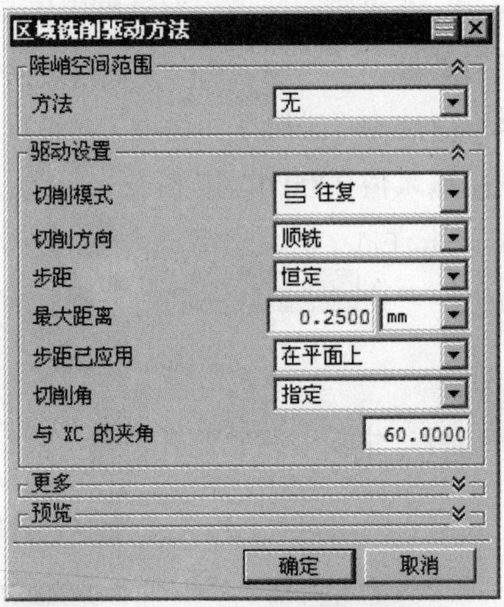

区域铣削驱动方法
陡峭空间范围
方法　无
驱动设置
切削模式　往复
切削方向　顺铣
步距　恒定
最大距离　0.2500　mm
步距已应用　在平面上
切削角　指定
与 XC 的夹角　60.0000
更多
预览
确定　取消

图 14.30　设置驱动方式

Stage4．设置切削参数

Step1．在刀轨设置区域中单击“切削参数”按钮，系统弹出“切削参数”对话框。

Step2．选中延伸刀轨区域的☑ 在边上延伸复选框，在距离文本框中输入 1，下拉列表中选择mm选项，其他参数采用系统默认设置值。

Step3．单击“切削参数”对话框中的确定按钮，系统返回到“轮廓区域”对话框。

Stage5．设置进给率和速度

Step1．在“轮廓区域”对话框中单击“进给率和速度”按钮，系统弹出“进给率和速度”对话框。

Step2．选中“进给率和速度”对话框主轴速度区域中的☑ 主轴速度（rpm）复选框，在其后的文本框中输入值 1500.0，按 Enter 键，然后单击按钮，在进给率区域的切削文本框中输入值 400.0，按 Enter 键，然后单击按钮，其他参数采用系统默认设置值。其他参数采用系统默认设置值。

Step3．单击确定按钮，完成进给率和速度的设置，系统返回“轮廓区域”操作对话框。

Stage6．生成刀路轨迹并仿真

生成的刀路轨迹如图 14.31 所示，2D 动态仿真加工后的模型如图 14.32 所示。

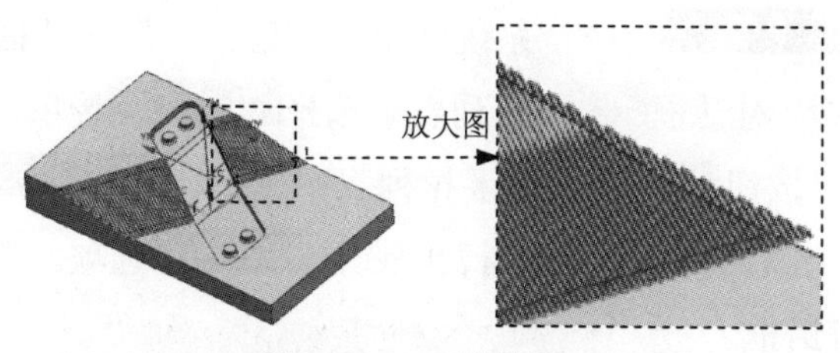

图 14.31　刀路轨迹

图 14.32　2D 动态仿真

Task12．创建单路清根操作（一）

Stage1．创建工序

Step1. 选择下拉菜单 插入(S) → 工序(E)... 命令，系统弹出“创建工序”对话框。

Step2. 确定加工方法。在 “创建工序”对话框 类型 下拉列表中选择 mill_contour 选项，在 工序子类型 区域中选择“FLOWCUT_SINGLE”按钮，在 刀具 下拉列表中选择 B6（铣刀-球头铣）选项，在 几何体 下拉列表中选择 WORKPIECE 选项，在 方法 下拉列表中选择 MILL_FINISH 选项，单击 确定 按钮，系统弹出“单刀路清根”对话框。

Stage2．设置进给率和速度

Step1. 单击“单刀路清根”对话框中的“进给率和速度”按钮，系统弹出“进给率和速度”对话框。

Step2. 在“进给率和速度”对话框中选中 ☑ 主轴速度（rpm） 复选框，然后在其文本框中输入值 1500.0，按 Enter 键，然后单击按钮，其他选项均采用系统默认参数设置值。

Step3. 单击“进给率和速度”对话框中的 确定 按钮，完成切削参数的设置，系统返回到“单刀路清根”对话框。

Stage3．生成刀路轨迹并仿真

生成的刀路轨迹如图 14.33 所示，2D 动态仿真加工后的模型如图 14.34 所示。

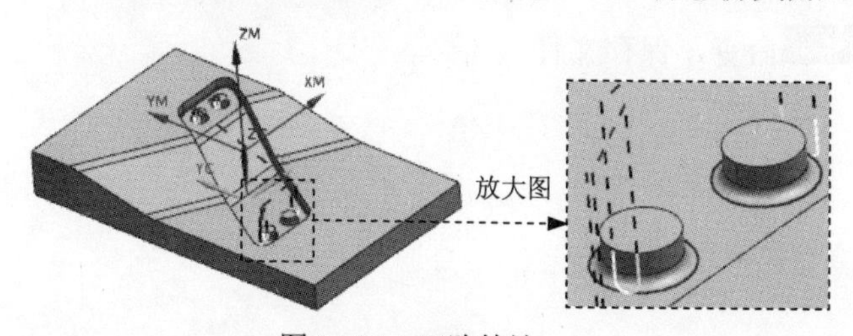

图 14.33　刀路轨迹

图 14.34　2D 仿真结果

Task13．创建单路清根操作（二）

Stage1．创建工序

Step1. 选择下拉菜单插入(S) ⟶ 工序(E)... 命令，系统弹出“创建工序”对话框。

Step2. 确定加工方法。在 “创建工序”对话框类型下拉列表中选择mill_contour选项，在工序子类型区域中选择“FLOWCUT_SINGLE”按钮，在刀具下拉列表中选择B4（铣刀-球头铣）选项，在几何体下拉列表中选择WORKPIECE选项，在方法下拉列表中选择MILL_FINISH选项，单击确定按钮，系统弹出“单刀路清根”对话框。

Stage2．设置进给率和速度

Step1. 单击“单刀路清根”对话框中的“进给率和速度”按钮，系统弹出“进给率和速度”对话框。

Step2. 在“进给率和速度”对话框中选中☑主轴速度（rpm）复选框，然后在其文本框中输入值 2500.0，按 Enter 键，然后单击按钮，在进给率区域的切削文本框中输入值 200.0，按 Enter 键，然后单击按钮，其他选项均采用系统默认参数设置值。

Step3. 单击“进给率和速度”对话框中的确定按钮，完成切削参数的设置，系统返回到“单刀路清根”对话框。

Stage3．生成刀路轨迹并仿真

生成的刀路轨迹如图 14.35 所示，2D 动态仿真加工后的模型如图 14.36 所示。

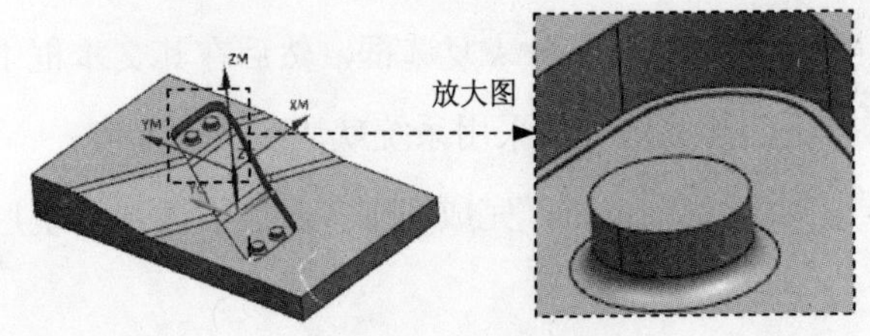

图 14.35　刀路轨迹

图 14.36　2D 仿真结果

Task14．保存文件

选择下拉菜单文件(F) ⟶ 保存(S)命令，保存文件。

实例 15　电话机凹模加工

在模具加工中，从毛坯零件到目标零件的加工一般都要经过多道工序。工序安排得是否合理对加工后零件的质量有较大的影响，因此在加工之前需要根据目标零件的特征制定好加工的工艺。

下面以电话机凹模为例介绍多工序车削的加工方法，其加工工艺路线如图 15.1 和图 15.2 所示。

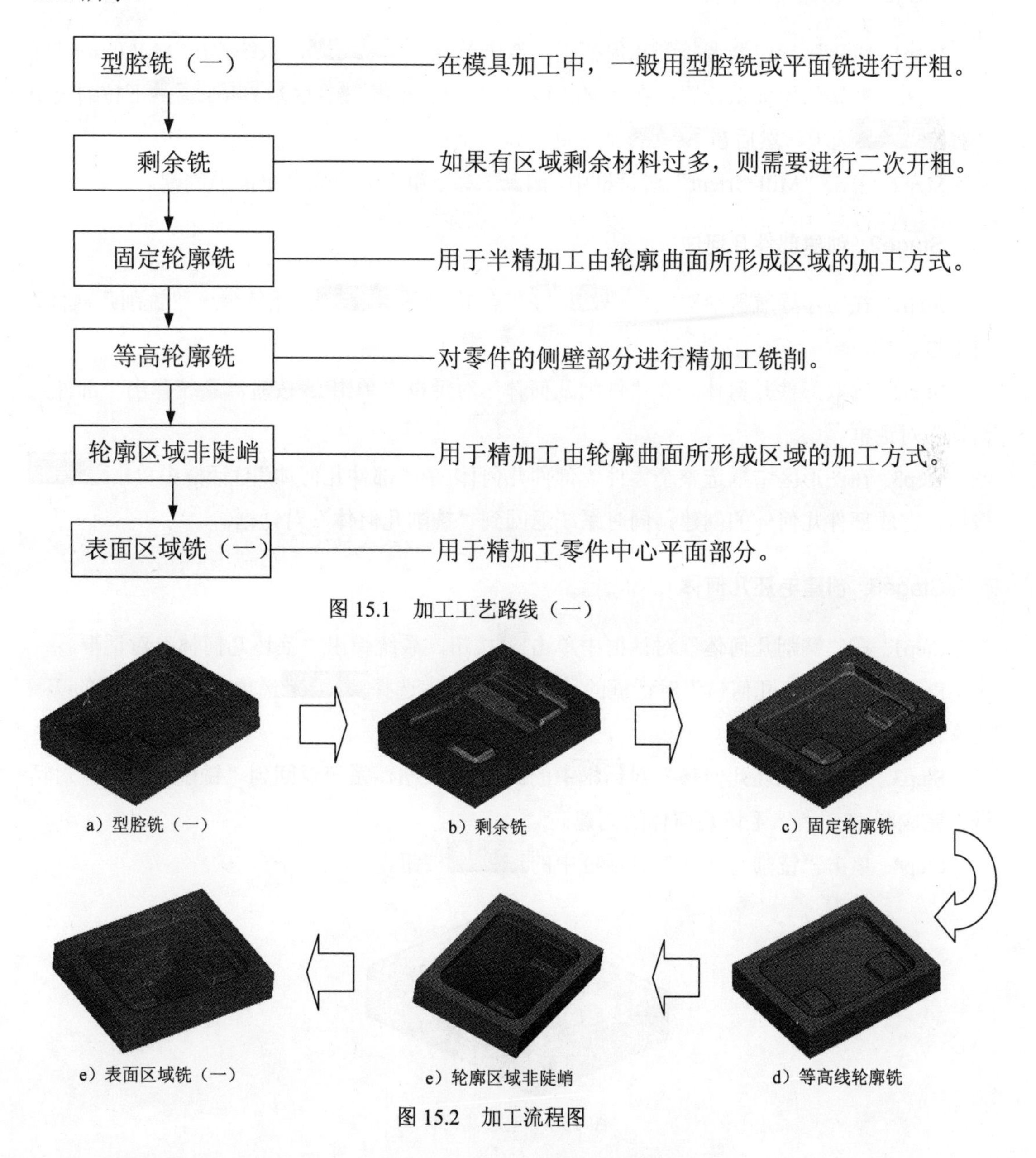

图 15.1　加工工艺路线（一）

图 15.2　加工流程图

Task1．打开模型文件并进入加工模块

Step1．打开模型文件 D:\ug8.11\work\ch15\phone_upper.prt。

Step2．进入加工环境。选择下拉菜单 开始 → 加工(N)... 命令，系统弹出“加工环境”对话框；在“加工环境”对话框的 CAM 会话配置 列表框中选择 cam_general 选项，在 要创建的 CAM 设置 列表框中选择 mill_contour 选项，单击 确定 按钮，进入加工环境。

Task2．创建几何体

Stage1．创建安全平面

Step1．将工序导航器调整到几何视图，双击节点 MCS_MILL，系统弹出“Mill Orient”对话框，采用默认的坐标系设置；在“Mill Orient”对话框 安全设置 区域 安全设置选项 下拉列表中选择 自动平面 选项，然后在 安全距离 文本框中输入 20。

Step2．单击“Mill Orient”对话框中的 确定 按钮，完成安全平面的创建。

Stage2．创建部件几何体

Step1．在工序导航器中双击 MCS_MILL 节点下的 WORKPIECE，系统弹出“铣削几何体”对话框。

Step2．选取部件几何体。在“铣削几何体”对话框中单击按钮，系统弹出“部件几何体”对话框。

Step3．在图形区中框选整个零件为部件几何体。在“部件几何体”对话框中单击 确定 按钮，完成部件几何体的创建，同时系统返回到“铣削几何体”对话框。

Stage3．创建毛坯几何体

Step1．在“铣削几何体”对话框中单击按钮，系统弹出“毛坯几何体”对话框。

Step2．在“毛坯几何体”对话框的 类型 下拉列表中选择 包容块 选项，在 极限 区域的 ZM+ 文本框中输入值 5.0。

Step3．单击“毛坯几何体”对话框中的 确定 按钮，系统返回到“铣削几何体”对话框，完成图 15.3 所示毛坯几何体的创建。

Step4．单击“铣削几何体”对话框中的 确定 按钮。

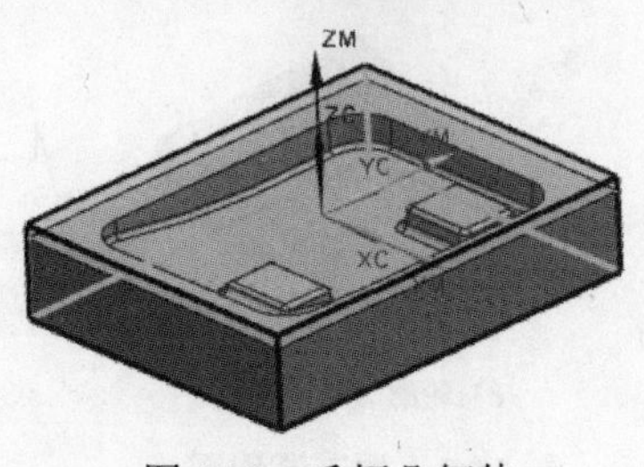

图 15.3　毛坯几何体

Task3．创建刀具

Stage1．创建刀具（一）

Step1．将工序导航器调整到机床视图。

Step2．选择下拉菜单 插入(S) → 刀具(T)... 命令，系统弹出“创建刀具”对话框。

Step3．在“创建刀具”对话框 类型 下拉列表中选择 mill contour 选项，在 刀具子类型 区域中单击“MILL”按钮，在 位置 区域的 刀具 下拉列表中选择 GENERIC_MACHINE 选项，在 名称 文本框中输入 T1D20R2，然后单击 确定 按钮，系统弹出“铣刀-5 参数”对话框。

Step4．系统弹出“铣刀-5 参数”对话框，在 (D) 直径 文本框中输入值 20.0，在 (R1) 下半径 文本框中输入值 2.0，在 编号 区域的 刀具号、补偿寄存器、刀具补偿寄存器 文本框中均输入值 1，其他参数采用系统默认设置值，单击 确定 按钮，完成刀具的创建。

Stage2．创建刀具（二）

设置刀具类型为 mill contour 选项，刀具子类型 单击选择“BALL_MILL”按钮，刀具名称为 T2B6，刀具 (D) 直径 为 6.0，在 编号 区域的 刀具号、补偿寄存器、刀具补偿寄存器 文本框中均输入值 2；具体操作方法参照 Stage1。

Stage3．创建刀具（三）

设置刀具类型为 mill contour 选项，刀具子类型 单击选择“BALL_MILL”按钮，刀具名称为 T3B4，刀具 (D) 直径 为 4.0，在 编号 区域的 刀具号、补偿寄存器、刀具补偿寄存器 文本框中均输入值 3；具体操作方法参照 Stage1。

Task4．创建型腔铣操作

Stage1．插入工序

Step1．选择下拉菜单 插入(S) → 工序(E)... 命令，在“创建工序”对话框 类型 下拉列表中选择 mill_contour 选项，在 工序子类型 区域中单击“CAVITY_MILL”按钮，在 程序 下拉列表中选择 PROGRAM 选项，在 刀具 下拉列表中选择前面设置的刀具 T1D20R2（铣刀-5 参数）选项，在 几何体 下拉列表中选择 WORKPIECE 选项，在 方法 下拉列表中选择 MILL ROUGH 选项，使用系统默认的名称。

Step2．单击“创建工序”对话框中的 确定 按钮，系统弹出“型腔铣”对话框。

Stage2．设置一般参数

在“型腔铣”对话框 切削模式 下拉列表中选择 跟随部件 选项；在 步距 下拉列表中选择 刀具平直百分比 选项，在 平面直径百分比 文本框中输入值 50.0；在 每刀的公共深度 下拉列表中选择 恒定 选项，在 最大距离 文本框中输入值 0.5。

Stage3．设置切削与非切削移动参数

采用系统默认的切削与非切削参数设置值。

Stage4．设置进给率和速度

Step1. 在“型腔铣”对话框中单击“进给率和速度”按钮，系统弹出“进给率和速度”对话框。

Step2. 选中“进给率和速度”对话框主轴速度区域中的☑ 主轴速度（rpm）复选框，在其后的文本框中输入值 800.0，按 Enter 键，然后单击按钮，在进给率区域的切削文本框中输入值 300.0，按 Enter 键，然后单击按钮，其他参数采用系统默认设置值。

Step3. 单击确定按钮，完成进给率和速度的设置，系统返回“型腔铣”操作对话框。

Stage5．生成刀路轨迹并仿真

生成的刀路轨迹如图 15.4 所示，2D 动态仿真加工后的模型如图 15.5 所示。

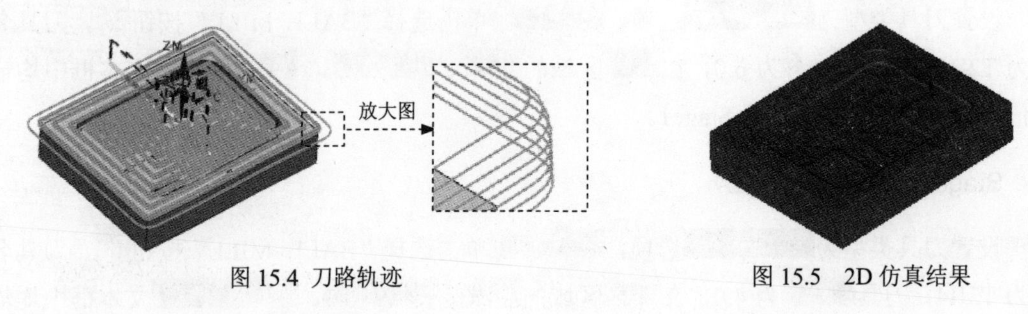

图 15.4 刀路轨迹　　图 15.5 2D 仿真结果

Task5．创建剩余铣操作

Stage1．插入工序

Step1. 选择下拉菜单插入(S) → 工序(E)... 命令，在“创建工序”对话框类型下拉列表中选择mill_contour选项，在工序子类型区域中单击“REST_MILLING”按钮，在程序下拉列表中选择PROGRAM选项，在刀具下拉列表中选择刀具T2B6（铣刀-球头铣）选项，在几何体下拉列表中选择WORKPIECE选项，在方法下拉列表中选择MILL ROUGH选项，使用系统默认的名称“REST_MILLING”。

Step2. 单击“创建工序”对话框中的确定按钮，系统弹出“剩余铣”对话框。

Stage2．指定修剪边界

Step1. 在几何体区域中单击“选择或编辑修剪边界”按钮，系统弹出“修剪边界”对话框。

Step2. 在主要选项卡中过滤器类型区域确认按钮被按下，在修剪侧区域选中⊙ 外部复选框，在“曲线规则”下拉列表中选择相切曲线，然后在图形区选取图 15.6 所示的边线，在

"修剪边界"对话框中单击 确定 按钮，完成修剪边界的创建，同时系统返回到"剩余铣"对话框。

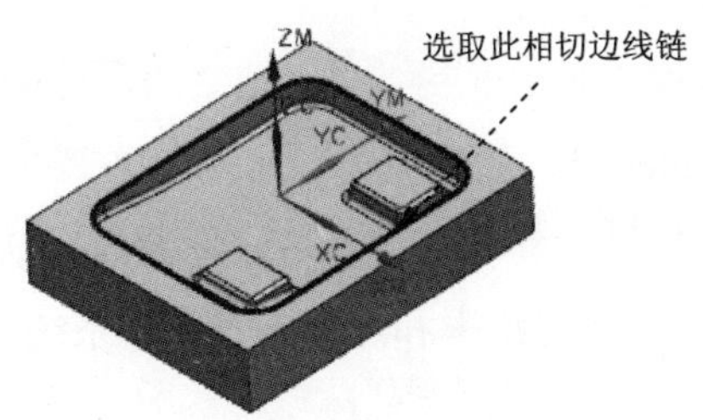

图 15.6　选取修剪边界

Stage3．设置一般参数

在 最大距离 文本框中输入值 0.5，其他参数采用系统默认设置值。

Stage4．设置切削参数

Step1．在 刀轨设置 区域中单击"切削参数"按钮，系统弹出"切削参数"对话框。

Step2．单击"切削参数"对话框中的 策略 选项卡，在 切削顺序 下拉列表中选择 深度优先 选项。

Step3．在"切削参数"对话框中单击 余量 选项卡，在 余量 区域取消选中 □ 使底面余量与侧面余量一致 复选框，然后在 部件底面余量 文本框中输入值 1.2，其他参数采用系统默认设置值。

Step4．在"切削参数"对话框中单击 拐角 选项卡，在 光顺 下拉列表中选择 所有刀路，其他参数采用系统默认设置值。

Step5．在"切削参数"对话框中单击 连接 选项卡，在 开放刀路 下拉列表中选择 变换切削方向，其他参数采用系统默认设置值。

Step6．在"切削参数"对话框中单击 空间范围 选项卡，在 最小材料移除 文本框中输入值 1.0，其他参数采用系统默认设置值。

Step7．单击"切削参数"对话框中的 确定 按钮，系统返回到"剩余铣"对话框。

Stage5．设置非切削移动参数。

Step1．单击"面铣削区域"对话框 刀轨设置 区域中的"非切削移动"按钮，系统弹出"非切削移动"对话框。

Step2．单击"非切削移动"对话框中的 转移/快速 选项卡，在 区域内 区域 转移类型 下拉列表中选择 毛坯平面 选项，其他参数采用系统默认设置值。

Step3．在"切削参数"对话框中单击 转移/快速 选项卡，在 转移类型 下拉列表中选择 毛坯平面 选项，其他参数采用系统默认设置值。

Stage6．设置进给率和速度

Step1. 在“剩余铣”对话框中单击“进给率和速度”按钮，系统弹出“进给率和速度”对话框。

Step2. 选中“进给率和速度”对话框主轴速度区域中的☑ 主轴速度 (rpm)复选框，在其后的文本框中输入值 1800.0，按 Enter 键，然后单击按钮，在切削文本框中输入值 300.0，按下键盘上的 Enter 键，然后单击按钮，其他参数采用系统默认设置值。

Step3. 单击确定按钮，完成进给率和速度的设置，系统返回“剩余铣”操作对话框。

Stage7. 生成刀路轨迹并仿真

生成的刀路轨迹如图 15.7 所示，2D 动态仿真加工后的模型如图 15.8 所示。

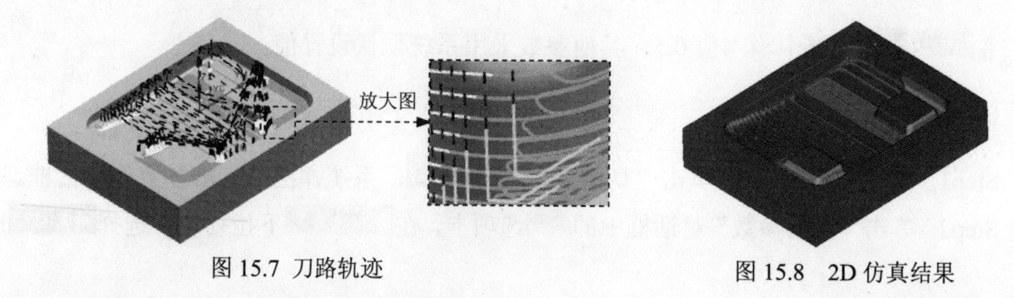

图 15.7 刀路轨迹　　图 15.8 2D 仿真结果

Task6. 创建固定轴曲面轮廓铣操作

Stage1. 插入工序

Step1. 选择下拉菜单插入(S) → 工序(E)...命令，系统弹出“创建工序”对话框。

Step2. 确定加工方法。在“创建工序”对话框类型下拉列表中选择mill_contour选项，在工序子类型区域中单击“FIXED_CONTOUR”按钮，在刀具下拉列表中选择T2B6 (铣刀-球头铣)选项，在几何体下拉列表中选择WORKPIECE选项，在方法下拉列表中选择MILL_SEMI_FINISH选项，单击确定按钮，系统弹出“固定轮廓铣”对话框。

Stage2. 设置驱动方式

Step1. 在“轮廓区域”对话框驱动方法区域的“编辑”按钮，系统弹出“边界驱动方法”对话框。

Step2. 在“边界驱动方法”对话框中单击“选择或编辑驱动几何体”按钮，系统弹出“边界几何体”对话框，在模式下拉列表中选择曲线/边...选项，在刀具位置下拉列表中选择对中选项，然后在图形区选取图 15.9 所示的边线，单击创建下一个边界按钮，然后单击“创建边界”对话框和“边界几何体”对话框中的确定按钮，系统返回到“边界驱动方法”对话框中

Step3. 在“边界驱动方法”对话框步距下拉列表中选择刀具平直百分比选项，在平面直径百分比文本框中输入 30.0，单击“边界驱动方法”对话框中的确定按钮，系统返回到“固定轮

廓铣”对话框。

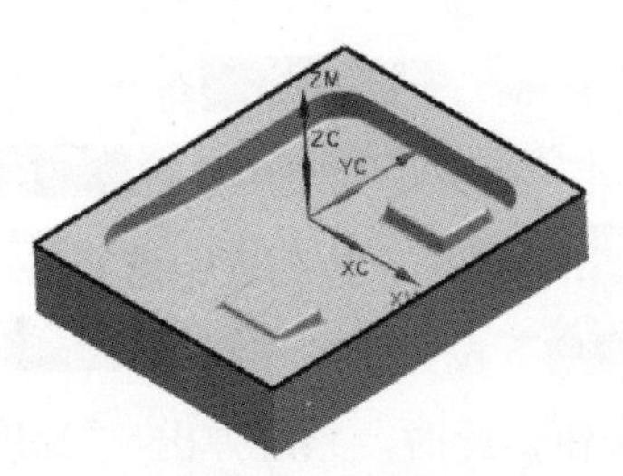

图 15.9　选取边界

Stage3. 设置切削参数

Step1. 单击“固定轮廓铣”对话框中的“切削参数”按钮，系统弹出“切削参数”对话框。

Step2. 在“切削参数”对话框中单击余量选项卡，在部件余量文本框中输入 0.25，其他参数接受系统默认设置，单击确定按钮。

Stage4. 设置非切削移动参数

采用系统默认的非切削移动参数。

Stage5. 设置进给率和速度

Step1. 在“轮廓区域”对话框中单击“进给率和速度”按钮，系统弹出“进给率和速度”对话框。

Step2. 选中“进给率和速度”对话框主轴速度区域中的☑ 主轴速度 (rpm)复选框，在其后的文本框中输入值 2000.0，按 Enter 键，然后单击按钮，在进给率区域的切削文本框中输入值 500.0，按 Enter 键，然后单击按钮，其他参数采用系统默认设置值。

Step3. 单击确定按钮，完成进给率和速度的设置，系统返回“轮廓区域”对话框。

Stage6. 生成刀路轨迹并仿真

生成的刀路轨迹如图 15.10 所示，2D 动态仿真加工后的模型如图 15.11 所示。

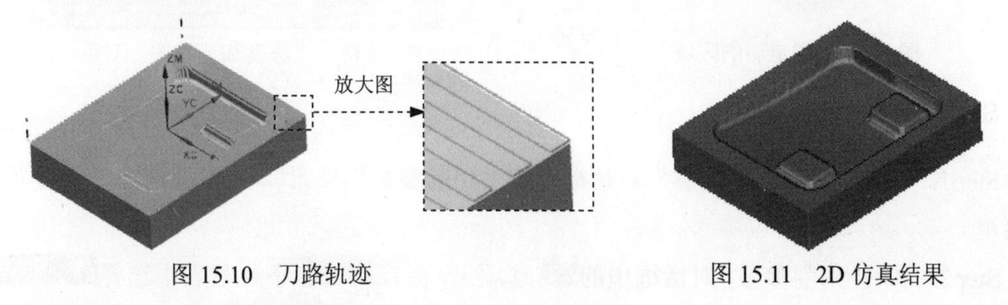

图 15.10　刀路轨迹　　图 15.11　2D 仿真结果

Task7. 创建等高线轮廓铣操作

Stage1．插入工序

Step1．选择下拉菜单插入(S) → 工序(E)...命令，系统弹出“创建工序”对话框。

Step2．在“创建工序”对话框类型下拉列表中选择mill_contour选项，在工序子类型区域中选择“ZLEVEL_PROFILE”按钮，在程序下拉列表中选择PROGRAM选项，在刀具下拉列表中选择T3B4（铣刀-球头铣）选项，在几何体下拉列表中选择WORKPIECE选项，在方法下拉列表中选择MILL_FINISH选项，单击确定按钮，此时，系统弹出 “深度加工轮廓”对话框。

Stage2．指定切削区域

Step1．单击“深度加工轮廓”对话框指定切削区域右侧的按钮，系统弹出“切削区域”对话框。

Step2．在绘图区中选取图 15.12 所示的切削区域（共 68 个面），单击确定按钮，系统返回到“深度加工轮廓”对话框。

Stage3．设置刀具路径参数和切削层

Step1．设置刀具路径参数。参数设置值如图 15.13 所示。

Step2．设置切削层。采用系统默认的设置值。

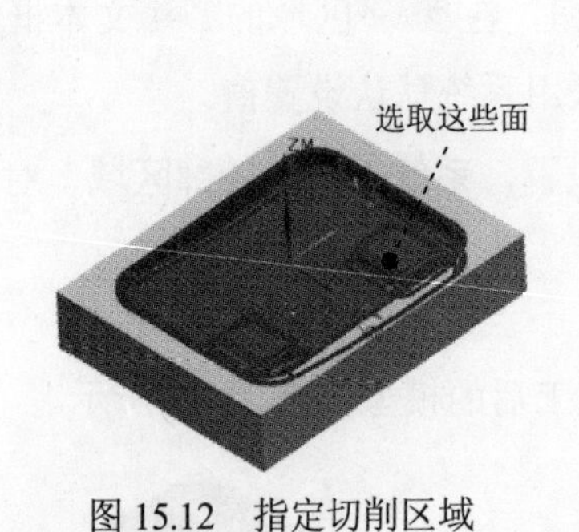

图 15.12 指定切削区域

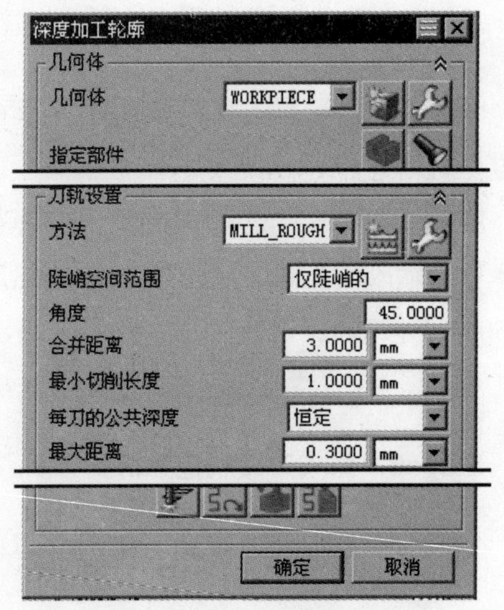

图 15.13 “深度加工轮廓”对话框

Stage4．设置切削参数

Step1．单击“深度加工轮廓”对话框中的“切削参数”按钮，系统弹出“切削参数”对话框。

Step2．单击“切削参数”对话框中的策略选项卡，在切削顺序下拉列表中选择始终深度优先选项。

Step3. 单击“切削参数”对话框中的余量选项卡，在部件侧面余量文本框中输入值 0.0，其他参数采用系统默认设置值。

Step4. 单击“切削参数”对话框中的连接选项卡，参数设置值如图 15.14 所示，单击确定按钮，系统返回到“深度加工轮廓”对话框。

Stage5. 设置非切削移动参数

采用系统默认的非切削移动参数。

Stage6. 设置进给率和速度

Step1. 在“深度加工轮廓”对话框中单击“进给率和速度”按钮，系统弹出“进给率和速度”对话框。

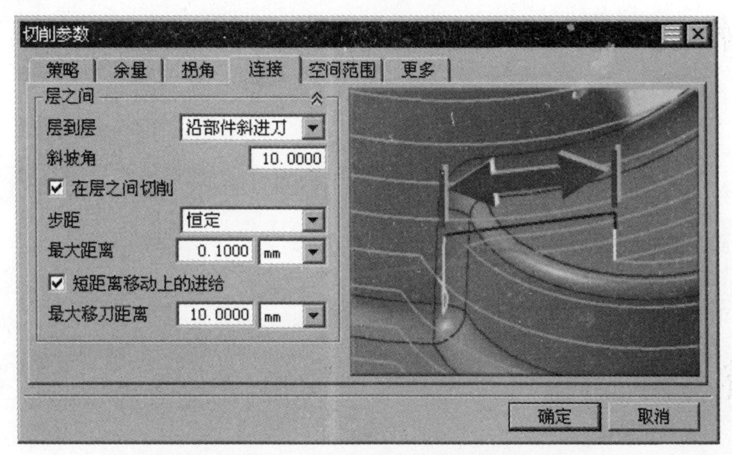

图 15.14　“连接”选项卡

Step2. 在“进给率和速度”对话框中选中☑ 主轴速度 (rpm)复选框，然后在其文本框中输入值 4500.0，在切削文本框中输入值 600.0，按下键盘上的 Enter 键，然后单击按钮。

Step3. 单击确定按钮，完成进给率和速度的设置，系统返回“深度加工轮廓”对话框。

Stage7. 生成刀路轨迹并仿真

生成的刀路轨迹如图 15.15 所示，2D 动态仿真加工后的模型如图 15.16 所示。

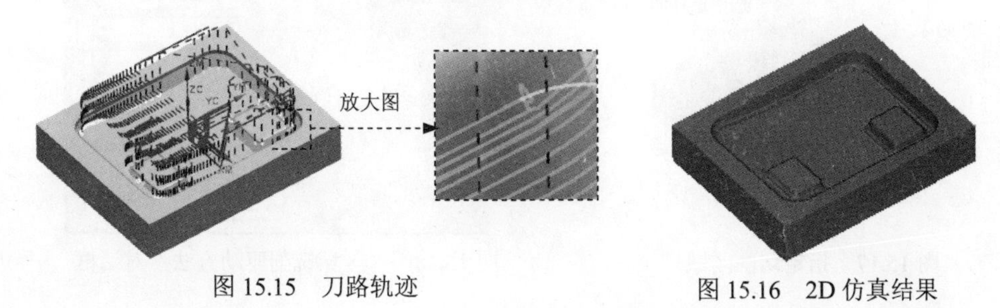

图 15.15　刀路轨迹　　图 15.16　2D 仿真结果

Task8．创建轮廓区域非陡峭操作

Stage1．插入工序

Step1. 选择下拉菜单插入(S) → 工序(E)...命令，在“创建工序”对话框类型下拉列表中选择mill_contour选项，在工序子类型区域中单击“CONTOUR_AREA_NON_STEEP”按钮，在程序下拉列表中选择PROGRAM选项，在刀具下拉列表中选择刀具T3B4（铣刀-球头铣）选项，在几何体下拉列表中选择WORKPIECE选项，在方法下拉列表中选择MILL_FINISH选项，使用系统默认的名称“CONTOUR_AREA_NON_STEEP”。

Step2. 单击“创建工序”对话框中的确定按钮，系统弹出“轮廓区域非陡峭”对话框。

Stage2．指定切削区域

Step1. 单击“轮廓区域非陡峭”对话框指定切削区域右侧的按钮，系统弹出“切削区域”对话框。

Step2. 在绘图区中选取图 15.17 所示的切削区域（共 68 个面），单击确定按钮，系统返回到“轮廓区域非陡峭”对话框。

Stage3．设置驱动方式

Step1. 在“轮廓区域非陡峭”对话框驱动方法区域的“编辑”按钮，系统弹出“区域铣削驱动方法”对话框。

Step2. 在“区域铣削驱动方法”对话框参数设置值如图 15.18 所示，单击确定按钮，系统返回到“区域铣削驱动方法”对话框中。

图 15.17　指定切削区域

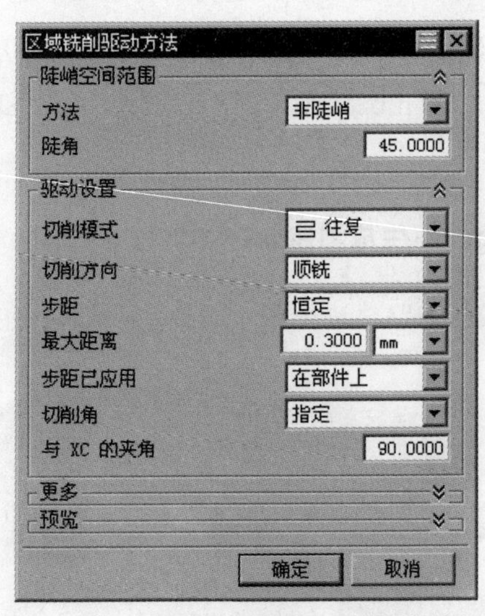

图 15.18　“区域铣削驱动方法”对话框

Stage4. 设置切削参数和非切削移动参数

采用系统默认的切削移动参数和非切削移动参数。

Stage5. 设置进给率和速度

Step1. 在“轮廓区域”对话框中单击“进给率和速度”按钮，系统弹出“进给率和速度”对话框。

Step2. 选中“进给率和速度”对话框主轴速度区域中的☑ 主轴速度（rpm）复选框，在其后的文本框中输入值 4500.0，按 Enter 键，然后单击按钮，在进给率区域的切削文本框中输入值 600.0，按 Enter 键，然后单击按钮，其他参数采用系统默认设置值。

Step3. 单击确定按钮，完成进给率和速度的设置，系统返回“轮廓区域”对话框。

Stage6. 生成刀路轨迹并仿真

生成的刀路轨迹如图 15.19 所示，2D 动态仿真加工后的模型如图 15.20 所示。

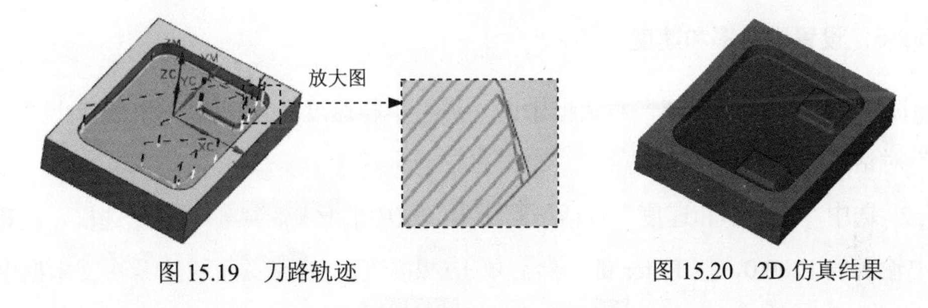

图 15.19　刀路轨迹　　图 15.20　2D 仿真结果

Task9. 创建表面区域铣操作

Stage1. 插入工序

Step1. 选择下拉菜单插入(S) ➡ 工序(E)...命令，系统弹出“创建工序”对话框。

Step2. 在“创建工序”对话框类型下拉列表中选择mill_planar选项，在工序子类型区域中单击“FACE_MILLING_AREA”按钮，在程序下拉列表中选择PROGRAM选项，在刀具下拉列表中选择T1D20R2（铣刀-5 参数）选项，在几何体下拉列表中选择WORKPIECE选项，在方法下拉列表中选择MILL_FINISH选项，使用系统默认的名称。

Step3. 单击“创建工序”对话框中的确定按钮，系统弹出“面铣削区域”对话框。

Stage2. 指定切削区域

Step1. 单击“面铣削区域”对话框中的“选择或编辑切削区域几何体”按钮，系统弹出“切削区域”对话框。

Step2. 在图形区选取图 15.21 所示的切削区域，单击“切削区域”对话框中的确定按钮，系统返回到“面铣削区域”对话框。

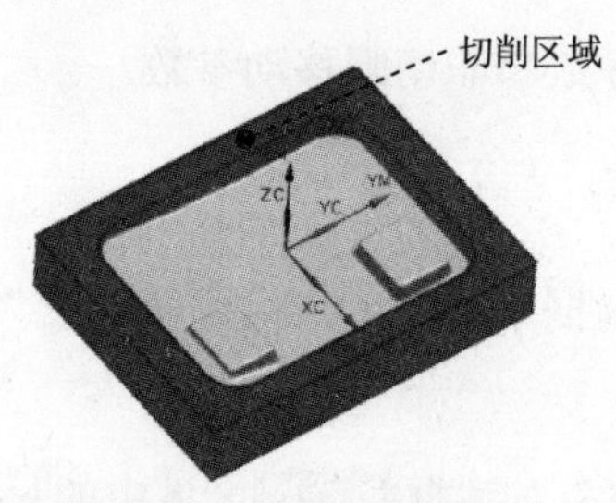

图 15.21 指定切削区域

Stage3．设置一般参数

采用系统默认参数设置值。

Stage4．设置切削参数和非切削移动参数

采用系统默认的切削移动参数和非切削移动参数。

Stage5．设置进给率和速度

Step1. 单击“面铣削区域”对话框中的“进给率和速度”按钮，系统弹出“进给率和速度”对话框。

Step2. 选中“进给率和速度”对话框主轴速度区域中的☑ 主轴速度（rpm）复选框，在其后的文本框中输入值 1200.0，按 Enter 键，然后单击按钮，在进给率区域的切削文本框中输入值 300.0，按 Enter 键，然后单击按钮，单击确定按钮，返回“面铣削区域”对话框。

Stage6．生成刀路轨迹并仿真

生成的刀路轨迹如图 15.22 所示，2D 动态仿真加工后的模型如图 15.23 所示。

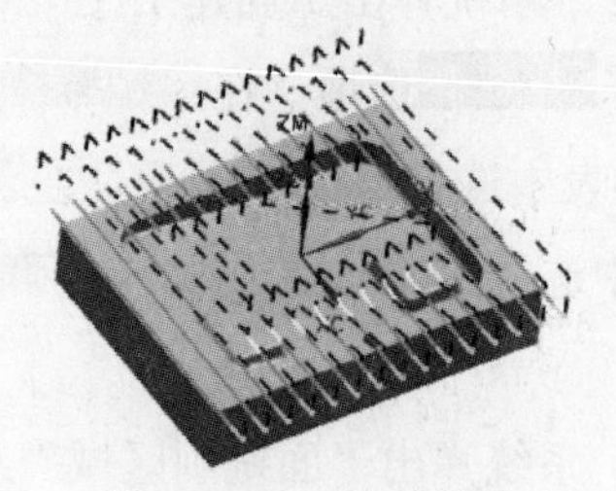
图 15.22　刀路轨迹

图 15.23　2D 仿真结果

Task10．保存文件

选择下拉菜单文件(F) ➡ 保存(S)命令，保存文件。

实例 16　平面铣加工

本实例讲述的是平面铣加工，多用于加工零件的基准面、内腔的底面、内腔的垂直侧壁及敞开的外形轮廓等，对于加工直壁，并且岛屿顶面和槽腔底面为平面的零件尤为适用。零件的加工工艺路线如图 16.1 和图 16.2 所示。

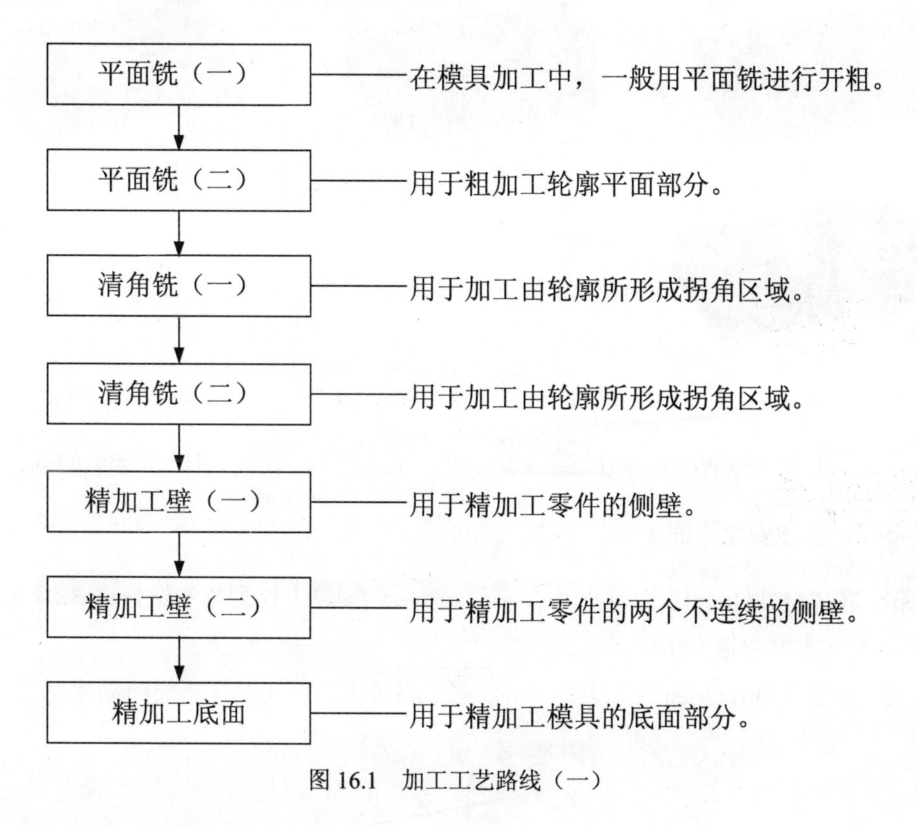

图 16.1　加工工艺路线（一）

Task1．打开模型文件并进入加工模块

Step1．打开模型文件 D:\ug8.11\work\ch16\ plane.prt。

Step2．进入加工环境。选择下拉菜单 开始▾ ➡ 加工(N)... 命令，系统弹出“加工环境”对话框；在“加工环境”对话框的 CAM 会话配置 列表框中选择 cam_general 选项，在 要创建的 CAM 设置 列表框中选择 mill_planar 选项，单击 确定 按钮，进入加工环境。

Task2．创建几何体

Stage1．创建机床坐标系

Step1．将工序导航器调整到几何视图，双击节点 MCS_MILL，系统弹出“Mill Orient”

对话框，在“Mill Orient”对话框的机床坐标系区域中单击“CSYS 对话框”按钮，系统弹出“CSYS”对话框。

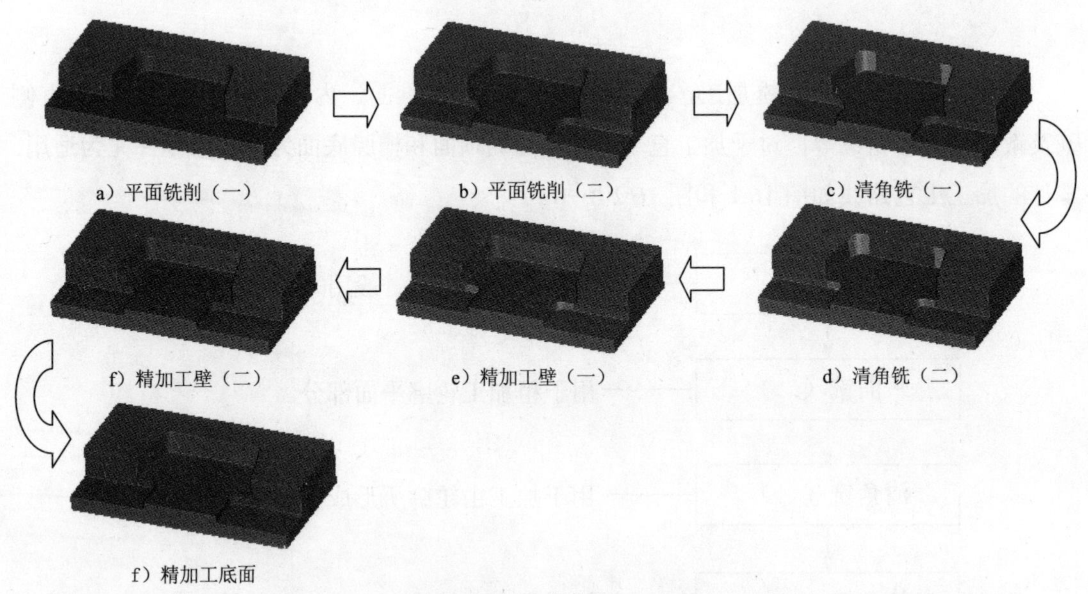

图 16.2 加工工艺路线（二）

Step2. 采用默认设置然后单击确定按钮，完成图 16.3 所示机床坐标系的创建。

Stage2. 创建安全平面

Step1. 在“Mill Orient”对话框安全设置区域安全设置选项下拉列表中选择自动平面选项，然后在安全距离文本框中输入 10。

Step2. 单击“Mill Orient”对话框中的确定按钮，完成安全平面的创建。

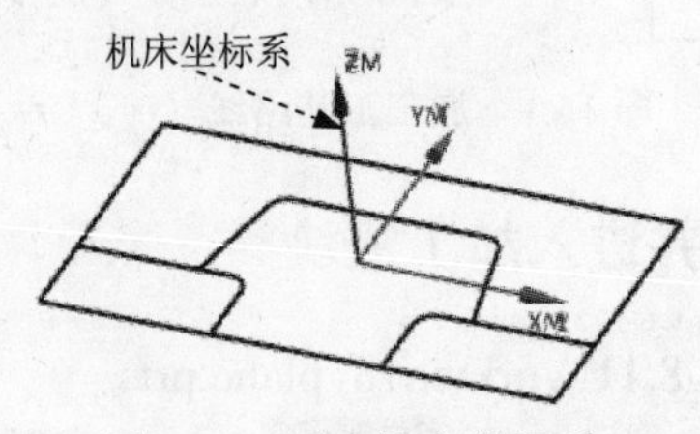

图 16.3 创建机床坐标系

Stage3. 创建部件几何体

Step1. 在工序导航器中双击MCS_MILL节点下的WORKPIECE，系统弹出“铣削几何体”对话框。

Step2. 选取部件几何体。在“铣削几何体”对话框中单击按钮，系统弹出“部件几何体”对话框。

Step3. 在“选择条”工具条中确认“类型过滤器”设置为“曲线”，在图形区选取了整个曲线图形为部件几何体，如图 16.4 所示。

Step4. 在“部件几何体”对话框中单击确定按钮，完成部件几何体的创建，同时系统返回到“铣削几何体”对话框。

Stage4. 创建毛坯几何体

Step1. 在“铣削几何体”对话框中单击按钮，系统弹出“毛坯几何体”对话框。

Step2. 在“毛坯几何体”对话框的类型下拉列表中选择包容块选项，在极限区域的 ZM- 文本框中输入值 30.0。

Step3. 单击“毛坯几何体”对话框中的确定按钮，系统返回到“铣削几何体”对话框，完成图 16.5 所示毛坯几何体的创建。

Step4. 单击“铣削几何体”对话框中的确定按钮。

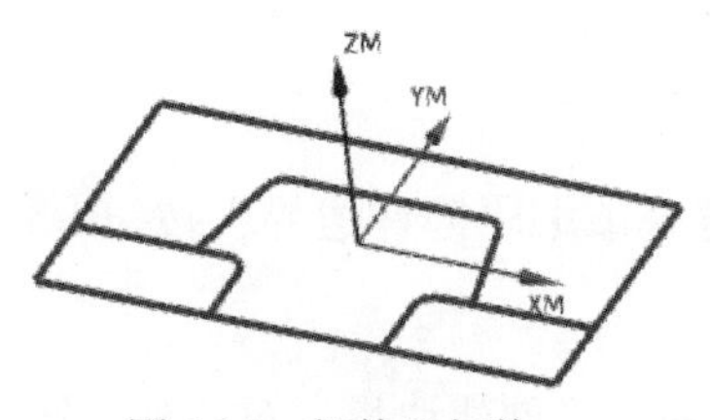

图 16.4　部件几何体

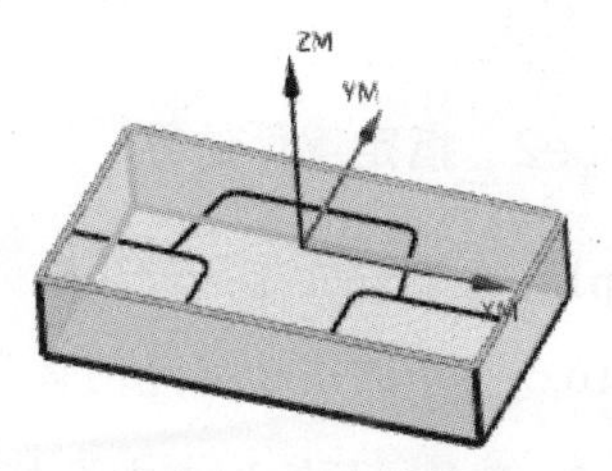

图 16.5　毛坯几何体

Task3. 创建刀具

Stage1. 创建刀具（一）

Step1. 将工序导航器调整到机床视图。

Step2. 选择下拉菜单插入(S) ➡ 刀具(T)...命令，系统弹出“创建刀具”对话框。

Step3. 在“创建刀具”对话框类型下拉列表中选择mill_planar选项，在刀具子类型区域中单击“MILL”按钮，在位置区域的刀具下拉列表中选择GENERIC_MACHINE选项，在名称文本框中输入 D20，然后单击确定按钮，系统弹出“铣刀-5 参数”对话框。

Step4. 系统弹出“铣刀-5 参数”对话框，在(D) 直径文本框中输入值 20.0，在编号区域的刀具号、补偿寄存器、刀具补偿寄存器文本框中均输入值 1，其他参数采用系统默认设置值，单击确定按钮，完成刀具的创建。

Stage2. 创建刀具（二）

设置刀具类型为mill_planar选项，设置刀具子类型为“MILL”类型，刀具名称为 D8，刀具(D) 直径为 8.0，在编号区域的刀具号、补偿寄存器、刀具补偿寄存器文本框中均输入值 2；具体操作方法参照 Stage1。

Stage3. 创建刀具（三）

设置刀具类型为mill_planar选项，设置刀具子类型为“MILL”类型，刀具名称为 D6，刀具(D) 直径为 6.0，在编号区域的刀具号、补偿寄存器、刀具补偿寄存器文本框中均输入值 3。

Task4．创建平面铣操作（一）

Stage1．插入工序

Step1. 选择下拉菜单插入(S) ➡ 工序(E)...命令，系统弹出“创建工序”对话框。

Step2. 确定加工方法。在“创建工序”对话框类型下拉列表中选择mill_planar选项，在工序子类型区域中单击“PLANAR_MILL”按钮，在程序下拉列表中选择PROGRAM选项，在刀具下拉列表中选择D20（铣刀-5 参数）选项，在几何体下拉列表中选择WORKPIECE选项，在方法下拉列表中选择MILL_ROUGH选项，采用系统默认的名称。

Step3. 在“创建工序”对话框中单击 确定 按钮，系统弹出“平面铣”对话框。

Stage2．指定部件边界

Step1. 在“平面铣”对话框几何体区域中单击“选择或编辑部件边界”按钮，系统弹出图 16.6 所示的“边界几何体”对话框。

Step2. 在模式下拉列表中选择曲线/边...选项，系统弹出“创建边界”对话框。然后按顺序依次选取图 16.7 所示的曲线（顺时针或逆时针），单击 创建下一个边界 按钮，在“创建边界”对话框中单击 确定 按钮，同时系统返回到“边界几何体”对话框，单击 确定 按钮。

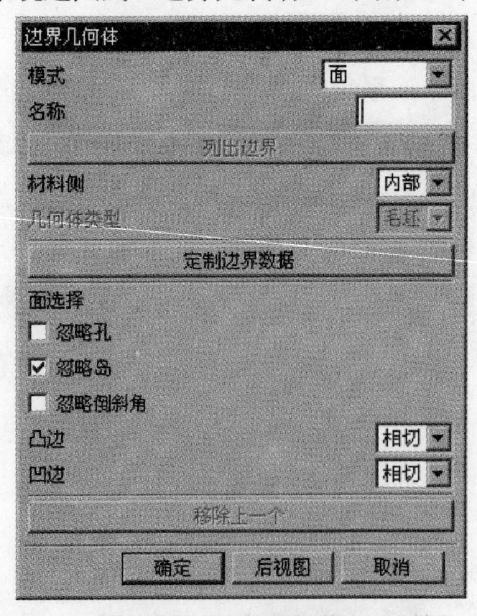

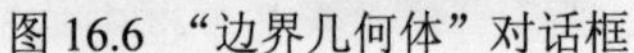
图 16.6 “边界几何体”对话框

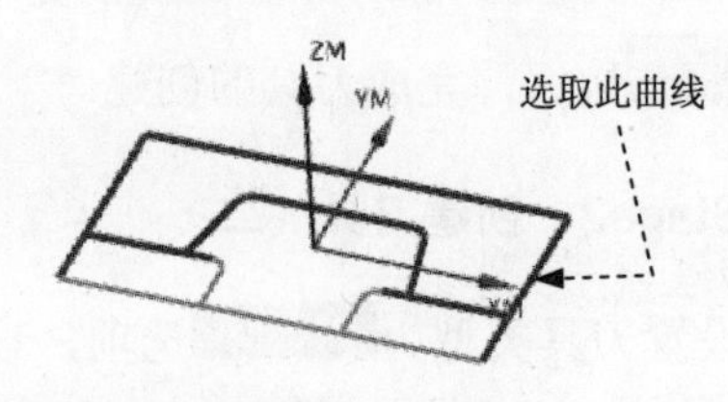

图 16.7 选取曲线

Stage3．指定毛坯边界

Step1. 在几何体区域中单击“选择或编辑毛坯边界”按钮，系统弹出的“边界几何体”

对话框。

Step2. 在模式下拉列表中选择曲线/边...选项，系统弹出“创建边界”对话框。按顺序依次选取图 16.8 所示的曲线（顺时针或逆时针），在刀具位置下拉列表中选择对中选项，单击创建下一个边界按钮，在“创建边界”对话框中单击确定按钮，同时系统返回到“边界几何体”对话框，单击确定按钮。

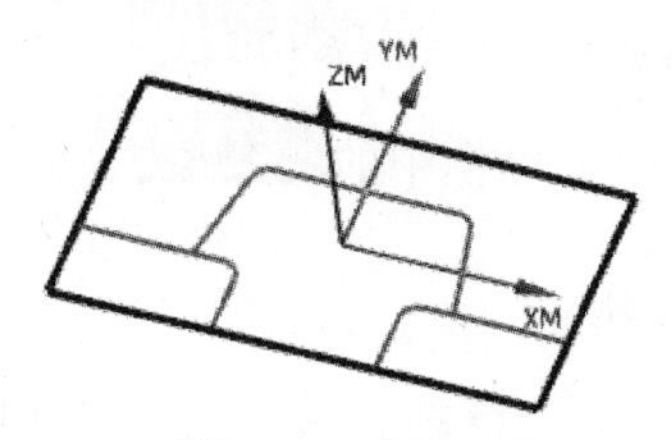

图 16.8　选取曲线

Step3. 指定底面。

（1）在“平面铣”对话框几何体区域中单击按钮，系统弹出“平面”对话框。

（2） 在类型下拉列表中选择 XC-YC 平面选项，在偏置和参考区域距离的文本框中输入值 - 15.0，单击确定按钮，完成底面的指定。

Stage4. 设置刀具路径参数

在刀轨设置区域切削模式下拉列表中采用系统默认的跟随部件选项，在步距下拉列表中选择刀具平直百分比选项，在平面直径百分比文本框输入值 50.0，其他参数采用系统默认设置值。

Stage5. 设置切削层参数

Step1. 在刀轨设置区域中单击“切削层”按钮，系统弹出“切削层”对话框。

Step2.在“切削层”对话框类型下拉列表中选择恒定选项，在公共文本框中输入值 2.0，其余参数采用系统默认设置值，单击确定按钮，系统返回到“平面铣”对话框。

Stage6. 设置切削参数

Step1. 在“平面铣”对话框中单击“切削参数”按钮，系统弹出“切削参数”对话框。

Step2. 在“切削参数”对话框中单击余量选项卡，在最终底面余量文本框中输入值 0.2。

Step3. 在“切削参数”对话框中单击连接选项卡， 在开放刀路区域后的下拉列表中选择变换切削方向选项。

Step4. 在“切削参数”对话框中单击确定按钮，系统返回到“平面铣”对话框。

Stage7. 设置非切削移动参数

参数采用系统默认的设置值。

Stage8．设置进给率和速度

Step1．单击“平面铣”对话框中的“进给率和速度”按钮，系统弹出“进给率和速度”对话框。

Step2．选中“进给率和速度”对话框主轴速度区域中的☑ 主轴速度（rpm）复选框，在其后的文本框中输入值 600.0，在进给率区域的切削文本框中输入值 250.0，按 Enter 键，然后单击按钮，其他参数采用系统默认设置值。

Step3．单击“进给率和速度”对话框中的确定按钮。

Stage9．生成刀路轨迹并仿真

生成的刀路轨迹如图 16.9 所示，2D 动态仿真加工后结果如图 16.10 所示。

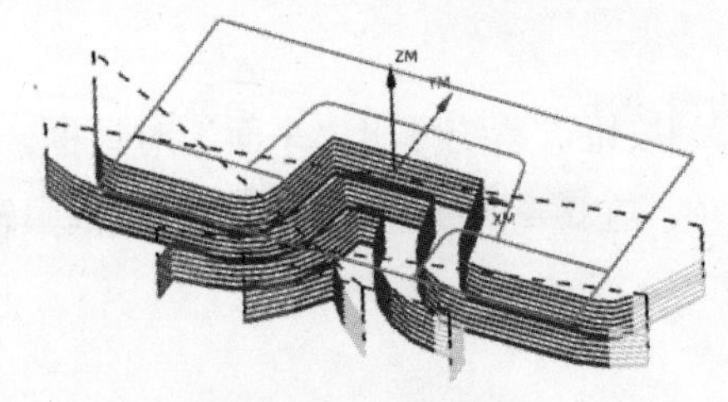

图 16.9 刀路轨迹

图 16.10 2D 仿真结果

Task5．创建平面铣操作（二）

Stage1．插入工序

Step1．选择下拉菜单插入(S) → 工序(E)... 命令，系统弹出“创建工序”对话框。

Step2．确定加工方法。在“创建工序”对话框类型下拉列表中选择mill_planar选项，在工序子类型区域中单击“PLANAR_MILL”按钮，在程序下拉列表中选择PROGRAM选项，在刀具下拉列表中选择D20（铣刀-5 参数）选项，在几何体下拉列表中选择WORKPIECE选项，在方法下拉列表中选择MILL_ROUGH选项，采用系统默认的名称。

Step3．在“创建工序”对话框中单击确定按钮，系统弹出“平面铣”对话框。

Stage2．指定部件边界

Step1．在“平面铣”对话框几何体区域中单击“选择或编辑部件边界”按钮，系统弹出“边界几何体”对话框。

Step2．在模式下拉列表中选择曲线/边...选项，系统弹出 “创建边界”对话框。在平面下拉列表中选择用户定义选项，系统弹出“平面”对话框。

Step3．在类型下拉列表中选择 XC-YC 平面选项，在偏置和参考区域距离的文本框中输入值 - 15.0，单击确定按钮，完成底面的指定。

Step4. 在“选择条”工具栏中确认“在相交处停止”按钮被按下，按顺序依次选取图 16.11 所示的曲线，单击创建下一个边界按钮，在“创建边界”对话框中单击确定按钮，同时系统返回到“边界几何体”对话框，单击确定按钮。结果如图 16.12 所示。

说明：选取曲线时顺时针和逆时针都可以但是必须按顺序依次选取。

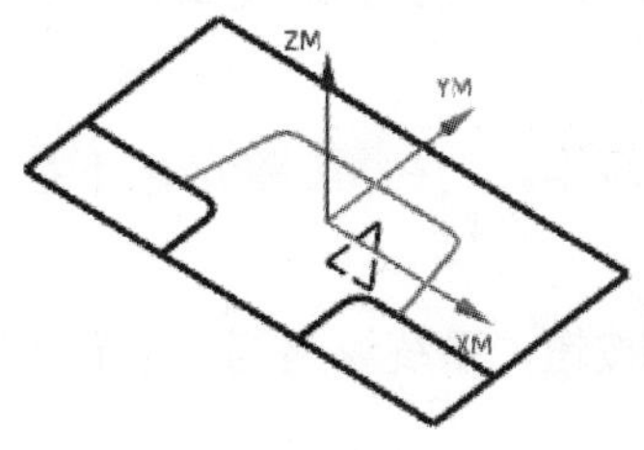

图 16.11　选取曲线

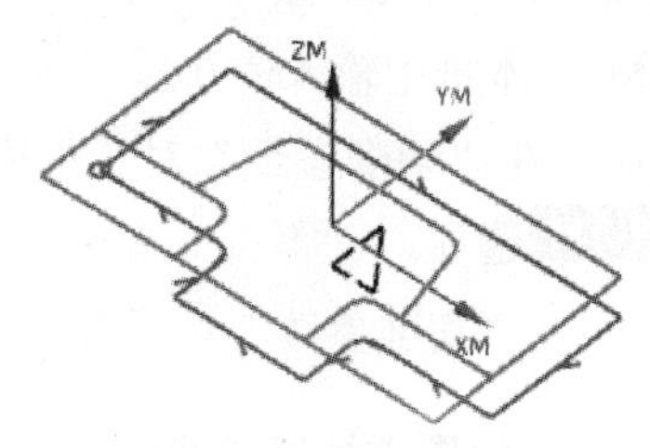

图 16.12　选取曲线

Stage3. 指定毛坯边界

Step1. 在几何体区域中单击“选择或编辑毛坯边界”按钮，系统弹出“边界几何体”对话框。

Step2. 在模式下拉列表中选择曲线/边...选项，系统弹出“创建边界”对话框。在平面下拉列表中选择用户定义选项。系统弹出“平面”对话框。

Step3. 在类型下拉列表中选择XC-YC 平面选项，在偏置和参考区域距离的文本框中输入值 - 15.0，单击确定按钮。

Step4. 按顺序依次选取图 16.13 所示的曲线（顺时针或逆时针），单击创建下一个边界按钮，在“创建边界”对话框中单击确定按钮，同时系统返回到“边界几何体”对话框，单击确定按钮。

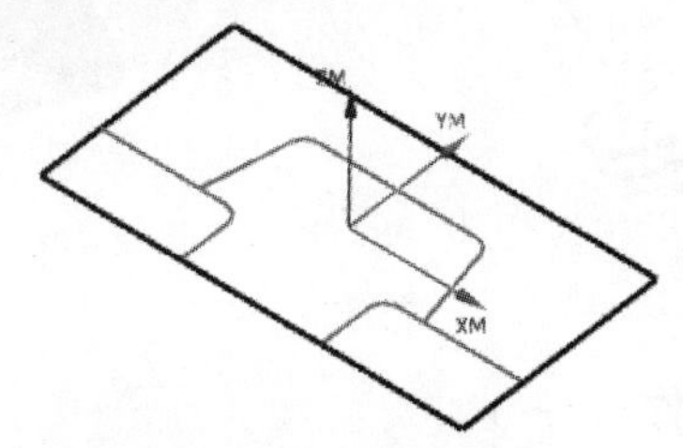

图 16.13　选取曲线

Step5. 指定底面。在“平面铣”对话框中几何体区域单击按钮，系统弹出“平面”对话框，在类型下拉列表中选择XC-YC 平面选项，在偏置和参考区域的距离文本框中输入值 -20，单击确定按钮，返回到“平面铣”对话框。

Stage4. 设置切削层参数

Step1. 在刀轨设置区域中单击“切削层”按钮，系统弹出“切削层”对话框。

Step2. 在类型下拉列表中选择恒定选项，在公共文本框中输入值 2.0，其他参数采用系统默认设置值，单击确定按钮，完成切削层参数的设置。

Stage5. 设置切削参数

Step1. 在刀轨设置区域中单击“切削参数”按钮，系统弹出“切削参数”对话框。

Step2. 在“切削参数”对话框中单击余量选项卡，在部件余量文本框中输入值 1，在最终底面余量文本框中输入值 0.2。

Step3. 在“切削参数”对话框中单击连接选项卡，在开放刀路区域下拉列表中选择变换切削方向选项。

Step4. 在“切削参数”对话框中单击确定按钮，系统返回到“平面铣”对话框。

Stage6. 设置进给率和速度

Step1. 在“平面铣”对话框中单击“进给率和速度”按钮，系统弹出“进给率和速度”对话框。

Step2. 在“进给率和速度”对话框中选中☑ 主轴速度 (rpm)复选框，然后在其下的文本框中输入值 600.0，在切削文本框中输入值 250.0，其他参数采用系统默认设置值。

Step3. 单击“进给率和速度”对话框中的确定按钮，系统返回到“平面铣”对话框。

Stage7. 生成刀路轨迹并仿真

生成的刀路轨迹如图 16.14 所示，2D 动态仿真加工后的零件模型如图 16.15 所示。

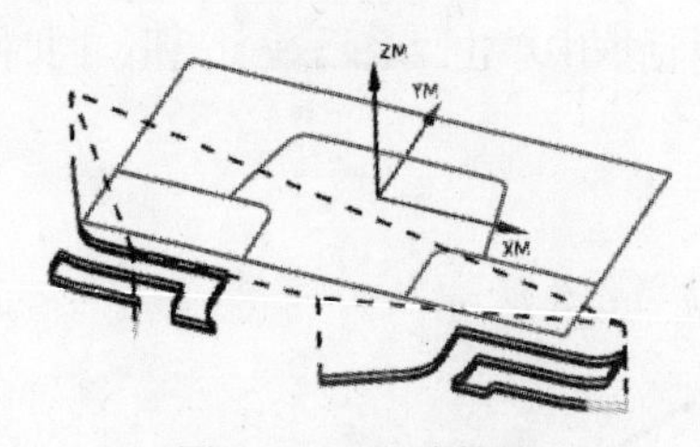

图 16.14 刀路轨迹

图 16.15 2D 仿真结果

Task6. 创建清角铣操作（一）

Stage1. 创建工序

Step1. 选择下拉菜单插入(S) → 工序(E)...命令，系统弹出“创建工序”对话框。

Step2. 确定加工方法。在“创建工序”对话框的类型下拉列表中选择mill_planar选项，在工序子类型区域中单击“CLEANUP_CORNERS”按钮，在程序下拉列表中选择PROGRAM选项，在刀具下拉列表中选择D8 (铣刀-5 参数)选项，在几何体下拉列表中选择WORKPIECE选项，

在 方法 下拉列表中选择 MILL_ROUGH 选项，采用系统默认的名称。

Step3. 单击“创建工序”对话框中的 确定 按钮，系统弹出“清理拐角”对话框。

Stage2. 指定切削区域

Step1. 指定部件边界。

（1）单击“清理拐角”对话框中的 指定部件边界 右侧的按钮，系统弹出“边界几何体”对话框。

（2）在 模式 下拉列表中选择 曲线/边... 选项，系统弹出“创建边界”对话框。在 类型 下拉列表中选择 开放的 选项，其他参数采用系统默认选项，

（3）按顺序依次选取图 16.16 所示的曲线（逆时针选取），在 材料侧 下拉列表中选择 右 选项，单击 创建下一个边界 按钮，单击 确定 按钮，返回到“边界几何体”对话框，单击 确定 按钮。

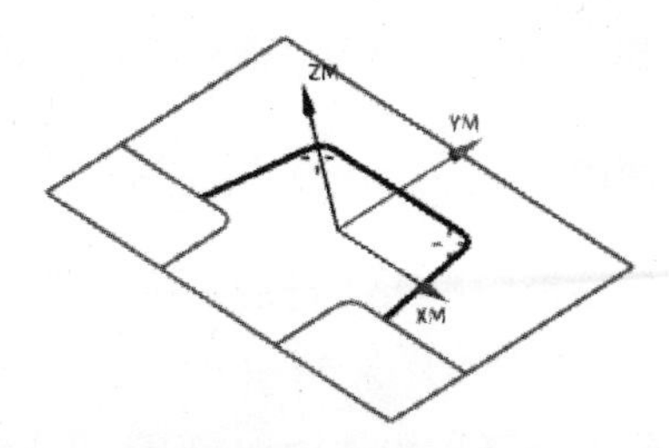

图 16.16 选取的曲线

Step2. 指定底面。单击“平面铣”对话框中的“指定底面”按钮，系统弹出“平面”对话框，在 类型 下拉列表中选择 XC-YC 平面 选项，在 偏置和参考 区域的 距离 文本框中输入值 -15，单击 确定 按钮，返回到“清理拐角”对话框。

Stage3. 设置刀具路径参数

在 刀轨设置 区域 切削模式 下拉列表中采用 轮廓加工 选项，在 步距 下拉列表中选择 刀具平直百分比 选项，在 平面直径百分比 文本框输入值 50.0，其他参数采用系统默认设置值。

Stage4. 设置切削层参数

Step1. 在 刀轨设置 区域中单击“切削层”按钮，系统弹出“切削层”对话框。

Step2. 在“切削层”对话框 类型 下拉列表中选择 用户定义 选项，在 公共 文本框中输入值 2.0，其余参数采用系统默认设置值，单击 确定 按钮，系统返回到“清理拐角”对话框。

Stage5. 设置切削参数

Step1. 在“平面铣”对话框中单击“切削参数”按钮，系统弹出“切削参数”对话框。

Step2.在“切削参数”对话框中单击策略选项卡，在切削顺序下拉列表框中选择深度优先选项。

Step3. 在“切削参数”对话框中单击余量选项卡，在最终底面余量文本框中输入值 0.2。

Step4. 在“切削参数”对话框中单击空间范围选项卡，在处理中的工件下拉列表中选择使用参考刀具选项，然后在参考刀具下拉列表中选择D20（铣刀-5 参数）选项，在重叠距离文本框中输入值 2.0。

Step5. 单击确定按钮，系统返回到“清理拐角”对话框。

Stage6. 设置非切削移动参数

Step1. 在刀轨设置区域中单击“非切削移动”按钮，系统弹出“非切削移动”对话框。

Step2. 单击“非切削移动”对话框中的转移/快速选项卡，在区域内区域的转移类型下拉列表前一平面选项。

Step3. 单击确定按钮，系统返回到“清理拐角”对话框。

Stage7. 设置进给率和速度

Step1. 在“清理拐角”对话框中单击“进给率和速度”按钮，系统弹出“进给率和速度”对话框。

Step2. 在“进给率和速度”对话框中选中☑ 主轴速度（rpm）复选框，然后在其下的文本框中输入值 1200.0，在切削文本框中输入值 250.0，按下键盘上的 Enter 键，然后单击按钮，其他选项采用系统默认参数设置值。

Step3. 单击确定按钮，完成进给率和速度的设置，系统返回“清理拐角”对话框。

Stage8. 生成刀路轨迹并仿真

生成的刀路轨迹如图 16.17 所示，2D 动态仿真加工后的零件模型如图 16.18 所示。

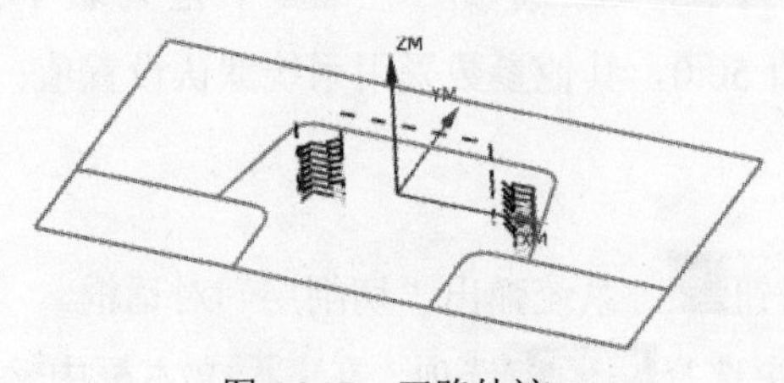

图 16.17 刀路轨迹

图 16.18 2D 仿真结果

Task7. 创建清角铣操作（二）

Stage1. 创建工序

Step1. 选择下拉菜单插入(S) ➡ 工序(E)... 命令，系统弹出“创建工序”对话框。

Step2. 确定加工方法。在“创建工序”对话框的类型下拉列表中选择mill_planar选项，在工序子类型区域中单击“CLEANUP_CORNERS”按钮，在程序下拉列表中选择PROGRAM选项，在刀具下拉列表中选择D8（铣刀-5 参数）选项，在几何体下拉列表中选择WORKPIECE选项，在方法下拉列表中选择MILL_ROUGH选项，采用系统默认的名称。

Step3. 单击“创建工序”对话框中的确定按钮，系统弹出“清理拐角”对话框。

Stage2. 指定切削区域

Step1. 指定部件边界。

（1）在“清理拐角”对话框中单击指定部件边界右侧的按钮，系统弹出“边界几何体”对话框。

（2）在模式下拉列表中选择曲线/边...选项，系统弹出“创建边界”对话框。在类型下拉列表中选择开放的选项，在平面下拉列表中选择用户定义选项。系统弹出“平面”对话框。

（3）在类型下拉列表中选择XC-YC 平面选项，在偏置和参考区域距离的文本框中输入值 -15.0，单击确定按钮。

（4）创建边界 1。按顺序依次选取图 16.19 所示的曲线，单击创建下一个边界按钮，结果如图 16.20 所示。

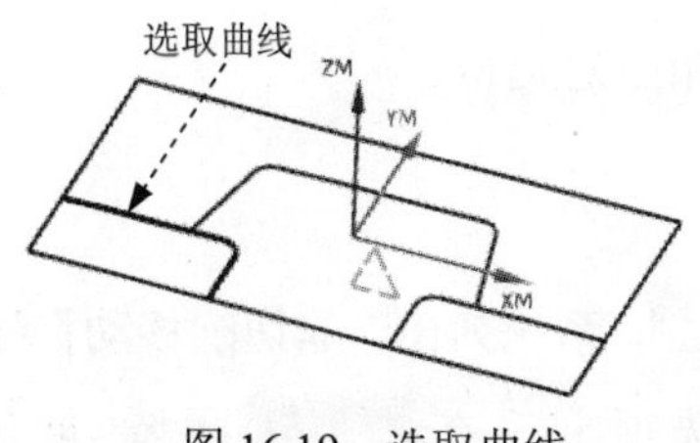

图 16.19　选取曲线

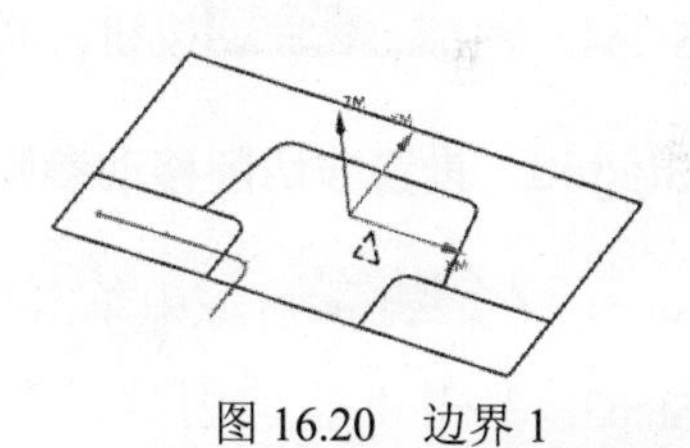
图 16.20　边界 1

（5）创建边界 2。按顺序依次选取图 16.21 所示的曲线，单击创建下一个边界按钮，结果如图 16.22 所示。单击确定按钮，返回到“边界几何体”对话框，单击确定按钮。

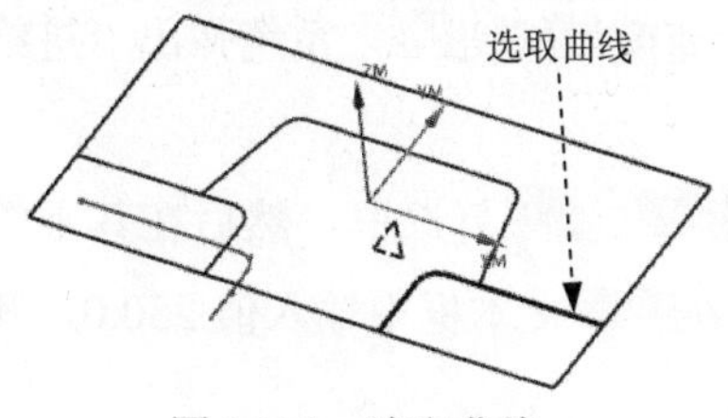

图 16.21　选取曲线

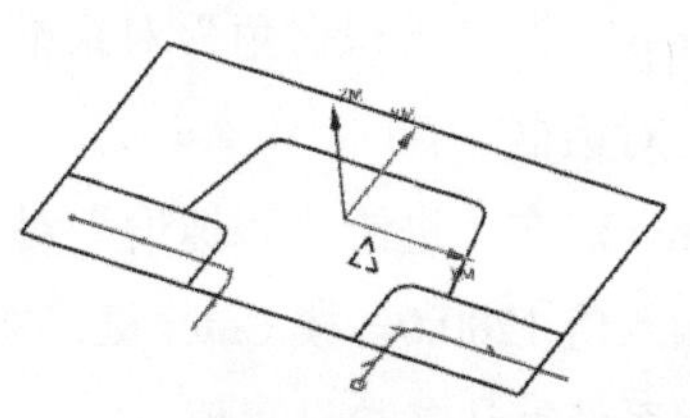
图 16.22　边界 2

注意：选取曲线时一定要从一侧进行选取。

Step2. 指定底面。单击“平面铣”对话框中的“指定底面”按钮，系统弹出“平面”对话框，在类型下拉列表中选择XC-YC 平面选项，在偏置区域的距离文本框中输入值-20，

单击 确定 按钮，返回到“清理拐角”对话框。

Stage3. 设置刀具路径参数

在 刀轨设置 区域 切削模式 下拉列表中采用 轮廓加工 选项，在 步距 下拉列表中选择 刀具平直百分比 选项，在 平面直径百分比 文本框输入值 50.0，其他参数采用系统默认设置值。

Stage4. 设置切削层参数

Step1. 在 刀轨设置 区域中单击“切削层”按钮，系统弹出“切削层”对话框。

Step2. 在 类型 下拉列表中选择 恒定 选项，在 公共 文本框中输入值 2.0，其他参数采用系统默认设置值，单击 确定 按钮，完成切削层参数的设置。

Stage5. 设置切削参数

Step1. 在 刀轨设置 区域中单击“切削参数”按钮，系统弹出“切削参数”对话框。

Step2. 在“切削参数”对话框中单击 余量 选项卡，在 最终底面余量 文本框中输入值 0.2。

Step3. 在“切削参数”对话框中单击 空间范围 选项卡，在 处理中的工件 下拉列表中选择 使用参考刀具 选项，然后在 参考刀具 下拉列表中选择 D20（铣刀-5 参数）选项，在 重叠距离 文本框中输入值 2.0。

Step4. 单击 确定 按钮，系统返回到“清理拐角”对话框。

Stage6. 设置非切削移动参数

Step1. 在 刀轨设置 区域中单击“非切削移动”按钮，系统弹出“非切削移动”对话框。

Step2. 单击“非切削移动”对话框中的 进刀 选项卡，在 开放区域 区域 取消选中 □ 修剪至最小安全距离 复选框。单击“非切削移动”对话框中的 转移/快速 选项卡，在 区域内 区域的 转移类型 下拉列表 前一平面 选项。单击 确定 按钮完成非切削移动参数的设置。

Stage7. 设置进给率和速度

Step1. 在“清理拐角”对话框中单击“进给率和速度”按钮，系统弹出“进给率和速度”对话框。

Step2. 在“进给率和速度”对话框中选中 ☑ 主轴速度（rpm）复选框，然后在其下的文本框中输入值 1200.0，按 Enter 键，然后单击按钮。在 切削 文本框中输入值 250.0，其他选项采用系统默认参数设置值。

Step3. 单击 确定 按钮，完成进给率和速度的设置，系统返回“清理拐角”对话框。

Stage8. 生成刀路轨迹并仿真

生成的刀路轨迹如图 16.23 所示，2D 动态仿真加工后的模型如图 16.24 所示。

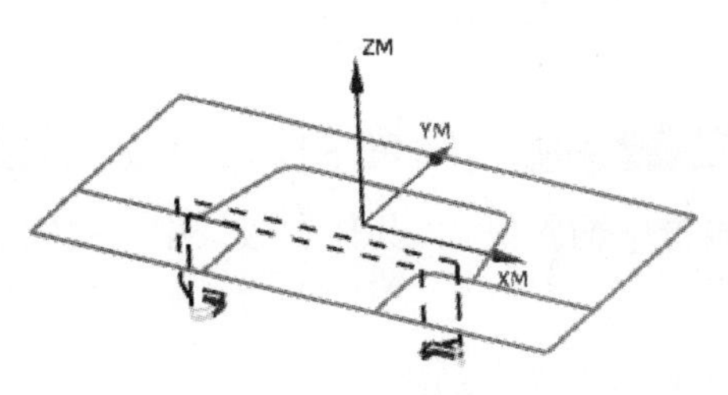

图 16.23　刀路轨迹

图 16.24　2D 仿真结果

Task8. 创建精加工壁操作（一）

Stage1. 创建工序

Step1. 选择下拉菜单插入(S) ➡ 工序(E)...命令，系统弹出“创建工序”对话框。

Step2. 确定加工方法。在“创建工序”对话框类型下拉列表中选择mill_planar选项，在工序子类型区域中单击“FINISH_WALLS”按钮，在程序下拉列表中选择PROGRAM选项，在刀具下拉列表中选择D6（铣刀-5 参数）选项，在几何体下拉列表中选择WORKPIECE选项，在方法下拉列表中选择MILL FINISH选项，采用系统默认的名称。

Step3. 单击“创建工序”对话框中的确定按钮，系统弹出“精加工壁”对话框。

Stage2. 指定切削区域

Step1. 在“精加工壁”对话框几何体区域中单击指定部件边界右侧的按钮，系统弹出“边界几何体”对话框。

Step2. 在模式下拉列表中选择曲线/边...选项，系统弹出“创建边界”对话框。在类型下拉列表中选择开放的选项。

Step3. 在“选择条”工具栏中的下拉列表中选择相切曲线选项。选取图 16.25 所示的曲线，单击创建下一个边界按钮。在“创建边界”对话框中单击确定按钮，同时系统返回到“边界几何体”对话框，单击确定按钮。

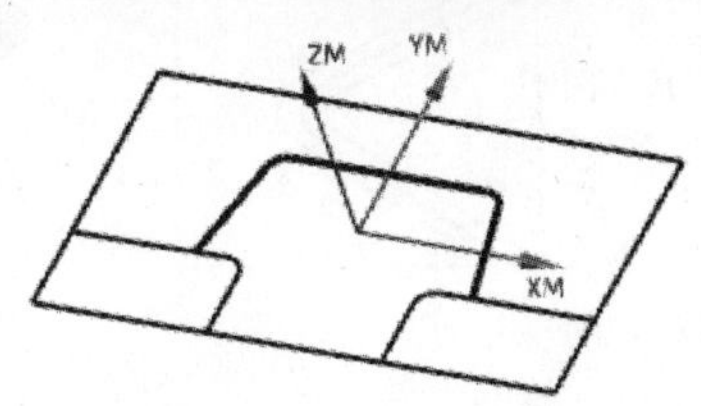

图 16.25　选择边界曲线

Step4. 指定底面。

（1）在“精加工壁”对话框几何体区域中单击“选择或编辑底平面几何体”按钮，系统弹出“平面”对话框。

（2）在类型下拉列表中选择XC-YC 平面选项，在偏置区域的距离文本框中输入值-15，单击确定按钮，返回到“精加工壁”对话框。

Stage3．设置刀具路径参数

在刀轨设置区域切削模式下拉列表中选择轮廓加工选项，在步距下拉列表中选择恒定选项，在最大距离文本框中输入值0.4，在附加刀路文本框中输入值2，其他参数采用系统默认设置值。

Stage4．设置切削参数

Step1．在刀轨设置区域中单击“切削参数”按钮，系统弹出“切削参数”对话框。

Step2．在“切削参数”对话框中单击余量选项卡，在最终底面余量文本框中输入值0.1。

Step3．单击确定按钮，系统返回到“精加工壁”对话框。

Stage5．设置非切削移动参数

参数设置值采用系统的默认值。

Stage6．设置进给率和速度

Step1．在“精加工壁”对话框刀轨设置区域中单击“进给率和速度”按钮，系统弹出“进给率和速度”对话框。

Step2．在“进给率和速度”对话框中选中☑ 主轴速度（rpm）复选框，然后在其后的文本框中输入值1800.0，按Enter键，单击按钮。在切削文本框中输入值250.0，其他参数采用系统默认设置值。

Step3．单击“进给率和速度”对话框中的确定按钮，完成进给率和速度的设置。

Stage7．生成刀路轨迹并仿真

生成的刀路轨迹如图16.26所示，2D动态仿真加工后的零件模型如图16.27所示。

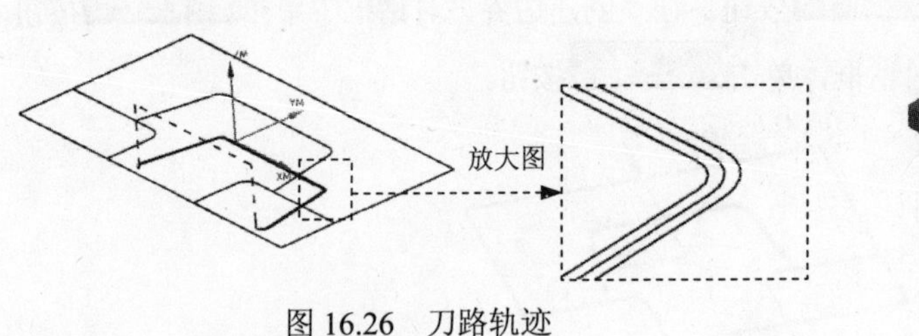

图16.26　刀路轨迹

图16.27　2D仿真结果

Task9．创建精加工壁操作（二）

Stage1．创建工序

Step1．选择下拉菜单插入(S) → 工序(E)...命令，系统弹出“创建工序”对话框。

Step2．确定加工方法。在“创建工序”对话框类型下拉列表中选择mill_planar选项，在工序子类型区域中单击“FINISH_WALLS”按钮，在程序下拉列表中选择PROGRAM选项，在刀具

下拉列表中选择D6（铣刀-5 参数）选项，在几何体下拉列表中选择WORKPIECE选项，在方法下拉列表中选择MILL FINISH选项，采用系统默认的名称。

Step3. 单击“创建工序”对话框中的确定按钮，系统弹出“精加工壁”对话框。

Stage2. 指定切削区域

Step1. 在“精加工壁”对话框几何体区域中单击指定部件边界右侧的按钮，系统弹出“边界几何体”对话框。

Step2. 在模式下拉列表中选择曲线/边...选项，系统弹出“创建边界”对话框。在类型下拉列表中选择开放的选项。在平面下拉列表中选择用户定义选项，系统弹出“平面”对话框。

Step3. 在类型下拉列表中选择XC-YC 平面选项，在偏置和参考区域距离的文本框中输入值 - 15.0，单击确定按钮。

Step4. 在“选择条”工具栏中的下拉列表中选择相切曲线选项。选取图 16.28 所示的曲线 1，单击创建下一个边界按钮。选取图 16.28 所示的曲线 2，然后在材料侧下拉列表中选择右选项，单击创建下一个边界按钮。在“创建边界”对话框中单击确定按钮，同时系统返回到“边界几何体”对话框，单击确定按钮。

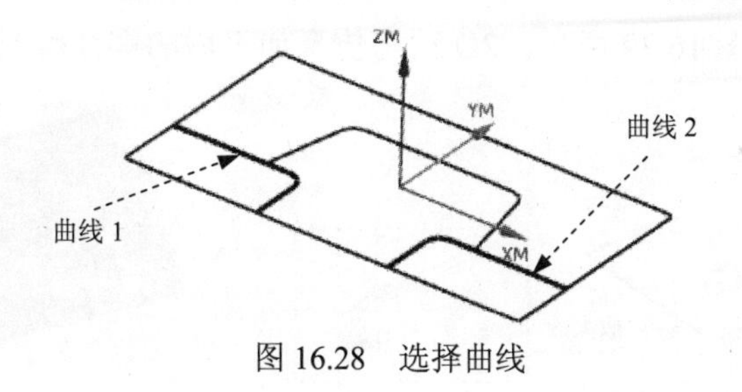

图 16.28　选择曲线

Step5. 指定底面。

（1）在“精加工壁”对话框几何体区域中单击“选择或编辑底平面几何体”按钮，系统弹出“平面”对话框。

（2）在类型下拉列表中选择XC-YC 平面选项，在偏置和参考区域的距离文本框中输入值 -20，单击确定按钮，返回到“精加工壁”对话框。

Stage3. 设置刀具路径参数

在刀轨设置区域切削模式下拉列表中选择轮廓加工选项，在步距下拉列表中选择恒定选项，在最大距离文本框中输入值 0.4，在附加刀路文本框中输入值 2，其他参数采用系统默认设置值。

Stage4. 设置切削参数

Step1. 在刀轨设置区域中单击“切削参数”按钮，系统弹出“切削参数”对话框。

Step2. 在“切削参数”对话框中单击余量选项卡，在最终底面余量文本框中输入值 0.1。

Step3. 单击确定按钮，系统返回到“精加工壁”对话框。

Stage5. 设置非切削移动参数

参数设置值采用系统的默认值。

Stage6. 设置进给率和速度

Step1. 在“精加工壁”对话框刀轨设置区域中单击“进给率和速度”按钮，系统弹出“进给率和速度”对话框。

Step2. 在“进给率和速度”对话框中选中☑ 主轴速度（rpm）复选框，然后在其后的文本框中输入值 1800.0，按 Enter 键，单击按钮。在切削文本框中输入值 250.0，其他参数采用系统默认设置值。

Step3. 单击“进给率和速度”对话框中的确定按钮，完成进给率和速度的设置。

Stage7. 生成刀路轨迹并仿真

生成的刀路轨迹如图 16.29 所示，2D 动态仿真加工后的零件模型如图 16.30 所示。

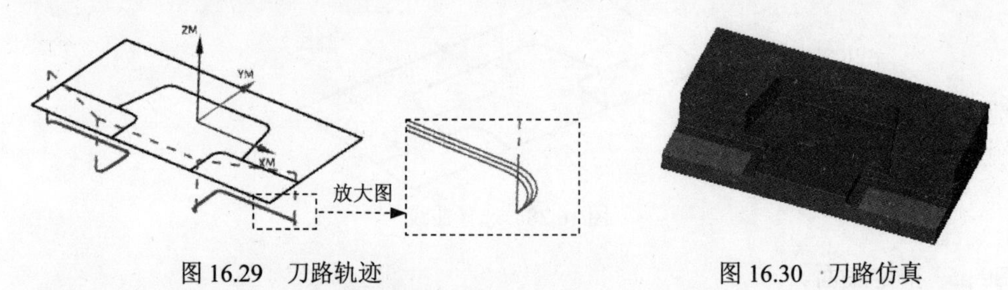

图 16.29 刀路轨迹　　图 16.30 刀路仿真

Task10. 创建精加工底面操作

Stage1. 创建工序

Step1. 选择下拉菜单插入(S) → 工序(E)... 命令，系统弹出“创建工序”对话框。

Step2. 确定加工方法。在“创建工序”对话框类型下拉列表中选择mill_planar选项，在工序子类型区域中单击“FINISH_FLOOR”按钮，在程序下拉列表中选择PROGRAM选项，在刀具下拉列表中选择D6（铣刀-5 参数）选项，在几何体下拉列表中选择WORKPIECE选项，在方法下拉列表中选择MILL_FINISH选项，采用系统默认的名称。

Step3. 在“创建工序”对话框中单击确定按钮，系统弹出“精加工底面”对话框。

Stage2. 指定切削区域

Step1. 在“精加工底面”对话框几何体区域中单击“选择或编辑部件边界”按钮，

系统弹出“边界几何体”对话框。

Step2. 在模式下拉列表中选择曲线/边...选项，系统弹出“创建边界”对话框。

Step3. 创建边界 1。按顺序依次选取图 16.31 所示的曲线，单击创建下一个边界按钮，创建的边界如图 16.32 所示。

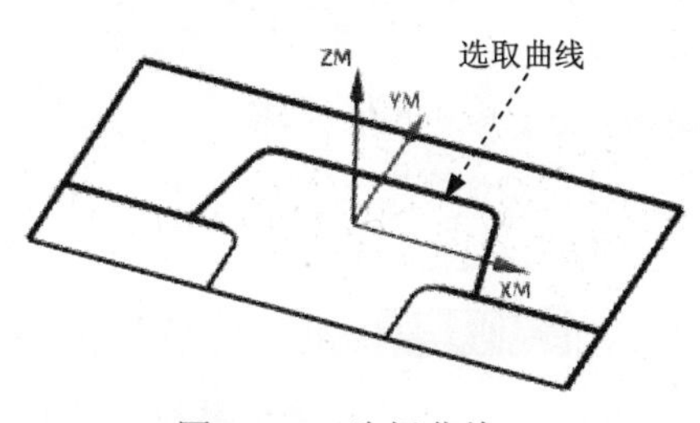

图 16.31　选择曲线

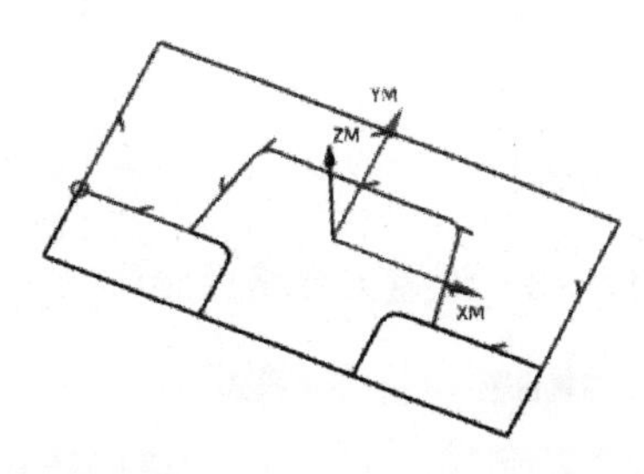

图 16.32　边界 1

Step4. 在平面下拉列表中选择用户定义选项。系统弹出“平面”对话框。在类型下拉列表中选择XC-YC 平面选项，在偏置区域距离的文本框中输入值 - 15.0，单击确定按钮，完成底面的指定。

Step5. 创建边界 2。在“选择条”工具栏中确认“在相交处停止”按钮被按下，按顺序依次选取图 16.33 所示的曲线，单击创建下一个边界按钮，系统创建出边界 2 如图 16.34 所示。单击确定按钮，返回到“边界几何体”对话框，单击确定按钮。

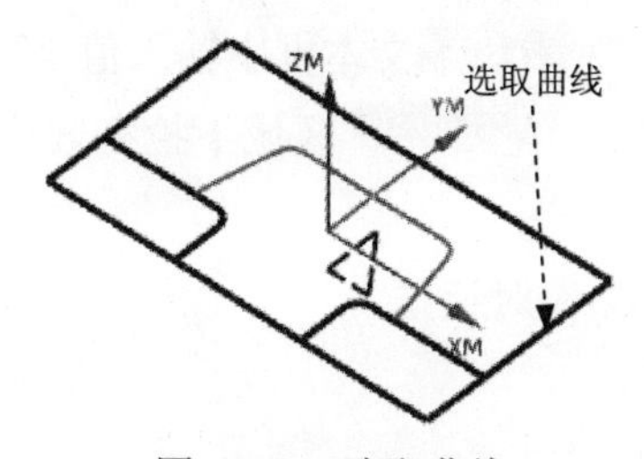

图 16.33　选取曲线

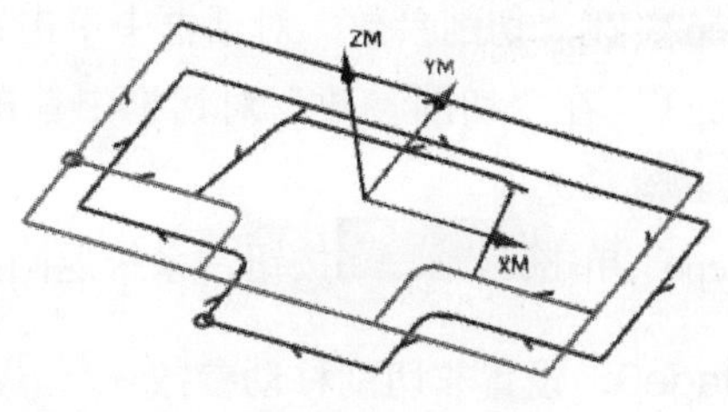

图 16.34　边界 2

Step6. 指定毛坯边界。

Step7. 在几何体区域中单击“选择或编辑毛坯边界”按钮，系统弹出的“边界几何体”对话框。

Step8. 在模式下拉列表中选择曲线/边...选项，系统弹出“创建边界”对话框。按顺序依次选取图 16.35 所示的曲线，在刀具位置下拉列表中选择对中选项，单击创建下一个边界按钮，在“创建边界”对话框中单击确定按钮，同时系统返回到“边界几何体”对话框，单击确定按钮。

Step9. 指定底面。单击“精加工底面”对话框中的“指定底面”右侧的按钮，系统弹出“平面”对话框，在类型下拉列表中选择XC-YC 平面选项，在偏置区域的距离文本框中输入值-20，单击确定按钮，返回到“精加工底面”对话框。

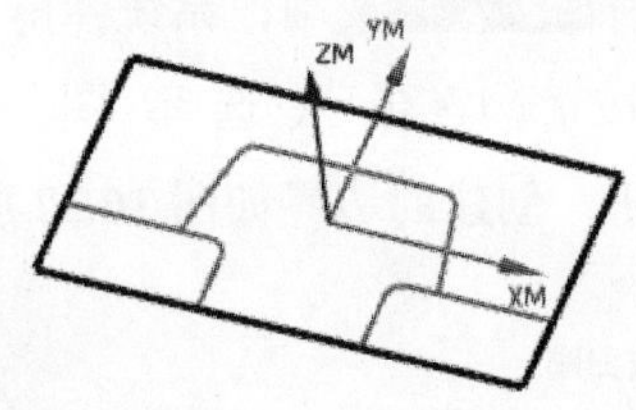

图 16.35 选取曲线

Stage3．设置刀具路径参数

在刀轨设置区域切削模式下拉列表中采用系统默认的跟随部件选项，在步距下拉列表中选择刀具平直百分比选项，在平面直径百分比文本框输入值 50.0，其他参数采用系统默认设置值。

Stage4．设置切削层参数

Step1. 在刀轨设置区域中单击“切削层”按钮，系统弹出“切削层”对话框。

Step2. 在类型下拉列表中选择底面及临界深度选项，单击确定按钮，完成切削层参数的设置。

Stage5．设置切削参数

Step1. 在刀轨设置区域中单击“切削参数”按钮，系统弹出“切削参数”对话框。

Step2. 在“切削参数”对话框中单击余量选项卡，在部件余量文本框中输入值 1。

Step3. 在“切削参数”对话框中单击连接选项卡，在开放刀路区域下拉列表中选择变换切削方向选项。

Step4. 单击确定按钮，系统返回到“精加工底面”对话框。

Stage6．设置非切削移动参数

参数设置值采用系统的默认值。

Stage7．设置进给率和速度

Step1. 在“精加工底面”对话框中单击“进给率和速度”按钮，系统弹出“进给率和速度”对话框。

Step2. 在“进给率和速度”对话框中选中☑ 主轴速度 (rpm)复选框，然后在其下的文本框中输入值 2000.0，按 Enter 键，然后单击按钮。在切削文本框中输入值 250.0，其他选项采用系统默认参数设置值。

Step3. 单击确定按钮，完成进给率和速度的设置，系统返回“精加工底面”对话框。

Stage8．生成刀路轨迹并仿真

生成的刀路轨迹如图 16.36 所示，2D 动态仿真加工后的模型如图 16.37 所示。

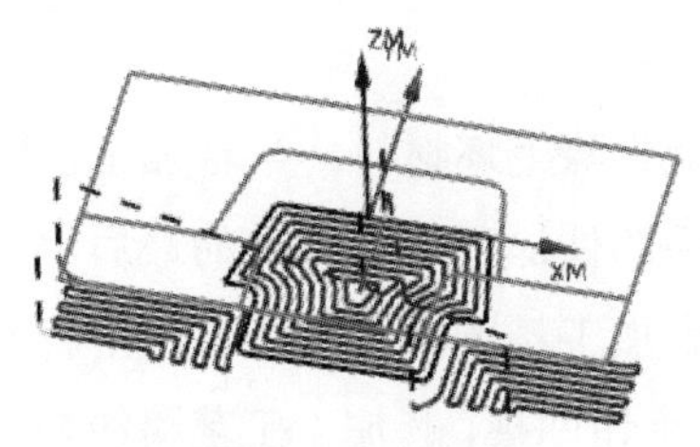

图 16.36　刀路轨迹

图 16.37　2D 仿真结果

Task11．保存文件

选择下拉菜单 文件(F) ➡ 保存(S) 命令，保存文件。

实例 17　旋钮凹模加工

本例讲述的是旋钮凹模加工工艺，粗加工，大量地去除毛坯材料；半精加工，留有一定余量的加工，同时为精加工做好准备；精加工，把毛坯件加工成目标件的最后步骤，也是关键的一步，其加工结果直接影响模具的加工质量和加工精度，所以在本例中我们对精加工的要求很高。下面结合加工的各种方法来加工一个旋钮凹模，其加工工艺路线如图 17.1 和图 17.2 所示。

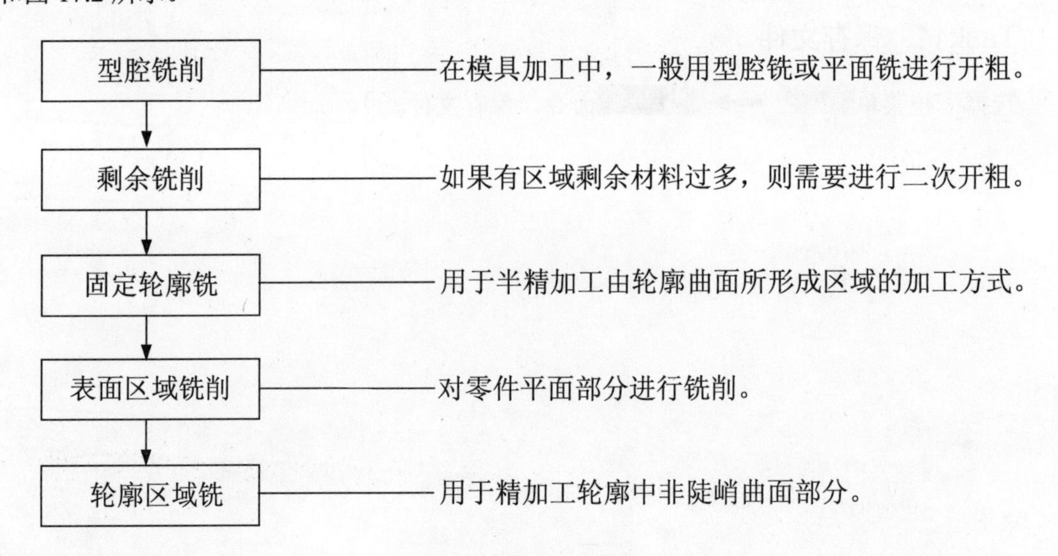

图 17.1　加工工艺路线（一）

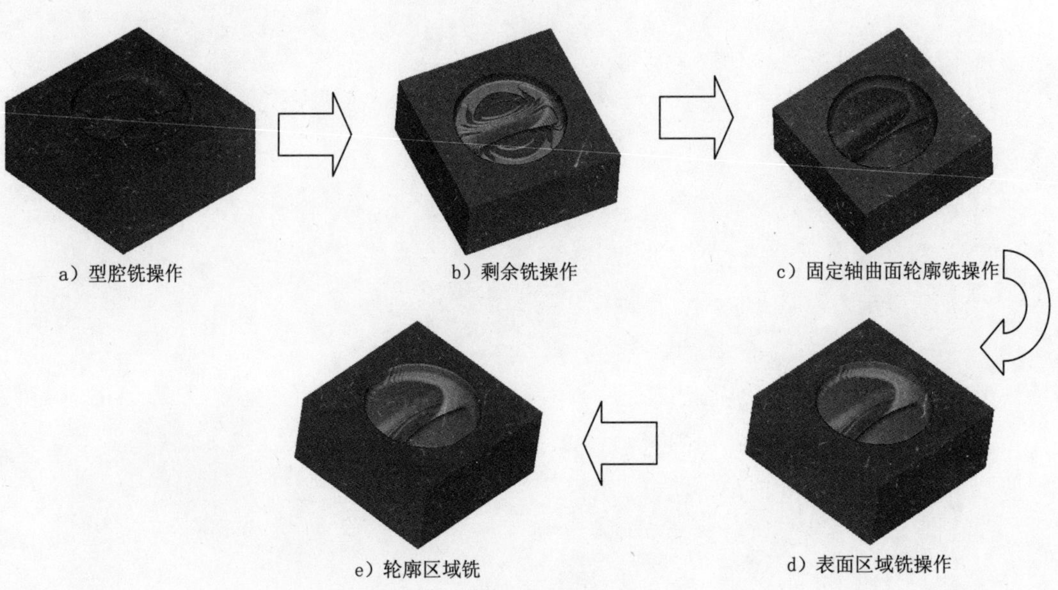

图 17.2　加工流程图

Task1. 打开模型文件并进入加工模块

Step1. 打开模型文件 D:\ug8.11\work\ch17\ micro-oven_switch_upper_mold.prt。

Step2. 进入加工环境。选择下拉菜单 开始 → 加工(N)... 命令，系统弹出“加工环境”对话框；在“加工环境”对话框的CAM 会话配置列表框中选择cam_general选项，在要创建的 CAM 设置列表框中选择mill planar选项，单击确定按钮，进入加工环境。

Task2. 创建几何体

Stage1. 创建安全平面

Step1. 将工序导航器调整到几何视图，双击节点MCS_MILL，系统弹出“Mill Orient”对话框，在“Mill Orient”对话框安全设置区域安全设置选项下拉列表中选择平面选项，然后在图形区选取图 17.3 所示的模型表面，在距离文本框中输入 20.0，按下键盘上的 Enter 键，

Step2. 单击“Mill Orient”对话框中的确定按钮，完成安全平面的创建。

Stage2. 创建部件几何体

Step1. 在工序导航器中双击MCS_MILL节点下的WORKPIECE，系统弹出“铣削几何体”对话框。

Step2. 选取部件几何体。在“铣削几何体”对话框中单击按钮，系统弹出“部件几何体”对话框。

Step3. 在图形区中框选整个零件为部件几何体。在“部件几何体”对话框中单击确定按钮，完成部件几何体的创建，同时系统返回到“铣削几何体”对话框。

Stage3. 创建毛坯几何体

Step1. 在“铣削几何体”对话框中单击按钮，系统弹出“毛坯几何体”对话框。

Step2. 在“毛坯几何体”对话框的类型下拉列表中选择包容块选项，在极限区域的ZM+文本框中输入值 5.0。

Step3. 单击“毛坯几何体”对话框中的确定按钮，系统返回到“铣削几何体”对话框，完成图 17.4 所示毛坯几何体的创建。

Step4. 单击“铣削几何体”对话框中的确定按钮。

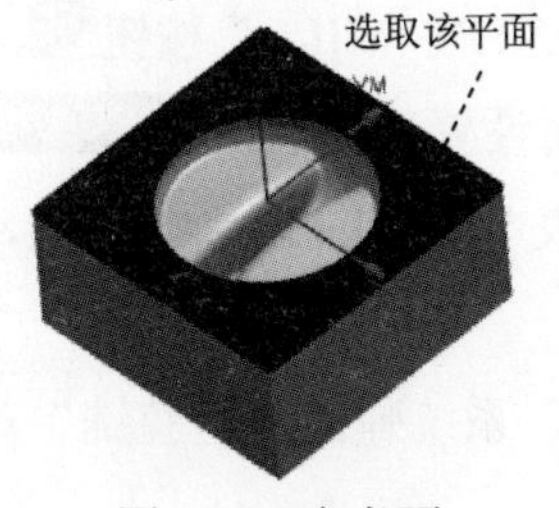

图 17.3 参考面

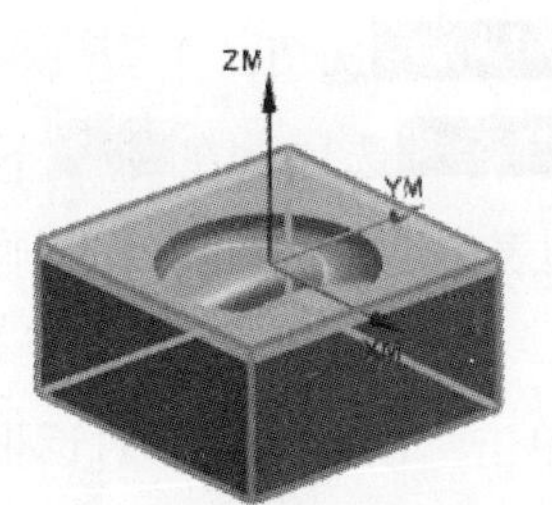

图 17.4 毛坯几何体

Task3．创建刀具

Stage1．创建刀具（一）

Step1. 将工序导航器调整到机床视图。

Step2. 选择下拉菜单 插入(S) → 刀具(T)... 命令，系统弹出“创建刀具”对话框。

Step3. 在“创建刀具”对话框 类型 下拉列表中选择 mill contour 选项，在 刀具子类型 区域中单击“MILL”按钮，在 位置 区域的 刀具 下拉列表中选择 GENERIC_MACHINE 选项，在 名称 文本框中输入 D10，然后单击 确定 按钮，系统弹出“铣刀-5 参数”对话框。

Step4. 在 (D) 直径 文本框中输入值 10.0，在 编号 区域的 刀具号、补偿寄存器、刀具补偿寄存器 文本框中均输入值 1，其他参数采用系统默认设置值，单击 确定 按钮，完成刀具的创建。

Stage2．创建刀具（二）

设置刀具类型为 mill contour 选项，刀具子类型 单击选择“MILL”按钮，刀具名称为 D5R1，刀具 (D) 直径 为 5.0，刀具 (R1) 下半径 为 1.0，在 编号 区域的 刀具号、补偿寄存器、刀具补偿寄存器 文本框中均输入值 2；具体操作方法参照 Stage1。

Stage3．创建刀具（三）

设置刀具类型为 mill contour 选项，刀具子类型 单击选择“BALL_MILL”按钮，刀具名称为 B6，刀具 (D) 直径 为 6.0，在 编号 区域的 刀具号、补偿寄存器、刀具补偿寄存器 文本框中均输入值 3；具体操作方法参照 Stage1。

Stage4．创建刀具（四）

设置刀具类型为 mill contour 选项，刀具子类型 单击选择“BALL_MILL”按钮，刀具名称为 B4，刀具 (D) 直径 为 4.0，在 编号 区域的 刀具号、补偿寄存器、刀具补偿寄存器 文本框中均输入值 4；具体操作方法参照 Stage1。

Task4．创建型腔铣操作

Stage1．插入工序

Step1. 选择下拉菜单 插入(S) → 工序(E)... 命令，在“创建工序”对话框 类型 下拉列表中选择 mill_contour 选项，在 工序子类型 区域中单击“CAVITY_MILL”按钮，在 程序 下拉列表中选择 PROGRAM 选项，在 刀具 下拉列表中选择前面设置的刀具 D10（铣刀-5 参数）选项，在 几何体 下拉列表中选择 WORKPIECE 选项，在 方法 下拉列表中选择 MILL ROUGH 选项，使用系统默认的名称。

Step2. 单击“创建工序”对话框中的 确定 按钮，系统弹出“型腔铣”对话框。

Stage2．设置一般参数

在“型腔铣”对话框切削模式下拉列表中选择跟随部件选项；在步距下拉列表中选择刀具平直百分比选项，在平面直径百分比文本框中输入值 50.0；在每刀的公共深度下拉列表中选择恒定选项，在最大距离文本框中输入值 1.0。

Stage3．设置切削参数

Step1. 在刀轨设置区域中单击“切削参数”按钮，系统弹出“切削参数”对话框。

Step2. 在“切削参数”对话框中单击策略选项卡，在切削顺序下拉列表框中选择深度优先选项，其他参数采用系统默认设置值。

Step3. 单击“切削参数”对话框中的确定按钮，系统返回到“型腔铣”对话框。

Stage4．设置非切削移动参数。

Step1. 在“型腔铣”对话框中单击“非切削移动”按钮，系统弹出“非切削移动”对话框。

Step2. 单击“非切削移动”对话框中的进刀选项卡，在封闭区域区域进刀类型下拉列表中选择沿形状斜进刀选项，在斜坡角文本框中输入数值 3.0，其他参数采用系统默认设置值。

Step3. 单击“非切削移动”对话框中的确定按钮，系统返回到“型腔铣”对话框。

Stage5．设置进给率和速度

Step1. 在“型腔铣”对话框中单击“进给率和速度”按钮，系统弹出“进给率和速度”对话框。

Step2. 选中“进给率和速度”对话框主轴速度区域中的☑ 主轴速度 (rpm) 复选框，在其后的文本框中输入值 1000.0，按 Enter 键，然后单击按钮，在进给率区域的切削文本框中输入值 250.0，按 Enter 键，然后单击按钮，其他参数采用系统默认设置值。

Step3. 单击确定按钮，完成进给率和速度的设置，系统返回“型腔铣”操作对话框。

Stage6．生成的刀路轨迹并仿真

生成的刀路轨迹如图 17.5 所示，2D 动态仿真加工后的模型如图 17.6 所示。

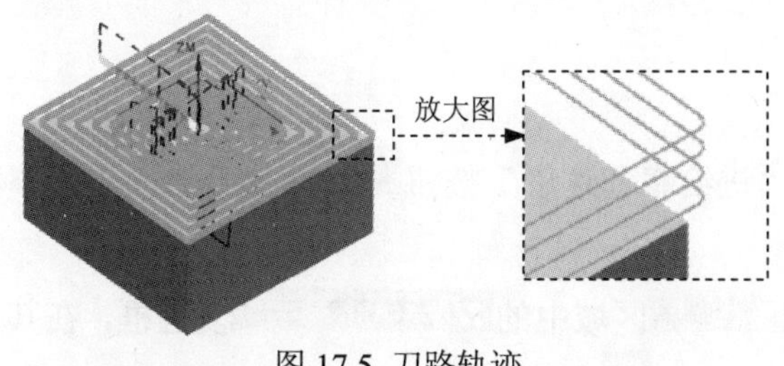

图 17.5　刀路轨迹

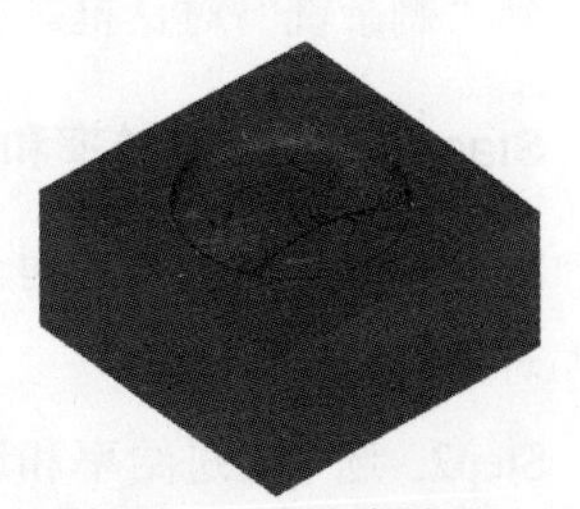

图 17.6　2D 仿真结果

Task5．创建剩余铣操作

Stage1．插入工序

Step1. 选择下拉菜单 插入(S) → 工序(E)... 命令，在“创建工序”对话框 类型 下拉列表中选择 mill_contour 选项，在 工序子类型 区域中单击“REST_MILLING”按钮，在 程序 下拉列表中选择 PROGRAM 选项，在 刀具 下拉列表中选择刀具 D5R1（铣刀-5 参数）选项，在 几何体 下拉列表中选择 WORKPIECE 选项，在 方法 下拉列表中选择 MILL ROUGH 选项，使用系统默认的名称“REST_MILLING”。

Step2. 单击“创建工序”对话框中的 确定 按钮，系统弹出“剩余铣”对话框。

Stage2．设置一般参数

在 最大距离 文本框中输入值 1.0，其他参数采用系统默认设置值。

Stage3．设置切削参数

Step1. 在 刀轨设置 区域中单击“切削参数”按钮，系统弹出“切削参数”对话框。

Step2. 在“切削参数”对话框中单击 策略 选项卡，在 切削顺序 下拉列表框中选择 深度优先 选项，其他参数采用系统默认设置值。

Step3 在“切削参数”对话框中单击 空间范围 选项卡，在 毛坯 区域 最小材料移除 文本框中输入值 2。

Step4. 单击“切削参数”对话框中的 确定 按钮，系统返回到“剩余铣”对话框。

Stage4．设置非切削移动参数。

Step1. 在“剩余铣”对话框中单击“非切削移动”按钮，系统弹出“非切削移动”对话框。

Step2. 单击“非切削移动”对话框中的 进刀 选项卡，然后在 封闭区域 区域 进刀类型 下拉列表中选择 沿形状斜进刀 选项，然后在 斜坡角 文本框中输入 3，在 高度 文本框中输入 1.0，在 开放区域 区域 进刀类型 下拉列表中选择 与封闭区域相同 选项，其余参数接受系统默认值。

Step3. 单击“非切削移动”对话框中的 确定 按钮完成非切削移动参数的设置，系统返回到“剩余铣”对话框。

Stage5．设置进给率和速度

Step1. 在“剩余铣”对话框中单击“进给率和速度”按钮，系统弹出“进给率和速度”对话框。

Step2. 选中“进给率和速度”对话框 主轴速度 区域中的 ☑ 主轴速度（rpm）复选框，在其后的文本框中输入值 1800.0，按 Enter 键，然后单击 按钮，其他参数采用系统默认设置值。

Step3. 单击 确定 按钮，完成进给率和速度的设置，系统返回“剩余铣”操作对话框。

Stage6. 生成的刀路轨迹并仿真

生成的刀路轨迹如图 17.7 所示，2D 动态仿真加工后的模型如图 17.8 所示。

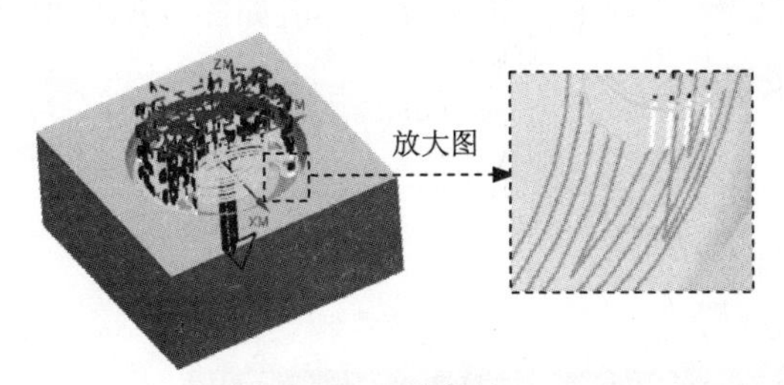

图 17.7　刀路轨迹

图 17.8　2D 仿真结果

Task6. 创建固定轴曲面轮廓铣操作

Stage1. 插入工序

Step1. 选择下拉菜单 插入(S) → 工序(E)... 命令，系统弹出“创建工序”对话框。

Step2. 确定加工方法。在“创建工序”对话框类型下拉列表中选择 mill_contour 选项，在工序子类型区域中单击“FIXED_CONTOUR”按钮，在 刀具 下拉列表中选择 B6（铣刀-球头铣）选项，在 几何体 下拉列表中选择 WORKPIECE 选项，在 方法 下拉列表中选择 MILL_SEMI_FINISH 选项，单击 确定 按钮，系统弹出“固定轮廓铣”对话框。

Stage2. 设置驱动方式

Step1. 在“轮廓区域”对话框驱动方法区域的“编辑”按钮，系统弹出“边界驱动方法”对话框。

Step2. 在“边界驱动方法”对话框中单击“选择或编辑驱动几何体”按钮，系统弹出“边界几何体”对话框，在 模式 下拉列表中选择 曲线/边... 选项，然后在图形区选取图 17.9 所示的边线，然后单击 创建下一个边界 按钮，单击“创建边界”对话框和“边界几何体”对话框中的 确定 按钮，系统返回到“边界驱动方法”对话框中

Step3. 在“边界驱动方法”对话框 步距 下拉列表中选择 恒定 选项，在 最大距离 文本框中输入 1.0，单击“边界驱动方法”对话框中的 确定 按钮，系统返回到“固定轮廓铣”对话框

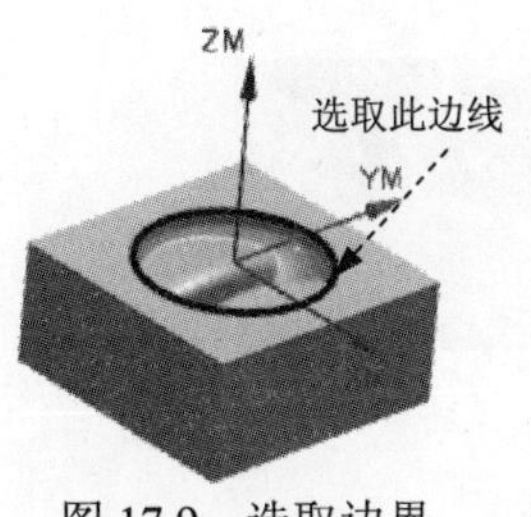

图 17.9　选取边界

Stage3．设置切削参数

Step1. 单击“固定轮廓铣”对话框中的“切削参数”按钮，系统弹出“切削参数”对话框

Step2. 在“切削参数”对话框中单击策略选项卡，其参数设置值如图 17.10 所示，其他参数接受系统默认设置，单击确定按钮。

Stage4．设置非切削移动参数。

采用系统默认的非切削移动参数。

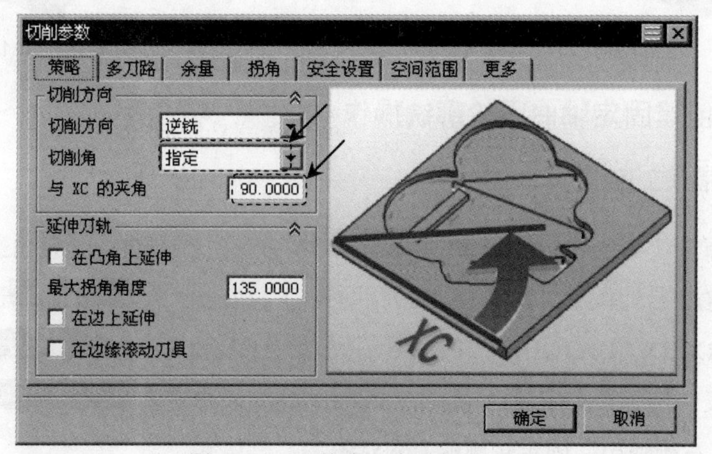

图 17.10　“策略”选项卡

Stage5．设置进给率和速度

Step1. 在“轮廓区域”对话框中单击“进给率和速度”按钮，系统弹出“进给率和速度”对话框。

Step2. 选中“进给率和速度”对话框主轴速度区域中的☑ 主轴速度 (rpm)复选框，在其后的文本框中输入值 2200.0，按 Enter 键，然后单击按钮，其他参数采用系统默认设置值。

Step3. 单击确定按钮，完成进给率和速度的设置，系统返回“轮廓区域”对话框。

Stage6．生成的刀路轨迹并仿真

生成的刀路轨迹如图 17.11 所示，2D 动态仿真加工后的模型如图 17.12 所示。

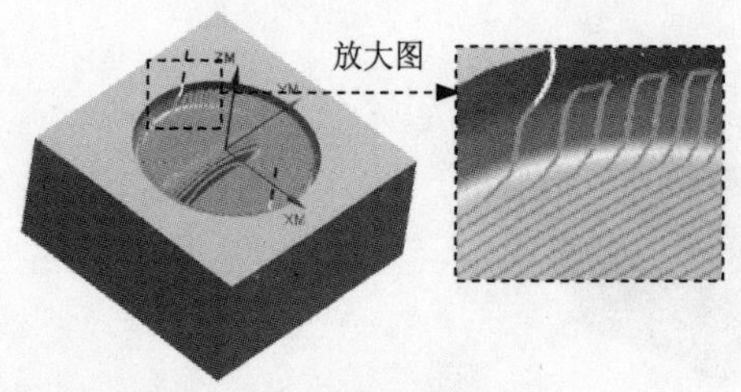

图 17.11　刀路轨迹

图 17.12　2D 仿真结果

Task7．创建表面区域铣操作

Stage1．创建工序

Step1．选择下拉菜单 插入(S) → 工序(E)... 命令，系统弹出“创建工序”对话框。

Step2．在“创建工序”对话框 类型 下拉列表中选择 mill_planar 选项，在 工序子类型 区域中单击“FACE_MILLING_AREA”按钮，在 程序 下拉列表中选择 PROGRAM 选项，在 刀具 下拉列表中选择 D10（铣刀-5 参数）选项，在 几何体 下拉列表中选择 WORKPIECE 选项，在 方法 下拉列表中选择 MILL FINISH 选项，使用系统默认的名称。

Step3．单击“创建工序”对话框中的 确定 按钮，系统弹出“面铣削区域”对话框。

Stage2．指定切削区域

Step1．单击“面铣削区域”对话框中的“选择或编辑切削区域几何体”按钮，系统弹出“切削区域”对话框。

Step2．在图形区选取图 17.13 所示的切削区域，单击“切削区域”对话框中的 确定 按钮，系统返回到“面铣削区域”对话框。

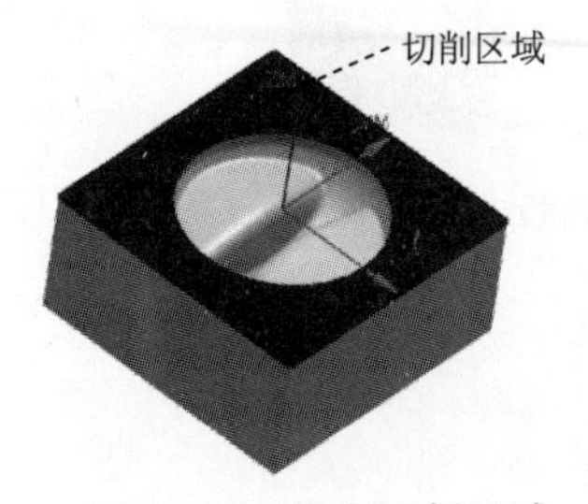

图 17.13　指定切削区域

Stage3．设置一般参数

在“面铣削区域”对话框 几何体 区域选中 ☑ 自动壁 复选框，在 刀轨设置 区域 切削模式 下拉列表中选择 往复 选项，在 毛坯距离 文本框中输入值 1，其余参数接受系统默认设置。

Stage4．设置切削参数

Step1．单击“面铣削区域”对话框中的“切削参数”按钮，系统弹出“切削参数”对话框。

Step2．单击“切削参数”对话框中的 策略 选项卡，在 切削区域 区域 刀具延展量 文本框中输入 50.0，其他采用系统默认参数设置值。

Step3．单击“切削参数”对话框中的 确定 按钮，完成切削参数的设置，系统返回到“面铣削区域”对话框。

Stage5．设置非切削移动参数

采用系统默认的非切削移动参数设置值。

Stage6．设置进给率和速度

Step1．单击“面铣削区域”对话框中的“进给率和速度”按钮，系统弹出“进给率和速度”对话框。

Step2．选中“进给率和速度”对话框主轴速度区域中的☑ 主轴速度（rpm）复选框，在其后的文本框中输入值 1500.0，按 Enter 键，然后单击按钮，单击确定按钮，返回“面铣削区域”对话框。

Stage7．生成刀路轨迹并仿真

生成的刀路轨迹如图 17.14 所示，2D 动态仿真加工后的模型如图 17.15 所示。

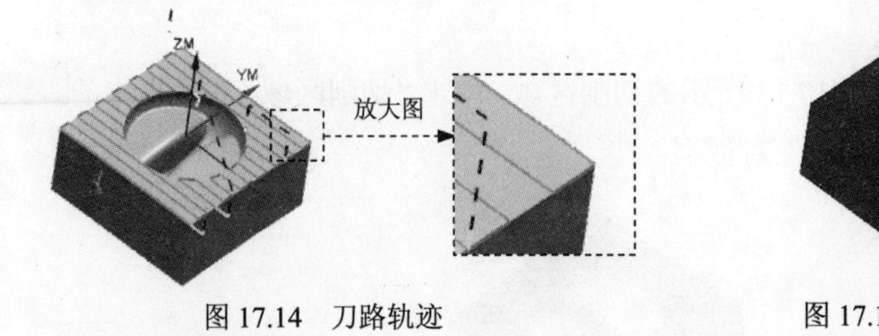

图 17.14　刀路轨迹

图 17.15　2D 仿真结果

Task8．创建轮廓区域铣

Stage1．插入工序

Step1．选择下拉菜单插入(S) ➡ 工序(E)...命令，在“创建工序”对话框类型下拉列表中选择mill_contour选项，在工序子类型区域中单击“CONTOUR_AREA”按钮，在程序下拉列表中选择PROGRAM选项，在刀具下拉列表中选择B4（铣刀-球头铣）选项，在几何体下拉列表中选择WORKPIECE选项，在方法下拉列表中选择MILL_FINISH选项，使用系统默认的名称“CONTOUR_AREA”。

Step2．单击“创建工序”对话框中的确定按钮，系统弹出“轮廓区域”对话框。

Stage2．指定切削区域

Step1．在几何体区域中单击“选择或编辑切削区域几何体”按钮，系统弹出“切削区域”对话框，

Step2．在图像区域选取图 17.16 所示的面（共 36 个面），单击确定按钮，系统返回到“轮廓区域”对话框。

Stage3．设置驱动方式

Step1. 在“轮廓区域”对话框驱动方法区域的下列表中选择区域铣削选项，单击驱动方法区域的“编辑”按钮，系统弹出“区域铣削驱动方法”对话框。

Step2. 在“区域铣削驱动方法”对话框中设置图 17.17 所示的参数，然后单击确定按钮，系统返回到“轮廓区域”对话框。

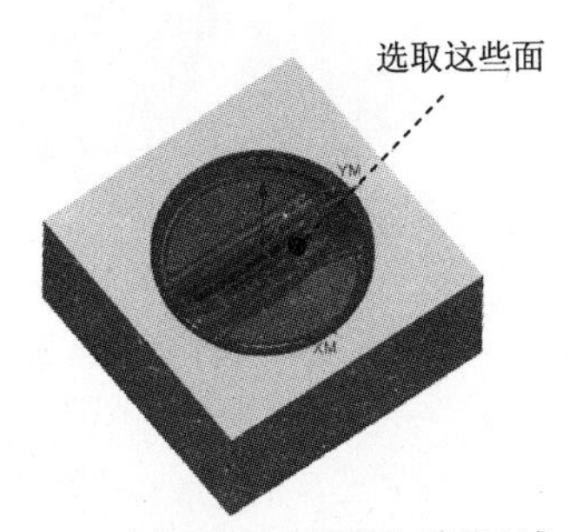

图 17.16　选取切削区域

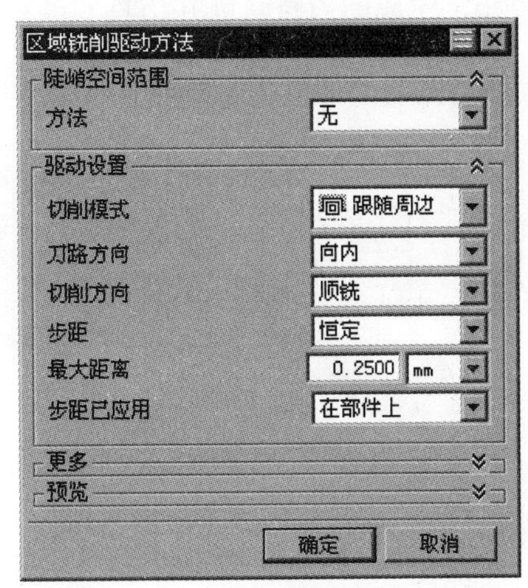

图 17.17　“区域铣削驱动方法”对话框

Stage4. 设置刀轴

刀轴选择系统默认的+ZM 轴选项。

Stage5. 设置切削参数

Step1. 单击“轮廓区域”对话框中的“切削参数”按钮，系统弹出“切削参数”对话框。

Step2. 在“切削参数”对话框中单击策略选项卡，在延伸刀轨区域选中☑ 在边上延伸复选框，其他采用系统默认参数设置值。

Step3. 单击余量选项卡，在公差区域的内公差和外公差的文本框中分别输入 0.01，其他采用系统默认参数设置值。

Step4. 单击“切削参数”对话框中的确定按钮，完成切削参数的设置，系统返回到“轮廓区域”对话框。

Stage6. 设置非切削参数

采用系统默认的非切削移动参数。

Stage7. 设置进给率和速度

Step1. 在“轮廓区域”对话框中单击“进给率和速度”按钮，系统弹出“进给率和速度”对话框。

Step2. 选中“进给率和速度”对话框主轴速度区域中的☑ 主轴速度 (rpm)复选框，在其后的文本框中输入值 3000.0，按 Enter 键，然后单击按钮，其他参数采用系统默认设置值。

Step3. 单击确定按钮，完成进给率和速度的设置，系统返回“轮廓区域”对话框。

Stage8．生成的刀路轨迹并仿真

生成的刀路轨迹如图 17.18 所示，2D 动态仿真加工后的模型如图 17.19 所示。

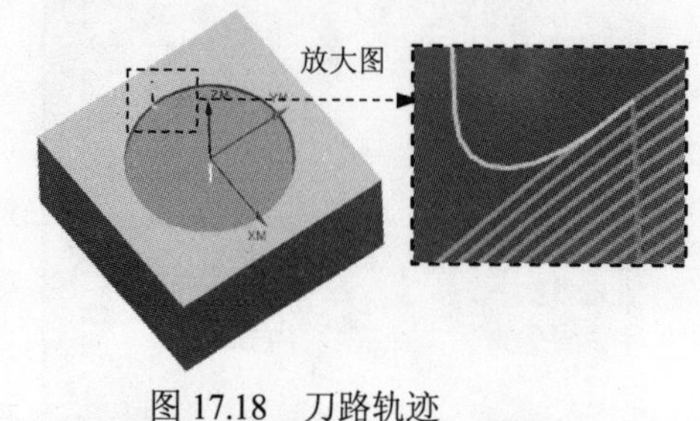

图 17.18 刀路轨迹

图 17.19 2D 仿真结果

Task9．保存文件

选择下拉菜单文件(F) → 保存(S)命令，保存文件。

实例 18　垫板凹模加工

本实例讲述的是垫板凹模加工，对于模具的加工来说，除了要安排合理的工序外，同时应该特别注意模具的材料和加工精度。在创建工序时，要设置好每次切削的余量，另外要注意刀轨参数设置值是否正确，以免影响零件的精度。下面以垫板凹模为例介绍模具零件的一般加工方法，该零件的加工工艺路线如图 18.1 和图 18.2 所示。

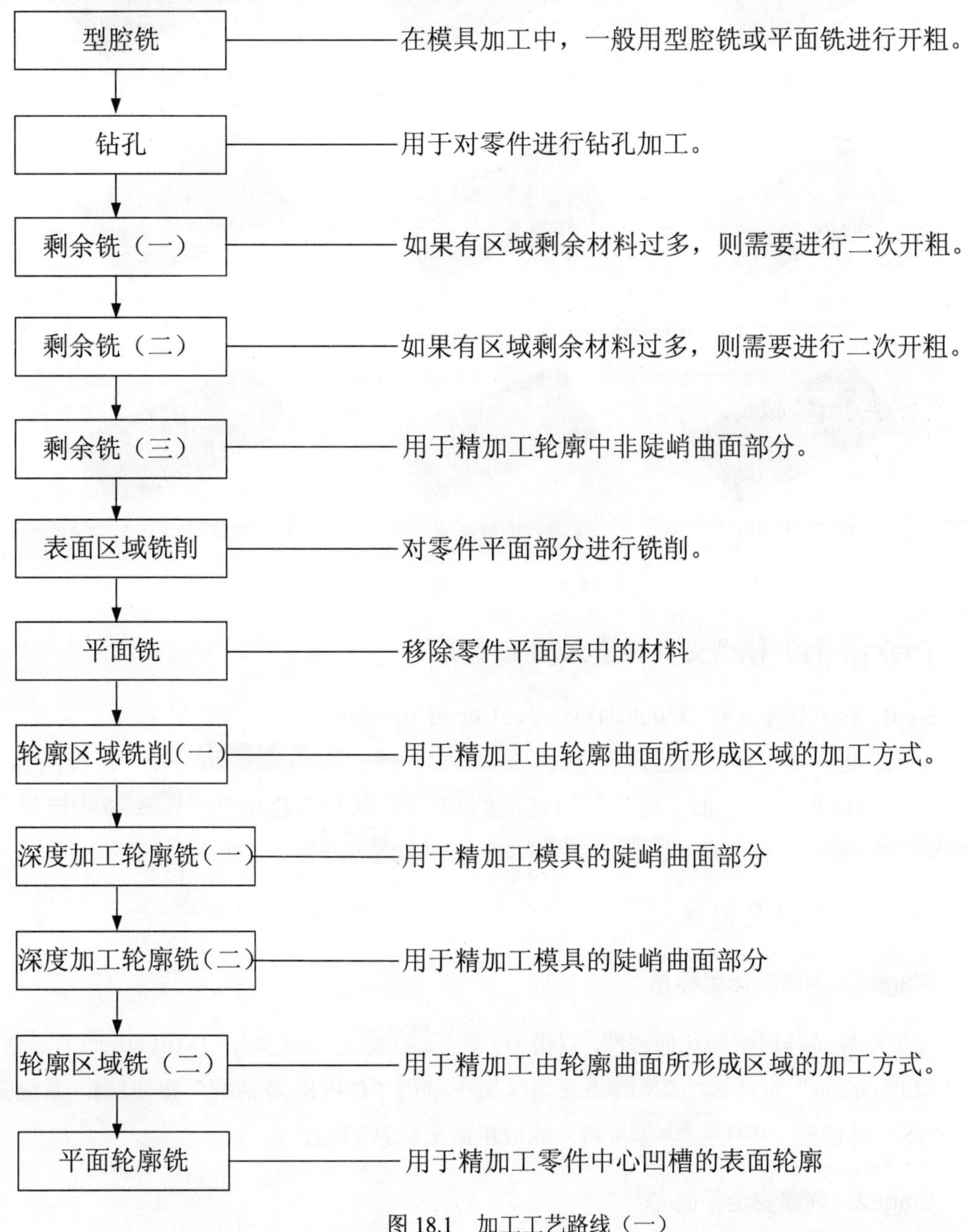

图 18.1　加工工艺路线（一）

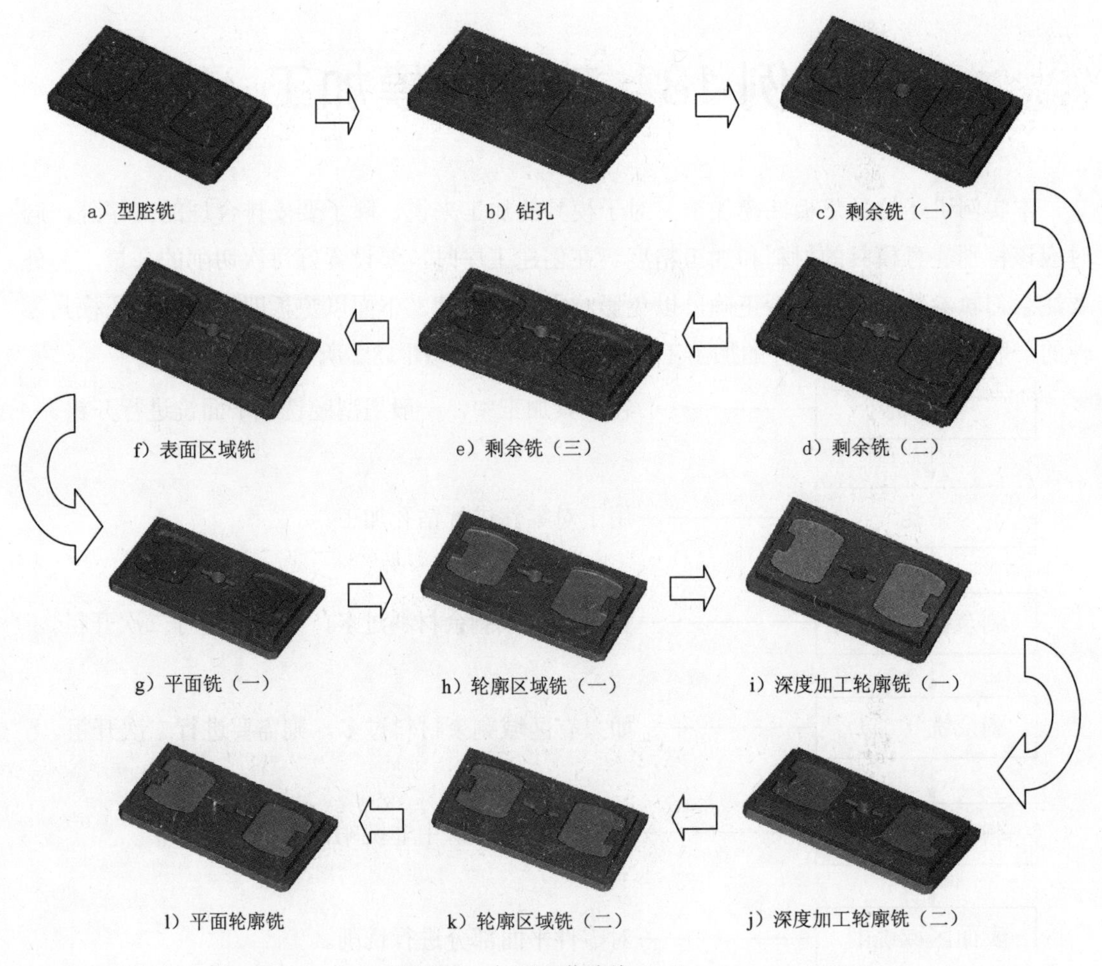

a）型腔铣　b）钻孔　c）剩余铣（一）

d）剩余铣（二）　e）剩余铣（三）　f）表面区域铣

g）平面铣（一）　h）轮廓区域铣（一）　i）深度加工轮廓铣（一）

j）深度加工轮廓铣（二）　k）轮廓区域铣（二）　l）平面轮廓铣

图 18.2　加工工艺路线（二）

Task1．打开模型文件并进入加工模块

Step1. 打开模型文件 D:\ug8.11\work\ch18\pad_mold.prt。

Step2. 进入加工环境。选择下拉菜单 开始 → 加工(N)... 命令，系统弹出“加工环境”对话框；在“加工环境”对话框的 CAM 会话配置 列表框中选择 cam_general 选项，在 要创建的 CAM 设置 列表框中选择 mill contour 选项，单击 确定 按钮，进入加工环境。

Task2．创建几何体

Stage1．创建机床坐标系

将工序导航器调整到几何视图，双击节点 MCS_MILL，系统弹出“Mill Orient”对话框，在“Mill Orient”对话框的 机床坐标系 选项区域中单击“CSYS 对话框”按钮，系统弹出“CSYS”对话框。单击 确定 按钮，完成机床坐标系的创建。

Stage2．创建安全平面

Step1. 在“Mill Orient”对话框安全设置区域安全设置选项下拉列表中选择自动平面选项，然后在安全距离文本框中输入 20。

Step2. 单击“Mill Orient”对话框中的确定按钮，完成安全平面的创建。

Stage3. 创建部件几何体

Step1. 在工序导航器中双击MCS_MILL节点下的WORKPIECE，系统弹出“铣削几何体”对话框。

Step2. 选取部件几何体。在“铣削几何体”对话框中单击按钮，系统弹出“部件几何体”对话框。

Step3. 在图形区中框选整个零件为部件几何体，如图 18.3 所示。在“部件几何体”对话框中单击确定按钮，完成部件几何体的创建，同时系统返回到“铣削几何体”对话框。

Stage4. 创建毛坯几何体

Step1. 在“铣削几何体”对话框中单击按钮，系统弹出“毛坯几何体”对话框。

Step2. 在“毛坯几何体”对话框的类型下拉列表中选择包容块选项，在极限区域的XM-、YM-、XM+、YM+、ZM+文本框中均输入值 5.0。

Step3. 单击“毛坯几何体”对话框中的确定按钮，系统返回到“铣削几何体”对话框，完成图 18.4 所示毛坯几何体的创建。

Step4. 单击“铣削几何体”对话框中的确定按钮。

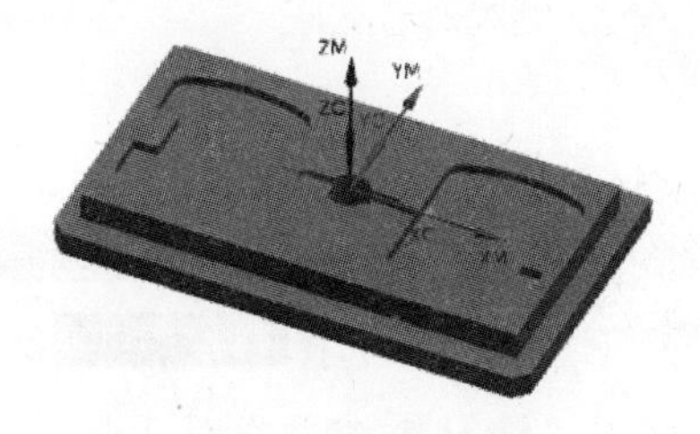

图 18.3　部件几何体

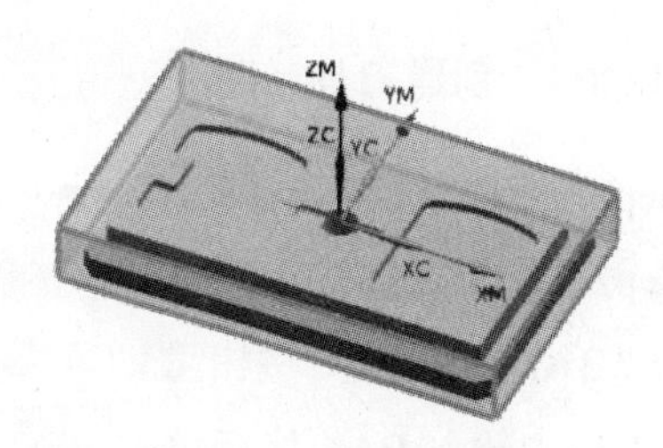

图 18.4 毛坯几何体

Task3. 创建刀具

Stage1. 创建刀具（一）

Step1. 将工序导航器调整到机床视图。

Step2. 选择下拉菜单插入(S) ➡ 刀具(T)...命令，系统弹出“创建刀具”对话框。

Step3. 在“创建刀具”对话框类型下拉列表中选择mill_contour选项，在刀具子类型区域中单击“MILL”按钮，在位置区域的刀具下拉列表中选择GENERIC_MACHINE选项，在名称文本框中输入 D10，然后单击确定按钮，系统弹出“铣刀-5 参数”对话框。

Step4. 系统弹出“铣刀-5 参数”对话框，在(D) 直径文本框中输入值 10.0，在编号区域的刀具号、补偿寄存器、刀具补偿寄存器文本框中均输入值1，其他参数采用系统默认设置值，单击确定按钮，完成刀具的创建。

Stage2. 创建刀具（二）

Step1. 选择下拉菜单插入(S) → 刀具(T)...命令，系统弹出“创建刀具”对话框。

Step2. 在“创建刀具”对话框类型下拉列表中选择drill选项，在刀具子类型区域中选择“DRILLING_TOOL”按钮，在名称文本框中输入DR6，单击确定按钮，系统弹出图4.2.4所示的“钻刀”对话框。

Step3. 设置刀具参数。在“钻刀”对话框中(D) 直径文本框中输入值6.0，在刀具号文本框中输入值2，其他参数采用系统默认设置值，单击确定按钮，完成刀具的创建。

Stage3. 创建刀具（三）

Step1. 选择下拉菜单插入(S) → 刀具(T)...命令，系统弹出“创建刀具”对话框。

Step2. 在“创建刀具”对话框类型下拉列表中选择mill_planar选项，在刀具子类型区域中单击“MILL”按钮，在位置区域的刀具下拉列表中选择GENERIC_MACHINE选项，在名称文本框中输入D6R1，然后单击确定按钮，系统弹出“铣刀-5 参数”对话框。

Step3. 系统弹出“铣刀-5 参数”对话框，在(D) 直径文本框中输入值6，在(R1) 下半径文本框中输入值1，在编号区域的刀具号、补偿寄存器、刀具补偿寄存器文本框中均输入值3，其他参数采用系统默认设置值，单击确定按钮，完成刀具的创建。

Stage4. 创建刀具（四）

Step1. 选择下拉菜单插入(S) → 刀具(T)...命令，系统弹出“创建刀具”对话框。

Step2. 在“创建刀具”对话框类型下拉列表中选择mill contour选项，在刀具子类型区域中单击“BALL_MILL”按钮，在位置区域的刀具下拉列表中选择GENERIC_MACHINE选项，在名称文本框中输入B4，然后单击确定按钮，系统弹出“铣刀-5 参数”对话框。

Step3. 系统弹出“铣刀-5 参数”对话框，在(D) 球直径文本框中输入值 4，在编号区域的刀具号、补偿寄存器、刀具补偿寄存器文本框中均输入值4，其他参数采用系统默认设置值，单击确定按钮，完成刀具的创建。

Stage5. 创建刀具（五）

Step1. 选择下拉菜单插入(S) → 刀具(T)...命令，系统弹出“创建刀具”对话框。

Step2. 在“创建刀具”对话框类型下拉列表中选择mill contour选项，在刀具子类型区域中单击“BALL_MILL”按钮，在位置区域的刀具下拉列表中选择GENERIC_MACHINE选项，在名称文本框中输入B6，然后单击确定按钮，系统弹出“铣刀-5 参数”对话框。

Step3. 系统弹出“铣刀-5 参数”对话框，在(D) 球直径文本框中输入值 6，在编号区域的刀具号、补偿寄存器、刀具补偿寄存器文本框中均输入值 5，其他参数采用系统默认设置值，单击确定按钮，完成刀具的创建。

Stage6．创建刀具（六）

Step1．选择下拉菜单插入(S) → 刀具(T)...命令，系统弹出“创建刀具”对话框。

Step2．在“创建刀具”对话框类型下拉列表中选择mill_contour选项，在刀具子类型区域中单击“MILL”按钮，在位置区域的刀具下拉列表中选择GENERIC_MACHINE选项，在名称文本框中输入 D4R1，然后单击确定按钮，系统弹出“铣刀-5 参数”对话框。

Step3．系统弹出“铣刀-5 参数”对话框，在(D) 直径文本框中输入值 4，在(R1) 下半径文本框中输入值 1，在编号区域的刀具号、补偿寄存器、刀具补偿寄存器文本框中均输入值 6，其他参数采用系统默认设置值，单击确定按钮，完成刀具的创建。

Stage7．创建刀具（七）

Step1．选择下拉菜单插入(S) → 刀具(T)...命令，系统弹出“创建刀具”对话框。

Step2．在“创建刀具”对话框类型下拉列表中选择mill_contour选项，在刀具子类型区域中单击“BALL_MILL”按钮，在位置区域的刀具下拉列表中选择GENERIC_MACHINE选项，在名称文本框中输入 B2，然后单击确定按钮，系统弹出“铣刀-5 参数”对话框。

Step3．系统弹出“铣刀-5 参数”对话框，在(D) 球直径文本框中输入值 2，在编号区域的刀具号、补偿寄存器、刀具补偿寄存器文本框中均输入值 7，其他参数采用系统默认设置值，单击确定按钮，完成刀具的创建。

Stage8．创建刀具（八）

Step1．选择下拉菜单插入(S) → 刀具(T)...命令，系统弹出“创建刀具”对话框。

Step2．在“创建刀具”对话框类型下拉列表中选择mill_contour选项，在刀具子类型区域中单击“BALL_MILL”按钮，在位置区域的刀具下拉列表中选择GENERIC_MACHINE选项，在名称文本框中输入 B1，然后单击确定按钮，系统弹出“铣刀-5 参数”对话框。

Step3．系统弹出“铣刀-5 参数”对话框，在(D) 球直径文本框中输入值 1，在编号区域的刀具号、补偿寄存器、刀具补偿寄存器文本框中均输入值 8，其他参数采用系统默认设置值，单击确定按钮，完成刀具的创建。

Task4．创建型腔铣操作

Stage1．创建工序

Step1．将工序导航器调整到程序顺序视图。

Step2．选择下拉菜单插入(S) → 工序(E)...命令，在“创建工序”对话框类型下拉列表中选择mill_contour选项，在工序子类型区域中单击“CAVITY_MILL”按钮，在程序下拉列表中选择PROGRAM选项，在刀具下拉列表中选择前面设置的刀具D10（铣刀-5 参数）选项，在几何体下拉列表中选择WORKPIECE选项，在方法下拉列表中选择MILL ROUGH选项，使用系统默认的名称。

Step3. 单击“创建工序”对话框中的确定按钮，系统弹出“型腔铣”对话框。

Stage2. 设置一般参数

在“型腔铣”对话框切削模式下拉列表中选择跟随部件选项；在步距下拉列表中选择刀具平直百分比选项，在平面直径百分比文本框中输入值 50.0；在每刀的公共深度下拉列表中选择恒定选项，在最大距离文本框中输入值 1.0。

Stage3. 设置切削参数

Step1. 在刀轨设置区域中单击“切削参数”按钮，系统弹出“切削参数”对话框。

Step2. 在“切削参数”对话框中的切削顺序下拉列表中选择深度优先选项，单击连接选项卡，在开放刀路下拉列表框中选择变换切削方向选项，其他参数采用系统默认设置值。

Step3. 单击“切削参数”对话框中的确定按钮，系统返回到“型腔铣”对话框。

Stage4. 设置非切削移动参数。

Step1. 在刀轨设置区域中单击“非切削移动”按钮，系统弹出“非切削移动”对话框。

Step2. 在进刀类型下拉列表中选择沿形状斜进刀选项，在斜坡角文本框中输入 3.

Step3. 单击“非切削移动”对话框中的确定按钮，系统返回到“型腔铣”对话框。

Stage5. 设置进给率和速度

Step1. 在“型腔铣”对话框中单击“进给率和速度”按钮，系统弹出“进给率和速度”对话框。

Step2. 在主轴速度文本框中输入值 800.0，按 Enter 键，在进给率区域的切削文本框中输入值 200.0，按 Enter 键，其他参数采用系统默认设置值。

Step3. 单击确定按钮，完成进给率和速度的设置，系统返回“型腔铣”操作对话框。

Stage6. 生成的刀路轨迹并仿真

生成的刀路轨迹如图 18.5 所示，2D 动态仿真加工后的模型如图 18.6 所示。

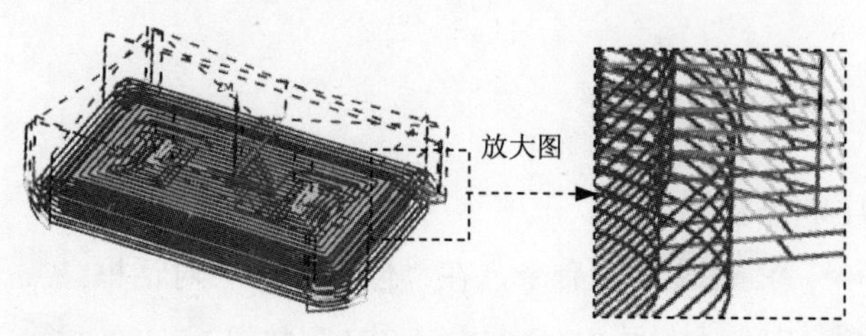

图 18.5 刀路轨迹

图 18.6 2D 仿真结果

Task5．创建钻孔操作

Stage1．创建工序

Step1．选择下拉菜单插入(S) → 工序(E)...命令，系统弹出“创建工序”对话框。

Step2．在 “创建工序”对话框类型下拉列表中选择drill选项，在工序子类型区域中选择“DRILLING”按钮，在刀具下拉列表中选择前面设置的刀具DR6（钻刀）选项，在几何体下拉列表中选择WORKPIECE选项，其他参数采用系统默认设置。

Step3．单击“创建工序”对话框中的确定按钮，系统弹出“钻”对话框。

Stage2．指定钻孔点

Step1．指定钻孔点。

（1）单击“钻”对话框指定孔右侧的按钮，系统弹出 “点到点几何体”对话框，单击选择按钮，系统弹出“点位选择”对话框。

（2）在图形区选取图 18.7 所示的孔边线，分别单击“点位选择”对话框和“点到点几何体”对话框中的确定按钮，返回“钻”对话框。

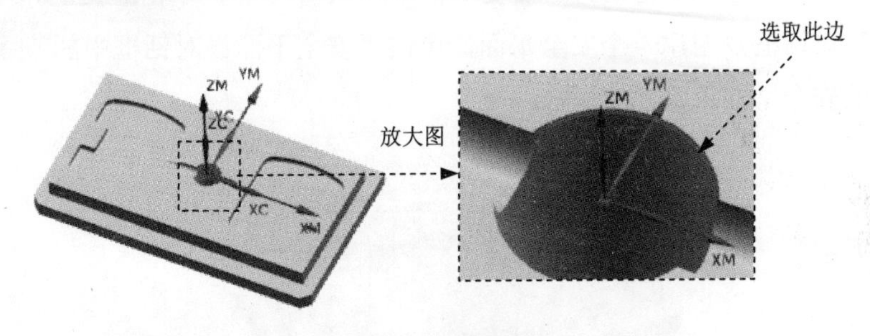

图 18.7　选择孔

Step2．指定顶面。

（1）单击“钻”对话框中指定顶面右侧的按钮，系统弹出“顶面”对话框。

（2）在“顶面”对话框中的顶面选项下拉列表中选择面选项，然后选取图 18.8 所示的面。

（3）单击“顶面”对话框中的确定按钮，返回“钻”对话框。

Step3．指定底面。

（1）单击“钻”对话框中指定底面右侧的按钮，系统弹出“底面”对话框。

（2）在“底面”对话框中的底面选项下拉列表中选择面选项，选取图 18.9 所示的面。

（3）单击“底面”对话框中的确定按钮，返回“钻”对话框。

Stage3．设置循环控制参数

Step1．在“钻”对话框循环类型区域的循环下拉列表中选择标准钻...选项，单击“编辑参数”按钮，系统弹出“指定参数组”对话框。

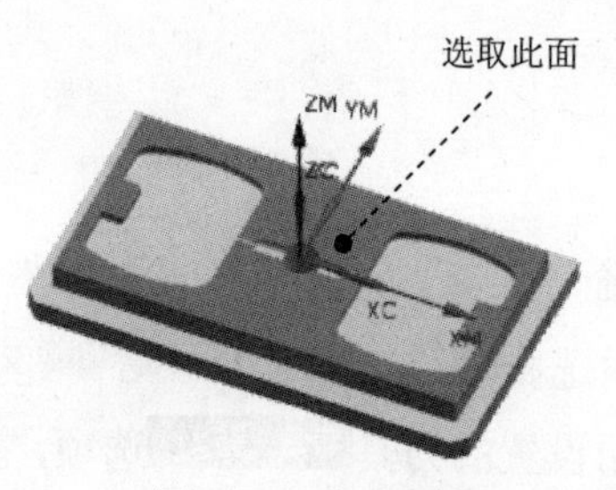

图 18.8　指定顶面

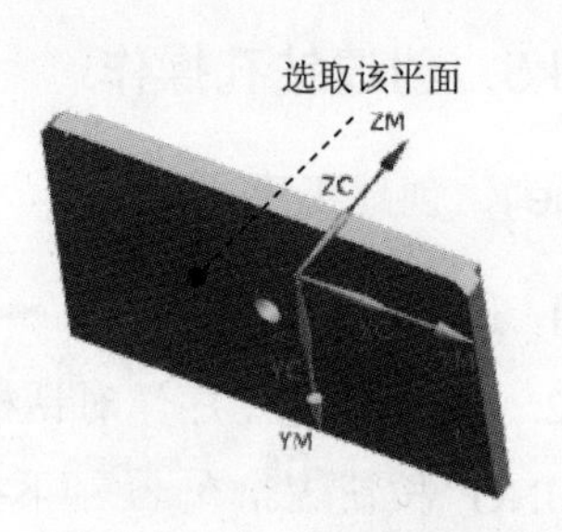

图 18.9　指定底面

Step2. 在"指定参数组"对话框中采用系统默认的参数组序号 1，单击 确定 按钮，系统弹出 "Cycle 参数"对话框，单击 确定 按钮。

Stage4．避让设置

Step1. 单击"钻"对话框中的"避让"按钮，系统弹出"避让几何体"对话框。

Step2. 单击"避让几何体"对话框中的 Clearance Plane -无 按钮，系统弹出图"安全平面"对话框。

Step3. 单击"安全平面"对话框中的 指定 按钮，选取图 18.10 所示的平面为参照，然后在 偏置 区域的 距离 文本框中输入值 20.0，单击 确定 按钮，系统返回"安全平面"对话框并创建一个安全平面，单击"安全平面"对话框中的 显示 按钮可以查看创建的安全平面。

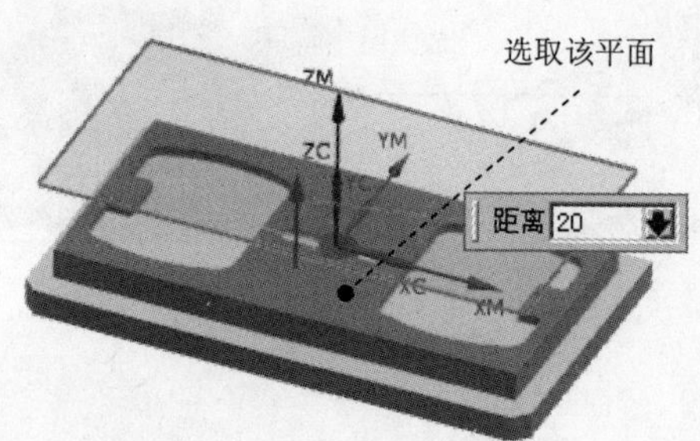

图 18.10　创建安全平面

Step4. 单击"安全平面"对话框中的 确定 按钮，返回"避让几何体"对话框，然后单击"避让几何体"对话框中的 确定 按钮，完成安全平面的设置，返回"钻"对话框。

Stage5．设置进给率和速度

Step1. 单击"钻"对话框中的"进给率和速度"按钮，系统弹出"进给率和速度"对话框。

Step2. 在 主轴速度 (rpm) 文本框中输入值 900.0，按 Enter 键，然后单击按钮，在 进给率 区域的 切削 文本框中输入值 200.0，按 Enter 键，然后单击按钮，其他参数采用系统默认设置值。

Stage6．生成的刀路轨迹并仿真

生成的刀路轨迹如图 18.11 所示，2D 动态仿真加工后结果如图 18.12 所示

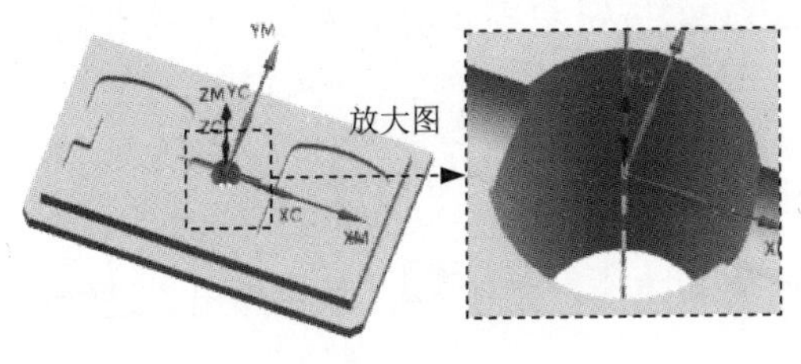

图 18.11　刀路轨迹

图 18.12　2D 仿真结果

Task6. 创建剩余铣操作（一）

Stage1. 创建工序

Step1. 选择下拉菜单插入(S) → 工序(E)... 命令，在“创建工序”对话框类型下拉列表中选择mill_contour选项，在工序子类型区域中单击“REST_MILLING”按钮，在程序下拉列表中选择PROGRAM选项，在刀具下拉列表中选择刀具D6R1（铣刀-5 参数）选项，在几何体下拉列表中选择WORKPIECE选项，在方法下拉列表中选择MILL_SEMI_FINISH选项，使用系统默认的名称“REST_MILLING”。

Step2. 单击“创建工序”对话框中的确定按钮，系统弹出“剩余铣”对话框。

Stage2. 指定切削区域

Step1. 单击指定切削区域右侧的按钮，选取图 18.13 所示的面。

Step2. 单击“切削区域”对话框中的确定按钮，返回“剩余铣”对话框。

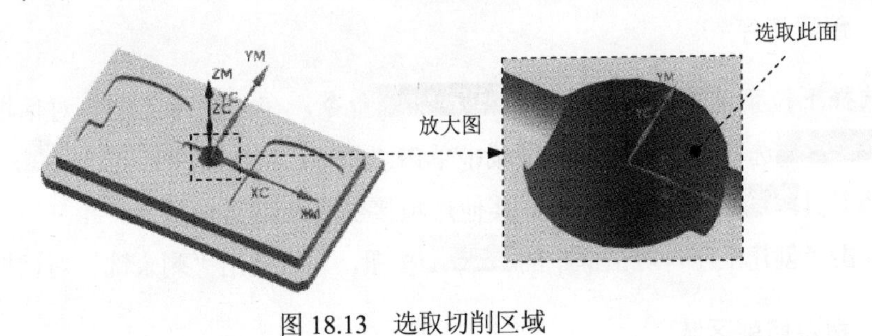

图 18.13　选取切削区域

Stage3. 设置一般参数

在“剩余铣”对话框最大距离文本框中输入值 1，其他选项采用系统默认设置值。

Stage4. 设置非切削移动参数。

Step1. 在“剩余铣”对话框中单击“非切削移动”按钮，系统弹出“非切削移动”对话框。

Step2. 单击“非切削移动”对话框中的进刀选项卡，然后在进刀类型下拉列表中选择

插削选项。

Step3. 单击“非切削移动”对话框中的确定按钮完成非切削移动参数的设置，系统返回到“剩余铣”对话框。

Stage5. 设置进给率和速度

Step1. 在“剩余铣”对话框中单击“进给率和速度”按钮，系统弹出“进给率和速度”对话框。

Step2. 在☐ 主轴速度 (rpm)文本框中输入值 1000.0，按 Enter 键，其他参数采用系统默认设置值。

Step3. 单击确定按钮，完成进给率和速度的设置，系统返回“剩余铣”操作对话框。

Stage6. 生成的刀路轨迹并仿真

生成的刀路轨迹如图 18.14 所示，2D 动态仿真加工后的模型如图 18.15 所示。

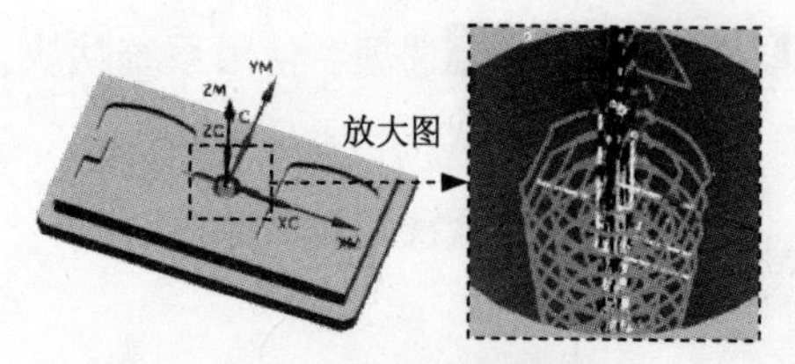

图 18.14　刀路轨迹

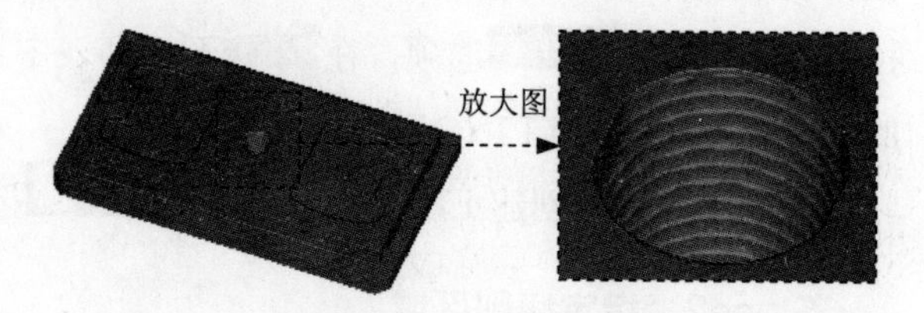

图 18.15　2D 仿真结果

Task7. 创建剩余铣操作（二）

Stage1. 创建工序

Step1. 选择下拉菜单插入(S) → 工序(E)...命令，在“创建工序”对话框类型下拉列表中选择mill_contour选项，在工序子类型区域中单击“REST_MILLING”按钮，在刀具下拉列表中选择刀具B4 (铣刀-球头铣)选项，其他选项接受系统默认设置。

Step2. 单击“创建工序”对话框中的确定按钮，系统弹出“剩余铣”对话框。

Stage2. 指定切削区域

Step1. 单击指定切削区域右侧的按钮，选取图 18.16 所示的面。

Step2. 单击“切削区域”对话框中的确定按钮，返回“剩余铣”对话框。

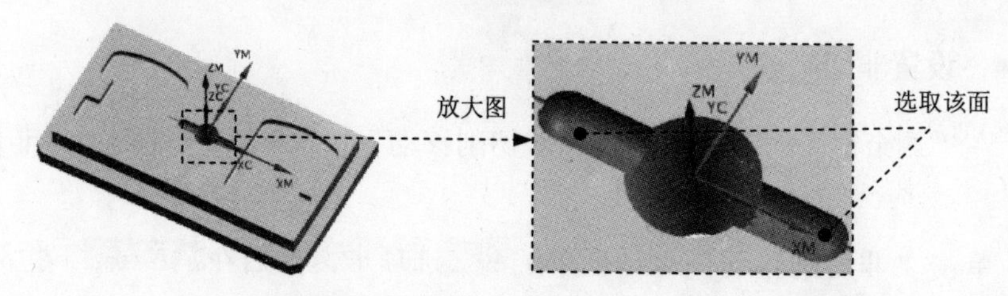

图 18.16　选取切削区域

Stage3．设置一般参数

在“剩余铣”对话框最大距离文本框中输入值 1，其他选项采用系统默认设置值。

Stage4．设置非切削移动参数。

Step1. 在刀轨设置区域中单击“非切削移动”按钮，系统弹出“非切削移动”对话框。

Step2. 在进刀类型下拉列表中选择沿形状斜进刀选项，在斜坡角文本框中输入 3，在高度文本框中输入 2。

Step3. 选择转移/快速选项卡，在区域之间区域中的转移类型下拉列表中选择前一平面选项；在区域内区域中的转移类型下拉列表中选择前一平面选项。

Step4. 单击“非切削移动”对话框中的确定按钮，系统返回到“剩余铣”对话框。

Stage5．设置进给率和速度

Step1. 在“剩余铣”对话框中单击“进给率和速度”按钮，系统弹出“进给率和速度”对话框。

Step2. 在☐ 主轴速度 (rpm)文本框中输入值 1500.0，按 Enter 键，然后单击按钮，在进给率区域的切削文本框中输入值 300.0，按 Enter 键，然后单击按钮，其他参数采用系统默认设置值。

Step3. 单击确定按钮，完成进给率和速度的设置，系统返回“剩余铣”操作对话框。

Stage6．生成的刀路轨迹并仿真

生成的刀路轨迹如图 18.17 所示，2D 动态仿真加工后的模型如图 18.18 所示。

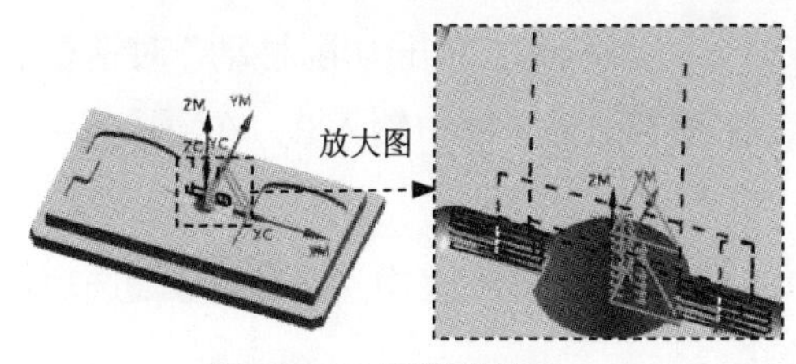

图 18.17　刀路轨迹

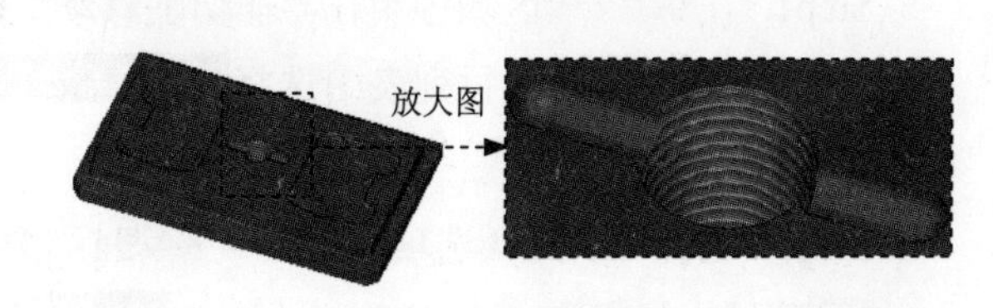

图 18.18　2D 仿真结果

Task8．创建剩余铣操作（三）

Stage1．创建工序

Step1. 选择下拉菜单插入(S) → 工序(E)...命令，在“创建工序”对话框类型下拉列表中选择mill_contour选项，在工序子类型区域中单击“REST_MILLING”按钮，在刀具下拉列表中选择刀具B6 (铣刀-球头铣)选项，其他选项接受系统默认设置。

Step2. 单击“创建工序”对话框中的确定按钮，系统弹出“剩余铣”对话框。

Stage2．指定切削区域

Step1．单击指定切削区域右侧的按钮，在命令条中选取相切面选项，选择图 18.19 所示的面。

Step2．单击“切削区域”对话框中的确定按钮，返回“剩余铣”对话框。

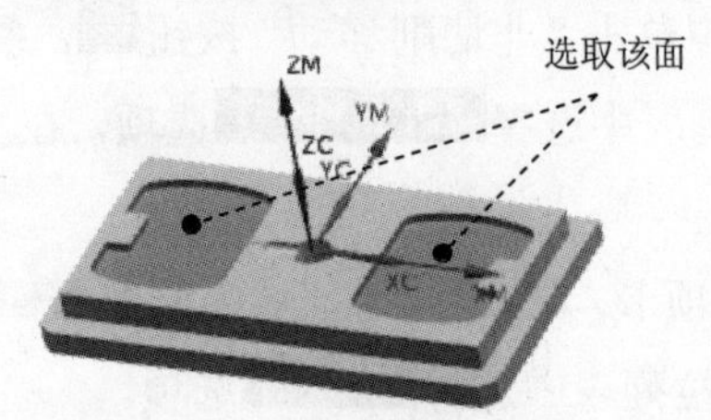

图 18.19 选取切削区域

Stage3．设置一般参数

在“剩余铣”对话框最大距离文本框中输入值 0.5，其他选项采用系统默认设置值。

Stage4．设置切削参数

Step1．在刀轨设置区域中单击“切削参数”按钮，系统弹出“切削参数”对话框。

Step2．在“切削参数”对话框中的切削顺序下拉列表中选择深度优先选项，在壁区域中选中☑岛清根选项。

Step3．选择空间范围选项卡，在最小材料移除文本框中输入 2。

Step4．单击“切削参数”对话框中的确定按钮，系统返回到“剩余铣”对话框。

Stage5．设置非切削移动参数。

Step1．在刀轨设置区域中单击“非切削移动”按钮，系统弹出“非切削移动”对话框。

Step2．在进刀类型下拉列表中选择沿形状斜进刀，在斜坡角文本框中输入 3，在高度文本框中输入 1。

Step3．选择转移/快速选项卡，在区域之间区域中的转移类型下拉列表中选择前一平面选项；在区域内区域中的转移类型下拉列表中选择前一平面选项。

Step4．单击“非切削移动”对话框中的确定按钮，系统返回到“剩余铣”对话框。

Stage6．设置进给率和速度

Step1．在“剩余铣”对话框中单击“进给率和速度”按钮，系统弹出“进给率和速度”对话框。

Step2．在☐ 主轴速度 (rpm)文本框中输入值 1200.0，按 Enter 键，然后单击按钮，在进给率区域的切削文本框中输入值 400.0，按 Enter 键，然后单击按钮，其他参数采用系统默认设置值。

Step3. 单击 确定 按钮，完成进给率和速度的设置，系统返回“剩余铣”操作对话框。

Stage7. 生成的刀路轨迹并仿真

生成的刀路轨迹如图 18.20 所示，2D 动态仿真加工后的模型如图 18.21 所示。

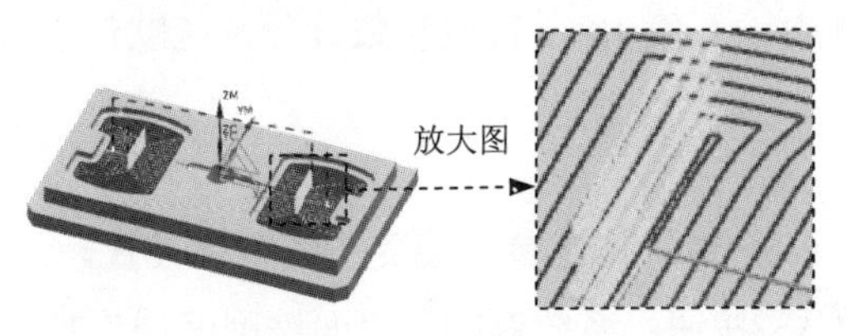

图 18.20　刀路轨迹

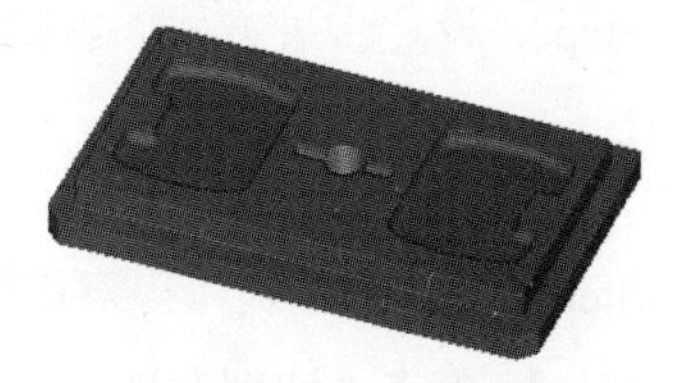

图 18.21　2D 仿真结果

Task9. 创建表面区域铣工序

Stage1. 创建工序

Step1. 选择下拉菜单 插入(S) → 工序(E)... 命令，系统弹出“创建工序”对话框。

Step2. 确定加工方法。在“创建工序”对话框的 类型 下拉列表中选择 mill_planar 选项，在 工序子类型 区域中单击“FACE_MILLING_AREA”按钮，在 程序 下拉列表中选择 PROGRAM 选项，在 刀具 下拉列表中选择 D10 (铣刀-5 参数) 选项，在 几何体 下拉列表中选择 WORKPIECE 选项，在 方法 下拉列表中选择 MILL FINISH 选项，采用系统默认的名称。

Step3. 在“创建工序”对话框中单击 确定 按钮，此时，系统弹出“面铣削区域”对话框。

Stage2. 指定切削区域

Step1. 在 几何体 区域中单击“选择或编辑切削区域几何体”按钮，选取图 18.22 所示的面为切削区域。

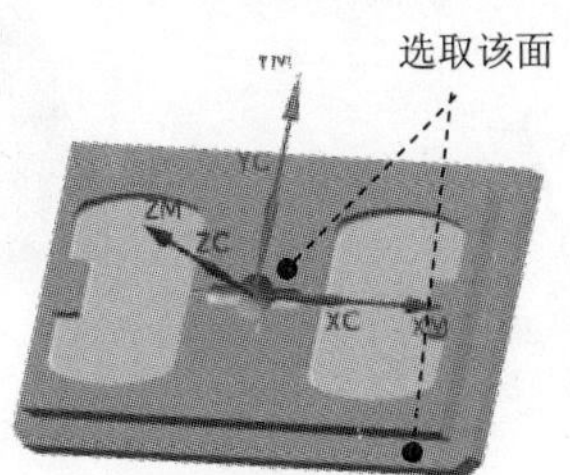

图 18.22　指定切削区域

Step2. 在“切削区域”对话框中单击 确定 按钮，完成切削区域的创建，同时系统返回到“面铣削区域”对话框。

Stage3. 显示刀具和几何体

Step1. 显示几何体。在 几何体 区域中选中 ☑ 自动壁 选项，单击 指定壁几何体 右侧的“显示”

按钮，在图形区中会显示当前的部件几何体以及切削区域。

Stage4．设置刀具路径参数

Step1．设置切削模式。在刀轨设置区域切削模式下拉列表中选择跟随部件选项。

Step2．设置步进方式。在毛坯距离文本框中输入值 1.0，其他参数接受系统默认设置。

Stage5．设置切削参数

Step1．在切削区域的刀具延展量文本框中输入值 50，其他参数接受系统默认设置。

Step2．单击“切削参数”对话框中的确定按钮，系统返回到“面铣削区域”对话框。

Stage6．设置非切削移动

采用系统默认设置值。

Stage7．设置进给率和速度

Step1．单击“面铣削区域”对话框中的“进给率和速度”按钮，系统弹出“进给率和速度”对话框。

Step2．选中“进给率和速度”对话框主轴速度区域中的☑ 主轴速度 (rpm)复选框，在其后的文本框中输入值 1200.0，在进给率区域切削文本框中输入值 500.0。

Step3．单击“进给率和速度”对话框中的确定按钮，系统返回“面铣削区域”对话框。

Stage8．生成的刀路轨迹并仿真

生成的刀路轨迹如图 18.23 所示，2D 动态仿真加工后的模型如图 18.24 所示。

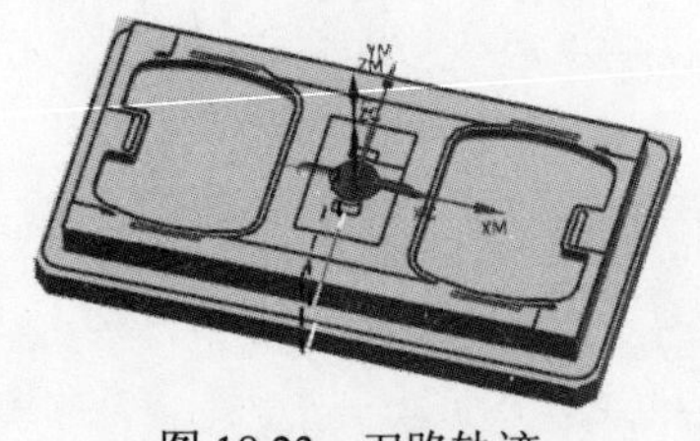

图 18.23　刀路轨迹

图 18.24　2D 动态仿真

Task10．创建平面铣工序

Stage1．创建工序

Step1．选择下拉菜单插入(S) → 工序(E)...命令，系统弹出“创建工序”对话框。

Step2．确定加工方法。在“创建工序”对话框的类型下拉列表中选择mill_planar选项，在工序子类型区域中单击“PLANER MILL”按钮，在程序下拉列表中选择PROGRAM选项，在刀具

下拉列表中选择D10 (铣刀-5 参数)选项，在几何体下拉列表中选择MILL_BND选项，在方法下拉列表中选择MILL_FINISH选项，采用系统默认的名称。

Step3. 在“创建工序”对话框中单击确定按钮，系统弹出“平面铣”对话框。

Stage2．创建边界几何体

Step1. 单击“铣削边界”对话框指定部件边界右侧的按钮，系统弹出“部件边界”对话框。

Step2. 在图形区选取图 18.25 所示的面.

Step3. 单击确定按钮，完成边界的创建，返回到“铣削边界”对话框。

Step4. 单击指定底面右侧的按钮，系统弹出“平面”对话框，在图形区中选取图 18.26 中所示底面参照。在偏置区域的距离文本框中输入 1。

Step5. 在“平面”对话框中单击确定按钮，完成底面的指定，返回到“平面铣”对话框。

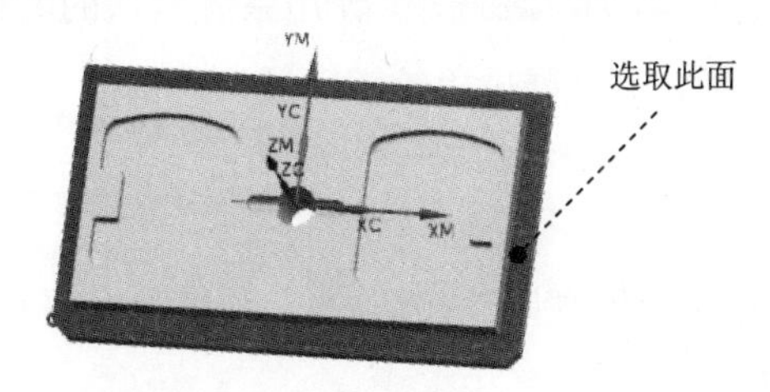

图 18.25　创建边界

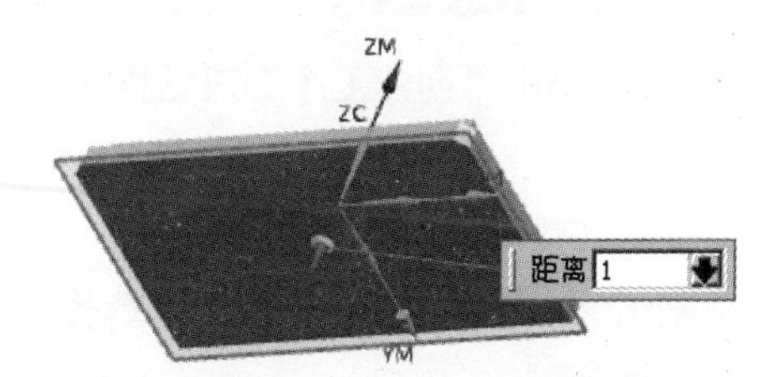

图 18.26　选取底面

Stage3．设置刀具路径参数

Step1. 设置一般参数。在切削模式下拉列表框中选择轮廓加工选项，在步距下拉列表中选择恒定选项，在最大距离文本框中输入值 0.4，在附加刀路文本框中输入值 2，其他参数采用系统默认设置值。

Step2. 设置切削层。在“平面铣”对话框中单击“切削层”按钮，参数采用系统默认设置值。

Step3. 设置切削参数。在“平面铣”对话框中单击“切削参数”按钮，参数采用系统默认设置值。

Step4. 设置进给率和速度。单击“平面铣”对话框中的“进给率和速度”按钮，系统弹出“进给率和速度”对话框。

Step5. 在主轴速度 (rpm)文本框中输入值 1200.0，在进给率区域的切削文本框中输入值 500.0，单击确定按钮，完成进给率和速度的设置，系统返回“平面铣”操作对话框。

Stage4．生成的刀路轨迹并仿真

生成的刀路轨迹如图 18.27 所示，2D 动态仿真加工后的模型如图 18.28 所示。

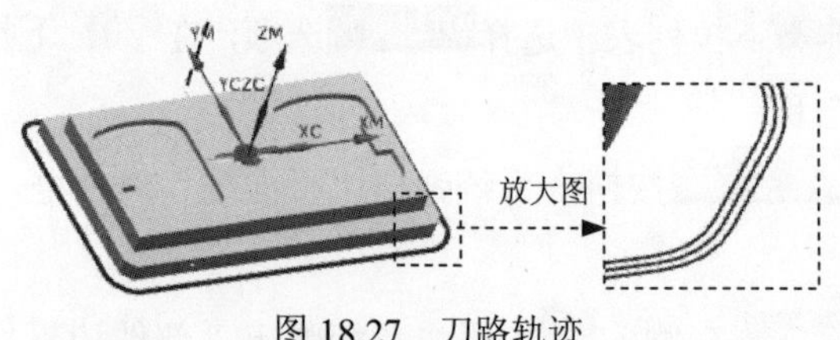

图 18.27 刀路轨迹

图 18.28 2D 动态仿真

Task11. 创建轮廓区域铣操作（一）

Stage1. 创建工序

Step1. 选择下拉菜单 插入(S) → 工序(E)... 命令，在“创建工序”对话框的 类型 下拉列表中选择 mill_contour 选项，在 工序子类型 区域中单击“CONTOUR_AREA”按钮，在 程序 下拉列表中选择 PROGRAM 选项，在 刀具 下拉列表中选择刀具 D4R1（铣刀-5 参数）选项，在 几何体 下拉列表中选择 WORKPIECE 选项，在 方法 下拉列表中选择 MILL_FINISH 选项，使用系统默认的名称。

Step2. 单击“创建工序”对话框中的 确定 按钮，系统弹出“轮廓区域”对话框。

Stage2. 指定切削区域

Step1. 在 几何体 区域中单击“选择或编辑切削区域几何体”按钮，系统弹出“切削区域”对话框。

Step2. 选取图 18.29 所示的面为切削区域(共 2 个面)，在“切削区域”对话框中单击 确定 按钮，完成切削区域的创建，同时系统返回到“轮廓区域”对话框。

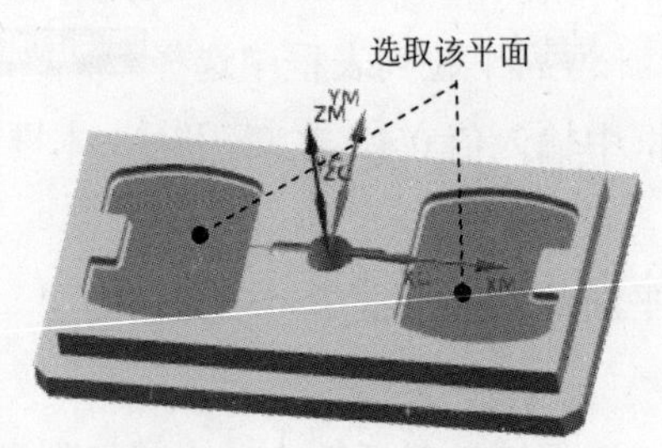

图 18.29 定义切削区域

Stage3. 设置驱动方式

Step1. 在 驱动方法 区域中单击“编辑参数”按钮，系统弹出“区域铣削驱动方法”对话框。

Step2. 在 切削模式 下拉列表框中选择 跟随周边 选项，在 刀路方向 下拉列表中选择 向外 选项，在 步距 下拉列表中选择 刀具平直百分比 选项，在 平面直径百分比 文本框中输入 40，其他参数采用系统默认设置值。

Step3. 单击 确定 按钮，系统返回到“轮廓区域”对话框。

Stage4．设置切削参数

采用系统默认的切削参数。

Stage5．设置非切削移动参数。

采用系统默认的非切削移动参数。

Stage6．设置进给率和速度

Step1. 在“轮廓区域”对话框中单击“进给率和速度”按钮，系统弹出“进给率和速度”对话框。

Step2. 选中“进给率和速度”对话框主轴速度区域中的☑ 主轴速度 (rpm)复选框，在其后的文本框中输入值 3000.0，按 Enter 键，然后单击按钮，在进给率区域的切削文本框中输入值 250.0，按 Enter 键，然后单击按钮，其他参数采用系统默认设置值。

Step3. 单击确定按钮，完成进给率和速度的设置，系统返回“轮廓区域”操作对话框。

Stage7．生成刀路轨迹并仿真

生成的刀路轨迹如图 18.30 所示，2D 动态仿真加工后的模型如图 18.31 所示。

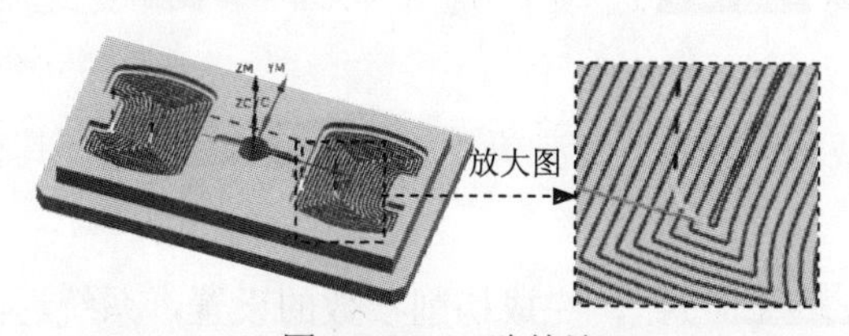

图 18.30　刀路轨迹

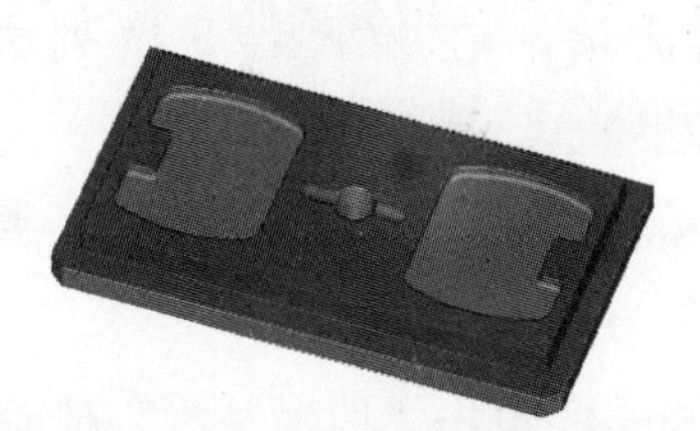
图 18.31　2D 动态仿真

Task12．创建深度加工轮廓铣操作（一）

Stage1．创建工序

Step1. 选择下拉菜单插入(S) → 工序(E)...命令，在“创建工序”对话框中类型下拉菜单中选择mill_contour选项，在工序子类型区域中单击“ZLEVEL_PROFILE”按钮，在程序下拉列表中选择PROGRAM选项，在刀具下拉列表中选择刀具D4R1 (铣刀-5 参数)选项，在几何体下拉列表中选择WORKPIECE选项，在方法下拉列表中选择MILL_FINISH选项，使用系统默认的名称。

Step2. 单击“创建工序”对话框中的确定按钮，系统弹出“深度加工轮廓”对话框。

Stage2．指定切削区域

Step1. 在“深度加工轮廓”对话框几何体区域中单击指定切削区域右侧的按钮，系统弹出“切削区域”对话框。

Step2. 在图形区中选取图 18.32 所示的面为切削区域，然后单击“切削区域”对话框中的 确定 按钮，系统返回到“深度加工轮廓”对话框。

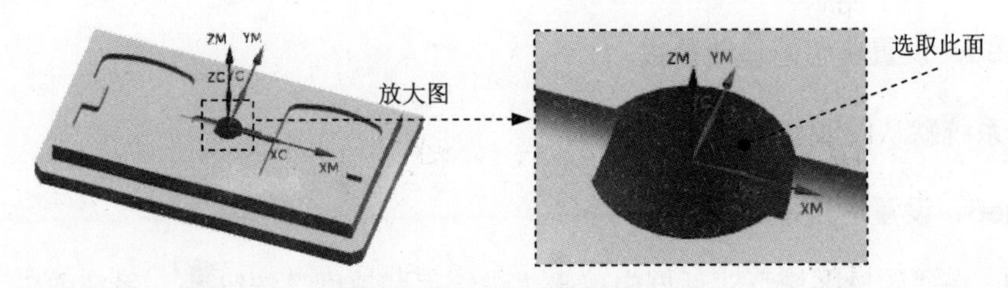

图 18.32　指定切削区域

Stage3. 设置一般参数

在“深度加工轮廓”对话框 合并距离 文本框中输入值 3.0，在 最小切削长度 文本框中输入值 1.0，在 每刀的公共深度 下拉列表中选择 恒定 选项，在 最大距离 文本框中输入值 0.2。

Stage4. 设置切削参数

Step1. 单击“深度加工轮廓”对话框中的“切削参数”按钮，系统弹出“切削参数”对话框。

Step2. 在“切削参数”对话框中单击 策略 选项卡，在 切削 区域 切削方向 下拉列表中选择 顺铣 选项，在 切削顺序 下拉列表中选择 深度优先 选项，选中 ☑ 在边上延伸 复选框及 ☑ 在刀具接触点下继续切削 复选框。

Step3. 单击 连接 选项卡，在 层之间 区域的 层到层 下拉列表中选择 直接对部件进刀，其他采用系统默认参数设置值。

Step4. 单击“切削参数”对话框中的 确定 按钮，完成切削参数的设置，系统返回到“深度加工轮廓”对话框。

Stage5. 设置非切削移动参数

采用系统迷人参数设置值。

Stage6. 设置进给率和速度

Step1. 在“深度加工轮廓”对话框中单击“进给率和速度”按钮，系统弹出“进给率和速度”对话框。

Step2. 选中“进给率和速度”对话框 主轴速度 区域中的 ☑ 主轴速度 (rpm) 复选框，在其后的文本框中输入值 3000.0，按 Enter 键，然后单击 按钮，其他参数采用系统默认设置值。

Step3. 单击 确定 按钮，完成进给率和速度的设置，系统返回“深度加工轮廓”对话框。

Stage7. 生成刀路轨迹并仿真

生成的刀路轨迹如图 18.33 所示，2D 动态仿真加工后的模型如图 18.34 所示。

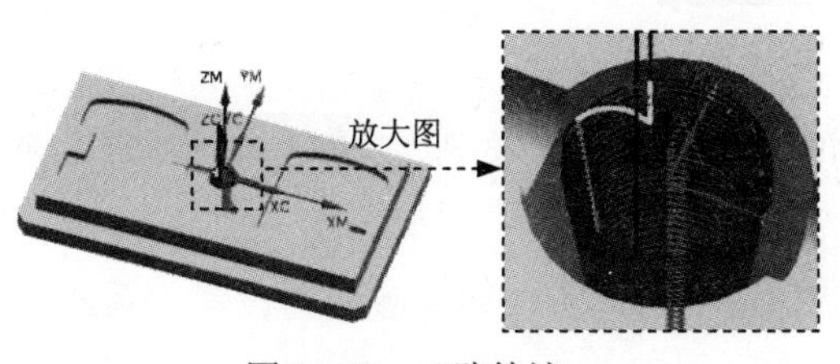

图 18.33　刀路轨迹

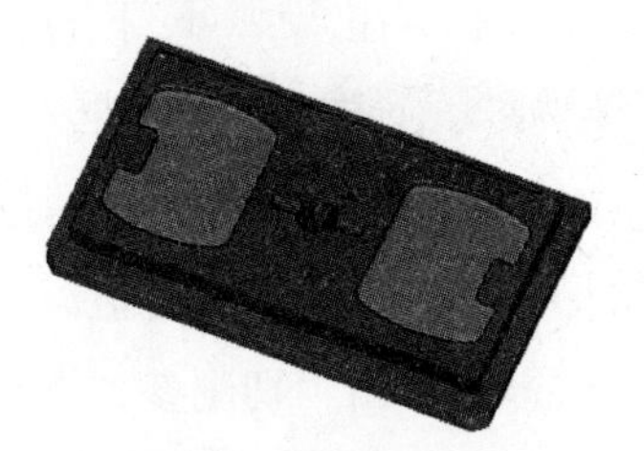

图 18.34　2D 动态仿真

Task13. 创建深度加工轮廓铣操作（二）

Stage1. 创建工序

Step1. 选择下拉菜单 插入(S) → 工序(E)... 命令，在“创建工序”对话框中 类型 下拉菜单中选择 mill_contour 选项，在 工序子类型 区域中单击“ZLEVEL_PROFILE”按钮，在 程序 下拉列表中选择 PROGRAM 选项，在 刀具 下拉列表中选择刀具 B2（铣刀-球头铣）选项，在 几何体 下拉列表中选择 WORKPIECE 选项，在 方法 下拉列表中选择 MILL_FINISH 选项，使用系统默认的名称。

Step2. 单击“创建工序”对话框中的 确定 按钮，系统弹出“深度加工轮廓”对话框。

Stage2. 指定切削区域

Step1. 在“深度加工轮廓”对话框 几何体 区域中单击 指定切削区域 右侧的按钮，系统弹出“切削区域”对话框。

Step2. 在图形区中选取图 18.35 所示的面为切削区域，然后单击“切削区域”对话框中的 确定 按钮，系统返回到“深度加工轮廓”对话框。

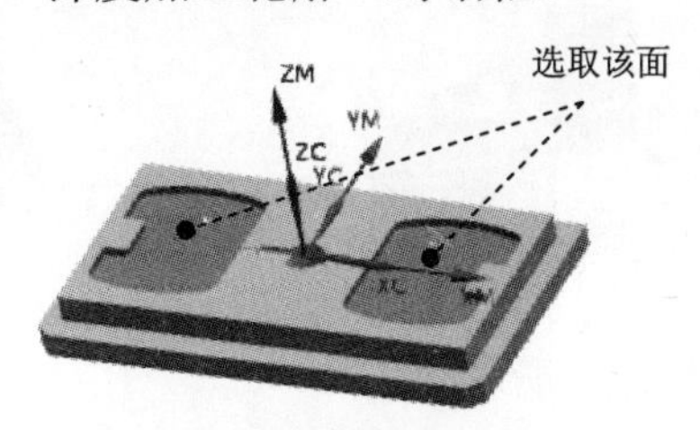

图 18.35　选取切削区域

Stage3. 设置一般参数

在“深度加工轮廓”对话框 合并距离 文本框中输入值 3.0，在 最小切削长度 文本框中输入值 1.0，在 每刀的公共深度 下拉列表中选择 恒定 选项，在 最大距离 文本框中输入值 0.1。

Stage4. 设置切削参数

Step1. 单击“深度加工轮廓”对话框中的“切削参数”按钮，系统弹出“切削参数”

对话框。

Step2. 在“切削参数”对话框中单击策略选项卡，在切削区域切削方向下拉列表中选择顺铣选项，在切削顺序下拉列表中选择深度优先选项，选中☑在边上延伸复选框及☑在刀具接触点下继续切削复选框。

Step3. 单击连接选项卡，在层之间区域的层到层下拉列表中选择直接对部件进刀选项，其他采用系统默认参数设置值。

Step4. 单击“切削参数”对话框中的确定按钮，完成切削参数的设置，系统返回到“深度加工轮廓”对话框。

Stage5．设置非切削移动参数

采用系统迷人参数设置值。

Stage6．设置进给率和速度

Step1. 在“深度加工轮廓”对话框中单击“进给率和速度”按钮，系统弹出“进给率和速度”对话框。

Step2. 选中“进给率和速度”对话框主轴速度区域中的☑主轴速度（rpm）复选框，在其后的文本框中输入值 5500.0，按 Enter 键，然后单击按钮，其他参数采用系统默认设置值。

Step3. 单击确定按钮，完成进给率和速度的设置，系统返回“深度加工轮廓”对话框。

Stage7．生成刀路轨迹并仿真

生成的刀路轨迹如图 18.36 所示，2D 动态仿真加工后的模型如图 18.37 所示。

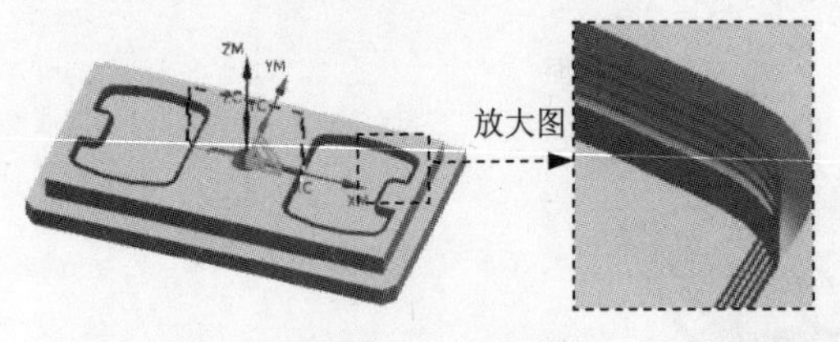

图 18.36　刀路轨迹

图 18.37　2D 动态仿真

Task14．创建轮廓区域铣操作 2

Stage1．创建工序

Step1. 选择下拉菜单插入(S) → 工序(E)...命令，在“创建工序”对话框的类型下拉列表中选择mill_contour选项，在工序子类型区域中单击“CONTOUR_AREA”按钮，在程序下拉列表中选择PROGRAM选项，在刀具下拉列表中选择刀具B2（铣刀-球头铣）选项，在几何体下拉列表中选择WORKPIECE选项，在方法下拉列表中选择MILL_FINISH选项，使用系统默认的名称。

Step2. 单击“创建工序”对话框中的确定按钮，系统弹出“轮廓区域”对话框。

Stage2. 指定切削区域

Step1. 在几何体区域中单击“选择或编辑切削区域几何体”按钮，系统弹出“切削区域”对话框。

Step2. 选取图 18.38 所示的面为切削区域（共 2 个面），在“切削区域”对话框中单击确定按钮，完成切削区域的创建，同时系统返回到“轮廓区域”对话框。

Stage3. 设置驱动方式

Step1. 在驱动方法区域中单击“编辑参数”按钮，系统弹出“区域铣削驱动方法”对话框。

Step2. 在“区域铣削驱动方法”对话框中设置图 18.39 所示的参数，然后单击确定按钮，系统返回到“轮廓区域”对话框。

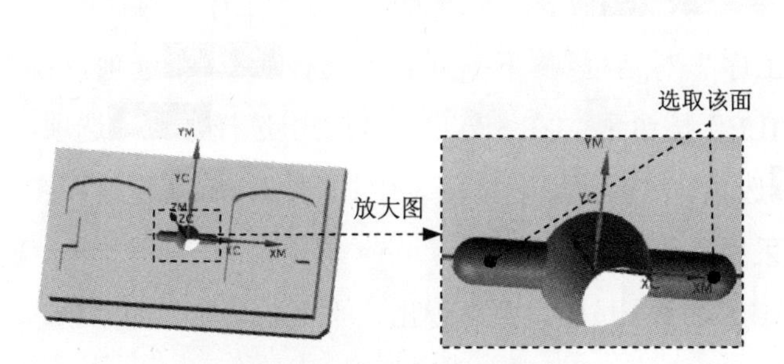

图 18.38　定义切削区域

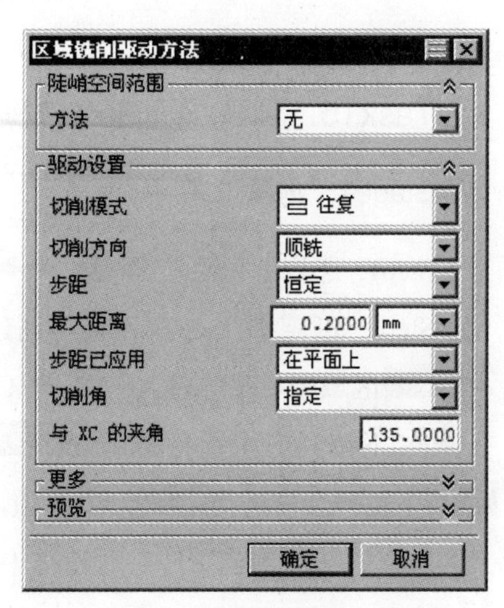

图 18.39　设置驱动方式

Stage4. 设置切削参数

采用系统默认的切削参数。

Stage5. 设置非切削移动参数。

采用系统默认的非切削移动参数。

Stage6. 设置进给率和速度

Step1. 在“轮廓区域”对话框中单击“进给率和速度”按钮，系统弹出“进给率和速度”对话框。

Step2. 选中“进给率和速度”对话框主轴速度区域中的☑ 主轴速度（rpm）复选框，在其后的文本框中输入值5500.0，按Enter键，然后单击按钮，在进给率区域的切削文本框中输入值200.0，按Enter键，然后单击按钮，其他参数采用系统默认设置值。

Step3. 单击确定按钮，完成进给率和速度的设置，系统返回“轮廓区域”操作对话框。

Stage7. 生成刀路轨迹并仿真

生成的刀路轨迹如图18.40所示，2D动态仿真加工后的模型如图18.41所示。

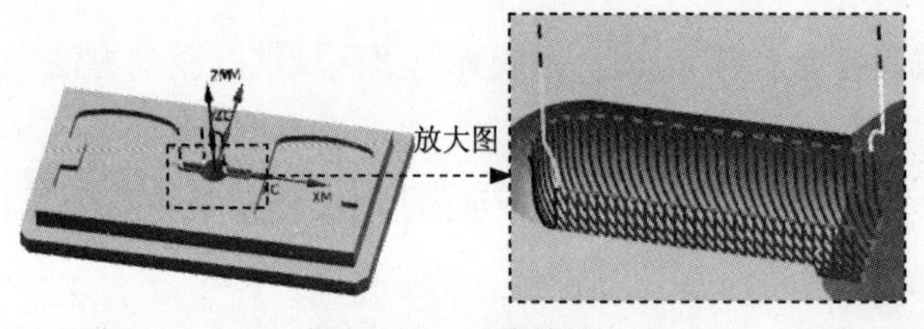

图18.40 刀路轨迹

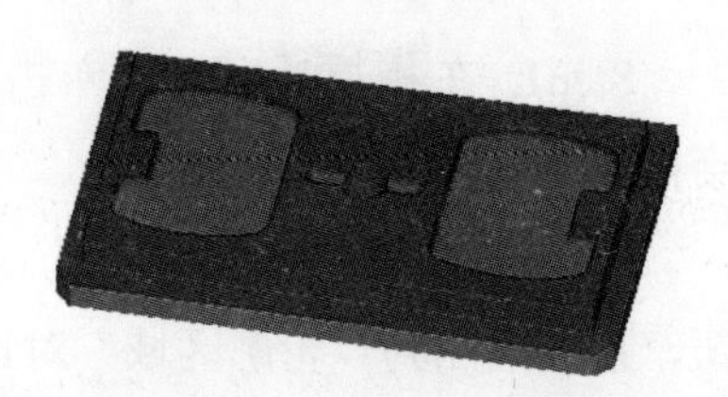

图18.41 2D动态仿真

Task15. 创建平面轮廓铣操作

Stage1. 创建工序

Step1. 选择下拉菜单插入(S) → 工序(E)...命令，系统弹出“创建工序”对话框。

Step2. 确定加工方法。在“创建工序”对话框类型下拉列表中选择mill_planar选项，在工序子类型区域中单击“PLANAR_PROFILE”按钮，在程序下拉列表中选择PROGRAM选项，在刀具下拉列表中选择B1（铣刀-球头铣）选项，在几何体下拉列表中选择WORKPIECE选项，在方法下拉列表中选择MILL_FINISH选项，采用系统默认的名称。

Step3. 在“创建工序”对话框中单击确定按钮，系统弹出“平面轮廓铣”对话框。

Stage2. 指定部件边界

Step1. 在“平面轮廓铣”对话框几何体区域中单击按钮，系统弹出“边界几何体”对话框。

Step2. 在“边界几何体”对话框中模式下拉列表中选择点选项，系统弹出“创建边界”对话框。

Step3. 在“创建边界”对话框的类型下拉列表中选择开放的选项，在刀具位置下拉列表中选择对中选项，选取图18.42所示的4条边线为几何体边界，单击“创建边界”对话框中的创建下一个边界按钮。

Step4. 单击两次确定按钮，系统返回到“平面轮廓铣”对话框，完成部件边界的创建。

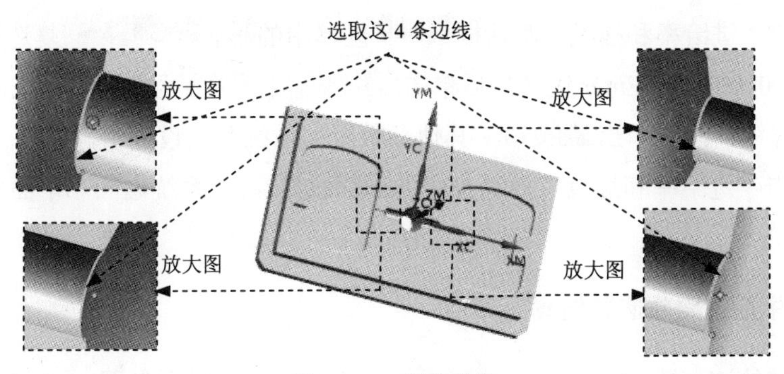

图 18.42　创建边界

Stage3．指定底面。

Step1. 在“平面轮廓铣”对话框中单击按钮，系统弹出“平面”对话框，在类型下拉列表中选择自动判断选项。

Step2. 在模型上选取图 18.43 所示的模型底部平面，在偏置区域距离文本框中输入值-0.5，单击确定按钮，完成底面的指定。

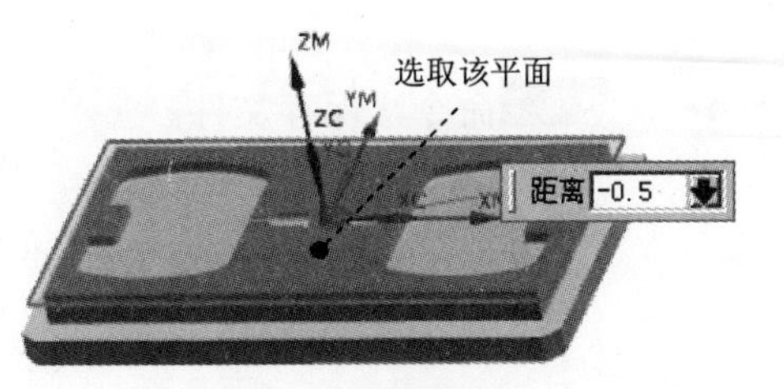

图 18.43　指定底面

Stage4．设置非切削移动参数

Step1. 在刀轨设置区域中单击“非切削参数”按钮，系统弹出“非切削参数”对话框。

Step2. 在“非切削参数”对话框中单击进刀选项卡，然后在封闭区域区域的斜坡角文本框中输入 1，在高度文本框中输入 1，在高度起点下拉列表中选择当前层选项，在开放区域区域的进刀类型下拉列表中选择与封闭区域相同选项。

Step3. 单击退刀选项卡，然后在退刀类型下拉列表中选择线性选项。

Step4. 单击起点/钻点选项卡，然后在区域起点区域默认区域起点下拉列表中选择拐角选项。

Step5. 单击“非切削参数”对话框中的确定按钮，系统返回到“平面轮廓铣”对话框。

Stage5．设置进给率和速度

Step1. 单击“平面轮廓铣”对话框中的“进给率和速度”按钮，系统弹出“进给率和速度”对话框。

Step2. 选中“进给率和速度”对话框主轴速度区域中的☑ 主轴速度 (rpm)复选框，在其后文本框中输入值 6000.0，按 Enter 键，然后单击按钮，在进给率区域的切削文本框中输入值 200.0，按 Enter 键，然后单击按钮，其他参数采用系统默认设置值。

Step3. 单击“进给率和速度”对话框中的确定按钮，系统返回“平面轮廓铣”对话框。

Stage6. 生成刀路轨迹并仿真

生成的刀路轨迹如图 18.44 所示，2D 动态仿真加工后的模型如图 18.45 所示。

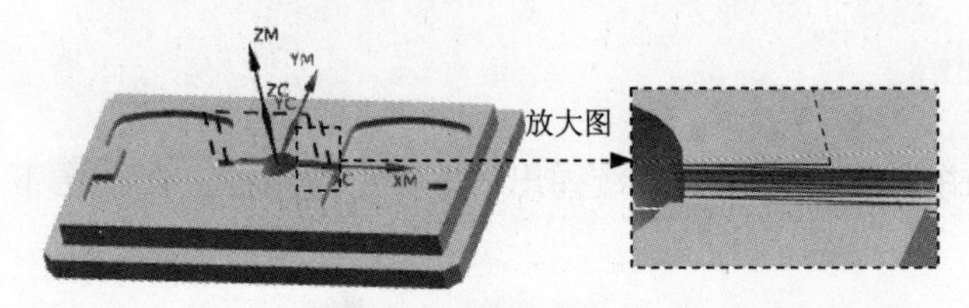

图 18.44 刀路轨迹

图 18.45 2D 仿真结果

Task16. 保存文件

选择下拉菜单文件(F) ➡ 保存(S)命令，保存文件。

实例 19　泵 盖 加 工

本实例是一个泵体端盖的加工，在制定加工工序时，应仔细考虑哪些区域需要精加工，哪些区域只需粗加工以及哪些区域不需加工。在泵体端盖的加工过程中，主要是平面和孔的加工。下面将介绍零件加工的具体过程，其加工工艺路线如图 19.1 所示。

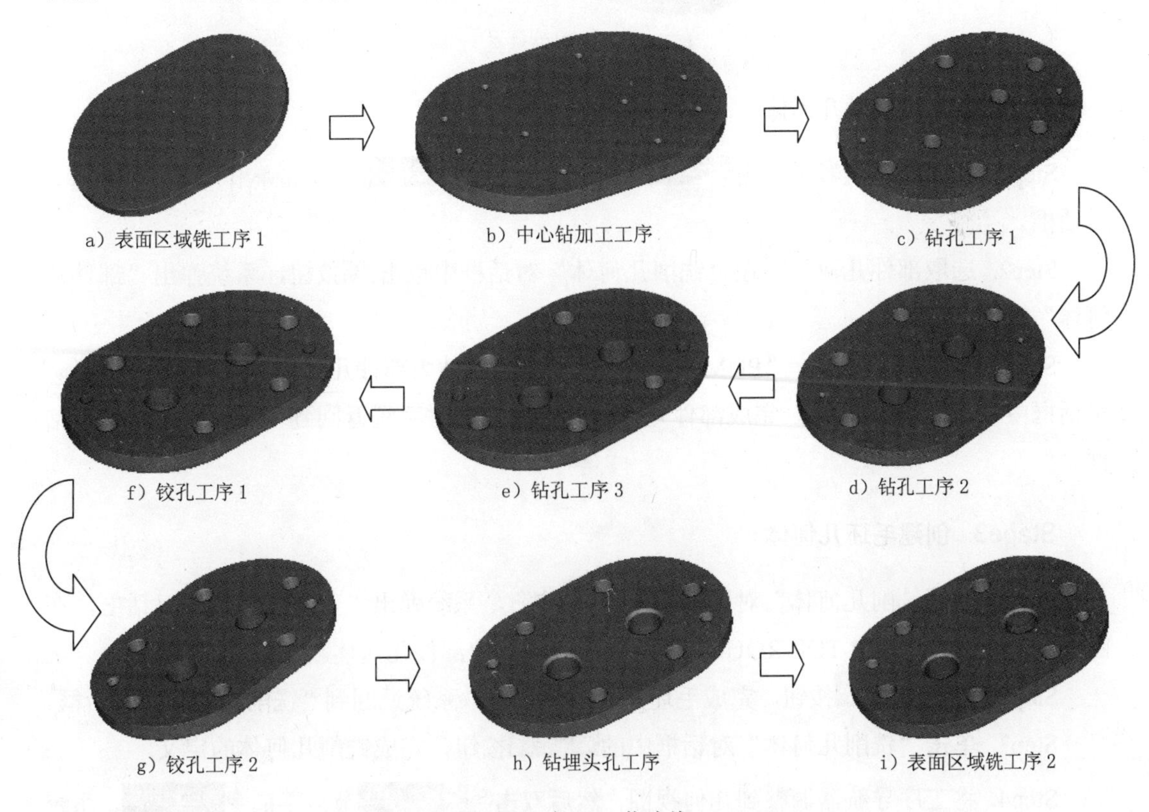

图 19.1　加工工艺路线

Task1．打开模型文件并进入加工模块

Step1．打开模型文件 D:\ug8.11\work\ch19\ pump_asm.prt。

Step2．进入加工环境。选择下拉菜单 开始 → 加工(N)... 命令，系统弹出“加工环境”对话框；在“加工环境”对话框的 CAM 会话配置 列表框中选择 cam_general 选项，在 要创建的 CAM 设置 列表框中选择 mill planar 选项，单击 确定 按钮，进入加工环境。

Task2．创建几何体

Stage1．创建加工坐标系

将工序导航器调整到几何视图，双击节点 MCS_MILL，系统弹出“Mill Orient”对话框。采用系统默认的机床坐标系，如图 19.2 所示。

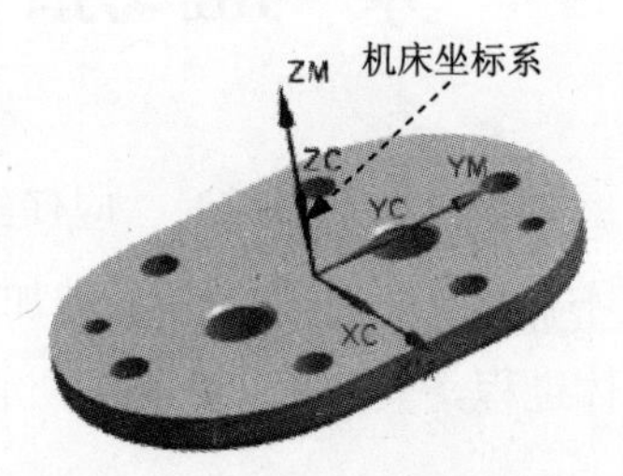

图 19.2 机床坐标系

Stage2. 创建部件几何体

Step1. 在工序导航器中双击 MCS_MILL 节点下的 WORKPIECE，系统弹出“铣削几何体”对话框。

Step2. 选取部件几何体。在“铣削几何体”对话框中单击按钮，系统弹出“部件几何体”对话框。

Step3. 在图形区中选择“PUMP-TOP”零件模型实体为部件几何体。在“部件几何体”对话框中单击 确定 按钮，完成部件几何体的创建，同时系统返回到“铣削几何体”对话框。

Stage3. 创建毛坯几何体

Step1. 在“铣削几何体”对话框中单击按钮，系统弹出“毛坯几何体”对话框，在图形区中选取“PUMP-TOP-ROUGH”零件模型实体为部件几何体。

Step2. 单击 确定 按钮，完成毛坯几何体的创建，系统返回到“铣削几何体”对话框。

Step3. 单击“铣削几何体”对话框中的 确定 按钮，完成铣削几何体的定义。

Step4. 将工序导航器调整到几何视图，然后双击 MCS_MILL 节点下的 WORKPIECE，系统弹出“铣削几何体”对话框。

说明：为了选取切削平面的方便可先将毛坯隐藏。

Task3. 创建刀具 1

Step1. 将工序导航器调整到机床视图。

Step2. 选择下拉菜单 插入(S) → 刀具(T)... 命令，系统弹出“创建刀具”对话框。

Step3. 在“创建刀具”对话框 类型 下拉列表中选择 mill_planar 选项，在 刀具子类型 区域中单击“MILL”按钮，在 位置 区域的 刀具 下拉列表中选择 GENERIC_MACHINE 选项，在 名称 文本框中输入 D50，然后单击 确定 按钮，系统弹出“铣刀-5 参数”对话框。

Step4. 在(D) 直径文本框中输入值 50.0，在刀具号文本框中输入值 1，在补偿寄存器文本框中输入值 1，在刀具补偿寄存器文本框中输入值 1，其他参数采用系统默认设置值，单击确定按钮，完成刀具的创建。

Task4．创建表面区域铣工序

Stage1．插入工序

Step1. 选择下拉菜单插入(S) → 工序(E)...命令，系统弹出“创建工序”对话框。

Step2. 确定加工方法。在“创建工序”对话框类型下拉列表中选择mill_planar选项，在工序子类型区域中单击“FACE_MILLING_AREA”按钮，在程序下拉列表中选择PROGRAM选项，在刀具下拉列表中选择D50 (铣刀-5 参数)选项，在几何体下拉列表中选择WORKPIECE选项，在方法下拉列表中选择MILL_SEMI_FINISH选项，采用系统默认的名称。

Step3. 在“创建工序”对话框中单击确定按钮，系统弹出 “面铣削区域”对话框。

Stage2．指定切削区域

Step1. 在几何体区域中单击“选择或编辑切削区域几何体”按钮，系统弹出“切削区域”对话框。

Step2. 选取图 19.3 所示的面为切削区域，在“切削区域”对话框中单击确定按钮，完成切削区域的创建，同时系统返回到“面铣削区域”对话框。

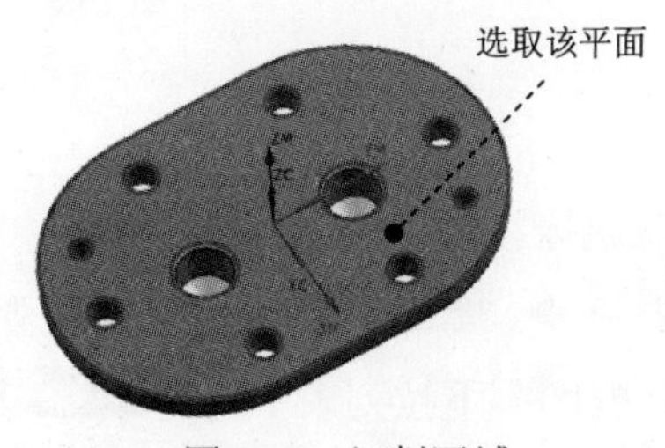

图 19.3 切削区域

Stage3．设置刀具路径参数

Step1. 设置切削模式。在刀轨设置区域切削模式下拉列表中选择往复选项。

Step2. 设置步进方式。在步距下拉列表中选择刀具平直百分比选项，在平面直径百分比文本框中输入值 50.0，其他参数接受系统默认即可。

Stage4．设置切削参数

Step1. 单击“面铣削区域”对话框刀轨设置区域中的“切削参数”按钮，系统弹出“切削参数”对话框。在“切削参数”对话框中单击策略选项卡，在简化形状下拉列表中选择凸包选项，单击余量选项卡，在最终底面余量文本框中输入 0.3，其他参数接受系统默认。

Stage5. 设置非切削移动参数

参数设置采用系统默认的非切削移动参数值。

Stage6. 设置进给率和速度

Step1. 单击“面铣削区域”对话框中的“进给率和速度”按钮，系统弹出图 2.3.25 所示的“进给率和速度”对话框。

Step2. 选中主轴速度区域中的☑ 主轴速度 (rpm)复选框，在其后的文本框中输入值 500.0，在进给率区域切削文本框中输入值 200.0，按下键盘上的 Enter 键，然后单击按钮。

Step3. 单击“进给率和速度”对话框中的确定按钮，系统返回“面铣削区域”对话框。

Stage7. 生成刀路轨迹并仿真

生成的刀路轨迹如图 19.4 所示，2D 动态仿真加工后的模型如图 19.5 所示。

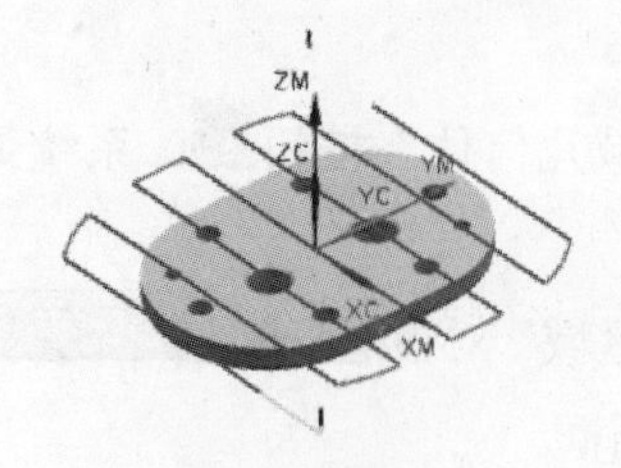

图 19.4 刀路轨迹

图 19.5 2D 仿真结果

Task5. 创建刀具 2

Step1. 将工序导航器调整到机床视图。

Step2. 选择下拉菜单插入(S) → 刀具(T)...命令，系统弹出“创建刀具”对话框。

Step3. 在“创建刀具”对话框类型下拉列表中选择hole_making选项，在刀具子类型区域中单击“CENTERDRILL”按钮，在位置区域的刀具下拉列表中选择GENERIC_MACHINE选项，在名称文本框中输入 C3，然后单击确定按钮，系统弹出“铣刀-5 参数”对话框。

Step4. 在(TD) 刀尖直径文本框中输入 3.0，在刀具号文本框中输入值 2，在补偿寄存器文本框中输入值 2，其他参数采用系统默认设置值，单击确定按钮，完成刀具的创建。

Task6. 创建中心站加工工序

Stage1. 插入工序

Step1. 选择下拉菜单插入(S) → 工序(E)...命令，系统弹出“创建工序”对话框。

Step2. 确定加工方法。在“创建工序”对话框类型下拉列表中选择drill选项，在工序子类型区域中单击“SPOT_DRILLING”按钮，在程序下拉列表中选择PROGRAM选项，在刀具下拉列表中选择C3（中心钻）选项，在几何体下拉列表中选择WORKPIECE选项，在方法下拉列表中选择DRILL_METHOD选项，采用系统默认的名称。

Step3. 在“创建工序”对话框中单击确定按钮，系统弹出 “定心钻”对话框。

Stage2. 指定钻孔点

Step1. 指定钻孔点。

（1）单击“定心钻”对话框指定孔右侧的按钮，系统弹出 “点到点几何体”对话框，单击选择按钮，系统弹出“点位选择”对话框，单击面上所有孔按钮，系统弹出“选择面”对话框。

（2）在图形区选取图 19.6 所示的面，单击分别单击“选择面”对话框与“点位选择”对话框中的确定按钮，单击“点到点几何体”对话框中的优化按钮，然后单击最短刀轨按钮，单击优化按钮，单击接受按钮，单击“点到点几何体”对话框中的确定按钮，返回“定心钻”对话框。

Step2. 指定顶面。

（1）单击“定心钻”对话框中指定顶面右侧的按钮，系统弹出“顶面”对话框。

（2）在“顶面”对话框中的顶面选项下拉列表中选择面选项，然后选取图 19.6 所示的面。

（3）单击“顶面”对话框中的确定按钮，返回“定心钻”对话框。

Stage3. 设置循环控制参数

Step1. 在“定心钻”对话框循环类型区域的循环下拉列表中选择标准钻...选项，单击“编辑参数”按钮，系统弹出“指定参数组”对话框。

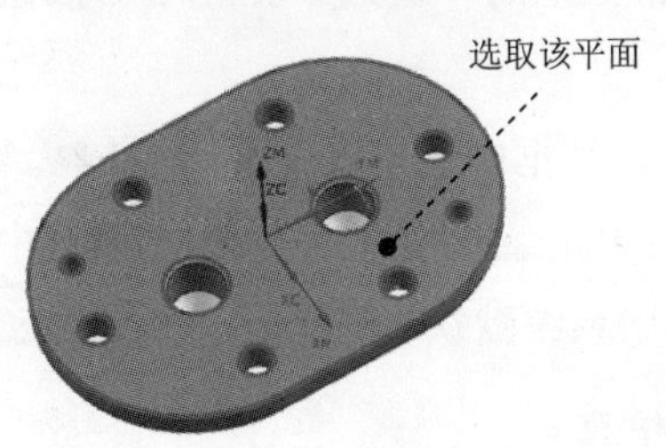

图 19.6　选取面

Step2. 在“指定参数组”对话框中采用系统默认的参数组序号 1，单击确定按钮，系统弹出 “Cycle 参数”对话框，单击Depth (Tip) - 0.0000按钮，系统弹出 “Cycle 深度”对话框。

Step3. 单击刀尖深度按钮，系统弹出“深度” 对话框，在深度文本框中输入 3.0，单击确定按钮，系统返回到“Cycle 参数”对话框。

Step4. 单击Dwell - ##59按钮，系统弹出“Cycle Dwell”对

话框，单击 关 按钮，单击“Cycle 参数”对话框中的 确定 按钮，返回“定心钻”对话框。

Stage4．避让设置

Step1．单击“定心钻”对话框中的“避让”按钮，系统弹出“避让几何体”对话框。

Step2．单击“避让几何体”对话框中的 Clearance Plane -无 按钮，系统弹出“安全平面”对话框。

Step3．单击“安全平面”对话框中的 指定 按钮，系统弹出“平面”对话框，选取图 19.7 所示的平面为参照，然后在 偏置 区域的 距离 文本框中输入值 20.0，单击 确定 按钮，系统返回“安全平面”对话框并创建一个安全平面，单击“安全平面”对话框中的 显示 按钮可以查看创建的安全平面，如图 19.8 所示。

Step4．单击“安全平面”对话框中的 确定 按钮，返回“避让几何体”对话框，然后单击“避让几何体”对话框中的 确定 按钮，完成安全平面的设置，返回“定心钻”对话框。

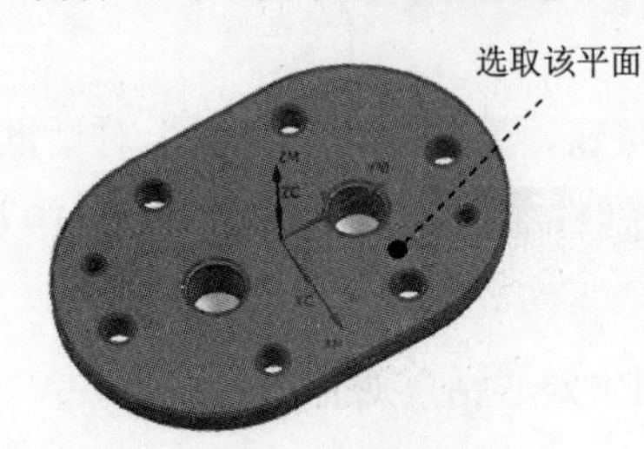

图 19.7　选取参考面

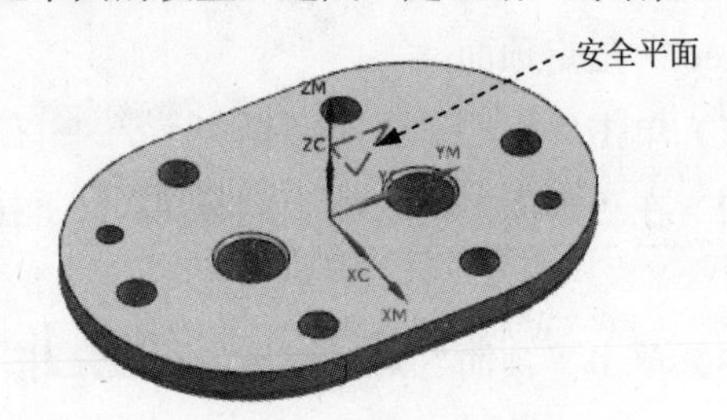

图 19.8　安全平面

Stage5．设置进给率和速度

Step1．单击“定心钻”对话框中的“进给率和速度”按钮，系统弹出“进给率和速度”对话框。

Step2．在“进给率和速度”对话框中选中 ☑ 主轴速度 (rpm) 复选框，然后在其文本框中输入值 2400.0，按 Enter 键，然后单击按钮，在 切削 文本框中输入值 200.0，按 Enter 键，然后单击按钮，其他选项采用系统默认设置值，单击 确定 按钮。

Stage6．生成刀路轨迹并仿真

生成的刀路轨迹如图 19.9 所示，2D 动态仿真加工后的模型如图 19.10 所示。

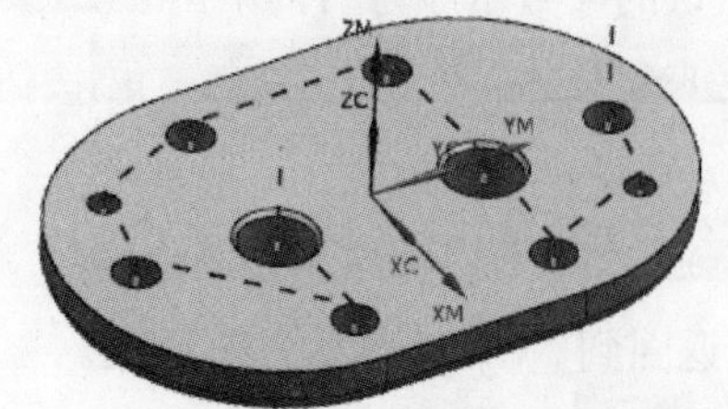

图 19.9　刀路轨迹

图 19.10　2D 仿真结果

Task7．创建刀具 3

Step1．将工序导航器调整到机床视图。

Step2．选择下拉菜单 插入(S) → 刀具(T)... 命令，系统弹出“创建刀具”对话框。

Step3．在“创建刀具”对话框 类型 下拉列表中选择 drill 选项，在 刀具子类型 区域中单击“DRILLING_TOOL”按钮，在 位置 区域的 刀具 下拉列表中选择 GENERIC_MACHINE 选项，在 名称 文本框中输入 DR9，然后单击 确定 按钮，系统弹出“钻刀”对话框。

Step4．在 (D) 直径 文本框中输入值 9.0，在 刀具号 文本框中输入值 3，在 补偿寄存器 文本框中输入值 3，其他参数采用系统默认设置值，单击 确定 按钮，完成刀具的创建。

Task8．创建钻孔工序 1

Stage1．插入工序

Step1．选择下拉菜单 插入(S) → 工序(E)... 命令，系统弹出“创建工序”对话框。

Step2．在“创建工序”对话框 类型 下拉列表中选择 drill 选项，在 工序子类型 区域中选择“DRILLING”按钮，在 程序 下拉列表中选择 PROGRAM 选项，在 刀具 下拉列表中选择 DR9（钻刀）选项，在 几何体 下拉列表中选择 WORKPIECE 选项，在 方法 下拉列表中选择 DRILL_METHOD 选项，其他参数采用系统默认设置。

Step3．单击“创建工序”对话框中的 确定 按钮，系统弹出“钻”对话框。

Stage2．指定钻孔点

Step1．指定钻孔点。

（1）单击“钻”对话框 指定孔 右侧的按钮，系统弹出“点到点几何体”对话框，单击 选择 按钮，系统弹出“点位选择”对话框。单击 面上所有孔 按钮，系统弹出“选择面”对话框。

（2）单击 最小直径 -无 按钮，然后再 直径 文本框中输入 9.0，单击 确定 按钮，然后选取图 19.11 所示的面，分别单击“选择面”对话框和“点位选择”对话框中的 确定 按钮，返回“点到点几何体”对话框。

（3）单击“点到点几何体”对话框中的 优化 按钮，单击 最短刀轨 按钮，单击 优化 按钮，单击“接受”按钮，单击“点到点几何体”对话框中的 确定 按钮，返回“钻”对话框。

Step2．指定顶面。

（1）单击“钻”对话框中 指定顶面 右侧的按钮，系统弹出“顶面”对话框。

（2）在“顶面”对话框中的 顶面选项 下拉列表中选择 面 选项，然后选取图 19.11 所示的面。

（3）单击“顶面”对话框中的确定按钮，返回“钻”对话框。

Step3. 指定底面。

（1）单击“钻”对话框中指定底面右侧的按钮，系统弹出 “底面”对话框。

（2）在“底面”对话框中的底面选项下拉列表中选择面选项，选取图 19.12 所示的面。

（3）单击“底面”对话框中的确定按钮，返回“钻”对话框。

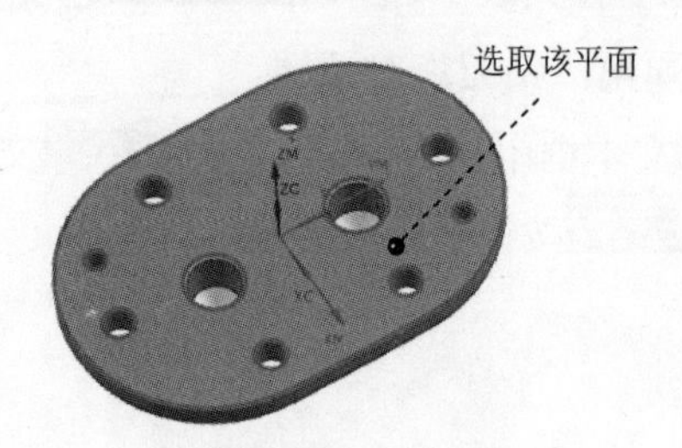

图 19.11　选取面

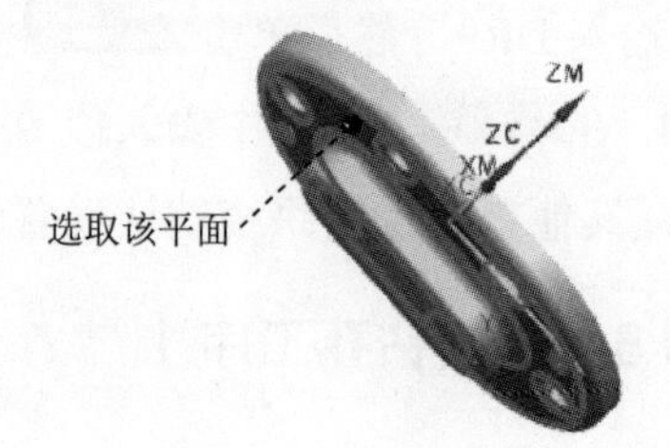

图 19.12　指定底面

Stage3. 设置循环控制参数

参数接受系统默认的参数即可。

Stage4. 设置一般参数

参数接受系统默认的参数即可。

Stage5. 避让设置

Step1. 单击“钻”对话框中的“避让”按钮，系统弹出 “避让几何体”对话框。

Step2. 单击“避让几何体”对话框中的Clearance Plane -无按钮，系统弹出 “安全平面”对话框。

Step3. 单击“安全平面”对话框中的指定按钮，系统弹出“平面”对话框，选取图 19.13 所示的平面为参照，然后在偏置区域的距离文本框中输入值 20.0，单击确定按钮，系统返回“安全平面”对话框并创建一个安全平面，如图 19.14 所示。

Step4. 单击“安全平面”对话框中的确定按钮，返回“避让几何体”对话框，然后单击“避让几何体”对话框中的确定按钮，完成安全平面的设置，返回“钻”对话框。

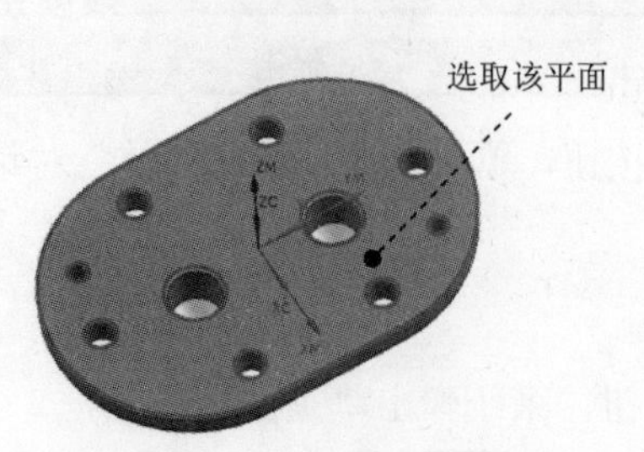

图 19.13　选取参照平面

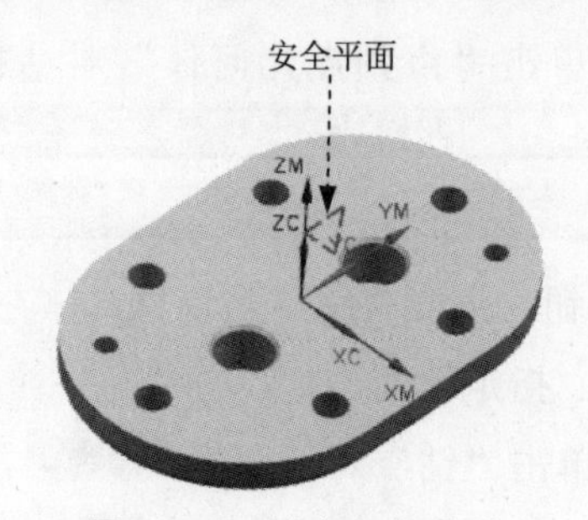

图 19.14　创建安全平面

Stage6．设置进给率和速度

Step1．单击“钻”对话框中的“进给率和速度”按钮，系统弹出“进给率和速度”对话框。

Step2．在“进给率和速度”对话框中选中☑ 主轴速度 (rpm)复选框，然后在其文本框中输入值 1500.0，按 Enter 键，然后单击按钮，在切削文本框中输入值 250.0，按 Enter 键，然后单击按钮，其他选项采用系统默认设置值，单击确定按钮。

Stage7．生成刀路轨迹并仿真

生成的刀路轨迹如图 19.15 所示，2D 动态仿真加工后结果如图 19.16 所示。

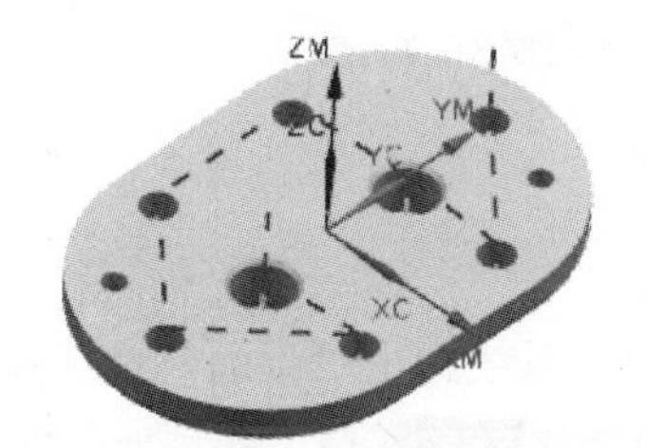

图 19.15　刀路轨迹

图 19.16　2D 仿真结果

Task9．创建刀具 4

Step1．将工序导航器调整到机床视图。

Step2．选择下拉菜单插入(S) → 刀具(T)...命令，系统弹出“创建刀具”对话框。

Step3．在“创建刀具”对话框类型下拉列表中选择drill选项，在刀具子类型区域中单击“DRILLING_TOOL”按钮，在位置区域的刀具下拉列表中选择GENERIC_MACHINE选项，在名称文本框中输入 DR14.8，然后单击确定按钮，系统弹出“钻刀”对话框。

Step4．在(D) 直径文本框中输入值 14.8，在刀具号文本框中输入值 4，在补偿寄存器文本框中输入值 4，其他参数采用系统默认设置值，单击确定按钮，完成刀具的创建。

Task10．创建钻孔工序 2

Stage1．插入工序

Step1．选择下拉菜单插入(S) → 工序(E)...命令，系统弹出“创建工序”对话框。

Step2．在“创建工序”对话框类型下拉列表中选择drill选项，在工序子类型区域中选择“DRILLING”按钮，在程序下拉列表中选择PROGRAM选项，在刀具下拉列表中选择DR14.8 (钻刀)选项，在几何体下拉列表中选择WORKPIECE选项，在方法下拉列表中选择DRILL_METHOD选项，其他参数采用系统默认设置。

Step3．单击“创建工序”对话框中的确定按钮，系统弹出 “钻”对话框。

Stage2．指定钻孔点

Step1．指定钻孔点。

（1）单击“钻”对话框指定孔右侧的按钮，系统弹出 “点到点几何体”对话框，单击选择按钮，系统弹出 “点位选择”对话框。

（2）在图形区选取图 19.17 所示的孔边线，分别单击“点位选择”对话框和“点到点几何体”对话框中的确定按钮，返回“钻”对话框。

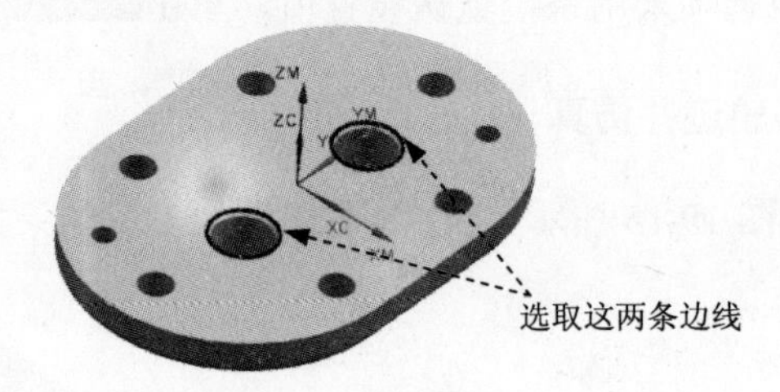

图 19.17 选择孔

Step2．指定顶面。

（1）单击“钻”对话框中指定顶面右侧的按钮，系统弹出“顶面”对话框。

（2）在“顶面”对话框中的顶面选项下拉列表中选择面选项，然后选取图 19.18 所示的面。

（3）单击“顶面”对话框中的确定按钮，返回“钻”对话框。

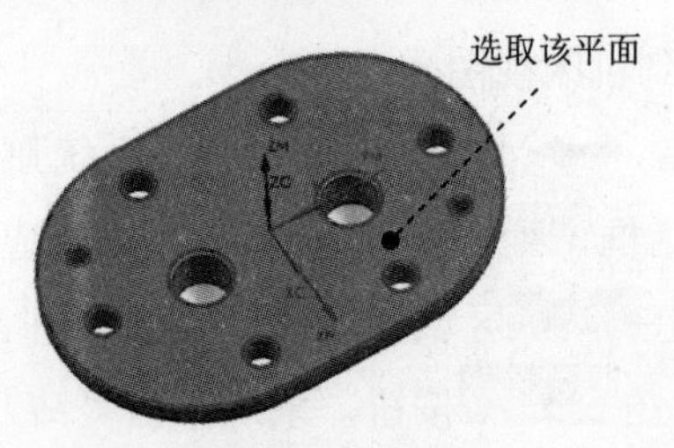

图 19.18 选取面

Stage3．设置循环控制参数

参数接受系统默认的参数即可。

Stage4．设置一般参数

参数接受系统默认的参数即可。

Stage5．避让设置

参数接受系统默认的参数即可。

Stage6．设置进给率和速度

Step1．单击“钻”对话框中的“进给率和速度”按钮，系统弹出“进给率和速度”对话框。

Step2. 在“进给率和速度”对话框中选中☑ 主轴速度 (rpm)复选框，然后在其文本框中输入值 800.0，按 Enter 键，然后单击按钮，在切削文本框中输入值 200.0，按 Enter 键，然后单击按钮，其他选项采用系统默认设置值，单击确定按钮。

Stage7. 生成刀路轨迹并仿真

生成的刀路轨迹如图 19.19 所示，2D 动态仿真加工后结果如图 19.20 所示。

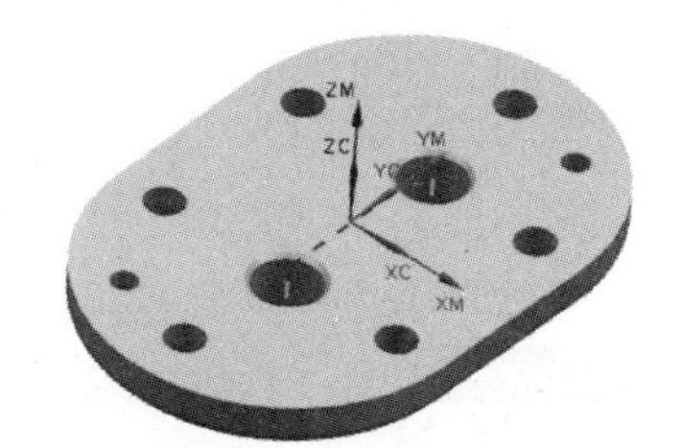

图 19.19　刀路轨迹

图 19.20　2D 仿真结果

Task11. 创建刀具 5

Step1. 将工序导航器调整到机床视图。

Step2. 选择下拉菜单插入(S) → 刀具(T)...命令，系统弹出“创建刀具”对话框。

Step3. 在“创建刀具”对话框类型下拉列表中选择drill选项，在刀具子类型区域中单击“DRILLING_TOOL”按钮，在位置区域的刀具下拉列表中选择GENERIC_MACHINE选项，在名称文本框中输入 DR5.7，然后单击确定按钮，系统弹出“钻刀”对话框。

Step4. 在(D) 直径文本框中输入值 5.7，在刀具号文本框中输入值 5，在补偿寄存器文本框中输入值 5，其他参数采用系统默认设置值，单击确定按钮，完成刀具的创建。

Task12. 创建钻孔工序 3

Stage1. 插入工序

Step1. 选择下拉菜单插入(S) → 工序(E)...命令，系统弹出“创建工序”对话框。

Step2. 在“创建工序”对话框类型下拉列表中选择drill选项，在工序子类型区域中选择“DRILLING”按钮，在刀具下拉列表中选择DR5.7 (钻刀)选项，其他参数采用系统默认设置。

Step3. 单击“创建工序”对话框中的确定按钮，系统弹出 “钻”对话框。

Stage2. 指定钻孔点

Step1. 指定钻孔点。

(1) 单击“钻”对话框指定孔右侧的按钮，系统弹出 “点到点几何体”对话框，单

击 选择 按钮，系统弹出 “点位选择”对话框。

（2）在图形区选取图 19.21 所示的孔边线，分别单击“点位选择”对话框和“点到点几何体”对话框中的 确定 按钮，返回“钻”对话框。

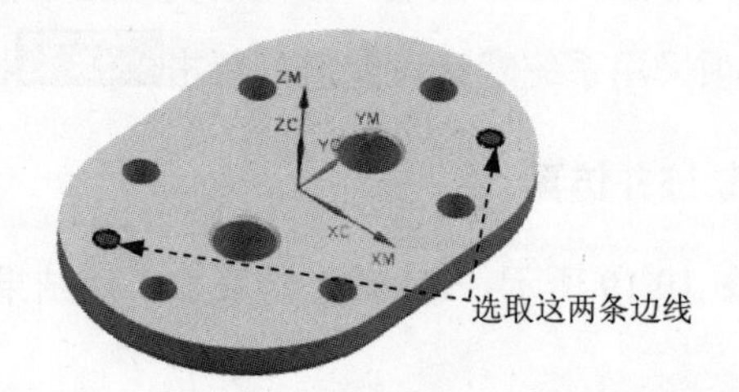

图 19.21 选择孔

Step2. 指定顶面。

（1）单击“钻”对话框中 指定顶面 右侧的按钮，系统弹出“顶面”对话框。

（2）在“顶面”对话框中的 顶面选项 下拉列表中选择 面 选项，然后选取图 19.22 所示的面。

（3）单击“顶面”对话框中的 确定 按钮，返回“钻”对话框。

Step3. 指定底面。

（1）单击“钻”对话框中 指定底面 右侧的按钮，系统弹出 “底面”对话框。

（2）在“底面”对话框中的 底面选项 下拉列表中选择 面 选项，选取图 19.23 所示的面。

（3）单击“底面”对话框中的 确定 按钮，返回“钻”对话框。

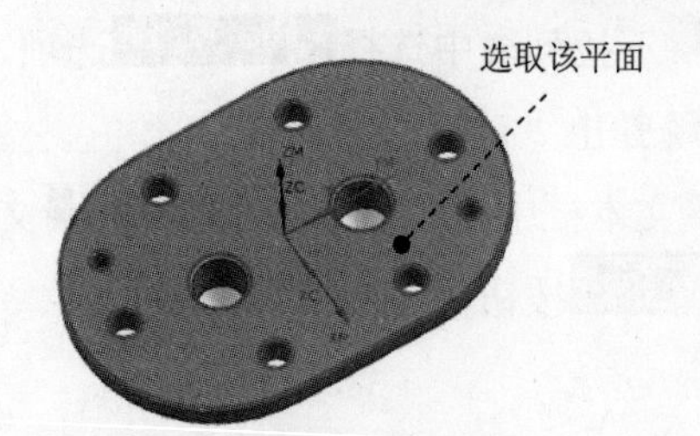

图 19.22 选取面

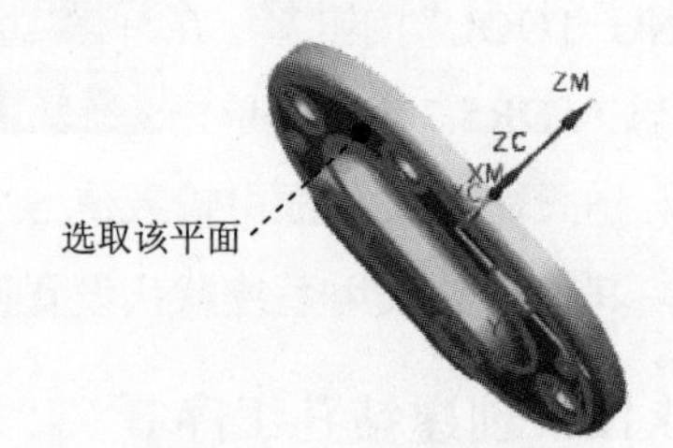

图 19.23 指定底面

Stage3. 设置循环控制参数

参数接受系统默认的参数即可。

Stage4. 设置一般参数

参数接受系统默认的参数即可。

Stage5. 避让设置

参数接受系统默认的参数即可。

Stage6. 设置进给率和速度

Step1. 单击“钻”对话框中的“进给率和速度”按钮，系统弹出“进给率和速度”对话框。

Step2. 在“进给率和速度”对话框中选中 主轴速度 (rpm) 复选框，然后在其文本框中输入值 2000.0，按 Enter 键，然后单击按钮，在 切削 文本框中输入值 200.0，按 Enter 键，然后单击按钮，其他选项采用系统默认设置值，单击 确定 按钮。

Stage7. 生成刀路轨迹并仿真

生成的刀路轨迹如图 19.24 所示，2D 动态仿真加工后结果如图 19.25 所示。

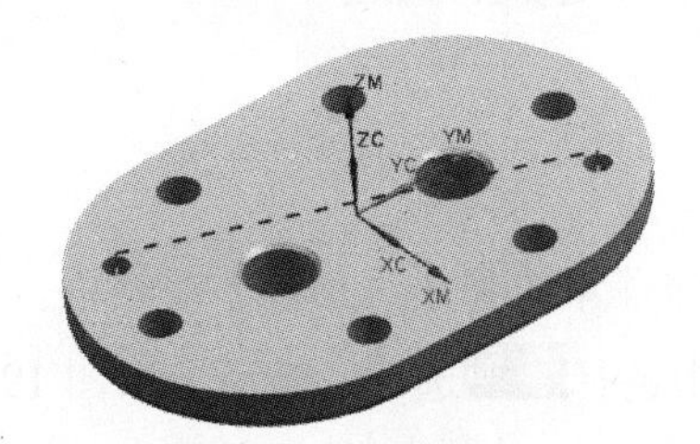

图 19.24　刀路轨迹

图 19.25　2D 仿真结果

Task13. 创建刀具 6

Step1. 将工序导航器调整到机床视图。

Step2. 选择下拉菜单 插入(S) → 刀具(T)... 命令，系统弹出“创建刀具”对话框。

Step3. 在“创建刀具”对话框 类型 下拉列表中选择 drill 选项，在 刀具子类型 区域中单击“REAMER”按钮，在 位置 区域的 刀具 下拉列表中选择 GENERIC_MACHINE 选项，在 名称 文本框中输入 RE15，然后单击 确定 按钮，系统弹出“钻刀”对话框。

Step4. 在 (D) 直径 文本框中输入值 15，在 刀具号 文本框中输入值 6，在 补偿寄存器 文本框中输入值 6，其他参数采用系统默认设置值，单击 确定 按钮，完成刀具的创建。

Task14. 创建铰孔工序 1

Stage1. 插入工序

Step1. 选择下拉菜单 插入(S) → 工序(E)... 命令，系统弹出“创建工序”对话框。

Step2. 在“创建工序”对话框 类型 下拉列表中选择 drill 选项，在 工序子类型 区域中选择“REAMING”按钮，在 刀具 下拉列表中选择 RE15 (钻刀) 选项，其他参数采用系统默认设置。

Step3. 单击“创建工序”对话框中的 确定 按钮，系统弹出 “铰”对话框。

Stage2. 指定钻孔点

Step1. 指定钻孔点。

（1）单击“铰”对话框指定孔右侧的按钮，系统弹出 “点到点几何体”对话框，单击选择按钮，系统弹出 “点位选择”对话框。

（2）在图形区选取图 19.26 所示的孔边线，分别单击“点位选择”对话框和“点到点几何体”对话框中的确定按钮，返回“铰”对话框。

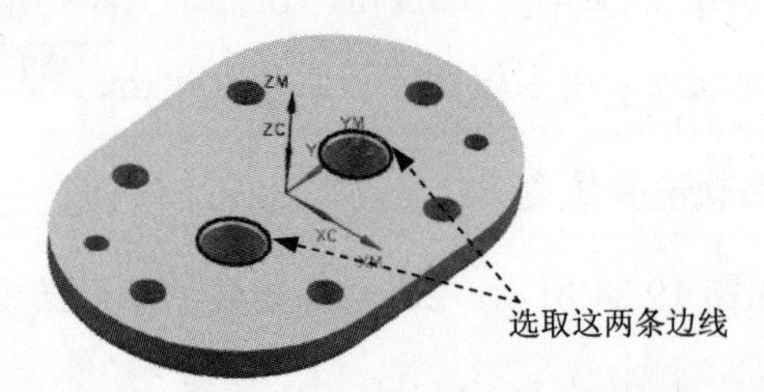

图 19.26 选择孔

Step2. 指定顶面。

（1）单击“铰”对话框中指定顶面右侧的按钮，系统弹出“顶面”对话框。

（2）在“顶面”对话框中的顶面选项下拉列表中选择面选项，然后选取图 19.27 所示的面。

（3）单击“顶面”对话框中的确定按钮，返回“铰”对话框。

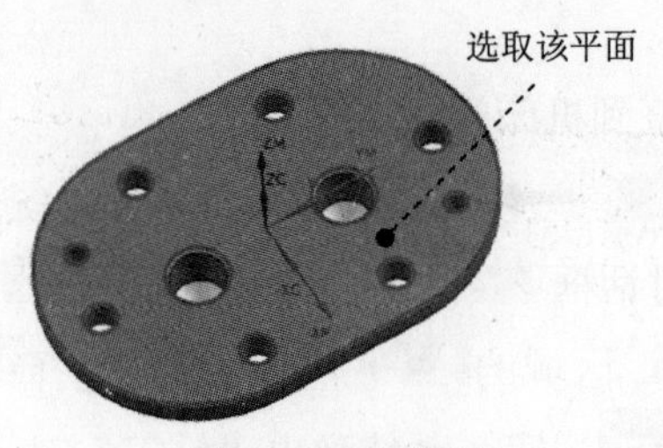

图 19.27 选取面

Stage3. 设置循环控制参数

Step1. 在“铰”对话框循环类型区域的循环下拉列表中选择标准钻...选项，单击“编辑参数”按钮，系统弹出 “指定参数组”对话框。

Step2. 在“指定参数组”对话框中采用系统默认的参数组序号 1，单击确定按钮，系统弹出 “Cycle 参数”对话框，单击Depth -模型深度按钮，系统弹出“Cycle 深度”对话框。

Step3. 在“Cycle 深度”对话框中单击模型深度按钮，系统自动计算实体中孔的深度，并返回“Cycle 参数”对话框。

Step4. 单击Dwell - 关按钮，系统弹出“Cycle Dwell”对话框，在“Cycle Dwell”对话框中单击秒按钮，系统弹出“秒”对话框，在文本框中输入值 3.0，单击“秒”对话框和“Cycle 参数”对话框中单击确定按钮，系统返回“铰”对话框。

Stage4．设置一般参数

参数接受系统默认的参数即可。

Stage5．避让设置

参数接受系统默认的参数即可。

Stage6．设置进给率和速度

Step1．单击“铰”对话框中的“进给率和速度”按钮，系统弹出“进给率和速度”对话框。

Step2．在“进给率和速度”对话框中选中 主轴速度（rpm） 复选框，然后在其文本框中输入值 700.0，按 Enter 键，然后单击按钮，在 切削 文本框中输入值 200.0，按 Enter 键，然后单击按钮，其他选项采用系统默认设置值，单击 确定 按钮。

Stage7．生成刀路轨迹并仿真

生成的刀路轨迹如图 19.28 所示，2D 动态仿真加工后结果如图 19.29 所示。

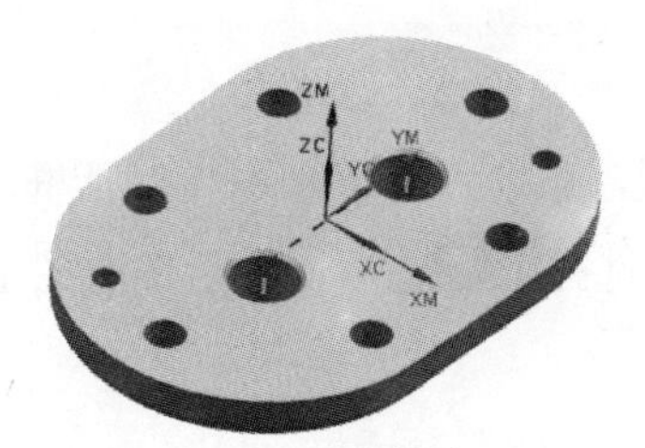

图 19.28　刀路轨迹

图 19.29　2D 仿真结果

Task15．创建刀具 7

Step1．将工序导航器调整到机床视图。

Step2．选择下拉菜单 插入(S) → 刀具(T)... 命令，系统弹出“创建刀具”对话框。

Step3．在“创建刀具”对话框 类型 下拉列表中选择 drill 选项，在 刀具子类型 区域中单击“REAMER”按钮，在 位置 区域的 刀具 下拉列表中选择 GENERIC_MACHINE 选项，在 名称 文本框中输入 RE6，然后单击 确定 按钮，系统弹出“钻刀”对话框。

Step4．在 (D) 直径 文本框中输入值 6，在 刀具号 文本框中输入值 7，在 补偿寄存器 文本框中输入值 7，其他参数采用系统默认设置值，单击 确定 按钮，完成刀具的创建。

Task16．创建铰孔工序 2

Stage1．插入工序

Step1．选择下拉菜单 插入(S) → 工序(E)... 命令，系统弹出“创建工序”对话框。

Step2. 在“创建工序”对话框类型下拉列表中选择drill选项，在工序子类型区域中选择“REAMING”按钮，在刀具下拉列表中选择RE6（钻刀）选项，其他参数采用系统默认设置。

Step3. 单击“创建工序”对话框中的确定按钮，系统弹出 “钻”对话框。

Stage2. 指定钻孔点

Step1. 指定钻孔点。

（1）单击“铰”对话框指定孔右侧的按钮，系统弹出 “点到点几何体”对话框，单击选择按钮，系统弹出 “点位选择”对话框。

（2）在图形区选取图 19.30 所示的孔边线，分别单击“点位选择”对话框和“点到点几何体”对话框中的确定按钮，返回“铰”对话框。

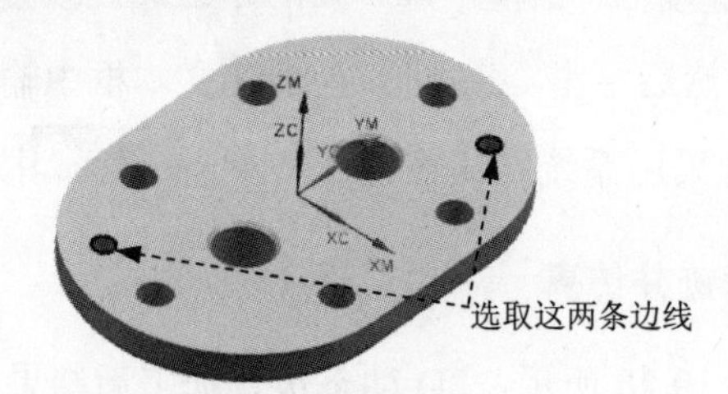

图 19.30 选择孔

Step2. 指定顶面。

（1）单击“钻”对话框中指定顶面右侧的按钮，系统弹出“顶面”对话框。

（2）在“顶面”对话框中的顶面选项下拉列表中选择面选项，然后选取图 19.31 所示的面。

（3）单击“顶面”对话框中的确定按钮，返回“钻”对话框。

Step3. 指定底面。

（1）单击“钻”对话框中指定底面右侧的按钮，系统弹出 “底面”对话框。

（2）在“底面”对话框中的底面选项下拉列表中选择面选项，选取图 19.32 所示的面。

（3）单击“底面”对话框中的确定按钮，返回“钻”对话框。

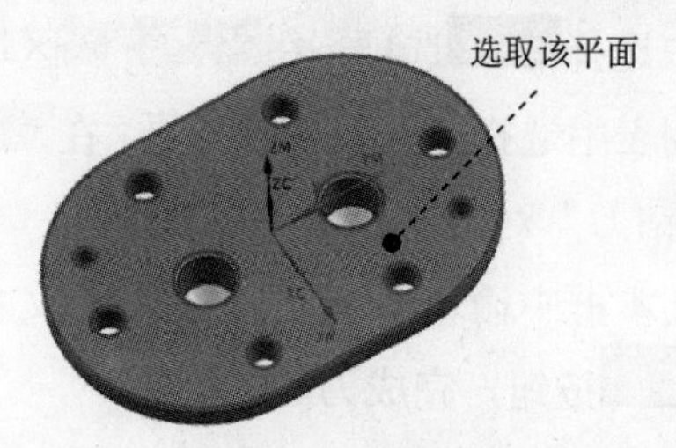

图 19.31 选取面

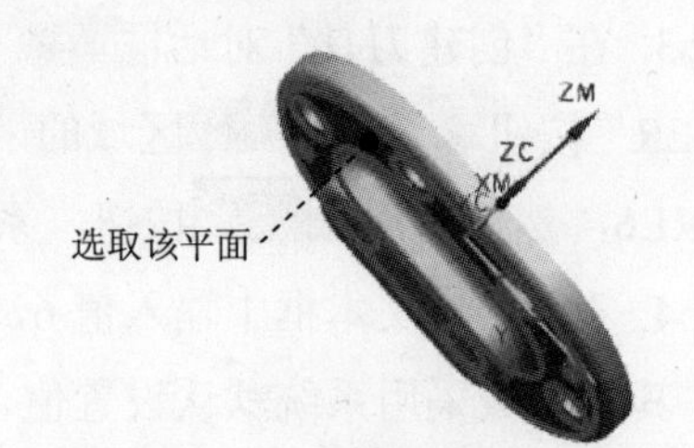

图 19.32 指定底面

Stage3. 设置循环控制参数

Step1. 在“铰”对话框循环类型区域的循环下拉列表中选择标准钻...选项，单击“编辑参数”按钮，系统弹出 “指定参数组”对话框。

Step2. 在“指定参数组”对话框中采用系统默认的参数组序号 1，单击 确定 按钮，系统弹出 “Cycle 参数”对话框，单击 Depth -模型深度 按钮，系统弹出“Cycle 深度”对话框。

Step3. 在“Cycle 深度”对话框中单击 模型深度 按钮，系统自动计算实体中孔的深度，并返回“Cycle 参数”对话框。

Step4. 单击 Dwell - 关 按钮，系统弹出“Cycle Dwell”对话框，在“Cycle Dwell”对话框中单击 秒 按钮，系统弹出“秒”对话框，在文本框中输入值 3.0，单击“秒”对话框和“Cycle 参数”对话框中单击 确定 按钮，系统返回“铰”对话框。

Stage4．设置一般参数

参数接受系统默认的参数即可。

Stage5．避让设置

参数接受系统默认的参数即可。

Stage6．设置进给率和速度

Step1. 单击“铰”对话框中的“进给率和速度”按钮，系统弹出“进给率和速度”对话框。

Step2. 在“进给率和速度”对话框中选中 ☑ 主轴速度 (rpm) 复选框，然后在其文本框中输入值 600.0，按 Enter 键，然后单击按钮，在 切削 文本框中输入值 200.0，按 Enter 键，然后单击按钮，其他选项采用系统默认设置值，单击 确定 按钮。

Stage7．生成刀路轨迹并仿真

生成的刀路轨迹如图 19.33 所示，2D 动态仿真加工后结果如图 19.34 所示。

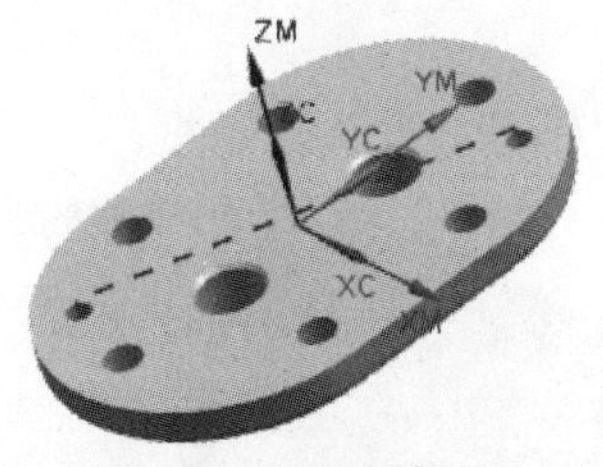

图 19.33　刀路轨迹

图 19.34　2D 仿真结果

Task17．创建刀具 8

Step1. 将工序导航器调整到机床视图。

Step2. 选择下拉菜单 插入(S) → 刀具(T)... 命令，系统弹出“创建刀具”对话框。

Step3. 在“创建刀具”对话框 类型 下拉列表中选择 drill 选项，在 刀具子类型 区域中单击“COUNTERSINKING_TOOL”按钮，在 位置 区域的 刀具 下拉列表中选择 GENERIC_MACHINE 选项，在 名称 文本框中输入 CO30，然后单击 确定 按钮，系统弹出“铣刀-5 参数”对话框。

Step4. 在 (D) 直径 文本框中输入值 30，在 刀具号 文本框中输入值 8，在 补偿寄存器 文本框中输入值 8，在 刀具补偿寄存器 文本框中输入值 8，其他参数采用系统默认设置值，单击 确定 按钮，完成刀具的创建。

Task18. 创建钻埋头孔工序

Stage1. 插入工序

Step1. 选择下拉菜单 插入(S) → 工序(E)... 命令，系统弹出“创建工序”对话框。

Step2. 在“创建工序”对话框 类型 下拉列表中选择 drill 选项，在 工序子类型 区域中选择“COUNTERSINKING”按钮，在 刀具 下拉列表中选择 CO30（铣刀-5 参数）选项，其他参数采用系统默认设置。

Step3. 单击“创建工序”对话框中的 确定 按钮，系统弹出 “钻埋头孔”对话框。

Stage2. 指定钻孔点

Step1. 指定钻孔点。

（1）单击“钻埋头孔”对话框 指定孔 右侧的按钮，系统弹出 “点到点几何体”对话框，单击 选择 按钮，系统弹出 “点位选择”对话框。

（2）在图形区选取图 19.35 所示的孔边线，分别单击“点位选择”对话框和“点到点几何体”对话框中的 确定 按钮，返回“钻埋头孔”对话框。

Step2. 指定顶面。

（1）单击“钻埋头孔”对话框中 指定顶面 右侧的按钮，系统弹出“顶面”对话框。

（2）在“顶面”对话框中的 顶面选项 下拉列表中选择 面 选项，然后选取图 19.36 所示的面。

（3）单击“顶面”对话框中的 确定 按钮，返回“钻埋头孔”对话框。

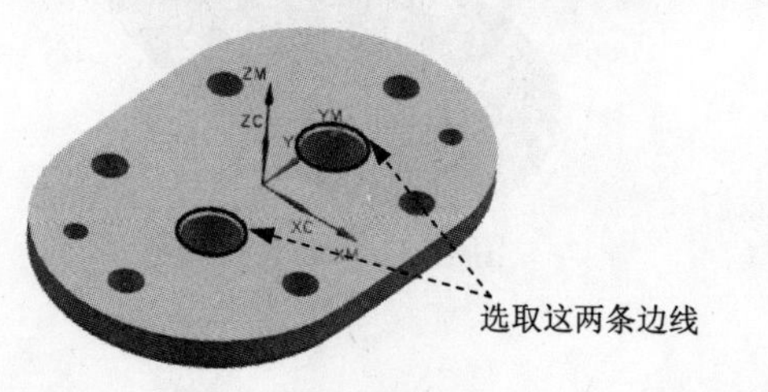

图 19.35 选择孔

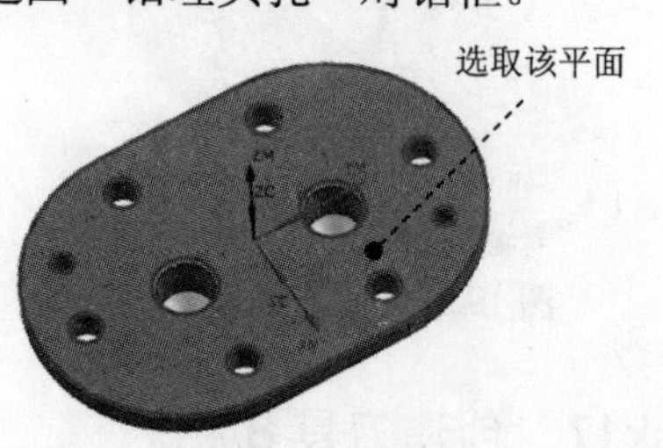

图 19.36 选取面

Stage3．设置循环控制参数

Step1. 在“钻埋头孔”对话框循环类型区域的循环下拉列表中选择标准钻，埋头孔...选项，单击“编辑参数”按钮，系统弹出 “指定参数组”对话框。

Step2. 在“指定参数组”对话框中采用系统默认的参数组序号 1，单击确定按钮，系统弹出 “Cycle 参数”对话框，单击Csink 直径 - 0.0000按钮，在文本框中输入值 17.0，单击确定按钮，系统返回“Cycle 参数”对话框。

Step3. 在“Cycle 深度”对话框中单击Dwell - ##59按钮，系统弹出“Cycle Dwell”对话框，在“Cycle Dwell”对话框中单击秒按钮，系统弹出“秒”对话框，在文本框中输入值 3.0，单击“秒”对话框和“Cycle 参数”对话框中单击确定按钮，系统返回“钻埋头孔”对话框。

Stage4．设置一般参数

参数接受系统默认的参数即可。

Stage5．避让设置

参数接受系统默认的参数即可。

Stage6．设置进给率和速度

Step1. 单击“铰”对话框中的“进给率和速度”按钮，系统弹出“进给率和速度”对话框。

Step2. 在“进给率和速度”对话框中选中☑ 主轴速度 (rpm)复选框，然后在其文本框中输入值 400.0，按 Enter 键，然后单击按钮，在切削文本框中输入值 200.0，按 Enter 键，然后单击按钮，其他选项采用系统默认设置值，单击确定按钮。

Stage7．生成刀路轨迹并仿真

生成的刀路轨迹如图 19.37 所示，2D 动态仿真加工后结果如图 19.38 所示。

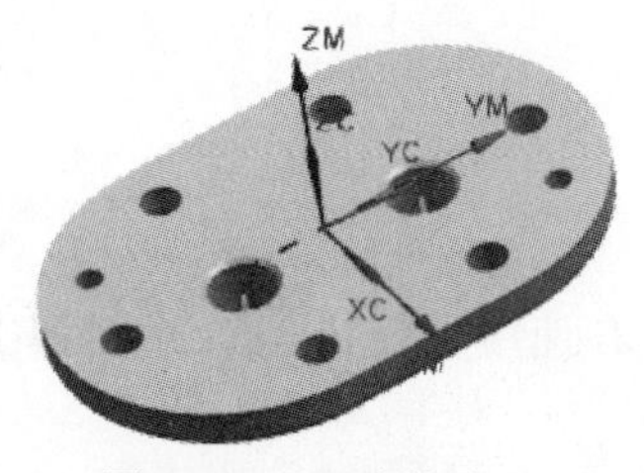

图 19.37　刀路轨迹

图 19.38　2D 仿真结果

Task19．创建表面区域铣工序

Stage1．插入工序

Step1. 选择下拉菜单 插入(S) → 工序(E)... 命令，系统弹出“创建工序”对话框。

Step2. 确定加工方法。在“创建工序”对话框 类型 下拉列表中选择 mill_planar 选项，在 工序子类型 区域中单击“FACE_MILLING_AREA”按钮，在 程序 下拉列表中选择 PROGRAM 选项，在 刀具 下拉列表中选择 D50（铣刀-5 参数）选项，在 几何体 下拉列表中选择 WORKPIECE 选项，在 方法 下拉列表中选择 MILL_FINISH 选项，采用系统默认的名称。

Step3. 在“创建工序”对话框中单击 确定 按钮，系统弹出 “面铣削区域”对话框。

Stage2．指定切削区域

Step1. 在 几何体 区域中单击“选择或编辑切削区域几何体”按钮，系统弹出 “切削区域”对话框。

Step2. 选取图 19.39 所示的面为切削区域，在“切削区域”对话框中单击 确定 按钮，完成切削区域的创建，同时系统返回到“面铣削区域”对话框。

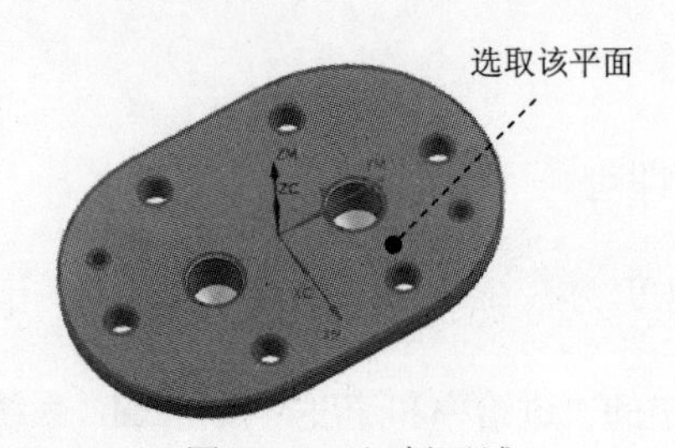

图 19.39 切削区域

Stage3．设置刀具路径参数

Step1.毛培距离。在 毛坯距离 文本框中输入值 1.0，其他参数接受系统默认即可。

Stage4．设置切削参数

切削参数接受系统默认。

Stage5．设置非切削移动参数

参数设置采用系统默认的非切削移动参数值。

Stage6．设置进给率和速度

Step1. 单击“面铣削区域”对话框中的“进给率和速度”按钮，系统弹出图 2.3.25 所示的“进给率和速度”对话框。

Step2.选中 主轴速度 区域中的 ☑ 主轴速度 (rpm) 复选框，在其后的文本框中输入值 500.0，在 进给率 区域 切削 文本框中输入值 200.0，按下键盘上的 Enter 键，然后单击按钮。

Step3. 单击“进给率和速度”对话框中的 确定 按钮，系统返回“面铣削区域”对话框。

Stage7. 生成刀路轨迹并仿真

生成的刀路轨迹如图 19.40 所示，2D 动态仿真加工后的模型如图 19.41 所示。

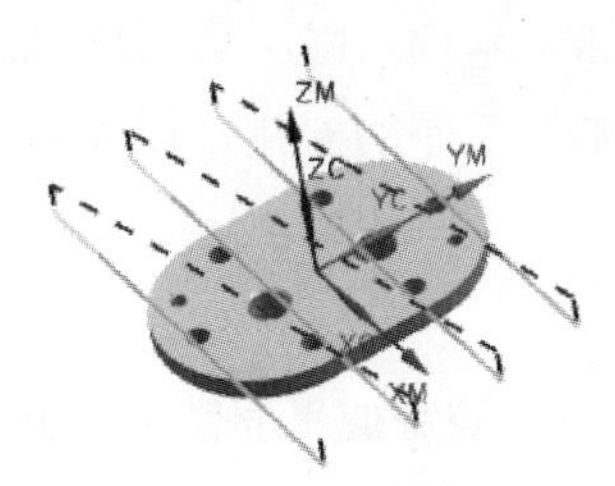

图 19.40　刀路轨迹

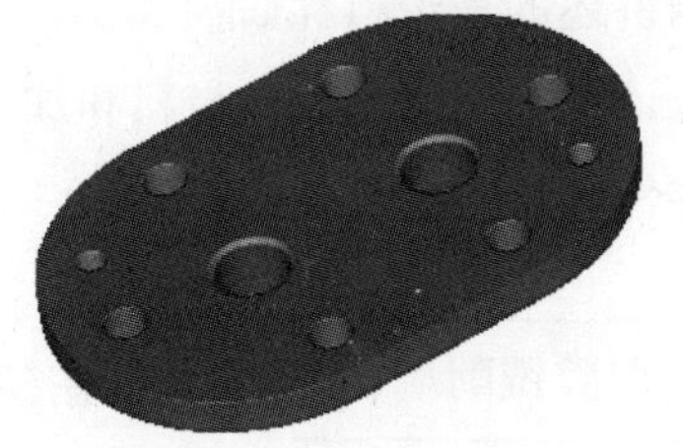

图 19.41　2D 仿真结果

Task20. 保存文件

选择下拉菜单 文件(F) ➡ 保存(S) 命令，保存文件。

实例 20　塑料凳后模加工

本实例讲述的是塑料凳后模加工，对于复杂的模具加工来说，除了要安排合理的工序外，同时应该特别注意模具的材料和加工精度以及粗精加工工序的安排，以免影响零件的精度。该零件的加工工艺路线如图 20.1 和图 20.2 所示。

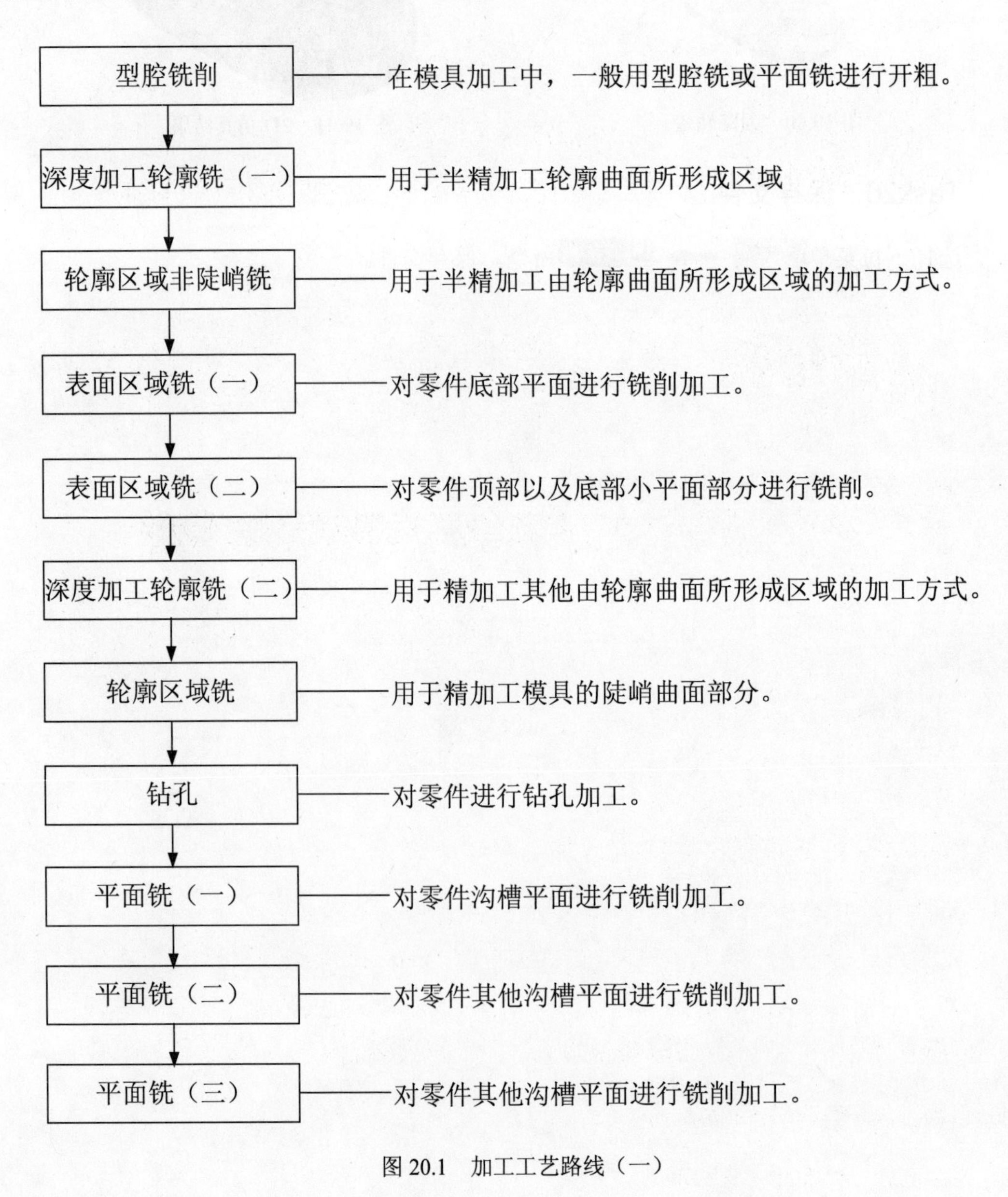

图 20.1　加工工艺路线（一）

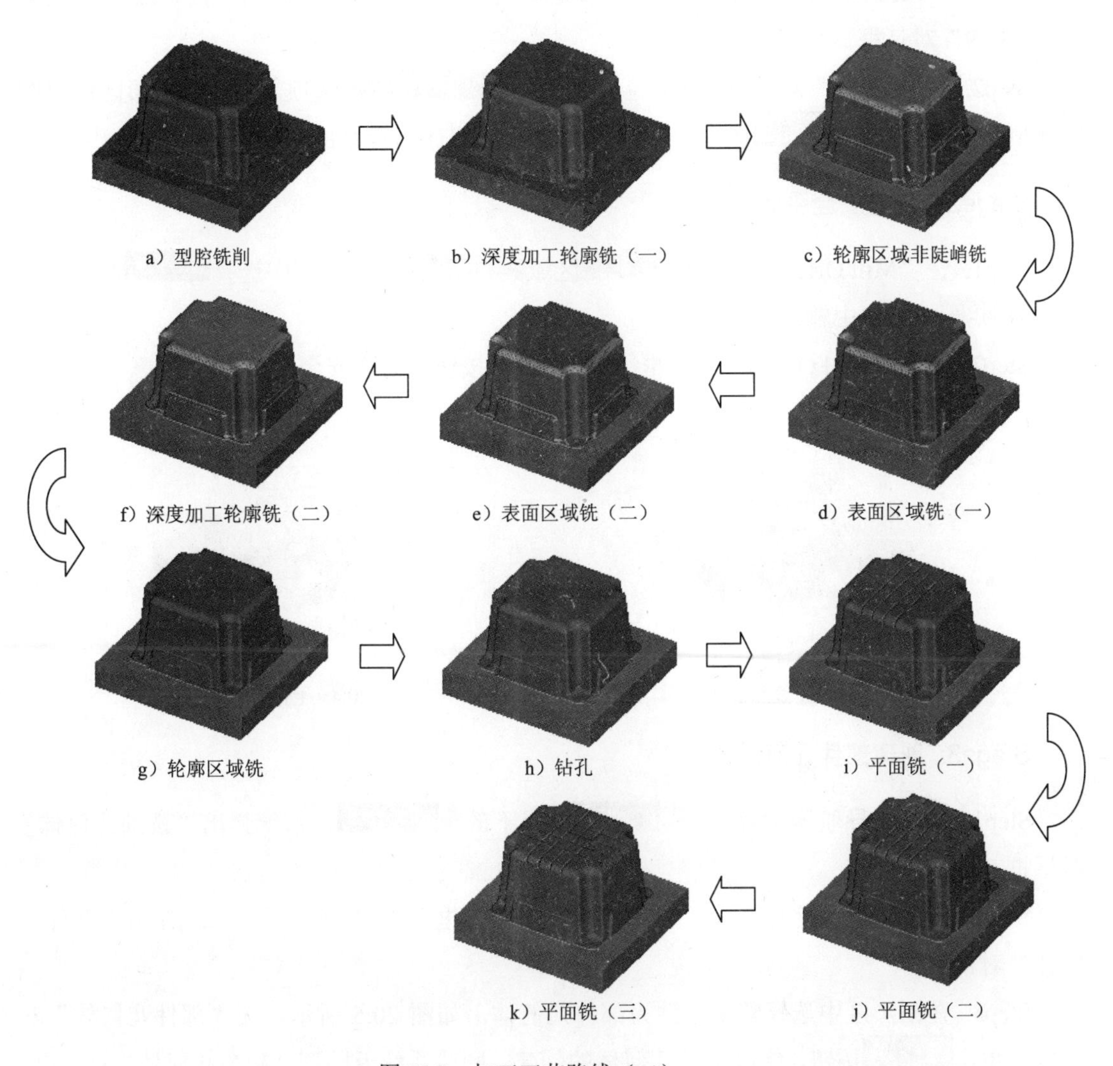

a）型腔铣削　b）深度加工轮廓铣（一）　c）轮廓区域非陡峭铣

f）深度加工轮廓铣（二）　e）表面区域铣（二）　d）表面区域铣（一）

g）轮廓区域铣　h）钻孔　i）平面铣（一）

k）平面铣（三）　j）平面铣（二）

图 20.2　加工工艺路线（二）

Task1．打开模型文件并进入加工模块

Step1．打开模型文件 D:\ug8.11\work\ch20\plastic_stool_down.prt。

Step2．进入加工环境。选择下拉菜单开始 → 加工(N)... 命令，系统弹出“加工环境”对话框；在“加工环境”对话框的CAM 会话配置列表框中选择cam_general选项，在要创建的 CAM 设置列表框中选择mill contour选项，单击确定按钮，进入加工环境。

Task2．创建几何体

Stage1．创建机床坐标系

Step1．将工序导航器调整到几何视图，双击节点MCS_MILL，系统弹出“Mill Orient”

对话框，在“Mill Orient”对话框的机床坐标系区域中单击“CSYS 对话框”按钮，系统弹出“CSYS”对话框。

Step2. 在“CSYS”对话框类型下拉列表中选择对象的 CSYS选项，然后在图形区选择图 20.3 所示的面，单击确定按钮，完成图 20.4 所示机床坐标系的创建。

Stage2. 创建安全平面

Step1. 在“Mill Orient”对话框安全设置区域安全设置选项下拉列表中选择自动平面选项，然后在安全距离文本框中输入 10。

Step2. 单击“Mill Orient”对话框中的确定按钮，完成安全平面的创建。

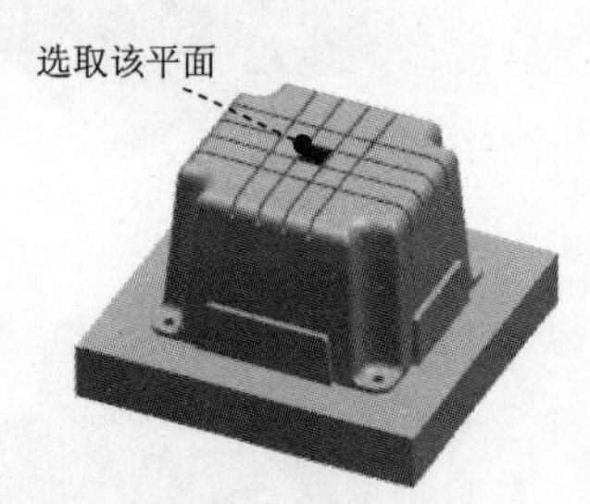

图 20.3 定义参照面

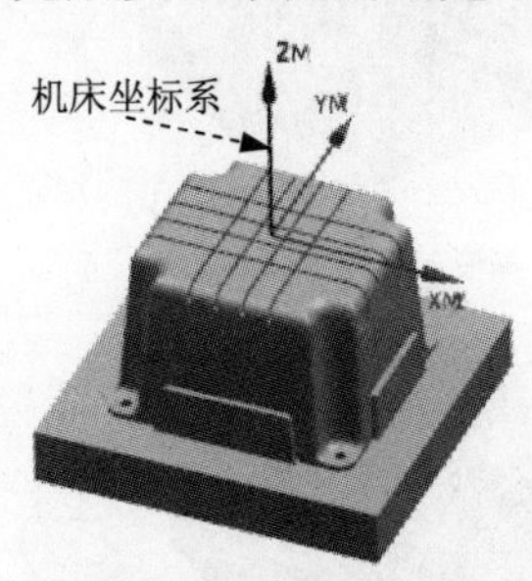

图 20.4 创建机床坐标系

Stage3. 创建部件几何体

Step1. 在工序导航器中双击MCS_MILL节点下的WORKPIECE，系统弹出“铣削几何体”对话框。

Step2. 选取部件几何体。在“铣削几何体”对话框中单击按钮，系统弹出“部件几何体”对话框。

Step3. 在图形区中选择整个零件为部件几何体，如图 20.5 所示。在“部件几何体”对话框中单击确定按钮，完成部件几何体的创建，同时系统返回到“铣削几何体”对话框。

Stage4. 创建毛坯几何体

Step1. 在“铣削几何体”对话框中单击按钮，系统弹出“毛坯几何体”对话框。

Step2. 在“毛坯几何体”对话框的类型下拉列表中选择包容块选项，在极限区域的 ZM+ 文本框中输入值 10.0。

Step3. 单击“毛坯几何体”对话框中的确定按钮，系统返回到“铣削几何体”对话框，完成图 20.6 所示毛坯几何体的创建。

Step4. 单击“铣削几何体”对话框中的确定按钮。

Task3. 创建刀具

Stage1. 创建刀具（一）

Step1. 将工序导航器调整到机床视图。

Step2. 选择下拉菜单 插入(S) → 刀具(T)... 命令，系统弹出“创建刀具”对话框。

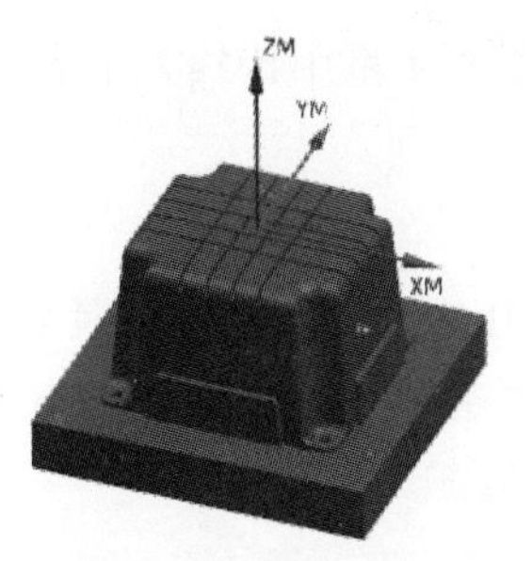

图 20.5 部件几何体

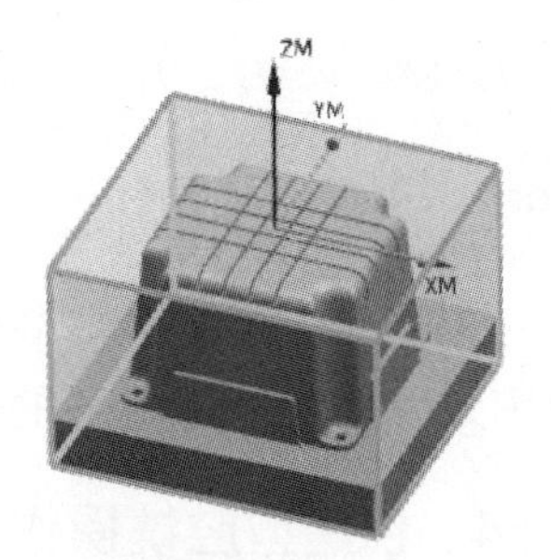

图 20.6 毛坯几何体

Step3. 在“创建刀具”对话框 类型 下拉列表中选择 mill contour 选项，在 刀具子类型 区域中单击“MILL”按钮，在 位置 区域的 刀具 下拉列表中选择 GENERIC_MACHINE 选项，在 名称 文本框中输入 D30，然后单击 确定 按钮，系统弹出“铣刀-5 参数”对话框。

Step4. 系统弹出“铣刀-5 参数”对话框，在 (D) 直径 文本框中输入值 30.0，在 编号 区域的 刀具号、补偿寄存器、刀具补偿寄存器 文本框中均输入值 1，其他参数采用系统默认设置值，单击 确定 按钮，完成刀具的创建。

Stage2．创建刀具（二）

设置刀具类型为 mill contour 选项，设置 刀具子类型 为“BALL_MILL” 类型，刀具名称为 B20，刀具 (D) 球直径 为 20.0，在 编号 区域的 刀具号、补偿寄存器、刀具补偿寄存器 文本框中均输入值 2；具体操作方法参照 Stage1。

Stage3．创建刀具（三）

设置刀具类型为 mill contour 选项，设置 刀具子类型 为“MILL” 类型，刀具名称为 D12，刀具 (D) 直径 为 12.0，在 编号 区域的 刀具号、补偿寄存器、刀具补偿寄存器 文本框中均输入值 3。

Stage4．创建刀具（四）

设置刀具类型为 mill contour 选项，设置 刀具子类型 为“MILL”类型，刀具名称为 D10R2，刀具 (D) 直径 为 10.0，(R1) 下半径 为 2.0，在 编号 区域的 刀具号、补偿寄存器、刀具补偿寄存器 文本框中均输入值 4。

Stage5．创建刀具（五）

设置刀具类型为 mill contour 选项，设置 刀具子类型 为“BALL_MILL” 类型，刀具名称为 B8，刀具 (D) 球直径 为 8.0，在 编号 区域的 刀具号、补偿寄存器、刀具补偿寄存器 文本框中均输入值 5。

Stage6．创建刀具（六）

设置刀具类型为drill选项，设置刀具子类型为“DRILLING_TOOL”类型，刀具名称为 DR5，刀具(D) 直径为 5.0，在编号区域的刀具号、补偿寄存器文本框中均输入值 6。

Stage7．创建刀具（七）

设置刀具类型为mill_planar选项，设置刀具子类型为“MILL”类型，刀具名称为 D3，刀具(D) 直径为 3.0，在编号区域的刀具号、补偿寄存器、刀具补偿寄存器文本框中均输入值 7。

Task4．创建型腔铣操作

Stage1．创建工序

Step1．将工序导航器调整到程序顺序视图。

Step2．选择下拉菜单插入(S) → 工序(E)...命令，在“创建工序”对话框类型下拉列表中选择mill_contour选项，在工序子类型区域中单击“CAVITY_MILL”按钮，在程序下拉列表中选择PROGRAM选项，在刀具下拉列表中选择前面设置的刀具D10R2（铣刀-5 参数）选项，在几何体下拉列表中选择WORKPIECE选项，在方法下拉列表中选择MILL ROUGH选项，使用系统默认的名称。

Step3．单击“创建工序”对话框中的确定按钮，系统弹出“型腔铣”对话框。

Stage2．设置一般参数

在“型腔铣”对话框切削模式下拉列表中选择跟随部件选项；在步距下拉列表中选择刀具平直百分比选项，在平面直径百分比文本框中输入值 50.0；在每刀的公共深度下拉列表中选择恒定选项，在最大距离文本框中输入值 1.0。

Stage3．设置切削参数

Step1．在刀轨设置区域中单击“切削参数”按钮，系统弹出“切削参数”对话框。

Step2．在“切削参数”对话框中单击空间范围选项卡，在毛坯区域修剪方式下拉列表中选择轮廓线选项，其他参数采用系统默认设置值。

Step3．单击“切削参数”对话框中的确定按钮，系统返回到“型腔铣”对话框。

Stage4．设置进给率和速度

Step1．在“型腔铣”对话框中单击“进给率和速度”按钮，系统弹出“进给率和速度”对话框。

Step2．选中“进给率和速度”对话框主轴速度区域中的☑ 主轴速度 (rpm)复选框，在其后的文本框中输入值 500.0，按 Enter 键，然后单击按钮，在进给率区域的切削文本框中输入值 250.0，按 Enter 键，然后单击按钮，其他参数采用系统默认设置值。

Step3. 单击确定按钮，完成进给率和速度的设置，系统返回“型腔铣”操作对话框。

Stage5. 生成的刀路轨迹并仿真

生成的刀路轨迹如图 20.7 所示，2D 动态仿真加工后的模型如图 20.8 所示。

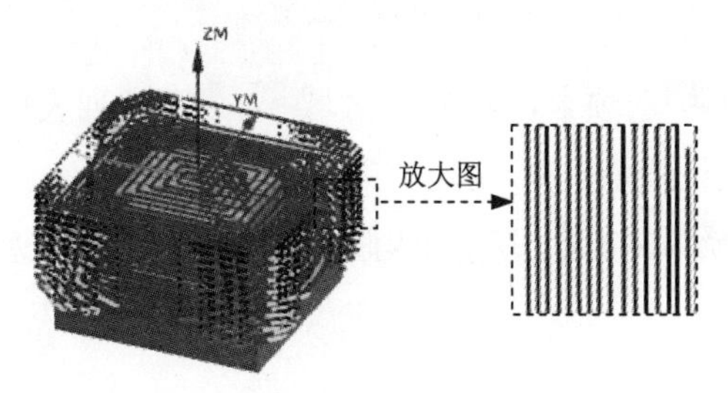

图 20.7 刀路轨迹

图 20.8　2D 仿真结果

Task5. 创建深度加工轮廓铣操作（一）

Stage1. 创建工序

Step1. 选择下拉菜单插入(S) → 工序(E)...命令，在“创建工序”对话框中类型下拉菜单中选择mill_contour选项，在工序子类型区域中单击“ZLEVEL_PROFILE”按钮，在程序下拉列表中选择PROGRAM选项，在刀具下拉列表中选择刀具B20 (铣刀-球头铣)选项，在几何体下拉列表中选择WORKPIECE选项，在方法下拉列表中选择MILL_SEMI_FINISH选项，使用系统默认的名称。

Step2. 单击“创建工序”对话框中的确定按钮，系统弹出“深度加工轮廓”对话框。

Stage2. 指定切削区域

Step1. 在“深度加工轮廓”对话框几何体区域中单击指定切削区域右侧的按钮，系统弹出“切削区域”对话框。

Step2. 在图形区中选取图 20.9 所示的面（共 286 个）为切削区域，然后单击“切削区域”对话框中的确定按钮，系统返回到“深度加工轮廓”对话框。

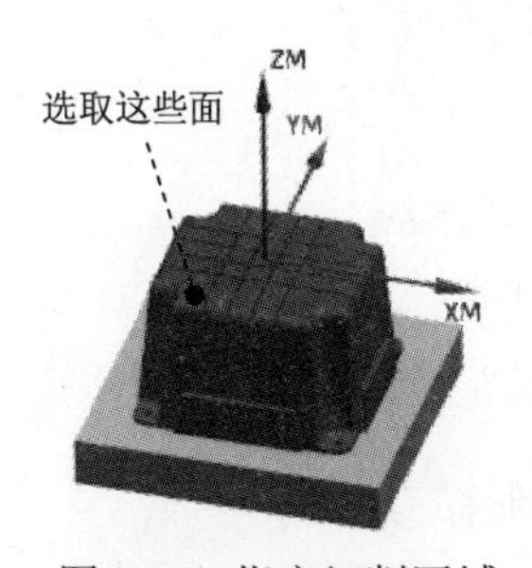

图 20.9　指定切削区域

Stage3. 设置一般参数

在“深度加工轮廓”对话框 合并距离 文本框中输入值 3.0，在 最小切削长度 文本框中输入值 1.0，在 每刀的公共深度 下拉列表中选择 恒定 选项，在 最大距离 文本框中输入值 2。

Stage4．设置切削参数

Step1．单击“深度加工轮廓”对话框中的“切削参数”按钮，系统弹出“切削参数”对话框。

Step2．在“切削参数”对话框中单击 连接 选项卡，在 层之间 区域 层到层 下拉列表框中选择 直接对部件进刀 选项，其他参数采用系统默认设置值。

Step3．单击“切削参数”对话框中的 确定 按钮，完成切削参数的设置，系统返回到“深度加工轮廓”对话框。

Stage5．非切削移动参数

参数采用系统默认设置值。

Stage6．设置进给率和速度

Step1．在“深度加工轮廓”对话框中单击“进给率和速度”按钮，系统弹出“进给率和速度”对话框。

Step2．选中“进给率和速度”对话框 主轴速度 区域中的 ☑ 主轴速度（rpm）复选框，在其后的文本框中输入值 1200.0，按 Enter 键，然后单击按钮，在 进给率 区域的 切削 文本框中输入值 250.0，按 Enter 键，然后单击按钮，其他参数采用系统默认设置值。

Step3．单击 确定 按钮，完成进给率和速度的设置，系统返回“深度加工轮廓”对话框。

Stage7．生成刀路轨迹并仿真

生成的刀路轨迹如图 20.10 所示，2D 动态仿真加工后的模型如图 20.11 所示。

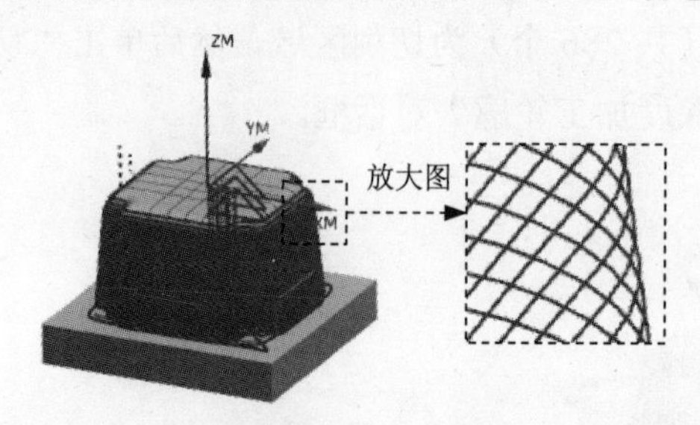

图 20.10 刀路轨迹

图 20.11 2D 仿真结果

Task6．创建轮廓区域非陡峭铣操作

Stage1．创建工序

Step1. 选择下拉菜单插入(S) → 工序(E)... 命令，在“创建工序”对话框类型下拉列表中选择mill_contour选项，在工序子类型区域中单击“CONTOUR_AREA_NON_STEEP”按钮，在程序下拉列表中选择PROGRAM选项，在刀具下拉列表中选择B20 (铣刀-球头铣)选项，在几何体下拉列表中选择WORKPIECE选项，在方法下拉列表中选择MILL_SEMI_FINISH选项，使用系统默认的名称。

Step2. 单击“创建工序”对话框中的确定按钮，系统弹出“轮廓区域非陡峭”对话框。

Stage2．指定切削区域

Step1. 在“轮廓区域非陡峭”对话框几何体区域中单击指定切削区域右侧的按钮，系统弹出“切削区域”对话框。

Step2. 在图形区中选取图 20.12 所示的面（共 275 个）为切削区域，然后单击“切削区域”对话框中的确定按钮，系统返回到“轮廓区域非陡峭”对话框。

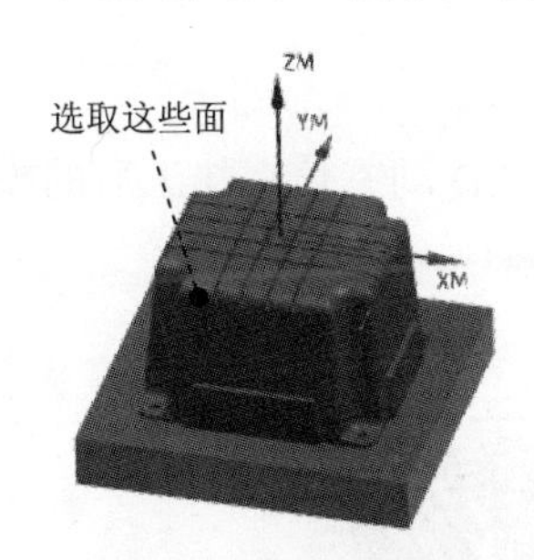

图 20.12 指定切削区域

Stage3．设置驱动方式

Step1. 在“轮廓区域非陡峭”对话框驱动方法区域的方法下列表中选择区域铣削选项，单击“编辑”按钮，系统弹出“区域铣削驱动方法”对话框。

Step2. 在“区域铣削驱动方法”对话框中设置图 20.13 所示的参数，然后单击确定按钮，系统返回到“轮廓区域非陡峭”对话框。

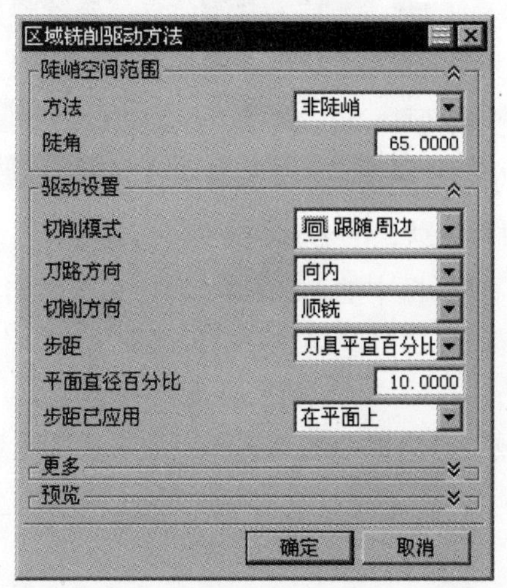

图 20.13 “区域铣削驱动方法”对话框

Stage4．设置切削参数和非切削移动参数。

参数均采用系统默认设置。

Stage5．设置进给率和速度

Step1. 在“轮廓区域非陡峭”对话框中单击“进给率和速度”按钮，系统弹出“进给率和速度”对话框。

Step2. 选中“进给率和速度”对话框主轴速度区域中的☑ 主轴速度 (rpm)复选框，在其后文本框中输入值 700.0，按 Enter 键，然后单击按钮，在进给率区域的切削文本框中输入值 200.0，按 Enter 键，然后单击按钮，其他参数采用系统默认设置值。

Step3. 单击确定按钮，完成进给率和速度的设置，系统返回“轮廓区域非陡峭”对话框。

Stage6．生成的刀路轨迹并仿真

生成的刀路轨迹如图 20.14 所示，2D 动态仿真加工后的模型如图 20.15 所示。

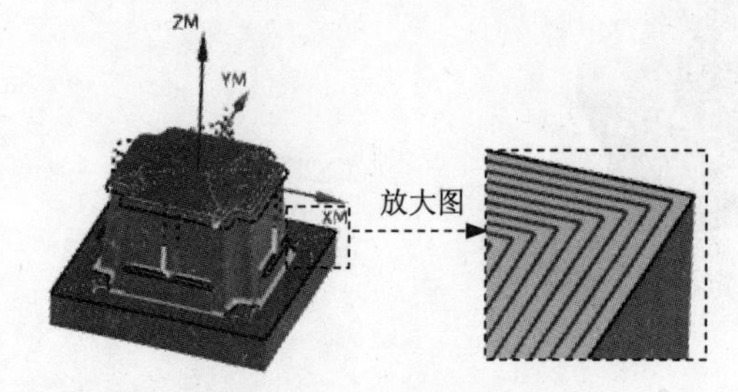

图 20.14 刀路轨迹

图 20.15 2D 仿真结果

Task7．创建表面区域铣操作（一）

Stage1．创建工序

Step1. 选择下拉菜单插入(S) ➡ 工序(E)...命令，系统弹出“创建工序”对话框。

Step2. 在“创建工序”对话框类型下拉列表中选择mill_planar选项，在工序子类型区域中单击“FACE_MILLING_AREA”按钮，在程序下拉列表中选择PROGRAM选项，在刀具下拉列表中选择D12 (铣刀-5 参数)选项，在几何体下拉列表中选择WORKPIECE选项，在方法下拉列表中选择MILL FINISH选项，使用系统默认的名称。

Step3. 单击“创建工序”对话框中的确定按钮，系统弹出“面铣削区域”对话框。

Stage2．指定切削区域

Step1. 单击“面铣削区域”对话框中的“选择或编辑切削区域几何体”按钮，系统弹出“切削区域”对话框。

Step2. 在图形区选取图 20.16 所示的切削区域，单击“切削区域”对话框中的 确定 按钮，系统返回到“面铣削区域”对话框。

Stage3．指定壁几何体

在“面铣削区域”对话框 几何体 区域中选中 ☑ 自动壁 复选框，单击指定壁几何体右侧的“显示”按钮，结果如图 20.17 所示。

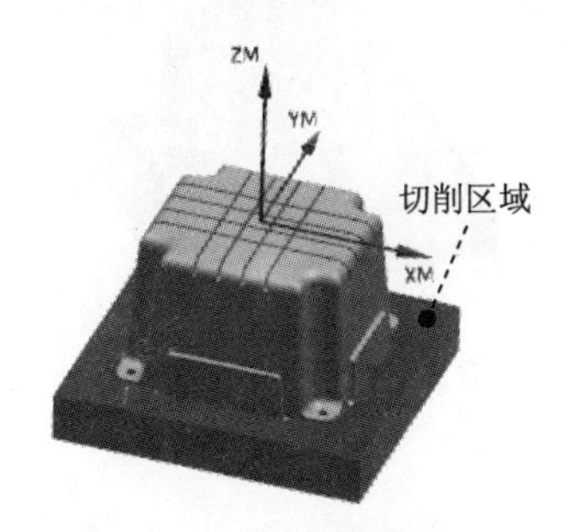

图 20.16　指定切削区域

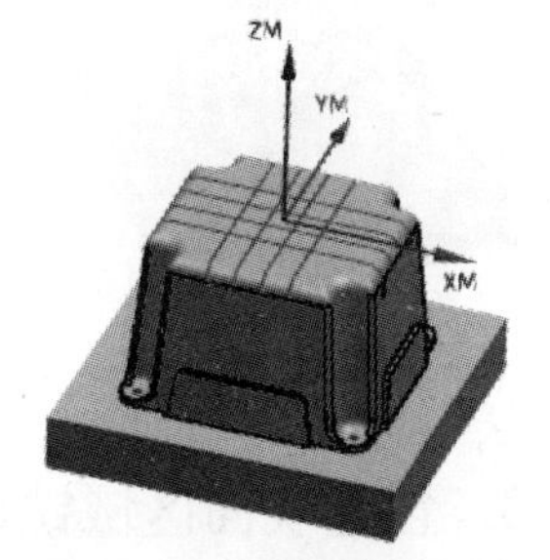

图 20.17　指定壁几何体

Stage4．设置一般参数

在“面铣削区域”对话框 刀轨设置 区域 切削模式 下拉列表中选择 跟随部件 选项，在 步距 下拉列表中选择 刀具平直百分比 选项，在 平面直径百分比 文本框中输入值 75.0，在 毛坯距离 文本框中输入值 1，在 每刀深度 文本框中输入值 0.4，在 最终底面余量 文本框中输入值 0.0。

Stage5．设置切削参数

Step1. 单击“面铣削区域”对话框中的“切削参数”按钮，系统弹出“切削参数”对话框。

Step2. 单击“切削参数”对话框中的 余量 选项卡，在 壁余量 文本框中输入 1，其他参数采用系统默认设置值。

Step3. 单击“切削参数”对话框中的 确定 按钮，完成切削参数的设置，系统返回到“面铣削区域”对话框。

Stage6．设置非切削移动参数

采用系统默认的非切削移动参数值。

Stage7．设置进给率和速度

Step1. 单击“面铣削区域”对话框中的“进给率和速度”按钮，系统弹出“进给率和速度”对话框。

Step2. 选中“进给率和速度”对话框 主轴速度 区域中的 ☑ 主轴速度 (rpm) 复选框，在其后的文本框中输入值 1200.0，按 Enter 键，然后单击按钮，在 进给率 区域的 切削 文本框中输入

值 250.0，按 Enter 键，然后单击按钮，单击确定按钮，返回“面铣削区域”对话框。

Stage8．生成刀路轨迹并仿真

生成的刀路轨迹如图 20.18 所示，2D 动态仿真加工后的模型如图 20.19 所示。

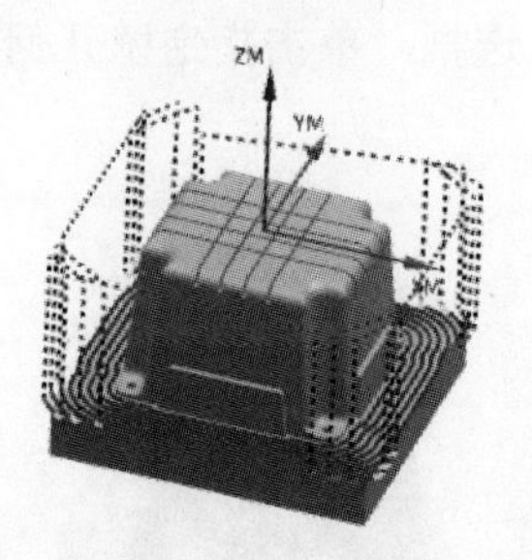

图 20.18 刀路轨迹

图 20.19 2D 仿真结果

Task8．创建表面区域铣操作（二）

Stage1．创建工序

Step1. 选择下拉菜单插入(S) → 工序(E)... 命令，系统弹出“创建工序”对话框。

Step2. 在“创建工序”对话框类型下拉列表中选择mill_planar选项，在工序子类型区域中单击“FACE_MILLING_AREA”按钮，在程序下拉列表中选择PROGRAM选项，在刀具下拉列表中选择D12 (铣刀-5 参数)选项，在几何体下拉列表中选择WORKPIECE选项，在方法下拉列表中选择MILL FINISH选项，使用系统默认的名称。

Step3. 单击“创建工序”对话框中的确定按钮，系统弹出“面铣削区域”对话框。

Stage2．指定切削区域

Step1. 单击“面铣削区域”对话框中的“选择或编辑切削区域几何体”按钮，系统弹出“切削区域”对话框。

Step2. 在图形区选取图 20.20 所示的切削区域（共 29 个面），单击“切削区域”对话框中的确定按钮，系统返回到“面铣削区域”对话框。

Stage3．指定壁几何体

在“面铣削区域”对话框几何体区域中选中☑自动壁复选框，单击指定壁几何体右侧的“显示”按钮，结果如图 20.21 所示。

Stage4．设置一般参数

在“面铣削区域”对话框刀轨设置区域切削模式下拉列表中选择跟随周边选项，在步距下拉列表中选择刀具平直百分比选项，在平面直径百分比文本框中输入值 50.0，在毛坯距离文本框中输入值 1，在每刀深度文本框中输入值 0.0，在最终底面余量文本框中输入值 0.0。

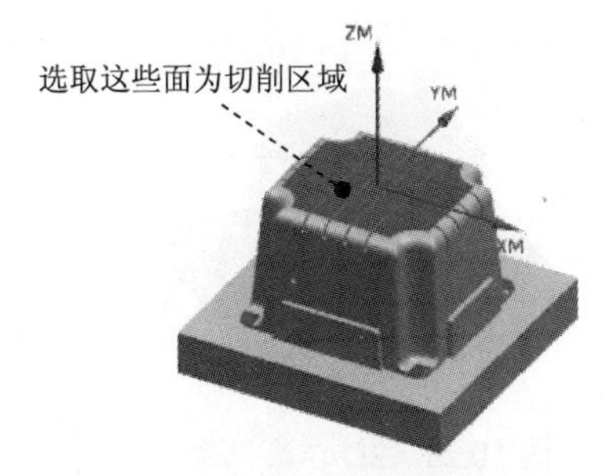

图 20.20　指定切削区域

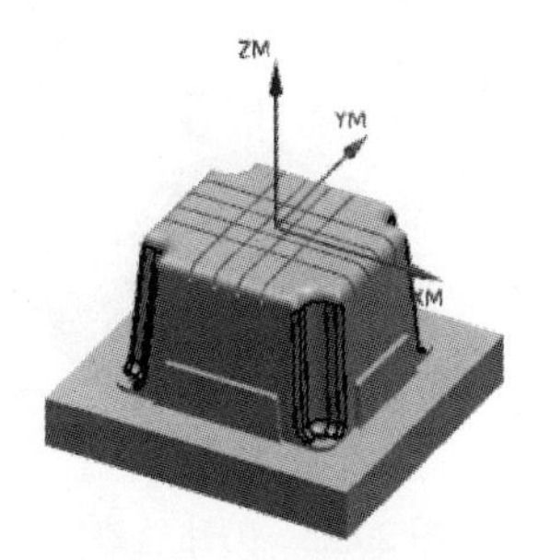

图 20.21　指定壁几何体

Stage5．设置切削参数

Step1. 单击“面铣削区域”对话框中的“切削参数”按钮，系统弹出“切削参数”对话框。

Step2. 单击“切削参数”对话框中的策略选项卡，在切削区域刀路方向下拉列表中选择向内选项。

Step3. 单击“切削参数”对话框中的确定按钮，完成切削参数的设置，系统返回到“面铣削区域”对话框。

Stage6．设置非切削移动参数

Step1. 在“面铣削区域”对话框中单击“非切削移动”按钮，系统弹出“非切削移动”对话框。

Step2. 单击“非切削移动”对话框中的进刀选项卡，在封闭区域区域斜坡角文本框中输入值 3.0，其他参数采用系统默认值，单击确定按钮，完成非切削移动参数的设置。

Stage7．设置进给率和速度

Step1. 单击“面铣削区域”对话框中的“进给率和速度”按钮，系统弹出“进给率和速度”对话框。

Step2. 选中“进给率和速度”对话框主轴速度区域中的☑ 主轴速度 (rpm)复选框，在其后的文本框中输入值 1200.0，按 Enter 键，然后单击按钮，在进给率区域的切削文本框中输入值 250.0，按 Enter 键，然后单击按钮，单击确定按钮，返回“面铣削区域”对话框。

Stage8．生成刀路轨迹并仿真

生成的刀路轨迹如图 20.22 所示，2D 动态仿真加工后的模型如图 20.23 所示。

Task9．创建深度加工轮廓铣操作（二）

Stage1．创建工序

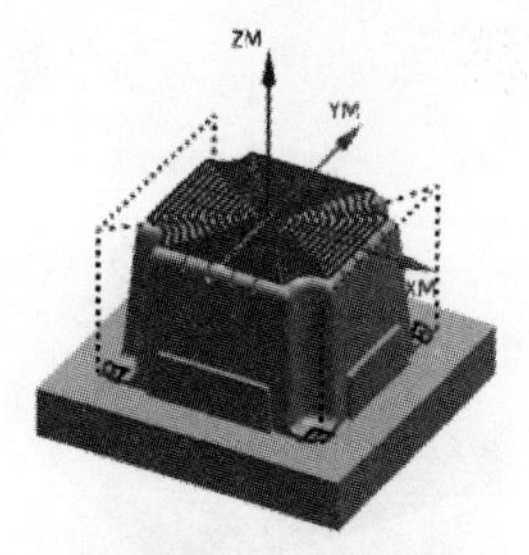

图 20.22　刀路轨迹

图 20.23　2D 仿真结果

Step1. 选择下拉菜单 插入(S) → 工序(E)... 命令，在“创建工序”对话框中 类型 下拉菜单中选择 mill_contour 选项，在 工序子类型 区域中单击“ZLEVEL_PROFILE”按钮，在 程序 下拉列表中选择 PROGRAM 选项，在 刀具 下拉列表中选择刀具 D10R2（铣刀-5 参数）选项，在 几何体 下拉列表中选择 WORKPIECE 选项，在 方法 下拉列表中选择 MILL FINISH 选项，使用系统默认的名称。

Step2. 单击“创建工序”对话框中的 确定 按钮，系统弹出“深度加工轮廓”对话框。

Stage2．指定切削区域

Step1. 在“深度加工轮廓”对话框 几何体 区域中单击 指定切削区域 右侧的按钮，系统弹出“切削区域”对话框。

Step2. 在图形区中选取图 20.24 所示的面（共 84 个）为切削区域，然后单击“切削区域”对话框中的 确定 按钮，系统返回到“深度加工轮廓”对话框。

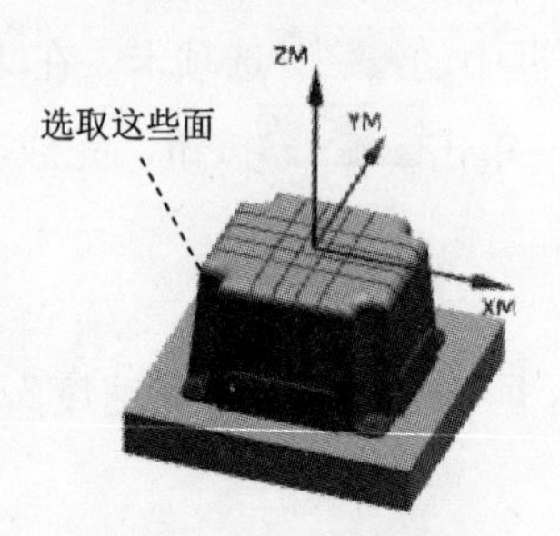

图 20.24　指定切削区域

Stage3．设置一般参数

在“深度加工轮廓”对话框 合并距离 文本框中输入值 6.0，在 最小切削长度 文本框中输入值 1.0，在 每刀的公共深度 下拉列表中选择 恒定 选项，在 最大距离 文本框中输入值 0.2。

Stage4．设置切削参数

Step1. 单击“深度加工轮廓”对话框中的“切削参数”按钮，系统弹出“切削参数”对话框。

Step2. 单击 余量 选项卡，在 公差 区域的 内公差 和 外公差 文本框中分别输入 0.01；单击连接选项卡，在层之间区域层到层下拉列表框中选择直接对部件进刀选项，其他参数采用系统默认设置值。

Step3. 单击“切削参数”对话框中的确定按钮，完成切削参数的设置，系统返回到“深度加工轮廓”对话框。

Stage5. 非切削移动参数

参数采用系统默认设置值。

Stage6. 设置进给率和速度

Step1. 在“深度加工轮廓”对话框中单击“进给率和速度”按钮，系统弹出“进给率和速度”对话框。

Step2. 选中“进给率和速度”对话框主轴速度区域中的☑ 主轴速度 (rpm)复选框，在其后的文本框中输入值 1800.0，按 Enter 键，然后单击按钮，在进给率区域的切削文本框中输入值 250.0，按 Enter 键，然后单击按钮，其他参数采用系统默认设置值。

Step3. 单击确定按钮，完成进给率和速度的设置，系统返回“深度加工轮廓”对话框。

Stage7. 生成刀路轨迹并仿真

生成的刀路轨迹如图 20.25 所示，2D 动态仿真加工后的模型如图 20.26 所示。

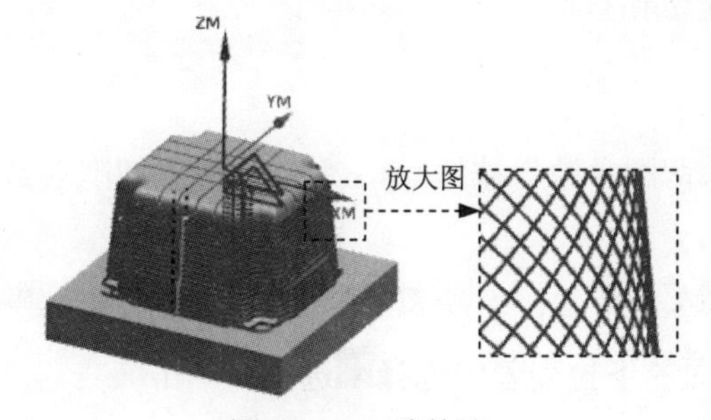

图 20.25 刀路轨迹

图 20.26 2D 仿真结果

Task10. 创建轮廓区域铣操作

Stage1. 创建工序

Step1. 选择下拉菜单插入(S) → 工序(E)... 命令，在“创建工序”对话框类型下拉列表中选择mill_contour选项，在工序子类型区域中单击“CONTOUR_AREA”按钮，在程序下拉列表中选择PROGRAM选项，在刀具下拉列表中选择B8 (铣刀-球头铣)选项，在几何体下拉列表中选择WORKPIECE选项，在方法下拉列表中选择MILL_FINISH选项，使用系统默认的名称。

Step2. 单击“创建工序”对话框中的确定按钮，系统弹出“轮廓区域”对话框。

Stage2．指定切削区域

Step1. 在几何体区域中单击“选择或编辑切削区域几何体”按钮，系统弹出“切削区域”对话框。

Step2. 选取图 20.27 所示的面（共 40 个面）为切削区域，在“切削区域”对话框中单击确定按钮，完成切削区域的创建，同时系统返回到“轮廓区域”对话框。

Stage3．设置驱动方式

Step1. 在“轮廓区域”对话框驱动方法区域的方法下拉列表中选择区域铣削选项，单击“编辑”按钮，系统弹出“区域铣削驱动方法”对话框。

Step2. 在“区域铣削驱动方法”对话框驱动设置区域切削模式下拉列表中选择往复选项，在步距下拉列表中选择恒定选项，在最大距离文本框中输入 0.25，在步距已应用下拉列表中选择在部件上选项，然后单击确定按钮，系统返回到“轮廓区域”对话框。

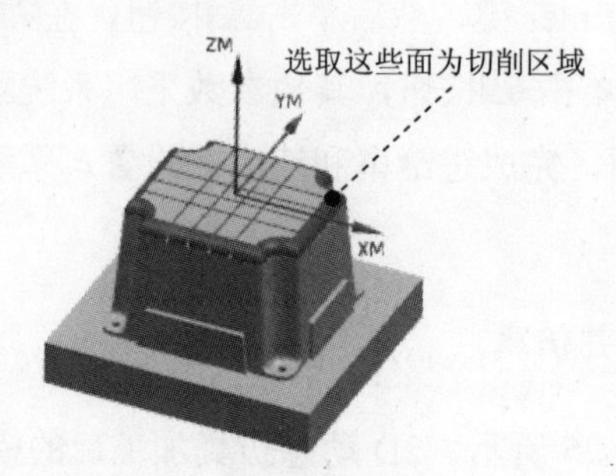

图 20.27　指定切削区域

Stage4．设置切削参数

Step1. 单击“轮廓区域”对话框中的“切削参数”按钮，系统弹出“切削参数”对话框。

Step2. 在“切削参数”对话框中单击策略选项卡，在延伸刀轨区域选中☑在边上延伸复选框，然后在距离文本框中输入 1，并在其后面的下拉列表中选择mm选项；单击余量选项卡，在公差区域的内公差和外公差文本框中分别输入 0.01。

Step3. 单击“切削参数”对话框中的确定按钮，完成切削参数的设置，系统返回到“轮廓区域”对话框。

Stage5．设置非切削移动参数。

采用系统默认的非切削移动参数。

Stage6．设置进给率和速度

Step1. 在“轮廓区域”对话框中单击“进给率和速度”按钮，系统弹出“进给率和速度”对话框。

Step2. 选中“进给率和速度”对话框主轴速度区域中的☑ 主轴速度 (rpm)复选框，在其后文本框中输入值 2000.0，按 Enter 键，然后单击按钮，在进给率区域的切削文本框中输入值 800.0，按 Enter 键，然后单击按钮，其他参数采用系统默认设置值。

Step3. 单击确定按钮，完成进给率和速度的设置，系统返回“轮廓区域”对话框。

Stage7. 生成的刀路轨迹并仿真

生成的刀路轨迹如图 20.28 所示，2D 动态仿真加工后的模型如图 20.29 所示。

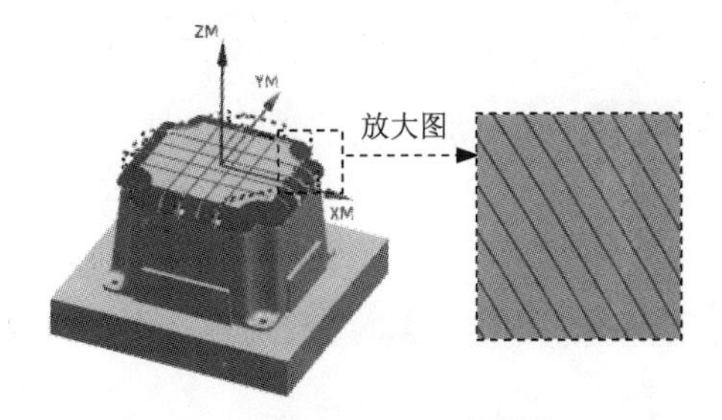

图 20.28　刀路轨迹

图 20.29　2D 仿真结果

Task11. 创建钻操作

Stage1. 创建工序

Step1. 选择下拉菜单插入(S) → 工序(E)...命令，在“创建工序”对话框中类型下拉菜单中选择drill选项，在工序子类型区域中单击“DRILLING”按钮，在程序下拉列表中选择PROGRAM选项，在刀具下拉列表中选择刀具DR5 (钻刀)选项，在几何体下拉列表中选择WORKPIECE选项，在方法下拉列表中选择DRILL_METHOD选项，使用系统默认的名称。

Step2. 单击“创建工序”对话框中的确定按钮，系统弹出“钻”对话框。

Stage2. 指定钻孔点

Step1. 指定钻孔点。

(1) 单击“钻”对话框指定孔右侧的按钮，系统弹出“点到点几何体”对话框，单击选择按钮，系统弹出“点位选择”对话框。

(2) 在图形区选取图 20.30 所示的孔边线，分别单击“点位选择”对话框和“点到点几何体”对话框中的确定按钮，返回“钻”对话框。

Step2. 指定顶面。

(1) 单击“钻”对话框中指定顶面右侧的按钮，系统弹出“顶面”对话框。

(2) 在“顶面”对话框中的顶面选项下拉列表中选择面选项，然后选取图 20.31 所示的面。

(3) 单击“顶面”对话框中的确定按钮，返回“钻”对话框。

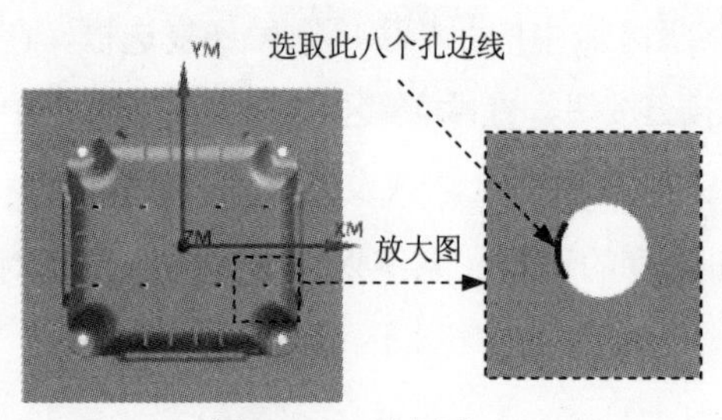

图 20.30 选择孔

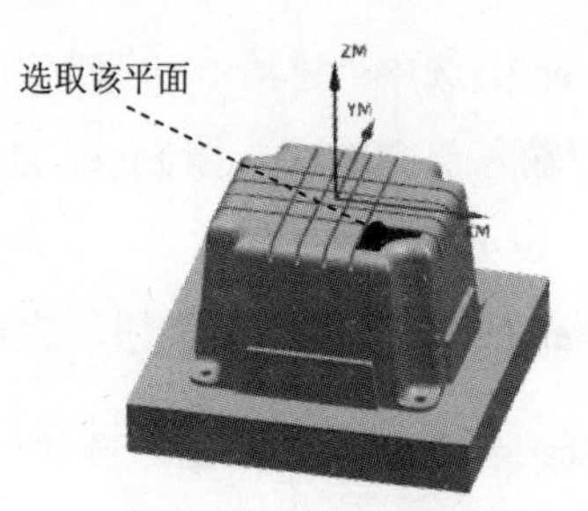

图 20.31 指定部件表面

Stage3. 设置刀轴

在“钻”对话框中刀轴区域选择系统默认的+ZM 轴作为要加工孔的轴线方向。

Stage4. 设置循环控制参数

Step1. 在“钻”对话框循环类型区域的循环下拉列表中选择标准钻...选项，单击“编辑参数”按钮，系统弹出图 20.32 所示的“指定参数组”对话框。

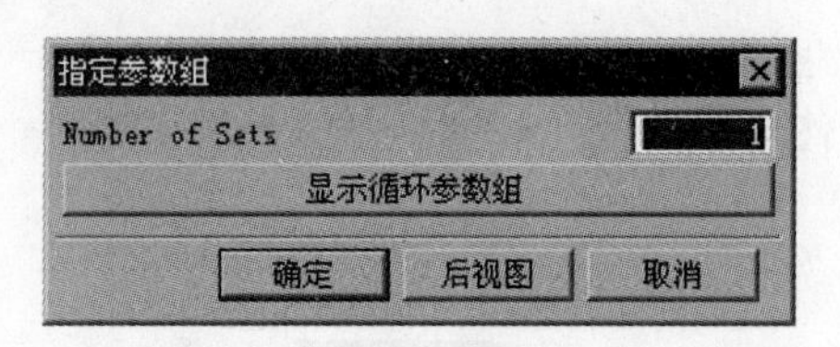

图 20.32 “指定参数组”对话框

Step2. 在“指定参数组”对话框中采用系统默认的参数组序号 1，单击确定按钮，系统弹出“Cycle 参数”对话框，单击Depth -模型深度按钮，系统弹出“Cycle 深度”对话框。

Step3. 在“Cycle 深度”对话框中单击刀尖深度按钮，在系统弹出“深度”对话框，在文本框中输入值 40.0，单击确定按钮，系统返回“Cycle 参数”对话框。

Step4. 在“Cycle 参数”对话框中单击确定按钮，系统返回“钻”对话框。

Stage5. 避让设置

Step1. 单击“钻”对话框中的“避让”按钮，系统弹出“避让几何体”对话框。

Step2. 单击“避让几何体”对话框中的Clearance Plane -无按钮，系统弹出“安全平面”对话框。

Step3. 单击“安全平面”对话框中的指定按钮，系统弹出“平面”对话框，选取图 20.33 所示的平面为参照，然后在偏置区域的距离文本框中输入值 20.0，单击确定按钮，系统返回“安全平面”对话框并创建一个安全平面，单击“安全平面”对话框中的显示按钮可以查看创建的安全平面，如图 20.34 所示。

Step4. 单击“安全平面”对话框中的 确定 按钮，返回“避让几何体”对话框，然后单击“避让几何体”对话框中的 确定 按钮，完成安全平面的设置，返回“钻”对话框。

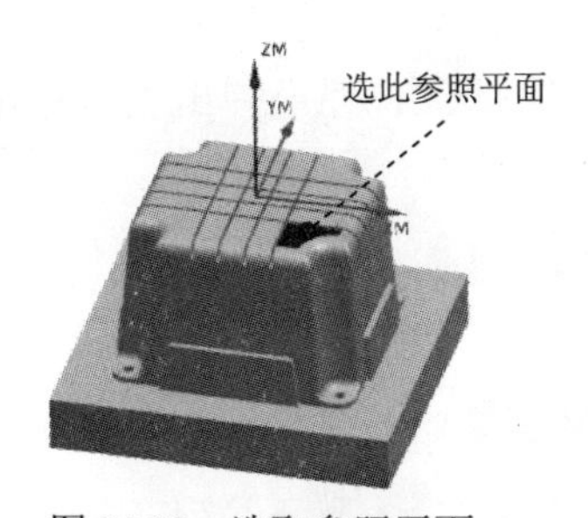

图 20.33　选取参照平面

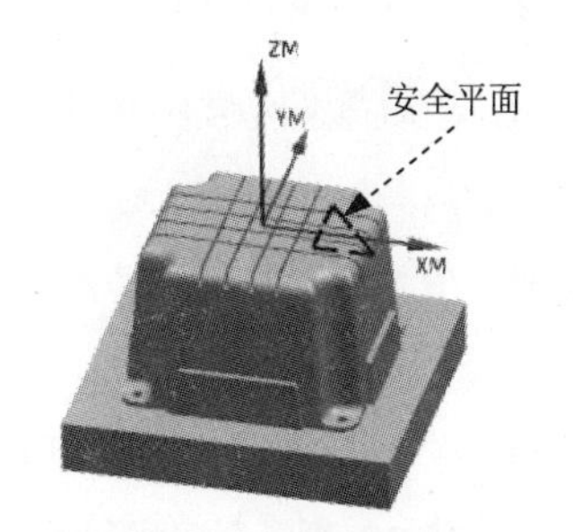

图 20.34　创建安全平面

Stage6. 设置进给率和速度

Step1. 单击“钻”对话框中的“进给率和速度”按钮，系统弹出“进给率和速度”对话框。

Step2. 在“进给率和速度”对话框中选中 ☑ 主轴速度（rpm）复选框，然后在其文本框中输入值 1500.0，按 Enter 键，然后单击按钮，在 切削 文本框中输入值 200.0，按 Enter 键，然后单击按钮，其他选项采用系统默认设置值，单击 确定 按钮。

Stage7. 生成刀路轨迹并仿真

生成的刀路轨迹如图 20.35 所示，2D 动态仿真加工后结果如图 20.36 所示。

图 20.35　刀路轨迹

图 20.36　2D 仿真结果

Task12. 创建平面铣操作（一）

Stage1. 插入工序

Step1. 选择下拉菜单 插入(S) → 工序(E)... 命令，系统弹出“创建工序”对话框。

Step2. 确定加工方法。在“创建工序”对话框 类型 下拉列表中选择 mill_planar 选项，在 工序子类型 区域中单击“PLANAR_MILL”按钮，在 程序 下拉列表中选择 PROGRAM 选项，在 刀具 下拉列表中选择 D3（铣刀-5 参数）选项，在 几何体 下拉列表中选择 WORKPIECE 选项，在 方法 下拉列表中选择 MILL_FINISH 选项，采用系统默认的名称。

Step3. 在“创建工序”对话框中单击 确定 按钮，系统弹出“平面铣”对话框。

Stage2. 指定部件边界

Step1. 在 几何体 区域中单击“选择或编辑部件边界”按钮，系统弹出“边界几何体”对话框。

Step2. 在“边界几何体”对话框 模式 下拉列表中选择 曲线/边... 选项，系统弹出“创建边界”对话框。

Step3. 在“创建边界”对话框 平面 下拉列表中选择 用户定义 选项，系统弹出“平面”对话框，选取图 20.37 所示的平面为参照，然后单击 确定 按钮，在 材料侧 下拉列表中选择 外部 选项，系统返回“创建边界”对话框。

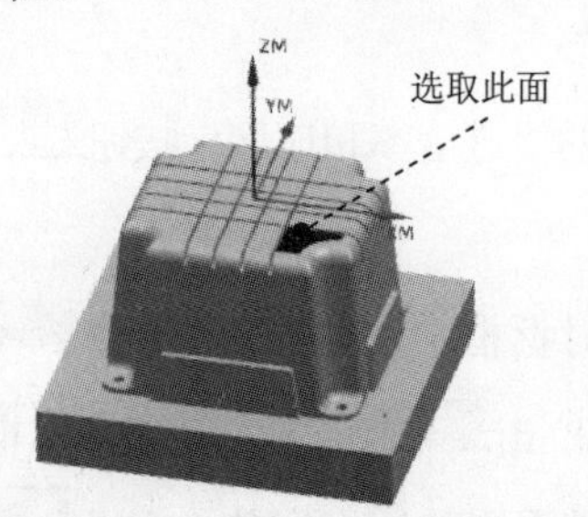

图 20.37　定义参照面

Step4. 创建边界。

（1）在 刀具位置 下拉列表中选择 对中 选项，然后在图形区选择图 20.38 所示的边线。

（2）在 刀具位置 下拉列表中选择 相切 选项，在图形区选择图 20.39 所示的边线。

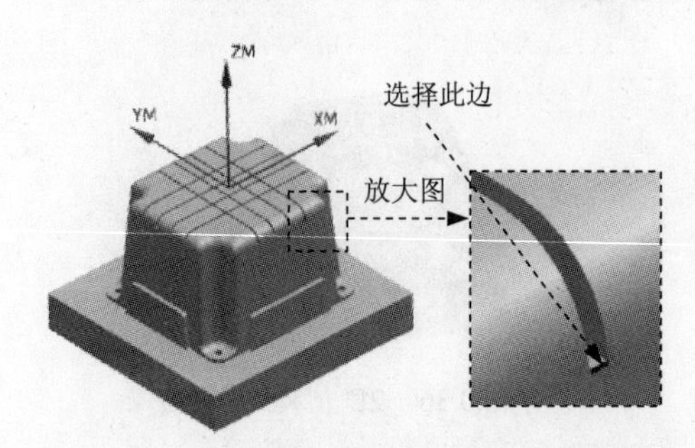

图 20.38　定义参照边

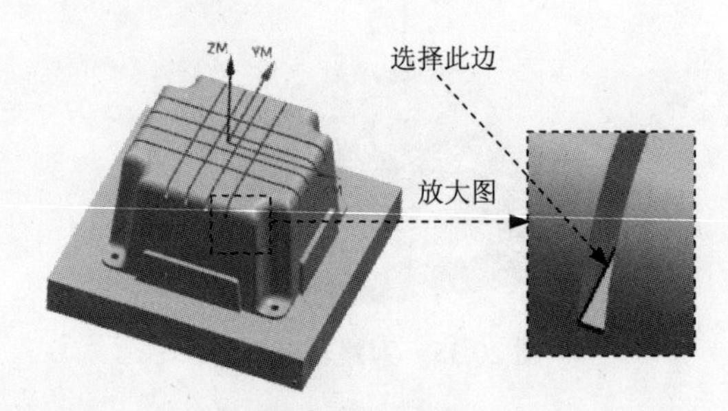

图 20.39　定义参照边

（3）在 刀具位置 下拉列表中选择 对中 选项，然后在图形区选择图 20.40 所示的边线。

（4）在 刀具位置 下拉列表中选择 相切 选项，在图形区选择图 20.41 所示的边线，单击 创建下一个边界 按钮，系统自动创建一个边界。

Step5. 创建其余边界。详细过程参照 Step4，结果如图 20.42 所示。

Step6. 分别单击“创建边界”和“边界几何体”对话框的 确定 按钮，系统返回“平面铣”对话框。

Stage3．指定底面

（1）单击“平面铣”对话框中指定底面右侧的按钮，系统弹出“平面”对话框。

（2）然后选取图 20.43 所示的面，单击“平面”对话框中的确定按钮，返回“平面铣”对话框。

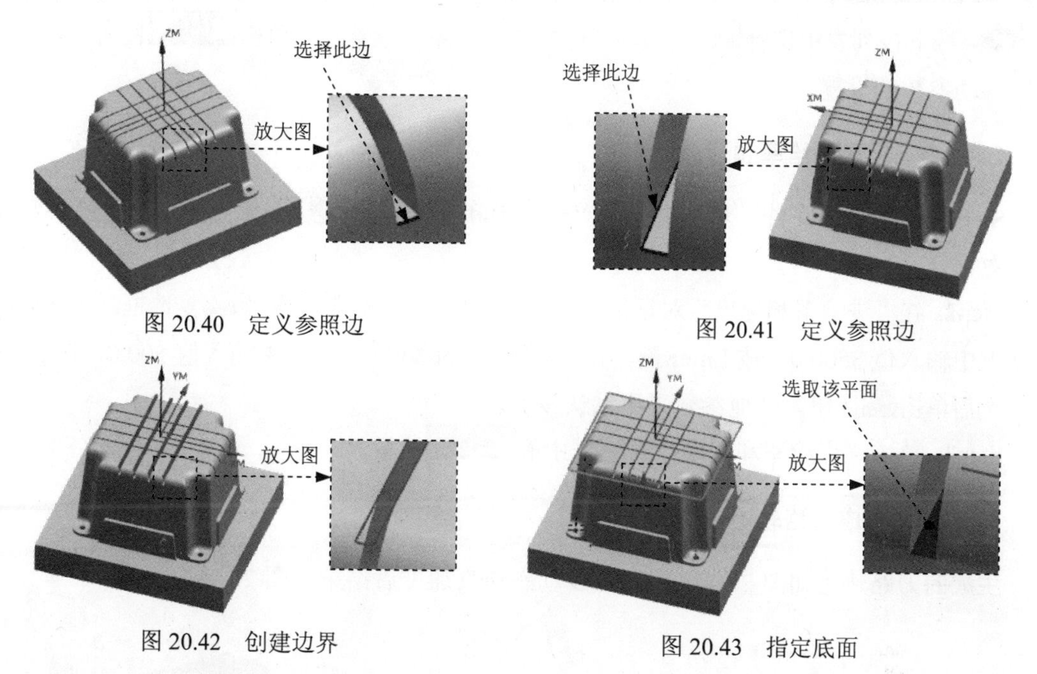

图 20.40　定义参照边

图 20.41　定义参照边

图 20.42　创建边界

图 20.43　指定底面

Stage4．设置刀具路径参数

Step1. 选择切削模式。在“面铣”对话框切削模式下拉列表中选择轮廓加工选项。

Step2. 设置一般参数。在步距下拉列表中选择刀具平直百分比选项，在平面直径百分比文本框中输入值 50.0，其他参数采用系统默认设置值。

Stage5．设置切削层

在刀轨设置区域中单击“切削层”按钮，系统弹出“切削层”对话框。在每刀深度区域公共文本框中输入 1，然后单击该对话框的确定按钮回到“平面铣”对话框。

Stage6．设置切削参数

Step1. 在刀轨设置区域中单击“切削参数”按钮，系统弹出“切削参数”对话框。

Step2. 在“切削参数”对话框中单击策略选项卡，在切削区域切削顺序下拉列表中选择深度优先选项，其他参数采用系统默认设置值。

Step3. 在“切削参数”对话框中确定按钮回到“平面铣”对话框。

Stage7．设置非切削移动参数

Step1. 在“平面铣”对话框刀轨设置区域中单击“非切削移动”按钮，系统弹出“非切削移动”对话框。

Step2. 单击“非切削移动”对话框中的进刀选项卡，在封闭区域区域进刀类型下拉列表中选择沿形状斜进刀选项，在斜坡角文本框中输入值 2.0；单击起点/钻点选项卡，在区域起点区域默认区域起点下拉列表中选择拐角选项，其他参数采用系统默认值，单击确定按钮，完成非切削移动参数的设置。

Stage8. 设置进给率和速度

Step1. 单击“平面铣”对话框中的“进给率和速度”按钮，系统弹出“进给率和速度”对话框。

Step2. 在“进给率和速度”对话框主轴速度区域中选中☑ 主轴速度 (rpm)复选框，在其后的文本框中输入值 3500.0，按 Enter 键，在进给率区域的切削文本框中输入值 500.0，按 Enter 键，然后单击按钮，其他参数采用默认设置。

Step3. 单击“进给率和速度”对话框中的确定按钮。

Stage9. 生成刀路轨迹并仿真

生成的刀路轨迹如图 20.44 所示，2D 动态仿真加工后结果如图 20.45 所示。

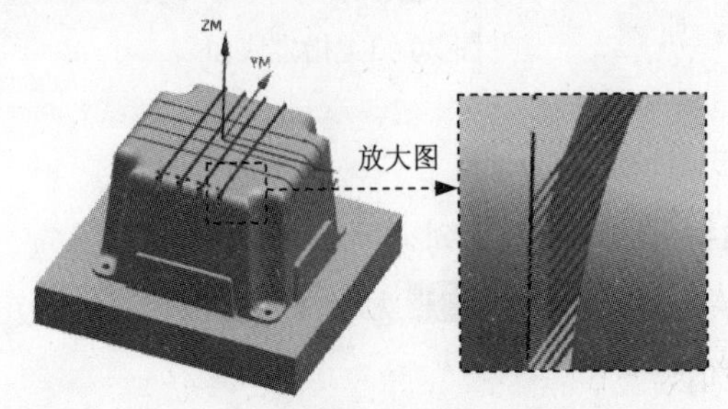

图 20.44 刀路轨迹

图 20.45 2D 仿真结果

Task13. 创建平面铣操作（二）

Stage1. 插入工序

Step1. 选择下拉菜单插入(S) → 工序(E)... 命令，系统弹出“创建工序”对话框。

Step2. 确定加工方法。在“创建工序”对话框类型下拉列表中选择mill_planar选项，在工序子类型区域中单击“PLANAR_MILL”按钮，在程序下拉列表中选择PROGRAM选项，在刀具下拉列表中选择D3 (铣刀-5 参数)选项，在几何体下拉列表中选择WORKPIECE选项，在方法下拉列表中选择MILL_FINISH选项，采用系统默认的名称。

Step3. 在“创建工序”对话框中单击确定按钮，系统弹出“平面铣”对话框。

Stage2. 指定部件边界

Step1. 在几何体区域中单击“选择或编辑部件边界”按钮，系统弹出“边界几何体”对话框。

Step2. 在“边界几何体”对话框模式下拉列表中选择曲线/边...选项，系统弹出“创建边界”对话框。

Step3. 创建边界。在“创建边界”对话框材料侧下拉列表中选择外部选项。

（1）在刀具位置下拉列表中选择相切选项，然后在图形区选择图 20.46 所示的边线。

（2）在刀具位置下拉列表中选择对中选项，在图形区选择图 20.47 所示的边线。

（3） 在刀具位置下拉列表中选择相切选项，然后在图形区选择图 20.48 所示的边线。

（4）在刀具位置下拉列表中选择对中选项，在图形区选择图 20.49 所示的边线，单击创建下一个边界按钮，系统自动创建一个边界。

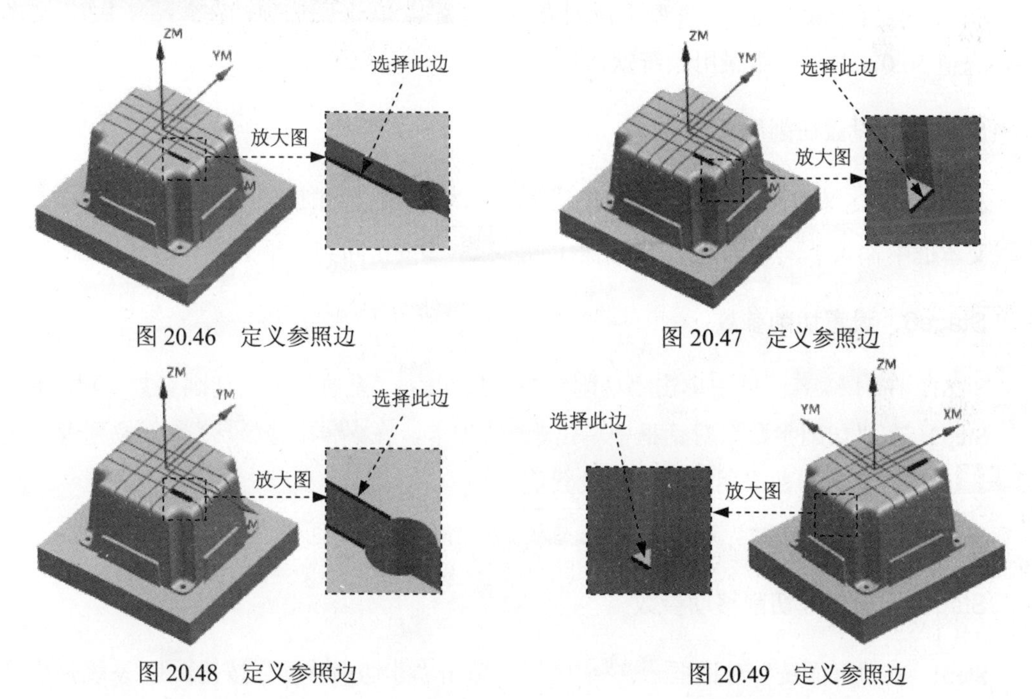

图 20.46 定义参照边

图 20.47 定义参照边

图 20.48 定义参照边

图 20.49 定义参照边

Step4. 创建其余边界。详细过程参照 Step3，结果如图 20.50 所示。

Step5. 分别单击“创建边界”和“边界几何体”对话框的确定按钮，系统返回“平面铣”对话框。

Stage3. 指定底面

（1）单击“平面铣”对话框中指定底面右侧的按钮，系统弹出“平面”对话框。

（2）然后选取图 20.51 所示的面，单击“平面”对话框中的确定按钮，返回“平面铣”对话框。

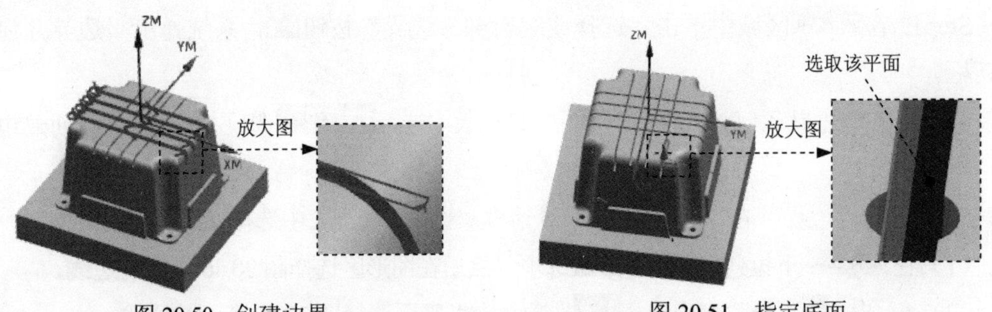

图 20.50 创建边界　　图 20.51 指定底面

Stage4. 设置刀具路径参数

Step1. 选择切削模式。在“面铣”对话框切削模式下拉列表中选择轮廓加工选项。

Step2. 设置一般参数。在步距下拉列表中选择刀具平直百分比选项，在平面直径百分比文本框中输入值 50.0，其他参数采用系统默认设置值。

Stage5. 设置切削层

在刀轨设置区域中单击“切削层”按钮，系统弹出“切削层”对话框。在每刀深度区域公共文本框中输入 1，然后单击该对话框的确定按钮回到“平面铣”对话框。

Stage6. 设置切削参数

Step1. 在刀轨设置区域中单击“切削参数”按钮，系统弹出“切削参数”对话框。

Step2. 在“切削参数”对话框中单击策略选项卡，在切削区域切削顺序下拉列表中选择深度优先选项，其他参数采用系统默认设置值。

Step3. 在“切削参数”对话框中确定按钮回到“平面铣”对话框。

Stage7. 设置非切削移动参数

Step1. 在“平面铣”对话框刀轨设置区域中单击“非切削移动”按钮，系统弹出“非切削移动”对话框。

Step2. 单击“非切削移动”对话框中的进刀选项卡，在封闭区域区域进刀类型下拉列表中选择沿形状斜进刀选项，在斜坡角文本框中输入值 2.0；单击起点/钻点选项卡，在区域起点区域默认区域起点下拉列表中选择拐角选项，其他参数采用系统默认值，单击确定按钮完成非切削移动参数的设置。

Stage8. 设置进给率和速度

Step1. 单击“平面铣”对话框中的“进给率和速度”按钮，系统弹出“进给率和速度”对话框。

Step2. 在“进给率和速度”对话框主轴速度区域中选中☑ 主轴速度 (rpm)复选框，在其后的文本框中输入值 3500.0，按 Enter 键，单击按钮，在进给率区域的切削文本框中输入值 500.0，按 Enter 键，然后单击按钮，其他参数采用默认设置。

Step3. 单击“进给率和速度”对话框中的确定按钮。

Stage9. 生成刀路轨迹并仿真

生成的刀路轨迹如图 20.52 所示，2D 动态仿真加工后结果如图 20.53 所示。

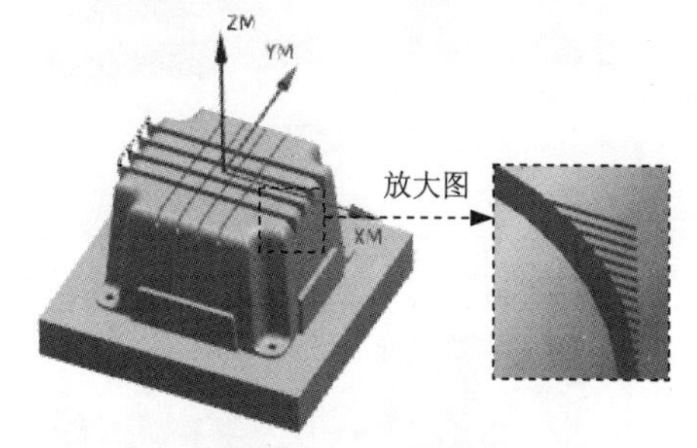

图 20.52　刀路轨迹

图 20.53　2D 仿真结果

Task14. 创建平面铣操作（三）

Stage1. 插入工序

Step1. 选择下拉菜单插入(S) → 工序(E)...命令，系统弹出“创建工序”对话框。

Step2. 确定加工方法。在“创建工序”对话框类型下拉列表中选择mill_planar选项，在工序子类型区域中单击“PLANAR_MILL”按钮，在程序下拉列表中选择PROGRAM选项，在刀具下拉列表中选择D3（铣刀-5 参数）选项，在几何体下拉列表中选择WORKPIECE选项，在方法下拉列表中选择MILL_FINISH选项，采用系统默认的名称。

Step3. 在“创建工序”对话框中单击确定按钮，系统弹出“平面铣”对话框。

Stage2. 指定部件边界

Step1. 在几何体区域中单击“选择或编辑部件边界”按钮，系统弹出“边界几何体”对话框。

Step2. 在“边界几何体”对话框模式下拉列表中选择曲线/边...选项，系统弹出“创建边界”对话框。

Step3. 在“创建边界”对话框平面下拉列表中选择用户定义选项，系统弹出“平面”对话框，选取图 20.54 所示的平面为参照，然后单击确定按钮，在材料侧下拉列表中选择外部选项，系统返回“创建边界”对话框。

Step4. 创建边界。

（1）在刀具位置下拉列表中选择相切选项，然后在图形区选择图 20.55 所示的边线。

（2）在刀具位置下拉列表中选择对中选项，在图形区选择图 20.56 所示的边线。

（3） 在刀具位置下拉列表中选择相切选项，然后在图形区选择图 20.57 所示的边线。

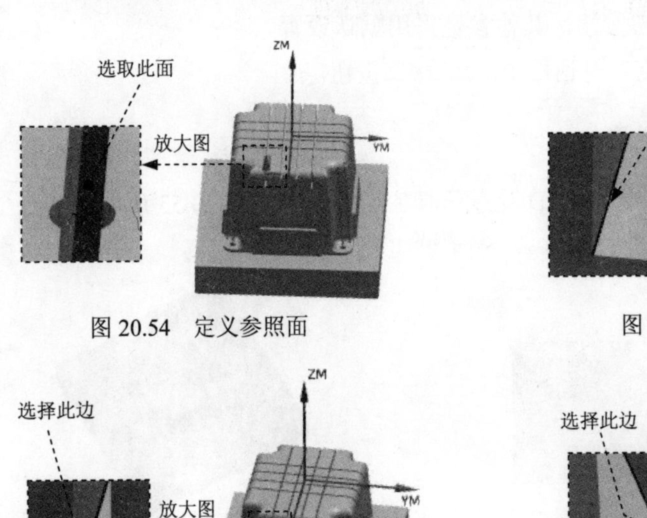

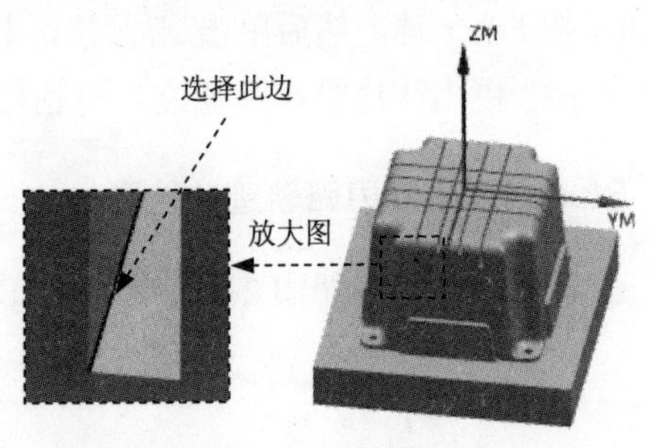

图 20.54 定义参照面

图 20.55 定义参照边

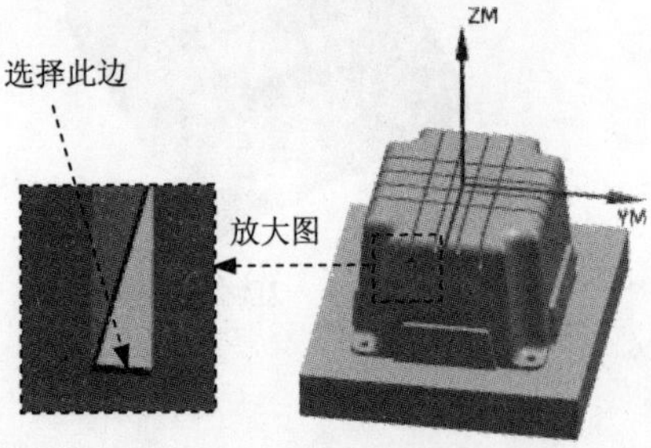

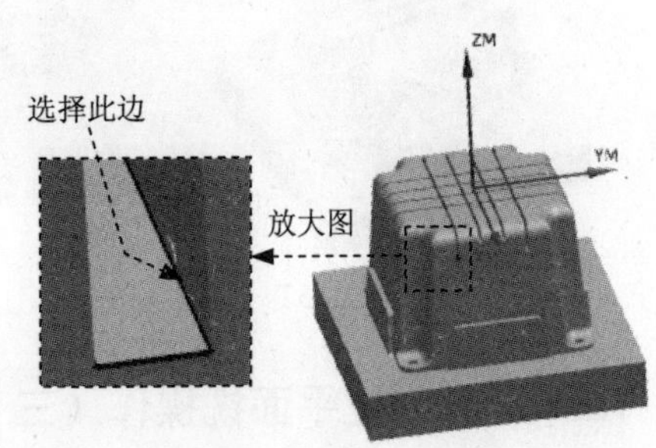

图 20.56 定义参照边

图 20.57 定义参照边

（4）在刀具位置下拉列表中选择对中选项，在图形区选择图 20.58 所示的边线，单击创建下一个边界按钮，系统自动创建一个边界，如图 20.59 所示。

Step5. 分别单击“创建边界”和“边界几何体”对话框的确定按钮，系统返回“平面铣”对话框。

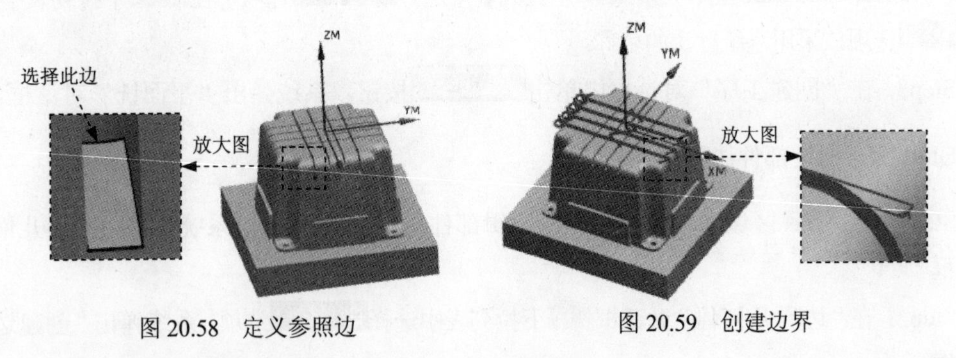

图 20.58 定义参照边

图 20.59 创建边界

Stage3．指定底面

（1）单击“平面铣”对话框中指定底面右侧的按钮，系统弹出“平面”对话框。

（2）然后选取图 20.60 所示的面，单击“平面”对话框中的确定按钮，返回“平面铣”对话框。

Stage4．设置刀具路径参数

Step1. 选择切削模式。在“面铣”对话框切削模式下拉列表中选择轮廓加工选项。

Step2. 设置一般参数。在步距下拉列表中选择刀具平直百分比选项，在平面直径百分比文本框中输入值 50.0，其他参数采用系统默认设置值。

Stage5. 设置切削层

在刀轨设置区域中单击“切削参数”按钮，系统弹出“切削层”对话框。在每刀深度区域公共文本框中输入 1，然后单击该对话框的确定按钮，返回到“平面铣”对话框。

Stage6. 设置切削参数

参数采用系统默认设置值。

Stage7. 设置非切削移动参数

Step1. 在“平面铣”对话框刀轨设置区域中单击“非切削移动”按钮，系统弹出“非切削移动”对话框。

Step2. 单击“非切削移动”对话框中起点/钻点选项卡，在区域起点区域默认区域起点下拉列表中选择拐角选项，然后选择图 20.61 所示的点，其他参数采用系统默认值，单击确定按钮，完成非切削移动参数的设置。

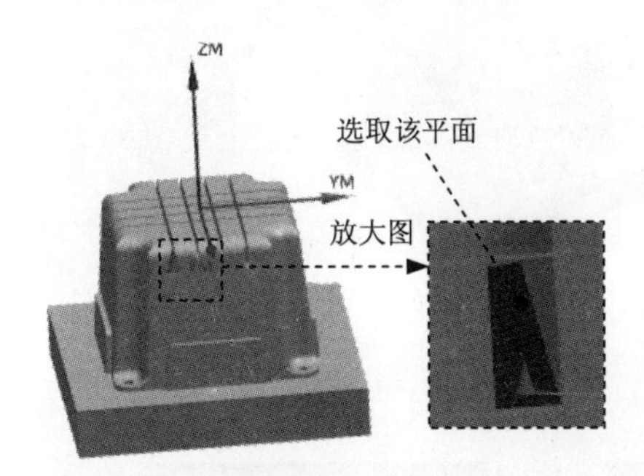

图 20.60　指定底面

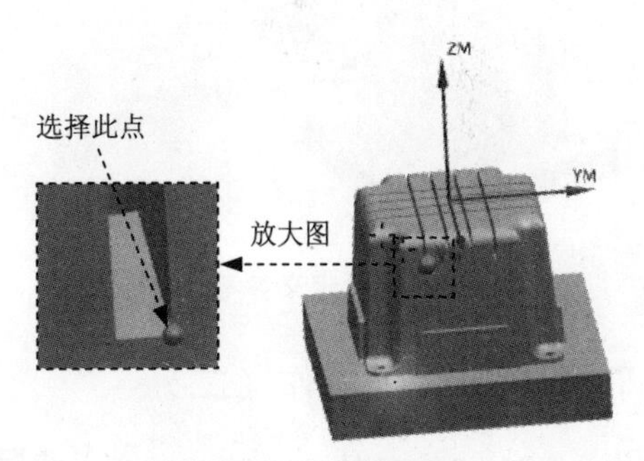

图 20.61　定义参照点

Stage8. 设置进给率和速度

Step1. 单击“平面铣”对话框中的“进给率和速度”按钮，系统弹出“进给率和速度”对话框。

Step2. 在“进给率和速度”对话框主轴速度区域中选中☑ 主轴速度 (rpm)复选框，在其后的文本框中输入值 3500.0，按 Enter 键，单击按钮，在进给率区域的切削文本框中输入值 500.0，按 Enter 键，然后单击按钮，其他参数采用默认设置。

Step3. 单击“进给率和速度”对话框中的确定按钮。

Stage9. 生成刀路轨迹并仿真

生成的刀路轨迹如图 20.62 所示，2D 动态仿真加工后结果如图 20.63 所示。

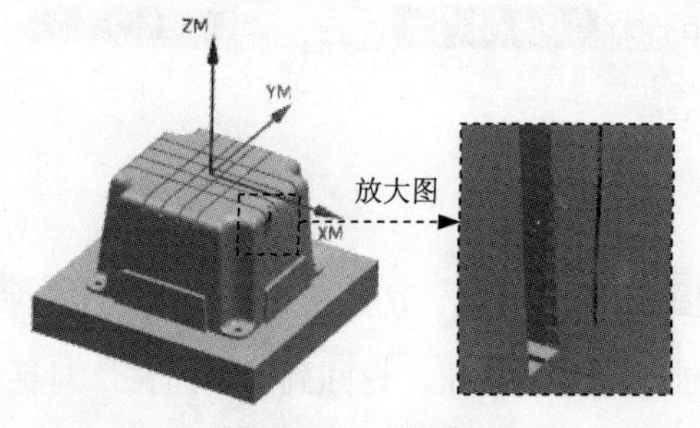

图 20.62 刀路轨迹

图 20.63 2D 仿真结果

Task15. 变换操作（一）

Step1. 在工序导航器中右击 PLANAR_MILL_2，然后在弹出的快捷菜单中单击 对象 → 变换... 命令，此时系统弹出“变换”对话框。

Step2. 在“变换”对话框类型下拉列表中选择 平移 选项，在变换参数下拉列表中选择 至一点 选项，然后在图形区选取图 20.64 所示的点为参考点，选取 20.65 所示的点为终止点，在结果区域选中 ⊙ 实例 单选项，单击 确定 按钮，完成变换操作。

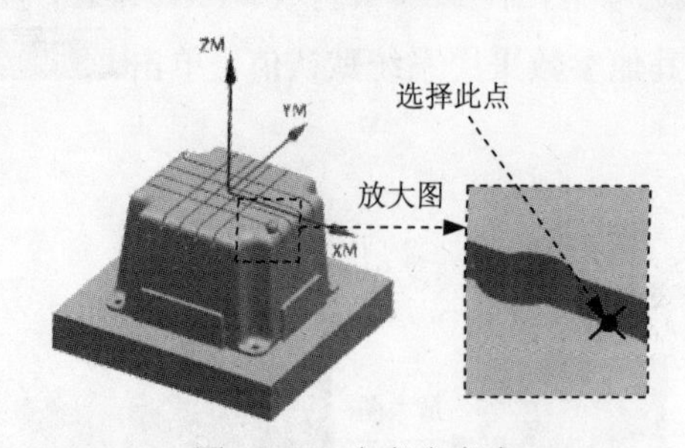

图 20.64 定义参考点

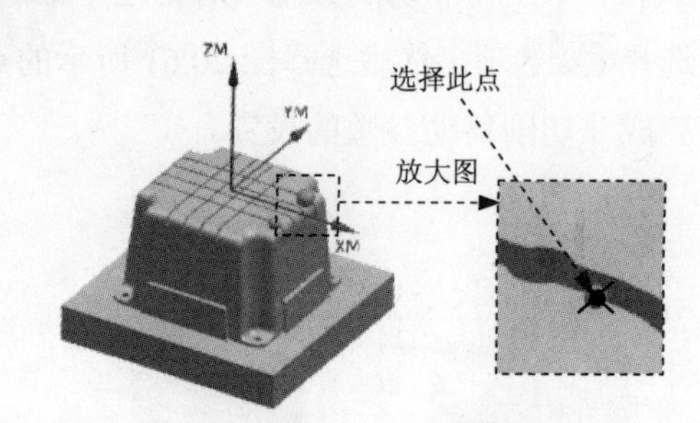

图 20.65 定义终止点

Task16. 变换操作（二）

Step1. 在工序导航器中同时选中 PLANAR_MILL_2 和 PLANAR_MILL_2_INSTANCE 并在其上右击，然后在弹出的快捷菜单中单击 对象 → 变换... 命令，此时系统弹出“变换”对话框。

Step2. 在“变换”对话框类型下拉列表中选择 通过一平面镜像 选项，在变换参数区域 * 指定平面 右侧下拉列表中选择 XC 选项，然后单击 确定 按钮，完成变换操作。

Task17. 保存文件

选择下拉菜单 文件(F) → 保存(S) 命令，保存文件。

实例 21　扣盖凹模加工

本例是一个扣盖凹模的加工实例，在加工过程中使用了表面区域铣、型腔铣、剩余铣削、等高线轮廓铣、轮廓区域铣等方法，其工序大致按照先粗加工，然后半精加工，最后精加工的原则，该扣盖凹模的加工工艺路线如图 21.1 和图 21.2 所示。

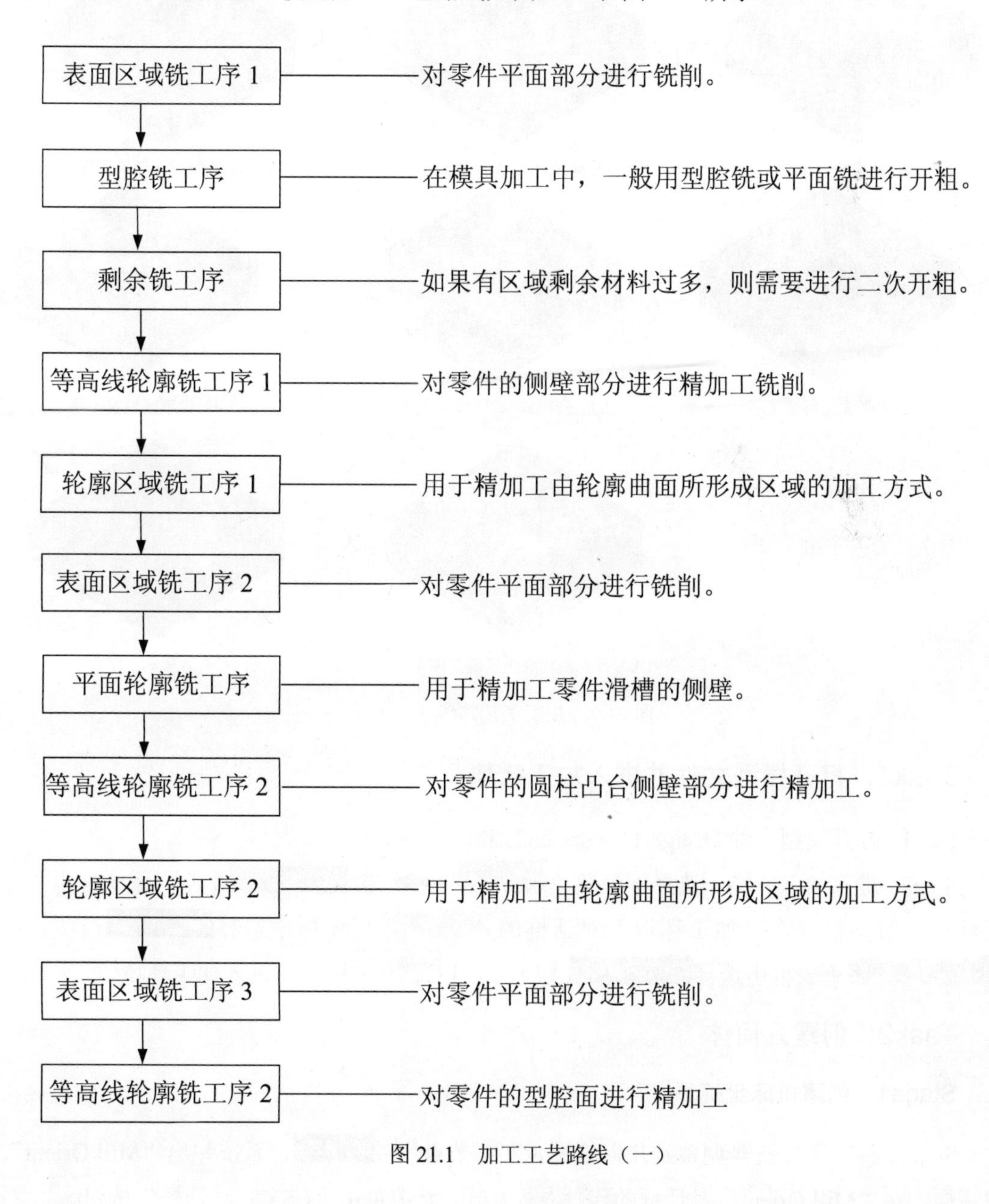

图 21.1　加工工艺路线（一）

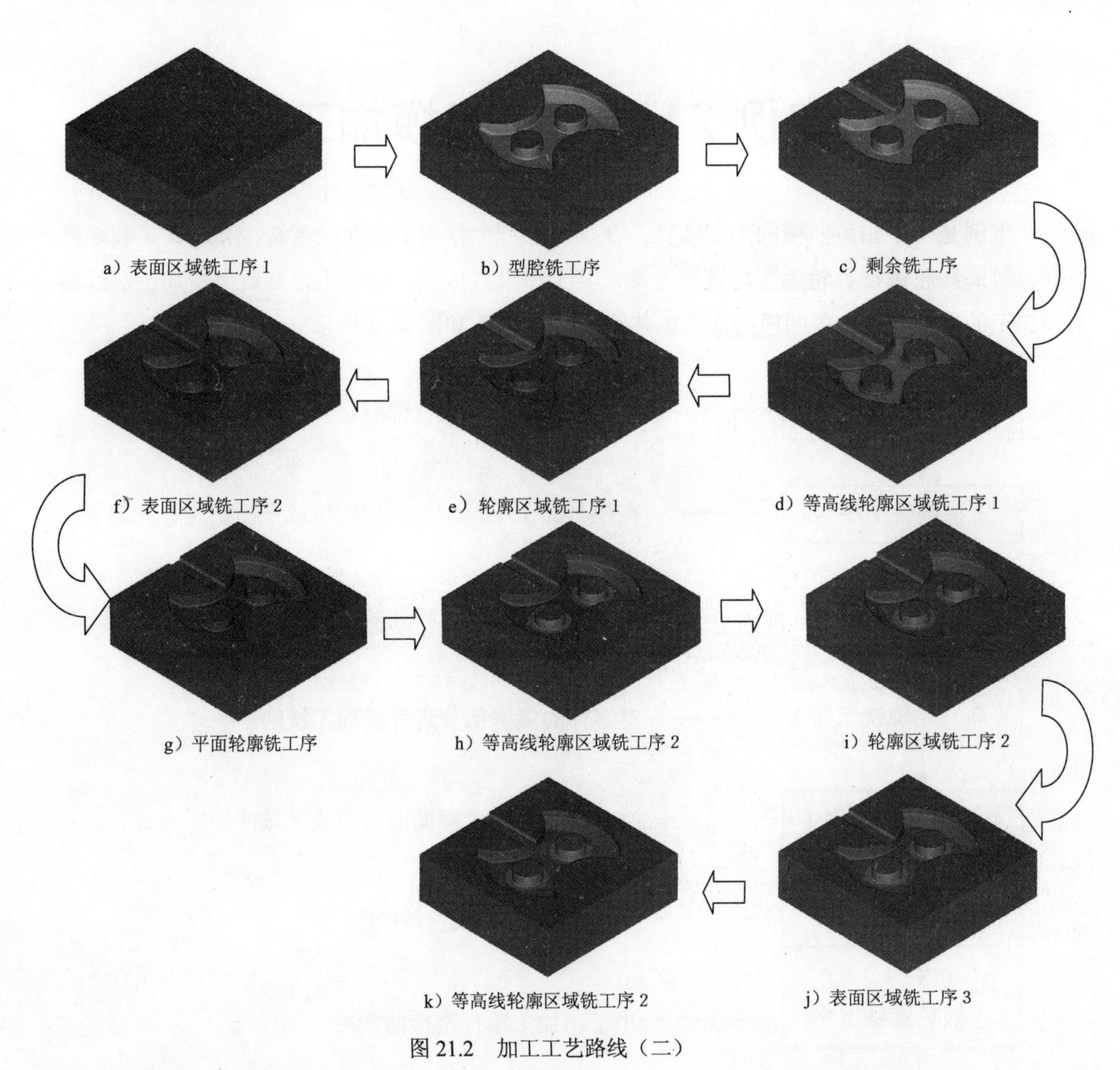

图 21.2　加工工艺路线（二）

Task1．打开模型文件并进入加工模块

Step1．打开模型文件 D:\ug8.11\work\ch21\lid_down.prt。

Step2．进入加工环境。选择下拉菜单 开始 → 加工(N)... 命令，系统弹出“加工环境”对话框；在“加工环境”对话框的 CAM 会话配置 列表框中选择 cam_general 选项，在 要创建的 CAM 设置 列表框中选择 mill contour 选项，单击 确定 按钮，进入加工环境。

Task2．创建几何体

Stage1．创建机床坐标系

Step1．将工序导航器调整到几何视图，双击节点 MCS_MILL，系统弹出“Mill Orient”对话框，在“Mill Orient”对话框的 机床坐标系 选项区域中单击“CSYS 对话框”按钮，系统弹出“CSYS”对话框。

Step2.单击“CSYS”对话框操控器区域中的“操控器”按钮，系统弹出“点”对话框，在“点”对话框的Z文本框中输入值 90.0，单击确定按钮，系统返回至“CSYS”对话框，在该对话框中单击确定按钮，完成图 21.3 所示机床坐标系的创建。

Stage2. 创建安全平面

Step1. 在“Mill Orient”对话框安全设置区域安全设置选项下拉列表中选择自动平面选项，然后在安全距离文本框中输入 20。

Step2. 单击“Mill Orient”对话框中的确定按钮，完成安全平面的创建。

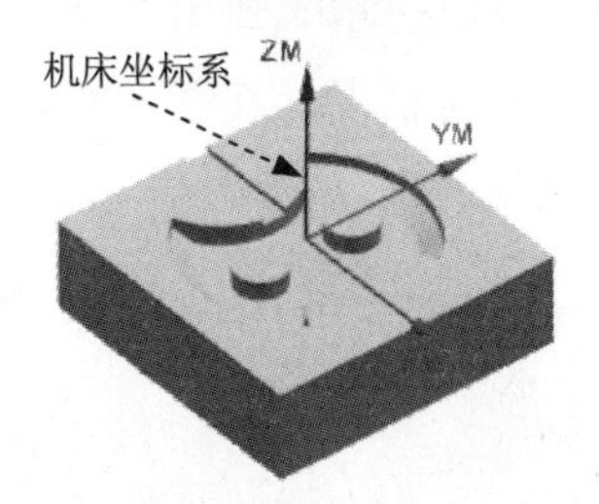

图 21.3　创建机床坐标系

Stage3. 创建部件几何体

Step1. 在工序导航器中双击MCS_MILL节点下的WORKPIECE，系统弹出“铣削几何体”对话框。

Step2. 选取部件几何体。在“铣削几何体”对话框中单击按钮，系统弹出“部件几何体”对话框。

Step3. 在图形区中框选整个零件为部件几何体，如图 21.4 所示。在“部件几何体”对话框中单击确定按钮，完成部件几何体的创建，同时系统返回到“铣削几何体”对话框。

Stage4. 创建毛坯几何体

Step1. 在“铣削几何体”对话框中单击按钮，系统弹出“毛坯几何体”对话框。

Step2. 在“毛坯几何体”对话框的类型下拉列表中选择包容块选项，在极限区域的ZM+文本框中输入值 10.0。

Step3. 单击“毛坯几何体”对话框中的确定按钮，系统返回到“铣削几何体”对话框，完成图 21.5 所示毛坯几何体的创建。

图 21.4　部件几何体

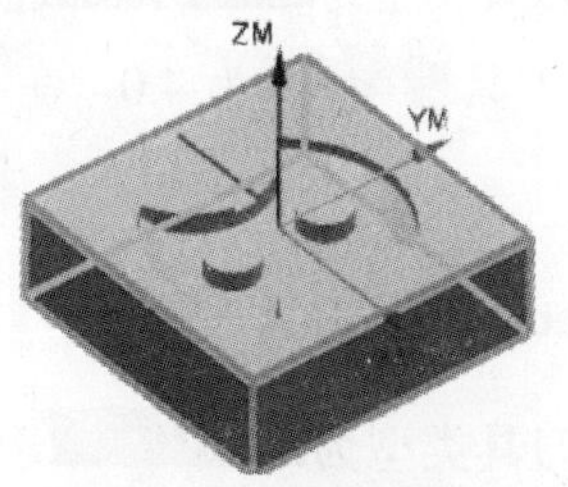

图 21.5　毛坯几何体

Step4. 单击“铣削几何体”对话框中的 确定 按钮。

Task3. 创建刀具

Stage1. 创建刀具（一）

Step1. 将工序导航器调整到机床视图。

Step2. 选择下拉菜单 插入(S) → 刀具(T)... 命令，系统弹出“创建刀具”对话框。

Step3. 在“创建刀具”对话框 类型 下拉列表中选择 mill contour 选项，在 刀具子类型 区域中单击“MILL”按钮，在 位置 区域的 刀具 下拉列表中选择 GENERIC_MACHINE 选项，在 名称 文本框中输入 D30，然后单击 确定 按钮，系统弹出“铣刀-5 参数”对话框。

Step4. 系统弹出“铣刀-5 参数”对话框，在 (D) 直径 文本框中输入值 30.0，在 编号 区域的 刀具号、补偿寄存器、刀具补偿寄存器 文本框中均输入值 1，其他参数采用系统默认设置值，单击 确定 按钮，完成刀具的创建。

Stage2. 创建刀具（二）

设置刀具类型为 mill contour 选项，刀具子类型 单击选择“MILL”按钮，刀具名称为 D10R2，刀具 (D) 直径 为 10.0，刀具 (R1) 下半径 为 2.0，在 编号 区域的 刀具号、补偿寄存器、刀具补偿寄存器 文本框中均输入值 2；具体操作方法参照 Stage1。

Stage3. 创建刀具（三）

设置刀具类型为 mill contour 选项，刀具子类型 单击选择“MILL”按钮，刀具名称为 D10，刀具 (D) 直径 为 10.0，在 编号 区域的 刀具号、补偿寄存器、刀具补偿寄存器 文本框中均输入值 3；具体操作方法参照 Stage1。

Stage4. 创建刀具（四）

设置刀具类型为 mill contour 选项，刀具子类型 单击选择“BALL_MILL”按钮，刀具名称为 B6，刀具 (D) 球直径 为 6.0，在 编号 区域的 刀具号、补偿寄存器、刀具补偿寄存器 文本框中均输入值 4；具体操作方法参照 Stage1。

Stage5. 创建刀具（五）

设置刀具类型为 mill contour 选项，刀具子类型 单击选择“BALL_MILL”按钮，刀具名称为 B4，刀具 (D) 球直径 为 4.0，在 编号 区域的 刀具号、补偿寄存器、刀具补偿寄存器 文本框中均输入值 5。

Stage6. 创建刀具（六）

设置刀具类型为 mill contour 选项，刀具子类型 单击选择“MILL”按钮，刀具名称为

D6R2，刀具(D) 直径为 6.0，刀具(R1) 下半径为 2.0，在编号区域的刀具号、补偿寄存器、刀具补偿寄存器文本框中均输入值 6；具体操作方法参照 Stage1。

Task4．创建表面区域铣工序

Stage1．插入工序

Step1. 选择下拉菜单插入(S) ➡ 工序(E)...命令，系统弹出“创建工序”对话框。

Step2. 确定加工方法。在“创建工序”对话框类型下拉列表中选择mill_planar选项，在工序子类型区域中单击“FACE_MILLING_AREA”按钮，在程序下拉列表中选择PROGRAM选项，在刀具下拉列表中选择D30 (铣刀-5 参数)选项，在几何体下拉列表中选择WORKPIECE选项，在方法下拉列表中选择MILL_SEMI_FINISH选项，采用系统默认的名称。

Step3. 在“创建工序”对话框中单击确定按钮，系统弹出 “面铣削区域”对话框。

Stage2．指定切削区域

Step1. 在几何体区域中单击“选择或编辑切削区域几何体”按钮，系统“切削区域”对话框。

Step2. 选取图 21.6 所示的面为切削区域，在“切削区域”对话框中单击确定按钮，完成切削区域的创建，同时系统返回到“面铣削区域”对话框。

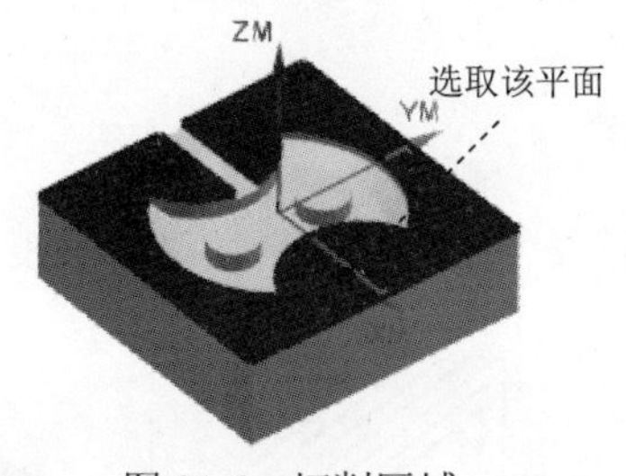

图 21.6　切削区域

Stage3．设置刀具路径参数

Step1. 设置切削模式。在刀轨设置区域切削模式下拉列表中选择往复选项。

Step2. 设置步进方式。在步距下拉列表中选择刀具平直百分比选项，在平面直径百分比文本框中输入值 60.0，在毛坯距离文本框中输入值 10，在每刀深度文本框中输入值 1.0，在最终底面余量文本框中输入值 0.2。

Stage4．设置切削参数

Step1. 单击“面铣削区域”对话框刀轨设置区域中的“切削参数”按钮，系统弹出“切削参数”对话框。

Step2. 在“切削参数”对话框中单击策略选项卡，选中☑ 延伸到部件轮廓复选框，在刀具延展量文本框中输入 60. 0，其他参数接受系统默认。

Step3. 在“切削参数”对话框中单击 余量 选项卡，在 部件余量 文本框中输入 0.25，在 最终底面余量 文本框中输入 0.2，其他参数接受系统默认；单击 确定 按钮，系统返回到“面铣削区域”对话框。

Stage5. 设置非切削移动参数

Step1. 单击“面铣削区域”对话框 非切削移动 区域中的“切削参数”按钮，系统弹出“非切削移动”对话框。

Step2. 在“非切削移动”对话框中单击 转移/快速 选项卡，在 区域内 区域 转移类型 下拉列表中选择 前一平面 选项，在 安全距离 文本框中输入 3.0，其他参数接受系统默认；单击 确定 按钮，系统返回到“面铣削区域”对话框。

Stage6. 设置进给率和速度

Step1. 单击“面铣削区域”对话框中的“进给率和速度”按钮，系统“进给率和速度”对话框。

Step2. 选中 主轴速度 区域中的 ☑ 主轴速度（rpm） 复选框，在其后的文本框中输入值 500.0，在 进给率 区域 切削 文本框中输入值 150.0，按下键盘上的 Enter 键，然后单击按钮。

Step3. 单击“进给率和速度”对话框中的 确定 按钮，系统返回“面铣削区域”对话框。

Stage7. 生成刀路轨迹并仿真

生成的刀路轨迹如图 21.7 所示，2D 动态仿真加工后的模型如图 21.8 所示。

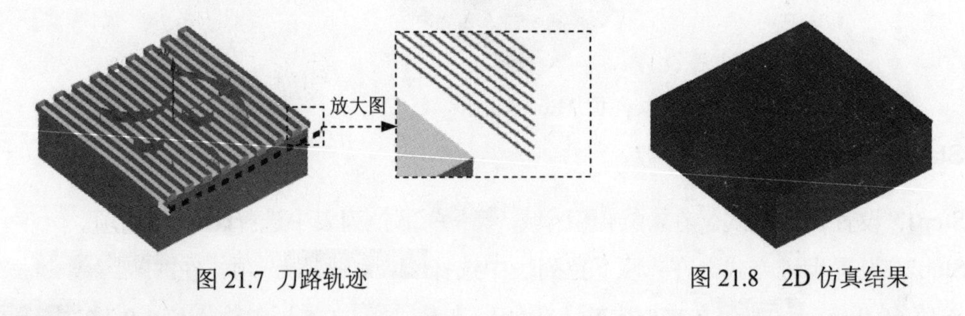

图 21.7 刀路轨迹　　图 21.8 2D 仿真结果

Task5. 创建型腔铣工序

Stage1. 创建工序

Step1. 将工序导航器调整到程序顺序视图。

Step2. 选择下拉菜单 插入(S) → 工序(E)... 命令，在“创建工序”对话框 类型 下拉列表中选择 mill_contour 选项，在 工序子类型 区域中单击“CAVITY_MILL”按钮，在 程序 下拉列表中选择 PROGRAM 选项，在 刀具 下拉列表中选择前面设置的刀具 D10R2（铣刀-5 参数） 选项，在几何体下拉列表中选择WORKPIECE选项，在方法下拉列表中选择MILL ROUGH选项，使用系统默认的名称。

Step3. 单击“创建工序”对话框中的确定按钮，系统弹出“型腔铣”对话框。

Stage2．指定切削区域

Step1. 在“型腔铣”对话框几何体区域中单击指定切削区域右侧的按钮，系统弹出“切削区域”对话框。

Step2. 在图形区中选取图 21.9 所示的面（共 33 个）为切削区域，然后单击“切削区域”对话框中的确定按钮，系统返回到“型腔铣”对话框。

Stage3．设置一般参数

在“型腔铣”对话框切削模式下拉列表中选择跟随部件选项；在步距下拉列表中选择刀具平直百分比选项，在平面直径百分比文本框中输入值 50.0；在每刀的公共深度下拉列表中选择恒定选项，在最大距离文本框中输入值 1.0。

Stage4．设置切削层参数

Step1. 在刀轨设置区域中单击“切削层”按钮，系统弹出“切削层”对话框。

Step2. 展开列表区域，选中列表框中的第一个范围选项，然后单击范围 1 的顶部区域中的选择对象 (0)按钮，选取图 21.10 所示的面；然后单击“切削层”对话框中的确定按钮，系统返回到“型腔铣”对话框。

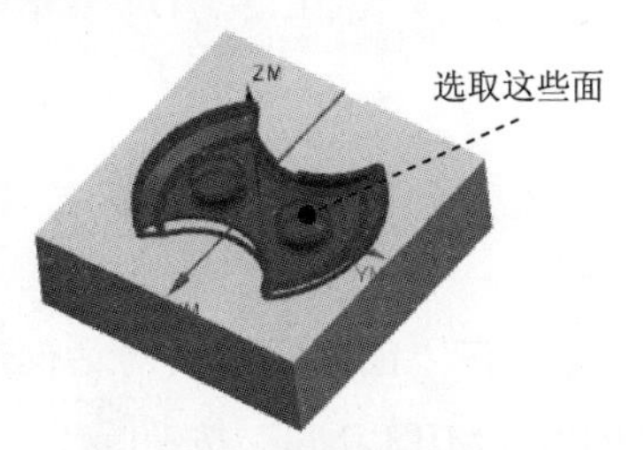

图 21.9 指定切削区域

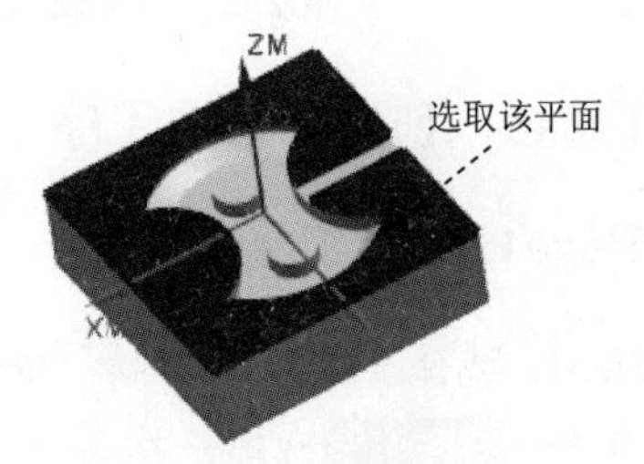

图 21.10 选取面

Stage5．设置切削参数

Step1. 在刀轨设置区域中单击“切削参数”按钮，系统弹出“切削参数”对话框。

Step2. 在“切削参数”对话框中单击拐角选项卡，在光顺下拉列表框中选择所有刀路选项，其他参数采用系统默认设置值。

Step3. 单击“切削参数”对话框中的确定按钮，系统返回到“型腔铣”对话框。

Stage6．设置非切削移动参数。

Step1. 在刀轨设置区域中单击“非切削移动”按钮，系统弹出“非切削移动”对话框。

Step2. 在“非切削移动”对话框中单击进刀选项卡，在封闭区域区域斜坡角文本框中输入3.0，其余参数采用系统默认设置值。

Step3. 单击“非切削移动”对话框中的确定按钮，系统返回到“型腔铣”对话框。

Stage7. 设置进给率和速度

Step1. 在“型腔铣”对话框中单击“进给率和速度”按钮，系统弹出“进给率和速度”对话框。

Step2. 选中“进给率和速度”对话框主轴速度区域中的☑ 主轴速度（rpm）复选框，在其后的文本框中输入值1200.0，按Enter键，然后单击按钮，在进给率区域的切削文本框中输入值200.0，按Enter键，然后单击按钮，其他参数采用系统默认设置值。

Step3. 单击确定按钮，完成进给率和速度的设置，系统返回“型腔铣”操作对话框。

Stage8. 生成的刀路轨迹并仿真

生成的刀路轨迹如图21.11所示，2D动态仿真加工后的模型如图21.12所示。

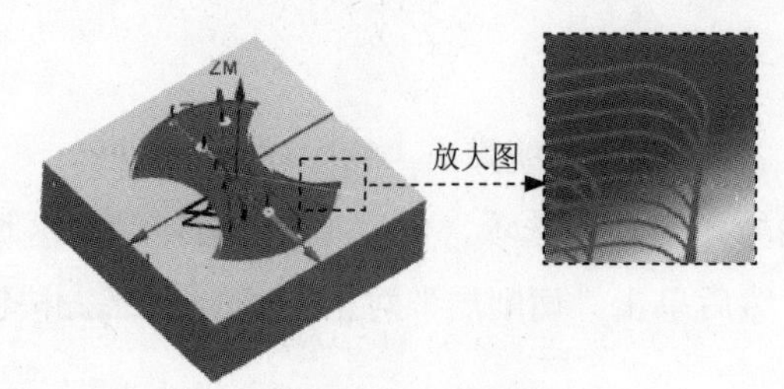

图21.11 刀路轨迹

图21.12 2D仿真结果

Task6. 创建剩余铣工序

Stage1. 创建工序

Step1. 选择下拉菜单插入(S) ➡ 工序(E)...命令，在“创建工序”对话框类型下拉列表中选择mill_contour选项，在工序子类型区域中单击“REST_MILLING”按钮，在程序下拉列表中选择PROGRAM选项，在刀具下拉列表中选择刀具D10（铣刀-5参数）选项，在几何体下拉列表中选择WORKPIECE选项，在方法下拉列表中选择MILL_SEMI_FINISH选项，使用系统默认的名称。

Step2. 单击“创建工序”对话框中的确定按钮，系统弹出“剩余铣”对话框。

Stage2. 指定切削区域

Step1. 在“剩余铣”对话框几何体区域中单击指定切削区域右侧的按钮，系统弹出“切削区域”对话框。

Step2. 在图形区中选取图21.13所示的面（共3个）为切削区域，然后单击“切削区域”对话框中的确定按钮，系统返回到“剩余铣”对话框。

Stage3. 设置一般参数

在“剩余铣”对话框 切削模式 下拉列表中选择 跟随周边 选项，在 步距 下拉列表中选择 刀具平直百分比 选项，在 平面直径百分比 文本框中输入值 40.0，在 每刀的公共深度 下拉列表中选择 恒定 选项，在 最大距离 文本框中输入值 1.0。

Stage4. 设置切削层参数

Step1. 在 刀轨设置 区域中单击“切削层”按钮，系统弹出“切削层”对话框。

Step2. 单击 列表 区域列表框中第一个范围选项，然后单击 范围 1 的顶部 区域中的 选择对象 (0) 按钮，选取图 21.14 所示的面；然后单击“切削层”对话框中的 确定 按钮，系统返回到“型腔铣”对话框。

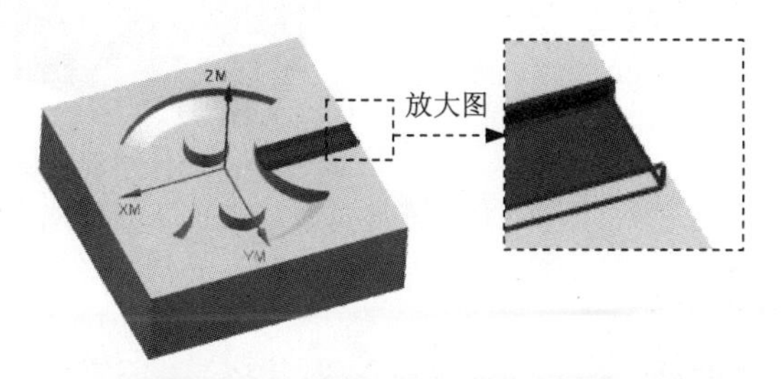

图 21.13　指定切削区域面

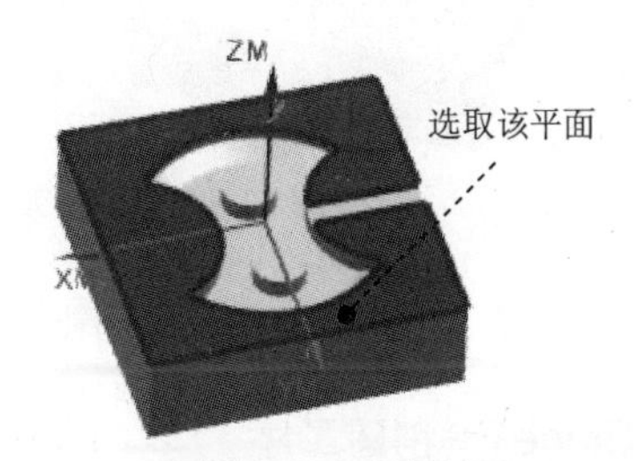

图 21.14　选取面

Stage5. 设置切削参数

Step1. 在 刀轨设置 区域中单击“切削参数”按钮，系统弹出“切削参数”对话框。

Step2. 在“切削参数”对话框中单击 策略 选项卡，在 刀路方向 下拉列表中选择 向内 选项。

Step3. 在“切削参数”对话框中单击 余量 选项卡，在 部件侧面余量 文本框中输入 0.25；其他参数采用系统默认设置值。

Step4. 单击“切削参数”对话框中的 确定 按钮，系统返回到“剩余铣”对话框。

Stage6. 设置非切削移动参数。

Step1. 在“剩余铣”对话框中单击“非切削移动”按钮，系统弹出“非切削移动”对话框。

Step2. 单击“非切削移动”对话框中的 进刀 选项卡，取消选中 开放区域 区域中的 □ 修剪至最小安全距离 复选框，

Step3. 单击“非切削移动”对话框中的 确定 按钮完成非切削移动参数的设置，系统返回到“剩余铣”对话框。

Stage7. 设置进给率和速度

Step1. 在“剩余铣”对话框中单击“进给率和速度”按钮，系统弹出“进给率和速度”对话框。

Step2. 选中“进给率和速度”对话框主轴速度区域中的☑ 主轴速度 (rpm)复选框，在其后的文本框中输入值1000，按Enter键，然后单击按钮，在进给率区域的切削文本框中输入值250，按Enter键，然后单击按钮，其他参数采用系统默认设置值。

Step3. 单击确定按钮，完成进给率和速度的设置，系统返回“剩余铣”操作对话框。

Stage8. 生成刀路轨迹并仿真

生成的刀路轨迹如图21.15所示，2D动态仿真加工后的模型如图21.16所示。

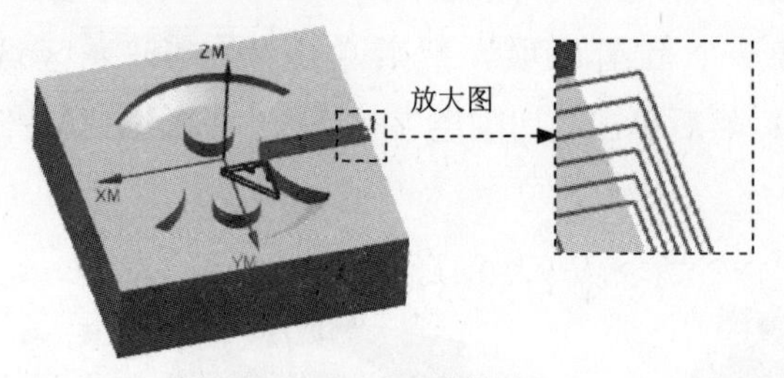

图21.15 刀路轨迹

图21.16 2D仿真结果

Task7. 创建等高线轮廓铣工序

Stage1. 创建工序

Step1. 选择下拉菜单插入(S) ➡ 工序(E)...命令，系统弹出“创建工序”对话框。

Step2. 在“创建工序”对话框类型下拉列表中选择mill_contour选项，在工序子类型区域中单击“ZLEVEL_PROFILE”按钮，在程序下拉列表中选择PROGRAM选项，在刀具下拉列表中选择B6（铣刀-球头铣）选项，在几何体下拉列表中选择WORKPIECE选项，在方法下拉列表中选择MILL_SEMI_FINISH选项。

Step3. 单击确定按钮，系统弹出“深度加工轮廓”对话框。

Stage2. 指定切削区域

Step1. 单击“深度加工轮廓”对话框指定切削区域右侧的按钮，系统弹出“切削区域”对话框。

Step2. 在绘图区中选取图21.17所示的切削区域（共31个面），单击确定按钮，系统返回到“深度加工轮廓”对话框。

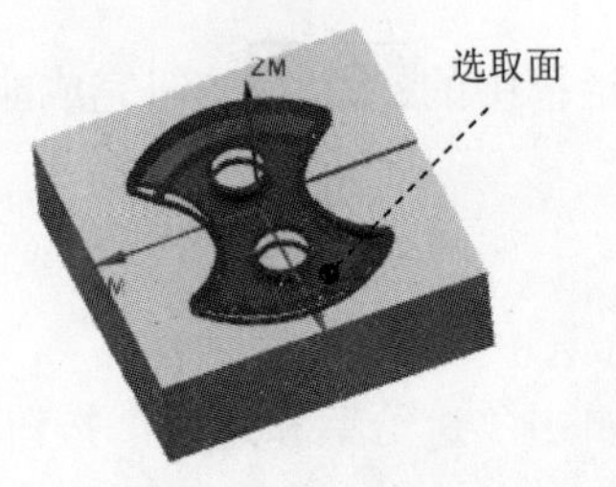

图21.17 指定切削区域

Stage3．设置刀具路径参数和切削层

Step1．设置刀具路径参数。在“深度加工轮廓”对话框的陡峭空间范围下拉列表中选择无选项，在合并距离文本框中输入值 3.0。在最小切削长度文本框中输入值 1.0。在每刀的公共深度下拉列表中选择恒定选项，在最大距离文本框中输入值 0.5。

Step2．设置切削层。单击“深度加工轮廓”对话框中的“切削层”按钮，接受系统默认的参数值，单击确定按钮，系统返回到“深度加工轮廓”对话框。

Stage4．设置切削参数

Step1．单击“深度加工轮廓”对话框中的“切削参数”按钮，系统弹出“切削参数”对话框。

Step2．在“切削参数”对话框中单击策略选项卡，在切削方向下拉列表框中选择混合选项，在切削顺序下拉列表框中选择始终深度优先选项。

Step3．在“切削参数”对话框中单击连接选项卡，在层到层下拉列表中选择直接对部件进刀选项。

Step4．单击“切削参数”对话框中的确定按钮，系统返回到“深度加工轮廓”对话框。

Stage5．设置非切削移动参数

采用系统默认的非切削移动参数设置值。

Stage6．设置进给率和速度

Step1．在“深度加工轮廓”对话框中单击“进给率和速度”按钮，系统弹出“进给率和速度”对话框。

Step2．在“进给率和速度”对话框中选中☑ 主轴速度 (rpm)复选框，然后在其文本框中输入值 2000.0，按 Enter 键，然后单击按钮，在切削文本框中输入值 250.0，按 Enter 键，然后单击按钮。

Step3．单击确定按钮，完成进给率的设置，系统返回“深度加工轮廓”对话框。

Stage7．生成刀路轨迹并仿真

生成的刀路轨迹如图 21.18 所示，2D 动态仿真加工后的模型如图 21.19 所示。

Task8．创建轮廓区域铣工序

Stage1．创建工序

Step1．选择下拉菜单插入(S) ➡ 工序(E)...命令，在“创建工序”对话框的类型下

拉列表中选择mill_contour选项，在工序子类型区域中单击“CONTOUR_AREA”按钮，在程序下拉列表中选择PROGRAM选项，在刀具下拉列表中选择刀具B6（铣刀-球头铣）选项，在几何体下拉列表中选择WORKPIECE选项，在方法下拉列表中选择MILL_SEMI_FINISH选项，使用系统默认的名称。

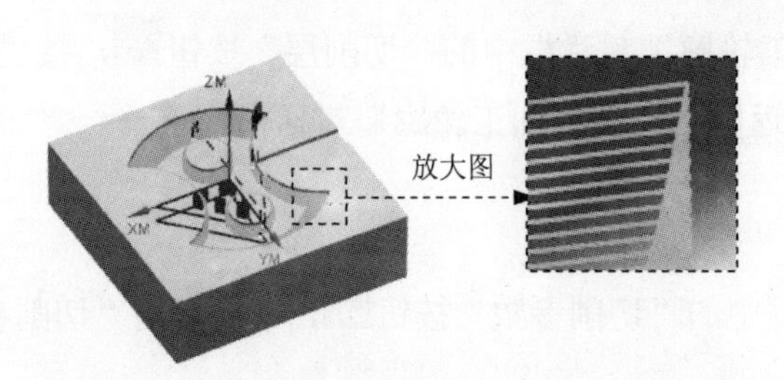

图 21.18 刀路轨迹

图 21.19 2D 仿真结果

Step2. 单击“创建工序”对话框中的确定按钮，系统弹出“轮廓区域”对话框。

Stage2. 指定切削区域

Step1. 在几何体区域中单击“选择或编辑切削区域几何体”按钮，系统弹出“切削区域”对话框。

Step2. 选取图 21.20 所示的面为切削区域(共 3 个面)，在“切削区域”对话框中单击确定按钮，完成切削区域的创建，同时系统返回到“轮廓区域”对话框。

Stage3. 设置驱动方式

Step1. 在“轮廓区域”对话框驱动方法区域的方法下拉列表中选择区域铣削选项，单击“编辑参数”按钮，系统弹出“区域铣削驱动方法”对话框；设置图 21.21 所示的参数。

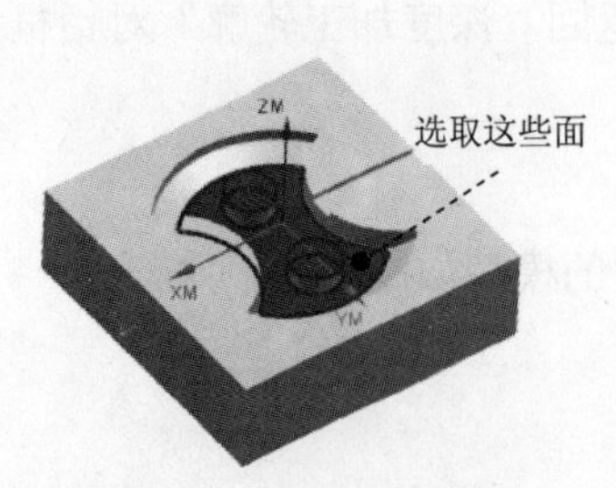

图 21.20 定义切削区域

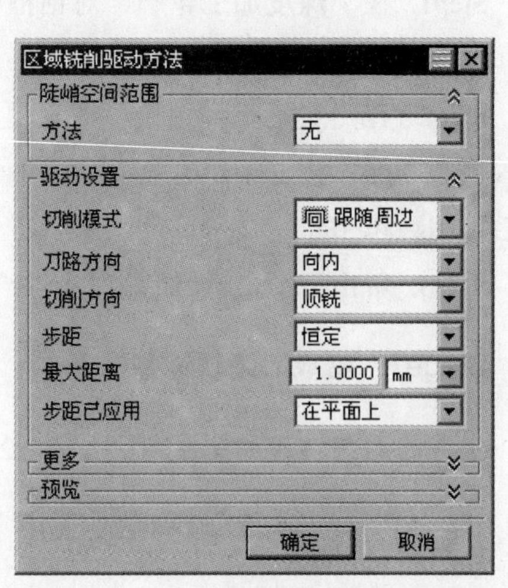

图 21.21 “区域铣削驱动方法”对话框

Stage4. 设置切削参数

Step1. 在刀轨设置区域中单击“切削参数”按钮，系统弹出“切削参数”对话框。

Step2. 在“切削参数”对话框中单击拐角选项卡，在光顺下拉列表框中选择所有刀路选项，其他参数采用系统默认设置值。

Step3. 单击“切削参数”对话框中的确定按钮，系统返回到“型腔铣”对话框。

Stage5. 设置非切削移动参数。

采用系统默认的非切削移动参数。

Stage6. 设置进给率和速度

Step1. 在“轮廓区域”对话框中单击“进给率和速度”按钮，系统弹出“进给率和速度”对话框。

Step2. 选中“进给率和速度”对话框主轴速度区域中的☑ 主轴速度 (rpm)复选框，在其后的文本框中输入值 2000.0，按 Enter 键，然后单击按钮，在进给率区域的切削文本框中输入值 250.0，按 Enter 键，然后单击按钮，其他参数采用系统默认设置值。

Step3. 单击确定按钮，完成进给率和速度的设置，系统返回“轮廓区域”操作对话框。

Stage7. 生成刀路轨迹并仿真

生成的刀路轨迹如图 21.22 所示，2D 动态仿真加工后的模型如图 21.23 所示。

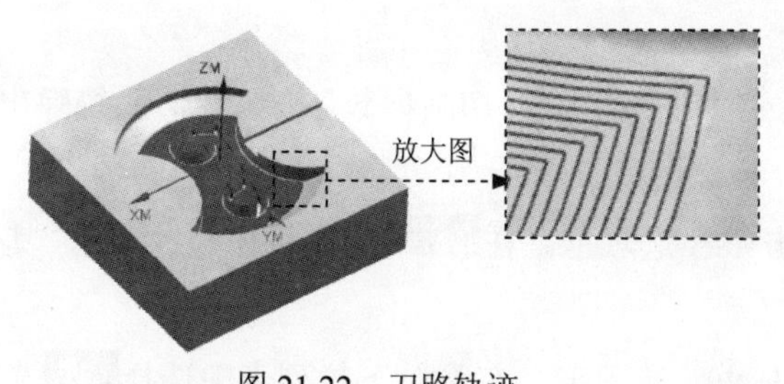

图 21.22　刀路轨迹

图 21.23　2D 仿真结果

Task9. 创建表面区域铣工序

Stage1. 插入工序.

Step1. 选择下拉菜单插入(S) → 工序(E)...命令，系统弹出“创建工序”对话框。

Step2. 确定加工方法。在“创建工序”对话框类型下拉列表中选择mill_planar选项，在工序子类型区域中单击“FACE_MILLING_AREA”按钮，在程序下拉列表中选择PROGRAM选项，在刀具下拉列表中选择D10 (铣刀-5 参数)选项，在几何体下拉列表中选择WORKPIECE选项，在方法下拉列表中选择MILL_FINISH选项，采用系统默认的名称。

Step3. 在“创建工序”对话框中单击确定按钮，系统弹出 “面铣削区域”对话框。

Stage2．指定切削区域

Step1. 在几何体区域中单击“选择或编辑切削区域几何体”按钮，系统“切削区域”对话框。

Step2. 选取图 21.24 所示的面(共 3 个面)为切削区域,在“切削区域”对话框中单击确定按钮，完成切削区域的创建，同时系统返回到“面铣削区域”对话框。

Step3. 选中☑自动壁复选框，单击指定壁几何体后的查看壁几何体如图 21.25 所示。

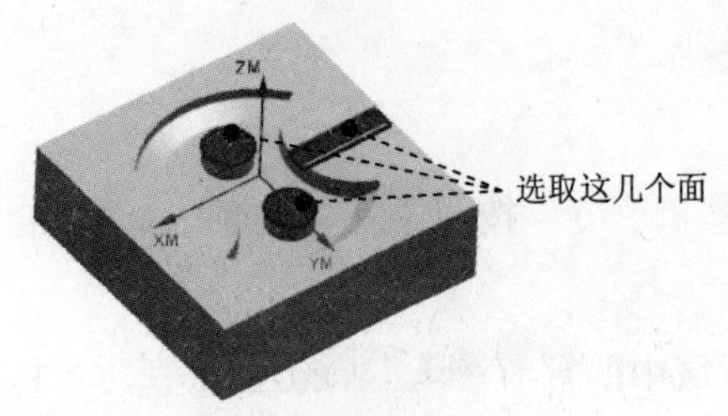

图 21.24 切削区域

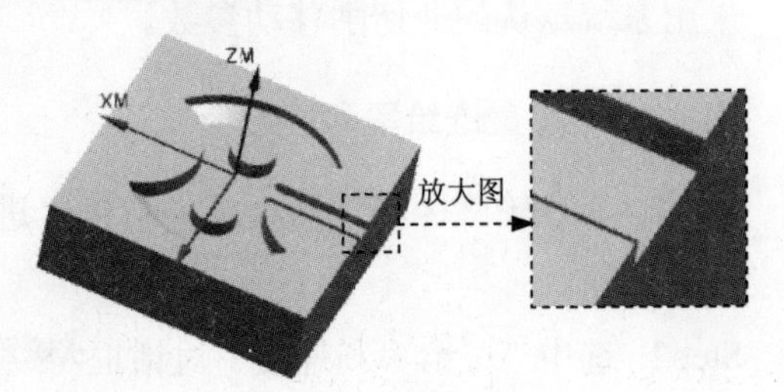

图 21.25 刀路轨迹

Stage3．设置刀具路径参数

Step1. 设置切削模式。在刀轨设置区域切削模式下拉列表中选择跟随周边选项。

Step2. 设置步进方式。在步距下拉列表中选择刀具平直百分比选项，在平面直径百分比文本框中输入值 40.0，在毛坯距离文本框中输入值 1，在每刀深度文本框中输入值 0.0，在最终底面余量文本框中输入值 0.0。

Stage4．设置切削参数

Step1. 单击“面铣削区域”对话框刀轨设置区域中的“切削参数”按钮，系统弹出“切削参数”对话框。

Step2. 在“切削参数”对话框中单击余量选项卡，在壁余量文本框中输入 0.3，其他参数接受系统默认；

Step3. 在“切削参数”对话框中单击拐角选项卡，在凸角下拉列表中选择延伸选项，单击确定按钮，系统返回到“面铣削区域”对话框。

Stage5．设置非切削移动参数

Step1. 单击“面铣削区域”对话框非切削移动区域中的“切削参数”按钮，系统弹出“非切削移动”对话框。

Step2. 在“非切削移动”对话框中单击进刀选项卡，在在封闭区域区域的斜坡角文本框中输入 3.0，其他参数接受系统默认；单击确定按钮，系统返回到“面铣削区域”对话框。

Stage6．设置进给率和速度

Step1. 单击“面铣削区域”对话框中的“进给率和速度”按钮，系统“进给率和速度”对话框。

Step2. 选中主轴速度区域中的☑ 主轴速度 (rpm)复选框，在其后的文本框中输入值 1500.0，在进给率区域切削文本框中输入值 400.0，按下键盘上的 Enter 键，然后单击按钮。

Step3. 单击“进给率和速度”对话框中的确定按钮，系统返回“面铣削区域”对话框。

Stage7. 生成刀路轨迹并仿真

生成的刀路轨迹如图 21.26 所示，2D 动态仿真加工后的模型如图 21.27 所示。

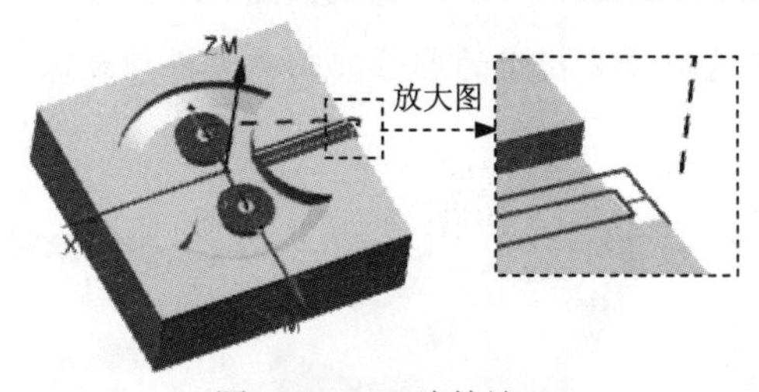

图 21.26 刀路轨迹

图 21.27 2D 仿真结果

Task10. 创建平面轮廓铣工序

Stage1. 创建工序

Step1. 选择下拉菜单插入(S) → 工序(E)...命令，系统弹出“创建工序”对话框。

Step2. 确定加工方法。在“创建工序”对话框类型下拉列表中选择mill_planar选项，在工序子类型区域中单击“PLANAR_PROFILE”按钮，在程序下拉列表中选择PROGRAM选项，在刀具下拉列表中选择D10 (铣刀-5 参数)选项，在几何体下拉列表中选择WORKPIECE选项，在方法下拉列表中选择MILL_FINISH选项，采用系统默认的名称。

Step3. 在“创建工序”对话框中单击确定按钮，系统弹出“平面轮廓铣”对话框。

Stage2. 指定部件边界

Step1. 在“平面轮廓铣”对话框几何体区域中单击按钮，系统弹出“边界几何体”对话框。

Step2. 在“边界几何体”对话框中模式下拉列表中选择曲线/边...选项，系统弹出“创建边界”对话框；在类型下拉列表中选择开放的选项，在平面下拉列表中选择用户定义选项，系统弹出“平面”对话框。

Step3. 在绘图区域选取图 21.28 所示的面，确认在距离文本框中为 0，单击确定按钮，系统返回到“创建边界”对话框中。

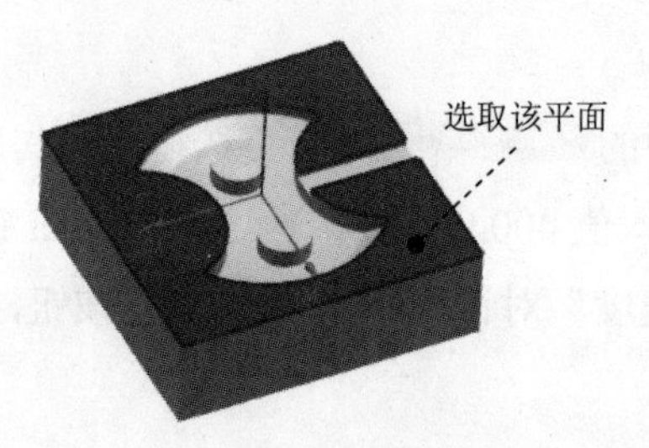

图 21.28 选取面

Step4. 在图形区选择图 21.29 所示的边线 1，然后单击 创建下一个边界 按钮；在图形区选择图 21.30 所示的边线 2，然后单击 创建下一个边界 按钮，完成如图 21.31 所示。

说明：选取边线应注意选取的部位，可选取箭头指示的部位，或参考操作录像。

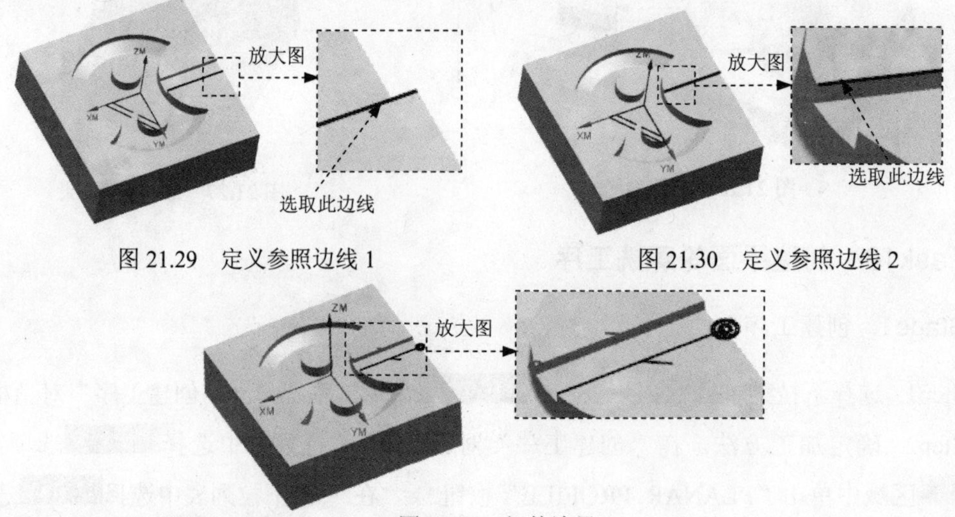

图 21.29 定义参照边线 1

图 21.30 定义参照边线 2

图 21.31 部件边界

Step5. 单击两次 确定 按钮，系统返回到“平面轮廓铣”对话框，完成部件边界的创建。

Stage3. 指定底面。

Step1. 在“平面轮廓铣”对话框中单击 按钮，系统弹出“平面”对话框，在 类型 下拉列表中选择 自动判断 选项。

Step2. 在模型上选取图 21.32 所示的模型底部平面，在 偏置 区域 距离 文本框中输入值 0，单击 确定 按钮，完成底面的指定。

Stage4. 设置刀具路径参数

在“平面轮廓铣”对话框 刀轨设置 区域 切削进给 文本框中输入值 250.0，在 切削深度 下拉列表中选择 恒定 选项，在 公共 文本框中输入值 0。其他参数采用系统默认设置值。

Stage5. 设置切削参数

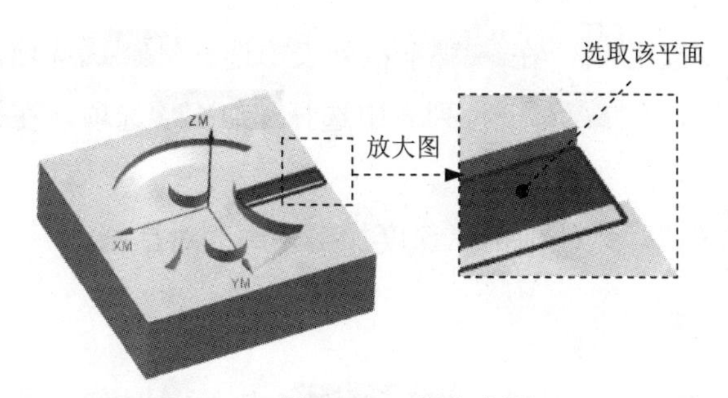

图 21.32　指定底面

采用系统默认的切削参数。

Stage6．设置非切削移动参数

采用系统默认的非切削移动参数。

Stage7．设置进给率和速度

Step1. 单击“平面轮廓铣”对话框中的“进给率和速度”按钮，系统弹出“进给率和速度”对话框。

Step2. 选中“进给率和速度”对话框主轴速度区域中的☑ 主轴速度 (rpm)复选框，在其后文本框中输入值 1500.0，按 Enter 键，然后单击按钮，在进给率区域的切削文本框中输入值 250.0，按 Enter 键，然后单击按钮，其他参数采用系统默认设置值。

Step3. 单击“进给率和速度”对话框中的确定按钮，系统返回“平面轮廓铣”对话框。

Stage8．生成刀路轨迹并仿真

生成的刀路轨迹如图 21.33 所示，2D 动态仿真加工后的模型如图 21.34 所示。

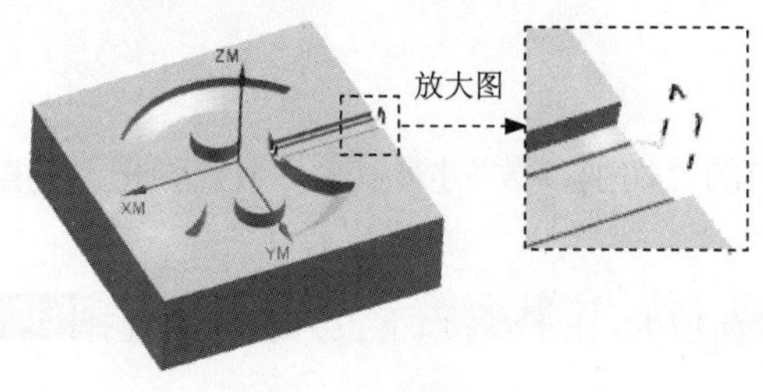

图 21.33　刀路轨迹

图 21.34　2D 仿真结果

Task11．创建等高线轮廓铣工序

Stage1．创建工序

Step1. 选择下拉菜单插入(S) → 工序(E)... 命令，系统弹出“创建工序”对话框。

Step2. 在“创建工序”对话框类型下拉列表中选择mill_contour选项，在工序子类型区域中单

击“ZLEVEL_PROFILE”按钮，在程序下拉列表中选择PROGRAM选项，在刀具下拉列表中选择D10（铣刀-5 参数）选项，在几何体下拉列表中选择WORKPIECE选项，在方法下拉列表中选择MILL_FINISH选项。

Step3. 单击确定按钮，系统弹出“深度加工轮廓”对话框。

Stage2. 指定切削区域

Step1. 单击“深度加工轮廓”对话框指定切削区域右侧的按钮，系统弹出“切削区域”对话框。

Step2. 在绘图区中选取图 21.35 所示的切削区域（共 2 个面），单击确定按钮，系统返回到“深度加工轮廓”对话框。

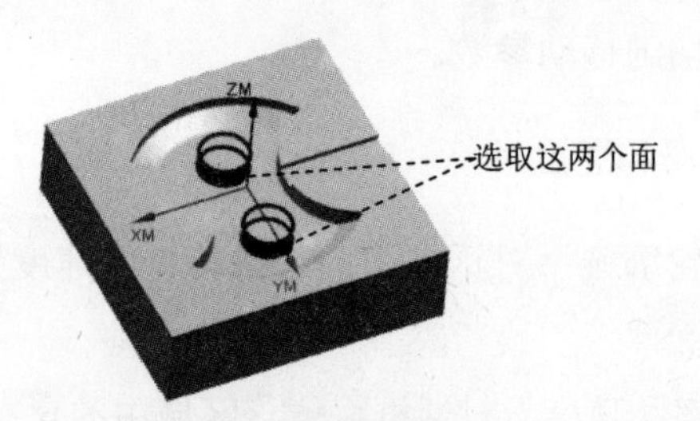

图 21.35 指定切削区域

Stage3. 设置刀具路径参数和切削层

Step1. 设置刀具路径参数。在“深度加工轮廓”对话框的陡峭空间范围下拉列表中选择无选项，在合并距离文本框中输入值 3.0。在最小切削长度文本框中输入值 1.0。在每刀的公共深度下拉列表中选择恒定选项，在最大距离文本框中输入值 2.0。

Step2. 设置切削层。单击“深度加工轮廓”对话框中的“切削层”按钮，接受系统默认的参数值，单击确定按钮，系统返回到“深度加工轮廓”对话框。

Stage4. 设置切削参数

Step1. 单击“深度加工轮廓”对话框中的“切削参数”按钮，系统弹出“切削参数”对话框。

Step2. 在“切削参数”对话框中单击策略选项卡，在切削顺序下拉列表框中选择始终深度优先选项。

Step3. 在“切削参数”对话框中单击连接选项卡，在层到层下拉列表中选择沿部件斜进刀选项，在斜坡角文本框中输入 10.0。

Step4. 单击“切削参数”对话框中的确定按钮，系统返回到“深度加工轮廓”对话框。

Stage5. 设置非切削移动参数

采用系统默认的非切削移动参数设置值。

Stage6．设置进给率和速度

Step1. 在“深度加工轮廓”对话框中单击“进给率和速度”按钮，系统弹出“进给率和速度”对话框。

Step2. 在“进给率和速度”对话框中选中☑ 主轴速度 (rpm)复选框，然后在其文本框中输入值 1500.0，按 Enter 键，然后单击按钮，在切削文本框中输入值 250.0，按 Enter 键，然后单击按钮。

Step3. 单击确定按钮，完成进给率的设置，系统返回“深度加工轮廓”对话框。

Stage7．生成刀路轨迹并仿真

生成的刀路轨迹如图 21.36 所示，2D 动态仿真加工后的模型如图 21.37 所示。

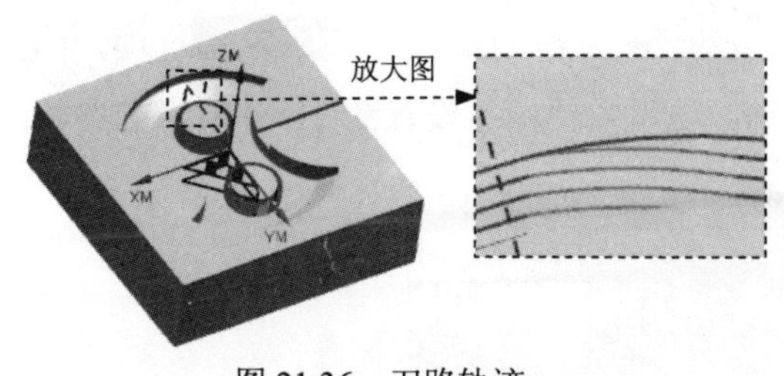

图 21.36　刀路轨迹

图 21.37　2D 仿真结果

Task12．创建轮廓区域铣工序

Stage1．创建工序

Step1. 选择下拉菜单插入(S) → 工序(E)...命令，在“创建工序”对话框的类型下拉列表中选择mill_contour选项，在工序子类型区域中单击“CONTOUR_AREA”按钮，在程序下拉列表中选择PROGRAM选项，在刀具下拉列表中选择刀具D6R2 (铣刀-5 参数)选项，在几何体下拉列表中选择WORKPIECE选项，在方法下拉列表中选择MILL_FINISH选项，使用系统默认的名称。

Step2. 单击“创建工序”对话框中的确定按钮，系统弹出“轮廓区域”对话框。

Stage2．指定切削区域

Step1. 在几何体区域中单击“选择或编辑切削区域几何体”按钮，系统弹出“切削区域”对话框。

Step2. 选取图 21.38 所示的面为切削区域（共 1 个面），在“切削区域”对话框中单击确定按钮，完成切削区域的创建，同时系统返回到“轮廓区域”对话框。

Stage3．指定检查

Step1. 在几何体区域中单击“选择或编辑检查几何体”按钮，系统弹出“切削区域”对话框。

Step2. 选取图 21.39 所示的面（共 10 个面），在“检查几何体”对话框中单击确定按钮，完成检查几何体的创建，同时系统返回到“轮廓区域”对话框。

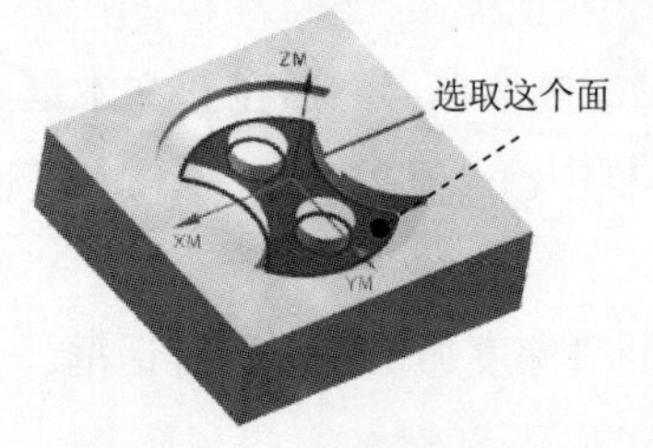

图 21.38 定义切削区域

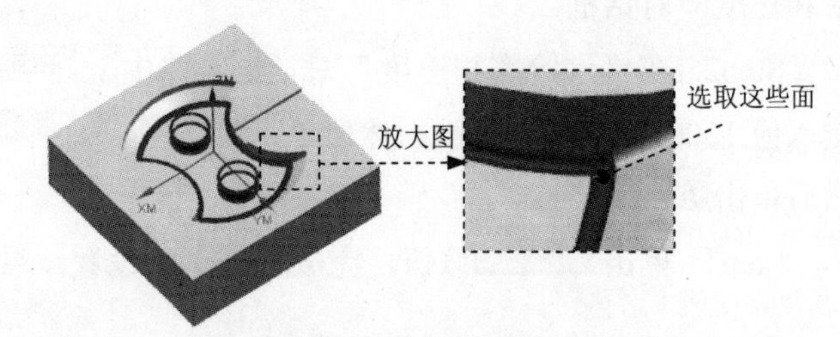

图 21.39 定义检查面

Stage4. 设置驱动方式

Step1. 在“轮廓区域”对话框驱动方法区域的方法下拉列表中选择区域铣削选项，单击“编辑参数”按钮，系统弹出“区域铣削驱动方法”对话框；设置图 21.40 所示的参数。

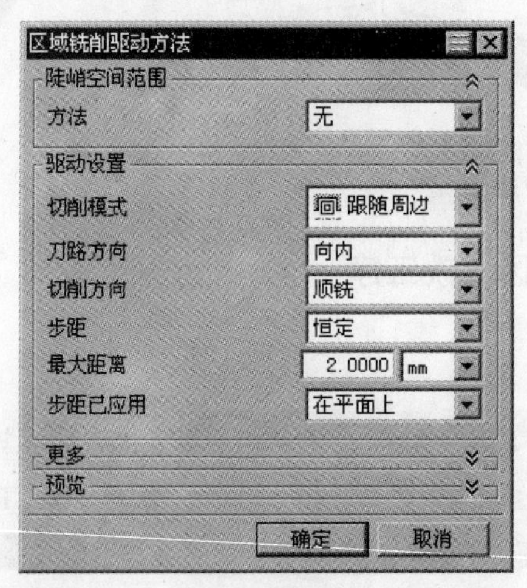

图 21.40 “区域铣削驱动方法”对话框

Stage5. 设置切削参数

Step1. 在刀轨设置区域中单击“切削参数”按钮，系统弹出“切削参数”对话框。

Step2. 在“切削参数”对话框中单击余量选项卡，在检查余量文本框中输入 0.2，在内公差与外公差文本框中均输入 0.01，其他参数采用系统默认设置值。

Step3. 单击“切削参数”对话框中的确定按钮，系统返回到“轮廓区域”对话框。

Stage6. 设置非切削移动参数。

采用系统默认的非切削移动参数。

Stage7．设置进给率和速度

Step1. 在“轮廓区域”对话框中单击“进给率和速度”按钮，系统弹出“进给率和速度”对话框。

Step2. 选中“进给率和速度”对话框主轴速度区域中的☑ 主轴速度 (rpm)复选框，在其后的文本框中输入值 2200.0，按 Enter 键，然后单击按钮，在进给率区域的切削文本框中输入值 400.0，按 Enter 键，然后单击按钮，其他参数采用系统默认设置值。

Step3. 单击确定按钮，完成进给率和速度的设置，系统返回“轮廓区域”操作对话框。

Stage8．生成刀路轨迹并仿真

生成的刀路轨迹如图 21.41 所示，2D 动态仿真加工后的模型如图 21.42 所示。

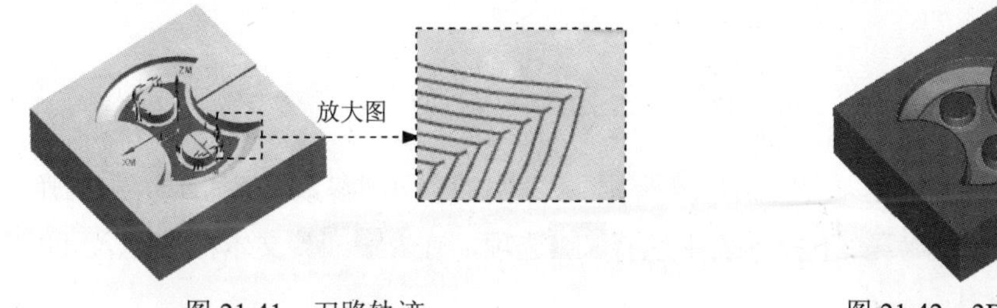

图 21.41　刀路轨迹　　图 21.42　2D 仿真结果

Task13．创建表面区域铣工序

Stage1．插入工序

Step1. 选择下拉菜单插入(S) → 工序(E)...命令，系统弹出“创建工序”对话框。

Step2. 确定加工方法。在“创建工序”对话框类型下拉列表中选择mill_planar选项，在工序子类型区域中单击“FACE_MILLING_AREA”按钮，在程序下拉列表中选择PROGRAM选项，在刀具下拉列表中选择D30 (铣刀-5 参数)选项，在几何体下拉列表中选择WORKPIECE选项，在方法下拉列表中选择MILL_FINISH选项，采用系统默认的名称。

Step3. 在“创建工序”对话框中单击确定按钮，系统弹出 “面铣削区域”对话框。

Stage2．指定切削区域

Step1. 在几何体区域中单击“选择或编辑切削区域几何体”按钮，系统“切削区域”对话框。

Step2. 选取图 21.43 所示的面为切削区域，在“切削区域”对话框中单击确定按钮，完成切削区域的创建，同时系统返回到“面铣削区域”对话框。

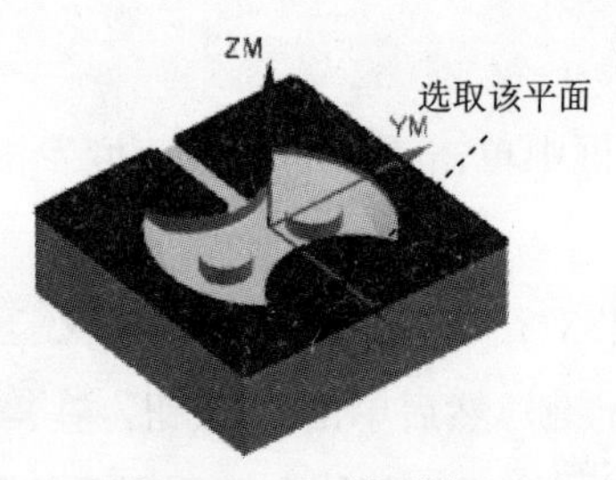

图 21.43 切削区域

Stage3．设置刀具路径参数

Step1．设置切削模式。在刀轨设置区域切削模式下拉列表中选择跟随周边选项。

Step2．设置步进方式。在步距下拉列表中选择刀具平直百分比选项，在平面直径百分比文本框中输入值 75.0，在毛坯距离文本框中输入值 1，在每刀深度文本框中输入值 0，在最终底面余量文本框中输入值 0。

Stage4．设置切削参数

Step1．单击“面铣削区域”对话框刀轨设置区域中的“切削参数”按钮，系统弹出“切削参数”对话框。在刀路方向下拉列表中选择向内选项，在刀具延展量文本框中输入 50. 0，其他参数接受系统默认。

Step2．单击确定按钮，系统返回到“面铣削区域”对话框。

Stage5．设置非切削移动参数

采用系统默认的非切削移动参数。

Stage6．设置进给率和速度

Step1．单击“面铣削区域”对话框中的“进给率和速度”按钮，系统“进给率和速度”对话框。

Step2．选中主轴速度区域中的☑ 主轴速度 (rpm)复选框，在其后的文本框中输入值 800.0，在进给率区域切削文本框中输入值 500.0，按下键盘上的 Enter 键，然后单击按钮。

Step3．单击“进给率和速度”对话框中的确定按钮，系统返回“面铣削区域”对话框。

Stage7．生成刀路轨迹并仿真

生成的刀路轨迹如图 21.44 所示，2D 动态仿真加工后的模型如图 21.45 所示。

Task14．创建等高线轮廓铣工序

Stage1．创建工序

Step1. 选择下拉菜单 插入(S) → 工序(E)... 命令，系统弹出“创建工序”对话框。

图 21.44　刀路轨迹

图 21.45　2D 仿真结果

Step2. 在“创建工序”对话框 类型 下拉列表中选择 mill_contour 选项，在 工序子类型 区域中单击“ZLEVEL_PROFILE”按钮，在 程序 下拉列表中选择 PROGRAM 选项，在 刀具 下拉列表中选择 B4 (铣刀-球头铣) 选项，在 几何体 下拉列表中选择 WORKPIECE 选项，在 方法 下拉列表中选择 MILL_FINISH 选项。

Step3. 单击 确定 按钮，系统弹出“深度加工轮廓”对话框。

Stage2. 指定切削区域

Step1. 单击“深度加工轮廓”对话框 指定切削区域 右侧的按钮，系统弹出“切削区域”对话框。

Step2. 在绘图区中选取图 21.46 所示的切削区域（共 29 个面），单击 确定 按钮，系统返回到“深度加工轮廓”对话框。

Stage3. 指定修剪边界

Step1. 单击“深度加工轮廓”对话框 指定修剪边界 右侧的按钮，系统弹出“修剪边界”对话框。

Step2. 在 主要 选项卡中 过滤器类型 区域确认按钮被按下，选中 ☑ 忽略岛 复选框，在“修剪边界”对话框中选择 修剪侧 区域的 ⊙ 内部 单选项，然后在图形区选取图 21.47 所示的面,在“修剪边界”对话框中单击 确定 按钮。

Step3. 单击“深度加工轮廓”对话框 指定修剪边界 右侧的按钮，选中 ☑ 余量 复选框，然后在后面的文本框中输入-6.0，在“修剪边界”对话框中单击 确定 按钮，完成修剪边界的创建，同时系统返回到“深度加工轮廓”对话框。

图 21.46　指定切削区域

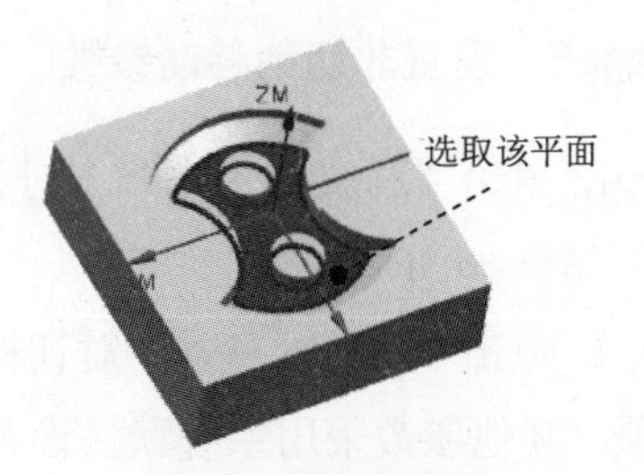

图 21.47　选取参考面

Stage4．设置刀具路径参数和切削层

Step1. 设置刀具路径参数。在“深度加工轮廓”对话框的陡峭空间范围下拉列表中选择无选项，在合并距离文本框中输入值 3.0。在最小切削长度文本框中输入值 1.0。在每刀的公共深度下拉列表中选择恒定选项，在最大距离文本框中输入值 0.15。

Step2. 设置切削层。单击“深度加工轮廓”对话框中的“切削层”按钮，接受系统默认的参数值，单击确定按钮，系统返回到“深度加工轮廓”对话框。

Stage5．设置切削参数

Step1. 单击“深度加工轮廓”对话框中的“切削参数”按钮，系统弹出“切削参数”对话框。

Step2. 在“切削参数”对话框中单击策略选项卡，设置图 21.48 所示的参数。

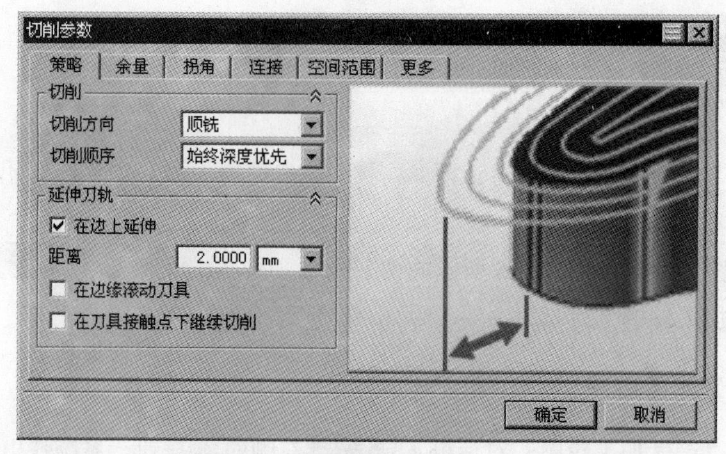

图 21.48 “策略”选项卡

Step3. 在“切削参数”对话框中单击余量选项卡，在内公差与外公差文本框中均输入 0.01。

Step4. 在“切削参数”对话框中单击连接选项卡，在层到层下拉列表中选择直接对部件进刀选项，选中☑在层之间切削复选框，在步距下拉列表中选择恒定选项，在最大距离文本框中输入值 0.1。

Step5. 单击“切削参数”对话框中的确定按钮，系统返回到“深度加工轮廓”对话框。

Stage6．设置非切削移动参数

Step1. 单击“深度加工轮廓”对话框中的“非切削移动”按钮，系统弹出“非切削移动”对话框。

Step2. 单击“非切削移动”对话框中的起点/钻点选项卡，在默认区域起点下拉列表中选择拐角选项，其他参数采用系统默认设置值。

Step3. 单击“非切削移动”对话框中的 确定 按钮，完成非切削移动参数的设置，系统返回到“深度加工轮廓”对话框。

Stage7．设置进给率和速度

Step1. 在“深度加工轮廓”对话框中单击“进给率和速度”按钮，系统弹出“进给率和速度”对话框。

Step2. 在“进给率和速度”对话框中选中 ☑ 主轴速度 (rpm) 复选框，然后在其文本框中输入值 5000.0，按 Enter 键，然后单击按钮，在 切削 文本框中输入值 500.0，按 Enter 键，然后单击按钮。

Step3. 单击 确定 按钮，完成进给率的设置，系统返回“深度加工轮廓”对话框。

Stage8．生成刀路轨迹并仿真

生成的刀路轨迹如图 21.49 所示，2D 动态仿真加工后的模型如图 21.50 所示。

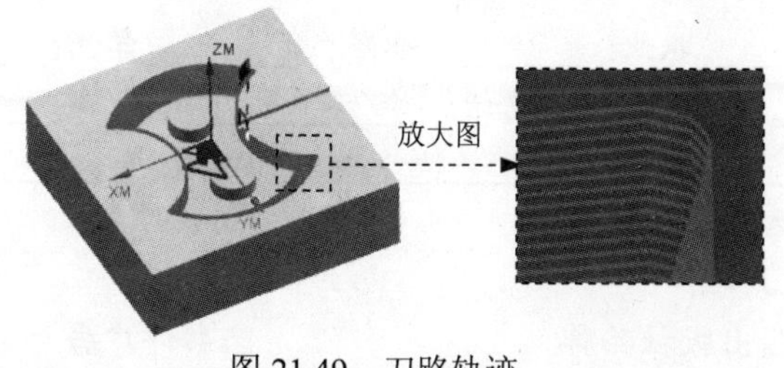

图 21.49　刀路轨迹

图 21.50　2D 仿真结果

读者意见反馈卡

尊敬的读者：

感谢您购买机械工业出版社出版的图书！

我们一直致力于CAD、CAPP、PDM、CAM和CAE等相关技术的跟踪，希望能将更多优秀作者的宝贵经验与技巧介绍给您。当然，我们的工作离不开您的支持。如果您在看完本书之后，有好的意见和建议，或是有一些感兴趣的技术话题，都可以直接与我联系。

策划编辑：管晓伟

注：本书的随书光盘中含有该"读者意见反馈卡"的电子文档，您可将填写后的文件采用电子邮件的方式发给本书的责任编辑或主编。

E-mail: 展迪优 zhanygjames@163.com ；管晓伟 guancmp@163.com。

请认真填写本卡，并通过邮寄或 *E-mail* 传给我们，我们将奉送精美礼品或购书优惠卡。

书名：《UG NX 8.0 数控加工实例精解》

1. 读者个人资料：

姓名：_________性别：___年龄：____职业：_________职务：_________学历：______

专业：_______单位名称：____________________电话：____________手机：__________

邮寄地址：____________________________邮编：____________E-mail: ____________

2. 影响您购买本书的因素（可以选择多项）：

□内容　□作者　□价格

□朋友推荐　□出版社品牌　□书评广告

□工作单位（就读学校）指定　□内容提要、前言或目录　□封面封底

□购买了本书所属丛书中的其他图书　□其他____________

3. 您对本书的总体感觉：

□很好　□一般　□不好

4. 您认为本书的语言文字水平：

□很好　□一般　□不好

5. 您认为本书的版式编排：

□很好　□一般　□不好

6. 您认为UG其他哪些方面的内容是您所迫切需要的？

____

7. 其他哪些CAD/CAM/CAE方面的图书是您所需要的？

____

8. 认为我们的图书在叙述方式、内容选择等方面还有哪些需要改进的？

如若邮寄，请填好本卡后寄至：

北京市百万庄大街22号机械工业出版社汽车分社　管晓伟（收）

邮编：100037　联系电话：（010）88379949　传真：（010）68329090

如需本书或其他图书，可与机械工业出版社网站联系邮购：

http://www.golden-book.com　**咨询电话：（010）88379639。**